"十二五"普通高等教育本科国家级规划教材

国家精品课程教材

高等学校测绘工程专业核心课程规划教材

武汉大学规划教材建设项目资助出版

U0163613

大地测量学基础

（第三版）

郭际明　史俊波　孔祥元　刘宗泉　编著

WUHAN UNIVERSITY PRESS

武汉大学出版社

图书在版编目(CIP)数据

大地测量学基础/郭际明等编著．—3 版.—武汉:武汉大学出版社,
2021.8(2024.7 重印)
高等学校测绘工程专业核心课程规划教材 "十二五"普通高等教育本
科国家级规划教材 国家精品课程教材
ISBN 978-7-307-22191-8

Ⅰ.大… Ⅱ.郭… Ⅲ.大地测量学—高等学校—教材 Ⅳ.P22

中国版本图书馆 CIP 数据核字(2021)第 047289 号

责任编辑:王金龙 责任校对:李孟潇 版式设计:马 佳

出版发行:**武汉大学出版社** (430072 武昌 珞珈山)
　　　　(电子邮箱:cbs22@ whu.edu.cn 网址:www.wdp.com.cn)
印刷:武汉中科兴业印务有限公司
开本:787×1092 1/16 印张:27.75 字数:675 千字 插页:1
版次:2005 年 12 月第 1 版 2010 年 5 月第 2 版
　　2021 年 8 月第 3 版 2024 年 7 月第 3 版第 6 次印刷
ISBN 978-7-307-22191-8 定价:59.00 元

序　　一

根据《教育部财政部关于实施"高等学校本科教学质量与教学改革工程"的意见》中"专业结构调整与专业认证"项目的安排，教育部高教司委托有关科类教学指导委员会开展了各专业参考规范的研制工作。我们测绘学科教学指导委员会受委托研制测绘工程专业参考规范。

专业规范是国家教学质量标准的一种表现形式，也是国家对本科教学质量的最低要求，它规定了本科学生应该学习的基本理论、基本知识、基本技能。为此，测绘学科教学指导委员会从2007年开始，组织12所有测绘工程专业的高校建立了专门的课题组开展"测绘工程专业规范及基础课程教学基本要求"的研制工作。课题组首先根据教育部开展专业规范研制工作的基本要求和当代测绘学科正向信息化测绘与地理空间信息学跨越式发展的趋势以及经济社会的需求，综合各高校测绘工程专业的办学特点，确定了专业规范的基本内容，并落实由武汉大学测绘学院组织教师对专业规范进行细化，形成初稿。然后多次提交给教指委全体委员会、各高校测绘学院院长论坛以及相关行业代表广泛征求意见，最后定稿。测绘工程专业规范对专业的培养目标和规格、专业教育内容和课程体系设置、专业的教学条件进行了详细的论述，并提出了基本要求。与此同时，测绘学科教学指导委员会以专业规范研制工作作为推动教学内容和课程体系改革的切入点，在测绘工程专业规范定稿的基础上，对测绘工程专业9门核心专业基础课程和8门专业课程的教材进行规划，并确定为"教育部高等学校测绘学科教学指导委员会规划教材"。目的是科学统一规划，整合优秀教学资源，避免重复建设。

2009年，教指委成立"测绘学科专业规范核心课程规划教材编审委员会"，制订《测绘学科专业规范核心课程规划教材建设实施办法》，组织遴选"高等学校测绘工程专业核心课程规划教材"主编单位和人员，审定规划教材的编写大纲和编写计划。教材的编写过程实行主编负责制。对主编要求至少讲授该课程5年以上，并具备一定的科研能力和教材编写经验，原则上要具有教授职称。教材的内容除要求符合"测绘工程专业规范"对人才培养的基本要求外，还要充分体现测绘学科的新发展、新技术、新要求，要考虑学科之间的交叉与融合，减少陈旧的内容。根据课程的教学需要，适当增加实践教学内容。经过一年的认真研讨和交流，最终确定了这17本教材的基本教学内容和编写大纲。

为保证教材的顺利出版和出版质量，测绘学科教学指导委员会委托武汉大学出版社全权负责本次规划教材的出版和发行，使用统一的丛书名、封面和版式设计。武汉大学出版社对教材编写与评审工作提供了必要的经费资助，对本次规划教材实行选题优先的原则，并根据教学需要在出版周期及出版质量上予以保证。

目前，"高等学校测绘工程专业核心课程规划教材"编写工作已经陆续完成，经审查合格将由武汉大学出版社相继出版。相信这批教材的出版应用必将提升我国测绘工程专业的整体教学质量，极大地满足测绘本科专业人才培养的实际要求，为各高校培养测绘领域创新性基础理论研究和专业化工程技术人才奠定坚实的基础。

宁津生

二〇一二年五月十八日

序　二

　　本书是经全国高等学校测绘学科教学指导委员会向教育部申请，并被批准的国家"十五"规划教材，适用于高校测绘工程本科专业。教材围绕大地测量时空基准、精密定位、数据处理、地球重力场的确定以及月球及其他行星测量等问题，阐述大地测量学的基本概念、基本理论和测量技术与方法。它是在武汉大学测绘工程本科专业所使用的《大地测量学基础》教材的基础上，广泛吸取了我国十余所高校测绘工程专业有关大地测量学科教师的教学以及教材编写的经验和意见，重新编写的一本新教材。

　　从大地测量学教学的角度看，本教材具有如下显著的特点：

　　1. 为了适应测绘工程专业的教学需要，本教材是在现代大地测量学科理论体系的框架下，以几何大地测量学、物理大地测量学和空间大地测量学的理论与方法为主线，参考了已经出版和使用过的数种同类教材，统筹整合和精选重组全书内容，既加强基础，又充分体现现代科学新成就，从而让学生以整体性、系统性和科学性的思维方法吸取和掌握大地测量学知识。

　　2. 本书内容面向当代和未来，面向国内外先进标准和水平，尽量吸收国内外最新成果，具有一定的前瞻性。鉴于"大地测量学基础"是测绘工程专业所有专业方向学生必修的一门专业技术课，它涵盖了几何大地测量学、物理大地测量学和空间大地测量学的内容，因此本教材以"基本概念、基本理论、基本技术"为依据精选和组织教材内容，重点突出，符合教学规律，适宜组织教学。

　　3. 本书始终坚持大地测量学理论密切联系测绘工程实际的原则，合理安排实践性教学环节。这些实践性教学环节不仅有大地测量综合实习和课程设计以及 GPS、精密水准实习等，而且还涉及诸如计算机编程、计算方法等多方面的知识，实践内容比较广泛，有利于培养复合型人才的综合业务素质和实际工作能力。

　　4. 本书恰当地处理了同先前课程和后续课程之间的关系。为避免课程之间内容的重复，对涉及先前课程的内容适当提高了起点，对与后续课程有联系的内容，通过开窗口的方式使学生拓宽视野，为后续学习做好铺垫。

　　5. 与本教材的教学内容相配套，还编制了相应的多媒体教学课件和大地测量计算软件，充分利用这些先进的教学手段提高本课程的教学质量。

　　这本《大地测量学基础》是测绘工程专业课程改革和建设的一种尝试，也是我国第一本具有整合性、综合性和概括性，并适用于测绘工程专业及其他相关专业本科教学的大地测量学新教材。它凝聚了作者多年的科研和教学经验，基本上符合大地测量学科的认识和发展规律，能满足目前大地测量学课程的教学需要。当然一本新教材是否适用，还需要在教学实践中去检验。希望有更多高校的测绘工程专业能使用这本教材，让它在教学实践中不断吸取大家的意见，以便改进和完善。

教育部高等学校测绘学科教学指导委员会主任

中国工程院院士 宁津生

2005 年 9 月 22 日于武汉大学

第三版前言

大地测量学是地球科学的分支，是测绘学的基础。它为测绘地球及其外部空间提供坚实的理论基础和工程的实用技术与方法，近年来在理论研究和工程实用方面都有很大的发展和变化，为反映这些新成就，特编写了《大地测量学基础》(第三版)。

鉴于大地测量学的现代发展和多年教学实践经验，本书第三版在力求保持原书基本结构不变的条件下，对全书进行了全面的修订。主要修改如下：

1. 对全球导航卫星系统(GNSS)的内容进行了更新。将第二版中 GPS 名称替换为 GNSS，而特指的 GPS 的内容则保持不变。增加了北斗卫星导航系统的最新发展内容。

2. 对书中全部内容和书中的图、表进行了全面的审核。对个别不妥之处进行了修正。对公式中的个别字符进行了订正，对算例引进了新的数据成果。

3. 增加了精密三角高程测量的内容。

4. 增加了连续运行参考站(CORS)多功能综合服务系统内容。

相信经过修订后的《大地测量学基础》(第三版)，将能更好地指导和服务于教学，并对科研、生产和管理有更好的参考作用。

本书修订工作主要由武汉大学测绘学院郭际明教授和史俊波副教授共同完成，孔祥元、刘宗泉教授对修订后的书稿进行了审定。

编　者

2020 年 12 月于武汉大学

第二版前言

本书与第一版相比，增加了以下内容：

1. 全球卫星导航定位业务"核心供应商"：美国全球定位系统(GPS)、俄罗斯全球导航卫星系统(GLONASS)、欧盟伽利略(Galileo)卫星导航系统和中国的北斗卫星导航系统(BD)全球四大卫星导航系统的最新发展情况。

2. 2000 中国大地坐标系(China Geodetic Coordinate System 2000，CGCS 2000)的概念。

3. 连续运行卫星基准站多功能综合服务系统(Continuously Operating Reference Station System，CORS)原理。

4. 嫦娥一号月球探测卫星测绘月球全图。

此外，对全书还进行了全面的校订；编写并出版了与本书配套使用的《大地测量学基础实践教程》。

经过这次修订，特别是在"大地测量学基础"课程获得"2009 年国家精品课程"的基础上，本书在培养测绘工程专业本科技术人才和促进测绘科技进步方面必将发挥更大的作用。

这次修订得到武汉大学广大任课教师的热情支持，特别是丁仕俊、苏新洲副教授提出了许多宝贵意见，在此深表感谢。修订工作由孔祥元、郭际明共同完成。

编　者
2009 年 12 月于武汉大学

前　言

　　《大地测量学基础》是教育部批准的"十五"国家级规划教材，可作为测绘工程专业本科教材和相关专业本科教学用书，也可作为测绘类或相关专业的从事科研、生产和管理工作的人员参考。

　　大地测量学是测绘学科及其相关学科的基础，在促进地球科学和空间科学发展、在国民经济建设和国防建设、在安全监测和社会保证中都有重大意义，在测绘工程专业高素质人才的培养计划中具有重要的地位并发挥着重大作用。它的主要内容是研究地球形状、大小及外部重力场的确定及地面点的精确定位，为社会和科学发展提供大地基准和地球空间应用信息。本书根据大地测量学的基本体系和内容，参考了现有的多本科学著作和教材，并吸收最新的科学技术成果，在原《大地测量学基础》教材的基础上编写而成，但在内容上却有了比较大的调整、补充和扩展，使其更为合理和便于教学。本书共6章，比较全面地阐明了大地测量的基本概念、基本原理和基本技术与方法。第1章绪论，侧重于大地测量学的基本概念。包括大地测量学的定义和内容、地位与作用、体系和内容、发展简史及未来展望。第2、3、4章侧重于大地测量学的基本理论。其中，第2章是时间系统和坐标系统，包括恒星时、世界时、历书时、原子时，协议天球坐标系、协议地球坐标系及坐标系间转换等；第3章包括地球重力场基础，地球形状确定等方面的基本理论；第4章是椭球面上的测量计算及椭球投影变换的原理，坐标邻带换算等大地控制测量计算方面的基本理论。第5章是大地测量的基本测量技术与方法，比较全面地介绍了建立国家及工程测量控制网的基本原则，大地测量的仪器和内外业技术方法与大地测量数据处理及数据库建立等方面的知识。最后，第6章是深空大地测量介绍，这是当今测绘工作者应该要了解的必要内容。

　　本书严格按照教育部批准的"十五"国家级规划教材立项要求和全国高等学校测绘学科教学指导委员会和武汉大学的具体要求进行编写。参加本书编写的有孔祥元、郭际明、刘宗泉。其中孔祥元编写第1、第3、第4、第6章及第5章部分内容，郭际明编写第2章，刘宗泉编写第5章大部分内容。此外，张松林、丁士俊、苏新洲、程新明等也为本书编写做了许多有益工作。全书由孔祥元主编并负责统稿工作。

　　在本书编写过程中，始终得到全国高等学校测绘学科教学指导委员会主任、中国工程院院士宁津生教授的关注、指导和支持，并为此书作序，在此特向宁津生院士表示衷心感谢。解放军信息工程大学、海军大连舰艇学院、同济大学、中国矿业大学、辽宁工程技术大学、长安大学、中国地质大学、中国石油大学、桂林理工大学等兄弟院校测绘工程专业老师们提出了许多宝贵的意见和建议；武汉大学教务部和测绘学院领导和老师们予以直接指导与帮助。借此书出版之际，谨对上述领导、专家和朋友们一并表示深深的感谢。

　　测绘工程专业教学改革和课程建设是一项艰巨的系统工程，《大地测量学基础》的出版仅仅是其中的一个改革尝试，由于我们的水平所限，难免有错误和不妥之处，欢迎专家和读者批评指正。

编　者

2005 年 9 月 16 日于武汉大学

目　　录

第1章 绪 论

1.1 大地测量学的定义和作用

1.1.1 大地测量学的定义

大地测量学(英语 Geodesy，德语 Geodasie)是在一定的时间-空间参考系统中，测量和描绘地球及其他行星体的一门学科。西语中的大地测量学(Geodesy)的词源是由希腊词：$\tilde{\gamma}\eta$——地球及 $\delta\alpha\iota\omega$——我划分组成，最初的意义是陆地测量(land measuring or surveying)。然而随着时代的进步，学科的意义和内容也在发展和变化。在 1880 年，德国著名大地测量学家赫尔默特(F. R. Helmert)把它定义为"测量和描绘地球表面的科学"。这个定义既涵盖了原来意义上的内容，同时也包含了测定地球形状，包括外部重力场，以及在地球上进行必须顾及地球曲率的那些测量工作。为了从科学理论和实际技术上加以区别，他后来又应用了术语：高等大地测量学(higher Geodesy or hohere Geodasie)，意指理论(数学)大地测量学；普通大地测量学(lower Geodesy or niedere Geodasie)，意指地形测量学。现在大家所说的大地测量学(Geodesy)是指前者，但其研究的内容更加广泛和深入，于是有本节开头的定义。

大地测量学是地球科学中的一个分支，而且是发展最活跃、最具有重要地位的一个分支。它的最基本任务是测量和描绘地球并监测其变化，为人类活动提供关于地球等行星体的空间信息。因此，从本质上讲，它是一门地球信息学科，既是基础学科，又是应用学科。

经典大地测量学是把地球假设为刚体不变，均匀旋转的球体或椭球体，并在一定范围内测绘地球和研究其形状、大小及外部重力场。在这方面，经典大地测量学在理论和技术上均取得了巨大的成就，奠定了几何大地测量及物理大地测量的理论基础和实用方法，为人类社会经济发展作出了重大贡献。但从辩证唯物论的观点来看，这些都还有受时代影响的局限性，还不够完全和完善。因为无论是地球表面及外部空间，还是地球内部构造及演化，都在每时每刻地运动着和发展变化着。这种运动和变化不仅在地区和局域性范围内发生着，而且还在洲际乃至全球范围内进行着。其积累和突变将给人类赖以生存的环境空间带来巨大的影响，甚至直接涉及社会和人类生存的安危。显然，经典大地测量技术很不适应监测地球这种动态变化的要求。直到近 30 年来，以人造地球卫星及其他空间探测器为代表的先进的空间测绘技术的发展及应用，才把传统的大地测量学推进到以空间大地测量为主要标志的现代大地测量学的新时期。现代大地测量学在许多方面发挥着重大作用。

1

1.1.2　大地测量学的地位和作用

1. 大地测量学在国民经济各项建设和社会发展中发挥着基础先行性的重要保证作用

国民经济蓬勃发展的各项事业，比如交通运输事业(铁路、公路、航海、航空等)，资源开发事业(石油、天然气、钢铁、煤炭、矿藏等)，水利水电工程事业(大坝、水库、电站、堤防等)，工业企业建设事业(工厂、矿山等)，农业生产规划和土地管理，城市建设发展及社会信息管理等，都需要地形图作为规划、设计和发展的依据。可以说，地形图是一切经济建设规划和发展必需的基础性资料。为测制地形图首先要布设全国范围内及局域性的大地测量控制网，为取得大地点的精确坐标，必须要建立合理的大地测量坐标系以及确定地球的形状、大小及重力场参数。因此可以说，大地测量学是一切测绘科学技术的基础，在国民经济建设和社会发展中发挥着重要的时空基准作用。

2. 大地测量学在防灾、减灾、救灾及环境监测、评价与保护中发挥着独具风貌的特殊作用

地震、洪水和强热带风暴等自然灾害给人类社会带来巨大灾难和损失。地震大多数发生在板块削减带及板块内活动断裂带，地震具有周期性，是地球板块运动中能量积累和释放的有机过程。我国以及日本、美国等国家都在地震带区域内建立了密集的大地测量形变监测系统，利用 GNSS 和固定及流动的甚长基线干涉(VLBI)、激光测卫(SLR)站等现代大地测量手段进行自动连续监测。随着监测数据的积累和完善，地震预报理论及技术可望有新的突破，为人类预防地震造福。大地测量还可在山体滑坡、泥石流及雪崩等灾害监测中发挥作用。世界每年都发生各种灾难事件，如空难、海难、陆上交通事故、恶劣环境的围困等，国际组织已建立了救援系统，其关键是利用 GNSS 快速准确定位及卫星通信技术，将难事的地点及情况通告救援组织以便及时采取救援行动。

温室效应等又是人类关注的全球环境问题。对此，科学界正密切关注海水面上升，关注平均气温的变化，关注对农、林业等带来的影响，其中监测海水面变化的最有效的手段就是利用 GNSS 技术将全球验潮站联测到 VLBI 及 SLR 站上，以便根据长期监测结果，分析海水面变化，进而分析带来的影响。另外，为监测沙漠、森林、洪水等，主要的措施是发展遥感卫星，建立动态地理信息系统(GIS)。这也必须由大地测量来支持，因为发射近地卫星需要精密的地球重力场模型，发射站及跟踪站需要有准确的地心坐标，发展地理信息系统也需要有足够的大地测量控制点作保证。

3. 大地测量是发展空间技术和国防建设的重要保障

空间科学技术发展水平是当今衡量一个国家综合科技水平和综合国力的重要指标，同时也是评估一个国家国防能力的重要标志。卫星、导弹、航天飞机以及其他宇宙空间探测器的发射、制导、跟踪以及返回等都必须在大地测量保障下才能得以实现。这种保障主要体现在，要有一个精确的地球参考框架(指惯性坐标系及地心地固坐标系)及一个精密的全球重力场模型。前者用于描述空间飞行器在参考框架内的相对运动，后者用于对地球表面及其外空间一切飞行体的分析及设计力学行为的先验重力场约束。地球参考框架主要是由一定量的已知精确坐标的基准点及由四个基本参数(长半轴 a，地球重力场二阶正常带谐系数 J_2，地球自转角速度 ω 及地球引力常数与其质量乘积 GM)决定的正常地球椭球，并实现它的定位和定向。地球重力场模型位展开系数是卫星轨道动力学方程中的决定性参数。从古代战争到现代战争以及未来战争，都需要相应的军事测绘作保障，这主要表现在超前储备保障和动态实时保障。比如战争区域的电子地图、数字地图或数字地形信息库，打击目标的精确三维坐标及区域场景的数字影像地图等，都是现代战争必不可少的测绘文件。而这些测绘资料都是依赖于大地测量技术直接或间接参与而取得的。大地测量历来都与军事结有不解之缘，是现代战争赢得首战必胜的重要技术保障。

4. 大地测量在当代地球科学研究中的地位显得越来越重要

利用卫星测高和重力测量数据结合地球物理资料，更精确地查清了许多海底板块边界分布情况，监测海平面变化和以更高的分辨率确定海面地形；利用卫星重力测量及陆、海的大规模的重力测量提供更准确的重力场模型；VLBI 及 SLR 能以 $1mm/a$ 的速度分辨率精确测定板块相对运动，能以前所未有的空间分辨率和时间分辨率测定全球、区域或局部的地壳运动，为解释板块内的断裂作用、地震活动以及其他构造过程提供依据等。总之，大地测量能以其本身的独特的理论体系和测量手段，提供有关地球动力过程中时空度量上的定量和定性信息，与其他地学学科一起，共同揭示地球的奥秘。

5. 大地测量学是测绘学科的各分支学科(其中包括大地测量、工程测量、海洋测量、矿山测量、航空摄影测量与遥感、地图学与地理信息系统等)的基础科学

大地测量学的基础理论、手段和方法为测绘学科的发展奠定了坚实的基础，提供了先决条件。大地测量学的发展极大地影响和规定着测绘科学学科的发展。因此，凡从事测绘及相关工作的科技人员都应具备坚实的大地测量学基本知识。

1.2 大地测量学的基本体系和内容

1.2.1 大地测量学的基本体系

很久以来，人们把测量学划分为两个分支：测量学和大地测量学。测量学研究范围是不大的地球表面，以至于在这个范围内把地球表面认为是平面且不损害测量精度，计算时也认为在该范围内的铅垂线彼此是平行的。大地测量学是研究全球或相当大范围内的地球，在该范围内，铅垂线被认为彼此不平行，同时必须顾及地球的形状及重力场。之所以顾及地球重力场是因为地球重力对研究地球形状，对高精度测量及其数据处理都起到不可忽略的重要作用。

常规大地测量学经过不断发展和完善，已形成了完整的体系。主要包括：以研究建立国家大地测量控制网为中心内容的应用大地测量学；以研究坐标系建立及地球椭球性质以及投影数学变换为主要内容的椭球大地测量学；以研究测量天文经度、纬度及天文方位角为中心内容的大地天文测量学；以研究重力场及重力测量方法为中心内容的大地重力测量学，以及以研究大地测量控制网平差计算为主要内容的测量平差等。

大地测量学的发展还与一系列相关学科的发展有着密切的关系。特别是电子学和空间科学的发展，电子计算机、人造地球卫星以及声呐等先进科学技术的出现，使得大地测量学同其他学科相结合出现了许多新的研究方向和分支，极大地发展和丰富了常规大地测量的内容和体系。比如，大地测量学同无线电电子学相结合产生了电磁波测距大地测量学；与天体力学及天文学结合产生了宇宙大地测量学，其中包括月球及行星大地测量学；与海

洋地质学及海洋导航学结合形成了海洋大地测量学；与地球物理、海洋地质学及地质学相结合形成了地球动力学；与人造地球卫星学及天体力学相结合形成了卫星大地测量学；以惯性原理为基础，利用加速度计测量运动物体某方向加速度，通过计算机积分计算而得到运动物体空间位置的惯性大地测量学；与线性代数、矩阵、概率统计及优化设计、数值计算方法等相结合形成现代大地测量数据处理学等。以上这些新的方向和分支充分地说明了大地测量学已从传统的大地测量学进入到现代大地测量学的新时期。

综上所述，我们可把现代大地测量学归纳为由以下三个基本分支为主所构成的基本体系。这三个基本分支是：几何大地测量学、物理大地测量学及空间大地测量学。

几何大地测量学亦即天文大地测量学。它的基本任务是确定地球的形状和大小及确定地面点的几何位置。主要内容是关于国家大地测量控制网（包括平面控制网和高程控制网）建立的基本原理和方法，精密角度测量，距离测量，水准测量；地球椭球数学性质，椭球面上测量计算，椭球数学投影变换以及地球椭球几何参数的数学模型等。

物理大地测量学也有称为理论大地测量学。它的基本任务是用物理方法（重力测量）确定地球形状及其外部重力场。主要内容包括位理论、地球重力场、重力测量及其归算、推求地球形状及外部重力场的理论与方法等。

空间大地测量学主要研究以人造地球卫星及其他空间探测器为代表的空间大地测量的理论、技术与方法。

现代大地测量学同传统大地测量学之间没有严格界限，但现代大地测量学确实具有许多新的特征。首先，现代大地测量的测量范围大，它可在国家、国际、洲际、海洋及陆上、全球，乃至月球及太阳行星系等广大宇宙空间进行。第二，已从静态测量发展到动态测量，从地球表面测绘发展到深入地球内部构造及动力过程的研究，即研究的对象和范围不断地深入、全面和精细。第三，观测的精度高，长距离相对定位精度达 $10^{-8} \sim 10^{-9}$，绝对精度达毫米级，有的达亚毫米级；角度测量精度在零点几秒，高程测量精度是亚毫米，重力测量精度是微伽级等，高质量的观测资料必将对本学科的发展和其他相关学科的发展带来深刻的影响。最后，现代大地测量的测量周期短也是区别传统大地测量学的重要标志。

1.2.2　大地测量学的基本内容

综上所述，可把现代大地测量学的基本科学技术内容归纳如下：

(1)确定地球形状及外部重力场及其随时间的变化，建立统一的大地测量坐标系，研究地壳形变(包括地壳垂直升降及水平位移)，测定极移以及海洋水面地形及其变化等。

(2)研究月球及太阳系行星的形状及重力场。

(3)建立和维持具有高科技水平的国家和全球的天文大地水平控制网和精密水准网以及海洋大地控制网，以满足国民经济发展和国防建设的需要。

(4)研究为获得高精度测量成果的仪器和方法等。

(5)研究地球表面向椭球面或平面的投影数学变换及相关的大地测量计算。

(6)研究大规模、高精度和多类别的地面网、空间网及其联合网的数据处理理论和方法，测量数据库建立及应用等。

1.2.3 大地测量学同其他学科的关系

1. 作为大地测量学理论基础的学科是：数学、计算机科学和物理学

数学是大地测量学的最重要的基石。很早以来，人们就把大地测量学作为应用数学的一个分支，因为大地测量学实质上就是几何学对地球的应用。可以说，大地测量学的全部内容都是在数学理论下构筑和发展起来的。涉及的数学内容主要有：解析几何和微分几何、高等代数、微积分学、函数论、概率论、傅立叶分析、矢量与张量、特殊函数等一般常见的数学知识；也包括最优化方法、有限元法、数理统计、实验数据处理等广泛使用的数学方法；也包括抽象代数、线性空间、拓扑学、泛函分析等比较抽象而又重要的数学理论。

计算机科学是现代一切科学技术其中包括大地测量学的强大的计算工具和辅助分析设备。由于大地测量学面临的问题复杂，既有几何的又有物理的，既有静态的也有动态的，既有空间的又有时变的，既有局部的也有全球的；所拥有的数据量大，数据种类多等特点，大地测量学者必须应用计算机解算才能完成这些问题。对于一个大地测量学者，应该熟练地掌握计算机科学的有关知识，这些知识包括：计算机操作系统、算法语言与编程、数据库、计算机绘图以及包括趋近计算、数值积分、数值微分以及微分方程求解等计算机的数值计算方法等。

物理学对大地测量学者来说如同数学一样的重要。在力学中，重力在大地测量中占有极重要的地位，因为一切测量工作都是在地球引力场中进行的，测量仪器的设计生产和使用，测量数据的采集、归算和处理都必须具备这方面的知识，在研究天体及其卫星的运动时，必须在牛顿万有引力定律及开普勒行星运行定律以及摄动影响等理论的指导下进行，在分析地壳形变时又需要有地球动力学方面的知识；在电学中，电子仪器设计生产、使用和维护，电磁波在大气、水等媒介中传播等都离不开电磁学的知识。

2. 作为与大地测量学互相渗透、息息相通、相合共生的学科有：地球物理学、空间科学、天文学、海洋学、大气科学以及地质学等

地球物理学同其他许多学科一样，需要大地测量学提供关于位置及地球瞬时变形(包括地壳升降及水平位移等)的信息，而大地测量学正是把它作为自己的重要研究内容；重力对地球物理学来说，无论是理论上还是实际勘探，都是最重要的信息源之一，重力数据对研究地球内部物质密度分布的不均性有重要意义，而大地测量正是利用重力数据来研究地球重力场的特性，所以说这两种学科又通过对重力及重力数据的研究紧密地联系在一起，并且互相渗透共同发展。

空间科学同大地测量学也具有非常紧密的关系。一方面，地球外部重力场的物理和几何性质对空间探测器轨道的预报有极重要的影响作用，同时跟踪空间探测器的地面基准站的位置需要用大地测量手段来精密确定；另一方面，空间科学的发展为大地测量提供了最为有用的定位系统，比如 GNSS 全球导航卫星系统，从而大大改善了已有的地面测量技术，另外通过对卫星精密轨道跟踪观测的分析已提供了地球重力场的最好的长波数据，其中包括地球的扁率值，对深空探测器的跟踪还可以最精确地确定地球的质量，并且深空大地测量，包括月球大地测量和行星大地测量的发展也离不开空间科学的发展。

天文学同大地测量学的密切关系更是源远流长。在过去，实用天文学就是根据天文知

识，运用对天体(恒星)观测的方法来确定地面点的天文经度、天文纬度和天文方位角的一门课程，天文测量数据同大地测量数据一起可以确定测点的垂线偏差，确定地球形状和大小等。目前这种相互依赖关系，就某些问题而言似乎在减弱，但从发展眼光看，这种关系就另一些问题而言仍在与日俱增，比如用天文测量方法监测地球的自转轴运动的变化，根据激光测月资料计算月球轨道及天平动等，这些在天文学中都具有重要意义。

海洋学也与大地测量学有密切的相依关系。在大地测量中，最重要的概念之一——大地水准面就是与平均海水面最接近的重力等位面。大地测量通过验潮站水位标尺关于水位的多年观测资料来确定一个国家或地区的高程基准，并提供海水平面的相对高程变化。通过现代测量手段，为海船、冰块等漂浮物提供准确位置，测定海面地形、洋流及鱼群的游动方向，特别重要的是提供海岸线的变化，为研究全球气候变化提供重要资料。海图对航海及海洋开发等均具有重要意义，如今海洋测绘已成大地测量的重要分支。海洋物理特性比如海水温度、咸度及它们的变化以及潮汐、两极冰山融化等都直接或间接影响着大地测量的精度。

气象学也与大地测量学有密切关系。电磁波在大气传播的过程中，由于受大气折射的影响，使其传播轨道弯曲及速度变慢，使测距受到严重干扰和影响，因此大地测量需要气象学提供完善的大气折射模型以及准确的测量大气元素(气温、气压、湿度等)的仪器和方法，而大地测量中的多载波测距既可消除大气折射的影响又可求解出相应的大气密度和电子密度及其变化，为气象学研究大气提供可靠方法。

以上概述了一般意义下的现代大地测量学的各个领域和方面。本书的内容是依据其基本体系和基本内容，系统地介绍现代大地测量学的基本理论、技术和方法，为后续课程的学习和今后从事测绘科技工作打下坚实的基础。

1.3 大地测量学的发展简史及展望

1.3.1 大地测量学的发展简史

探讨人类赖以生存的地球形状和大小的问题，是最复杂的科学问题之一，人们从远古至现代都在孜孜求索。回顾这一科学发展历程，大致可划分为四个阶段：

(1)从远古至 17 世纪末，此期间人们把地球认为是圆球。

(2)从 17 世纪末至 19 世纪下半叶，在这将近 200 年期间，人们把地球作为圆球的认识推进到向两极略扁的椭球。

(3)从 19 世纪下半叶至 20 世纪 40 年代，人们将对椭球的认识发展到似大地水准面包围的大地体。

(4)从 20 世纪 40 年代至今，人们认为地球是由其自然表面包围的复杂形体。

大地测量学整个发展历史就是伴随着人类认识地球的不断深化而逐渐产生、形成和发展起来的科学史。

1. 第一阶段：地球圆球阶段

在远古时代，我国劳动人民就提出"天圆地方"的说法。公元前 6 世纪后半叶，毕达哥拉斯(Pythagoras)提出了地球是圆球的说法。公元前 3 世纪，亚历山大学者埃拉托色尼

(Eratosthenes)首次用子午圈弧长测量法来估算地球半径。他认为,亚历山大城(Alexanaria)和赛尼(Syene)城(埃及)位于同一子午线上。他发现,在夏至(6月21日)这一天正午,日光正直射赛尼城的井底,即太阳的天顶距为零(太阳高度角为90°);同日正午在亚历山大城,日光与垂线方向的夹角是圆周的1/50,即日光南偏7°12′(即太阳高度角为82°48′),又认为这两束阳光彼此平行,故可认为两城的纬度差 $\Delta\varphi = 7°12′$,他由埃及地籍图估计这两座城的距离为5 000古埃及尺(Stadia),利用这些数据估算出地球半径(与现代数据比较,误差大约在100km),这是人类应用弧度测量概念对地球大小的第一次估算。从上可见,用这种方法解决地球大小问题分为两种测量:一是属于天文部分:子午圈弧长两端点的纬度差;一是属于大地部分:两端点间的子午圈弧长。以这些观测为基础,用天文大地测量方法确定地球大小的基本原则,时至今日仍在使用。

最早一次对地球大小实测是在我国唐朝开元期间(713—741年),在高僧一行(683—727年,俗名张遂)指导下进行的。这次重要成果是由一行派太史监南宫说在河南平原上进行弧度测量取得的。他选择了地面平坦无障碍且大致位于同一子午线上的滑州白马(今滑县附近)、浚仪(今开封西北)、扶沟和上蔡等四地作为台站。用"复矩"测量北极高度,用圭表测定日影长度,用测绳实地丈量四站中间的三段距离(将近300km),从而推算北极星每差一度相应的地面长度。在《旧唐书·天文志》中记载了其结果:"……然大率五百二十六里二百七十步而北极差一度半,三百五十一里八十步而差一度",按现代计量单位折算,可得这段子午线上纬度差一度地面相距约132km,比现代值110.95km约长21km。

公元827年在阿拉伯回教主阿尔曼孟(AL Mamun)领导下也进行过一次有意义的弧度测量。测区选在伊拉克巴格达西北,两支测量队从北纬35°的同一点沿同一子午线分别向北、向南测量恒星高度到1°为止,距离用木杆以古阿拉伯尺为单位丈量。推算出纬度35°处的1°子午线弧长等于111.8km,比正确值110.95km只大1%。

大约从公元6世纪开始,欧洲在宗教桎梏下,科学技术处于极度低迷状态。直到15—16世纪文艺复兴浪潮席卷欧洲的时候,以哥白尼、伽利略及牛顿等为代表的一批科学家摆脱宗教枷锁束缚之后,才在自然科学方面获得一系列的惊人发明和创造。在这种大环境之下,也促进了大地测量学的萌芽和形成。

2. 第二阶段:地球椭球阶段

在17世纪初,1615年荷兰人斯涅耳(W. Snell)首创三角测量法,这不但结束了粗略艰难的实地距离丈量的历史,而且在方法上,大大推进了大地测量的发展。此后,望远镜、游标尺、十字丝、测微器等相继出现,在测量工具方面也促进了大地测量的发展。

天文学和物理学在地球形状、重力场及其空间位置等方面也都提出了崭新的观念。比如波兰的哥白尼(N. Coperninus),于1543年在其著作《关于天体的圆运动》中,创立了日心说,确定了地球在太阳系中的空间位置;德国的开普勒(J. Kepler)于1619年发表了行星运动遵循的三大定律;意大利的伽利略(G. Calileo)于1590年根据自由落体原理进行了第一次重力测量;荷兰的惠更斯(C. Huygens)于1673年提出用摆进行重力测量的原理,并推导了数学摆公式。

研究地球形状和大小的新时期是由伟大的英国物理学家牛顿(L. Newton,1642—1727年)开创的。牛顿于1687年在其著作《自然哲学的数学原理》中,根据他建立的万有引力定律,并假设地球是均质流体,经论证认为:①在万有引力定律下,并绕一轴旋转的均质流体物质的均衡形状，是两极扁平的旋转椭球，其扁率 $\alpha = \dfrac{a-b}{a}$（a，b 分别是椭球长、短半轴）等于 1/230；②重力加速度由赤道向两极与 $\sin^2\varphi$（φ 为地理纬度）成比例地增加。惠更斯在其著作《关于重力的起因》中，也推导了地球的扁率。所不同的是，他是把地球质量集中在球心，而牛顿则是将地球看成一个均质球体。惠更斯推导的扁率 $\alpha = 1/578$，它等于赤道处离心力与引力之比的一半。从而人类进入了认识地球为旋转椭球的新阶段，几何大地测量学得到形成和发展，物理大地测量学开始奠定基础。

我国清朝康熙年间（1708—1716 年），为测制"皇舆全览图"，进行了大量的天文大地测量工作。其中最有意义的是 1710 年当法国神父雷考思（Pere Regis）和杜德美（Pere Jarteux）自齐齐哈尔南归时，曾在纬度 47°~41°，用测绳实地丈量每度的弧长，发现这些弧长值随纬度不同而不同，由南向北增加，在这 6° 之间共差 258 尺（1 尺 = 0.3085m），这为地球非球而近于椭球之说提供了资料。而最后证明这一学说的乃是由法国科学院组织的两个测量队，于 1735 年分赴北欧的拉普兰和科鲁的两次用三角测量法所进行的弧度测量结果。其中北欧队的观测结果是，拉普兰（纬度 66°）的子午圈 1 度弧长是 111.92km，比波卡于 1669—1670 年在法国巴黎（纬度约 49°）测得子午圈上的弧长 111.21km 大了很多。秘鲁队在戈丁弧测量中，得出赤道附近 1 度弧长是 110.60km。以上这些天文大地测量工作结果，直接有力地证明了认为地球是椭球的学说是正确的。

在这个阶段，几何大地测量在验证了牛顿的万有引力定律和证实地球为椭球学说之后，开始走向成熟发展的道路，取得的成绩主要体现在以下几个方面：

（1）长度单位的建立。法国利用新的更精确的弧度测量结果，于 1799 年计算了一个新的椭球参数（称为 1800 年德兰勃尔椭球）：$a = 6\ 375\ 653$m，$\alpha = 1/334$，取其子午圈弧长的 1/40 000 000 作为长度单位，称为 1m。从而在大地测量中有了明确的长度单位。

（2）最小二乘法的提出。法国的勒让德（A. M. Legendre）于 1806 年首次发表了最小二乘法理论。事实上德国的高斯（C. F. Gauss）于 1794 年已经应用这一理论推算了谷神星的轨道，但在 1809 年，才在他的著作《天体运行论》中导出最小二乘法原理，并把这一原理用到后来的大地测量平差中。这一理论中心内容是利用具有观测误差的多余观测的数列求定待定参数最佳估值及其精度。

（3）椭球大地测量学的形成，解决了椭球数学性质，椭球面上测量计算，以及将椭球面投影到平面的正形投影方法。在这个领域，高斯、勒让德及贝塞尔（F. W. Bessel）作出了巨大贡献。

（4）弧度测量大规模展开。由于带有测微机构的经纬仪，精确长度杆尺及基线尺，纬度及天文方位角观测方法等新技术的出现和使用，促进了弧度测量的发展。在这期间主要有以英国、法国、西班牙为代表的西欧弧度测量，以及德国、俄国、美国等为代表的三角测量。

（5）推算了不同的地球椭球参数。最著名的有：贝赛尔推算的椭球参数：

长半轴：$a = 6\ 377\ 397$m ± 210m，扁率：$\alpha = 1 : 299.1 \pm 4.7$。

对此称为 1841 贝赛尔椭球。克拉克（A. R. Clarke）推算的椭球参数：

$$a = 6\ 378\ 249\text{m}, \qquad \alpha = 1 : 293.5$$

对此称为 1840 克拉克椭球。

这两个椭球曾得到广泛应用。

在这个阶段为物理大地测量学奠定了基础理论，主要体现在以下几个方面：

(1)克莱罗定理的提出。法国学者克莱罗(A. C. Clairaut)，既不像牛顿那样认为地球是均质流体的均衡体，也不像惠更斯那样认为地球质量集中在地心，而是假设地球是由许多密度不同的均匀物质层圈组成的椭球体。这些椭球面都是重力等位面(即水准面)，且各层密度由地心向外逐层按一定法则减少，则该椭球面上纬度 φ 的一点的重力加速度按下式计算：

$$\gamma_\varphi = \gamma_e(1 + \beta \cdot \sin^2\varphi) \tag{1-1}$$

而

$$\beta = \frac{5}{2}q - \alpha \tag{1-2}$$

此称为克莱罗定理，式中 γ_φ、γ_e 分别为纬度 φ 的点及赤道上的重力加速度；q 为赤道上的离心力和赤道上重力加速度之比：

$$q = \frac{\omega^2 a}{\gamma_e} = \frac{1}{288}$$

式中：a——椭球长半轴，ω——旋转椭球的角速度。

当将 $\varphi = 90°$ 代入(1-1)式，则得极点处的重力加速度

$$\gamma_p = \gamma_e(1 + \beta) \tag{1-3}$$

由此得

$$\beta = \frac{\gamma_p - \gamma_e}{\gamma_e} \tag{1-4}$$

由此可见，系数 β 表达了重力从两极向赤道相对的变化率，称为重力扁率。

由(1-2)式可得椭球扁率

$$\alpha = \frac{5}{2}q - \beta \tag{1-5}$$

克莱罗定理具有极其重要的意义。首先它论证了正常重力的计算公式，只要知道点的位置(即纬度 φ)，那么就可按此公式计算出该点的正常重力 γ_φ，如果再用几何大地测量方法和天文测量方法分别测得了 a 和 ω，即可按(1-5)式计算出地球扁率 α。因此(1-5)式是按重力方法求定地球形状的基本公式。

(2)重力位函数的提出，为了确定重力与地球形状的关系，法国的勒让德提出了位函数的概念。所谓位函数，即是有这种性质的函数：在一个参考坐标系中，引力位对被吸引点三个坐标方向的一阶导数等于引力在该方向上的分力。研究地球形状可借助于研究等位面，研究重力场可借助于重力位的一阶导数。因此，位函数把地球形状和重力场紧密地联系在一起了。

(3)地壳均衡学说的提出。英国的普拉特(J. H. Pratt)和艾黎(G. B. Airy)几乎在同时都提出了地壳均衡学说。虽然是两种不同的均衡模式，但它们都论证了某一深度处的压力是相等的，地球的外层在未受到侵蚀和沉积作用的扰动时处于均衡状态。根据地壳均衡学说导出均衡重力异常以用于重力归算。

(4)重力测量有了进展。设计和生产了用于绝对重力测量的可倒摆以及用于相对重力测量的便携式摆仪，极大地推动了重力测量的发展。

在这一阶段，虽然大地测量学得到了很大发展，但将地球认为是椭球也暴露了许多矛盾，比如作为外业测量的参考基准线是铅垂线，而椭球面计算基准线则是法线；铅垂线方向是物理的重力方向，而法线方向则是几何的垂直方向。重力方向相对法线方向有偏差，即所谓垂线偏差，具有系统性质。地球表面每点的重力及其方向都不相同，因此给测量结果带来的影响也不同。另外，地球表面是极其复杂的自然地面，海底也不规则，因此地表不能用简单数学关系式来表达，只能用控制点坐标来逐点描绘。但海水面占全球表面大部分，且比较规则，在某种假设下，可认为海水面是重力等位面，并把它延伸到大陆下，得到一个遍及全球的等位面。德国的李斯廷(J. B. Listing)于 1872 年，把它命名为大地水准面。从而，人类认识地球形状又产生了一次飞跃，即将椭球面推进到大地水准面的新阶段。

　　3. 第三阶段：大地水准面阶段

　　几何大地测量学在这一阶段的进展主要体现在以下几个方面：

　　(1)天文大地网的布设有了重大发展。当时全球有三个大规模天文大地网：①1800—1900 年施测的印度天文大地网，该一等三角锁总长超过 2×10^4 km，其中有由 4 个基本锁构成的长约 6 000km 的基本锁，平均边长约 45km，基线间距 700~1 200km。但天文点稀疏，没有拉普拉斯点可供使用，后来不得不加补测。②1911—1935 年施测的美国天文大地网，进行全长约 7 万 km 新一等三角锁，基线平均间距 400km，天文点间平均间距 150km，拉普拉斯点平均间距 250km。③1924—1950 年施测的苏联天文大地网，其中包含一等三角锁 7.5 万 km，在一等锁交叉处都测量起始边及天文经度、纬度及方位角。这些天文大地控制网为完成本身的科学技术任务做出重要贡献。

　　(2)铟瓦基线尺出现，带平行玻璃板测微器的水准仪及铟瓦水准尺使用；将天文大地测量同重力测量相结合代替天文水准等方面也有较大进步。

　　物理大地测量理论研究和实践都取得了重大进展。主要体现在：

　　(1)大地测量边值问题理论的提出。克莱罗依据地球是椭球，并按不同密度的均匀物质层分布等假设提出了著名的克莱罗定理。依据此定理得出的地球形状是椭球的扁率及外部正常重力场，因此克莱罗是以椭球面为边界解决边值问题的。英国的斯托克司(G. G. Stokes)于 1849 年提出了一个定理，把真正的地球重力位分为正常重力位和扰动位两部分，实际的重力分为正常重力和重力异常两部分，在某些假定条件下进行简化，通过重力异常的积分，提出了以大地水准面为边界面的扰动位计算公式和大地水准面起伏公式。后来，荷兰学者维宁·曼尼兹(F. A. Vening Meinesz)根据斯托克司公式推出了以大地水准面为参考面的垂线偏差公式。俄国学者莫洛金斯基(М. С. Молодченский)根据克拉索夫斯基的设想，于 1945 年提出了解决大地测量边值的一种方法。该方法实质是通过地面上观测的重力值精确求定地面点的扰动位，但其边界不是大地水准面而是地球表面，即直接利用地面上的重力观测值求定地球形状和外部重力场，而不是通过大地水准面求解。

　　(2)提出了新的椭球参数。这阶段椭球参数推求的特点主要体现在用重力测量资料推求椭球扁率。最著名的有赫尔默特椭球，海福特椭球和克拉索夫斯基椭球等及这些椭球的参数。

　　赫尔默特(F. R. Helmert)在 1880 年和 1884 年先后发表了名著《大地测量学的数学和物理学原理》第 1 卷和第 2 卷，在书中给大地测量学第一次下了明确定义：大地测量学是测量地球表面的科学。同时着重论述了利用重力资料求定椭球扁率的原理和方法。他又于1906 年提出了赫尔默特椭球参数：

$$a = 6\ 378\ 140\text{m}, \quad \alpha = 1 : 298.3$$

海福特(F. Hayford)利用普拉特的地壳均衡学说和美国 1909 年前的弧度测量数据，推算了如下的椭球参数：

$$a = 6\ 378\ 388 \pm 35\text{m}, \quad \alpha = 1 : 297.0 \pm 0.5$$

对此称为海福特 1910 年椭球。

克拉索夫斯基(Ф. Н. Крассовский)利用原苏联、美国、西欧等弧度测量数据，推算了如下椭球参数：

$$a = 6\ 378\ 245\text{m}, \quad \alpha = 1 : 298.3$$

除上述主要成就外，对几何和物理大地测量有重大影响的测量数据处理和测量平差理论与实践方面也取得了重大进步。比如，在平差计算之前，首先应对测量数据进行归算，此时方向及方位角观测值都应加上垂线偏差及照准点高程改正，距离归化应加上大地水准面差距的影响等。其次，1912 年马尔可夫(A. A. Markov)在高斯平差理论的基础上，提出了高斯-马尔可夫的平差模型，1946 年荷兰学者田斯特拉(J. M. Tienstra)首先完成了关于相关平差的理论，这一理论把观测值的概念扩大了，不只限于随机变量的独立观测值，而且也适于随机相关的观测值及其函数。针对天文大地网的规模大、未知参数多的问题，提出了分阶段、分区以及分组平差的理论与实践。此外矩阵及线性代数和数理统计等相关学科理论引入测量平差中也推进了测量平差发展的进程。

4. 第四阶段：现代大地测量新时期

20 世纪下半叶，以电磁波测距、人造地球卫星定位系统及甚长基线干涉测量等为代表的新的测量技术的出现，给传统的大地测量带来了革命性的变革，使大地测量定位定向、确定地球参数及重力场，构筑数字地球等基本测绘任务都以崭新的理论和方法来进行。从此大地测量学进入了以空间测量技术为代表的现代大地测量发展的新时期。

1948 年瑞典人贝尔斯特兰德(E. Bergstrand)首先研制成功世界上第一台光电测距仪，20 世纪 60 年代又出现了激光测距仪；1956 年南非人沃德利(T. L. Waldley)研制成功世界上第一台微波测距仪，70 年代德国首先研制成功测距、测角相结合的电子速测仪，还有一些其他的精密测距定位系统也相继问世。这不但为传统大地测量测量基线长度创造了条件，而且还使导线测量及测边网、测边测角网测量成为可能。

20 世纪 70 年代，卫星多普勒技术、海洋卫星雷达测高以及激光卫星测距(SLR)等都得到了应用。特别是 80 年代，美国全球卫星定位系统(GPS)得到全面发展，并投入使用，俄罗斯也有相应的定位系统——GLONASS。卫星导航定位系统具有高精度、全天候、高效率、多功能、操作简便以及应用广泛等优点。已被应用到建立全国性的大地测量控制网，测定全球性的地球动态参数和精化重力场模型，监测地球板块运动状态和地壳形变、高精度海岛联测及海洋测绘，用于海空导航、车辆引导、导弹制导、工程测量、城市及工程控制网建立、动态观测、设备安装、时间传递、速度测量等。

利用空间探测器、卫星或空间飞行器，在月球表面或其他行星表面建立大地控制网和摄取像片，从而对月球或其他太阳系行星进行形状、大小及重力场模型的确定及地形图的测绘,由此形成了月球和行星大地测量学。

在此期间,我国及其他国家都建立了高精度的天文大地网。经过平差计算后,都建立了自己的大地参考基准。我国于 1951—1975 年,在 25 年间建成了全国天文大地网,包括:一等锁:共 5 206 个三角点,构成 326 个锁段,这些锁段共形成 120 个锁环,全长 7.5 万 km;二等锁网及二等三角全面网共 33 478 个点;青藏高原一等导线 22 条,全长约 1.24 万 km,含 426 个导线点;二等导线 48 条,全长约 6 800km,含 400 个导线点;一、二等起始边 467 条,拉普拉斯方位角 458 个,用于推算垂线偏差的天文点 2 218 个点,天文水准和天文重力水准线路全长 6.4 万 km 等。在 1972—1982 年,进行了天文大地网的平差计算,同时建立了我国新的大地测量基准——1980 年国家大地坐标系。此外,美国建立了横贯大陆导线,此时还联测了多普勒站、VLBI 站及激光测卫站,重新定义和平差,建立了 1983 年北美大地基准,简称为 NAD_{83}。加拿大和澳大利亚也分别建立了大地控制网。

与此同时,我国和其他国家还分别建立了各自的大规模水准网。到 1981 年,我国共完成了全长约 93 360km 的一等水准测量路线,构成 100 个闭合环,环线周长一般在 800~1 500km。1982 年开始施测二等水准测量线路,总长 13.7 万 km。于 1985 年完成了平差计算,并建立了"1985 国家高程基准"。国家第三期一等水准测设工作已完成。由美国、加拿大及墨西哥等国共同布设和重新进行北美水准网平差,其中美国重测了 81 160km 的一等水准线路。平差工作于 1991 年完成,所得结果称为 1988 年北美高程基准,简写为 $NAVD_{88}$。此外,欧洲的芬兰、瑞典、英国等 11 个国家建立了统一的欧洲水准网,最后平差结果称为 1973 年欧洲统一水准网,简称为 $UELN_{73}$。

在此期间,由于高精度绝对重力仪和相对重力仪的研究成功和使用,有些国家建立了自己的高精度重力网。大多是首先用绝对重力仪测量少数绝对重力点作为基准点,然后再用相对重力仪对网中基本重力点进行联测。我国曾于 1957 年建立一个属于波茨坦系统的重力网,其中包括 21 个基本点和 82 个一等点。但由于重力值是从波茨坦经前苏联辗转传递,系统误差积累较大,且后来国际上决定建立新的国际绝对重力基本网,因此这个重力网显然不适应现代国民经济建设和科学发展的要求,于是我国从 1981 年开始建立中国高精度重力基本网。首先用 IMGC 型绝对重力仪测定了 11 点的绝对重力点,从其中选 6 个点作为该网的基准点。1983—1984 年,用 LCR-G 型相对重力仪进行了 6 个基准点和 46 个基本点的联测,同时还同我国香港、日本等地共 23 个国际已知重力点联测。经过网的平差,单位权中误差为 $15\mu Gal$,点重力值的中误差为 $5~13\mu Gal$,由此所得的重力网称为 1985 年国家重力基本网。2002 年我国建立了第三个重力测量框架,即 2000 国家重力基本网。该网用 FGS 绝对重力仪测定了 21 个重力基准点作为我国的重力基准,此外还包括 126 个重力基本点和 112 个重力基本点引点,共计 259 个点组成。2000 国家重力基本网的重力参考系统对应于 GRS80 椭球常数。2000 国家重力基本网是目前我国采用的新的重力基准和重力测量参考框架。此外,美国也建立了自己的国家重力网,欧洲建立了统一重力网。

大地控制网优化设计理论和最小二乘配置法的提出和应用,是这一时期的又一重要成就。20 世纪 60 年代,荷兰学者巴尔达(W. Baarda)重新研究并提出了大地控制网质量标准问题，明确提出评价大地网质量的三项标准：精度、可靠性和经费。在精度标准中，提出准则矩阵的概念。在 70 年代，德国学者格拉法伦德(E. Grafarend)等对大地网的优化设计进行了理论研究，提出了人们公认的优化设计的四类分法及内容，系统地引进了数学规划的解法，并分析了准则矩阵的建立等问题。这一理论和方法，很快在大地网、工程测量控制网以及变形监测网等的优化设计中得到应用。虽然，由于 GNSS 定位的特点，对它来说，并不再显得很重要，但在其他方面仍不失它的价值和作用。最小二乘配置法综合了平差、滤波和推估，形成了广义的最小二乘法平差理论。最小二乘配置法的数学模型是：

$$L = AX + s + n \tag{1-6}$$

式中：L 是观测向量；X 是参数向量；A 是影响系数阵；s 是信号，它不仅存在于一些离散的观测点上，也存在于非观测点上，并按一定约束作连续变化；n 是噪声。如果把求定参数 X 看做平差，消去噪声是滤波，计算非观测点上的信号 s 看做推估，那么这个数学模型就是平差、滤波和推估的综合。这一理论已开始试用于重力、垂线偏差及大地水准面起伏的内插和推估中。

1.3.2 大地测量学的展望

1. 全球导航卫星系统(GNSS)、激光测卫(SLR)以及甚长基线干涉测量(VLBI)是主导本学科发展的主要的空间大地测量技术

美国全球定位系统(GPS)、俄罗斯全球导航卫星系统(GLONASS)、欧盟伽利略(Galileo)导航卫星系统和中国的北斗导航卫星系统(BDS)是目前的全球四大导航卫星系统，统称为全球导航卫星系统(Global Navigation Satellite System，GNSS)。下面介绍一下它们的发展情况。

(1)"GPS 现代化"的简要情况。

GPS 星座的新变化：1994 年完成星座部署，投入全面运行服务。2000 年 5 月美国宣布取消 SA 政策，于是以此为标志，GPS 发展进入"GPS 现代化"阶段。2008 年 1 月 10 日该系统在轨卫星数 30 颗，其中 GPS-2A：13 颗，GPS-2R：12 颗，GPS-2RM：5 颗。GPS-3A 计划正在进行，美国空军已将此项合同签给洛克希德·马丁航天系统公司。将为 GPS 系统提供强大的增强功能，其中包括增加经过与欧洲伽利略系统协调的 L1C 民用导航信号等。2018 年发射了第一颗 GPS-3A 卫星。GPS-3B 将实现交叉连接的指挥与控制结构。GPS-3C 将配备一个高功率的点波束，用来传递更为强大的军码信号，以增强抗干扰能力。

从 GPS-2RM 开始，在 L2 上增加了 L2C 民用导航码(C/A)，在 L1 和 L2 增加了 M 码军用导航信号；在 GPS-2F 上又增加了 L5C 民用导航码(L5 的频率为 1 176.45MHz)。

(2)GLONASS 现代化的简要情况。

GLONASS 星座情况：1996 年 1 月 18 日实现 24 颗星的满星座运行。但后来某些卫星撤出服务。2008 年 1 月 3 日共有 18 颗卫星。其中 2 颗即将退役，3 颗在调试。实际上，只有 13 颗卫星提供导航服务。2008 年 9 月 25 日又发射了 3 颗卫星，到 11 月中旬达到 17 颗，12 月 25 日再发射 3 颗，现有在轨卫星 20 颗。2009 年 2 月 12 日宣布：其中 19 颗投入正常工作，另 1 颗在调试。计划 2011 年达 30 颗。

第一代、第二代卫星产品分别为 GLONASS 和 GLONASS-M。GLONASS-K 是 2005 年计

划实施的新一代先进卫星，是该系统中的第三代产品，采用经改进的快讯-1000平台，重750kg，寿命12年，在L频段上播发3个民用导航信号，以增加导航市场的竞争能力，预计2010年开始发射、实验和验证。

（3）Galileo导航卫星系统是由欧盟委员会（EC）和欧空局（ESA）共同负责建设的民用导航定位系统，欧盟委员会主要负责系统总体构架、协作政策、利益分配、用户需求等方面的工作，欧空局主要负责系统定义、在轨测试、卫星星座、地面控制中心等技术层面的问题。

Galileo导航卫星系统建设分为三个阶段：

① 提出计划与系统设计阶段：欧盟执行机构欧洲委员会于1999年公布"伽利略"计划，并开始了管理方式、运行管理、系统设计、安全性、服务费用和效益分析等方面的工作，2002年提出系统测试台第一期计划（GSTB-V1），于2003年完成了系统基本规格说明和协作政策等文档。

② 系统发展与在轨测试阶段：计划发射4颗实验卫星，进行定位与导航的技术测试和实验验证，2003年实施在轨测试计划（GIOVE），原称为系统测试台第二期计划（GSTB-V2），2005年发射了第一颗实验卫星GIOVE-A，2008年发射了第二颗实验卫星GIOVE-B。按照原计划，应在2008年完成全星座运行，这一阶段已比原计划大大推迟了。

③ 全星座运行与实际应用阶段：实现30颗在轨卫星运行的卫星星座，采用圆形中等高度轨道（23 222km），卫星分布于三个倾角为56°的轨道面上，每个轨道上有9颗工作卫星和1颗备用卫星，测距码调制于1.1~1.6GHz的3个频率的载波上（E1：1 575.42MHz，E5：1 191.795MHz，E6：1 278.75MHz）；实际应用分为公开服务（OS）、商业服务（CS）、生命救援服务（SOL）、公共管理服务（PRS）。

大地测量相关的精密定位可采用基于E1、E5的公开服务来实现。

（4）北斗卫星导航系统（BDS：Beidou Navigation Satellite System，以下简称北斗系统）是中国着眼于国家安全和经济社会发展需要，自主建设运行的全球卫星导航系统，是为全球用户提供全天候、全天时、高精度定位、导航和授时服务的国家重要时空基础设施。

北斗系统的建设分为三个阶段：

1）2000年，完成2颗GEO（Geostationary Earth Orbit）工作卫星+2颗备用卫星的星座建设，建成向中国提供服务的北斗一号系统（BDS-1）。

2）2012年，完成5GEO+5IGSO（Inclined GeoSynchronous Orbit）+4MEO（Medium Earth Orbit）的卫星星座建设，建成向亚太地区提供服务的北斗二号系统（BDS-2）。GEO卫星轨道高度35 786千米，分别定点于东经58.75°、80°、110.5°、140°和160°；IGSO卫星轨道高度35 786千米，轨道倾角55°；MEO卫星轨道高度21 528千米，轨道倾角55°。

3）2020年，完成3GEO+3IGSO+24MEO的卫星星座建设，建成向全球提供服务的北斗三号系统（BDS-3）。GEO卫星轨道高度35 786千米，分别定点于东经80°、110.5°和140°；IGSO和MEO的卫星轨道高度和轨道倾角与BDS-2一致。

截至2020年6月23日，中国共发射55颗北斗卫星，所有北斗卫星的发射及在轨状态，可参见参考文献[24]。表1-1列出了BDS-2区域和BDS-3全球开放服务信号频率及提供的服务类型。

表 1-1

BDS-2		BDS-3		服务类型
信号	频率（MHz）	信号	频率（MHz）	
B1I	1561.098	B1I	1561.098	定位
		B1C	1575.42	定位
				与 GPS L1 和 Galileo E1 信号兼容和互操作
B2I	1207.140	B2b	1207.140	定位（全球用户）
				BDSBAS（区域用户）
		B2a	1176.45	定位（全球用户）
				与 GPS L5 和 Galileo E5 信号兼容和互操作
				精密单点定位（区域用户）
B3I	1268.52	B3I	1268.52	定位

北斗系统的坐标基准为北斗坐标系（BeiDou Coordinate System，简称 BDCS），与 2000 中国大地坐标系（CGCS2000）定义一致。北斗系统的时间基准为北斗时（BDT）。BDT 采用国际单位制（SI）秒为基本单位连续累计，不闰秒，起始历元为 2006 年 1 月 1 日协调世界时（UTC）00 时 00 分 00 秒。

为充分利用全球卫星导航系统的空间信息资源，增加可测卫星数，改善卫星空间几何分布状况，提高定位和导航的精度和可靠性，建立组合卫星导航系统已引起人们的极大重视，该组合系统对山谷、河谷、"城谷"区域等实时动态定位、对运动载体导航以及对城市运动目标监控和管理系统的建立等有重要意义。基于这种思想，人们正在考虑建立组合的全球卫星导航系统（GNSS），把目前由国家分建发展成由国际联合统一组建。这无疑对全球人类社会带来极大的好处。

激光测卫 SLR（Satellite Laser Ranging）是目前精度最高的绝对定位技术。在定义全球地心参考框架，精确测定地球自转参数，确定全球重力场低阶模型，监测地球重力场长波时变，以及精密定轨，校正钟差等都有重要作用。最初把反射镜安置在卫星上（比如 GPS 的 SV35 和 SV36 号卫星），在地面点上安置激光测距仪，对卫星测距，此称为地基（Ground-based）；如果反过来，把激光测距仪安置在卫星上，地面上安置反射镜，组成空基（Space-based）激光测地系统。显然空基系统比起地基系统更有优越性。更进一步，还可发展成为卫星对卫星的在轨卫星之间（比如北斗三号卫星的星间链路）。此外，还有卫星激光测高系统，由卫星向地面发射激光，经过地面反射，测定卫星至地表之间的径向距离。这样与已有的海洋卫星雷达测高系统组合成全球陆地海洋卫星激光测高系统，为获得高分辨率的全球数字地面模型创造了基本条件。

甚长基线干涉测量 VLBI（Very Long Baseline Interferometry）是在相距几千千米甚长基线的两端，用射电望远镜同时收测来自某一河外射电源的射电信号，根据干涉原理，直接测定基线长度和方向的一种空间测量技术。长基线的测定精度达 $10^{-8} \sim 10^{-9}$，极移测定精度 0.001rad，日长变化的测定精度达 0.05 毫时秒。这种技术的缺点是为接收十分微弱的类

15

星射电信号，需要几十米直径的天线，目前人们除正在从硬件、软件等方面改进装置外，还研究以人造卫星作为射电源，结合少数 VLBI 固定站，测定地面相距几十千米的相对点位的 VLBI 系统。

惯性导航系统 INS(Inertial Navigation System)是根据惯性力学原理制成的一种全自动精密导航装置。它从一个已知点向另一待定点运动，测出该运动装置的加速度，并沿三个正交坐标轴方向进行积分，从而求出三个坐标增量。自动提供地面点的三维坐标、重力异常和垂线偏差，它们的精度分别为$(1\sim2)\times10^{-5}$，±0.5mGal 及 $0.5''$。国外已将此系统推广应用到工程测量、地籍测量和石油地质勘探中。若在硬件上进一步改进，特别是同 GNSS 结合在一起，将会成为一种非常有用的快速测量技术。

2. 现代空间大地网是实现本学科科学技术任务的主要技术方案

用卫星测量、激光测卫及甚长基线干涉测量等空间大地测量技术建立大规模、高精度、多用途的空间大地测量控制网，是确定地球基本参数及其重力场，建立大地基准参考框架，监测地壳形变，保障空间技术及战略武器发展的地面基准等科技任务的基本技术方案。

我国于 1992 年首次组织了全国范围内的大规模 GPS 会战，并建立了 '92 国家 GPS A 级网，1996 年又进行了复测，A 级网由 27 个点组成，平均边长 650km，优于 2×10^{-8} 的精度；同时，我国又建立了国家 GPS B 级网，由 818 个点组成，东部、中部及西部点间的平均距离分别是 60km，100km 及 150km；我国军事测绘部门于 1991 年建立了全国 GPS 一、二级网，一级网由 40 余点组成，平均边长 680km；二级网由 500 余点组成，平均边长 160km；我国于 1998 年布测了中国地壳运动观测网络，由 25 站的基准网，56 站的复测基本网及 1 000 站的复测的区域网组成。我国于 1991 年开始建立了上海等 6 地的永久性 GPS 跟踪站，成为 IGS 全球站的一部分。此外，还用 GPS 建立了各种类型的工程测量控制网及城市测量控制网。

同样的工作也在国外进行着。比如，英国于 1992 年为满足本国需要建立了包括 700 站的国家 GPS 网、SciNet$_{92}$，并依此建立了覆盖全国统一的英国三维地心坐标参考框架；澳大利亚于 1994 年用高精度 GPS 测量建立了澳大利亚地心坐标基准 GDA$_{94}$；美国计划通过高精度 GPS 测量计算在 ITRF(International Terrestrial Reference Frame)框架下的国内测站坐标，到 1997 年，这类测站数已达 2 000 多个。

国际地球参考框架 ITRF 是基于 VLBI、SLR、GPS 等空间大地测量数据，由国际地球自转服务 IERS(International Earth Rotation Service)计算分析和发布的，从 1988 年起，它已发布了 ITRF$_{89,90,91,92,93,94,96,97,2000,2005,2008,2014}$等全球坐标参考框架。

3. 精化地球重力场模型是大地测量学的重要发展目标

为获取地球重力场信息资料可采取两种手段：一种是利用重力仪在陆地、海洋及空中直接感触重力场进行重力测量；另一种是利用卫星大地测量技术，比如地面跟踪卫星、卫星雷达测高等，获取非直接感触的轨道摄动或海面大地水准面等数据。利用这些重力场数据来求定地球重力场模型球谐函数展开式的系数。1956 年让戈洛维奇(И. Д. Жонгонович)导出了第一个地球重力位的 8 阶球谐展开式。后随着人造卫星发射成功以及人造地球卫星技术的发展，地球重力场模型的理论和技术迅速得到发展，准确度和分辨率不断提高。20 世纪 80 年代，美国哥达德宇航中心先后发表了地球重力场模型系列 GEM-L 和 GEM-T，其中 GEM-T$_3$ 已完全到 50 阶，主要用于卫星定轨。俄亥俄州立大学自 70 年代发表了一系列高阶地球重力场模型，比如 Rapp78，81(180 阶)，OSU86，CDE-F(250 阶)及 OSU89，91(360 阶)。1998 年美国的 NASA、NIMA、OSU 联合研制了 EGM96 模型(360 阶)。2008 年美国国家地理空间情报局在充分利用新数据，其中包括 FRACE 卫星跟综数据、卫星测高数据以及地面重力数据等新数据的基础上，研制并发布了最新超高阶地球重力场模型——EGM2008。该模型阶次达到 2159，并提供扩展到 2190 阶的参数。

我国自 1977 年发布地球重力场模型以来，达到 360 阶的有：宁津生院士领导的武汉大学(原武汉测绘科技大学)模型 WDM94，西安测绘研究所的 DQM94a 模型，以及中科院测量与地球物理研究所的 IGG05b 模型。

地球重力场模型的精度主要取决于采样数据(即模型的输入数据)精度和观测点的密度和分布，还与数据归算模型参数的不准引起的精度损失有关。可以这样说，地球重力场模型的发展，除了理论方法的研究，其精度和分辨率的提高主要取决于实际观测数据的获取，其中包括有关观测数据的种类、数量、分布和精度，今后谁能获得更丰富的高质量的观测数据，谁就能推求出更高精度和更高分辨率的地球重力场模型。

4. 新一代国家测绘基准建设内容和特点简介

我国已建设和完成新一代国家测绘基准，其主要内容和特点简介如下。

新一代国家测绘基准建设主要工作内容：

(1)国家卫星定位连续运行基准站网建设。我国由自然资源部的测绘部门(原国家测绘局)联合相关机构建立了覆盖全国的 3 000 多站组成的国家卫星定位连续运行基准网。

(2)国家卫星大地控制网建设。新建 2 500 个卫星大地控制点，直接利用 2000 点，形成 4500 点组成的国家卫星大地控制网，与国家卫星定位连续运行基准网共同组成新一代国家大地基准框架。

(3)国家高程控制网建设。新建、改建 27 400 个高程控制点，新埋设 110 个水准基岩点，布设 12.2 万千米的国家一等水准网，形成国家现代高程基准框架。

(4)重力基准点建设。布设 50 个国家重力基准点，完善国家重力基准基础设施。

(5)国家测绘基准管理服务系统建设。建设国家测绘基准数据中心，形成国家现代测绘基准管理服务系统，建立和实施了中国 2000 大地坐标系。

新一代国家测绘基准的主要特点：

(1)三网融合的科学布网设计理念。该工程改变了以往平面、高程、重力基准独立设计的理念，在以下三个方面实现了一体化的三网融合布网：

设计了一体化的新型测量标石，既是卫星大地控制点，也是水准点，同时又可作为重力控制点，实现了基础设施综合测绘基准属性的融合；综合考虑卫星大地控制网与国家一等水准网布设的点位位置和相互关系，尽量将基岩卫星大地控制点作为水准节点布设，同时尽可能将卫星大地控制点纳入到一等水准路线中，在全国范围形成大量的同期建设的全球导航卫星系统(GNSS)大地控制点和水准点，为我国厘米级(似)大地水准面建立提供基础保障；在连续运行参考站上并置重力基准站，实测绝对重力，建立平面基准与重力基准的联系。

(2)精确度高。基于最新测量技术建立的空间参考框架是我国最高等级的国家平面、高程和重力控制网，技术和精度指标等方面的要求，在所有的大地测量技术标准、规范中是最高的。具体地，连续运行参考站的绝对地心坐标精度达到厘米级；卫星大地控制点相邻点间相对精度每百千米达到几毫米；国家一等水准观测精度每千米优于 1 毫米，重力基准点观测精度优于 5 微伽。国家测绘基准服务管理系统将具备每天处理数千个连续运行参考站观测数据的能力，处理精度和技术性能达到国际先进水平。

(3)建设规模大。该工程是迄今为止全国最大规模的测绘基准基础设施建设工程，全国范围内(除港澳台外)新完成 12.2 万千米一等水准路线布设，这在全世界各国高等级水准路线中是最长的；2500 点的卫星大地控制网和 210 站的卫星导航定位连续运行基准网建设，也是有史以来我国最多的。如此大规模的基准建设，在世界范围内包括发达国家都是少有的。

(4)技术要求高。完成如此大规模的新一代国家测绘基准建设，对每项工作都提出非常高的要求。例如，20 世纪 90 年代国家二期一等水准复测 9.4 万千米，从 1991 年到 1999 年，历时近 10 年。2008 年试行了 2000 中国大地坐标系，经过 10 年过渡期，完成了大量已有测绘资料的坐标系转换工作。2000 中国大地坐标系于 2018 年成为我国最新的法定坐标系，各个行业的所有测绘成果统一采用 2000 中国大地坐标系。建设完成了数千个连续运行参考站。

第 2 章　坐标系统与时间系统

2.1　地球的运转

地球坐标系统和时间系统是与地球的运转紧密相联的，例如，地球坐标系的 Z 轴和地球旋转轴密切相关，昼夜时间变化与地球的自转密切相关。地球的运转可分为如下四类：

(1)与银河系一起在宇宙中运动。

(2)在银河系内与太阳系一起旋转。

(3)与其他行星一起绕太阳旋转(公转或周年视运动)。

(4)绕其瞬时旋转轴旋转(自转或周日视运动)。

在这四类运动中，前两类主要是与宇宙航行中的星系研究有关，对于研究地球空间的大地测量学，研究的对象位于地球表面及其近地空间，主要是与后两类运动相关。

2.1.1　地球绕太阳公转

在太阳系中，地球是绕太阳旋转的八大行星之一，一年旋转一圈，这一运动可以用开普勒的三大行星运动定律来描述(详见 3.1.3)。

根据开普勒定律，地球绕太阳旋转(也称地球的公转)的轨道是椭圆，称为黄道(见图 2-1)，地球的运动速度在轨道的不同位置是不同的，当靠近太阳时，运动速度变快，当远离太阳时则变慢，距离太阳最近的点称为近日点，距离太阳最远的点称为远日点，近日点和远日点的连线是椭圆的长轴，地球绕太阳旋转一圈的时间是由其轨道的长半轴的大小决定的，称为一恒星年。开普勒定律描述的是理想的二体运动规律，但在现实世界中，其他行星和月球会对地球的运动产生影响，使其轨道产生摄动，并不是严格的椭圆轨道。

2.1.2　地球的自转

地球在绕太阳公转的同时，绕其自身的旋转轴(地轴)自转，从而形成昼夜变化。地轴是过地球中心和两极的轴线，在某一时刻的旋转轴称为瞬时旋转轴，它在空间的指向、与地球体的相对关系、地球绕地轴的旋转速度是不断变化的，其变化有：

1. 地轴方向相对于惯性空间的变化(岁差和章动)

地球绕地轴旋转，可以看做巨大的陀螺旋转，由于日、月等天体的影响，类似于旋转

19

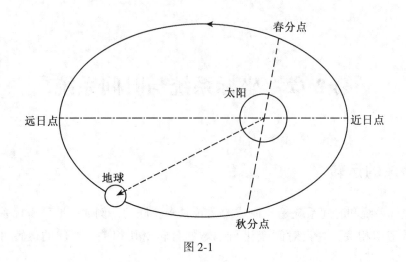

图 2-1

陀螺在重力场中的进动，地球的旋转轴在空间围绕黄极发生缓慢旋转，形成一个倒圆锥体（见图2-2），其半锥角等于黄赤交角 $\varepsilon = 23.5°$，旋转周期约为25 800年，每年变化 50.28″，这种运动称为岁差，是地轴方向相对于惯性空间参考系的长期运动。岁差使春分点每年向西移动称为春分点岁差。相对赤道和黄道，分为赤道岁差和黄道岁差。以春分点为参考点的坐标系将受岁差的影响，例如恒星的赤经 α、赤纬 δ 分别是以某时刻的春分点位置和赤道为参考，在不同时刻，由于岁差影响，其值将发生变化。

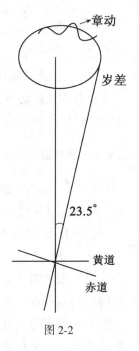

图 2-2

月球绕地球旋转的轨道称为白道，由于白道对于黄道有约 5° 的倾斜，这使得月球引力对地球产生的转矩的大小和方向不断变化，从而导致地球旋转轴在岁差的基础上叠加 18.6 年的短周期圆周运动，振幅为 9.21″，如图2-2所示，这种现象称为章动，又分为日月章动和行星章动。在岁差和章动的共同影响下，地球在某一时刻的实际旋转轴称为真旋转轴或瞬时轴，对应的赤道称为真赤道，假定只有岁差的影响，则地球旋转轴为平轴，对应的赤道称为平赤道。由于章动引起的黄经和黄赤交角的变化，分别称为黄经章动和交角章动。

2. 地轴相对于地球本体内部结构的相对位置变化(极移)

地球自转轴除了上述在空间的变化外，还存在相对于地球体自身内部结构的相对位置变化，从而导致极点在地球表面上的位置随时间而变化，这种现象称为极移。某一观测瞬间地球北极所在的位置称为瞬时地球极，某段时间内地极的平均位置称为平地球极。

地球极点的变化，导致地面点的纬度发生变化。同一经线上的点，纬度变化相同；经度相差180°的经线上的点，纬度变化大小相等和符号相反。美国的张德勒(S. C. Chandler)

分析了 1837—1891 年的全球 17 个天文台的纬度观测数据，发现极移存在近于 14 个月的周期分量，称为张德勒周期。

先后成立的从事地极极移观测工作的国际机构有：国际纬度服务局(ILS)、国际时间局(BIH)、国际极移服务局(IPMS)、国际地球旋转服务(IERS)。ILS 于 1895 年成立，BIH 于 1919 年成立，IPMS 于 1962 年成立并取代 ILS，IERS 于 1987 年成立并接替 BIH 的地球旋转工作分部和 IPMS 的全部工作。

国际天文联合会(IAU)和国际大地测量与地球物理联合会(IUGG)在 1967 年于意大利共同召开的第 32 次讨论会上，建议采用国际上 5 个纬度服务(ILS)站以 1900—1905 年的平均纬度所确定的平极作为基准点，通常称为国际协议原点 CIO(Conventional International Origin)，它相对于 1900—1905 年平均历元 1903.0。在 1984 年之前，采用刚体地球理论计算地球旋转轴相对于 CIO 的变化，其变化规律是以 CIO 作为坐标原点、以零子午线的方向作为 x 轴、以 270 度子午线的方向作为 y 轴而建立的地极坐标系进行描述，任意瞬时 t 的极点位置可用(x_t, y_t)表示，如图 2-3 所示。

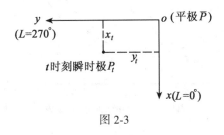

图 2-3

国际极移服务(IPMS)和国际时间局(BIH)采用非刚体地球理论并融合传统光学观测技术和 VLBI 等现代空间观测技术和计算得到新的协议地球极(CTP)，以 1984.0 为参考历元的 CTP 被广泛采用，例如 GPS 采用的 WGS1984、IERS 采用的 ITRF 框架都是采用 BIH1984.0 的 CTP 作为 Z 轴的指向。IERS 在其网站上给出了极移参数。图 2-4 是 IERS 描述的极移变化图，图中实线为 1900—2006 年极点的年平均位置，虚线为 2001—2006 年的地极变化轨迹。

3. 地球自转速度变化(日长变化)

地球自转不是均匀的，存在着多种短周期变化和长期变化，短周期变化是由于地球周期性潮汐影响，变化周期包括 2 个星期、1 个月、6 个月、12 个月，长期变化表现为地球自转速度缓慢变小。地球的自转速度变化，导致日长的视扰动并缓慢变长，从而使以地球自转为基准的时间尺度产生变化。

描述上述三种地球自转运动规律的参数称为地球定向参数(EOP)，描述地球自转速度变化的参数和描述极移的参数称为地球自转参数(ERP)，EOP 即为 ERP 加上岁差和章动，其数值可以在国际地球旋转服务(IERS)网站(www.iers.org)上得到，见图 2-4。

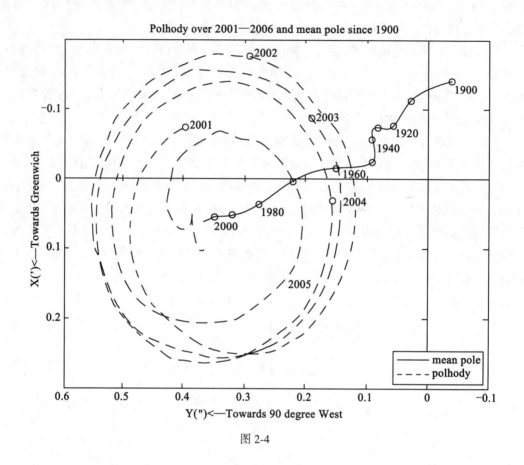

图 2-4

2.2　时　间　系　统

　　大地测量学研究的对象是随时间变化的，大地测量观测量与时间密切相关，在卫星定位与导航技术中，时间系统是描述卫星运行位置的重要参数。对于卫星系统或天文学，某一事件相应的时刻也称为历元。

　　对于时间的描述，可采用一维的时间坐标轴，有时间原点、度量单位(尺度)两大要素，原点可根据需要进行指定，度量单位采用时刻和时间间隔两种形式。时刻是时间轴上的坐标点，是相对于时间轴的原点而言的，是指发生某一现象的瞬间；时间间隔是两个时刻点之间的差值，是指某一现象的持续时间的长短。

　　任何一个周期运动，如果满足如下三项要求，就可以作为计量时间的方法。

　　(1)运动是连续的；

　　(2)运动的周期具有足够的稳定性；

　　(3)运动是可观测的。

　　在实际应用中，根据需要选取满足上述条件的周期运动，从而定义了多种时间系统。例如，以地球自转运动为基础，建立了恒星时(ST)和世界时(UT)；以地球公转运动为基础,建立了历书时(ET),并进一步发展为太阳系质心力学时(TDB)和地球质心力学时(TDT);以物质内部原子运动特征为基础,建立了原子时(TAI)。

2.2.1 恒星时(ST)

以春分点作为基本参考点,由春分点周日视运动确定的时间,称为恒星时。春分点连续两次经过同一子午圈上中天的时间间隔为一个恒星日,分为 24 个恒星时,某一地点的地方恒星时,在数值上等于春分点相对于这一地方子午圈的时角。

根据 2.1 节中关于地球自转的描述,由于岁差和章动的影响,地球自转轴的指向在空间是变化的,从而导致春分点的位置发生变化,相应于某一时刻瞬时轴的春分点称为真春分点,相应于平轴的春分点称为平春分点,据此把恒星时分为真恒星时和平恒星时。真恒星时等于真春分点的地方时角(LAST),平恒星时等于平春分点的地方时角(LMST),真春分点的格林尼治时角(GAST)、平春分点的格林尼治时角(GMST)与 LAST、LMST 的关系为(见图 2-5):

$$LAST-LMST=GAST-GMST=\Delta\Psi\cos\varepsilon \tag{2-1}$$

$$GMST = 1.0027379093^s \times UT1 + 24110.54841^s + 8640184.812866^s T \tag{2-2}$$
$$+0.093104^s T^2 - 6.2 \times 10^{-6} T^3$$

$$LMST-GMST=LAST-GAST=\lambda \tag{2-3}$$

其中,$\Delta\Psi$ 为黄经章动,ε 为黄赤交角,T 为 J2000.0 至计算历元之间的儒略世纪数。

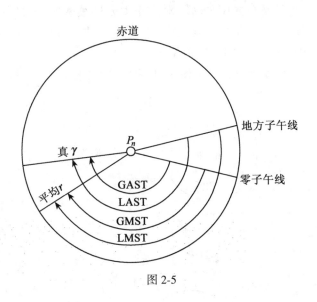

图 2-5

2.2.2 世界时(UT)

以真太阳作为基本参考点,由其周日视运动确定的时间,称为真太阳时。由于真太阳的视运动速度是不均匀的,因而真太阳时不是均匀的时间尺度,为此引入虚拟的在赤道上匀速运行的平太阳,其速度等于真太阳周年运动的平均速度。平太阳连续两次经过同一子午圈的时间间隔,称为一个平太阳日,分为 24 个平太阳小时。以格林尼治子夜起算的平太阳时称为世界时。未经任何改正的世界时表示为 UT0，经过极移改正的世界时表示为 UT1，进一步经过地球自转速度的季节性改正后的世界时表示为 UT2。

$$UT1 = UT0 + \Delta\lambda \tag{2-4}$$

$$UT2 = UT1 + \Delta T \tag{2-5}$$

$$\Delta\lambda = \frac{1}{15}(x_p \sin\lambda - y_p \cos\lambda)\tan\varphi \tag{2-6}$$

$$\Delta T = 0.022\sin(2\pi \cdot t) - 0.012\cos(2\pi \cdot t) - 0.006\sin(4\pi \cdot t) + 0.007\cos(4\pi \cdot t) \tag{2-7}$$

式中：λ，φ 为天文经纬度，t 为白塞尔年岁首回归年的小数部分。

平太阳连续两次经过平春分点的时间间隔为一回归年，等于 365.24219879 个平太阳日，在民用中则采用整数 365 天，每四年一个闰年为 366 天。为了便于计算两个给定日期的天数而引入儒略日（JD），其起点是公元前 4713 年 1 月 1 日格林尼治时间平午（世界时 12：00），即 JD 0 指定为 4713 B. C. 1 月 1 日 12：00 UT 到 4713 B. C. 1 月 2 日 12：00 UT 的 24 小时，以平太阳日连续计算，1900 年 3 月以后的格林尼治午正的儒略日计算方法见 (2-8) 式。

$$JD = 367 \times Y - 7 \times [Y + (M+9)/12]/4 + 275 \times M/9 + D + 1721014 \tag{2-8}$$

式中，Y、M、D 分别表示年、月、日，$/$ 表示整除。

由于儒略日数字很大，通常采用简化儒略日 MJD，$MJD = JD - 2400000.5$，MJD 相应的起点是 1858 年 11 月 17 日世界时 0 时，36 525 个平太阳日称为一个儒略世纪。

由于地球自转的同时又绕太阳公转，对应平太阳连续两次经过同一子午圈的时间间隔，地球的自转量超过一圈，而一个恒星日正好对应于地球自转一周，如图 2-6 所示。其关系式为：1 平太阳日 = (1 + 1/365.25) 恒星日。

如果以平太阳时间尺度计算，一个恒星日等于 23 小时 56 分 04 秒。

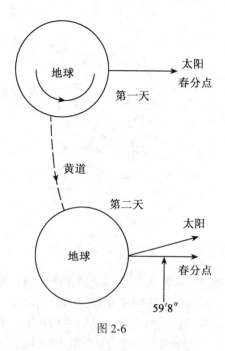

图 2-6

2.2.3　历书时(ET)与力学时(DT)

由于地球自转速度不均匀,导致用其测得的时间不均匀。1958 年第 10 届国际天文学协会(IAU)决定,自 1960 年起开始以地球公转运动为基准的历书时来量度时间,用历书时系统代替世界时。历书时的秒长规定为 1900 年 1 月 1 日 12 时整回归年长度的1/31556925.9747,起始历元定在 1900 年 1 月 1 日 12 时。

历书时对应的地球运动的理论框架是牛顿力学,根据广义相对论,太阳质心系和地心系的时间将不相同,1976 年国际天文学联合会(IAU)定义了这两个坐标系的时间:太阳系质心力学时(TDB)和地球质心力学时(TDT),这两个时间尺度可以看做行星绕日运动方程和卫星绕地运动方程的自变量(亦即时间)。TDT 和 TDB 可以看做 ET 分别在两个坐标系中的实现,TDT 代替了过去的 ET。

TDT 与 TDB 的关系式为:

$$TDB = TDT + 0.001658\sin(g + 0.0167\sin g) \tag{2-9}$$

$$g = (357.528° + 35999.050°T)(2\pi/360) \tag{2-10}$$

2.2.4　原子时(AT)

原子时是一种以原子谐振信号周期为标准,并对它进行连续计数的时标。原子时的基本单位是原子时秒,定义为:在零磁场下,铯-133 原子基态两个超精细能级间跃迁辐射9 192 631 770周所持续的时间。1967 年第 13 届国际计量大会把在海平面实现的原子时秒作为国际参照时标,规定为国际单位制中的时间单位。

根据原子时秒的定义,任何原子钟在确定起始历元后,都可以提供原子时。由各实验室用足够精确的原子钟导出的原子时称为地方原子时。目前,全世界有 20 多个国家的不同实验室分别建立了各自独立的地方原子时。国际时间局比较、综合世界各地原子钟数据,最后确定的原子时,称为国际原子时,简称 TAI(法语缩写)。

TAI 起点定在 1958 年 1 月 1 日 0 时 0 分 0 秒(UT2),即规定在这一瞬间原子时时刻与世界时刻重合。但事后发现,在该瞬间 TAI 与世界时的时刻之差为 0.0039 秒。这一差值就作为历史事实而保留下来。在确定原子时起点之后,由于地球自转速度不均匀,世界时与原子时之间的时差便逐年积累。

原子时是通过原子钟来守时和授时的,其精度高达 10^{-12} 秒,对于人造卫星和导弹的制导、空间跟踪、数字通信、甚长基线射电干涉技术、相对论效应的验证、地球自转的不均匀性的研究、基本物理量的定义和测量、无线电波的传递速度的测量以及电离层研究等方面,原子钟都是一种重要的仪器。

现在 TDT 的计量是用原子钟实现的,两者的起点不同,其关系式为:

$$TDT = TAI + 32.184 \tag{2-11}$$

2.2.5　协调世界时(UTC)

原子时与地球自转没有直接联系,由于地球自转速度长期变慢的趋势,原子时与世界时的差异将逐渐变大,为了保证时间与季节的协调一致,便于日常使用,建立了以原子时秒长为计量单位、在时刻上与平太阳时之差小于 0.9 秒的时间系统,称为协调世界时(UTC)。当 UTC 超过平太阳时之差超过 0.9 秒时,拨快或拨慢 1 秒,称为闰秒。闰秒由国际计量局向全世界发出通知，一般在 12 月份最后一分钟进行。如果一年内闰 1 秒还不够，就在 6 月再闰 1 秒。到目前为止，由于地球自转速度越来越慢，都是拨慢 1 秒，60 秒改为 61 秒。出现负闰秒的情况还没有发生过。

UTC 与其他时间系统的关系为：

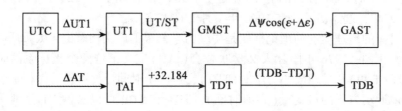

2.2.6　卫星定位系统时间

时间的计量对于卫星定轨、地面点与卫星之间距离测量至关重要，精确定时设备是导航定位卫星的重要组成部分。卫星系统是连续运行的，要求时间系统是连续的，为了进行高精度定位，要求卫星上的时间计量设备具有很高的精度，因而原子时是最合适的选择。例如 GPS 的时间系统采用基于美国海军观测实验室（USNO）维持的原子时，称为 GPST，它与 UTC 的关系是：GPST＝UTC＋n。在 1980 年 1 月 6 日，GPST 与 UTC 相等，当前（2016 年），GPST＝UTC＋$18''$。

对于上述的时间系统、计量依据及其转换关系汇总如表 2-1 所示：

表 2-1

时间系统	计量依据
恒星时	以春分点为参考点的地球自转
世界时	以太阳为参考点的地球自转
历书时、力学时	地球公转（已被原子时所代替）
原子时、卫星定位系统时间	原子钟
世界协调时	原子钟＋闰秒

UT1＝UTC+dUT1（IERS 公报）
GAST＝GMST+$\Delta\Psi_{\cos\varepsilon}$
TAI＝UTC+n
TAI＝GPST+19

2.3　坐标系统

2.3.1　基本概念

1. 大地基准（Geodetic Datum）

所谓大地基准系指用于大地测量计算的地球椭球，包括地球椭球的形状、大小及其定位，定向参数及物理参数等。

如图2-7所示，用以代表地球形体(a)几何特性和物理特性的旋转椭球(b)(椭圆绕其短轴旋转一周所生成的形体)称为地球椭球。

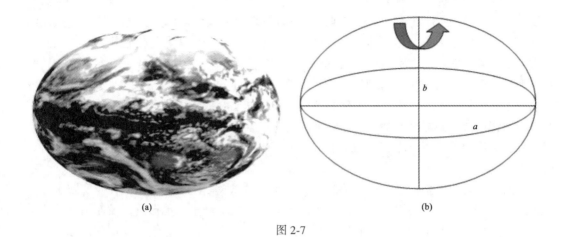

(a)   (b)

图 2-7

2. 天球

以测站中心地球质心或太阳系质心为中心，以无穷大为半径的假想球体称为天球，天球上的重要的点、线、面的描述见5.9.2。

原点位于地球质心 O，z 轴指向天球北极 P_n，x 轴指向春分点 r，y 轴垂直于 xOz 平面，从而建立起来的坐标系称为天球直角坐标系；天球直角坐标也可转化为赤经(α)、赤纬(δ)、向径(d)构成的球面坐标，如图2-8、图2-9所示。春分点和天球赤道面，是建立天球坐标系的重要基准点和基准面。

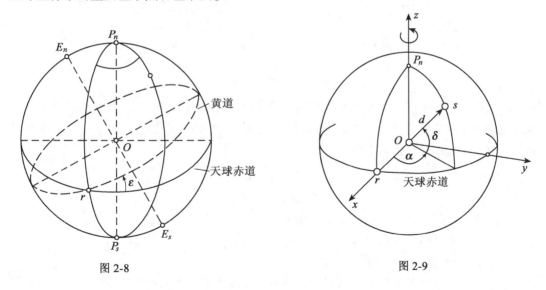

图 2-8   图 2-9

3. 大地测量参考系统(Geodetic Reference System)

坐标参考系统：分为天球坐标系和地球坐标系。天球坐标系用于研究天体和人造卫星的定位与运动。地球坐标系用于研究地球上物体的定位与运动，是以旋转椭球为参照体建立的坐标系统，分为大地坐标系和空间直角坐标系两种形式，大地坐标系如图 2-10 所示，P 点的子午面 NPS 与起始子午面 NGS 所构成的二面角 L，叫做 P 点的大地经度，由起始子午面起算，向东为正，称东经（E0°~180°），向西为负，称西经（W0°~180°），P 点的法线 P_n 与赤道面的夹角 B，称做 P 点的大地纬度，由赤道面起算，向北为正，称北纬（N0°~90°），向南为负，称南纬（S0°~90°）。在该坐标系中，P 点的位置用 (L, B) 表示。如果点不在椭球面上，表示点的位置除 (L, B) 外，还要附加另一参数——大地高 H，它是从观测点沿椭球的法线方向到椭球面的距离。空间直角坐标系如图 2-11 所示，空间任意点的坐标用 (X, Y, Z) 表示，坐标原点位于总地球质心或参考椭球中心，Z 轴与地球平均自转轴相重合，亦即指向某一时刻的平均北极点，X 轴指向平均自转轴与平均格林尼治天文台所决定的子午面与赤道面的交点 G_e，而 Y 轴与 XOZ 平面垂直，且指向东为正，构成右手坐标系。

上面介绍的两种坐标系，在大地测量、地形测量以及制图学的理论研究及实践工作中都得到广泛的应用。因为它们将全地球表面上的关于大地测量、地形测量及制图学的资料都统一在一个统一的坐标系中。此外，它们是由地心、旋转轴、赤道以及地球椭球法线确定的，因此，它们对地球自然形状及大地水准面的研究、高程的确定以及解决大地测量及其他学科领域的科学和实践问题也是最方便的。

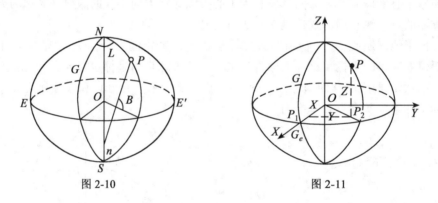

图 2-10　　　　　　　　　　图 2-11

高程参考系统：以大地水准面为参照面的高程系统称为正高，以似大地水准面为参照面的高程系统称为正常高，大地水准面相对于旋转椭球面的起伏见图 2-12，正常高 $H_{正常}$ 及正高 $H_{正}$ 与大地高有如下关系：

$$H = H_{正常} + \zeta$$
$$H = H_{正} + N$$

式中：ζ——高程异常，N——大地水准面差距。

重力参考系统：重力观测值的参考系统。

4. 大地测量参考框架（Geodetic Reference Frame）

它是大地测量参考系统的具体实现，是通过大地测量手段确定的固定在地面上的控制网（点）所构建的，分为坐标参考框架、高程参考框架、重力参考框架。国家平面控制网是全国进行测量工作的平面位置的参考框架，按控制等级和施测精度分为一、二、三、四

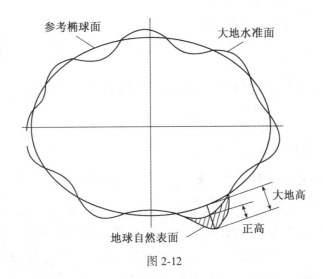

参考椭球面　　　　大地水准面

大地高

正高

地球自然表面

图 2-12

等网。目前提供使用的国家平面控制网含三角点、导线点共 154 348 个以及新建的大量 GNSS 控制点；国家高程控制网是全国进行测量工作的高程参考框架，按控制等级和施测精度分为一、二、三、四等网，目前提供使用的 1985 国家高程系统共有水准点成果 114 041 个，水准路线长度为 416 619.1 km；国家重力基本网是确定我国重力加速度数值的参考框架，目前提供使用的 2000 国家重力基本网包括 21 个重力基准点和 126 个重力基本点，重力成果在研究地球形状、精确处理大地测量观测数据、发展空间技术、地球物理、地质勘探、地震、天文、计量和高能物理等方面有着广泛而重要的应用；"2000 国家 GPS 控制网"由国家测绘局布设的高精度 GPS A、B 级网，总参测绘局布设的 GPS 一、二级网，中国地震局、总参测绘局、中国科学院、国家测绘局共建的中国地壳运动观测网组成，该控制网整合了上述三个大型的、有重要影响力的 GPS 观测网的成果，共 2 609 个点，通过联合处理将其归于一个坐标参考框架，形成了紧密的联系体系，可满足现代测量技术对地心坐标的需求，同时为建立我国新一代的地心坐标系统 CGCS2000 打下了坚实的基础。

5. 椭球定位和定向

旋转椭球体是椭圆绕其短轴旋转而成的形体，通过选择椭圆的长半轴和扁率，可以得到与地球形体非常接近的旋转椭球，旋转椭球面是一个形状规则的数学表面，在其上可以做严密的计算，而且所推算的元素(如长度和角度)同大地水准面上的相应元素非常接近，这种用来代表地球形状的椭球称为地球椭球，它是地球坐标系的参考基准。

椭球定位是指确定椭球中心的位置，可分为两类：局部定位和地心定位。局部定位要求在一定范围内椭球面与大地水准面有最佳的符合，而对椭球的中心位置无特殊要求；地心定位要求在全球范围内椭球面与大地水准面有最佳的符合，同时要求椭球中心与地球质心一致或最为接近。

椭球定向是指确定椭球旋转轴的方向以及大地起始子午面的位置，不论是局部定位还是地心定位，都应满足两个平行条件：

（1）椭球短轴平行于地球自转轴；

（2）大地起始子午面平行于天文起始子午面。

上述两个平行条件是人为规定的，其目的在于简化大地坐标、大地方位角同天文坐标、天文方位角之间的换算。

具有确定参数（长半轴 a 和扁率 α），经过局部定位和定向，同某一地区大地水准面最佳拟合的地球椭球，叫做参考椭球。

除了满足地心定位和定向双平行条件外，在确定椭球参数时能使它在全球范围内与大地体最密合的地球椭球，叫做总地球椭球。

2.3.2　惯性坐标系（CIS）与协议天球坐标系

惯性坐标系是指在空间固定不动或做匀速直线运动的坐标系，这种理想的坐标系在实际应用中是难以建立的，通常根据统一的约定建立近似的惯性坐标系，称为协议惯性坐标系。由于地球的旋转轴是不断变化的，通常协议约定某一时刻 t_0 作为参考历元，把该时刻对应的瞬时自转轴经章动改正后的指向作为 Z 轴，以对应的春分点为 X 轴的指向点，以 XOZ 的垂直方向为 Y 轴建立天球坐标系，称为协议天球坐标系，是协议惯性坐标系的一种近似。可以将其原点移动到太阳系中任一星体上，便于研究不同星体的空间运动，以太阳系质心为原点的协议天球坐标系称为太阳系质心协议天球坐标系，以地心为原点的协议天球坐标系称为地心协议天球坐标系。国际大地测量协会（IAG）和国际天文学联合会（IAU）决定，从 1984 年 1 月 1 日起采用以 J2000.0（2000 年 1 月 1 日 12：00）的平赤道和平春分点为依据的协议天球坐标系。

协议天球坐标系与瞬时真天球坐标系的差异是由地球旋转轴的岁差和章动引起的，两者之间有其转换关系。

1. 协议天球坐标系转换到瞬时平天球坐标系

协议天球坐标系与瞬时平天球坐标系的差异是岁差导致的 Z 轴方向发生变化产生的，通过对协议天球坐标系的坐标轴旋转，就可以实现两者之间的坐标变换，IAU2000 的数学转换式为（2-12）式至（2-14）式。

$$\begin{bmatrix} X \\ Y \\ Z \end{bmatrix}_{Mt} = P \begin{bmatrix} X \\ Y \\ Z \end{bmatrix}_{CIS} \tag{2-12}$$

$$P = R_3(-Z)R_2(\theta)R_3(-\zeta) \tag{2-13}$$

P 称为岁差旋转矩阵。ζ，Z，θ 称为岁差参数，如图 2-13 所示，计算公式为：

$$\begin{cases} \begin{aligned} \zeta = &\ 2.597\ 617\ 6'' + 2\ 306.080\ 950\ 6''t - 0.301\ 901\ 5''t^2 \\ &+ 0.017\ 966\ 3''t^3 - 0.000\ 032\ 7''t^4 - 0.000\ 000\ 2''t^5 \\ \theta = &\ 2\ 004.191\ 747\ 6''t - 0.426\ 935\ 3''t^2 - 0.041\ 825\ 1''t^3 \\ &- 0.000\ 060\ 1''t^4 - 0.000\ 000\ 1''t^5 \\ Z = &\ -2.597\ 617\ 6'' + 2\ 306.080\ 322\ 6''t + 1.094\ 779t^2 \\ &+ 0.018\ 227\ 3''t^3 + 0.000\ 047''t^4 - 0.000\ 000\ 3''t^5 \end{aligned} \end{cases} \tag{2-14}$$

式中 $t = (\mathrm{JD}(t) - \mathrm{JD}(t_0))/36\ 525$，$\mathrm{JD}(t_0) = 2\ 451\ 545.0$。

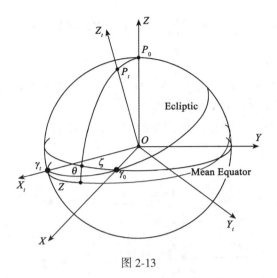

图 2-13

2. 瞬时平天球坐标系转换到瞬时真天球坐标系

瞬时真天球坐标系是以时刻 t 的瞬时北天极和真春分点为参考建立的天球坐标系，它与瞬时平天球坐标系的差异主要是地球自转轴的章动造成的，两者之间的相互转换可以通过章动旋转矩阵来实现，转换公式为(2-15)式至(2-24)式。

$$\begin{bmatrix} X \\ Y \\ Z \end{bmatrix}_t = N \begin{bmatrix} X \\ Y \\ Z \end{bmatrix}_{\mathrm{Mt}} \tag{2-15}$$

$$N = R_1(-\varepsilon - \Delta\varepsilon) R_3(-\Delta\Psi) R_1(\varepsilon) \tag{2-16}$$

N 称为章动旋转矩阵。ε，$\Delta\varepsilon$，$\Delta\Psi$ 分别为黄赤交角、交角章动和黄经章动，其含义如图2-14所示，IAU2000 计算公式为：

$$\varepsilon = 23°26'21.448'' - 46.815\,0''T - 0.000\,59''T^2 + 0.001\,813''T^3 \tag{2-17}$$

日月章动模型：

$$\Delta\psi = \sum_i \left[(A_i + A_i't)\sin f_i + (A_i'' + A_i''t)\cos f_i \right] \tag{2-18}$$

$$\Delta\varepsilon = \sum_i \left[(B_i + B_i't)\cos f_i + (B_i'' + B_i''t)\sin f_i \right] \tag{2-19}$$

其中

$$f_i = N_1 l + N_2 l' + N_3 F + N_4 D + N_5 \Omega \tag{2-20}$$

$$\begin{cases} l = 134.963\,402\,51° + 1\,717\,915\,923.217\,8''t + 31.879\,2''t^2 + 0.051\,635''t^3 - 0.000\,244\,70''t^4 \\ l' = 357.052\,910\,918° + 129\,596\,581.048''t - 0.553\,2''t^2 + 0.000\,136''t^3 - 0.000\,011\,49''t^4 \\ F = 93.272\,090\,62° + 1\,739\,527\,262.847\,4''t - 12.751\,2''t^2 - 0.001\,037''t^3 + 0.000\,004\,17''t^4 \\ D = 297.850\,195\,47° + 1\,602\,961\,601.209\,0''t - 6.370\,6''t^2 + 0.006\,593''t^3 - 0.000\,031\,69''t^4 \\ \Omega = 125.044\,555\,01° - 6\,962\,890.266\,5''t + 7.472\,2''t^2 - 0.000\,059\,69''t^4 \end{cases}$$

$$\tag{2-21}$$

A、B、N 为系数，可从 IERS 的网站(www. IERS. org) 的 IAU 日月章动系数表获取。

行星章动模型：

$$\Delta\psi = \sum_i \left(A_i \sin f_i + A''_i \cos f_i \right) \tag{2-22}$$

$$\Delta\varepsilon = \sum_i \left(B_i \cos f_i + B''_i \sin f_i \right) \tag{2-23}$$

$$f_i = N_1 l + N_2 l' + N_3 F + N_4 D + N_5 \Omega + N_6 F_6 + N_7 F_7 + N_8 F_8 + N_9 F_9 + N_{10} F_{10} +$$
$$N_{11} F_{11} + N_{12} F_{12} + N_{13} F_{13} + N_{14} F_{14} \tag{2-24}$$

$N_1 \sim N_{14}$，$F_6 \sim F_{14}$ 可从 IERS 的网站的 IAU 行星章动系数表获取。

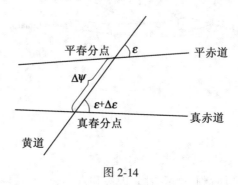

图 2-14

根据(2-12)和(2-15)两式，可以得出协议天球坐标系与瞬时真天球坐标系的转换关系为：

$$\begin{bmatrix} X \\ Y \\ Z \end{bmatrix}_t = \mathrm{NP} \begin{bmatrix} X \\ Y \\ Z \end{bmatrix}_{\mathrm{CIS}} \tag{2-25}$$

2.3.3　地固坐标系

地固坐标系也称地球坐标系，是固定在地球上与地球一起旋转的坐标系。如果忽略地球潮汐和板块运动，地面上点的坐标值在地固坐标系中是固定不变的；对于天球坐标系，地面上点的坐标值受地球自转的影响一直处于变化运动之中。用地固坐标系描述地球表面点的空间位置更为方便，而天球坐标系主要是用于描述卫星和地球的运行位置和状态。根据坐标系原点位置的不同，地固坐标系分为地心坐标系(原点与地球质心重合)和参心坐标系(原点与参考椭球中心重合)，前者以总地球椭球为基准，后者以参考椭球为基准，以地心为原点的地固坐标系也称为地心地固坐标系(ECEF)。无论是参心坐标系还是地心坐标系均可分为空间直角坐标系和大地坐标系两种形式，它们都与地球体固连在一起，与地球同步运动。

坐标系统是由坐标原点位置、坐标轴的指向和尺度所定义的，对于地固坐标系，坐标原点选在参考椭球中心或地心，坐标轴的指向具有一定的选择性，国际上通用的坐标系一般采用协议地极方向 CTP(Conventional Terrestrial Pole)作为 Z 轴指向，因而称为协议地球坐标系。

1. 协议地球坐标系与瞬时地球坐标系之间的转换

协议地球坐标系与瞬时地球坐标系之间的差异是由于极移引起的(见图 2-15)，极移参数由国际地球自转服务组织(IERS)根据所属台站的观测资料推算得到并以公报形式发布，据此可以实现两种坐标系之间的相互变换，变换公式为：

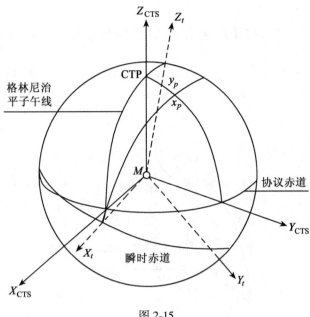

图 2-15

$$\begin{bmatrix} X \\ Y \\ Z \end{bmatrix}_{CTS} = M \begin{bmatrix} X \\ Y \\ Z \end{bmatrix}_{t} \tag{2-26}$$

式中，$(X\,Y\,Z)^{T}_{CTS}$ 为以 CTP 为指向的协议地球坐标，$(X\,Y\,Z)^{T}_{t}$ 为观测历元 t 的瞬时地球坐标，M 为极移旋转矩阵。

$$M = R_1(-y_p)R_2(-x_p) \tag{2-27}$$

2. 协议地球坐标系与协议天球坐标系之间的转换

协议地球坐标系与协议天球坐标系之间的转换可借助于瞬时地球坐标系与瞬时天球坐标系的指向相同来实现。对于观测瞬时 t，可写出公式：

$$\begin{bmatrix} X \\ Y \\ Z \end{bmatrix}_{t} = E \begin{bmatrix} x \\ y \\ z \end{bmatrix}_{t} \tag{2-28}$$

$$E = R_3(GAST)$$

根据(2-25)式至(2-27)式，可得出协议天球坐标系与协议地球坐标系的转换关系为：

$$\begin{bmatrix} X \\ Y \\ Z \end{bmatrix}_{CTS} = MENP \begin{bmatrix} x \\ y \\ z \end{bmatrix}_{CIS} \tag{2-29}$$

3. 参心坐标系

建立地球参心坐标系，需进行如下几个方面的工作：

(1) 选择或求定椭球的几何参数(长半径 a 和扁率 α)；

（2）确定椭球中心的位置（椭球定位）；

（3）确定椭球短轴的指向（椭球定向）；

（4）建立大地原点。

关于椭球参数，一般可选择 IUGG 推荐的国际椭球参数，下面主要讨论椭球定位与定向及建立大地原点。

对于地球和参考椭球可分别建立空间直角坐标系 $O_1\text{-}X_1Y_1Z_1$ 和 $O\text{-}XYZ$，如图 2-16 所示，

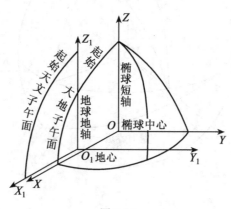

图 2-16

两者间的相对关系可用三个平移参数 X_0，Y_0，Z_0（椭球中心 O 相对于地心 O_1 的平移参数）和三个旋转参数 ε_X，ε_Y，ε_Z 来表示。传统的做法是：首先选定某一适宜的点作为大地原点，在该点上实施精密的天文大地测量和高程测量，由此得到该点的天文经度 λ_K，天文纬度 φ_K，正高 $H_{正K}$，至某一相邻点的天文方位角 α_K。以大地原点垂线偏差的子午圈分量 ξ_K、卯酉圈分量 η_K、大地水准面差距 N_K 和 ε_X，ε_Y，ε_Z 为参数，根据广义的垂线偏差公式和广义的拉普拉斯方程式可得：

$$\begin{cases} L_K = \lambda - \eta_K \sec\varphi_K - (\varepsilon_Y \sin\lambda_K + \varepsilon_X \cos\lambda_K)\tan\varphi_K + \varepsilon_Z \\ B_K = \varphi_K - \xi_K - (\varepsilon_Y \cos\lambda_K - \varepsilon_X \sin\lambda_K) \\ A_K = \alpha_K - \eta_K \tan\varphi_K - (\varepsilon_X \cos\lambda_K + \varepsilon_Y \sin\lambda_K)\sec\varphi_K \end{cases} \tag{2-30}$$

$$H_K = H_{正K} + N_K + (\varepsilon_Y \cos\lambda_K - \varepsilon_X \sin\lambda_K) N_K e^2 \sin\varphi_K \cos\varphi_K \tag{2-31}$$

式中，L_K，B_K，A_K，H_K 分别为相应的大地经度、大地纬度、大地方位角、大地高。从上可见，用 ξ_K，η_K，N_K 替代了原来的定位参数 X_0，Y_0，Z_0。

顾及椭球定向的两个平行条件，即：

$$\varepsilon_X = 0, \qquad \varepsilon_Y = 0, \qquad \varepsilon_Z = 0 \tag{2-32}$$

代入（2-30）式和（2-31）式，可得：

$$\begin{cases} L_K = \lambda_K - \eta_K \sec\varphi_K \\ B_K = \varphi_K - \xi_K \\ A_K = \alpha_K - \eta_K \tan\varphi_K \end{cases} \tag{2-33}$$

$$H_K = H_{正K} + N_K \tag{2-34}$$

参考椭球定位与定向的方法可分为两种：一点定位和多点定位。

1）一点定位

一个国家或地区在天文大地测量工作的初期，由于缺乏必要的资料来确定 η_K，ξ_K 和 N_K 值，通常只能简单地取

$$\begin{cases} \eta_K = 0, \ \xi_K = 0 \\ N_K = 0 \end{cases} \tag{2-35}$$

上式表明，在大地原点 K 处，椭球的法线方向和铅垂线方向重合，椭球面和大地水准面相切。这时，由(2-33)式和(2-34)式得

$$\begin{cases} L_K = \lambda_K, \ B_K = \varphi_K, \ A_K = \alpha_K \\ H_K = H_{正K} \end{cases} \tag{2-36}$$

因此，仅仅根据大地原点上的天文观测和高程测量结果，顾及(2-32)式和(2-35)式，按(2-36)式即可确定椭球的定位和定向。这就是一点定位的方法。

2）多点定位

一点定位的结果，在较大范围内往往难以使椭球面与大地水准面有较好的密合。所以，在国家或地区的天文大地测量工作进行到一定的时候或基本完成后，利用许多拉普拉斯点（即测定了天文经度、天文纬度和天文方位角的大地点）的测量成果和已有的椭球参数，按照广义弧度测量方程(3-235)式，根据使椭球面与当地大地水准面最佳拟合条件 $\sum N_{新}^2 = \min$（或 $\sum \zeta_{新}^2 = \min$），采用最小二乘法可求得椭球定位参数 ΔX_0，ΔY_0，ΔZ_0，旋转参数 ε_X，ε_Y，ε_Z 及新椭球几何参数，$a_{新} = a_{旧} + \Delta a$，$\alpha_{新} = \alpha_{旧} + \Delta \alpha$。再根据(2-30)，(2-31)式可求得大地原点的垂线偏差分量 ξ_K，η_K 及 N_K（或 ζ_K）。这样利用新的大地原点数据和新的椭球参数进行新的定位和定向，从而可建立新的参心大地坐标系。按这种方法进行椭球的定位和定向，由于包含了许多拉普拉斯点，因此通常称为多点定位法。

多点定位的结果使椭球面在大地原点不再同大地水准面相切，但在所使用的天文大地网资料的范围内，椭球面与大地水准面有最佳的密合。

3）大地原点和大地起算数据

如前所述，参考椭球的定位和定向，一般是依据大地原点的天文大地观测和高程测量结果，通过确定 ε_X，ε_Y，ε_Z，ξ_K，η_K 和 N_K，计算出大地原点上的 L_K，B_K，H_K 和至某一相邻点的 A_K 来实现的。如图 2-17 所示，依据 L_K，B_K，A_K 和归算到椭球面上的各种观测值，可以精确计算出天文大地网中各点的大地坐标。L_K，B_K，A_K 称做大地测量基准数据，也称做大地测量起算数据，大地原点也称大地基准点或大地起算点。

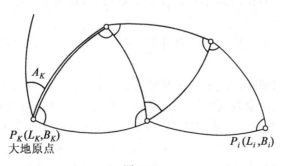

A_K

$P_K(L_K, B_K)$
大地原点

$P_i(L_i, B_i)$

图 2-17

椭球的形状和大小以及椭球的定位和定向同大地原点上大地起算数据的确定是密切相关的，对于经典的参心大地坐标系的建立而言，参考椭球的定位和定向是通过确定大地原点的大地起算数据来实现的，而确定起算数据又是椭球定位和定向的结果。不论采取何种定位和定向方法来建立国家大地坐标系，总得有一个而且只能有一个大地原点，否则定位和定向的结果就无法明确地表现出来。

因此，一定的参考椭球和一定的大地原点上的大地起算数据，确定了一定的坐标系。通常就是用参考椭球参数和大地原点上的起算数据作为一个参心大地坐标系建成的标志。

4）1954 年北京坐标系

新中国成立后，我国大地测量进入了全面发展时期，在全国范围内开展了正规的、全面的大地测量和测图工作，迫切需要建立一个参心大地坐标系。鉴于当时的历史条件，暂时采用了克拉索夫斯基椭球参数，并与苏联 1942 年坐标系进行联测，通过计算建立了我国大地坐标系，定名为 1954 年北京坐标系。其中高程异常是以苏联 1955 年大地水准面差距重新平差结果为依据，按我国的天文水准路线换算过来的。

因此，1954 年北京坐标系可以认为是苏联 1942 年坐标系的延伸。它的原点不在北京，而在苏联的普尔科沃。相应的椭球为克拉索夫斯基椭球。

1954 年北京坐标系建立以来，我国依据这个坐标系建成了全国天文大地网，完成了大量的测绘任务。但是随着测绘新理论、新技术的不断发展，人们发现该坐标系存在如下缺点：

① 椭球参数有较大误差。克拉索夫斯基椭球参数与现代精确的椭球参数相比，长半轴偏大 108m。

② 参考椭球面与我国大地水准面存在着自西向东明显的系统性的倾斜，在东部地区大地水准面差距最大达+68m。这使得大比例尺地图反映地面的精度受到影响，同时也对观测元素的归算提出了严格要求。

③ 几何大地测量和物理大地测量应用的参考面不统一。我国在处理重力数据时采用赫尔默特 1900—1909 年正常重力公式，与这个公式相应的赫尔默特扁球不是旋转椭球，它与克拉索夫斯基椭球是不一致的，这给实际工作带来了麻烦。

④ 定向不明确。椭球短轴的指向既不是国际上较普遍采用的国际协议（习用）原点 CIO（Conventional International Origin），也不是我国地极原点 $JYD_{1968.0}$；起始大地子午面也不是国际时间局 BIH（Bureau International de I Heure）所定义的格林尼治平均天文台子午面，从而给坐标换算带来一些不便和误差。

另外，鉴于该坐标系是按局部平差逐步提供大地点成果的，因而不可避免地出现一些矛盾和不够合理的地方。

随着我国测绘事业的发展，可以利用我国测量资料和其他有关资料，建立起适合我国情况的新的坐标系。

5）1980 年国家大地坐标系（1980 西安坐标系）

为了适应我国大地测量发展的需要，在 1978 年 4 月于西安召开的"全国天文大地网整体平差会议"上，参加会议的专家对建立我国比 1954 年北京坐标系更精确的新大地坐标系进行了讨论和研究。到会专家普遍认为 1954 年北京坐标系相对应的椭球参数不够精确，其椭球面与我国大地水准面差距较大，在东部经济发达地区差距高达 60 余米，因而建立我国新的大地坐标系是必要的。该次会议关于建立新大地坐标系提出了如下原则：

① 全国天文大地网整体平差要在新的坐标系的参考椭球面上进行。为此，首先建立一个新的大地坐标系，并命名为1980年国家大地坐标系。

② 1980年国家大地坐标系的大地原点定在我国中部，具体选址是陕西省泾阳县永乐镇。

③ 采用国际大地测量和地球物理联合会1975年推荐的四个地球椭球基本参数(a, J_2, GM, ω)，并根据这四个参数求解椭球扁率和其他参数。

④ 1980年国家大地坐标系的椭球短轴平行于地球质心指向我国地极原点$JYD_{1968.0}$方向，大地起始子午面平行于格林尼治平均天文台的子午面实际上是我国起始天文子午面。

⑤ 椭球定位参数以我国范围内高程异常值平方和等于最小为条件求解。

1980年国家大地坐标系就是根据以上原则在1954年北京坐标系基础上建立起来的。

仿(3-235)式第三式，可写出：

$$\zeta_{XA80} = \cos B_{BJ54} \cos L_{BJ54} \Delta X_0 + \cos B_{BJ54} \sin L_{BJ54} \Delta Y_0 + \sin B_{BJ54} \Delta Z_0 - \frac{N}{a}(1 - e^2 \sin^2 B_{BJ54}) \Delta a$$

$$+ \frac{M}{1-\alpha}(1 - e^2 \sin^2 B_{BJ54}) \cdot \sin^2 B_{BJ54} \Delta \alpha + \zeta_{BJ54}$$

$$(2\text{-}37)$$

式中，下标 XA80 表示1980年国家大地坐标系，下标 BJ54 表示1954年北京坐标系。

参考椭球面与大地水准面的最佳拟合条件：

$$\sum \zeta_{XA80}^2 = \min \tag{2-38}$$

利用最小二乘法由(2-37)式可求得ΔX_0，ΔY_0，ΔZ_0，Δa，$\Delta \alpha$ 五个参数。实际计算时直接选用了 IUGG1975 年推荐的椭球参数作为1980年大地坐标系的椭球参数，因而 $\Delta a = a_{IUGG1975} - a_{克氏椭球}$，$\Delta \alpha = \alpha_{IUGG1975} - \alpha_{克氏椭球}$ 为已知值，(2-37)式中只剩下ΔX_0，ΔY_0，ΔZ_0 三个参数。求得ΔX_0，ΔY_0，ΔZ_0 后，将其代入(3-235)式，就可得到大地原点上的ξ_K，η_K 和N_K(或ζ_K)，再由大地原点上测得的天文经度λ_K、天文纬度φ_K，正常高$H_{常K}$，大地原点至另一点的天文方位角α_K，按(2-33)式得到大地原点的L_K，B_K，A_K，H_K，这就是 XA80 的大地起算数据。

1980年国家大地坐标系的特点是：

① 采用1975年国际大地测量与地球物理联合会(IUGG)第16届大会上推荐的4个椭球基本参数。

地球椭球长半径 $a = 6\ 378\ 140m$；

地心引力常数 $GM = 3.986\ 005 \times 1\ 014 \times 10^{14} m^3/s^2$；

地球重力场二阶带球谐系数 $J_2 = 1.082\ 63 \times 10^{-3}$；

地球自转角速度 $\omega = 7.292\ 115 \times 10^{-5} rad/s$。

根据物理大地测量学中的有关公式，可由上述4个参数算得。

地球椭球扁率 $\alpha = 1/298.257$；

赤道的正常重力值 $\gamma_0 = 9.780\ 32m/s^2$。

② 参心大地坐标系是在1954年北京坐标系基础上建立起来的。

③ 椭球面同似大地水准面在我国境内最为密合，是多点定位。

④ 定向明确。椭球短轴平行于地球质心指向地极原点 $\text{JYD}_{1968.0}$ 的方向，起始大地子午面平行于我国起始天文子午面，$\varepsilon_X = \varepsilon_Y = \varepsilon_Z = 0$。

⑤ 大地原点地处我国中部，位于西安市以北 60 km 处的泾阳县永乐镇，简称西安原点。

⑥ 高程基准采用 1956 年黄海高程系。

该坐标系建立后，实施了全国天文大地网平差。平差后提供的大地点成果属于 1980 年西安坐标系，它和原 1954 年北京坐标系的成果是不同的。这个差异除了由于它们各属不同椭球与不同的椭球定位、定向外，还因为前者是经过整体平差，而后者只是作了局部平差。

不同坐标系统的控制点坐标可以通过一定的数学模型，在一定的精度范围内进行互相转换，使用时必须注意所用成果相应的坐标系统。

6）新 1954 年北京坐标系（$\text{BJ54}_{新}$）

新 1954 年北京坐标系，是由 1980 年国家大地坐标系转换得来的，简称 $\text{BJ54}_{新}$；原 1954 年北京坐标系又称为旧 1954 年北京坐标系 $\text{BJ54}_{旧}$。由于在全国的以 XA80 为基准的测绘成果建立之前，$\text{BJ54}_{旧}$ 的测绘成果仍将存在较长的时间，而 $\text{BJ54}_{旧}$ 与 XA80 两者之间差距较大，给成果的使用带来不便，所以又建立了 $\text{BJ54}_{新}$ 作为过渡坐标系。经过渡坐标系的转换，$\text{BJ54}_{新}$ 和 $\text{BJ54}_{旧}$ 的控制点的高斯平面坐标，其差值在全国 80% 地区内小于 5m，局部地区最大达 12.9m，这种差值反映在 1∶5 万以及更小比例尺的地形图上的影响，图上位移绝大部分不超过 0.1mm。这样采用 $\text{BJ54}_{新}$，对于小比例尺地形图可认为不受影响，在完全采用 XA80 测绘成果之后，1∶5 万以下的小比例尺地形图不必重新绘制。

$\text{BJ54}_{新}$ 是在 XA80 的基础上，改变 XA80 相对应的 IUGG1975 椭球几何参数为克拉索夫斯基椭球参数，并将坐标原点（椭球中心）平移，使坐标轴保持平行而建立起来的。其关系如图 2-18 所示。

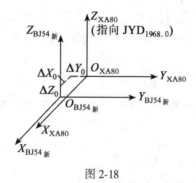

图 2-18

$\text{BJ54}_{新}$ 和 XA80 的空间直角坐标关系是：

$$\begin{cases} X_{\text{BJ54新}} = X_{\text{XA80}} - \Delta X_0 \\ Y_{\text{BJ54新}} = Y_{\text{XA80}} - \Delta Y_0 \\ Z_{\text{BJ54新}} = Z_{\text{XA80}} - \Delta Z_0 \end{cases} \tag{2-39}$$

式中：ΔX_0，ΔY_0，ΔZ_0 是由 $\text{BJ54}_{旧}$ 建立 XA80 时根据（2-37）、（2-38）式求得的。

BJ54$_{新}$和 XA80 的大地坐标变换关系是：

$$\begin{cases} L_{\text{BJ54}_{新}} = L_{\text{XA80}} - \Delta L \\ B_{\text{BJ54}_{新}} = B_{\text{XA80}} - \Delta B \\ H_{\text{BJ54}_{新}} = H_{\text{XA80}} - \Delta H \end{cases} \tag{2-40}$$

$$\begin{bmatrix} \Delta L \\ \Delta B \\ \Delta H \end{bmatrix} = \begin{bmatrix} -\dfrac{\sin L}{(N+H)\cos B}\rho'' & \dfrac{\cos L}{(N+H)\cos B}\rho'' & 0 \\ -\dfrac{\sin B\cos L}{M+H}\rho'' & -\dfrac{\sin B\sin L}{M+H}\rho'' & \dfrac{\cos B}{M+H}\rho'' \\ \cos B\cos L & \cos B\sin L & \sin B \end{bmatrix}_{\text{XA80}} \begin{bmatrix} \Delta X_0 \\ \Delta Y_0 \\ \Delta Z_0 \end{bmatrix} +$$

$$\begin{bmatrix} 0 & 0 \\ \dfrac{N}{(M+H)a}e^2\sin B\cos B\rho'' & \dfrac{M(2-e^2\sin^2 B)}{(M+H)(1-\alpha)}\sin B\cos B\rho'' \\ -\dfrac{N}{a}(1-e^2\sin^2 B) & \dfrac{M}{1-\alpha}(1-e^2\sin^2 B)\sin^2 B \end{bmatrix}_{\text{XA80}} \begin{bmatrix} \Delta a \\ \Delta \alpha \end{bmatrix} \tag{2-41}$$

$$\Delta a = a_{\text{XA80}} - a_{\text{BJ54}_{新}}, \quad \Delta \alpha = \alpha_{\text{XA80}} - \alpha_{\text{BJ54}_{新}} \tag{2-42}$$

从(2-39)式至(2-41)式可知，BJ54$_{新}$与 XA80 有严密的数学转换模型，其坐标精度是一致的，其三维空间直角坐标与 XA80 的相差平移参数为(ΔX_0，ΔY_0，ΔZ_0)。

BJ54$_{新}$的特点是：

①采用克拉索夫斯基椭球参数。

②是综合 XA80 和 BJ54$_{新}$建立起来的参心坐标系。

③采用多点定位，但椭球面与大地水准面在我国境内不是最佳拟合。

④定向明确，坐标轴与 XA80 相平行，椭球短轴平行于地球质心指向 1968.0 地极原点 JYD$_{1968.0}$的方向，起始子午面平行于我国起始天文子午面，$\varepsilon_X = \varepsilon_Y = \varepsilon_Z = 0$。

⑤大地原点与 XA80 相同，但大地起算数据不同。

⑥大地高程基准采用 1956 年黄海高程系。

⑦与 BJ54$_{旧}$相比，所采用的椭球参数相同，其定位相近，但定向不同。BJ54$_{旧}$的坐标是局部平差结果，而 BJ54$_{新}$是 XA80 整体平差结果的转换值，两者之间无全国统一的转换参数，只能进行局部转换。

4. 地心坐标系

地心空间直角坐标系的定义是：原点 O 与地球质心重合，Z 轴指向地球北极，X 轴指向格林尼治平均子午面与地球赤道的交点，Y 轴垂直于 XOZ 平面构成右手坐标系。如图 2-19 所示。

地心大地坐标系的定义是：地球椭球的中心与地球质心重合，椭球面与大地水准面在全球范围内最佳符合，椭球的短轴与地球自转轴重合(过地球质心并指向北极)，大地纬度为过地面点的椭球法线与椭球赤道面的夹角，大地经度为过地面点的椭球子午面与格林尼治的大地子午面之间的夹角，大地高为地面点沿椭球法线至椭球面的距离。

1)地心地固坐标系的建立方法

建立地心坐标系的方法可分为直接法和间接法两类。所谓直接法，就是通过一定的观测

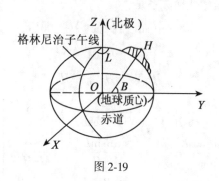

图 2-19

资料(如天文资料、重力资料、卫星观测资料等),直接求得点的地心坐标的方法,如天文重力法和卫星大地测量动力法等。所谓间接法,就是通过一定的资料(其中包括地心系统和参心系统的资料),求得地心坐标系和参心坐标系之间的转换参数,而后按其转换参数和参心坐标,间接求得点的地心坐标的方法,如应用全球天文大地水准面差距法以及利用卫星网与地面网重合点的两套坐标建立地心坐标转换参数等方法。

20 世纪 60 年代以来,美国和苏联等国家利用卫星观测等资料,开展了建立地心坐标系的工作。美国国防部曾先后建立过世界大地坐标系(World Geodetic System,简称 WGS)WGS60,WGS66 和 WGS72,并于 1984 年开始,经过多年修正和完善,建立起更为精确的地心坐标系统,称为 WGS84。

近年来,我国有关部门在建立地心坐标系方面也已取得一定的成果。1978 年建立了地心一号(DX-1)转换参数,1988 年建立了更精确的地心二号(DX-2)转换参数,用于将 1954 年北京坐标系与 1980 年西安坐标系的坐标换算为我国地心坐标系 DXZ_{78} 或 DXZ_{88} 的坐标。2008 年建立了 2000 中国大地坐标系(CGCS2000)。

2) WGS84 世界大地坐标系

美国国防部 1984 年世界大地坐标系 WGS84 是一个协议地球参考系 CTS。该坐标系的原点是地球的质心,Z 轴指向 BIH 1984.0 定义的协议地球极 CTP 方向,X 轴指向 BIH 1984.0 零度子午面和 CTP 对应的赤道的交点,Y 轴和 Z、X 轴构成右手坐标系。WGS84 坐标系如图 2-20 所示。

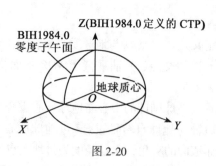

图 2-20

WGS84 坐标系统最初是由美国国防部(DOD)根据 TRANSIT 导航卫星系统的多普勒观

测数据所建立的,从 1987 年 1 月开始作为 GPS 卫星所发布的广播星历的坐标参照基准,
采用的 4 个基本参数是:

长半轴 $a = 6\ 378\ 137m$

地球引力常数(含大气层)$GM = 3\ 986\ 005 \times 10^8 m^3 s^{-2}$

正常化二阶带球谐系数 $\overline{C}_{2.0} = -484.166\ 85 \times 10^{-6}$

地球自转角速度 $\omega = 7\ 292\ 115 \times 10^{11} rad/s$

根据以上 4 个参数可以进一步求得:

地球扁率 $\alpha = 0.003\ 352\ 810\ 664\ 74$

第一偏心率平方 $e^2 = 0.006\ 694\ 379\ 901\ 3$

第二偏心率平方 $e'^2 = 0.006\ 739\ 496\ 742\ 27$

赤道正常重力 $\gamma_e = 9.780\ 326\ 771\ 4m/s^2$

两极正常重力 $\gamma_p = 9.832\ 186\ 368\ 5m/s^2$

WGS84 是由分布于全球的一系列 GPS 跟踪站的坐标来具体体现的,当初 GPS 跟踪站
的坐标精度是 1~2m,远低于国际地球参考框架 ITRF(详细情况参见下文)坐标的精度
(10~20mm)。为了改善 WGS84 系统的精度,1994 年 6 月,由美国国防制图局(DMA)将
其和美国空军在全球的 10 个 GPS 跟踪站的数据加上部分 IGS 站的 ITRF91 数据,进行联
合处理,并以 IGS 站在 ITRF91 框架下的站坐标为固定值,重新计算了这些全球跟踪站在
1994.0 历元的站坐标,并将 WGS84 的地球引力常数 GM 更新为 IERS1992 标准规定的数
值:$3\ 986\ 004.418 \times 10^8 m^3 s^{-2}$,从而得到更精确的 WGS84 坐标框架,即 WGS84(G730),
其中 G 表示 GPS,730 表示 GPS 周,第 730 周的第一天对应于 1994 年 1 月 2 日,与
ITRF91 相对应。

WGS84(G730)系统中的站坐标与 ITRF91、ITRF92 的差异减小为 0.1m 量级,这与
1987 年最初的站坐标相比有了显著改进,但与 ITRF 站坐标的 10~20mm 的精度相比要差
一些。

1996 年,WGS84 坐标框架再次进行更新,得到了 WGS84(G873),其坐标参考历元
为 1997.0,与 ITRF94 对应。WGS84(G873)框架的站坐标精度有了进一步的提高,它与
ITRF94 框架的站坐标差异小于 2cm。2002 年更新为 WGS84(G1150),与 ITRF2000 相对
应。2012 年更新为 WGS84(G1674),与 ITRF2008 相对应。2013 年更新为 WGS84
(G1762),对应于 ITRF2008,这是目前使用的 GPS 广播星历和 NGS(DMA 更名为 NIMA,
后又更名为 NGA)精密星历的坐标参考基准。

3)国际地球参考系统(ITRS)与国际地球参考框架(ITRF)

① 国际地球自转服务(IERS)。

IERS 于 1988 年由国际大地测量学与地球物理学联合会(IUGG)和国际天文学联合会
(IAU)共同建立,用以取代国际时间局(BIH)的地球自转部分和原有的国际极移服务
(IPMS)。根据创立时的委托协议,IERS 的任务主要有以下几个方面:

a)维持国际天球参考系统(ICRS)和框架(ICRF);

b)维持国际地球参考系统(ITRS)和框架(ITRF);

c)为当前应用和长期研究提供及时准确的地球自转参数(ERP)。

41

IERS 采用了多种技术手段进行观测和分析，来完成对上述参考框架和地球自转的监测。这些技术包括甚长基线干涉（VLBI），激光测月（LLR），激光测卫（SLR），GPS，DORIS 等。

IERS 通过分布在全球各地的 IERS 观测网获取各种技术的观测数据，这些观测数据首先由不同技术各自的分析中心进行处理，如 VLBI 的分析中心有戈达德空间飞行中心 GSFC、波恩大学大地测量学院 GIUB、美国海洋和大气局 NOAA、喷气推进实验室 JPL 等；SLR 的分析中心有空间研究中心 CSR、戈达德空间飞行中心 GSFC 等；GPS 的分析中心有加拿大天然能源 NRCan（前 EMR）、德国地球科学研究所 GFZ、欧洲轨道测量中心 CODE、欧洲空间局 ESA、美国国家大地测量局 NGS、美国喷气实验室 JPL、美国斯克里普思海洋研究所 SIO 等；DORIS 的分析中心有法国空间大地测量研究 GRGS、美国得克萨斯大学空间研究中心 CSR、法国国家地理研究所 IGN 等。最后由 IERS 中心局根据各分析中心的处理结果进行综合分析，得出 ICRF、ITRF 和 EOP 的最终结果，并由 IERS 年度报告和技术备忘录向世界发布，提供各方面的使用。

② 国际地球参考系统（ITRS）。

ITRS 是一种协议地球参考系统，它的定义为：

a）原点为地心，并且是指包括海洋和大气在内的整个地球的质心；

b）长度单位为米（m），并且是在广义相对论框架下的定义；

c）Z 轴从地心指向 BIH1984.0 定义的协议地球极（CTP）；

d）X 轴从地心指向格林尼治平子午面与 CTP 赤道的交点；

e）Y 轴与 XOZ 平面垂直而构成右手坐标系；

f）时间演变基准是使用满足无整体旋转（NNR）条件的板块运动模型，用于描述地球各块体随时间的变化。

ITRS 的建立和维持是由 IERS 全球观测网，以及观测数据经综合分析后得到的站坐标和速度场来具体实现的，即国际地球参考框架 ITRF。

③ 国际地球参考框架（ITRF）。

ITRF 是 ITRS 的具体实现，是通过 IERS 分布于全球的跟踪站的坐标和速度场来维持并提供用户使用的。IERS 每年将全球各站的观测数据进行综合处理和分析，得到一个 ITRF 框架，并以 IERS 年报和 IERS 技术备忘录的形式发布。现已发布的 ITRF 系列有：ITRF88、ITRF89、ITRF90、ITRF91、ITRF92、ITRF93、ITRF94、ITRF96、ITRF97、ITRF2000、ITRF2005、ITRF2008、ITRF2014。ITRF 各个框架之间的转换模型为：

$$\begin{pmatrix} X \\ Y \\ Z \end{pmatrix}_A = \begin{pmatrix} X \\ Y \\ Z \end{pmatrix}_B + \begin{pmatrix} T_1 \\ T_2 \\ T_3 \end{pmatrix} + \begin{pmatrix} D & -R_3 & R_2 \\ R_3 & D & -R_1 \\ -R_2 & R_1 & D \end{pmatrix} \begin{pmatrix} X \\ Y \\ Z \end{pmatrix}_B \tag{2-43}$$

其中，(T_1, T_2, T_3) 为平移参数，D 为尺度参数，(R_1, R_2, R_3) 为旋转参数。

任一参数 P 在给定时刻 t 的值为：

$$P(t) = P(t_0) + \dot{P} \cdot (t - t_0) \tag{2-44}$$

ITRF2014 到 ITRF2008、ITRF2008 到 ITRF2005、ITRF2005 到 ITRF2000、ITRF2000 到以前框架的转换参数值见表 2-2。

表 2-2

框架 A 框架 B	$T1(\text{cm})$ $\dot{T}1(\text{cm/y})$	$T2(\text{cm})$ $\dot{T}2(\text{cm/y})$	$T3(\text{cm})$ $\dot{T}3(\text{cm/y})$	$D(\text{ppb})$ $\dot{D}(\text{ppb/y})$	$R1(0.001'')$ $\dot{R}1(0.001''/\text{y})$	$R2(0.001'')$ $\dot{R}2(0.001''/\text{y})$	$R3(0.001'')$ $\dot{R}3(0.001''/\text{y})$	参考历 元 t_0
ITRF2008	0.16	0.19	0.24	-0.02	0.000	0.000	0.000	2010.0
ITRF2014	0.00	0.00	-0.01	0.03	0.000	0.000	0.000	
ITRF2005	-0.20	-0.09	-0.47	0.94	0.000	0.000	0.000	2005.0
ITRF2008	0.03	0.00	0.00	0.00	0.000	0.000	0.000	
ITRF2000	0.01	-0.08	-0.58	0.40	0.000	0.000	0.000	2000.0
ITRF2005	-0.02	0.01	-0.18	0.08	0.000	0.000	0.000	
ITRF97	0.67	0.61	-1.85	1.55	0.00	0.00	0.00	1997.0
ITRF2000	0.00	-0.06	-0.14	0.01	0.00	0.00	0.02	
ITRF96	0.67	0.61	-1.85	1.55	0.00	0.00	0.00	1997.0
ITRF2000	0.00	-0.06	-0.14	0.01	0.00	0.00	0.02	
ITRF94	0.67	0.61	-1.85	1.55	0.00	0.00	0.00	1997.0
ITRF2000	0.00	-0.06	-0.14	0.01	0.00	0.00	0.02	
ITRF93	1.27	0.65	-2.09	1.95	-0.39	0.80	-1.14	1988.0
ITRF2000	-0.29	-0.02	-0.06	0.01	-0.11	-0.19	0.07	
ITRF92	1.47	1.35	-1.39	0.75	0.00	0.00	-0.18	1988.0
ITRF2000	0.00	-0.06	-0.14	0.01	0.00	0.00	0.02	
ITRF91	2.67	2.75	-1.99	2.15	0.00	0.00	-0.18	1988.0
ITRF2000	0.00	-0.06	-0.14	0.01	0.00	0.00	0.02	
ITRF90	2.47	2.35	-3.59	2.45	0.00	0.00	-0.18	1988.0
ITRF2000	0.00	-0.06	-0.14	0.01	0.00	0.00	0.02	
ITRF89	2.97	4.75	-7.39	5.85	0.00	0.00	-0.18	1988.0
ITRF2000	0.00	-0.06	-0.14	0.01	0.00	0.00	0.02	
ITRF88	2.47	1.15	-9.79	8.95	0.10	0.00	-0.18	1988.0
ITRF2000	0.00	-0.06	-0.14	0.01	0.00	0.00	0.02	

4）2000 中国大地坐标系

2000 中国大地坐标系的英文简称是 CGCS2000（China Geodetic Coordinate System 2000），CGCS2000 是协议地球坐标系，其原点为包括海洋和大气的整个地球的质量中心，Z 轴指向是从地心到 BIH1984.0 定义的 CTP 推算到历元 2000.0 的地球参考极的方向，X 轴由原点指向格林尼治起始子午面与赤道的交点，Y 轴与 X、Z 轴构成右手直角坐标系。

CGCS2000 对应的椭球为一等位旋转椭球，其几何中心与坐标系的原点重合，旋转轴与坐标系的 Z 轴一致，采用的地球椭球参数如下：

长半轴 $\qquad\qquad a = 6\ 378\ 137\text{m}$

扁率　　　　　　　　　　　　$\alpha = 1/298.257\ 222\ 101$

地心引力常数　　　　　　　$GM = 3.986\ 004\ 418 \times 10^{14} \mathrm{m}^3 \mathrm{s}^{-2}$

自转角速度　　　　　　　　$\omega = 7.292\ 115 \times 10^{-5} \mathrm{rad\ s}^{-1}$

根据以上 4 个定义常数,利用有关公式,可以算出一系列导出常数。常用的导出几何常数列于表 2-3,导出物理常数列于表 2-4。

<table>
<tr><td colspan="2">表 2-3　CGCS2000 参考椭球导出几何常数值</td></tr>
<tr><td>常数名</td><td>值</td></tr>
<tr><td>短半轴 b</td><td>6 356 752.314 1m</td></tr>
<tr><td>线偏心率 E</td><td>521 854.009 7m</td></tr>
<tr><td>极曲率半径 c</td><td>6 399 593.625 9m</td></tr>
<tr><td>第一偏心率平方 e^2</td><td>0.006 694 380 002 90</td></tr>
<tr><td>第一偏心率 e^2</td><td>0.081 819 191 042 782</td></tr>
<tr><td>第二偏心率平方 e'^2</td><td>0.006 739 496 775 48</td></tr>
<tr><td>第二偏心率 e'</td><td>0.082 094 438 151 912</td></tr>
<tr><td>扁率 f</td><td>0.003 352 810 681 18</td></tr>
<tr><td>扁率倒数 $1/f$</td><td>298.257 222 101</td></tr>
<tr><td>轴比 b/a</td><td>0.996 647 189 319</td></tr>
<tr><td>子午圈一象限弧长 Q</td><td>10 001 965.729 3m</td></tr>
<tr><td>椭球体积 V</td><td>1 083 207 319 783.546km³</td></tr>
<tr><td>椭球表面积 S</td><td>510 065 621.718km²</td></tr>
<tr><td>算术平均半径 R_1</td><td>6 371 008.771 4m</td></tr>
<tr><td>同面积之球的半径 R_2</td><td>6 371 007.180 9m</td></tr>
<tr><td>同体积之球的半径 R_3</td><td>6 371 000.790 0m</td></tr>
</table>

<table>
<tr><td colspan="2">表 2-4　CGCS2000 参考椭球导出物理常数值</td></tr>
<tr><td>常数名</td><td>值</td></tr>
<tr><td>椭球面正常位 U_0</td><td>62 636 851.714 9m²s⁻²</td></tr>
<tr><td>4 阶带谐系数 J_4</td><td>$-0.237\ 091\ 125\ 614\ 0 \times 10^{-5}$</td></tr>
<tr><td>6 阶带谐系数 J_6</td><td>$0.608\ 346\ 525\ 888\ 8 \times 10^{-8}$</td></tr>
<tr><td>8 阶带谐系数 J_8</td><td>$-0.142\ 681\ 100\ 979\ 6 \times 10^{-10}$</td></tr>
<tr><td>10 阶带谐系数 J_{10}</td><td>$0.121\ 439\ 338\ 333\ 7 \times 10^{-13}$</td></tr>
<tr><td>$m = \omega^2 a^2 b / GM$</td><td>0.003 449 786 506 76</td></tr>
<tr><td>赤道正常重力 γ_e</td><td>9.780 325 334 9ms⁻²</td></tr>
<tr><td>极正常重力 γ_p</td><td>9.832 184 940 2ms⁻²</td></tr>
<tr><td>平均正常重力 γ_p</td><td>9.797 643 222 4ms⁻²</td></tr>
<tr><td>重力扁率 f^*</td><td>0.005 302 441 741 37</td></tr>
<tr><td>$k = b\gamma_p / a\gamma_e - 1$</td><td>0.001 931 852 970 52</td></tr>
<tr><td>地球质量(包括大气) M</td><td>$5.973\ 331\ 96 \times 10^{24}$kg</td></tr>
<tr><td>椭球对短轴的转动惯量 J_b</td><td>$9.719\ 956\ 68 \times 10^{37}$kgm²</td></tr>
<tr><td>椭球对长轴的转动惯量 J_a</td><td>$9.687\ 422\ 13 \times 10^{37}$kgm²</td></tr>
</table>

CGCS2000 框架由 2000 国家 GPS 大地网在历元 2000.0 的点位坐标和速度具体实现,实现的实质是使 CGCS2000 框架与 ITRF97 在 2000.0 参考历元相一致,因此已建立的 GPS 控制点可以采用以 ITRF97(2000.0)为参考框架重新解算得到与 CGCS2000 相一致的坐标成果。

计算实例:已知 A 点的 ITRF2000(1997.0)坐标(m)为(-2 267 749.162, 5 009 154.325, 3 221 290.762),坐标变化率(m/y)为(-.032 5, -.007 7, -.011 9),历元 1997.0 时 ITRF2000 到 ITRF97 的转换参数见表 2-2。求 A 点的 CGCS2000 框架下的坐标(ITRF97,2000 历元)。

计算过程为:

(1)计算 A 点的 ITRF2000(2000.0)的坐标为(-2 267 749.260, 5 009 154.302, 3 221 290.726);

(2)计算 2000 历元 ITRF2000 到 ITRF97 的转换参数

$T1(\mathrm{cm})$	$T2(\mathrm{cm})$	$T3(\mathrm{cm})$	$D(\mathrm{ppb})$	$R1(001'')$	$R2(001'')$	$R3(001'')$
0.67	0.43	−2.27	1.58	0.00	0.00	0.06

（3）计算 A 点的 CGCS2000 框架下的坐标（−2 267 749.258，5 009 154.314，3 221 290.708）。

5. 站心坐标系

以测站为原点，测站上的法线（或垂线）为参考线，以水平面为参考面，建立的局部坐标系就称为法线（或垂线）站心坐标系，常用来描述参照于测站点的相对空间位置关系，或者作为坐标转换的过渡坐标系。

1）垂线站心直角坐标系

如图 2-21 所示，以测站 P 为原点，P 点的垂线为 z 轴（指向天顶为正），子午线的切线方向为 x 轴（向北为正），y 轴与 x、z 轴垂直（向东为正）构成左手坐标系。这种坐标系就称为垂线站心直角坐标系，或称为站心天文坐标系。图中 $O\text{-}XYZ$ 为地心直角坐标系。

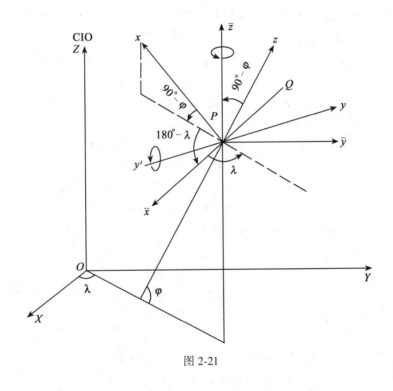

图 2-21

空间任意一点 Q 相对于 P 的位置可通过地面观测值——斜距 d、天文方位角 α 和天顶距 β 来确定，见图 2-22，公式为：

$$
\begin{bmatrix} x \\ y \\ z \end{bmatrix}_{PQ} = \begin{bmatrix} d\cos\alpha\sin\beta \\ d\sin\alpha\sin\beta \\ d\cos\beta \end{bmatrix}_{PQ}
\tag{2-45}
$$

为了导出站心与地心直角坐标系之间的换算关系，首先将 $P\text{-}xyz$ 坐标系的 y 轴反向，得 y'。设 P 点的天文经纬度为 λ，φ，现在再绕 y' 轴旋转 $(90° - \varphi)$，最后再绕 z 轴旋转 $(180° - \lambda)$，即可得到

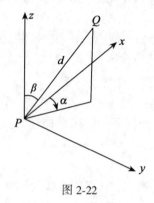

图 2-22

$$\begin{bmatrix} X_Q - X_P \\ Y_Q - Y_P \\ Z_Q - Z_P \end{bmatrix} = \begin{bmatrix} \cos(180° - \lambda) & \sin(180° - \lambda) & 0 \\ -\sin(180° - \lambda) & \cos(180° - \lambda) & 0 \\ 0 & 0 & 1 \end{bmatrix} \cdot$$

$$\begin{bmatrix} \cos(90° - \varphi) & 0 & -\sin(90° - \varphi) \\ 0 & 1 & 0 \\ \sin(90° - \varphi) & 0 & \cos(90° - \varphi) \end{bmatrix} \begin{bmatrix} 1 & 0 & 0 \\ 0 & -1 & 0 \\ 0 & 0 & 1 \end{bmatrix} \begin{bmatrix} x \\ y \\ z \end{bmatrix}_{PQ}$$

(2-46)

引入旋转矩阵和反向矩阵符号

$$R_{y'}(90° - \varphi) = \begin{bmatrix} \cos(90° - \varphi) & 0 & -\sin(90° - \varphi) \\ 0 & 1 & 0 \\ \sin(90° - \varphi) & 0 & \cos(90° - \varphi) \end{bmatrix}$$

(2-47)

$$R_z(180° - \lambda) = \begin{bmatrix} \cos(180° - \lambda) & \sin(180° - \lambda) & 0 \\ -\sin(180° - \lambda) & \cos(180° - \lambda) & 0 \\ 0 & 0 & 1 \end{bmatrix}$$

(2-48)

$$P_y = \begin{bmatrix} 1 & 0 & 0 \\ 0 & -1 & 0 \\ 0 & 0 & 1 \end{bmatrix}$$

并令

$$T = R_z(180° - \lambda) R_{y'}(90° - \varphi) P_y$$

$$= \begin{bmatrix} -\sin\varphi\cos\lambda & -\sin\lambda & \cos\varphi\cos\lambda \\ -\sin\varphi\sin\lambda & \cos\lambda & \cos\varphi\sin\lambda \\ \cos\varphi & 0 & \sin\varphi \end{bmatrix}$$

(2-49)

则有

$$\begin{bmatrix} X_Q - X_P \\ Y_Q - Y_P \\ Z_Q - Z_P \end{bmatrix} = T \begin{bmatrix} x \\ y \\ z \end{bmatrix}_{PQ}$$

(2-50)

或

$$\begin{bmatrix} X_Q \\ Y_Q \\ Z_Q \end{bmatrix} = \begin{bmatrix} X_P \\ Y_P \\ Z_P \end{bmatrix} + \begin{bmatrix} -\sin\varphi\cos\lambda & -\sin\lambda & \cos\varphi\cos\lambda \\ -\sin\varphi\sin\lambda & \cos\lambda & \cos\varphi\sin\lambda \\ \cos\varphi & 0 & \sin\varphi \end{bmatrix} \begin{bmatrix} x \\ y \\ z \end{bmatrix}_{PQ} \tag{2-51}$$

由于 T 为正交矩阵，故有 $T^{-1} = T^T$，因而有

$$\begin{bmatrix} x \\ y \\ z \end{bmatrix}_{PQ} = \begin{bmatrix} -\sin\varphi\cos\lambda & -\sin\varphi\sin\lambda & \cos\varphi \\ -\sin\lambda & \cos\lambda & 0 \\ \cos\varphi\cos\lambda & \cos\varphi\sin\lambda & \sin\varphi \end{bmatrix} \begin{bmatrix} X_Q - X_P \\ Y_Q - Y_P \\ Z_Q - Z_P \end{bmatrix} \tag{2-52}$$

（2-51）式与（2-52）式即为垂线站心坐标系与地心坐标系之间的换算公式。

2）法线站心直角坐标系

如图 2-23 所示，以测站 P 点为原点，P 点的法线方向为 z^* 轴（指向天顶为正），子午线方向为 x^* 轴，y^* 轴与 x^*、z^* 轴垂直，构成左手坐标系。这种坐标系就称为法线站心直角坐标系，或称为站心椭球坐标系。

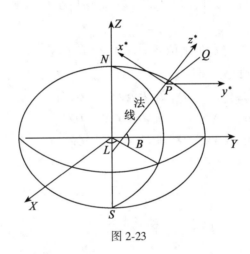

图 2-23

若设 P 点的大地经纬度为 (L, B)，则可导出法线站心直角坐标系与相应的地心（或参心）直角坐标系之间的换算关系：

$$\begin{bmatrix} X_Q \\ Y_Q \\ Z_Q \end{bmatrix} = \begin{bmatrix} X_P \\ Y_P \\ Z_P \end{bmatrix} + \begin{bmatrix} -\sin B\cos L & -\sin L & \cos B\cos L \\ -\sin B\sin L & \cos L & \cos B\sin L \\ \cos B & 0 & \sin B \end{bmatrix} \begin{bmatrix} x^* \\ y^* \\ z^* \end{bmatrix}_{PQ} \tag{2-53}$$

$$\begin{bmatrix} x^* \\ y^* \\ z^* \end{bmatrix}_{PQ} = \begin{bmatrix} -\sin B\cos L & -\sin B\sin L & \cos B \\ -\sin L & \cos L & 0 \\ \cos B\cos L & \cos B\sin L & \sin B \end{bmatrix} \begin{bmatrix} X_Q - X_P \\ Y_Q - Y_P \\ Z_Q - Z_P \end{bmatrix} \tag{2-54}$$

2.3.4 坐标系换算

1. 欧勒角与旋转矩阵

两个直角坐标系进行相互变换的旋转角称为欧勒角，对于二维直角坐标系如图 2-24 所示，有：

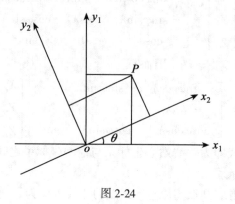

图 2-24

$$\begin{bmatrix} x_2 \\ y_2 \end{bmatrix} = \begin{pmatrix} \cos\theta & \sin\theta \\ -\sin\theta & \cos\theta \end{pmatrix} \begin{bmatrix} x_1 \\ y_1 \end{bmatrix} \tag{2-55}$$

$$\theta = \alpha_{OP}^1 - \alpha_{OP}^2 \tag{2-56}$$

对于图 2-25 的三维空间直角坐标系 $O\text{-}X_1Y_1Z_1$ 和 $O\text{-}X_2Y_2Z_2$，通过三次旋转，可实现 $O\text{-}X_1Y_1Z_1$ 到 $O\text{-}X_2Y_2Z_2$ 的变换，即：

① 绕 OZ_1 旋转 ε_Z 角，OX_1、OY_1 旋转至 OX°、OY°；

② 绕 OY° 旋转 ε_Y 角，OX°、OZ_1 旋转至 OX_2、OZ°；

③ 绕 OX_2 旋转 ε_X 角，OY°、OZ° 旋转至 OY_2、OZ_2。

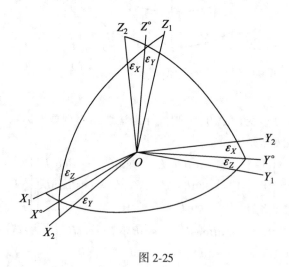

图 2-25

ε_X，ε_Y，ε_Z 为三维空间直角坐标变换的三个旋转角，也称为欧勒角，与它们相对应的旋转矩阵分别为：

$$R_1(\varepsilon_X) = \begin{bmatrix} 1 & 0 & 0 \\ 0 & \cos\varepsilon_X & \sin\varepsilon_X \\ 0 & -\sin\varepsilon_X & \cos\varepsilon_X \end{bmatrix} \tag{2-57}$$

$$R_2(\varepsilon_Y) = \begin{bmatrix} \cos\varepsilon_Y & 0 & -\sin\varepsilon_Y \\ 0 & 1 & 0 \\ \sin\varepsilon_Y & 0 & \cos\varepsilon_Y \end{bmatrix} \tag{2-58}$$

$$R_3(\varepsilon_Z) = \begin{bmatrix} \cos\varepsilon_Z & \sin\varepsilon_Z & 0 \\ -\sin\varepsilon_Z & \cos\varepsilon_Z & 0 \\ 0 & 0 & 1 \end{bmatrix} \tag{2-59}$$

令:
$$R = R_1(\varepsilon_X)R_2(\varepsilon_Y)R_3(\varepsilon_Z) \tag{2-60}$$

则有:

$$\begin{bmatrix} X_2 \\ Y_2 \\ Z_2 \end{bmatrix} = R_1(\varepsilon_X)R_2(\varepsilon_Y)R_3(\varepsilon_Z) \begin{bmatrix} X_1 \\ Y_1 \\ Z_1 \end{bmatrix} = R \begin{bmatrix} X_1 \\ Y_1 \\ Z_1 \end{bmatrix} \tag{2-61}$$

将(2-58)式、(2-59)式、(2-60)式代入(2-61)式,得:

$$R = \begin{bmatrix} \cos\varepsilon_Y\cos\varepsilon_Z & \cos\varepsilon_Y\sin\varepsilon_Z & -\sin\varepsilon_Y \\ -\cos\varepsilon_X\sin\varepsilon_Z + \sin\varepsilon_X\sin\varepsilon_Y\cos\varepsilon_Z & \cos\varepsilon_X\cos\varepsilon_Z + \sin\varepsilon_X\sin\varepsilon_Y\sin\varepsilon_Z & \sin\varepsilon_X\cos\varepsilon_Y \\ \sin\varepsilon_X\sin\varepsilon_Z + \cos\varepsilon_X\sin\varepsilon_Y\cos\varepsilon_Z & -\sin\varepsilon_X\cos\varepsilon_Z + \cos\varepsilon_X\sin\varepsilon_Y\sin\varepsilon_Z & \cos\varepsilon_X\cos\varepsilon_Y \end{bmatrix}$$
$$\tag{2-62}$$

若 ε_X, ε_Y, ε_Z 为微小转角,可取:

$$\begin{cases} \cos\varepsilon_X = \cos\varepsilon_Y = \cos\varepsilon_Z = 1 \\ \sin\varepsilon_X = \varepsilon_X, \ \sin\varepsilon_Y = \varepsilon_Y, \ \sin\varepsilon_Z = \varepsilon_Z \\ \sin\varepsilon_X\sin\varepsilon_Y = \sin\varepsilon_X\sin\varepsilon_Z = \sin\varepsilon_Y\sin\varepsilon_Z = 0 \end{cases} \tag{2-63}$$

于是(2-62)式可化简为:

$$R = \begin{vmatrix} 1 & \varepsilon_Z & -\varepsilon_Y \\ -\varepsilon_Z & 1 & \varepsilon_X \\ \varepsilon_Y & -\varepsilon_X & 1 \end{vmatrix} \tag{2-64}$$

(2-64)式也称为微分旋转矩阵。

2. 不同空间直角坐标系转换

对于既有旋转、缩放,又有平移的两个空间直角坐标系的坐标换算,如图 2-26 所示,存在着3个平移参数和3个旋转参数以及1个尺度变化参数,共计有7个参数。相应的坐标变换公式为:

$$\begin{bmatrix} X_2 \\ Y_2 \\ Z_2 \end{bmatrix} = (1+m) \begin{bmatrix} 1 & \varepsilon_Z & -\varepsilon_Y \\ -\varepsilon_Z & 1 & \varepsilon_X \\ \varepsilon_Y & -\varepsilon_X & 1 \end{bmatrix} \begin{bmatrix} X_1 \\ Y_1 \\ Z_1 \end{bmatrix} + \begin{bmatrix} \Delta X_0 \\ \Delta Y_0 \\ \Delta Z_0 \end{bmatrix} \tag{2-65}$$

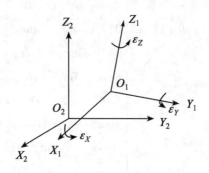

图 2-26

式中：ΔX_0，ΔY_0，ΔZ_0 为 3 个平移参数；ε_X，ε_Y，ε_Z 为 3 个旋转参数，m 为尺度变化参数。

(2-65) 式为两个不同空间直角坐标系的转换模型，其中含有 7 个转换参数，即 ΔX_0，ΔY_0，ΔZ_0，ε_X，ε_Y，ε_Z，m。为了求得这 7 个转换参数，至少需要 3 个公共点，当多于 3 个公共点时，可按最小二乘法求得 7 个参数的最或然值。

令 $a_1 = m + 1$，$a_2 = a_1 \varepsilon_X$，$a_3 = a_1 \varepsilon_Y$，$a_4 = a_1 \varepsilon_Z$，则可将(2-65) 式写为：

$$\begin{bmatrix} X_2 \\ Y_2 \\ Z_2 \end{bmatrix}_{转换值} = \begin{bmatrix} 1 & 0 & 0 & X_1 & 0 & -Z_1 & Y_1 \\ 0 & 1 & 0 & Y_1 & Z_1 & 0 & -X_1 \\ 0 & 0 & 1 & Z_1 & -Y_1 & X_1 & 0 \end{bmatrix} \begin{bmatrix} \Delta X_0 \\ \Delta Y_0 \\ \Delta Z_0 \\ a_1 \\ a_2 \\ a_3 \\ a_4 \end{bmatrix} \tag{2-66}$$

取

$$\begin{bmatrix} V_{X_2} \\ V_{Y_2} \\ V_{Z_2} \end{bmatrix} = \begin{bmatrix} X_2 \\ Y_2 \\ Z_2 \end{bmatrix}_{已知值} - \begin{bmatrix} X_2 \\ Y_2 \\ Z_2 \end{bmatrix}_{转换值} \tag{2-67}$$

则可写出如下形式的误差方程：

$$\begin{bmatrix} V_{X_2} \\ V_{Y_2} \\ V_{Z_2} \end{bmatrix} = -\begin{bmatrix} 1 & 0 & 0 & X_1 & 0 & -Z_1 & Y_1 \\ 0 & 1 & 0 & Y_1 & Z_1 & 0 & -X_1 \\ 0 & 0 & 1 & Z_1 & -Y_1 & X_1 & 0 \end{bmatrix} \begin{bmatrix} \Delta X_0 \\ \Delta Y_0 \\ \Delta Z_0 \\ a_1 \\ a_2 \\ a_3 \\ a_4 \end{bmatrix} + \begin{bmatrix} X_2 \\ Y_2 \\ Z_2 \end{bmatrix}_{已知值} \tag{2-68}$$

改写成矩阵形式为：$V = B \cdot \delta X + L$ (2-69)

$\delta X = (\Delta X_0,\ \Delta Y_0,\ \Delta Z_0,\ a_1,\ a_2,\ a_3,\ a_4)^{\mathrm{T}}$ 为待求的转换参数向量，$V = (V_{X_2},\ V_{Y_2},\ V_{Z_2})^{\mathrm{T}}$ 为改正数向量，$L = (X_2,\ Y_2,\ Z_2)^{\mathrm{T}}_{\text{已知值}}$，$B$ 为系数阵。

根据最小二乘法 $V^{\mathrm{T}}PV = \min$ 的原则，可列出法方程为

$$B^{\mathrm{T}}PB\delta X + B^{\mathrm{T}}PL = 0 \tag{2-70}$$

其解为：

$$\delta X = -\,(B^{\mathrm{T}}PB)^{-1}B^{\mathrm{T}}PL \tag{2-71}$$

由 δX 可进一步求得

$$m = a_1 - 1,\quad \varepsilon_X = \frac{a_2}{a_1},\quad \varepsilon_Y = \frac{a_3}{a_1},\quad \varepsilon_Z = \frac{a_4}{a_1}$$

由于公共点的坐标存在误差，求得的转换参数将受其影响，公共点坐标误差对转换参数的影响与点位的几何分布及点数的多少有关，因而为了求得较好的转换参数，应选择一定数量的精度较高且分布较均匀并有较大覆盖面的公共点。

(2-65) 式为相似变换模型，当利用 3 个以上的公共点求解转换参数时存在多余观测，由于公共点误差的影响而使得转换的公共点的坐标值与已知值不完全相同，而实际工作中又往往要求所有的已知点的坐标值保持固定不变。为了解决这一矛盾，可采用配置法，将公共点的转换值改正为已知值，对非公共点的转换值进行相应的配置。具体方法是：

① 计算公共点转换值的改正数 $V = $ 已知值 $-$ 转换值，公共点的坐标采用已知值。

② 采用配置法计算非公共点转换值的改正数

$$V' = \frac{\sum\limits_{1}^{n} P_i V_i}{\sum\limits_{1}^{n} P_i}$$

式中：n 为公共点的个数，P 为权，可根据非公共点与公共点的距离 (S_i) 来定权，常取 $P_i = \dfrac{1}{S_i^2}$。

3. 不同大地坐标系换算

对于不同大地坐标系的换算，除了包含 3 个平移参数、3 个旋转参数和 1 个尺度变化参数外，还包括 2 个地球椭球元素变化参数。下面推导不同大地坐标系的换算公式。

大地坐标与空间直角坐标之间的关系式为：

$$\begin{bmatrix} X \\ Y \\ Z \end{bmatrix} = \begin{bmatrix} (N+H)\cos B\cos L \\ (N+H)\cos B\sin L \\ [N(1-e^2)+H]\sin B \end{bmatrix} \tag{2-72}$$

取全微分可得

$$\begin{bmatrix} \mathrm{d}X \\ \mathrm{d}Y \\ \mathrm{d}Z \end{bmatrix} = J\begin{bmatrix} \mathrm{d}L \\ \mathrm{d}B \\ \mathrm{d}H \end{bmatrix} + A\begin{bmatrix} \Delta a \\ \Delta \alpha \end{bmatrix} \tag{2-73}$$

式中：

$$J = \begin{bmatrix} \dfrac{\partial X}{\partial L} & \dfrac{\partial X}{\partial B} & \dfrac{\partial X}{\partial H} \\[2mm] \dfrac{\partial Y}{\partial L} & \dfrac{\partial Y}{\partial B} & \dfrac{\partial Y}{\partial H} \\[2mm] \dfrac{\partial Z}{\partial L} & \dfrac{\partial Z}{\partial B} & \dfrac{\partial Z}{\partial H} \end{bmatrix} = \begin{bmatrix} -(N+H)\cos B\sin L & -(M+H)\sin B\cos L & \cos B\cos L \\[2mm] (N+H)\cos B\cos L & -(M+H)\sin B\sin L & \cos B\sin L \\[2mm] 0 & (M+H)\cos B & \sin B \end{bmatrix}$$

$$A = \begin{bmatrix} \dfrac{\partial X}{\partial a} & \dfrac{\partial X}{\partial \alpha} \\[2mm] \dfrac{\partial Y}{\partial a} & \dfrac{\partial Y}{\partial \alpha} \\[2mm] \dfrac{\partial Z}{\partial a} & \dfrac{\partial Z}{\partial \alpha} \end{bmatrix} = \begin{bmatrix} \dfrac{N}{a}\cos B\cos L & \dfrac{M}{1-\alpha}\cos B\cos L\sin^2 B \\[2mm] \dfrac{N}{a}\cos B\sin L & \dfrac{M}{1-\alpha}\cos B\sin L\sin^2 B \\[2mm] \dfrac{N}{a}(1-e^2)\sin B & -\dfrac{M}{1-\alpha}\sin B(1+\cos^2 B - e^2\sin^2 B) \end{bmatrix}$$

$$\tag{2-74}$$

上式两端乘上 J^{-1} 并加以整理可得

$$\begin{bmatrix} \mathrm{d}L \\ \mathrm{d}B \\ \mathrm{d}H \end{bmatrix} = J^{-1}\begin{bmatrix} \mathrm{d}X \\ \mathrm{d}Y \\ \mathrm{d}Z \end{bmatrix} - J^{-1}A\begin{bmatrix} \Delta a \\ \Delta \alpha \end{bmatrix} \tag{2-75}$$

式中：

$$\begin{bmatrix} \mathrm{d}X \\ \mathrm{d}Y \\ \mathrm{d}Z \end{bmatrix} = \begin{bmatrix} X_2 \\ Y_2 \\ Z_2 \end{bmatrix} - \begin{bmatrix} X_1 \\ Y_1 \\ Z_1 \end{bmatrix}$$

$$\begin{bmatrix} \mathrm{d}L \\ \mathrm{d}B \\ \mathrm{d}H \end{bmatrix} = \begin{bmatrix} L_2 \\ B_2 \\ H_2 \end{bmatrix} - \begin{bmatrix} L_1 \\ B_1 \\ H_1 \end{bmatrix}$$

顾及 (2-74) 式以及

$$J^{-1} = \begin{bmatrix} -\dfrac{\sin L}{(N+H)\cos B} & \dfrac{\cos L}{(N+H)\cos B} & 0 \\[3mm] -\dfrac{\sin B\cos L}{M+H} & -\dfrac{\sin B\sin L}{M+H} & \dfrac{\cos B}{M+H} \\[3mm] \cos B\cos L & \cos B\sin L & \sin B \end{bmatrix} \tag{2-76}$$

(2-75) 式可写成

$$\begin{bmatrix} \mathrm{d}L \\ \mathrm{d}B \\ \mathrm{d}H \end{bmatrix} = \begin{bmatrix} -\dfrac{\sin L}{(N+H)\cos B}\rho'' & \dfrac{\cos L}{(N+H)\cos B}\rho'' & 0 \\[3mm] -\dfrac{\sin B\cos L}{M+H}\rho'' & -\dfrac{\sin B\sin L}{M+H}\rho'' & \dfrac{\cos B}{M+H}\rho'' \\[3mm] \cos B\cos L & \cos B\sin L & \sin B \end{bmatrix}\begin{bmatrix} \Delta X_0 \\ \Delta Y_0 \\ \Delta Z_0 \end{bmatrix} + $$

$$
\begin{bmatrix}
\tan B\cos L & \tan B\sin L & -1 \\
-\sin L & \cos L & 0 \\
-\dfrac{Ne^2\sin B\cos B\sin L}{\rho''} & \dfrac{Ne^2\sin B\cos B\cos L}{\rho''} & 0
\end{bmatrix}
\begin{bmatrix}
\varepsilon_X \\ \varepsilon_Y \\ \varepsilon_Z
\end{bmatrix} +
$$

$$
m\begin{bmatrix}
0 \\
-\dfrac{N}{(M+H)}e^2\sin B\cos B\rho'' \\
N(1-e^2\sin^2 B)+H
\end{bmatrix} +
\begin{bmatrix}
0 & 0 \\
\dfrac{N}{(M+H)a}e^2\sin B\cos B\rho'' & \dfrac{M(2-e^2\sin^2 B)}{(M+H)(1-\alpha)}\sin B\cos B\rho'' \\
-\dfrac{N}{a}(1-e^2\sin^2 B) & \dfrac{M}{1-\alpha}(1-e^2\sin^2 B)\sin^2 B
\end{bmatrix}
\begin{bmatrix}
\Delta a \\ \Delta \alpha
\end{bmatrix}
$$

$$
\tag{2-77}
$$

上式通常称为广义大地坐标微分公式或广义变换椭球微分公式。如略去旋转参数和尺度变化参数的影响，即简化为一般的大地坐标微分公式。

根据3个以上公共点的两套大地坐标值，可列出9个以上(2-77)式的方程，采用最小二乘原理可求出其中的9个转换参数 ΔX_0，ΔY_0，ΔZ_0，ε_X，ε_Y，ε_Z，m，Δa，$\Delta \alpha$。

第3章 地球重力场及地球形状的基本理论

3.1 地球基本知识

3.1.1 地球基本形状介绍

地球的面积为 5.1 亿 km^2，体积为 10 830 亿 km^3，海洋占总面积的 70.8%，约为 3.61 亿 km^2，大陆占 29.2%，约为 1.49 亿 km^2。地表地貌的最大起伏为 19.9km，陆地平均高程 840m，其中多数(占总面积 75%)在 1 000m 以下。

世界大洋决定了地球外貌的主要特征，因为地球外壳的 3/4 被厚约 4 000m 的水层包围。世界大洋洋底的地球地貌以海盆、中脊山系、断裂和深水槽为特征。另外，地球在外形方面是与赤道不对称的，比如地球陆地 2/3 在北半球，只有 1/3 在南半球，大部分岛屿、洋脊和深海沟等都在北半球。地球的南极地区有最高的大陆——南极洲，而在地球的北极地区有北冰洋，并且南极洲的面积基本上等于北冰洋的面积。

目前我们研究地球的形状主要是指弹性地球外壳的自然形状——陆地及海洋(底)的表面形状。由于地球自然表面的复杂性，为准确研究它的形状，就必须把地球表面划分为若干个区域，在每个区域内仔细地研究表面点的坐标，最后再把它们综合起来。这样做虽然是合理的，但有许多问题不好解决，不好实现。但从总体形状来看，地球的形状可用大地水准面包围的形体——大地体来表述，也可用旋转椭球、三轴椭球等几何形体来描述。对于旋转椭球体，亦即选取合适的长半轴(a)、短半轴(b)的椭圆绕其短轴旋转一周而得到的形体，理论上证明，由于地球自转的原因，它的形状不可能是球形，而只能是在两极地区呈扁平状，在赤道突出的旋转椭球体的形状。这里关键是选择和确定 a、b 或扁率 α。对于三轴椭球，这就是说地球赤道形状不是圆形而是椭圆形，南北两半球对称，一百余年来，曾发表过许多三轴椭球参数，比如赤道椭圆长半径 a = 6 378.35km，短半径 b = 6 378.139km，赤道扁率 α = 1/30 000，赤道长轴方向在西经 35°左右。关于地球形状的另外一种表述就是所谓略显"梨形"，这是利用对人造地球卫星轨道摄动的观测资料的分析，反求解出地球的形状。近年来的研究结果表明，比如美国斯密松天文台 C_7 系统给出的大地水准面的全貌认为，两极地区略扁的情况不完全一样，北极部分比南极部分略高一些，大约有 20m 的差异。由此证明，大地水准面总的形状是略显"梨形"。如果采用三轴椭球或"梨形"几何体来代表大地水准面，那将使得计算工作非常繁琐，又因旋转椭球与大地水准面很接近，而且计算工作也比前者大为减少，因此，目前在绝大多数情况下，仍以旋转椭球为代表来研究和表达地球形状。

除几何性质外，对它们还应赋予引力参数，比如，质量，旋转角速度，地心引力常数，引力位，重力位等。此外，还应研究地球岩石圈、水圈及大气圈的几何物理方面的动力性质。还应把太阳-地球-月球紧密联系在一起，还要研究地球重力场，磁场，热场及其他物理场，地球的自转和公转等。

把以上各方面的研究结果综合起来，才算比较全面的做到地球外壳形状的研究。从上可见，地球形状的研究是一个极为复杂的科学问题，涉及许多相关学科，只有互相协助和合作，才是解决此问题的最佳途径。在这里，大地测量学把此项课题作为自己的首要任务，在研究地球形状及解决有关地学的其他问题中发挥着重要作用。

当前，人造地球卫星和其他宇宙目标以及天文、大地和重力资料的利用，对于解决地球形状及外部重力场问题起到决定性的作用。20 余年来，地球形状和外部重力场参数已被可靠地测定，目前的研究方向主要是这些参数随时间变化以及地球的全部基本常数是否严密一致等问题。

3.1.2 地球大气简介

地球被一层厚厚的大气层包围着，外部大气层厚度可达 2 000~3 000km。大气成分（大约）：氮占 78%，氧占 21%，氩占 1%。大气的总质量为：3.9×10^{21} 克。这样在地球表面上每平方米要承受 10 多吨的大气压力。即每平方厘米要承受 1 千多克的大气压力。质量的分布在垂直方向上极不均匀，其中 75% 的质量分布在距离地面 10km 之内，90% 分布在 30km 以内。根据大气的密度、温度及运动特征等物理性质，按照不同标准和研究重点，将大气分为性质各异的若干大气层，从地面由低向高依次是：对流层、平流层、中层、热层（电离层）、外层（散逸层）。对电磁波传播的影响，主要是对流层和电离层。

对流层是指离开海平面向上 40~50km 范围内的大气底层，随着纬度增加该层的厚度在逐渐变小。表示大气性质的最重要物理参数就是大气温度，众所周知，大气温度有季节性的周年变化和每日的周日变化。世界上最冷的地方——南极洲，年平均气温在-24℃以下，前苏联南极东方科学考察站曾测得极端最低气温-89.5℃。常年有人居住的最冷的地方，要数俄罗斯东西伯利亚的维尔霍扬斯克和奥伊米亚康地区；世界上最热的地方——非洲埃塞俄比亚的马萨瓦，年平均气温为 30.2℃，一月份平均气温是 26℃，七月份平均气温是 35℃左右，而极端最高气温出现在索马里，在背阴处测得的气温是 63℃；世界上最湿润的地方——印度的乞拉朋奇，年降雨量达到 12 700mm；世界上最干旱的地方——南美洲智利的阿塔卡马沙漠，那里从 16 世纪至今已有四百余年没下过一滴雨；世界上阳光最充足的地方——非洲的撒哈拉沙漠，每年太阳露脸的日子达 97%，美国的佛罗里达州的彼得斯堡，太阳曾经从 1967 年 2 月至 1969 年 3 月连续两年多的时间里，每天白天都在那里照耀；世界上气温变化最剧烈的地方——美国的南达科他州的斯比尔菲什，那里曾经在 2 分钟内，气温从-4℃猛升到 45℃，人们一下子过了好几个季节。大气温度在垂直方向的分布也是变化的，在该层内，温度一般随高度的增加而降低，大约每升高 1km 温度降低 6.5℃，在水平方向上温度变化较小。但由于云、雾、风、雨、雪等天气现象及其变化，对电磁波传播有很大影响。表示大气性质的另一重要物理参数就是气压，气压与地理位置特别是与高度有关。习惯上用水银柱高度表示气压的大小。一个标准大气压是指在摄氏温度 0 度、纬度 45°海平面上的气压，它的数值为 760 毫米水银柱高度，相当于 $1cm^2$ 承受 1.0336kg 的大气压力。由于各国所用的重量和长度单位不同，国际上统一规定用"百帕"作为气压单位。经过换算：一个标准大气压=1 013百帕(毫巴)。气压值随高度上升而降低。在气象分析预报中，采用三种气压表示不同高度上的气流状况：即 850 百帕、700 百帕和 500 百帕分别表示高度在 1 500m(低层)、3 000m(中层)和 5 500m(高层)的气流状况。这样，同一时刻上、下层次配合，就可了解天气系统的立体空间状况。但 500 百帕的高空属引导层，最容易变化，对中低层气流影响较大，是中低层气流变化的先导，而低层大气则对地表产生直接影响。从上述可见，对流层具有气温随高度增加而降低，空气对流及运动显著，湿度大天气多变等特点。

平流层是指从对流层顶到 50~55km 高度范围内的大气。该层的主要特点是，气温不受地面影响，在 35km 以下，气温保持在-55℃几乎不变，在 10~40km 高度是臭氧层，吸收太阳紫外线升温，顶部温度可升至-3℃至 17℃；另一个特点便是空气主要是水平运动，平流层因此得名。最后，在该层内水汽含量极少。

中层又称中间层。自平流层顶到 80~85km 的高空是中层。该层的主要特点是气温随高度增加而迅速下降，顶部温度可达-83℃至-113℃，因高低气温不同，空气有对流运动，因此该层也称为高空对流层。

电离层是指自中层顶部到 800km 的高空。在该层，由于原子氧吸收太阳紫外线的能量，使得大气温度随着高度升高而急剧上升，比如在顶部气温可达 800℃。又由于太阳紫外线、微粒子流、宇宙射线等作用，大部分大气分子被电离。电离层空间某处的电离度用电子密度 Ne 表示，电子密度与高度有关，一般在 300~400km 高度处达最大，如果沿着信号传播路径对电子密度积分，则得到电子总量 TEC(Total Electron Content)，它与地方时有关，并有周日变化的趋势，同时还与太阳活动以及季节和测站位置等因素有关。在该层，对电磁波的传播有色散作用，因此用两种以上频率的电磁波测距可实现消除或大大减弱其影响的目的。

外层又称散逸层，热层以上空气十分稀薄，离地面越远受地球引力场的约束越小，一些高速运动的空气质点就能散逸到星际空间。

3.1.3　开普勒行星运动三定律

(1)开普勒行星运动第一定律：行星绕太阳运行的轨道是椭圆，而太阳是在椭圆的一个焦点上。

在 xoy 直角坐标系中，椭圆的标准方程：$\dfrac{x^2}{a^2}+\dfrac{y^2}{b^2}=1$　　　　　　　　　　　(3-1)

式中：a、b 为椭圆的长、短半径，若设椭圆偏心率为 e，则有

$$e=\frac{\sqrt{a^2-b^2}}{a},$$　　　　　　　　　　　(3-2)

将极点坐标(a_e, o)，$x=a_e+r\cos f$，

$$y=r\sin f$$　　　　　　　　　　　(3-3)

代入(3-1)式中，得椭圆极坐标系中的参数方程 $r=\dfrac{p}{(1+e\cos f)}$　　　　　　(3-4)

式中：f 为真近点角，从近日点开始逆时针量取；r 为地球对太阳的向径，亦即地球与太阳的连线；p 为半通径，即当 $f=90$ 或 270 时的向径，$p=a(1-e^2)$。　　　(3-5)

经过计算，行星的椭圆轨道与圆轨道相差很小，在九大行星中，偏心率最大的是水星（$e=0.20$）和冥王星（$e=0.25$），其他都小于0.1。对地球，$a=14\,945$万km，$b=14\,943$万km，算得地球轨道偏心率$e=0.016\,7$。每年的7(1)月3日或4日地球运行到远（近）日点，远日距为15 187万km，近日距为14 703万km，日地平均距离为14 945万km，天文学中把日地平均距离叫做天文单位，用以量度行星轨道的长半径。此时的太阳视差$\pi_\odot=8.8000''$。

地球公转的轨道面称为黄道面，黄道面和地球赤道面的交角称为黄赤交角，用希腊字母ε表示，黄赤交角有缓慢的变化，现在一年大约减少$0.468''$，1976年的黄赤交角为$23°26'32''.7$。其概值是$23°27'$。黄道与赤道有两个交点，一为升交点，即春分点（每年3月21日），另一为降交点，即秋分点（每年9月23（或22）日），从春分点到秋分点，太阳经过天球最北点称为夏至点，与其对应的称为冬至点。

（2）开普勒行星运动第二定律：行星的向径在相等的时间内，扫过的面积也相等。

由此定律可知，若设时间t内行星扫过的面积为s，则面速度$\dfrac{s}{t}=$常数。当行星经过一个公转的恒星周期T后，则扫过整个椭圆面积，即$s=\pi ab=\pi a^2\sqrt{1-e^2}$，所以这个常数

$$\frac{s}{t}=\frac{\pi a^2\sqrt{1-e^2}}{T} \tag{3-6}$$

图3-1表示行星在相等的时间内扫过的Ⅰ、Ⅱ、Ⅲ三块相等的扇形面积，由于$s_\text{Ⅰ}=s_\text{Ⅱ}=s_\text{Ⅲ}$，故行星在相等时间内所经过的弧长$AB>CD>EF$，这就说明行星的线速度不同，亦有$V_{AB}>V_{CD}>V_{EF}$，行星运动的日心角速度也不同，亦有：$\theta_{AB}>\theta_{CD}>\theta_{EF}$，因此，开普勒第二定律，决定了行星在椭圆轨道上的任意一点的线速度和日心角速度，使我们能够根据时间计算出行星在轨道上的位置。

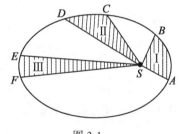

图3-1

第二定律实际上是根据能量积分导出的。我们知道，在轨道上运行的行星具有两种能量：位能和动能，而根据能量守恒定律，它们的和应保持不变。位能（GMm/r）仅受太阳引力场的影响，在近日点最小，在远日点最大，而动能是运动速度的函数（$mv^2/2$），在近日点动能应最大，在远日点动能应最小，故地球在轨道上运动时，其运行速度是变化的，在近日点速度最大，在远日点速度最小。地球在远日点的速度为29.27km/s，在近日点的速度为30.27km/s，平均速度为29.765km/s。

（3）开普勒行星运动第三定律：行星绕太阳公转的恒星周期的平方和，与行星轨道长半径的立方成正比例。

若a和a_1，T和T_1表示两颗行星轨道长半径及公转的恒星周期，则第三定律的数学表达式：

$$\frac{T^2}{T_1^2}=\frac{a^3}{a_1^3}=\text{常数}，\quad \text{或}\frac{a^3}{T^2}=\frac{a_1^3}{T_1^2}=\text{常数} \tag{3-7}$$

行星绕太阳运行一周所需要的时间称为公转周期。地球的公转周期有恒星年和回归年

之分。所谓一个恒星年是指地球公转 360°所需的时间，一个恒星年的长度为 365. 256 354 平太阳日 (即 365 日 6 时 9 分 9 秒)，它是地球的真正周年。所谓一个回归年是指地球连续两次经过春分点所需要的时间，长度为 365. 242 19 平太阳日 (即 365 日 5 时 48 分 46 秒)。恒星年和回归年相差 20 分 23 秒，这是春分点每年向西移动 50. 2″的结果。

为了确定 (3-7) 式中的常数，只要从太阳系中的任何行星出发便可确定之。比如，对地球，若取长度单位为天文单位，时间单位取恒星年，则该常数显然等于 1，于是有另一行星的长半径与周期的关系式：

$$a^3 = T^2 \text{ 或 } T = a^{3/2} \tag{3-8}$$

例如，海王星的长半径 $a_{海}$ = 30. 07 天文单位，于是它的公转恒星周期：$T = a^{3/2}$ = 164. 79 (恒星年)。

若两行星的平均线速度分别为 V 和 V_1，则易知有式：

$$\frac{V}{V_1} = \frac{aT_1}{a_1 T} \tag{3-9}$$

将 (3-7) 式稍加变化后代入该式得：

$$V = V_1 \sqrt{\frac{a_1}{a}} \tag{3-10}$$

以地球作为 1 星，有 V_1 = 29. 8km/s，a_1 = 1 天文单位，于是得到另一行星的平均线速度和其长半径的一般关系式：

$$V = \frac{29.8}{\sqrt{a}} \tag{3-11}$$

这就是说，离太阳愈远的行星，其运行速度愈慢。

关于 (3-7) 式中的常数将在下面做进一步讨论。

3. 1. 4　牛顿万有引力定律

是什么力使得行星连续不停地绕太阳运动呢？开普勒想解决但并没有很好解决这个重要问题。直到开普勒发表行星运动定律后的 68 年，即 1687 年，伟大的英国科学家牛顿 (1642—1727) 发表他的巨著 *Philosophiae Naturalis Principia Mathematica* (《自然哲学的数学原理》) 才得到圆满的解决。在这本书中，牛顿以他发明的新的数学方法——微积分学，非常精确地从开普勒定律导出万有引力定律的数学表达式，创立了一门新学科——天体力学，从而开辟了天文学发展的新纪元。直到今天宇宙航行时代，天体力学虽有很大发展，但还没有根本性的重大突破，牛顿的万有引力定律仍是近代天体力学的牢固基础。

牛顿的万有引力定律：宇宙间任意两个质点，都彼此互相吸引，引力的大小与它们质量的乘积成正比，而与它们之间的距离平方成反比。数学表达式为：

$$F = \frac{k^2 m m_1}{r^2} \tag{3-12}$$

式中：F 为引力，m 和 m_1 为两个互相吸引的质点的质量，r 为质点之间的距离，k^2 为引力常数，依据质量、距离所取单位不同而定，如果质量以克、距离以厘米为单位，则 k^2 = 6. 67×10⁻⁸ 达因·厘米²/克² (或 6. 67×10⁻⁸ 克⁻¹厘米³·秒⁻²)。

　　牛顿万有引力定律是在开普勒行星运动定律基础上推导出来的。这就说明，万有引力定律包含了行星运动定律，而且概括了更加广泛的天体运动规律。从万有引力定律出发推导开普勒定律，发现对开普勒行星运动第一定律和第三定律有些改进。

　　在中心天体，比如太阳的引力作用下的天体的运动的轨迹方程为(3-4)式 $r = p/(1 + e\cos f)$，该式是二次曲线的一般表达式。当 $e = 0$ 时为圆；当 $0 < e < 1$ 时为椭圆；当 $e = 1$ 时为抛物线；当 $e > 1$ 时为双曲线，且中心天体位在曲线的焦点上。开普勒第一定律描绘了行星运动的轨道形状，而万有引力定律则描绘了整个太阳系天体，包括行星，卫星，彗星和流星的运行轨道。如果以地球为中心天体，当天体作抛物线运动时，离开地球不复返，成为太阳系中的行星，天体作双曲线运动时，则离开太阳系，到更遥远的宇宙空间去。这就是万有引力定律对开普勒行星运动第一定律的改进。

　　又根据万有引力定律可知，两个质点之间是互相吸引的，这就是说，在太阳系中，不仅太阳吸引行星，使行星具有加速度 a，同时行星也吸引太阳，使太阳具有加速度 A。设太阳质量 M，行星质量 m，由牛顿第二定律知

$$F = ma \tag{3-13}$$

所以行星的加速度：

$$a = \frac{F}{m} = k^2 \frac{M}{r^2} \tag{3-14}$$

　　同理，太阳加速度：

$$A = k^2 \frac{m}{r^2} \tag{3-15}$$

　　由于太阳和行星各自受力方向相反，它们的加速度方向也相反，所以在相对运动中，行星相对太阳的加速度

$$\bar{a} = a + A = k^2 \frac{(M + m)}{r^2} \tag{3-16}$$

　　又因作圆周运动的物体的向心加速度 $\bar{a} = \dfrac{v^2}{r}$，将 $v = \dfrac{2\pi r}{T}$ 代入，得

$$\bar{a} = \frac{4\pi^2 r}{T^2} \tag{3-17}$$

　　于是得太阳系中行星运行周期同半径的关系：

$$\frac{4\pi^2}{T^2} = k^2 \frac{(M + m)}{r^3} \tag{3-18}$$

　　对另一颗质量为 m_1 的行星也有同样公式：

$$\frac{4\pi^2}{T_1^2} = k^2 \frac{(M + m_1)}{r_1^3} \tag{3-19}$$

　　以上两式相除，就得到开普勒第三定律的更为准确的表达式：

$$\frac{T_1^2}{T^2} = \frac{r_1^3}{r^3} \frac{M + m}{M + m_1} = \frac{r_1^3 (1 + m/M)}{r^3 (1 + m_1/M)} \tag{3-20}$$

　　由于行星与太阳质量比是个很小的数值，比如地球与太阳质量比大约是 1/330 000，太阳系整个行星质量之和也只是太阳质量的 1/750，因此 m/M，m_1/M 可以忽略不计。因

此，开普勒行星运动第三定律能较好地反映行星运动的实际情况。也正是因为这个数值很小，所以在开普勒定律中没有揭示出来，只有在牛顿万有引力定律下才能导出这样的正确关系式。

由于引力是产生向心加速度的唯一原因，则由(3-18)式易得

$$\frac{a^3}{T^2} = k^2 \frac{(M+m)}{4\pi^2}，\quad \text{当 } M > m \text{ 时，得}$$

$$\frac{a^3}{T^2} = k^2 \frac{M}{4\pi^2} = \frac{GM}{4\pi^2} \tag{3-21}$$

式中：a 为轨道长半径，$G = k^2$，GM 为中心天体重力场常数：对太阳 $GM_日 = 1.327\ 180 \times 10^{11} \mathrm{km^3/s^2}$，对地球 $GM_地 = 398\ 603 \mathrm{km^3/s^2}$，对月球 $GM_月 = 4\ 902.75 \pm 0.12 \mathrm{km^3/s^2}$。(3-20) 式就是(3-7)式中常数的表达式。

如果设行星平均角速度 $n = 2\pi/T$，则开普勒第三定律可写为

$$n^2 a^3 = GM，\quad \text{或 } n = \sqrt{\frac{GM}{a^3}} \tag{3-22}$$

(3-22)式表明一旦椭圆长半径 a 确定后，行星运行的平均角速度 n 也随之确定，且保持常数。这对行星位置计算很有用。

3.1.5　地球基本参数

以 CGCS2000 为例，相关参数为：

1. 几何参数：

旋转椭球赤道长半径 $a = 6\ 378\ 137 \mathrm{m}$

短半径 $b = 6\ 356\ 752 \mathrm{m}$

平均半径 $\overline{R} = (a^2 b)^{1/3} = 6\ 371\ 001 \mathrm{m}$

扁率 $\alpha = \dfrac{a-b}{a} = 0.003\ 352\ 810\ 681\ 18$

表面面积 $= 5.100\ 7 \times 10^8 \mathrm{km^2}$

体积 $= 1.083\ 2 \times 10^{21} \mathrm{m^3}$

地球质量 $M = 5.976 \times 10^{24} \mathrm{kg}$

地心引力常数 $GM = 3.986\ 004\ 418 \times 10^{14} \mathrm{m^3/s^2}$

地球平均密度 $\overline{\rho e} = 5.518 \mathrm{g/cm^3}$

陆地面积 $= 1.49 \times 10^8 \mathrm{km^2}$

海洋面积 $= 3.61 \times 10^8 \mathrm{km^2}$

陆地平均高度 $= 860 \mathrm{m}$

海洋平均深度 $= 3\ 900 \mathrm{m}$

2. 地球正常引力位常数

$$V = \frac{GM}{r} \left[1 - \sum_{n=1}^{n} J_{2n} \left(\frac{a}{r} \right)^{2n} P_{2n}(\sin\varphi) \right] \tag{3-23}$$

式中：r 为地球表面至地心的径向距离；P_{2n} 为勒让德多项式，φ 为纬度。

$J_2 = 1\ 082.63 \times 10^{-6}$

$J_4 = -2.37 \times 10^{-6}$

$J_6 = 6.08 \times 10^{-9}$

$J_8 = 1.43 \times 10^{-11}$

地球自转角速度(1 900) = $7.292\ 115 \times 10^{-5}$ rad/s

地球上的逃逸速度 = 11.19km/s

地球公转平均速度 = 29.97km/s

地面重力加速度

$$g = 980.621 - 2.586\ 5\cos2\phi + 0.005\ 8\cos^2 2\phi - 0.000\ 308h\ (\text{cm/s}^2) \tag{3-24}$$

标准值 $g_0 = 980.665\ (\text{cm/s}^2)$

有关地球的其他特征参数见本书第 6 章。

3.2 地球重力场的基本原理

地球空间任意一质点，都受到地球引力和由于地球自转产生的离心力的作用。此外，还受到其他天体(主要是月亮和太阳)的吸引。不过，月亮的引力大约是地球引力的一千万分之一，太阳的引力将更小，只有在特别高精度的研究中才顾及它们。故在这里，我们主要研究由地球引力及离心力所形成的地球重力场的基本理论。

在大地测量中，地球外部重力场的重要意义可综述如下：

地球外部重力场是大地测量中绝大多数观测量的参考系，因此，为了将观测量归算到由几何定义的参考系中，就必须要知道这个重力场。

假如地面重力值的分布情况是已知的话，那么就可以结合大地测量中的其他观测量一起，来确定地球表面的形状。

对于高程测量而言，最重要的参考面——大地水准面，亦即最理想化的海洋面是重力场中的一个水准面。

通过对地球外部重力场的深入分析，人们可以获得关于地球内部结构及性质的信息，因此通过相应重力场参数的被应用，大地测量学已成为地球物理学的辅助科学。

地球外部重力场是现代空间探测技术的理论基础，特别是对空间探测器的发射与控制，对月球大地测量以及太阳系其他行星的深空大地测量都具有重要意义和作用。

3.2.1 引力与离心力

1. 引力

用 F 及 P 分别表示地球引力及由于质点绕地球自转轴旋转而产生的离心力。这两个力的合力称地球重力，用 g 表示，如图 3-2 所示。重力 g 向量等于地球引力向量 F 及离心力向量 P 的和向量，即

$$g = F + P \tag{3-25}$$

引力 F 是由地球形状及其内部质量分布决定的。假如我们作这样的近似，即认为地球是圆球，其物质以同一密度按同心层的方式分布，那么引力将指向地心，其大小根据万有引力定律：

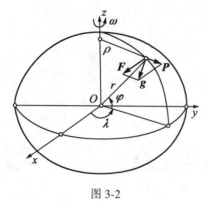

图 3-2

$$F = G \cdot \frac{M \cdot m}{r^2} \qquad (3\text{-}26)$$

对单位质点：

$$F = GM/r^2 \qquad (3\text{-}27)$$

式中：M 为地球质量，m 为质点质量，G 为万有引力常数，r 为质点至地心的距离。

地心引力常数：$GM = 398\ 600\text{km}^3/\text{s}^2$

2. 离心力

离心力 P 指向质点所在平行圈半径的外方向，其计算公式为

$$P = m\omega^2\rho \qquad (3\text{-}28)$$

对单位质点：

$$P = \omega^2\rho \qquad (3\text{-}29)$$

式中：ω 为地球自转角速度，按天文精确测量，有 $\omega = 2\pi : 86\ 164.095 = 7.292\ 115 \times 10^{-5}$ rad·s^{-1}；ρ 为质点所在平行圈半径，随纬度不同而不同。

由(3-28)式可知，离心力 P 在赤道达最大值，其数值比地球引力 1/200 还要小一些。所以重力基本上是由地球引力确定的。

现在我们研究一下地球重力的边界分布。

当物质离开地心一个很远的距离时，因为引力在减小，离心力增大，重力数值在减小，且其方向逐渐改变。另外，在转动的大气圈内，引力也会减小，离心力也会增大。因此，当质点远在一定的距离上时，作为引力和离心力合力的重力就要改变符号，即它背向地球且数值迅速增大。下面我们计算一下重力开始变号，亦即引力等于离心力时的距离 ρ。

为了近似计算，我们取地球的引力等于：

$$F_v = Gm/\rho^2 \qquad (3\text{-}30)$$

离心力等于：

$$F_\omega = \omega^2\rho \qquad (3\text{-}31)$$

令

$$F_v = F_\omega \qquad (3\text{-}32)$$

解出 ρ，$\rho = 42\ 100\text{km}$。这就是说，在高出地面 35 730km（42 100～6 370）处，重力加速度将改变符号，即背向地球。

3.2.2　引力位和离心力位

1. 引力位

借助于位理论来研究地球重力场是非常方便的。引力位是质点在某位置上位能的负值，其零点定义在无穷远处。用 E 表示位能，用 V 表示位，则有 $V = -E$。我们知道，按牛顿万有引力定律，空间任意两质点 M 和 m 相互吸引的引力公式是

$$F = G \cdot \frac{M \cdot m}{r^2} \qquad (3\text{-}33)$$

假如两质点间的距离沿力的方向有一个微分变量 dr，r 与 F 的方向相反，那么必须做功

$$dA = -G \cdot \frac{M \cdot m}{r^2} \cdot dr$$

此功必等于位能的减少，也可以说是位的增加，即

$$dV = -dE = -G \cdot \frac{M \cdot m}{r^2} dr$$

对上式积分后，得出位

$$V = G \cdot \frac{M \cdot m}{r} \qquad (3-34)$$

为研究问题简便起见，将质点 m 的质量取单位质量，则(3-34)式变为

$$V = G \cdot \frac{M}{r} \qquad (3-35)$$

在大地测量及有关地球形状的科学中，我们将(3-35)式表示的函数称物质 M 的引力位或位函数。

根据牛顿力学第二定律

$$F = m \cdot a \qquad (3-36)$$

顾及(3-33)式，则得加速度

$$a = G \cdot \frac{M}{r^2} \qquad (3-37)$$

对(3-35)式取微分，并顾及上式后，可得

$$a = -\frac{dV}{dr} \qquad (3-38)$$

负号的意义是加速度方向与向径向量方向相反。上式又可简写成梯度的形式：

$$a = -\mathrm{grad}V \qquad (3-39)$$

因此，引力位梯度的负值，在数值上等于单位质点受 r 处的质体 M 吸引而形成的加速度值。通过(3-33)式与(3-37)式比较，可进一步知道，单位质点的引力在数值上就等于加速度值。在这种情况下，二者可不加区别。

由于位函数是个标量函数，所以地球总体的位函数应等于组成其质量的各基元分体 (dm_i) 位函数 $dV_i(i=1, 2, \cdots, n)$ 之和，于是，对整个地球而言，显然有式

$$V = \int_{(M)} dV = G \cdot \int_{(M)} \frac{dm}{r} \qquad (3-40)$$

式中：r 为地球单元质量 dm 至被吸引的单位质量的距离，积分沿整个地球质量 (M) 积分。

在空间直角坐标系中，引力位对被吸引点各坐标轴的偏导数等于相应坐标轴上的加速度(或引力)分量。用公式表达为：

$$a_x = \frac{\partial V}{\partial x}, \quad a_y = \frac{\partial V}{\partial y}, \quad a_z = \frac{\partial V}{\partial z} \qquad (3-41)$$

及

$$r^2 = (x - x_m)^2 + (y - y_m)^2 + (z - z_m)^2$$

式中：x、y、z 为被吸引的单位质点的坐标，(x_m, y_m, z_m) 为吸引点 m 的坐标。(3-41)式是容易证明的。并可进一步扩展到任意方向，引力位沿某方向的导数即为加速度(或引力)在该方向上的分量。

若设各坐标轴的分加速度的模

$$a = \sqrt{a_x^2 + a_y^2 + a_z^2} \tag{3-42}$$

则各坐标轴上的分加速度也可以用加速度模乘以方向余弦得到，亦即有式

$$\begin{cases} a_x = a\cos(a,\ x), \\ a_y = a\cos(a,\ y), \\ a_z = a\cos(a,\ z) \end{cases} \tag{3-43}$$

下面我们再从物理学方面来说明位的意义。

将单位质点 P 从起点 Q_0 在引力作用下移动到终点 Q，则在有限距离范围内引力所做的功等于此两点的位能差，即亦有公式

$$A = V(Q) - V(Q_0) \tag{3-44}$$

由此式可知，引力所做的功等于位函数在终点和起点的函数值之差，与质点所经过的路程无关。

2. 离心力位

由图 3-2 可知，质点坐标可用质点向径 r，地心纬度 φ 及经度 λ 表示为

$$x = r\cos\varphi\,\cos\lambda, \qquad y = r\cos\varphi\,\sin\lambda, \qquad z = r\sin\varphi \tag{3-45}$$

当注意到地球自转仅仅引起经度变化，而它对时间的一阶导数等于地球自转角速度 ω 时，可得

$$\begin{cases} \dot{x} = -r\cos\varphi\,\sin\lambda \cdot \omega \\ \dot{y} = r\cos\varphi\,\cos\lambda \cdot \omega \\ \dot{z} = 0 \end{cases} \tag{3-46}$$

继续求二阶导数，并顾及 (3-45) 式，可得

$$\begin{cases} \ddot{x} = -\omega^2 x \\ \ddot{y} = -\omega^2 y \\ \ddot{z} = 0 \end{cases} \tag{3-47}$$

坐标对时间的二阶偏导数，就是单位质点的离心加速度。与引力加速度相似，它也可以用离心力位的偏导数表示，实际上，假设有离心力位

$$Q = \frac{\omega^2}{2}(x^2 + y^2) \tag{3-48}$$

那么，它对位置坐标的偏导数

$$\begin{cases} \dfrac{\partial Q}{\partial x} = \omega^2 x = -\ddot{x} \\[2mm] \dfrac{\partial Q}{\partial y} = \omega^2 y = -\ddot{y} \\[2mm] \dfrac{\partial Q}{\partial z} = 0 \end{cases} \tag{3-49}$$

除了符号相反之外，此式与离心力加速度分量表达式 (3-47) 是完全一样的，因此，我们可把 (3-48) 式称为离心力位函数。

离心力位的二阶偏导数

$$\begin{cases} \dfrac{\partial^2 Q}{\partial x^2} = \omega^2 \\[2mm] \dfrac{\partial^2 Q}{\partial y^2} = \omega^2 \\[2mm] \dfrac{\partial^2 Q}{\partial z^2} = 0 \end{cases} \tag{3-50}$$

算子 $$\Delta Q = \frac{\partial^2 Q}{\partial x^2} + \frac{\partial^2 Q}{\partial y^2} + \frac{\partial^2 Q}{\partial z^2} = 2\omega^2 \neq 0 \tag{3-51}$$

(3-51)式称为布阿桑算子，它表明在客体的全部空间里，布阿桑算子是一个常数。

3.2.3 重力位

由于重力是引力和离心力的合力，则重力位就是引力位 V 和离心力位 Q 之和：

$$W = V + Q \tag{3-52}$$

或根据(3-40)式和(3-48)式把重力位写成：

$$W = G \cdot \int \frac{\mathrm{d}m}{r} + \frac{\omega^2}{2}(x^2 + y^2) \tag{3-53}$$

假如质点的重力位 W 已知的话，同样可按对三坐标轴求偏导数求得重力的分力或重力加速度，并用下式表达：

$$\begin{cases} g_x = \dfrac{\partial W}{\partial x} = \left(\dfrac{\partial V}{\partial x} + \dfrac{\partial Q}{\partial x} \right) \\[3mm] g_y = \dfrac{\partial W}{\partial y} = \left(\dfrac{\partial V}{\partial y} + \dfrac{\partial Q}{\partial y} \right) \\[3mm] g_z = \dfrac{\partial W}{\partial z} = \left(\dfrac{\partial V}{\partial z} + \dfrac{\partial Q}{\partial z} \right) \end{cases} \tag{3-54}$$

知道了各分力，就可以计算其模

$$g = \sqrt{g_x^2 + g_y^2 + g_z^2} \tag{3-55}$$

及它的三个方向余弦

$$\cos(g, x) = \frac{g_x}{g}, \quad \cos(g, y) = \frac{g_y}{g}, \quad \cos(g, z) = \frac{g_z}{g} \tag{3-56}$$

同重力方向重合的线称为铅垂线。

重力位对任意方向的偏导数也等于重力在该方向上的分力，即

$$\frac{\partial W}{\partial l} = g_l = g\cos(g, l)$$

很显然，当 g 与 l 相垂直时，那么 $\mathrm{d}W = 0$，有 $W = $ 常数。

当给出不同的常数值，就得到一簇曲面，称为重力等位面，也就是我们通常说的水准面。可见水准面有无穷多个。其中，我们把完全静止的海水面所形成的重力等位面，专称它为大地水准面。

同样，如果令 g 与 l 夹角等于 π，则有

$$\mathrm{d}l = -\frac{\mathrm{d}W}{g} \tag{3-57}$$

上式说明水准面之间既不平行，也不相交和相切。

对（3-52）式取二阶导数，相加后，则对外面空间点，显然有式

$$\Delta W = \Delta V + \Delta Q \tag{3-58}$$

先求引力位的二阶导数算子 ΔV。由（3-40）式，知一阶导数：

$$\begin{cases} \dfrac{\partial V}{\partial x} = G \cdot \int \dfrac{\partial \frac{1}{r}}{\partial x}\mathrm{d}m \\[4mm] \dfrac{\partial V}{\partial y} = G \cdot \int \dfrac{\partial \frac{1}{r}}{\partial y}\mathrm{d}m \\[4mm] \dfrac{\partial V}{\partial z} = G \cdot \int \dfrac{\partial \frac{1}{r}}{\partial z}\mathrm{d}m \end{cases} \tag{3-59}$$

若设单位质点坐标为 x，y，z，而吸引点的坐标为 x_m，y_m，z_m，则必然有

$$r^2 = (x - x_m)^2 + (y - y_m)^2 + (z - z_m)^2 \tag{3-60}$$

于是：

$$\begin{cases} \dfrac{\partial}{\partial x}\left(\dfrac{1}{r}\right) = -\dfrac{(x - x_m)}{r^3} \\[4mm] \dfrac{\partial}{\partial y}\left(\dfrac{1}{r}\right) = -\dfrac{(y - y_m)}{r^3} \\[4mm] \dfrac{\partial}{\partial z}\left(\dfrac{1}{r}\right) = -\dfrac{(z - z_m)}{r^3} \end{cases} \tag{3-61}$$

则

$$\frac{\partial V}{\partial x} = -G \cdot \int \frac{(x - x_m)}{r^3}\mathrm{d}m \tag{3-62}$$

由此，求二阶导数

$$\frac{\partial^2 V}{\partial x^2} = \frac{\partial}{\partial x}\left(\frac{\partial V}{\partial x}\right) = \frac{\partial}{\partial x}\left[-G \cdot \int \frac{(x - x_m)}{r^3}\mathrm{d}m\right]$$

$$= -G \cdot \int \left(\frac{1}{r^3} - 3 \cdot \frac{x - x_m}{r^4} \cdot \frac{\partial r}{\partial x}\right)\mathrm{d}m$$

由于 $r^2 = (x-x_m)^2 + (y-y_m)^2 + (z-z_m)^2$，对 x 取微分得

$$2r\mathrm{d}r = 2(x-x_m)\mathrm{d}x$$

故

$$\frac{\mathrm{d}r}{\mathrm{d}x} = \frac{x-x_m}{r}$$

故

$$\frac{\partial^2 V}{\partial x^2} = -G\int\left[\frac{1}{r^3} - 3\frac{(x - x_m)^2}{r^5}\right]\mathrm{d}m \tag{3-63}$$

同理

$$\frac{\partial^2 V}{\partial y^2} = -G \cdot \int\left[\frac{1}{r^3} - 3\frac{(y - y_m)^2}{r^5}\right]\mathrm{d}m \tag{3-64}$$

$$\frac{\partial^2 V}{\partial z^2} = - G \cdot \int \left[\frac{1}{r^3} - 3 \frac{(z - z_m)^2}{r^5} \right] \mathrm{d}m \tag{3-65}$$

以上三式相加,则得

$$\Delta V = \frac{\partial^2 V}{\partial x^2} + \frac{\partial^2 V}{\partial y^2} + \frac{\partial^2 V}{\partial z} = 0 \tag{3-66}$$

此式称拉普拉斯方程,ΔV 又称拉普拉斯算子。凡是满足(3-66)式的称为调和函数。显然引力位函数是调和函数。

离心力位的二阶导数算子 ΔQ,由(3-51)式可知 $\Delta Q = 2\omega^2$,所以离心力位函数不是调和函数。

由此可见,重力位二阶导数之和,对外部点:

$$\Delta W = \Delta V + \Delta Q = 2\omega^2 \tag{3-67}$$

对内部点,不加证明给出:

$$\Delta W = \Delta V + \Delta Q = - 4\pi f\delta + 2\omega^2 \tag{3-68}$$

式中:δ 为体密度。

由于它们都不等于零,故重力位函数不是调和函数。

对于某一单位质点而言,作用其上的重力在数值上等于使它产生的重力加速度的数值,所以重力即采用重力加速度的量纲。本书采用伽(Gal),单位 cms^{-2};它的千分之一称毫伽(mGal),单位是 $10^{-5}\mathrm{ms}^{-2}$;千分之一毫伽称微伽(μGal),单位是 $10^{-8}\mathrm{ms}^{-2}$。地面点重力近似值 980Gal,赤道重力值 978Gal,两极重力值 983Gal。由于地球的极曲率及周日运动,重力有从赤道向两极增大的趋势。

3.2.4 地球的正常重力位和正常重力

由(3-53)式地球重力位计算公式

$$W = G \cdot \int_M \frac{\mathrm{d}m}{r} + \frac{\omega^2}{2}(x^2 + y^2)$$

可知,要精确计算出地球重力位,必须知道地球表面的形状及内部物质密度,但前者正是我们要研究的,后者分布极其不规则,目前也无法知道,故根据上式不能精确地求得地球的重力位,为此引进一个与其近似的地球重力位——正常重力位。

正常重力位是一个函数简单、不涉及地球形状和密度便可直接计算得到的地球重力位近似值的辅助重力位。当知道了地球正常重力位,想求出它同地球重力位的差异(又称扰动位),便可据此求出大地水准面与这已知形状的差异,最后解决确定地球重力位和地球形状的问题。

由于(3-53)式右端第二项是容易计算的,因此求解地球正常重力位的关键是先找出表达地球引力位的计算公式,再根据需要选取头几项而略去余项,再顾及右端第二项,就可得到地球正常重力位。

1. 地球引力位的数学表达式

首先介绍用地球惯性矩表达引力位的基本知识。

如图 3-3 所示,在空间直角坐标系 $o\text{-}xyz$ 中,坐标原点置于地球质心,x 轴在赤道平面并指向格林尼治子午面与赤道面之交点,z 轴与地球自转轴一致,y 轴在赤道面上,构成右手坐标系，则空间一点 S 的坐标可用两种方式表示，一种是空间直角坐标 (x, y, z)，另一种是空间球面极坐标 φ，λ，r，地面质点 M 的坐标用 (x_m, y_m, z_m) 表示。

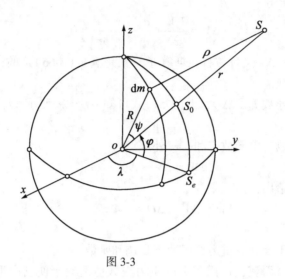

图 3-3

由图 3-3 可知，

$$\rho^2 = r^2 + R^2 - 2Rr\cos\psi$$

$$= r^2\left[1 + \left(\frac{R}{r}\right)^2 - 2\frac{R}{r}\cos\psi\right] \tag{3-69}$$

或

$$\frac{1}{\rho} = \frac{1}{r}(1 + l)^{-\frac{1}{2}}$$

式中：

$$l = \left(\frac{R}{r}\right)^2 - 2\frac{R}{r}\cos\psi \tag{3-70}$$

由于 $\dfrac{R}{r}<1$，故可把 $\dfrac{1}{\rho}$ 展开级数，并代入

$$V = G\int_M \frac{dm}{\rho} \tag{3-71}$$

中，则有

$$V = \frac{G}{r}\iint\left(1 - \frac{1}{2}l + \frac{3}{8}l^2 - \frac{5}{16}l^3 + \cdots\right)dm$$

将 (3-70) 式代入上式，并按 $\left(\dfrac{R}{r}\right)$ 集项，最后得到

$$V = v_0 + v_1 + v_2 + \cdots = \sum_{i=0}^{n} V_i \tag{3-72}$$

式中：

$$v_0 = \frac{G}{r}\int_M dm \tag{3-73}$$

$$v_1 = \frac{G}{r}\int_M \frac{R}{r}\cos\psi \, dm \tag{3-74}$$

$$v_2 = \frac{G}{r}\int_M \left(\frac{R}{r}\right)^2 \left(\frac{3}{2}\cos^2\psi - \frac{1}{2}\right) dm \tag{3-75}$$

$$v_3 = \frac{G}{r}\int_M \left(\frac{R}{r}\right)^3 \left(\frac{5}{2}\cos^3\psi - \frac{3}{2}\cos\psi\right) dm \tag{3-76}$$

...

现在让我们研究一下前三项的具体表达式。

首先看零阶项 v_0。由于

$$v_0 = \frac{G}{r}\int dm = \frac{GM}{r} \tag{3-77}$$

可见，v_0 就是把地球质量集中到地球质心处时的点的位。

再看一阶项 v_1。对于向量 R 和 r 之间的夹角，可按下式计算：

$$\cos\psi = \frac{xx_m + yy_m + zz_m}{Rr} \tag{3-78}$$

把它代入到(3-74)式中，可得

$$v_1 = \frac{G}{r^3}\left(x\int_M x_m dm + y\int_M y_m dm + z\int_M z_m dm\right) \tag{3-79}$$

由理论力学可知，物质质心坐标

$$x_0 = \frac{\int_M x_m dm}{M}, \quad y_0 = \frac{\int_M y_m dm}{M}, \quad z_0 = \frac{\int_M z_m dm}{M}$$

在建立坐标系时已约定，将坐标原点置于地球质心，亦即有 $x_0 = y_0 = z_0 = 0$，为此，必有 $\int_M x_m dm = \int_M y_m dm = \int_M z_m dm = 0$ 所以一阶项

$$v_1 = 0 \tag{3-80}$$

最后看二阶项 v_2。由于

$$R^2 = x_m^2 + y_m^2 + z_m^2$$

$$\cos^2\psi = \left(\frac{xx_m + yy_m + zz_m}{Rr}\right)^2$$

将它们代入到(3-75)式中，得

$$v_2 = \frac{G}{2r^5}\Big[x^2\int_M (2x_m^2 - y_m^2 - z_m^2) dm +$$

$$y^2\int_M (2y_m^2 - x_m^2 - z_m^2) dm +$$

$$z^2\int_M (2z_m^2 - x_m^2 - y_m^2) dm +$$

$$6xy\int_M x_m y_m dm + 6xz\int_M x_m z_m dm + 6yz\int_M y_m z_m dm \tag{3-81}$$

如果我们把质点 M 对 x、y、z 轴的转动惯量分别表示为

$$\begin{cases} A = \int\limits_M (y_m^2 + z_m^2)\,\mathrm{d}m \\[2mm] B = \int\limits_M (x_m^2 + z_m^2)\,\mathrm{d}m \\[2mm] C = \int\limits_M (x_m^2 + y_m^2)\,\mathrm{d}m \end{cases} \tag{3-82}$$

把惯性积(离心力矩)分别表示为

$$\begin{cases} D = \int\limits_M y_m z_m\,\mathrm{d}m \\[2mm] E = \int\limits_M x_m z_m\,\mathrm{d}m \\[2mm] F = \int\limits_M x_m y_m\,\mathrm{d}m \end{cases} \tag{3-83}$$

将(3-82)式及(3-83)式代入(3-81)式，则得

$$v_2 = \frac{G}{2r^5}\big[\,(y^2 + z^2 - 2x^2)A + (x^2 + z^2 - 2y^2)B +$$

$$(x^2 + y^2 - 2z^2)C + 6yzD + 6xzE + 6xyF\,\big] \tag{3-84}$$

这就是用二阶转动惯性矩及被吸引点直角坐标表示的二阶项 v_2。但此式无论应用还是进一步分析都是不便的。下面将作如下变换，

　　由于

$$\begin{cases} x = r\cos\varphi\,\cos\lambda \\ y = r\cos\varphi\,\sin\lambda \\ z = r\sin\varphi \end{cases} \tag{3-85}$$

将上式代入(3-84)式，并经过整理得到：

$$v_2 = \frac{G}{r^3}\bigg[\frac{2C - (A + B)}{2}\Big(\frac{1}{2} - \frac{3}{2}\sin^2\varphi\Big) +$$

$$3(E\cos\lambda + D\sin\lambda)\cos\varphi\,\sin\varphi +$$

$$\frac{3}{2}\Big(\frac{B - A}{2}\cos2\lambda + F\sin2\lambda\Big)\cos^2\varphi\bigg] \tag{3-86}$$

三阶项及更高阶项也可仿此推得。

将求得的 v_0，v_1，v_2 及高阶项代入到(3-72)式，便得到地球引力位的计算式。

其次介绍用球谐函数表达地球引力位的基本知识。

在(3-73)式~(3-76)式中，若令

$$\begin{cases} P_0(\cos\psi) = 1 \\[1mm] P_1(\cos\psi) = \cos\psi \\[1mm] P_2(\cos\psi) = \dfrac{3}{2}\cos^2\psi - \dfrac{1}{2} \\[2mm] P_3(\cos\psi) = \dfrac{5}{2}\cos^3\psi - \dfrac{3}{2}\cos\psi \end{cases} \tag{3-87}$$

$P_n(\cos\psi)$ 的一般表达式为

$$P_n(\cos\psi) = \frac{1}{2^n n!}\,\frac{d^n(\cos^2\psi - 1)^n}{d(\cos\psi)^n} \tag{3-88}$$

当已知一阶项 P_1 和二阶项 P_2 时，用下面递推公式计算

$$P_{n+1}(x) = \frac{2n+1}{n+1} x P_n(x) - \frac{n}{n+1} P_{n-1}(x) \tag{3-89}$$

式中：$x = \cos\psi$。

下面再给出 10 阶内 P_n ($n = 1, 2, 3, 4, 5, 6, 7, 8, 9, 10$) 的显式：

$$P_0 = 1; \quad P_1 = \mu; \quad P_2 = \frac{1}{2}(3\mu^2 - 1); \quad P_3 = \frac{1}{2}(5\mu^3 - 3\mu);$$

$$P_4 = \frac{1}{8}(35\mu^4 - 30\mu^2 + 3); \quad P_5 = \frac{1}{8}(63\mu^5 - 70\mu^3 + 15\mu);$$

$$P_6 = \frac{1}{32}(462\mu^6 - 630\mu^4 + 210\mu^2 - 10);$$

$$P_7 = \frac{1}{32}(858\mu^7 - 1\,386\mu^5 + 630\mu^3 - 70\mu);$$

$$P_8 = \frac{1}{128}(6\,435\mu^8 - 12\,012\mu^6 + 6\,930\mu^4 - 1\,260\mu^2 + 35);$$

$$P_9 = \frac{1}{128}(12\,155\mu^9 - 25\,740\mu^7 + 18\,018\mu^5 - 4\,620\mu^3 + 315\mu);$$

$$P_{10} = \frac{1}{256}(46\,189\mu^{10} - 109\,395\mu^8 + 90\,090\mu^6 - 30\,030\mu^4 + 3\,465\mu^2 - 63). \tag{3-90}$$

式中

$$\mu = \cos\psi$$

(3-88)式称勒让德多项式。用该式表示的第 n 阶地球引力位公式为

$$V_n = \frac{G}{r} \int \left(\frac{R}{r}\right)^n P_n(\cos\psi) \, \mathrm{d}m \tag{3-91}$$

由于 ψ 角之余弦是 M 点和 S 点的直角坐标的函数(见(3-78)式)，也可用球面三角学公式表示为两点的球面坐标的函数，经过变换之后，即可得到 n 阶重力位的计算公式，在这里我们略去推导过程，直接写出用球谐函数表示的公式

$$V_n = \frac{1}{r^{n+1}} \left[A_n P_n(\cos\theta) + \sum_{K=1}^{n} (A_n^K \cos K\lambda + B_n^K \sin K\lambda) P_n^K(\cos\theta) \right] \tag{3-92}$$

式中：θ 为极距，$\varphi + \theta = 90°$，φ，λ 分别为纬度和经度。在这里，勒让德多项式 $P_n(\cos\theta)$ 称为 n 阶主球函数(或带球函数)，$P_n^K(\cos\theta)$ 称为 n 阶 K 级的勒让德缔合(或伴随)函数，用下式计算：

$$P_n^K(\cos\theta) = \sin^K\theta \frac{\mathrm{d}^K P_n(\cos\theta)}{\mathrm{d}(\cos\theta)^K} \tag{3-93}$$

而 $\cos K\lambda P_n^K(\cos\theta)$ 及 $\sin K\lambda P_n^K(\cos\theta)$ 称为缔合球函数(其中，当 $K = n$ 时称为扇球函数，当 $n \neq K$ 时称为田球函数)。当 $K = 0$ 时，$P_n^K(\cos\theta)$ 即为 $P_n(\cos\theta)$，A_n^K 即为 A_n。A_n，A_n^K 及 B_n^K 等球谐系数称为斯托克司常数，它们均是与 n 阶惯性矩有关的量，当 $n = 2$ 时，它们是二阶矩 A、B、C、D、E、F 的函数。

将(3-92)式代入(3-72)式，则得

$$V = \sum_{n=0}^{\infty} V_n = \sum_{n=0}^{\infty} \frac{1}{r^{n+1}} [A_n P_n(\cos\theta) +$$

$$\sum_{K=1}^{n} (A_n^K \cos K\lambda + B_n^K \sin K\lambda) P_n^K(\cos\theta)] \tag{3-94}$$

这就是用球谐函数表示的地球引力位的公式。

由于 $\theta + \varphi = 90°$，故（3-93）式也可用纬度 φ 的函数形式给出：

$$P_n^K(\mu) = \frac{d^K P_n(\mu)}{d\mu^K} \cos^K\varphi \tag{3-95}$$

式中：$\mu = \sin\varphi$。

下面给出 $P_n^K(\mu)$（$n = 1$，2，3，4，5，6，7，8，9，10；$K = 1$，2，3，4，5，6，7，8，9，10）的显式：

$P_{1.1} = \cos\varphi$；$P_{2.1} = 3\mu\cos\varphi$；$P_{2.2} = 3\cos^2\varphi$；

$P_{3.1} = \frac{3}{2}(5\mu^2-1)\cos\varphi$；$P_{3.2} = 15\mu\cos^2\varphi$；$P_{3.3} = 15\cos^3\varphi$；

$P_{4.1} = \frac{5}{2}\mu(7\mu^2-3)\cos\varphi$；$P_{4.2} = \frac{15}{2}(7\mu^2-1)\cos^2\varphi$；

$P_{4.3} = 105\mu\cos^3\varphi$；$P_{4.4} = 105\cos^4\varphi$；

$P_{5.1} = \frac{15}{8}(21\mu^4-14\mu^2+1)\cos\varphi$；

$P_{5.2} = \frac{105}{2}\mu(3\mu^2-1)\cos^2\varphi$；$P_{5.3} = \frac{105}{2}(9\mu^2-1)\cos^3\varphi$；

$P_{5.4} = 945\mu\cos^4\varphi$；$P_{5.5} = 945\cos^5\varphi$；

$P_{6.1} = \frac{21}{8}\mu(33\mu^4-30\mu^2+5)\cos\varphi$；$P_{6.2} = \frac{105}{8}(33\mu^4-18\mu^2+1)\cos^2\varphi$；

$P_{6.3} = \frac{315}{2}\mu(11\mu^2-3)\cos^3\varphi$；$P_{6.4} = \frac{945}{2}(11\mu^2-1)\cos^4\varphi$；

$P_{6.5} = 10\,395\mu\cos^5\varphi$；$P_{6.6} = 10\,395\cos^6\varphi$；

$P_{7.1} = \frac{7}{16}(429\mu^6-495\mu^4+135\mu^2-5)\cos\varphi$；

$P_{7.2} = \frac{63}{8}\mu(143\mu^4-110\mu^2+15)\cos^2\varphi$；

$P_{7.3} = \frac{315}{8}(143\mu^4-66\mu^2+3)\cos^3\varphi$；$P_{7.4} = \frac{3\,465}{2}\mu(13\mu^2-3)\cos^4\varphi$；

$P_{7.5} = \frac{10\,395}{2}(13\mu^2-1)\cos^5\varphi$；

$P_{7.6} = 135\,135\mu\cos^6\varphi$；$P_{7.7} = 135\,135\cos^7\varphi$；

$P_{8.1} = \frac{9}{16}\mu(715\mu^6-1\,001\mu^4+385\mu^2-35)\cos\varphi$；

$$P_{8.2} = \frac{315}{16}(143\mu^6 - 143\mu^4 + 33\mu^2 - 1)\cos^2\varphi;$$

$$P_{8.3} = \frac{3\ 465}{8}\mu(39\mu^4 - 26\mu^2 + 3)\cos^3\varphi;$$

$$P_{8.4} = \frac{10\ 395}{8}(65\mu^4 - 26\mu^2 + 1)\cos^4\varphi;\quad P_{8.5} = \frac{135\ 135}{2}\mu(5\mu^2 - 1)\cos^5\varphi;$$

$$P_{8.6} = \frac{135\ 135}{2}(5\mu^2 - 1)\cos^6\varphi;$$

$$P_{8.7} = 2\ 027\ 025\mu\cos^7\varphi;\quad P_{8.8} = 2\ 027\ 025\cos^8\varphi;$$

$$P_{9.1} = \frac{9}{128}(12\ 155\mu^8 - 20\ 020\mu^6 + 10\ 010\mu^4 - 1\ 540\mu^2 + 35)\cos\varphi;$$

$$P_{9.2} = \frac{45}{16}(2\ 431\mu^7 - 3\ 003\mu^5 + 1\ 001\mu^3 - 77\mu)\cos^2\varphi;$$

$$P_{9.3} = \frac{3\ 465}{16}(221\mu^6 - 195\mu^4 + 39\mu^2 - 1)\cos^3\varphi;$$

$$P_{9.4} = \frac{10\ 395}{8}(221\mu^5 - 130\mu^3 + 13\mu)\cos^4\varphi;$$

$$P_{9.5} = \frac{135\ 135}{8}(85\mu^4 - 30\mu^2 + 1)\cos^5\varphi;$$

$$P_{9.6} = \frac{675\ 675}{2}(17\mu^3 - 3\mu)\cos^6\varphi;\quad P_{9.7} = \frac{2\ 027\ 025}{2}(17\mu^2 - 1)\cos^7\varphi;$$

$$P_{9.8} = 34\ 459\ 425\mu\cos^8\varphi;\quad P_{9.9} = 34\ 459\ 425\cos^9\varphi;$$

$$P_{10.1} = \frac{5}{128}(46\ 189\mu^9 - 87\ 516\mu^7 + 54\ 054\mu^5 - 12\ 012\mu^3 + 693\mu)\cos\varphi;$$

$$P_{10.2} = \frac{45}{128}(46\ 189\mu^8 - 68\ 068\mu^6 + 30\ 030\mu^4 - 4\ 004\mu^2 + 77)\cos^2\varphi;$$

$$P_{10.3} = \frac{45}{16}(46\ 189\mu^7 - 51\ 051\mu^5 + 15\ 015\mu^3 - 1\ 001\mu)\cos^3\varphi;$$

$$P_{10.4} = \frac{3\ 465}{16}(4\ 199\mu^6 - 3\ 315\mu^4 + 585\mu^2 - 13)\cos^4\varphi;$$

$$P_{10.5} = \frac{10\ 395}{8}(4\ 199\mu^5 - 2\ 210\mu^3 + 195\mu)\cos^5\varphi;$$

$$P_{10.6} = \frac{51\ 975}{8}(4\ 199\mu^4 - 1\ 326\mu^2 + 39)\cos^6\varphi;$$

$$P_{10.7} = \frac{51\ 975}{8}(4\ 199\mu^3 - 663\mu)\cos^7\varphi;\quad P_{10.8} = \frac{155\ 925}{2}(4\ 199\mu^2 - 221)\cos^8\varphi;$$

$$P_{10.9} = 654\ 729\ 075\mu\cos^9\varphi;\quad P_{10.10} = 654\ 729\ 075\cos^{10}\varphi. \tag{3-96}$$

2. 地球正常重力位

在(3-53)式中，当注意到：

$$(x^2 + y^2) = r^2 \cdot \sin^2\theta$$

则该公式可写成：

$$W = \sum_{n=0}^{\infty} \frac{1}{r^{n+1}} \left[A_n P_n(\cos\theta) + \sum_{K=1}^{n} (A_n^K \cos K\lambda + B_n^K \sin K\lambda) \cdot \right.$$

$$\left. P_n^K(\cos\theta) \right] + \frac{\omega^2}{2} r^2 \sin^2\theta \qquad (3\text{-}97)$$

为了表达地球正常重力位，根据观测资料的精度和对正常重力位所要求的精度，可选取上式中的前几项来作为正常重力位。当选取前 3 项时，将重力位 U 写成

$$U = \sum_{n=0}^{2} V_n + Q = \sum_{n=0}^{2} \frac{1}{r^{n+1}} \left[A_n P_n(\cos\theta) + \sum_{K=1}^{2} (A_n^K \cos K\lambda + B_n^K \sin K\lambda) \cdot \right.$$

$$\left. P_n^K(\cos\theta) \right] + \frac{\omega^2}{2} r^2 \sin^2\theta \qquad (3\text{-}98)$$

由于将坐标原点选在地球质心上，则 $A_1 = A_1^1 = B_1^1 = 0$；又规定坐标轴为主惯性轴，则 $A_2^1 = B_2^1 = B_2^2 = 0$，再将地球视为旋转体，则 $A = B$。于是上式中与经度 λ 有关的项全部消失。再顾及 $A_0 = GM$，$A_2 = G\left(\dfrac{A+B}{2} - C\right) = G(A - C)$，并设 $C - A = KM$，则正常重力位可写成

$$U = G\frac{M}{r} \left[1 + \frac{K}{2r^2}(1 - 3\cos^2\theta) + \frac{\omega^2 r^3}{2GM}\sin^2\theta \right] \qquad (3\text{-}99)$$

如果设赤道上的离心力与重力之比为 q：

$$q = \frac{\omega^2 \cdot a}{g_e} \qquad (3\text{-}100)$$

若令

$$\mu = \frac{3K}{2a^2} \qquad (3\text{-}101)$$

可见，μ 是地球形状参数。

又因被吸引点 s 一般在地球表面上或离地球表面不远的外部空间，可认为 $r = a$；在赤道上重力可用其引力 GMa^{-2} 代替。

顾及上述情况，正常重力位公式(3-99)又可写成下面的形式：

$$U = \frac{GM}{r} \left\{ 1 + \frac{\mu}{3}(1 - 3\cos^2\theta) + \frac{q}{2}\sin^2\theta \right\} \qquad (3\text{-}102)$$

在这里，顺便给出 q 值：若取 $\omega = 0.729\ 211\ 5 \cdot 10^{-4}\ \text{s}^{-1}$，$a = 6\ 378.14\text{km}$，$GM = 398\ 600.5\text{km}^3\text{s}^{-2}$，将这些数值代入(3-100)式，可算得

$$q = \frac{\omega^2 a^3}{GM} = 1 : 288.900\ 8 \approx \frac{1}{288} \qquad (3\text{-}103)$$

这就是 1.3.1 节中 q 值的由来。

如果我们给(3-102)式不同的常数值，就得到一簇正常位水准面。因为我们求得与大地水准面相近的那个正常位水准面的形状，为此在决定常数时，可取赤道上一点，此时有

$$\theta = 90°,\ r = a$$

并用 U_0 代替 U，于是得到

$$U_0 = \frac{GM}{a} \left(1 + \frac{\mu}{3} + \frac{q}{2} \right) = 常数 \qquad (3\text{-}104)$$

将此式与(3-102)式联立，就可求得此条件下的正常位水准面的方程式

$$r = a \cdot \left[\left(1 + \frac{\mu}{3}(1 - 3\cos^2\theta) + \frac{q}{2}\sin^2\theta\right)\right] \Big/ \left(1 + \frac{\mu}{3} + \frac{q}{2}\right) \tag{3-105}$$

将上式分母展开级数，并略去 μ、q 平方以上各高次项，则上式变为：

$$r = a\left[1 - \left(\mu + \frac{q}{2}\right)\cos^2\theta\right] \tag{3-106}$$

可以证明，它是一个旋转椭球体。由于这个椭球体的表面是水准面，所以称它为水准椭球面。

3. 正常重力公式

类似于重力位 W，正常重力位 U 也有式：

$$\gamma = -\frac{\mathrm{d}U}{\mathrm{d}n} \tag{3-107}$$

式中：n 是正常水准面法线。而在(3-99)式中 U 是向量 r 的函数，不过地心纬度和地理纬度之间差异很小，故在此可忽略不计。因此，上式可写成：

$$\gamma = -\frac{\mathrm{d}U}{\mathrm{d}r} \tag{3-108}$$

根据(3-99)式对 r 求导数，将(3-106)式代入，并注意到当 $\theta = 90°$ 时，得赤道上的正常重力

$$\gamma_e = \frac{GM}{a^2}\left(1 + \alpha - \frac{3q}{2}\right) \tag{3-109}$$

当 $\theta = 0°$ 时，得极点处正常重力

$$\gamma_p = \frac{GM}{a^2}(1 + q) \tag{3-110}$$

又设重力扁率

$$\beta = \frac{\gamma_p - \gamma_e}{\gamma_e} = \frac{5}{2}q - \alpha \tag{3-111}$$

经整理，最后得到顾及 α 级的正常重力公式

$$\gamma_0 = \gamma_e(1 + \beta\sin^2\varphi) \tag{3-112}$$

式中：$\varphi = 90° - \theta$，即为计算点的纬度。

(3-111)式称为克莱罗定理，亦即(1-1)式和(1-2)式。它表达了重力扁率 β 同椭球扁率 α 之间的关系。

上面是按顾及二阶以内的球函数求得的正常重力位及正常重力。为达到观测精度相应的精度，至少要顾及四阶主球函数，在这里不加证明，直接给出顾及扁率平方级的正常重力公式：

$$\gamma_0 = \gamma_e(1 + \beta\sin^2 B - \beta_1\sin^2 2B) \tag{3-113}$$

式中：β 和 β_1 是与椭球扁率 α，长半径 a，旋转角速度 ω 及质量与引力常数乘积 GM 有关的两个系数：

$$\begin{cases} \beta = \dfrac{5}{2}\left(1 - \dfrac{17}{35}\alpha\right)q - \alpha \\ \beta_1 = \left(\dfrac{1}{8}\alpha^2 + \dfrac{1}{4}\alpha\beta\right) \end{cases} \tag{3-114}$$

B 是所求点大地纬度。

用不同的观测数据，可以导出系数各异的正常重力公式。例如，

1901—1909 年赫尔默特公式：

$$\gamma_0 = 978.030(1 + 0.005\ 302\sin^2\varphi - 0.000\ 007\sin^2 2\varphi) \tag{3-115}$$

1930 年卡西尼公式：

$$\gamma_0 = 978.049(1 + 0.005\ 288\sin^2\varphi - 0.000\ 005\ 9\sin^2 2\varphi) \tag{3-116}$$

1975 年国际地球物理和大地测量联合会推荐的正常重力公式

$$\gamma_0 = 978.032(1 + 0.005\ 302\sin^2\varphi - 0.000\ 005\ 8\sin^2 2\varphi) \tag{3-117}$$

我国大地测量中应用(3-115)式，地质勘探应用(3-116)式，1980 年西安大地测量坐标建立时，应用(3-117)式。以上各式中 φ 即为大地纬度 B。

除上式正常重力的截断公式外，还有闭合形式的公式，如 WGS-84 坐标系中的椭球重力公式，

$$\gamma = \gamma_e(1 + K\sin^2 B)/(1 - e^2\sin^2 B)^{½} \tag{3-118}$$

式中：$K = \dfrac{b\gamma_p - a\gamma_e}{a\gamma_e}$，$a$、$b$ 为旋转椭球长半轴和短半轴，当将有关数值代入后，有

$$\gamma = 978.032\ 677\ 14(1 + 0.001\ 931\ 851\ 386\ 39\sin^2 B)/$$
$$(1 - 0.006\ 694\ 379\ 990\ 13\sin^2 B)^{½} \tag{3-119}$$

下面推导高出水准椭球面 Hm 的正常重力的计算公式。在这里，我们把水准椭球看成半径为 R 的均质圆球，则地心对地面高 H 的点的引力为

$$g = G\frac{M}{(R + H)^2}$$

对大地水准面上点的引力为

$$g_0 = G\frac{M}{R^2}$$

两式相减，得重力改正数

$$\Delta_1 g = g_0 - g = GM\left(\frac{1}{R^2} - \frac{1}{(R + H)^2}\right)$$

$$= \frac{GM}{R^2}\left(1 - \frac{1}{\left(1 + \dfrac{H}{R}\right)^2}\right)$$

上式右端括号外 $\dfrac{GM}{R^2}$ 项，可认为是地球平均正常重力 γ_0；由于 $H < R$，可把 $\left(1 + \dfrac{H}{R}\right)^{-2}$ 展开级数，并取至二次项，经整理得

$$\Delta_1 g = \gamma_0\left[1 - \left(1 - \frac{2H}{R} + \frac{3H^2}{R^2}\right)\right]$$

$$= 2\gamma_0 \frac{H}{R} - 3 \cdot \frac{\gamma_0 H^2}{R^2}$$

将地球平均重力 γ_0 及地球平均半径 R 代入上式，最后得

$$\Delta_1 g = 0.308\,6H - 0.72 \times 10^{-7} H^2$$

这就是对高出地面 H 点的重力改正公式，式中 H 以 m 为单位，$\Delta_1 g$ 以 mGal 为单位。显然式中第一项是主项，大约每升高 3m，重力值减少 1mGal。第二项是小项，只在特高山区才顾及它，在一般情况下可不必考虑，这样通常可把上式写成

$$\Delta_1 g = 0.308\,6H$$

于是得出地面高度 H 处的点的正常重力计算公式

$$\gamma = \gamma_0 - 0.308\,6H \tag{3-120}$$

4. 正常重力场参数

由上述正常重力位公式(3-99)可知，在物理大地测量中正常椭球重力场可用 4 个基本参数决定，它们分别是：U_0，$A_0 = GM$，$A_2 = G(A-C)$ 及 ω。其中 U_0 与大地水准面的位相同，其他 3 个参数均与地球 3 个相应参数相同。另外的 3 个参数：α，β 及 γ_e 都可以根据上述 4 个基本参数求得。因为这 7 个参数有下列关系式：

由(3-104)式并顾及 $\alpha = \mu + \dfrac{q}{2}$，有：$U_0 = \dfrac{GM}{a}\left(1 + \dfrac{\alpha}{3} + \dfrac{q}{3}\right)$ \hfill (3-121)

由(3-109)式，经变换后，有：$GM = \gamma_e a^2 \left(1 - \alpha + \dfrac{3}{2}q\right)$ \hfill (3-122)

由(3-111)式，有：$\alpha + \beta = \dfrac{5}{2}q$ \hfill (3-123)

因此只要知道其中的 4 个基本参数，就可根据上面的关系式求出其他 3 个基本参数。比如，已知 a，α，γ_e 及 β，那么可按

$$\beta = \frac{\gamma_p - \gamma_e}{\gamma_e} = \frac{5}{2}q - \alpha$$

计算 q；按 $\gamma_e = \dfrac{GM}{a^2}\left(1 + \alpha - \dfrac{3}{2}q\right)$ 计算 GM；按

$$U_0 = \frac{GM}{a}\left(1 + \frac{\alpha}{3} + \frac{q}{3}\right)$$

计算 U_0，再按 $q = \dfrac{\omega^2 a^3}{GM}$ 计算 ω。α 与 A_2 的关系可按 $A_2 = G(A-C) = -GKM$，并顾及 $\mu = \dfrac{3}{2} \cdot \dfrac{K}{a^2}$ 及 $\alpha = \mu + \dfrac{q}{2}$ 求得

$$\alpha = -\frac{3}{2}\frac{A_2}{a^2 GM} + \frac{q}{2} \tag{3-124}$$

由上式可见，引力位中的二阶主球谐函数系数 A_2 是扁率的函数，由它可决定扁率的大小。目前利用人造卫星轨道摄动原理推求地球引力位的球谐函数展开式中的一些系数，特别是二阶主球谐函数系数已达到很高的精度，并依此来推求椭球体的扁率。不过在卫星大地测量中常用符号 J_2 来表示二阶主球谐函数的系数。J_2 与 A_2 的关系为

$$A_2 = - GMa^2 J_2 \tag{3-125}$$

且
$$\alpha = \frac{3}{2} J_2 + \frac{q}{2} \tag{3-126}$$

下面我们再对正常重力场常数做进一步理解。

众所周知，旋转椭球体为我们提供了一个非常简单而又精确的地球几何形状的数学模型，它已被用于普通测量及大地测量中二维及三维的数学模型的公式推导与计算中。但要想达到提供一个比较简单的地球数学模型，使其作为测量归算和测量计算的参考面的目的，还必须给这个椭球模型加上密合于实际地球的引力场，以使这样的椭球既可应用在几何模型中又可应用在物理模型中。为此，我们首先把旋转椭球赋予与实际地球相等的质量（M，此时地球引力常数 GM 也相等），同时假定它与地球一起旋转（即具有相同的角速度 ω），进而用数学约束条件把椭球面定义为其本身重力场中的一个等位面，并且这个重力场中的铅垂线方向与椭球面相垂直，由以上这些特性所决定的旋转椭球的重力场称为正常重力场。这样的椭球称为正常椭球，也称为水准椭球。这样，我们可有下面的公式：

$$U = V + \phi \tag{3-127}$$
$$W = T + V + \phi \tag{3-128}$$

式中：U 为正常重力位；V 为正常引力位；ϕ 为离心力位；T 为扰动位。扰动位 T 是地球的实际重力位 W 与正常重力位 U 的差值，它是一个比较小的数值。

正常重力位 U 可用带球谐级数表示：

$$U = GM/r \left[1 - \sum J_{2n} (a_e/r)^{2n} P_{2n} (\cos\theta) \right] + \omega^2 r^2 \sin^2\theta / 2 \tag{3-129}$$

式中：P_{2n} 为主球谐系数；J_{2n} 为 J_2 的闭合表达式；$J_2 = 1\,082.628\,3 \times 10^{-6}$。而 J_2 与地球扁率 α 有如下关系式：

$\alpha = 3J_2/2 + q/2 + 9J_2^2/8$，$a_e$ 为椭球长半轴。

当我们取 $n = 1$，即对（3-88）式展开到 P_2 时，将（3-90）式中 P_2 的表达式代入，便可依此公式得到（3-99）式。进而得到（3-106）式。

因此，正常重力位完全可用 4 个专用的确定的常数完整地表达：

$$U = f(a, J_2, GM, \omega) \tag{3-130}$$

因此，我们可以把相应于实际地球的 4 个基本参数 GM，J_2，ω 及 a_e 作为地球正常（水准）椭球的基本参数，又称它们是地球大地基准常数，由此可以导出其他的几何和物理常数。例如，WGS-84 地球椭球的大地基准常数是：

$$GM = 3\,986\,005 \times 10^8 \mathrm{m^3 s^{-2}}$$

$$J_2 = 1\,082.629\,989\,05 \times 10^{-6}$$

$$a_e = 6\,378\,137\mathrm{m}$$

$$\omega = 7\,292\,115 \times 10^{-11} \mathrm{rad\ s^{-1}} \tag{3-131}$$

它们的导出量：

$$\alpha = 0.003\,352\,810\,664\,74$$

$$\alpha^{-1} = 298.257\,223\,563$$

$$\gamma_e = 9.780\,326\,771\,4\mathrm{ms^{-2}}$$

$$\gamma_p = 9.832\,186\,368\,5\mathrm{ms^{-2}}$$

$$\beta = 0.005\ 302\ 440\ 128\ 94$$

等等。

3.2.5 正常椭球和水准椭球及总地球椭球和参考椭球

同在几何大地测量中采用定位和定向的参考椭球作为研究地球形状的参考表面一样，在物理大地测量研究地球重力场时也需要引进所谓的正常椭球所产生的正常重力场作为实际地球重力场的近似值。正常椭球面是大地水准面的规则形状。因此引入正常椭球后，真的地球重力位被分成正常重力位和扰动位两部分，实际重力也被分成正常重力和重力异常两部分。

由斯托克司定理可知，如果已知一个水准面的形状 s 和它内部所包含物质的总质量 M，以及整个物体绕某一固定轴旋转的角速度 ω，则这个水准面上及其外部空间任意一点的重力位和重力都可以惟一地确定。这就告诉我们，选择正常椭球时，除了确定其 M 和 ω 值外，其规则形状可以任意选择。但考虑到实际使用的方便和有规律性以便精确算出正常重力场中的有关量，又顾及几何大地测量中采用旋转椭球的实际情况，目前都采用水准椭球作为正常椭球。因此，在一般情况下，对这两个名词不加以区别，甚至在有些文献中还把它们统称为等位椭球。

对于正常椭球，除了确定其 4 个基本参数：a，J_2，GM 和 ω 外，也要定位和定向。正常椭球的定位是使其中心和地球质心重合，正常椭球的定向是使其短轴与地轴重合，起始子午面与起始天文子午面重合。

为研究全球性问题，就需要一个和整个大地体最为密合的总地球椭球。如果从几何大地测量来研究全球问题，那么总地球椭球可按几何大地测量来定义：总地球椭球中心和地球质心重合（$\Delta x_0 = \Delta y_0 = \Delta z_0 = 0$），总地球椭球的短轴与地球地轴相重合，起始大地子午面和起始天文子午面重合（$\varepsilon_x = \varepsilon_y = \varepsilon_z = 0$），同时还要求总地球椭球和大地体最为密合，也就是说，在确定参数 a、α 时，要满足全球范围的大地水准面差距 N 的平方和最小，即

$$\iint_\sigma N^2 \mathrm{d}\sigma = 最小 \tag{3-132}$$

如果从几何和物理两个方面来研究全球性问题，我们可把总地球椭球定义为最密合于大地体的正常椭球。正常椭球参数是根据天文大地测量，重力测量及人卫观测资料一起处理确定的，并由国际组织发布。譬如，1979 年，在堪培拉举行的第 17 届国际大地测量与地球物理联合会，曾推荐了下面的椭球参数：$GM = 398\ 600.5\mathrm{km}^3/\mathrm{s}^2$；$a = 6\ 378\ 137\mathrm{m}$，$\omega = 0.729\ 211\ 5 \times 10^{-4}\mathrm{rad/s}$，$J_2 = 1.082\ 63 \times 10^{-3}$。

总地球椭球对于研究地球形状是必要的。但对于天文大地测量及大地点坐标的推算，对于国家测图及区域绘图来说，往往采用其大小及定位定向最接近于本国或本地区的地球椭球。这种最接近，表现在两个面最接近及同点的法线和垂线最接近。所有地面测量都依法线投影在这个椭球面上，我们把这样的椭球叫做参考椭球。很显然，参考椭球在大小及定位定向上都不与总地球椭球重合。由于地球表面的不规则性，适合于不同地区的参考椭球的大小、定位和定向都不一样，每个参考椭球都有自己的参数和参考系。

3.3　高 程 系 统

3.3.1　一般说明

为了表达地球自然表面点相对地球椭球的空间位置，除采用椭球坐标（即大地经度及纬度）外，还要应用大地高 H。点的高程对地貌研究及工程建筑物勘测、设计、施工等都具有重要意义。同时高程对于大地测量成果向椭球面归算，坐标框架的建立及其互相变换等也是必不可少的。

由（4-10）式可知，大地高由两部分组成：地形高部分（含 $H_{正}$ 或 $H_{正常}$）及大地水准面（或似大地水准面）高部分。地形高基本上确定着地球自然表面的地貌，大地水准面高度又称大地水准面差距，似大地水准面高度又称高程异常，它们基本上确定着大地水准面或似大地水准面的起伏，在这里我们主要研究用几何水准测量方法确定地形高的基本内容。

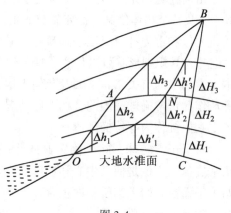

图 3-4

3.2 节中已经讲到水准面是不平行的。而几何水准测量是依据水准面平行的原理测量高差的，如图 3-4 所示，设由 O—A—B 路线用水准测量方法得到 B 点的高程

$$H_p = \sum \Delta h$$

而由 O—N—B 线路得到 B 点高程

$$H_p' = \sum \Delta h'$$

由于水准面不平行，对应的 Δh 和 $\Delta h'$ 不相等。这样经过不同路线测得 B 点的高程也就不同，即 B 点高程不是惟一确定的，产生了多值性。对于水准闭合环线 O—A—B—N—O 来说，由于 $H_p \neq H_p'$，即便水准测量没有误差，水准环线高程闭合差也不等于零。这种由水准面不平行而引起的水准环线闭合差，称为理论闭合差。

为了解决水准测量高程多值性的问题，必须引进高程系统。在大地测量中，定义下面三种高程系统：正高、正常高及力高高程系统。

3.3.2　正高系统

正高系统是以大地水准面为高程基准面，地面上任一点的正高是指该点沿垂线方向至大地水准面的距离，如图 3-4 所示，地面点 B 的正高设为 $H_{正}^B$，则

$$H_{正}^B = \sum_{CB} \Delta H = \int_{CB} dH \tag{3-133}$$

式中，CB 为从 C 到 B 的积分区间。

当两水准面无限接近时，其位能差可以写为

$$gdh = g^B dH \tag{3-134}$$

由此得

$$dH = \frac{g}{g^B}dh \tag{3-135}$$

g 为水准路线上相应于 dh 处的重力，g^B 为沿 B 点垂线方向上相应于 dH 处的重力。将上式代入(3-133)式，得

$$H_{正}^B = \int_{CB} dH = \int_{OAB} \frac{g}{g^B}dh \tag{3-136}$$

沿垂线上的重力 g^B 在不同深度处有不同数值，取其平均值，则有式

$$H_{正}^B = \frac{1}{g_m^B}\int_{OAB} gdh \tag{3-137}$$

由上式可知，正高是不依水准路线而异的，这是因为式中 g_m^B 是常数；$\int gdh$ 是过 B 点的水准面与起始大地水准面之间位能差，也不随路线而异。因此，正高是一种唯一确定的数值，可以用来表示地面点高程。但由于 g_m^B 是随着深入地下深度不同而不同的，并与地球内部质量有关，而内部质量分布及密度是难以知道的，所以 g_m^B 不能精确测定，正高也不能精确求得。

3.3.3 正常高系统

将正高系统中不能精确测定的 g_m^B 用正常重力 γ_m^B 代替，便得到另一种系统的高程，称其为正常高，用公式表达为

$$H_{常}^B = \frac{1}{\gamma_m^B}\int gdh \tag{3-138}$$

式中：g 由沿水准测量路线的重力测量得到；dh 是水准测量的高差，γ_m^B 是按正常重力公式(3-120)算得的正常重力平均值，所以正常高可以精确求得，其数值也不随水准路线而异，是惟一确定的。因此，我国规定采用正常高高程系统作为我国高程的统一系统。

下面推导正常高高差的实际计算公式。

将重力 g 写成下面的形式

$$g = g + \gamma_m^B - \gamma_m^B + \gamma - \gamma \tag{3-139}$$

式中 γ 用(3-120)式计算。在有限路线上，可以认为正常重力是线性变化，因此可认为 γ_m^B 是 $\frac{1}{2}H_B$ 处的 γ 值，即 $\gamma_m^B = \left(\gamma_0^B - 0.308\,6 \cdot \dfrac{H_B}{2}\right)$，进而

$$g = g + \gamma_m^B - \left(\gamma_0^B - 0.308\,6 \cdot \frac{H_B}{2}\right) + (\gamma_0 - 0.308\,6H) - \gamma$$

$$= \gamma_m^B + (\gamma_0 - \gamma_0^B) + (g - \gamma) + 0.308\,6\left(\frac{H_B}{2} - H\right) \tag{3-140}$$

分项积分得到

$$\int_{OAB}\left(\frac{H_B}{2} - H\right)dh = \frac{H_B}{2}\int_{OAB} dh - \int_{OAB} Hdh$$

可近似地写成：

$$\int_{OAB} \left(\frac{H_B}{2} - H \right) \mathrm{d}h = \left(\frac{H_B^2}{2} - \frac{H_B^2}{2} \right) = 0$$

因此，有正常高计算公式：

$$H_{\text{常}}^B = \int_{OAB} \mathrm{d}h + \frac{1}{\gamma_0^B} \int (\gamma_0 - \gamma_0^B) \mathrm{d}h + \frac{1}{\gamma_{\text{m}}^B} \int_{OAB} (g - \gamma) \mathrm{d}h \qquad (3\text{-}141)$$

上式右端第一项是水准测量测得的高差，这是主项；第二项中的 γ_0 是沿 O—A—B 水准路线上各点的正常重力值，随纬度而变化，亦即 $\gamma_0 \neq \gamma_0^B$，所以第二项称为正常位水准面不平行改正数。第一、二项之和称为概略高程。第三项是由正常位水位面与重力等位面不一致引起的，称之为重力异常改正项。

当计算两点高差时，有公式

$$H_{\text{常}}^B - H_{\text{常}}^A = \int_{AB} \mathrm{d}h + \left\{ \frac{1}{\gamma_{\text{m}}^B} \int_{OB} (\gamma_0 - \gamma_0^B) \mathrm{d}h - \frac{1}{\gamma_{\text{m}}^A} \int_{OA} (\gamma_0 - \gamma_0^A) \mathrm{d}h \right\} +$$

$$\left\{ \frac{1}{\gamma_{\text{m}}^B} \int_{OB} (g - \gamma) \mathrm{d}h - \frac{1}{\gamma_{\text{m}}^A} \int_{OA} (g - \gamma) \mathrm{d}h \right\} \qquad (3\text{-}142)$$

将上式右端第二、三大项分别用 ε 和 λ 表示，则

$$H_{\text{常}}^B - H_{\text{常}}^A = \int_{AB} \mathrm{d}h + \varepsilon_A^B + \lambda_A^B \qquad (3\text{-}143)$$

式中：ε 称为正常位水准面不平行引起的高差改正，λ 称为由重力异常引起的高差改正，经过 ε 和 λ 改正后的高差称为正常高高差。

下面推导 ε 和 λ 的计算公式。首先推导 ε 的计算公式。

由于
$$\varepsilon = \frac{1}{\gamma_{\text{m}}^B} \int_{OB} (\gamma_0 - \gamma_0^B) \mathrm{d}h - \frac{1}{\gamma_{\text{m}}^A} \int_{OA} (\gamma_0 - \gamma_0^A) \mathrm{d}h$$

$$= \frac{1}{\gamma_{\text{m}}^B} \int_{OB} (\gamma_0 - \gamma_0^B) \mathrm{d}h - \frac{1}{\gamma_{\text{m}}^B} \int_{OA} (\gamma_0 - \gamma_0^B) \mathrm{d}h + \frac{1}{\gamma_{\text{m}}^B} \int_{OA} (\gamma_0 - \gamma_0^A + \gamma_0^A - \gamma_0^B) \mathrm{d}h - $$

$$\frac{1}{\gamma_{\text{m}}^A} \int_{OA} (\gamma_0 - \gamma_0^A) \mathrm{d}h$$

$$= \frac{1}{\gamma_{\text{m}}^B} \int_{AB} (\gamma_0 - \gamma_0^B) \mathrm{d}h + \frac{1}{\gamma_{\text{m}}^B} \int_{OA} (\gamma_0^A - \gamma_0^B) \mathrm{d}h + \left\{ \frac{1}{\gamma_{\text{m}}^B} \int_{OA} (\gamma_0 - \gamma_0^B) \mathrm{d}h - \right.$$

$$\left. \frac{1}{\gamma_{\text{m}}^A} \int_{OA} (\gamma_0 - \gamma_0^A) \mathrm{d}h \right\}$$

于是

$$\varepsilon = \frac{1}{\gamma_{\text{m}}^B} \int_{AB} (\gamma_0 - \gamma_0^B) \mathrm{d}h + \frac{\gamma_0^A - \gamma_0^B}{\gamma_{\text{m}}^B} H_A + \frac{\gamma_{\text{m}}^A - \gamma_{\text{m}}^B}{\gamma_{\text{m}}^A \cdot \gamma_{\text{m}}^B} \int_{OA} (\gamma_0 - \gamma_0^A) \mathrm{d}h \qquad (3\text{-}144)$$

上式中最后一项数值很小，可略去；第一项在 A、B 间距不大的情况下，可认为 γ_0 呈线性变化，γ_0 可用平均值代替，亦即 $\gamma_0 = \frac{1}{2}(\gamma_0^A + \gamma_0^B)$，则

$$\frac{1}{\gamma_{\text{m}}^B} \int_{AB} (\gamma_0 - \gamma_0^B) \mathrm{d}h = \frac{1}{\gamma_{\text{m}}^B} \left(\frac{\gamma_0^A + \gamma_0^B}{2} - \gamma_0^B \right) \int_{AB} \mathrm{d}h$$

$$= - \frac{(\gamma_0^B - \gamma_0^A)}{\gamma_m^B} \cdot \frac{\Delta h}{2} \tag{3-145}$$

这样
$$\varepsilon = - \frac{(\gamma_0^B - \gamma_0^A)}{\gamma_m^B}\left(\frac{\Delta h}{2} + H_A\right)$$

$$= - \frac{\gamma_0^B - \gamma_0^A}{\gamma_m^B} \cdot H_m \tag{3-146}$$

式中：H_m 为 A、B 两点平均高度（可用近似值代替），$\gamma_0^B - \gamma_0^A = \Delta\gamma$。又由（3-115）式可知，若忽略右端第三项（即含 $\sin^2 2\varphi$ 项），并令 $\sin^2\varphi = \frac{1}{2} - \frac{1}{2}\cos 2\varphi$，则把它改写成

$$\gamma_0 = \gamma_e\left[1 + \beta\left(\frac{1}{2} - \frac{1}{2}\cos 2\varphi\right)\right]$$

$$= \gamma_e\left[1 + \frac{1}{2}\beta - \frac{1}{2}\beta\cos 2\varphi\right] \tag{3-147}$$

当 $\varphi = 45°$ 时，得 $\gamma_{45°} = \gamma_e\left(1 + \frac{1}{2}\beta\right)$。因此上式可写成

$$\gamma_0 = \gamma_{45°}\left(1 - \frac{\beta}{2} \cdot \frac{\gamma_e}{\gamma_{45°}}\cos 2\varphi\right)$$

将有关数值代入，于是

$$\gamma_0 = 980\ 616(1 - 0.002\ 644\cos 2\varphi) \tag{3-148}$$

因此对上式取微分得

$$\mathrm{d}\gamma_0 = 980\ 616 \times 0.002\ 644 \times 2\sin 2\varphi \frac{\mathrm{d}\varphi'}{\rho'}$$

亦即
$$\Delta\gamma = 1.508\ 344\sin 2\varphi \times \Delta\varphi' \tag{3-149}$$

当（3-146）式中的 γ_m^B 以我国平均纬度 $\varphi = 35°$ 代入算得 $\gamma_m^B = 980\ 616 \times (1 - 0.002\ 644\cos 70°) = 979\ 773$。将以上关系式及数据代入（3-146）式，得 ε 的最后计算公式：

$$\varepsilon = - 0.000\ 001\ 539\ 5\sin 2\varphi_m \cdot \Delta\varphi' H_m \tag{3-150}$$

或
$$\varepsilon = - A\Delta\varphi' \cdot H_m \tag{3-151}$$

式中：φ_m 是 A、B 两点平均纬度，系数 A 可按 φ_m 在水准测量规范中查取，$\Delta\varphi' = \varphi_B - \varphi_A$ 是 A、B 两点的纬度差，以分为单位。规范中的 A 值与（3-150）式略有差异，这主要是由于所采用的参数不同，对计算结果无影响。

再来推导计算 λ 的公式。

由于
$$\lambda = \frac{1}{\gamma_{mOB}^B}\int(g - \gamma)\mathrm{d}h - \frac{1}{\gamma_{mOA}^A}\int(g - \gamma)\mathrm{d}h$$

$$= \frac{1}{\gamma_{mOB}^B}\int(g - \gamma)\mathrm{d}h - \frac{1}{\gamma_{mOA}^B}\int(g - \gamma)\mathrm{d}h +$$

$$\frac{1}{\gamma_{mOA}^B}\int(g - \gamma)\mathrm{d}h - \frac{1}{\gamma_{mOA}^A}\int(g - \gamma)\mathrm{d}h$$

$$= \frac{1}{\gamma_{m AB}^B} \int (g - \gamma) \, \mathrm{d}h + \frac{\gamma_m^A - \gamma_m^B}{\gamma_m^A \cdot \gamma_m^B} \int_{OA} (g - \gamma) \, \mathrm{d}h \qquad (3\text{-}152)$$

上式中第二项数值很小，可忽略。第一项当 A、B 间距不大时，可视 $(g-\gamma)$ 同 $\mathrm{d}h$ 呈线性变化，故可取平均值 $(g-\gamma)_m$ 代替。AB 路线上的正常重力 γ_0^m 也可近似等于 B 点的 γ_m^B，因此上式变为

$$\lambda = \frac{1}{\gamma_0^m} \int_{AB} (g - \gamma)_m \mathrm{d}h \qquad (3\text{-}153)$$

求积分，得

$$\lambda = \frac{(g - \gamma)_m}{\gamma_0^m} \Delta H \qquad (3\text{-}154)$$

上式即为重力异常改正项的计算公式。为便于计算，还可作进一步改化，若令

$$\gamma_0^m = 10^6 - \Delta\gamma = 10^6 (1 - \Delta\gamma \cdot 10^{-6}) (\mathrm{mGal})$$

并把此式代入上式，则得

$$\lambda = \frac{(g - \gamma)_m}{\gamma_0^m} \Delta H = (g - \gamma)_m \cdot \Delta H \cdot 10^{-6} (1 + \Delta\gamma \cdot 10^{-6}) \qquad (3\text{-}155)$$

令

$$C = (g - \gamma)_m \cdot \Delta H \cdot 10^{-6} \qquad (3\text{-}156)$$

$$D = C \cdot \Delta\gamma \cdot 10^{-6} \qquad (3\text{-}157)$$

则得

$$\lambda = C + D \qquad (3\text{-}158)$$

此式为计算重力异常项改正的最后公式。计算时 $(g-\gamma)_m$ 以毫伽（mGal）为单位，取至 $0.1\mathrm{mGal}$。ΔH 是 A、B 两点间的高差，取整米，C 的单位与 ΔH 相同。

从上可见，正常高与正高不同，它不是地面点到大地水准面的距离，而是地面点到一个与大地水准面极为接近的基准面的距离，这个基准面称为似大地水准面。因此，似大地水准面是由地面沿垂线向下量取正常高所得的点形成的连续曲面，它不是水准面，只是用以计算的辅助面。因此，我们可以把正常高定义为以似大地水准面为基准面的高程。

下面我们来分析一下正高 $H_{正}$ 和正常高 $H_常$ 二者的差异。由 (3-137) 式、(3-138) 式可知：

$$\int_{OB} g\mathrm{d}h = H_{正} \cdot g_m^B = H_常 \cdot \gamma_m^B$$

因此

$$H_{正} = \frac{\gamma_m^B}{g_m^B} H_常 = \frac{\gamma_m^B + g_m^B - g_m^B}{g_m^B} H_常$$

$$= H_常 - \frac{g_m^B - \gamma_m^B}{g_m^B} H_常 \qquad (3\text{-}159)$$

因此，对任意一点正常高和正高之差，亦即任意一点似大地水准面与大地水准面之差的差值是：

$$H_常 - H_{正} = \frac{g_m - \gamma_m}{g_m} H_常 \qquad (3\text{-}160)$$

假设山区 $g_m - \gamma_m = 500\mathrm{mGal}$，$H_常 = 8\mathrm{km}$，则得

$$H_常 - H_正 = \frac{g_m - \gamma_m}{g_m} \cdot H_常 = 4m$$

在平原地区 $g_m - \gamma_m = 50mGal$，$H_常 = 500m$，则得

$$H_常 - H_正 = \frac{g_m - \gamma_m}{g_m} \cdot H_常 = 2.5cm$$

在海水面上 $W_O - W_B = \int_O^B gdh = 0$，故 $H_正 = H_常$，即正常高和正高相等。这就是说在海洋面上，大地水准面和似大地水准面重合。此时大地水准面的高程原点对似大地水准面也是适用的。

3.3.4 力高和地区力高高程系统

若将正高或正常高定义公式用于同一重力位水准面上的 A、B 两点，由于此两点的 $\int_O^A gdh$ 和 $\int_O^B gdh$ 相等，而 g_m^A 与 g_m^B 或 γ_m^A 与 γ_m^B 不等，所以在同一个重力位水准面上两点的正高或正常高是不相等的，比如对南北狭长 450km 的贝加尔湖，湖面上南北两点的高程差可达 0.16m，远远超过了测量误差。这种情况往往给某些大型工程建设的测量工作带来不便。假如建设一个大型水库，它的静止水面是一个重力等位面，在设计、施工、放样等工作中，通常要求这个水面是一个等高面。这时若继续采用正常高或正高显然是不合适的。为了解决这个矛盾，可以采用所谓力高系统，它按下式定义

$$H_力^A = \frac{1}{\gamma_{45°}} \int_O^A gdh \tag{3-161}$$

也就是说，将正常高公式中的 γ_m^A 用纬度 45° 处的正常重力 $\gamma_{45°}$ 代替，一点的力高就是水准面在纬度 45° 处的正常高。

但由于工程测量一般范围都不大，为使力高更接近于该测区的正常高数值，可采用所谓地区力高系统，亦即在(3-161)式的 $\gamma_{45°}$ 用测区某一平均纬度 φ 处的 γ_φ 来代替，有

$$H_力^A = \frac{1}{\gamma_\varphi} \int_O^A gdh \tag{3-162}$$

在(3-161)式及(3-162)式中，由于 $\gamma_{45°}$、γ_φ 及 $\int gdh$ 都是一个常数，所以就保证了在同一水准面上的各点高程都相同。

由(3-162)式和(3-138)式可求得力高和正常高的差异，用公式可表达为

$$H_力 - H_常 = \frac{\gamma_m - \gamma_\varphi}{\gamma_\varphi} \cdot H_常 \tag{3-163}$$

例如，设 $\gamma_m - \gamma_\varphi = 0.5cm/s^2$，$H_常 = 2km$，并采用 $\gamma_\varphi = 980cm/s^2$，得

$$H_力 - H_常 = 1m$$

力高是区域性的，主要用于大型水库等工程建设中。它不能作为国家统一高程系统。在工程测量中，应根据测量范围大小，测量任务的性质和目的等因素，合理地选择正常高、力高或区域力高作为工程的高程系统。

3.3.5　国家高程基准

1. 高程基准面

为了建立全国统一的高程系统，必须确定一个高程基准面。高程基准面就是地面点高程的统一起算面，由于大地水准面所形成的体形——大地体是与整个地球最为接近的体形，因此通常采用大地水准面作为高程基准面。

大地水准面是假想海洋处于完全静止和平衡状态时的海水面，并延伸到大陆地面以下所形成的闭合曲面。事实上，海洋受着潮汐、风力和大气压等因素的影响，永远不会处于完全静止的平衡状态，总是存在着不断的升降运动，怎样解决这个问题？可以通过验潮的办法来确定其位置。即在海洋近岸的一点处竖立水位标尺，成年累月地观测海水面的水位升降，根据长期观测的结果可以求出该点处海洋水面的平均位置，人们假定大地水准面就是通过这点处实测的平均海水面。

潮汐是指海水受日月等天体的引力作用，而产生的周期性有规律的涨落现象。也就是说海水面在不同时刻有不同的水位，呈现明显的规律性变化，这种海水瞬时水位的绝对变动称为潮汐。为掌握海水变化的规律而进行的长期观测海水面水位升降的工作称为验潮，进行这项工作的场所叫验潮站。

由于沿岸各地的平均海面并不是一致的，在百公里的距离内，平均海面有几厘米的变化，而海港内的平均海面往往要低于港外平均海面，故每个验潮站只能求出当地的平均海面。各地的验潮结果也表明，不同地点的平均海水面之间还存在着差异，所以对于海岸线很长的国家，一般根据沿海海面和各种用途需要在不同地区的海岸建立若干个验潮站。选择其中较适合本国海面状况，并具有整体代表性的一个验潮站作为全国高程系统的基准面，其他验潮站的结果作为参考。

地面上的点相对于高程基准面的高度，通常称为绝对高程或海拔高程，也简称为标高或高程。例如珠穆朗玛峰高于"1985 国家高程基准"的高程基准面 8 848.86m，就称珠穆朗玛峰的高程为 8 848.86m。另外，海洋的深度也是相对于高程基准面而言的，例如太平洋的平均深度为 4 000m，就是说在高程基准面以下 4 000m。

2. 水准原点

为了长期、牢固地表示出高程基准面的位置，并便于高程基准面与国家高程控制网的连接和传递，通常要在确定国家高程基准面的验潮站附近建造一座十分坚固，精度可靠，能长久保存的国家水准原点。用精密水准测量方法测定国家水准原点与国家高程基准面的高差，用以确定国家水准原点以国家高程基准面起算的高程，以此高程作为全国各地推算高程的依据。

一般由原点(主点)和若干个附点、参考点组成一个中心多边形的国家水准原点网。国家水准原点网也必须用精密水准测量测定，以保证国家水准原点高程的精确可靠。我国的水准原点网建于青岛附近，其网点设置在地壳比较稳定，质地坚硬的花岗岩基岩上，由 1 个原点、2 个附点和 3 个参考点共 6 个点组成。水准原点的标石构造如图 3-5 所示。

3. 1956 年黄海高程系统

在中华人民共和国成立前，我国没有统一高程系统，高程基准较为混乱，曾在不同时期以不同方式建立了如坎门、吴淞口、青岛、大连等地的验潮站，得到不同的高程基准面

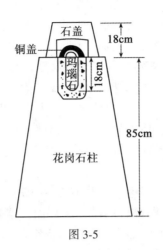

图 3-5

系统。

中华人民共和国成立初期，为了统一高程系统，曾以浙江坎门验潮站的平均海水面和青岛验潮站 1952—1953 年观测的平均海水面归算当时各系统的水准测量成果，这个基准面被定名为"1954 年黄海平均海水面"。

1957 年，当时的中国东南部地区精密水准网平差委员会，邀请有关专家综合分析，根据基本验潮站应具备的条件，对以上各验潮站进行了实地调查与分析，认为青岛验潮站符合作为我国基本验潮站的基本要求：

(1)位置适中，地处我国中纬度地区($\lambda = 120°19'$，$\phi = 360°5'$)和海岸线的中部，较符合国家海面的实际情况；

(2)所在港口有代表性，是有规律性的半日潮港；

(3)避开了江河入海口，外海海面开阔，无密集岛屿和浅滩，海底平坦，水深在 10m；

(4)所在地地壳稳定，历史上无明显的垂直运动，属非地震烈震区；

(5)地质结构坚硬，验潮井坐落在海岸原始沉积层上；

(6)验潮站已有长期、完整、连续、准确、可靠的验潮资料；

(7)所在地有长期的天文、海洋、水文、气象、地质、地球物理等项测验和研究资料。

鉴于青岛验潮站具有的以上有利条件，因此在 1957 年确定青岛验潮站为我国基本验潮站，验潮井建在地质结构稳定的花岗石基岩上，以该站 1950 年至 1956 年 7 年间的潮汐资料推求的平均海水面作为我国的高程基准面，由此计算的水准原点高程为 72.289m。以此高程基准面作为我国统一起算面的高程系统，名谓"1956 年黄海高程系统"。1959 年国务院批准颁布的《中华人民共和国大地测量法式(草案)》中规定正式启用。

几十年来，黄海高程系统在经济建设、国防和科学研究等方面都起到了重要的作用。

4.1985 国家高程基准

"1956 年黄海高程系统"的高程基准面的确立，是在当时的客观条件下的最佳方案，对统一全国高程有其重要的历史意义。

但随着科学技术的进步，验潮资料的积累，它还存在着明显的不足和缺陷：采用青岛验潮站 7 年的观测资料太少，由于潮汐数据时间短，无法消除长周期潮汐变化的影响（一周期一般为 18.61 年），导致计算的平均海水面不太稳定，代表性较差；潮汐数据记录有个别错误，由 1950 年和 1951 年测定的年平均海水面比其他 5 年测定的平均海水面偏低约 20cm，而同期我国其他验潮站并没有出现同类现象，表明该两年的数据存在系统性差异；对我国沿海海面状况缺乏深入了解，没有测定各地平均海面和黄海平均海面的差值，无法确定我国沿海海面存在的南高北低的具体量级，也就无法顾及我国海面存在的倾斜问题；1956 年黄海高程基准没有联测至海南岛。因此，基于上述原因，有必要确定新的国家高程基准。

新的国家高程基准面是根据青岛验潮站 1952—1979 年中 19 年的验潮资料计算得到的，根据这个高程基准面作为全国高程的统一起算面，这就是"1985 国家高程基准"，由此推算出国家水准原点的高程为 72.260m。1987 年经国务院批准，于 1988 年 1 月正式启用，今后凡涉及高程基准时，一律由原来的"1956 年黄海高程系统"改用"1985 国家高程基准"。由于新施测的国家一等水准网是以"1985 国家高程基准"起算的，因此，今后凡进行各等级水准测量、三角高程测量以及各种工程测量，应尽可能地与新布测的国家一等水准网点联测。如不便联测时，可在"1956 年黄海高程系统"的高程值上加一改正值，得到以"1985 国家高程基准"为准的高程值。由于 1956 年黄海平均海水面起算的我国水准原点的高程为 72.289m，因此"1985 国家高程基准"与"1956 国家高程基准"之间的转换关系为

$$H_{85} = H_{56} - 0.029\text{m} \tag{3-164}$$

式中：H_{85}、H_{56} 分别表示新、旧高程基准水准原点的正常高。

为将海南岛高程基准纳入国家高程基准，按照流体动力学水准方法，测定了琼州海峡两岸平均海面的高差，采用经不等高订正的平均海面，将高程基准传递到海南岛。

海上岛屿不能与国家高程网直接联测时，应建立局部水准原点，根据岛上验潮站平均海水面的观测确定其高程，作为该岛及其附近岛屿的高程基准。凡采用局部水准原点测定的水准高程，应在水准点成果表中注明，并说明高程系统的有关情况。

必须指出，我国在新中国成立前曾采用不同地点的平均海水面作为高程基准面。由于高程基准面的不统一，使高程比较混乱，因此在使用过去旧有的高程资料时，应注意资料的来源，弄清楚当时采用的是以什么地点的平均海水面作为高程基准面的。

3.4　关于测定垂线偏差和大地水准面差距的基本概念

3.4.1　关于测定垂线偏差的基本概念

地面一点上的重力向量 g 和相应椭球面上的法线向量 n 之间的夹角定义为该点的垂线偏差。很显然，根据所采用的椭球不同可分为绝对垂线偏差及相对垂线偏差，垂线同总地球椭球（或参考椭球）法线构成的角度称为绝对（或相对）垂线偏差，它们统称为天文大地垂线偏差。另外，我们把实际重力场中的重力向量 g 同正常重力场中的正常重力向量 γ 之间的夹角称为重力垂线偏差。在精度要求不高时，可把天文大地垂线偏差看做是重力垂线偏差。换句话说，可把总的地球椭球认为是正常椭球。然而，在高精度测量中，应该注意

到正常椭球的力线与总地球椭球法线是有区别的。区别大小与地球形状、点的高程及位置有关。在这里，我们主要研究天文大地垂线偏差。

如图 3-6 所示，以测站 O 为中心作任意半径的辅助球。图中，u 是垂线偏差，ξ、η 分

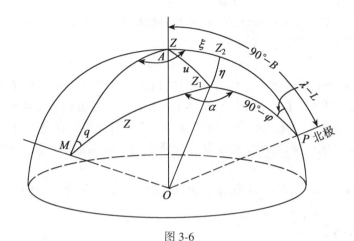

图 3-6

别是 u 在子午圈和卯酉圈上的分量，在任意垂直面的投影分量：

$$u_A = \xi\cos A + \eta\sin A \tag{3-165}$$

式中：A 为投影面的大地方位角。在特殊情况下，当 $A = 0°$，$u_A = \xi$，$A = 90°$，$u_A = \eta$，根据定义

$$u^2 = \xi^2 + \eta^2 \tag{3-166}$$

其他点、线均已在图上注明。

由图 3-6 可知，

$$\xi = 90° - B - (90° - \varphi) = \varphi - B \tag{3-167}$$

又由球面直角三角形 Z_1Z_2P 得

$$\sin(\lambda - L) = \frac{\sin\eta}{\sin(90° - \varphi)} = \frac{\sin\eta}{\cos\varphi}$$

由于 $\lambda-L$、η 均是小角，故得

$$\eta = (\lambda - L)\cos\varphi \tag{3-168}$$

（3-167）式、（3-168）式称为垂线偏差公式，若已知一点的天文和大地经、纬度，即可算出垂线偏差。

由以上两式可以写成

$$\begin{cases} B = \varphi - \xi \\ L = \lambda - \eta\sec\varphi \end{cases} \tag{3-169}$$

上式称为天文纬度、经度同大地纬度、经度的关系式。若已知一点的垂线偏差，依据上式，便可将天文纬度和经度换算为大地纬度和经度。通过垂线偏差把天文坐标同大地坐标联系起来，从而实现两种坐标的互相转换。

在这里，我们不加推导，直接给出天文方位角 α 归算为大地方位角 A 的公式：

$$A = \alpha - (\lambda - L)\sin\varphi - (\xi\sin A - \eta\cos A)\cot Z_{\text{天}} \tag{3-170}$$

式中右端第二项 $-(\lambda-L)\sin\varphi$ 只与点的位置有关，与照准点的方位及天顶距无关；第三项

$-(\xi\sin A-\eta\cos A)\cot Z_天$ 与照准点方位及天顶距有关。在通常情况下，由于垂线偏差一般小于 $10''$，当 $Z_天=90°$ 时，第三项改正数不过百分之几秒，故可把此项略去，得到简化公式

$$A = \alpha - (\lambda - L)\sin\varphi \tag{3-171}$$

或

$$A = \alpha - \eta\tan\varphi \tag{3-172}$$

以上三个公式是天文方位角归算公式，也叫拉普拉斯方程。

由天文天顶距 Z_0 归算大地天顶距 Z 的公式

$$Z = Z_0 + \xi\cos A + \eta\sin A \tag{3-173}$$

地面不同点的垂线偏差不同是由许多因素引起的。它们的变化一般说来是平稳的，在大范围内具有系统性质，垂线偏差这种总体上的变化主要是由大地水准面的长波和所采用的椭球参数等原因所致。除此之外，垂线偏差在某些局部还具有突变的性质，且有很大幅度，这主要是地球内部质量密度分布的局部变化，高山、海沟及其他不同地貌等因素引起的。

测定垂线偏差一般有以下四种方法：天文大地测量方法；重力测量方法；天文重力测量方法以及 GNSS 方法。

1. 天文大地测量方法

这种方法的实质是，在天文大地点上，既进行大地测量取得大地坐标 (B, L)，又进行天文测量取得天文坐标 (φ, λ)，通过垂线偏差公式 (3-167) 式、(3-168) 式，计算得到该点的垂线偏差。由此得到的是地面点的垂线偏差，也称为赫尔默特垂线偏差。用这种方法得到的垂线偏差可以达到很高的精度。但对幅员广大的国家和地区来说，用这种方法求定较密点的垂线偏差显然是有困难的，它只适用于少数的天文大地点上。

2. 重力测量方法

这种方法的实质是借助于大地水准面和地球椭球面上的重力异常。假如已知全球范围的重力异常，就可按斯托克司方法求得大地水准面上的垂线偏差。1928 年，荷兰学者维宁·曼尼兹推得了垂线偏差的计算公式：

$$\xi = -\frac{1}{2\pi}\int_0^{2\pi}\int_0^\pi \Delta g Q(\psi)\cos A\mathrm{d}\psi\mathrm{d}A \tag{3-174}$$

$$\eta = -\frac{1}{2\pi}\int_0^{2\pi}\int_0^\pi \Delta g Q(\psi)\sin A\mathrm{d}\psi\mathrm{d}A \tag{3-175}$$

式中：$\Delta g = g_0 - \gamma_0$ 为大地水准面上点的重力异常；

$$Q(\psi) = \frac{\cos^2\psi}{2\gamma}\left[\csc\theta+12\sin\theta-32\sin^2\theta+\frac{3}{1+\sin\theta}-12\sin^2\theta\,\ln(\sin\theta+\sin^2\theta)\right], \theta=\frac{\psi}{2} \tag{3-176}$$

ψ，A 为垂线偏差计算点至面元的球面角距和方位角。

此公式是在假定大地水准面之外没有扰动物质及全球重力异常 Δg 都已知的情况下推导的。然而这两个条件都还不能实现，所以重力方法至今也没有得到独立的应用。

3. 天文重力方法

这种方法的基本思想是综合利用天文大地方法和重力测量方法来确定垂线偏差。首先要建立点距 150~200km 的天文大地点，在这些点上用天文大地测量方法算得各自的垂线偏差；在计算点周围 σ 的范围内进行较密的重力测量，由于引力随着距离的平方而减少，

所以异常质量对垂线偏差的影响随着与计算点距离的增加而减少，且呈现平稳的特性。因此，在更大的区域 Σ 内只需少数的重力测量即可。对区域 σ 内的点，其中包括天文大地点，都计算相应于带有异常质量 σ 和 Σ 影响的重力垂线偏差 θ_σ 及 θ_Σ。然后，通过天文大地点上的天文大地垂线偏差同重力垂线偏差的比较，就可得出关于内插区域 σ 内点的垂线偏差的数据资料，从而实现内插确定垂线偏差的目的。

4. GNSS 测量方法

假设 GNSS 测量的基线两端点 A、B 有垂线偏差 u_A 及 u_B，它们在基线方向的分量分别为 δ_A 及 δ_B，其计算公式为

$$\delta_i = \xi_i \cos A_i + \eta_i \sin A_i \tag{3-177}$$

当基线不长，且平坦地区时，垂线偏差可认为呈线性变化，于是基线两端点 A、B 的似大地水准面之差：

$$\Delta\zeta = -\frac{(\delta_A + \delta_B)}{2} \cdot D \tag{3-178}$$

式中：D 为基线长。若设 $\delta_A = \delta_B = \delta$，则由上式可得：

$$\delta = -\frac{\Delta\zeta}{D} \tag{3-179}$$

于是 δ 可求得。对多条基线而言，则有式

$$\delta_i = \xi_i \cos A_i + \eta_i \sin A_i \, (i = 1, 2, \cdots, n) \tag{3-180}$$

从而可用最小二乘法求出垂线偏差 ξ、η。

因此，在 GNSS 相对定位中，只要测出基线长 D，大地方位角 A 及高程异常差 $\Delta\zeta$，便可按上述方法求得垂线偏差。但这种方法应用是有条件的，比如，地形平坦、基线不长、精度要求较低等。

3.4.2 关于测定大地水准面差距的基本概念

测定大地水准面差距一般有以下几种方法：地球重力场模型法、斯托克司方法、卫星无线电测高方法、GNSS 高程拟合法以及最小二乘配置法等。

1. 用地球重力场模型法计算大地水准面差距

大地水准面上一点 P 的实际重力位 W 与正常椭球面上相应点 P_0 的正常重力位 U 之差，称之为该点的扰动位 T，用下式表示：

$$T = W - U \tag{3-181}$$

由于在选择正常重力位时总是使地球离心力位对 W 和 U 的影响相同，因此扰动位具有引力位的性质。

如图 3-7 所示，假设大地水准面外没有质量，同时地球总质量不变。图中，S 为正常椭球面，Σ 为大地水准面，N 为 P 点的大地水准面差距。在选择椭球时，我们规定大地水准面 $W_0 = C$ 和正常椭球面 $U = C$，即这两个曲面的常数 C 相等。于是，大地水准面上 P 点的重力位

$$W_0 = U + T_0 = C$$

式中：T_0 为大地水准面上的扰动位。P_0 点上的正常
重力位为 $U_0 = C$。

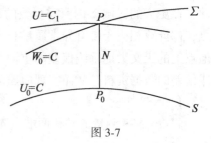

又根据(3-57)式，则有两水准面之间的距离 N

$$N = -\frac{\mathrm{d}U}{\gamma_0} = -\frac{U - U_0}{\gamma_0} = -\frac{W_0 - T_0 - U_0}{\gamma_0} = \frac{T_0}{\gamma_0} - \frac{W_0 - U_0}{\gamma_0}$$

$$(3\text{-}182)$$

由于约定 $W_0 = U_0$，故上式可写成：

$$N = \frac{T_0}{\gamma_0} = \frac{T_0}{\overline{\gamma}} \qquad (3\text{-}183)$$

图 3-7

式中 γ_0 用正常重力的平均值 $\overline{\gamma}$ 代替。此即为扰动位同大地水准面差距的关系式，称为布
隆斯公式。

另外，我们也可以这样来推导上式：

由于
$$W_P = U_P + T_P \qquad (3\text{-}184)$$

对于 U_P，在 U_{P0} 点展开级数，有式

$$U_P = U_{P0} + \mathrm{d}u/\mathrm{d}n \times N \qquad (3\text{-}185)$$

式中 $\mathrm{d}u/\mathrm{d}n$ 是 U 在法线 n 方向的导数值，它等于 $-\gamma_0$。

于是，上式可写成

$$U_P = U_{P0} - \gamma_0 N \qquad (3\text{-}186)$$

将此式代入(3-184)式，得

$$W_P = U_{P0} - \gamma_0 N + T_P \qquad (3\text{-}187)$$

由于我们假设 $W_P = U_{P0}$

故
$$\gamma_0 N = T_P \qquad (3\text{-}188)$$

因此有式
$$N = T_P / \gamma_0 \qquad (3\text{-}189)$$

经过推导，已求得扰动位 T 的球谐函数的级数展开式：

$$T_0(r,\ \theta,\ \lambda) = \frac{GM}{r} \sum_{n=2}^{\infty} \left(\frac{a}{r}\right)^n \sum_{m=0}^{n} (\overline{C}_{nm}\cos m\lambda + \overline{S}_{nm}\sin m\lambda)\overline{P}_{n,\ m}(\cos\theta) \qquad (3\text{-}190)$$

将该式代入(3-183)式，得到利用重力场模型计算大地水准面差距 N 的计算公式：

$$N = \frac{GM}{\overline{\gamma} r} \sum_{n=2}^{\infty} \left(\frac{a}{r}\right)^n \sum_{m=0}^{n} (\overline{C}_{n,\ m}\cos m\lambda + \overline{S}_{n,\ m}\sin m\lambda)\overline{P}_{n,\ m}(\cos\theta) \qquad (3\text{-}191)$$

式中：G 为万有引力常数，M 为地球质量($GM = 3\ 986\ 005 \times 10^8\,\mathrm{m}^3\,\mathrm{sec}^{-2}$)，$a$ 为椭球长半轴，
θ 为球面余纬度，λ 为球面经度，r 为向径，$\overline{C}_{n,m}$，$\overline{S}_{n,m}$ 为完全规格化的正常位球谐系数，
$\overline{P}_{n,m}(\cos\theta)$ 为完全规格化的勒让德函数，$\overline{\gamma}$ 为正常重力平均值。上式右端各项都是已知
的或者是可以计算的。

(3-191)式的求解精度完全取决于右端加和项的取舍，取多一些要比取少一些更精确，
但目前最高只到 360 阶。利用 360 阶重力场模型算出的大地水准面差距的分辨率相当于
55km 的半波长，就是说此模型可以探测出起伏波长长于 55km 的大地水准面的特征，更
短的地貌则无法得到体现和描述。

2. 利用斯托克司积分公式计算大地水准面差距

根据斯托克司理论，推得大地水准面上的扰动位

$$T_0 = \frac{1}{4\pi R} \int_\sigma (g_0 - \gamma_0) S(\psi) \mathrm{d}\sigma \tag{3-192}$$

式中：R 为地球平均曲率半径。

通过换元积分后，把 $\mathrm{d}\sigma = R^2 \sin\psi \mathrm{d}\psi \mathrm{d}A$ 代入（3-183）式，则得计算大地水准面差距的最后公式

$$N = \frac{R}{4\pi\bar{\gamma}} \int_0^{2\pi} \int_0^\pi (g_0 - \gamma_0) S(\psi) \sin\psi \mathrm{d}\psi \mathrm{d}A \tag{3-193}$$

此式称为斯托克司公式。式中 $(g_0 - \gamma_0)$ 是整个地球上的重力异常。斯托克司函数

$$S(\psi) = \frac{1}{\sin\left(\dfrac{\psi}{2}\right)} - 6\sin\frac{\psi}{2} + 1 - 5\cos\psi - 3\cos\psi\ln\left(\sin\frac{\psi}{2} + \sin^2\frac{\psi}{2}\right) \tag{3-194}$$

式中：ψ、A 分别为计算点至积分面元的极距和方位角，$\bar{\gamma}$ 为球面上正常重力位平均值。

从理论上讲，（3-193）式要对地球表面积分，但实际上不大可能，这不但是因为计算工作的复杂，而且要得到全球重力资料也不现实。为解决这个问题，往往是先用地球重力场模型确定较长波长的起伏；进而在有限范围内再应用斯托克司积分。但此时，需要用观测值减去重力场模型得到的重力异常而得到改正后的重力异常值，再代入斯托克司公式中计算。这时总的大地水准面差距

$$N = N_G + N_S \tag{3-195}$$

式中：N_G、N_S 分别为重力场模型下的及斯托克司下的大地水准面差距。

3. 卫星无线电测高方法研究大地水准面

利用人造地球卫星无线电测高方法来研究大地水准面及其变化已成为一种最有效的途径。

安装在人造地球卫星上的无线电测高仪的发射天线垂直向下发射高频的无线电脉冲信号，此球面波首先传播到人造卫星底面最近的海面上，并且经最近距离反射回来，由专用设备进行接收，计算出信号发射时刻至接收反射信号时刻的经历时间，从而测出卫星至平均海水面（大地水准面）的高度。如图3-8所示，r，φ 为无线电测高仪 Q 的地心向径和地心纬度；r_0，φ_0 为 Q 点在大地水准面上投影点 Q_0 的地心向径和地心纬度，B 为无线电测高仪的大地纬度，ξ 为垂线偏差在子午面上的分量。$Q_0 Q = h$ 为无线电测高仪高出大地水准面的高度；$Q_e Q_0 = N$ 大地水准面差距。由此，可以写出卫星水准测量的向量方程：

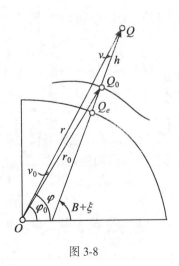

图 3-8

$$r = r_0 + h \tag{3-196}$$

93

由此向量方程可知，假如已知卫星位置向量 r 和测量向量 h，那么就可计算出大地水准面 Q_0 的地心向径向量 r_0；假如给出大地水准面向量 r_0，并测量了向量 h，就可以确定无线电测高仪的地心位置向量 r。总之，这个方程有多种用途。在这里，我们最感兴趣的是，当已知 r 和 r_0 就可算出 h'，即可将此值同观测值 h 相比较。根据全球范围内的这些比较数据的统计分析就可以解决诸如大地水准面差距及其起伏变化等许多有意义的实际问题。

下面我们来介绍卫星水准测量的方程式。

在图 3-8 的 $\triangle OQQ_0$ 中，有关系式：

$$h^2 = r^2 + r_0^2 - 2rr_0\cos v_0 \tag{3-197}$$

为下面推导方便起见，我们把上式改写为

$$\Phi = \frac{1}{2}(r^2 + r_0^2 - h^2) - rr_0\cos v_0 = 0 \tag{3-198}$$

为其线性化，我们求偏导数

$$\partial\Phi/\partial r = r - r_0\cos v_0 \tag{3-199}$$

$$\partial\Phi/\partial r_0 = r_0 - r\cos v_0 \tag{3-200}$$

再顾及图 3-8，易得

$$\partial\Phi/\partial r = h\cos v；\quad \partial\Phi/\partial r_0 = -h\cos(v+v_0) \tag{3-201}$$

同时，

$$\frac{\partial\Phi}{\partial h} = -h \tag{3-202}$$

卫星水准高程 h 可写成

$$h = h' + \Delta h + v \tag{3-203}$$

式中：h 为观测量，Δh 和 v 分别为观测量的系统误差和偶然误差改正数。

对卫星无线电测高仪的地心向径 r 的已知值 r^0，必须加上由于卫星坐标系起算点和地球质心不一致而引起的改正数：

$$\Delta r = dx_0\cos\varphi\cos\lambda + dy_0\cos\varphi\sin\lambda + dz_0\sin\varphi \tag{3-204}$$

同时还应顾及因计算 r^0 而采用的地球外部重力场的模型误差

$$dr = -\frac{\partial r}{\partial V}dV \tag{3-205}$$

最后

$$r = r^0 + dx_0\cos\varphi\cos\lambda + dy_0\cos\varphi\sin\lambda + dz_0\sin\varphi + \frac{\partial r}{\partial V}dV \tag{3-206}$$

对卫星无线电测高仪大地水准面上的星下点 Q_0 的地心向径 r_0 的已知值 r_0^0 必须加上因计算 r_0^0 而采用的地球外部重力场的模型误差 dr_0

$$r_0 = r_0^0 + \frac{\partial r_0}{\partial V}dV \tag{3-207}$$

由于 v，Δh，dV，Δr，dr，dr_0 都是小量，于是 (3-203) 式可写成如下的线性形式

$$v = -\Delta h + (dx_0\cos\varphi\cos\lambda + dy_0\cos\varphi\sin\lambda + dz_0\sin\varphi)\cos v_0 + \left[\frac{\partial r}{\partial V} - \cos v_0 - \frac{\partial r_0}{\partial V}\cos(v-v_0)\right]dV + l \tag{3-208}$$

自由项

$$l = h^0 - h'$$ （3-209）

$$h^0 = \sqrt{r'^2 + r_0'^2 - 2r' r_0' \cos v_0}$$

h^0 按卫星无线电测高仪和大地水准面上星下点地心距离的计算值计算。此时地心向径计算值 r^0 和 r_0^0 要与已知的地球引力位 V^0 中的参数相应。(3-208)式不包括卫星初始条件改正数，因为在地面的许多观测站上使用多种手段使它们具有很高的精度，亦即它们具有很大的权。

(3-208)式是卫星水准测量的通用的线性方程表达式，可以根据所研究问题的性质和内容加以具体应用。比如，当已知地球椭球大小及人造地球卫星地心位置时，则由图3-8，若设 $OQ_e = H$，$OQ_e = R$，有关系式

$$r^2 - R_0^2 - H^2 - 2R_0 H \cos \Delta\varphi = 0$$ （3-210）

式中：

$$R_0 = a_e (1 + e'^2 \sin^2 \varphi)^{-\frac{1}{2}}$$

$$\Delta\varphi = B - \varphi = m\sin 2B - \frac{m^2}{2}\sin 4B + \frac{m^3}{6}\sin 6B - \cdots$$

$$m = \alpha + \frac{\alpha^2}{2} - \frac{\alpha^4}{4} - \frac{\alpha^5}{4} - \frac{\alpha^6}{8} - \cdots$$

$$e'^2 = 2\alpha + 3\alpha^2 + 4\alpha^3 + 5\alpha^4 + 6\alpha^5 + 7\alpha^6 + \cdots$$ （3-211）

上述各项都是地球椭球参数 a_e 和 α 的函数。

当不顾及地球重力场模型误差时，对卫星水准测量的高度 h' 和大地水准面差距计算值 N^0 引入改正数 v 和 ΔN，于是对(3-208)式有其线性表达式

$$v = -\Delta N + l$$

式中自由项

$$l = \frac{r^2 - H^{0^2} - R_0^2 - 2R_0 H^0 \cos\Delta\varphi}{2(R_0\cos\Delta\varphi + H^0)}$$ （3-212）

式中：卫星高度计算值 H^0 为卫星水准测量值 h' 和大地水准面差距计算值 N^0 之和。

卫星水准测量至少可以解决如下问题：

(1)大地测量第一次有可能在全球范围内对世界大洋面的高度进行统一系统内的测量，从而可以全面地研究海洋地形并可定期地精化地球外部重力场参数。

(2)在卫星水准测量方程式中有坐标系原点对地球质心的径向分量 Δr，如果卫星水准测量均匀地分布在全世界大洋表面上并在地面重力点上测量重力的变化值，那么就可以以厘米级的精度来确定 Δr，并研究质心在其体内的变化。

(3)如果知道了大地水准面参数及其坐标系，那么就可以用最好的方法求出在全球范围内最接近大地水准面的水准椭球参数。

(4)卫星水准测量可以快捷地研究大地水准面，亦即确定由于地球质量在其体内分布变化、海底地震、火山喷发、台风或其他局部范围内气象异常出现之前或发生之时或之后等而引起的大地水准面曲率及高程的快速的变化。结合陆地和海洋重力资料可以研究局部

95

大地水准面,当滤去大气和潮汐引起的波浪高后,高程估算精度可达厘米级。

(5)由卫星水准测量基础方程(3-196)可知,把根据卫星预报高度和其观测高度相比较,用这些大量的统计资料就可以来评价和改进卫星预报的精度。

(6)利用卫星水准测量资料可以可靠地确定地球动力形状参数及其由于地球质量分布变化而引起的变化。

4. 利用 GNSS 高程拟合法研究似大地水准面

在面积不大的地区,用 GNSS 建立大地控制网时,除测出平面坐标外,还测出大地高 H。如果在测区中选择一定的 GNSS 点同时联测几何水准测量,求出这些点的正常高 h,于是在这些点上便可求出高程异常

$$\zeta = H - h \tag{3-213}$$

将这些公共点上的 ζ 代入下面数学拟合方程中:

$$\zeta = a_0 + a_1 x + a_2 y \tag{3-214}$$

或

$$\zeta = a_0 + a_1 x + a_2 y + a_3 xy \tag{3-215}$$

或

$$\zeta = a_0 + a_1 x + a_2 y + a_3 xy + a_4 x^2 + a_5 y^2 \tag{3-216}$$

利用最小二乘法求出式中各系数 $a(i=0, 1, \cdots, 5)$,那么就可以利用相应的拟合方程推算出其他点的高程异常,从而确定局部范围内的似大地水准面,此称为几何方法。

无论采用哪种数学拟合模型,几何方法都是采用一定的数学模型对实际大地水准面的一种逼近,逼近程度的优劣取决于公共点的分布和密度。更重要的是似大地水准面是一个不规则的曲面,用一个规则的平面或曲面逼近它时,不可避免地存在模型误差,这种误差与地区地形复杂程度有很大关系。经过分析认为,高程异常的短波项主要是由局部地形引起的。地势平缓地区,高程异常变化比较平稳;地势起伏大的地区,高程异常变化迅猛。因此为使几何拟合法比较准确地使用,应该在拟合前先计算由局部地形对高程异常影响的短波项 ζ_T,并在高程异常 ζ 中予以剔除,用剔除地形影响后的纯净高程异常 ζ_0 进行拟合方程系数的计算。

这种方法适用于范围不大的平坦地区或缺乏重力资料的山区或高山区。

5. 利用最小二乘配置法研究大地水准面

这种方法首先由克拉鲁普(T. Krarup)于 1969 年提出,后经莫里茨(H. Moritz)于 1973 年加以发展,成为完整的理论,并在全球大地测量中试用。

在经典的间接平差基础方程

$$F(\bar{X}) - \bar{L} = 0 \tag{3-217}$$

中,$\bar{X}$,$\bar{L}$ 分别是系统参数真值及观测值向量真值,观测值向量

$$L = \bar{L} + e \tag{3-218}$$

式中 e 为观测值误差,它由相互独立的两个偶然量组成:测站点信号 S_1 和观测噪声 n。显然它们各自的均值(或称期望)都是 0,经线性化后,得线性方程

$$AX - l + S_1 + n = 0 \tag{3-219}$$

式中:$l = F(X^0) - L$。

如果在信号中还包括计算点信号 S_2，亦即

$$S = \begin{bmatrix} S_1 & S_2 \end{bmatrix}^T \tag{3-220}$$

则（3-219）式可写为

$$Ax - l + BS + n = 0 \tag{3-221}$$

式中：$B = \begin{bmatrix} IO \end{bmatrix}$，此式即为最小二乘配置中的线性方程式。

在物理大地测量中，系统部分可理解为是水准椭球参数，比如长半轴 a，地球动力常数 fM，正常二阶带系数 J_2 及地球自转角速度 ω；随机部分 S 包括地球重力场与椭球参考系之间的不符值，比如，垂线偏差，大地水准面差距，重力异常以及实际重力场与正常重力场两种球谐系数之差等。

为了依（3-221）式按最小二乘原理求出 X、S 及 n，需要随机量的协方差阵。对于噪声 n 的协方差阵 C_n 可从观测值的精度和相关性的先验估计中得到。信号 S 的协方差阵 C_S 可按协方差传播定律由某一个基本函数导出。由于 n 和 S 互相独立，因此整个协方差可写成（$C_n + C_S$）。

于是，现在的问题归结为：在 $S^T C_S^{-1} S + n^T C_n^{-1} n$ 最小条件下求出未知量的最佳估值问题。为此组成拉格朗日函数

$$\Phi = S^T C_S^{-1} S + n^T C_n^{-1} n + 2K^T (AX - l + BS + n)$$

并令

$$\frac{\partial \Phi}{\partial X} = 2A^T \hat{K} = 0$$

$$\frac{\partial \Phi}{\partial S} = 2C_S^{-1} \hat{S} + 2B^T \hat{K} = 0$$

及

$$\frac{\partial \Phi}{\partial n} = 2C_n^{-1} \hat{n} + 2\hat{K} = 0$$

于是得出求解矩阵

$$\begin{bmatrix} C_n^{-1} & 0 & I & 0 \\ 0 & C_S^{-1} & B^T & 0 \\ I & B & 0 & A \\ 0 & 0 & A^T & 0 \end{bmatrix} \cdot \begin{bmatrix} \hat{n} \\ \hat{S} \\ \hat{K} \\ \hat{X} \end{bmatrix} = \begin{bmatrix} 0 \\ 0 \\ l \\ 0 \end{bmatrix} \tag{3-222}$$

由此得各未知量估值计算公式：

$$\begin{cases} \hat{X} = (A^T (C_n + C_{S1})^{-1} A)^{-1} A^T (C_n + C_{S1})^{-1} l \\ \hat{K} = - (C_n + C_{S1})^{-1} (l - A\hat{X}) \\ \hat{S} = C_S B^T (C_n + C_{S1})^{-1} (l - A\hat{X}) \\ \hat{n} = C_n (C_n + C_{S1})^{-1} (l - A\hat{X}) \end{cases} \tag{3-223}$$

式中：

$$C_S = \begin{bmatrix} C_{S1} & C_{S1S2} \\ C_{S2S1} & C_{S2} \end{bmatrix} \tag{3-224}$$

C_{S1} 及 C_{S2} 是测站点信号和计算点信号的方差阵，C_{S1S2} 及 C_{S2S1} 是它们的协方差阵。

在特殊情况下，当没有参数，即 $A = 0$ 时，则有

$$\hat{S} = C_S B^{\mathrm{T}} (C_n + C_{S1})^{-1} l \tag{3-225}$$

进而得到：
$$\begin{bmatrix} \hat{S}_1 \\ \hat{S}_2 \end{bmatrix} = \begin{bmatrix} C_{S1} & C_{S1S2} \\ C_{S2S1} & C_{S2} \end{bmatrix} \begin{bmatrix} I \\ O \end{bmatrix} (C_n + C_{S1})^{-1} l \tag{3-226}$$

及
$$\hat{n} = C_n (C_n + S_{S1})^{-1} l \tag{3-227}$$

由此可见，计算点信号 S_2 在(3-221)式并没有直接体现，但最后还是可以求出它的估值，关键是协方差函数 C_S(3-224)式在这里起到作用。

从理论上讲，最小二乘配置法可以容纳天文、大地、重力及 GNSS 等多种观测资料一起处理，这是这种方法的优点。但正如以上所说，求解的可能及求解的精度全在于协方差函数能以多大的能力取得，正因为如此，此法目前正在试用中。

3.5　关于确定地球形状的基本概念

确定地球形状的基本方法有三种：天文大地测量方法，重力测量方法及空间大地测量方法。

3.5.1　天文大地测量方法

这是一种最古老而简单的方法，至今也没有失去它的意义，不过其基本研究内容却随时间而发生变化。

在地球被认为是圆球的时代，为确定其大小，必须知道半径，为此必须在地面上用大地测量方法(如丈量距离法)测定球面上的一段弧长 S，用天文测量方法测定该圆弧两端点的纬度差 ΔB，则地球半径

$$R = \frac{S}{\Delta B} \rho \tag{3-228}$$

在地球被认为是椭球的时期，为确定其形状必须知道两个元素：或者是两个半轴 a 和 b，或者长半轴 a 及扁率 α，或者长半轴 a 及偏心率 e。此时扁率或偏心率确定椭球的椭圆形状，半轴确定它的大小。假如用大地测量方法测量了弧长 S_1 及 S_2，并用天文测量方法测量了这两段弧长端点的纬度(B_1，B_2，B_3，B_4)，于是可建立下面两个弧度测量方程：

$$\begin{cases} S_1 = f_1(a, \alpha, B_1, B_2) \\ S_2 = f_2(a, \alpha, B_3, B_4) \end{cases} \tag{3-229}$$

联立解算上述方程，即可确定椭球系数 a 和 α，进而求出其他元素。当有大量弧度测量方程时，按最小二乘法解算。

弧度测量也可逐纬圈进行。但必须测量不同纬度上的两段弧长 l 及它们两端点的经度差。这种方法曾于 19 世纪下半叶采用过，因为那时已经出现了电报机，可大大提高经度测量精度。

以上按子午圈弧长或平行圈弧长的弧度测量法称为弧线法。自从三角测量法出现后，已开始推广到用广大面积上的弧度测量推求地球椭球参数的面积法。

现代推求新的椭球元素是在原有旧的椭球元素基础上，综合利用天文、大地、重力及空间测量等资料，同椭球定向、定位等一起实现的。

设旧的椭球元素 $a_旧$ 和 $\alpha_旧$，新椭球元素 $a_新 = a_旧 + \Delta a$，$\alpha_新 = \alpha_旧 + \Delta\alpha$，现在问题是求 Δa 及 $\Delta\alpha$。

由垂线偏差基本公式和大地水准面差距 N 的公式，可写出：

$$\begin{bmatrix} \eta_新 \\ \xi_新 \\ N_新 \end{bmatrix} = \begin{bmatrix} (\lambda - L_新)\cos B_新 \\ \varphi - B_新 \\ N_新 \end{bmatrix} = \begin{bmatrix} (\lambda - L_旧)\cos B_旧 \\ \varphi - B_旧 \\ N_旧 \end{bmatrix} + \begin{bmatrix} -\Delta L \cos B_旧 \\ \Delta B \\ \Delta N \end{bmatrix} \tag{3-230}$$

由于

$$\begin{bmatrix} X \\ Y \\ Z \end{bmatrix} = \begin{bmatrix} (N+H)\cos B \cos L \\ (N+H)\cos B \sin L \\ [N(1-e^2)+H]\sin B \end{bmatrix} \tag{3-231}$$

经微分及变换后得

$$\begin{bmatrix} dL \\ dB \\ dH \end{bmatrix} = \boldsymbol{J}^{-1}\begin{bmatrix} dX \\ dY \\ dZ \end{bmatrix} - \boldsymbol{J}^{-1}\boldsymbol{A}\begin{bmatrix} da \\ d\alpha \end{bmatrix} \tag{3-232}$$

式中：

$$\boldsymbol{J} = \begin{bmatrix} -(N+H)\cos B \sin L & -(M+H)\sin B \cos L & \cos B \cos L \\ (N+H)\cos B \cos L & -(M+H)\sin B \sin L & \cos B \sin L \\ 0 & (M+H)\cos B & \sin B \end{bmatrix} \tag{3-233}$$

$$\boldsymbol{A} = \begin{bmatrix} \dfrac{N}{a}\cos B \cos L & \dfrac{M}{1-\alpha}\cos B \cos L \sin^2 B \\ \dfrac{N}{a}\cos B \sin L & \dfrac{M}{1-\alpha}\cos B \sin L \sin^2 B \\ \dfrac{N}{a}(1-e^2)\sin B & -\dfrac{M}{1-\alpha}\sin B(1+\cos^2 B - e^2\sin^2 B) \end{bmatrix} \tag{3-234}$$

将 (3-233) 式、(3-234) 式代入 (3-232) 式，进而代入 (3-230) 式，并注意新、旧坐标系的旋转及尺度的变化，整理后可得：

$$\begin{bmatrix} \eta_新 \\ \xi_新 \\ N_新 \end{bmatrix} = \begin{bmatrix} \dfrac{\sin L}{N+H} & -\dfrac{\cos L}{N+H} & 0 \\ \dfrac{\sin B \cos L}{M+H} & \dfrac{\sin B \sin L}{M+H} & -\dfrac{\cos B}{M+H} \\ \cos B \cos L & \cos B \sin L & \sin B \end{bmatrix}_旧 \begin{bmatrix} \Delta X_0 \\ \Delta Y_0 \\ \Delta Z_0 \end{bmatrix} +$$

$$\begin{bmatrix} -\sin B \cos L & -\sin B \sin L & \cos B \\ \sin L & -\cos L & 0 \\ -Ne^2\sin^2 B \cos B \sin L & Ne^2 \sin B \cos B \cos L & 0 \end{bmatrix}_旧 \begin{bmatrix} \varepsilon_x \\ \varepsilon_y \\ \varepsilon_z \end{bmatrix} + \begin{bmatrix} 0 \\ \dfrac{N}{M}e^2\sin B \cos B \\ N(1-e^2\sin B) \end{bmatrix} m +$$

$$\begin{bmatrix} 0 & 0 \\ -\dfrac{N}{(M+H)a}e^2\sin B\cos B & -\dfrac{M(2-e^2\sin^2 B)}{(M+H)(1-\alpha)}\sin B\cos B \\ -\dfrac{N}{a}(1-e^2\sin^2 B) & \dfrac{M}{1-\alpha}(1-e^2\sin^2 B)\sin^2 B \end{bmatrix}_{\text{旧}} \begin{bmatrix} \Delta a \\ \Delta \alpha \end{bmatrix} +$$

$$\begin{bmatrix} (\lambda - L)\cos B \\ \varphi - B \\ N \end{bmatrix}_{\text{旧}} \tag{3-235}$$

上式称广义弧度测量方程式，其未知数是三个平移参数(ΔX_0, ΔY_0, ΔZ_0)，三个旋转参数(ε_x, ε_y, ε_z)，一个长度比参数 m，及椭球大小和形状参数 Δa、$\Delta \alpha$。通常，在实用上舍去旋转和尺度比参数。在每个天文大地点上都可以列出形如(3-235)式的弧度测量方程式，进而依据

$$\Sigma(\xi_{\text{新}}^2 + \eta_{\text{新}}^2) = \min \tag{3-236}$$

或

$$\Sigma(N_{\text{新}}^2) = \min$$

条件下就可求出新的椭球元素 $a_{\text{新}} = a_{\text{旧}} + \Delta a$，$\alpha_{\text{新}} = \alpha_{\text{旧}} + \Delta \alpha$ 以及定位元素(ΔX_0, ΔY_0, ΔZ_0)和定向元素(ε_x, ε_y, ε_z)，以及任意天文大地点的 $\xi_{\text{新}}$、$\eta_{\text{新}}$ 及 $N_{\text{新}}$。

利用天文大地测量方法确定地球形状和大小的优点是，由于大地点间的相对位置比较精确，因此就有可能以较好的效果确定椭球大小和扁率。它的缺点是，这种方法只适宜陆地上进行天文测量的天文大地点上，而这些点对于全球范围而言，毕竟还是少数。另外，虽然在解算时可以运用重力测量及卫星测量资料，但就结果来看还只是从几何意义上来研究地球形状和大小。

3.5.2　重力测量方法

在 1.3.1 中我们已经介绍了用克莱罗定理确定地球扁率的重力测量方法的原理。在实用上，必须首先在地面上至少测定两个点的重力，并把它们归算到平均海水面上记为 g_1，g_2，并用天文方法测定这两点大地纬度 B_1，B_2 及地球自转角速度 ω，用几何方法确定了椭球长半轴 a，这时组成两个方程

$$\begin{cases} g_1 = \gamma_e(1 + \beta\sin^2 B_1) \\ g_2 = \gamma_e(1 + \beta\sin^2 B_2) \end{cases} \tag{3-237}$$

由此解出 γ_e 和 β，把它们代入下式

$$\alpha = \frac{5}{2}q - \beta \tag{3-238}$$

而 $q = \dfrac{\omega^2 a}{\gamma_e}$ 为可计算的已知量，从而可求出椭球扁率 α。实际上，往往不止采用两点，这时用最小二乘法求解 γ_e 及 β。用重力测量方法求解地球形状(扁率 α)，在过去已获得许多有意义的结果。比如，赫尔默特(德国)1909 年：1：298.2；戎戈洛维奇(苏联)1952 年：1：298.1；海斯康宁(芬兰)1957 年：1：297.2 等。

运用克莱罗定理按物理方法推求地球形状，开辟了用物理方法研究地球形状的新时

期，为物理大地测量奠定了理论基础。

在 3.4.2 中，我们介绍了用斯托克司公式计算大地水准面差距 N 的方法，如果再知道地面点的正高 $H_\text{正}$，则地面点相对椭球面的高度——大地高即可确定：

$$H_\text{大} = H_\text{正} + N \tag{3-239}$$

但实际上正如 3.3.2 中所论述的那样，正高 $H_\text{正}$ 是无法精确获得的，所以这种方法用于确定地球形状和大小还是有缺陷的。针对这种情况，莫洛金斯基(苏联)提出了所谓似大地水准面高度 ζ(亦即高程异常)及正常高的 $H_\text{常}$ 的概念，利用它们也可以确定大地高：

$$H_\text{大} = H_\text{常} + \zeta \tag{3-240}$$

其中正常高 $H_\text{常}$ 可用精密水准测量方法获得，而高程异常 ζ 可用莫洛金斯基方法确定。下面我们简要地介绍一下用这种方法确定地球形状的基本思想。

莫洛金斯基方法同斯托克斯方法相似，也是根据扰动位来解算。两者所不同的是，斯托克司方法利用大地水准面上的重力异常解算它上面的扰动位，而莫洛金斯基方法则是利用地面上的重力异常解算地面上的扰动位，其优点是避免了重力归算的困难。

略去推导过程，直接给出用莫洛金斯基方法计算高程异常的公式：

$$\zeta = \frac{T_A}{\gamma_N} \tag{3-241}$$

式中：T_A 为地面点 A 的扰动位；γ_N 为相应于地面点 A 的地形表面点 N 的正常重力，其计算公式为

$$\gamma_N = \gamma_0 - 0.308\ 6H \tag{3-242}$$

式中：H 是正常高，可用几何水准测量方法获得。(3-241)式与(3-183)式是相似的，但它们之间有本质的不同，在这里用的是地面的扰动位，而在那里用的是大地水准面上的扰动位。

由于地球表面比起大地水准面要复杂得多，因而解算地面点扰动位只能用逐次趋近方法进行，略去繁琐的公式推导，直接写出解算地面扰动位的最后结果：

$$T_A = T_0 + T_1 + \cdots \tag{3-243}$$

$$T_0 = \frac{1}{4\pi R} \iint\limits_\sigma (g - \gamma) S(\psi) \mathrm{d}\sigma \tag{3-244}$$

$$T_1 = \frac{1}{4\pi R} \iint\limits_\sigma \delta_{g_1} S(\psi) \mathrm{d}\sigma \tag{3-245}$$

式中：$S(\psi)$ 为斯托克司函数，见(3-194)式；R 为平均椭球平均半径；$(g-\gamma)$ 为地面混合重力异常，其计算公式为：$(g-\gamma) = (g_A - \gamma_N) = g - \gamma_0 + 0.308\ 6H$；$\sigma$ 为球面；$\delta_{g_1} = \frac{1}{2\pi} \int\limits_\sigma (g -$

$\gamma) \frac{H' - H_0^\gamma}{r^3} \mathrm{d}\sigma$，$H'$ 及 H_0^γ 分别为流动点及计算点的正常高，r 是它们之间的距离。

由(3-243)式可知，地面扰动位 T_A 是 T_n 级数式，其中 T_0 项是把地面看成球面的扰动位，是主项；但实际上地球并非球面，而是起伏较大的曲面，所以要加上改正项 T_1，T_2，…以逼近实际的扰动位。其中，T_0 项称为零次逼近公式；$T_0 + T_1$ 称为一次逼近公式，

等等。在实际计算时，一般地区用零次逼近公式，地形起伏大的地区用一次逼近公式。

将 (3-243) 式代入 (3-241) 式，得高程异常的计算公式：

$$\zeta = \zeta_0 + \zeta_1 + \cdots \qquad (3\text{-}246)$$

$$\zeta_0 = \frac{1}{4\pi\gamma R} \iint_\sigma (g - r) S(\psi)\, \mathrm{d}\sigma \qquad (3\text{-}247)$$

$$\zeta_1 = \frac{1}{4\pi\gamma R} \iint_\sigma \delta_{g_1} S(\psi)\, \mathrm{d}\sigma \qquad (3\text{-}248)$$

$$\cdots$$

从上可见，用这种方法确定地球形状的优点是直接利用地面上的重力异常计算扰动位，避免了困难复杂的重力归算问题；但为了取得准确的地面扰动位（T_0，T_1，T_2 项等），必须有更多的重力和地形资料，在有限的重力和地形资料下，给计算精度带来影响，因而也得不出好的结果。因此，这种方法目前还在探讨和试验阶段。

天文大地测量方法、重力测量方法及其互相结合的方法可以在确定地球形状大小及研究地球外部重力场细节上发挥很大的作用，但这种作用的发挥完全取决于所进行天文、大地及重力测量的区域范围大小。用有限范围内（比如陆地上）的测量资料研究全球的问题那是不完备的。只有以人造地球卫星技术为代表的空间大地测量方法，才使得这方面的研究进入一个新时代。

3.5.3　空间大地测量方法

这种方法是随着人造地球卫星及其他宇宙空间探测器观测技术发展而建立起来的用以确定地球重力场模型的一种新方法。

假设地球是个均质圆球，其质量集中在球心上，卫星的质量相对地球质量是极微小的，可忽略不计，又假设卫星在真空中运行，既不受大气阻力也不受其他天体的干扰，这样的卫星运行轨道服从开普勒三定律，即

（1）卫星的轨道是椭圆，地球质心位于椭圆的一个焦点上；

（2）从地球的质心引向卫星的向径，在相等的时间内扫过的面积相等；

（3）卫星绕地球的运行周期的平方与卫星轨道长半轴的立方成正比。

上述运动称二体运动，其轨道称为正常轨道。正常轨道用以下 6 个参数决定：

a 为轨道长半轴；e 为轨道偏心率；Ω 为升交点赤径；i 为升交点处轨道倾角；ω 为近地点角；M（或 T）为平近点角（或过近地点的时刻）。它们的作用分别是：a，e 确定轨道形状；Ω，i 确定轨道平面在空间的位置；ω 为确定轨道面的指向，M 确定卫星经过近地点的时刻。首先利用这 6 个参数计算卫星某时刻在轨道坐标系中的坐标，进而转换到在天球坐标系中的坐标，再转换到地心地固坐标系 WGS-84 的坐标。

在理想情况下，即地球当成均质圆球时，它对卫星的引力位为

$$V_0 = \frac{GM}{r} \qquad (3\text{-}249)$$

引力在三个坐标轴上的分量应为

$$\begin{cases} F_x = \dfrac{\partial V_0}{\partial x} = -GM\dfrac{x}{r^3} \\[2mm] F_y = \dfrac{\partial V_0}{\partial y} = -GM\dfrac{y}{r^3} \\[2mm] F_z = \dfrac{\partial V_0}{\partial z} = -GM\dfrac{z}{r^3} \end{cases} \tag{3-250}$$

式中：M 为地球质量，r 为至卫星的向径，即 $r^2=x^2+y^2+z^2$，x、y、z 为质心坐标。上式又可表达为

$$\begin{cases} \ddot{x} = -GM\dfrac{x}{r^3} \\[2mm] \ddot{y} = -GM\dfrac{y}{r^3} \\[2mm] \ddot{z} = -GM\dfrac{z}{r^3} \end{cases} \tag{3-251}$$

此式即为卫星的运动方程。它是三个二阶联立微分方程，解算这组方程时，每个方程将出现两个积分常数，因此对这组方程积分后将有 6 个独立的积分常数，若求得这 6 个常数，则卫星的运动方式就可确定了。经过数学公式推导，这 6 个积分常数正是上面所介绍的 6 个轨道参数。

上面讨论的是理想状态下的正常轨道。实际上，地球不是一个理想的圆球，质量分布也不均匀，同时卫星还受到大气阻力、日月引力等一些物理因素的影响，因此卫星的实际轨道并不完全遵循开普勒三定律。这种受干扰的现象称为摄动。引起轨道摄动的原因有许多，在这里主要考虑的是地球引力场的不规则性对卫星轨道摄动的影响。这种摄动影响归结为实际地球引力位 V 和均质圆球正常引力位 V_0 之差引起的。此处 $V-V_0$ 称为摄动位。由于 V 可写成下式

$$V = \sum_{n=0}^{n} V_n = \sum_{n=0}^{\infty} \frac{a_e^{n+1}}{r^{n+1}}\left[A_n P_n(\cos\theta) + \sum_{k=1}^{n}(A_n^k \cos k\lambda + B_n^k \sin k\lambda)P_n^k(\cos\theta)\right] \tag{3-252}$$

式中：a_e 为地球长半轴。

于是得摄动位：

$$R = V - V_0 = \sum_{n=2}^{\infty} \frac{a_e^{n+1}}{r^{n+1}}\left[A_n P_n(\cos\theta) + \sum_{k=1}^{\infty}(A_n^k \cos k\lambda + B_n^k \sin k\lambda)P_n^k(\cos\theta)\right] \tag{3-253}$$

或 $$R = \frac{GM}{r}\sum_{n=2}^{\infty}\left(\frac{a_e}{r}\right)^n\left[C_n P_n(\cos\theta) + \sum_{k=1}^{\infty}(C_{nk}\cos k\lambda + S_{nk}\sin k\lambda)\cdot P_n^k(\cos\theta)\right] \tag{3-254}$$

或 $$R = -\frac{GM}{r}\sum_{n=2}^{\infty}\left(\frac{a_e}{r}\right)^n\left[J_n P_n(\cos\theta) + \sum_{k=1}^{\infty}(J_{nk}\cos k\lambda + K_{nk}\sin k\lambda)\cdot P_n^k(\cos\theta)\right] \tag{3-255}$$

显然
$$\begin{cases} a_e A_n = GMC_n = -GMJ_n \\ a_e A_n^k = GMC_{nk} = -GMJ_{nk} \\ a_e B_n^k = GMS_{nk} = -GMK_{nk} \end{cases} \tag{3-256}$$

当考虑到摄动位 R 时，则卫星运动方程可写成：

$$\begin{cases} \ddot{x} = -\,GM\,\dfrac{x}{r^3} + \dfrac{\partial R}{\partial x} \\[2mm] \ddot{y} = -\,GM\,\dfrac{y}{r^3} + \dfrac{\partial R}{\partial y} \\[2mm] \ddot{z} = -\,GM\,\dfrac{z}{r^3} + \dfrac{\partial R}{\partial z} \end{cases} \qquad (3\text{-}257)$$

由此可见,地球引力场的摄动位引起轨道摄动,轨道摄动必与轨道参数摄动有确定关系。于是通过对卫星的实际轨道跟踪观测,取得受摄轨道参数。通过它们必可确定摄动函数(即摄动位),从而确定地球引力场中的球谐函数的各系数,进而再根据它们求出地球形状和大小的几何参数等,这就是利用人造地球卫星动力观测法确定地球形状和外部重力场的基本思想。

为了进行卫星轨道跟踪观测,必须在分布均匀的、已知坐标的固定卫星跟踪站上,或者利用卫星定位接收机,采用伪距法或载波相位法或多普勒法等测定跟踪站至卫星的位置向量;或者利用对卫星的激光测距装置测出至卫星的位置向量等技术来实现。为了确定 6 个轨道参数必须至少要有 6 个观测值,实际上往往是采取具有大量多余观测的观测资料,通过最小二乘法综合解算。

为了确定地球形状、大小以及地球外部重力场,最好的方法是在完善天文大地测量、重力测量及空间大地测量等方法的基础上,采取综合的数据处理的手段来实现。

第 4 章 地球椭球及其数学投影变换的基本理论

4.1 地球椭球的基本几何参数及其相互关系

4.1.1 地球椭球的基本几何参数

在控制测量中，用来代表地球的椭球叫做地球椭球，通常简称椭球，它是地球的数学代表。具有一定几何参数、定位及定向的用以代表某一地区大地水准面的地球椭球叫做参考椭球。地面上一切观测元素都应归算到参考椭球面上，并在这个面上进行计算。参考椭球面是大地测量计算的基准面，同时又是研究地球形状和地图投影的参考面。

地球椭球是经过适当选择的旋转椭球。旋转椭球是椭圆绕其短轴旋转而成的几何形体。在图 4-1 中，O 是椭球中心，NS 为旋转轴，a 为长半轴，b 为短半轴。包含旋转轴的平面与椭球面相截所得的椭圆，叫子午圈（或经圈，或子午椭圆），如 $NKAS$。旋转椭球面上所有的子午圈的大小都是一样的。垂直于旋转轴的平面与椭球面相截所得的圆，叫平行圈（或纬圈），如 QKQ'。通过椭球中心的平行圈，叫赤道，如 EAE'。赤道是最大的平行圈，而南极点、北极点是最小的平行圈。

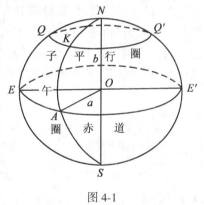

图 4-1

旋转椭球的形状和大小是由子午椭圆的五个基本几何参数（或称元素）来决定的，它们是：

椭圆的长半轴 a

椭圆的短半轴 b

$$椭圆的扁率 \ \alpha = \frac{a-b}{a} \tag{4-1}$$

$$椭圆的第一偏心率 \ e = \frac{\sqrt{a^2-b^2}}{a} \tag{4-2}$$

$$椭圆的第二偏心率 \ e' = \frac{\sqrt{a^2-b^2}}{b} \tag{4-3}$$

其中：a，b 称为长度元素；扁率 α 反映了椭球体的扁平程度，如当 $a=b$ 时，$\alpha=0$，椭球变为球体；当 b 减小时，α 增大，则椭球体变扁；当 $b=0$ 时，$\alpha=1$，则变为平面。因此 α 值介于 1 和 0 之间。偏心率 e 和 e' 是子午椭圆的焦点离开中心的距离与椭圆半径之比，它们也反映椭球体的扁平程度，偏心率愈大，椭球愈扁，其数值恒小于 1。

决定旋转椭球的形状和大小，只需知道五个参数中的两个参数就够了，但其中至少有一个长度元素（比如 a 或 b），通常习惯于用 a，e^2 或 a，e'^2 或 a，α，因为其中包含一个小于 1 的量，便于级数展开。

为简化书写，还常引入以下符号：

$$c = \frac{a^2}{b}, \quad t = \tan B, \quad \eta^2 = e'^2\cos^2 B \tag{4-4}$$

式中：B 是大地纬度；以后在 4.3.1 中将会看到，c 有明确的几何意义，它是极点处的子午线曲率半径。

此外，还有两个常用的辅助函数：

$$\begin{cases} W = \sqrt{1 - e^2\sin^2 B} \\ V = \sqrt{1 + e'^2\cos^2 B} \end{cases} \tag{4-5}$$

传统大地测量利用天文大地测量和重力测量资料推求地球椭球的几何参数。19 世纪以来，已经求出许多地球椭球参数，比较著名的有贝塞尔椭球（1841 年），克拉克椭球（1866 年），海福特椭球（1910 年）和克拉索夫斯基椭球（1940 年）等。20 世纪 60 年代以来，空间大地测量学的兴起和发展，为研究地球形状和引力场开辟了新途径。国际大地测量和地球物理联合会（IUGG）已推荐了更精密的椭球参数，比如第 16 届 IUGG 大会（1975 年）推荐的 1975 年国际椭球参数等。新中国成立以来，我国建立 1954 年北京坐标系应用的是克拉索夫斯基椭球；建立 1980 年国家大地坐标系应用的是 1975 年国际椭球，21 世纪开始，我国建立了 2000 国家大地坐标系；而全球定位系统（GPS）应用的是 WGS-84 系椭球参数。现将这四个椭球的几何元素值列于表 4-1。

表 4-1

	克拉索夫斯基椭球体	1975 年国际椭球体	WGS-84 椭球体	2000 中国大地坐标系（CGCS2000）
a	6 378 245(m)	6 378 140(m)	6 378 137(m)	6 378 137(m)
b	6 356 863. 018 773 047 3(m)	6 356 755. 288 157 528 7(m)	6 356 752. 314 2(m)	6 356 752. 314 1(m)
c	6 399 698. 901 782 711 0(m)	6 399 596. 651 988 010 5(m)	6 399 593. 625 8(m)	6 399 593. 625 9(m)
α	1/298. 3	1/298. 257	1/298. 257 223 563	1/298. 257 222 101
e^2	0. 006 693 421 622 966	0. 006 694 384 999 588	0. 006 694 379 990 13	0. 006 694 380 022 90
e'^2	0. 006 738 525 414 683	0. 006 739 501 819 473	0. 006 739 496 742 27	0. 006 739 496 775 48

4.1.2　地球椭球参数间的相互关系

依(4-1)~(4-3)式，可很容易导出各参数间的关系式，下面仅以 e 和 e' 的关系式为例作一推导。由(4-2)式及(4-3)式，得

$$e^2 = \frac{a^2 - b^2}{a^2}, \quad e'^2 = \frac{a^2 - b^2}{b^2}$$

$$1 - e^2 = \frac{b^2}{a^2}, \qquad 1 + e'^2 = \frac{a^2}{b^2}$$

进而得
$$(1 - e^2)(1 + e'^2) = 1 \tag{4-6}$$
于是有

$$e^2 = \frac{e'^2}{1 + e'^2}, \qquad e'^2 = \frac{e^2}{1 - e^2} \tag{4-7}$$

其他元素间的关系式也可以类似地导出。现把有关的关系式归纳如下：

$$\begin{cases} a = b\sqrt{1 + e'^2}, & b = a\sqrt{1 - e^2} \\ c = a\sqrt{1 + e'^2}, & a = c\sqrt{1 - e^2} \\ e' = e\sqrt{1 + e'^2}, & e = e'\sqrt{1 - e^2} \\ V = W\sqrt{1 + e'^2}, & W = V\sqrt{1 - e^2} \\ e^2 = 2\alpha - \alpha^2 \approx 2\alpha \end{cases} \tag{4-8}$$

此外，还有下列关系式：

$$\begin{cases} W = \sqrt{1 - e^2} \cdot V = \left(\dfrac{b}{a}\right) \cdot V \\[2mm] V = \sqrt{1 + e'^2} \cdot W = \left(\dfrac{a}{b}\right) \cdot W \\[2mm] W^2 = 1 - e^2\sin^2 B = (1 - e^2)V^2 \\[2mm] V^2 = 1 + \eta^2 = (1 + e'^2)W^2 \end{cases} \tag{4-9}$$

4.2　椭球面上的常用坐标系及其相互关系

为了表示椭球面上点的位置，必须建立相应的坐标系。下面将要介绍的几种坐标系，都可惟一地确定空间任意点的位置，并且这些位置坐标之间可以按给出的相应公式直接进行精确的相互换算，因为它们的椭球大小及其相对地球表面的相对位置都是确定不变的。

4.2.1　各种坐标系的建立

1. 大地坐标系

如图 4-2 所示，P 点的子午面 NPS 与起始子午面 NGS 所构成的二面角 L，叫做 P 点的大地经度。由起始子午面起算，向东为正，叫东经($0° \sim 180°$)；向西为负，叫西经($0° \sim 180°$)。P 点的法线 Pn 与赤道面的夹角 B，叫做 P 点的大地纬度。由赤道面起算，向北为正，叫北纬($0° \sim 90°$)；向南为负，叫南纬($0° \sim 90°$)。在该坐标系中，P 点的位置用 L，B 表示。如果点不在椭球面上，表示点的位置除 L，B 外，还要附加另一参数——大地高 H，它同正常高 $H_{正常}$ 及正高 $H_{正}$ 有如下关系

$$\begin{cases} H = H_{正常} + \zeta(\text{高程异常}) \\ H = H_{正} + N(\text{大地水准面差距}) \end{cases} \tag{4-10}$$

显然，如果点在椭球面上，$H = 0$。

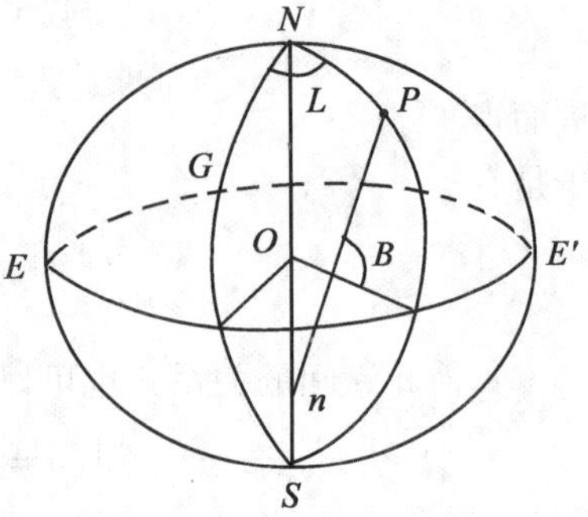

大地坐标系是大地测量的基本坐标系，具有如下的优点：

（1）它是整个椭球体上统一的坐标系，是全世界公用的最方便的坐标系统。经纬线是地形图的基本线，所以在测图及制图中应用这种坐标系。

（2）它与同一点的天文坐标(天文经纬度)比较，可以确定该点的垂线偏差的大小。

因此，大地坐标系对于大地测量计算、地球形状研究和地图编制等都很有用。

图 4-2

2. 空间直角坐标系

如图 4-3 所示，以椭球体中心 O 为原点，起始子午面与赤道面交线为 X 轴，在赤道面上与 X 轴正交的方向为 Y 轴，椭球体的旋转轴为 Z 轴，构成右手坐标系 $O\text{-}XYZ$，在该坐标系中，P 点的位置用 X，Y，Z 表示。

3. 子午面直角坐标系

如图 4-4 所示，设 P 点的大地经度为 L，在过 P 点的子午面上，以子午圈椭圆中心为原点，建立 x，y 平面直角坐标系。在该坐标系中，P 点的位置用 L，x，y 表示。

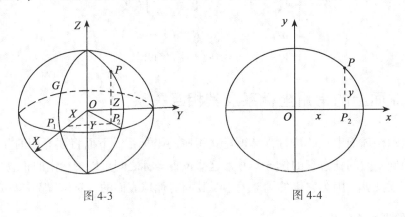

图 4-3   图 4-4

4. 地心纬度坐标系及归化纬度坐标系

如图 4-5 所示。设椭球面上 P 点的大地经度 L，在此子午面上以椭圆中心 O 为原点建立地心纬度坐标系。连接 OP，则 $\angle POx = \phi$ 称为地心纬度，而 $OP = \rho$ 称为 P 点向径，在此坐标系中，点的位置用 L、ϕ、ρ 表示。

又如图 4-6 所示，设椭球面上 P 点的大地经度为 L，在此子午面上以椭圆中心 O 为圆心，以椭球长半径 a 为半径作辅助圆，延长 P_2P 与辅助圆相交于 P_1 点，则 OP_1 与 x 轴夹角称为 P 点的归化纬度，用 u 表示，在此归化纬度坐标系中，P 点位置用 L，u 表示。

在这两种坐标中，如果点不在椭球面上，那么应先沿法线将该点投影到椭球面上，此时的地心纬度、归化纬度则是此投影点的纬度值，并且增加坐标的第三量——大地高 H。

子午面直角坐标系及地心纬度、归化纬度坐标系主要用于大地测量的公式推导和某些特殊的测量计算中。

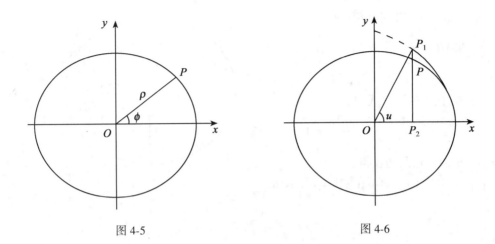

图 4-5   图 4-6

5. 大地极坐标系

在图 4-7 中，M 为椭球体面上任意一点，MN 为过 M 点的子午线，S 为连接 MP 的大地线长，A 为大地线在 M 点的方位角。以 M 为极点，MN 为极轴，S 为极半径，A 为极角，这样就构成大地极坐标系。在该坐标系中 P 点的位置用 S，A 表示。

椭球面上点的极坐标 (S, A) 与大地坐标 (L, B) 可以互相换算，这种换算叫做大地主题解算。

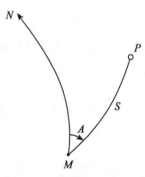

图 4-7

4.2.2 各坐标系间的关系

如上所述，椭球面上的点位可在各种坐标系中表示，由于所用坐标系不同，表现出来的坐标值也不同。既然各种坐标系均可用来表示同一点的位置，那么它们之间必然存在着内部联系。因此，必须寻找出各坐标系的内在联系和规律，从而解决各种坐标系的变换问题，为以后的某些理论推导作必要的准备。

1. 子午面直角坐标系同大地坐标系的关系

在这两个坐标系中，L 是相同的，因此，问题在于推求 x，y 同 B 的关系。

如图 4-8 所示，过 P 点作法线 Pn，它与 x 轴之夹角为 B，过 P 点作子午圈的切线 TP，它与 x 轴的夹角为 $(90° + B)$。由解析几何学可知，该夹角的正切值叫曲线在 P 点处之切线的斜率，它等于曲线在该点处的一阶导数：

$$\frac{dy}{dx} = \tan(90° + B) = -\cot B \tag{4-11}$$

又由于 P 点在以 O 为中心的子午椭圆上，故它的直角坐标 x，y 必满足下面方程：

$$\frac{x^2}{a^2} + \frac{y^2}{b^2} = 1 \tag{4-12}$$

上式对 x 取导数，得

$$\frac{\mathrm{d}y}{\mathrm{d}x} = -\frac{b^2}{a^2} \cdot \frac{x}{y} \qquad (4\text{-}13)$$

将此式同(4-11)式比较可得

$$\cot B = \frac{b^2}{a^2} \cdot \frac{x}{y} = (1 - e^2)\frac{x}{y}$$

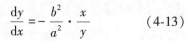

所以
$$y = x(1 - e^2)\tan B \qquad (4\text{-}14)$$

将上式代入(4-12)式中，得

$$\frac{x^2}{a^2} + \frac{x^2(1 - e^2)^2\tan^2 B}{b^2} = 1 \qquad (4\text{-}15)$$

用 $a^2\cos^2 B$ 乘上式两边，得

$$x^2\{\cos^2 B + (1 - e^2)\sin^2 B\} = a^2\cos^2 B$$

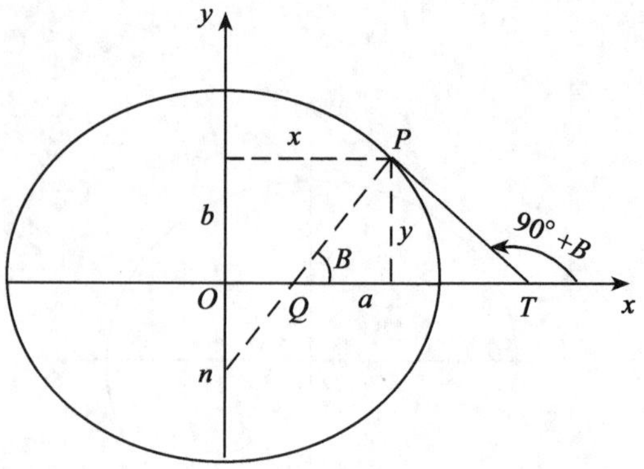

或

$$x^2(1 - e^2\sin^2 B) = a^2\cos^2 B$$

图 4-8

由此得

$$x = \frac{a\cos B}{\sqrt{1 - e^2\sin^2 B}} = \frac{a\cos B}{W} \qquad (4\text{-}16)$$

将上式代入(4-14)式中得

$$y = \frac{a(1 - e^2)\sin B}{\sqrt{1 - e^2\sin^2 B}} = \frac{a}{W}(1 - e^2)\sin B = \frac{b\sin B}{V} \qquad (4\text{-}17)$$

(4-16)式及(4-17)式即为子午面直角坐标 x，y 同大地纬度 B 的关系式。

如果设 $Pn = N$，由图直接看出

$$x = N\cos B \qquad (4\text{-}18)$$

与(4-16)式比较，可知：

$$N = \frac{a}{W} \qquad (4\text{-}19)$$

于是有

$$y = N(1 - e^2)\sin B \qquad (4\text{-}20)$$

又由图直接看出：

$$y = PQ\sin B \qquad (4\text{-}21)$$

与(4-20)式比较可知：

$$PQ = N(1 - e^2) \qquad (4\text{-}22)$$

显然

$$Qn = Ne^2 \qquad (4\text{-}23)$$

(4-22)式和(4-23)式指明了法线 Pn 在赤道两侧的长度。利用这个结论，对今后某些公式推导是比较方便的。

2. 空间直角坐标系同子午面直角坐标系的关系

注意到图 4-3 及图 4-4 中，空间直角坐标系中的 P_2P 相当于子午平面直角坐标系中的 y，前者的 OP_2 相当于后者的 x，并且二者的经度 L 相同。于是由图 4-3 直接可以得到

$$\begin{cases} X = x\cos L \\ Y = x\sin L \\ Z = y \end{cases} \tag{4-24}$$

3. 空间直角坐标系同大地坐标系的关系

将(4-18)式及(4-20)式代入上式，易得

$$\begin{cases} X = N\cos B\cos L \\ Y = N\cos B\sin L \\ Z = N(1 - e^2)\sin B \end{cases} \tag{4-25}$$

如果将(4-16)式及(4-17)式代入，则得

$$\begin{cases} X = \dfrac{a\cos B}{W}\cos L \\[2mm] Y = \dfrac{a\cos B}{W}\sin L \\[2mm] Z = \dfrac{b\sin B}{V} \end{cases} \tag{4-26}$$

如果 P 点不在椭球面上，如图4-9所示。设大地高为 H，P 点在椭球面上投影为 P_0，显然矢量

$$\rho = \rho_0 + H \cdot \boldsymbol{n} \tag{4-27}$$

由于

$$\rho_0 = \begin{bmatrix} X \\ Y \\ Z \end{bmatrix} = N\begin{bmatrix} \cos B\ \cos L \\ \cos B\ \sin L \\ (1 - e^2)\sin B \end{bmatrix} \tag{4-28}$$

外法线单位矢量

$$\boldsymbol{n} = \begin{bmatrix} \cos B\ \cos L \\ \cos B\ \sin L \\ \sin B \end{bmatrix} \tag{4-29}$$

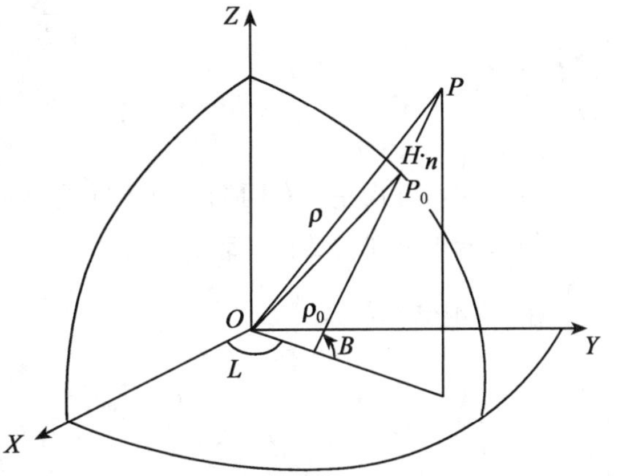

图 4-9

因此有：

$$\rho = \begin{bmatrix} X \\ Y \\ Z \end{bmatrix} = \begin{bmatrix} (N + H)\cos B\cos L \\ (N + H)\cos B\sin L \\ [N(1 - e^2) + H]\sin B \end{bmatrix} \tag{4-30}$$

当已知 P 点的空间直角坐标计算相应大地坐标时，对大地经度 L 有：

或

$$\begin{cases} L = \arctan\dfrac{Y}{X} \\[3mm] L = \arcsin\dfrac{Y}{\sqrt{X^2 + Y^2}} \\[3mm] L = \arccos\dfrac{X}{\sqrt{X^2 + Y^2}} \end{cases} \tag{4-31}$$

大地纬度 B 的计算比较复杂，通常采用迭代法，如图 4-10 所示。$PP'' = Z$，$OP'' = \sqrt{X^2 + Y^2}$，$PP''' = OK_P = Ne^2\sin B$，$OQ = Ne^2\cos B$，由图可知

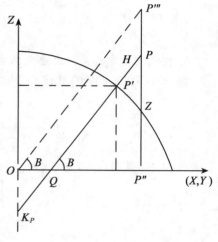

图 4-10

$$\tan B = \frac{Z + Ne^2\sin B}{\sqrt{X^2 + Y^2}} \tag{4-32}$$

或

$$\cot B = \frac{\sqrt{X^2 + Y^2} - Ne^2\cos B}{Z} \tag{4-33}$$

(4-32)式右端有待定量 B，需要迭代计算。迭代时可取 $\tan B_1 = \dfrac{Z}{\sqrt{X^2+Y^2}}$，用 B 的初值 B_1 计算 N_1 和 $\sin B_1$，按(4-32)式进行第二次迭代，直至最后两次 B 值之差小于允许误差为止。

当已知大地纬度 B 时，按下式计算大地高：

$$H = \frac{Z}{\sin B} - N(1 - e^2) \tag{4-34}$$

或

$$H = \frac{\sqrt{X^2 + Y^2}}{\cos B} - N \tag{4-35}$$

由于(4-32)式左、右两端具有不同的三角函数，这对于迭代很不方便。为克服这一缺点，建议采用下面的迭代公式：

由于(4-65)式 $N = \dfrac{c}{V}$，

$$N = \frac{c}{\sqrt{1 + e'^2\cos^2 B}} \tag{4-36}$$

$$\frac{1}{\cos^2 B} = 1 + \tan^2 B \tag{4-37}$$

将它们代入(4-32)式，经整理则得

$$\tan B = \frac{Z}{\sqrt{X^2 + Y^2}} + \frac{ce^2\tan B}{\sqrt{X^2 + Y^2} \cdot \sqrt{1 + e'^2 + \tan^2 B}} \tag{4-38}$$

因此

$$t_{i+1} = t_0 + \frac{Pt_i}{\sqrt{k + t_i^2}} \tag{4-39}$$

式中

$$t_0 = \frac{Z}{\sqrt{X^2 + Y^2}}, \quad p = \frac{ce^2}{\sqrt{X^2 + Y^2}}, \quad k = 1 + e'^2 \tag{4-40}$$

t_i 为前一次迭代值，第一次迭代令 $t_i = t_0$。

4. 大地纬度 B，归化纬度 u，地心纬度 ϕ 之间的关系

(1) B，u 之间的关系。

由于

$$x = a\cos u, \quad y = b\sin u$$

$$x = \frac{a}{W}\cos B, \quad y = \frac{a}{W}(1 - e^2)\sin B = \frac{b\sin B}{V}$$

故
$$\sin u = \frac{\sqrt{1 - e^2}}{W}\sin B \tag{4-41}$$

$$\cos u = \frac{1}{W}\cos B \tag{4-42}$$

$$\sin B = V\sin u \tag{4-43}$$

$$\cos B = W\cos u \tag{4-44}$$

$$\tan u = \sqrt{1 - e^2}\tan B \tag{4-45}$$

(2) u，ϕ 之间的关系。

由于
$$\tan\phi = \frac{y}{x}$$

又
$$\frac{y}{x} = \sqrt{1 - e^2}\tan u$$

因此得到
$$\tan\phi = \sqrt{1 - e^2}\tan u \tag{4-46}$$

(3) B，ϕ 之间的关系。

将(4-45)式代入(4-46)式，易得
$$\tan\phi = (1 - e^2)\tan B$$

下面把公式汇总如下：
$$\tan B = \sqrt{1 + e'^2}\tan u = (1 + e'^2)\tan\phi \tag{4-47}$$

$$\tan u = \sqrt{1 - e^2}\tan B = \sqrt{1 + e'^2}\tan\phi \tag{4-48}$$

$$\tan\phi = (1 - e^2)\tan B = \sqrt{1 - e^2}\tan u \tag{4-49}$$

从上可见，大地纬度、地心纬度、归化纬度之间的差异很小，经过计算，当 $B = 45°$时，

$$\begin{cases} (B - u)_{max} = 5.9' \\ (u - \phi)_{max} = 5.9' \\ (B - \phi)_{max} = 11.8' \end{cases} \tag{4-50}$$

且有关系
$$B > u > \phi \tag{4-51}$$

4.2.3 站心地平坐标系

大地站心地平坐标系是以测站法线和子午线方向为依据的坐标系。按照使用的需要有不同定义，通常是使用站心左手地平直角坐标系及地平极坐标系。如图 4-11 所示，以测站点 P_1 为原点以 P_1 点的法线为 Z 轴，指向天顶为正，以子午线方向为 X 轴，指向北为正，Y 轴与 XZ 平面垂直，向东为正。在此坐标系中，点的坐标用 P_2-(x, y, z) 表示。也可以这样说，任意点 P_2 的位置可用距离 S，大地方位角 A 及大地天顶距 Z 来表示，将 P-(S, A, Z) 叫做大地站心地平极坐标系。显然有坐标关系式

$$\begin{cases} x = S \cdot \sin Z \cos A \\ y = S \cdot \sin Z \sin A \\ z = S \cos Z \\ \cos Z = \dfrac{z}{S}, \quad \tan A = \dfrac{y}{x}, \quad S = \sqrt{x^2 + y^2 + z^2} \end{cases} \tag{4-52}$$

式中：A——大地方位角，它是由过测站 P_1 的子午面顺时针转向包含 P_1 点法线和 P_2 点的垂直面之间的夹角，数值为 $0° \sim 180°$；Z——大地天顶距，它是 P_1 点法线和 $P_1 P_2$ 方向的夹角，数值为 $0° \sim 90°$。

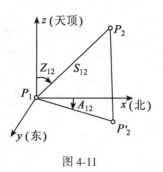

图 4-11

如果说，大地站心地平坐标系是由椭球法线，大地地平面($P_1 XY$)及起始点的大地子午面决定的话，那么天文站心地平坐标系便由垂线，真地平面及天文子午面所决定的。同样地，我们把对过原点 P_1 的天文子午面与过 P_1 点铅垂线及线 $P_1 P_2$ 的平面之间的夹角称为天文方位角，即 α 表示；把 P_1 点垂线与直线 $P_1 P_2$ 之间的夹角称为天文天顶距，用 Z_0 表示。

4.3　椭球面上的几种曲率半径

为了在椭球面上进行控制测量计算，就必须了解椭球面上有关曲线的性质。过椭球面上任意一点可作一条垂直于椭球面的法线，包含这条法线的平面叫做法截面，法截面同椭球面交线叫法截线(或法截弧)。可见，要研究椭球面上曲线的性质，就要研究法截线的性质，而法截线的曲率半径便是一个基本内容。

包含椭球面一点的法线，可作无数多个法截面，相应有无数多个法截线。椭球面上的法截线曲率半径不同于球面上的法截线曲率半径都等于圆球的半径，而是不同方向的法截弧的曲率半径都不相同。因此，本节首先研究子午线及卯酉线的曲率半径，在此基础上再研究平均曲率半径及任意方向的曲率半径公式。

4.3.1　子午圈曲率半径

在如图 4-12 所示的子午椭圆的一部分上取一微分弧长 $DK = \mathrm{d}S$，相应地有坐标增量 $\mathrm{d}x$，点 n 是微分弧 $\mathrm{d}S$ 的曲率中心，于是线段 Dn 及 Kn 便是子午圈曲率半径 M。

由任意平面曲线的曲率半径的定义公式，易知

$$M = \frac{\mathrm{d}S}{\mathrm{d}B} \tag{4-53}$$

从微分三角形 DKE 可求得

$$\mathrm{d}S = -\frac{\mathrm{d}x}{\sin B}$$

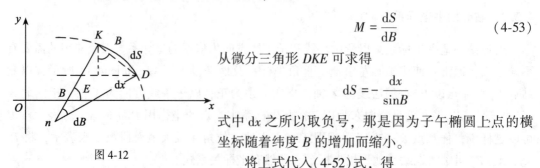

图 4-12

式中 $\mathrm{d}x$ 之所以取负号，那是因为子午椭圆上点的横坐标随着纬度 B 的增加而缩小。

将上式代入(4-52)式，得

$$M = -\frac{\mathrm{d}x}{\mathrm{d}B} \cdot \frac{1}{\sin B} \tag{4-54}$$

由(4-16)式可求得

$$\frac{\mathrm{d}x}{\mathrm{d}B} = a\left(\frac{-\sin B W - \cos B \dfrac{\mathrm{d}W}{\mathrm{d}B}}{W^2}\right) \tag{4-55}$$

由于

$$\frac{\mathrm{d}W}{\mathrm{d}B} = \frac{\mathrm{d}\sqrt{1-e^2\sin^2 B}}{\mathrm{d}B} = \frac{-2e^2\sin B \cos B}{2\sqrt{1-e^2\sin^2 B}} = \frac{-e^2\sin B \cos B}{W} \tag{4-56}$$

将上式代入(4-55)式，得

$$\frac{\mathrm{d}x}{\mathrm{d}B} = -a\sin B\left(\frac{1}{W} - \frac{e^2\cos^2 B}{W^3}\right) = -\frac{a\sin B}{W^3}(W^2 - e^2\cos^2 B) \tag{4-57}$$

又因

$$W^2 = 1 - e^2\sin^2 B$$

则有

$$\frac{\mathrm{d}x}{\mathrm{d}B} = -\frac{a\sin B}{W^3}(1 - e^2\sin^2 B - e^2\cos^2 B) \tag{4-58}$$

或

$$\frac{\mathrm{d}x}{\mathrm{d}B} = -\frac{a\sin B}{W^3}(1 - e^2) \tag{4-59}$$

顾及(4-59)式，则曲率半径公式(4-54)变为

$$M = \frac{a(1-e^2)}{W^3} \tag{4-60}$$

顾及(4-8)式及(4-9)式中有关公式，上式又可写成

$$M = \frac{c}{V^3} \quad \text{或} \quad M = \frac{N}{V^2} \tag{4-61}$$

(4-60)式及(4-61)式即为子午圈曲率半径的计算公式。由这些公式可知，M 与 B 有关，它随 B 的增大而增大，变化规律如表4-2所示。

表4-2

B	M	说　明
$B=0°$	$M_0 = a(1-e^2) = \dfrac{c}{\sqrt{(1+e'^2)^3}}$	在赤道上，M 小于赤道半径 a
$0°<B<90°$	$a(1-e^2)<M<c$	此间 M 随纬度的增大而增大
$B=90°$	$M_{90} = \dfrac{a}{\sqrt{1-e^2}} = c$	在极点上，M 等于极点曲率半径 c

由表中可知，4.1节中给出的极曲率半径 c 的几何意义就是椭球体在极点(两极)的曲率半径。

4.3.2　卯酉圈曲率半径

过椭球面上一点的法线，可作无限个法截面，其中一个与该点子午面相垂直的法截面同椭球面相截形成的闭合的圈称为卯酉圈。如图4-13中 PEE' 即为过 P 点的卯酉圈。卯酉圈的曲率半径用 N 表示。

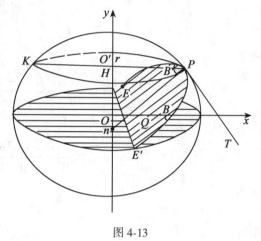

图 4-13

为了推求 N 的计算公式，过 P 点（图4-13）作以 O' 为中心的平行圈 PHK 的切线 PT，该切线位于垂直于子午面的平行圈平面内。因卯酉圈也垂直于子午面，故 PT 也是卯酉圈在 P 点处的切线，即 PT 垂直于 Pn。所以 PT 是平行圈 PHK 及卯酉圈 PEE' 在 P 点处的公切线。

由麦尼尔定理知，假设通过曲面上一点引两条截弧，一为法截弧，一为斜截弧，且在该点上这两条截弧具有公共切线，这时斜截弧在该点处的曲率半径等于法截弧的曲率半径乘以两截弧平面夹角的余弦。

由图4-13可知，平行圈平面与卯酉圈平面之间的夹角，即为大地纬度 B，如果平行圈的半径用 r 表示，则有

$$r = N\cos B \tag{4-62}$$

又据图4-8可知，平行圈半径 r 就等于 P 点的横坐标 x，亦即

$$x = r = \frac{a\cos B}{W} \tag{4-63}$$

因此，卯酉圈曲率半径

$$N = \frac{a}{W} \tag{4-64}$$

顾及(4-8)式中有关公式，上式又可写为

$$N = \frac{c}{V} \tag{4-65}$$

(4-64)式及(4-65)式即为卯酉圈曲率半径的计算公式。

由图 4-13 可以看出：

$$Pn = N = \frac{PO'}{\cos B} = \frac{r}{\cos B} \tag{4-66}$$

这就是说，卯酉圈曲率半径恰好等于法线介于椭球面和短轴之间的长度，亦即卯酉圈的曲率中心位于椭球的旋转轴上。

由 N 的计算公式(4-64)和(4-65)可知，N 与 B 有关，且随 B 的增大而增大，其变化规律如表4-3所示。

表 4-3

B	N	说　　　明
$B=0°$	$N_0 = a = \dfrac{c}{\sqrt{1+e'^2}}$	此时卯酉圈变为赤道，N 即为赤道半径 a
$0°<B<90°$	$a<N<c$	此间 N 随纬度的增加而增加
$B=90°$	$N_{90} = \dfrac{a}{\sqrt{1-e^2}} = c$	此时卯酉圈变为子午圈，N 即为极点的曲率半径 c

以上讨论的子午圈曲率半径 M 及卯酉圈曲率半径 N，是两个互相垂直的法截弧的曲率半径，这在微分几何中统称为主曲率半径。

在实际计算中，还经常引用下面两个符号

$$\begin{cases} (1) = \dfrac{\rho''}{M} \\[3mm] (2) = \dfrac{\rho''}{N} \end{cases} \tag{4-67}$$

$\pi = 3.141\ 592\ 653\ 589\ 793\ 2$，$\rho^0 = 57.295\ 779\ 513\ 082\ 321\ 0^0$
$\rho' = 3\ 437.746\ 770\ 784\ 939\ 17'$，$\rho'' = 206\ 264.806\ 247\ 096\ 355''$。
(1)和(2)的数值可以直接算得，也可在《大地坐标计算用表》中以 B 为引数查取。

4.3.3　主曲率半径的计算

将
$$M = a(1-e^2)(1-e^2\sin^2 B)^{-\frac{3}{2}} \tag{4-68}$$

$$N = a(1-e^2\sin^2 B)^{-\frac{1}{2}} \tag{4-69}$$

按牛顿二项式定理展开级数，取至 8 次项，则有
$$M = m_0 + m_2\sin^2 B + m_4\sin^4 B + m_6\sin^6 B + m_8\sin^8 B \tag{4-70}$$

$$N = n_0 + n_2\sin^2 B + n_4\sin^4 B + n_6\sin^6 B + n_8\sin^8 B \tag{4-71}$$

式中
$$\begin{cases} m_0 = a(1-e^2) & n_0 = a \\[3mm] m_2 = \dfrac{3}{2}e^2 m_0 & n_2 = \dfrac{1}{2}e^2 n_0 \\[3mm] m_4 = \dfrac{5}{4}e^2 m_2 & n_4 = \dfrac{3}{4}e^2 n_2 \\[3mm] m_6 = \dfrac{7}{6}e^2 m_4 & n_6 = \dfrac{5}{6}e^2 n_4 \\[3mm] m_8 = \dfrac{9}{8}e^2 m_6 & n_8 = \dfrac{7}{8}e^2 n_6 \end{cases} \tag{4-72}$$

将克拉索夫斯基椭球元素值代入(4-72)式，得级数展开式前 8 项的系数

$$\begin{cases} m_0 = 6\ 335\ 552.\ 717\ 00 & n_0 = 6\ 378\ 245.\ 000\ 00 \\ m_2 = 63\ 609.\ 788\ 33 & n_2 = 21\ 346.\ 141\ 49 \\ m_4 = 532.\ 208\ 92 & n_4 = 107.\ 159\ 04 \\ m_6 = 4.\ 15\ 602 & n_6 = 0.\ 597\ 72 \\ m_8 = 0.\ 031\ 30 & n_8 = 0.\ 003\ 50 \\ (m_{10}) = 0.\ 000\ 23 & (n_{10}) = 0.\ 000\ 02 \end{cases} \tag{4-73}$$

将 1975 年国际椭球元素值代入(4-72)式，得级数展开式前 10 项的系数

$$\begin{cases} m_0 = 6\ 335\ 442.\ 275 & n_0 = 6\ 378\ 140.\ 000 \\ m_2 = 63\ 617.\ 835 & n_2 = 21\ 348.\ 862 \\ m_4 = 532.\ 353 & n_4 = 107.\ 188 \\ m_6 = 4.\ 158 & n_6 = 0.\ 598 \\ m_8 = 0.\ 031 & n_8 = 0.\ 003 \\ (m_{10}) = 0.\ 000 & (n_{10}) = 0.\ 000 \end{cases} \tag{4-74}$$

如果将

$$M = c \cdot (1 + e'^2\cos^2 B)^{-\frac{3}{2}} \tag{4-75}$$

$$N = c \cdot (1 + e'^2\cos^2 B)^{-\frac{1}{2}} \tag{4-76}$$

按牛顿二项式定理展开级数，取至 8 次项，则得

$$M = m'_0 + m'_2\cos^2 B + m'_4\cos^4 B + m'_6\cos^6 B + m'_8\cos^8 B \tag{4-77}$$

$$N = n'_0 + n'_2\cos^2 B + n'_4\cos^4 B + n'_6\cos^6 B + n'_8\cos^8 B \tag{4-78}$$

式中

$$\begin{cases} m'_0 = c = a/\sqrt{1 - e^2} & n'_0 = c = a/\sqrt{1 - e^2} \\ m'_2 = -\dfrac{3}{2}e'^2 m'_0 & n'_2 = -\dfrac{1}{2}e'^2 n'_0 \\ m'_4 = -\dfrac{5}{4}e'^2 m'_2 & n'_4 = -\dfrac{3}{4}e'^2 n'_2 \\ m'_6 = -\dfrac{7}{6}e'^2 m'_4 & n'_6 = -\dfrac{5}{6}e'^2 n'_4 \\ m'_8 = -\dfrac{9}{8}e'^2 m'_6 & n'_8 = -\dfrac{7}{8}e'^2 n'_6 \\ (m'_{10}) = -\dfrac{11}{10}e'^2 m'_8 & (n'_{10}) = -\dfrac{9}{10}e'^2 n'_8 \end{cases} \tag{4-79}$$

将克拉索夫斯基椭球元素值代入，则得各项系数

$$\begin{cases} m'_0 = 6\ 399\ 698.\ 902 & n'_0 = 6\ 399\ 698.\ 902 \\ m'_2 = -64\ 686.\ 800 & n'_2 = -21\ 562.\ 266 \\ m'_4 = 544.\ 867 & n'_4 = 108.\ 973 \\ m'_6 = -4.\ 284 & n'_6 = -0.\ 612 \\ m'_8 = +0.\ 033 & n'_8 = 0.\ 004 \\ (m'_{10}) = 0.\ 000 & (n'_{10}) = 0.\ 000 \end{cases} \tag{4-80}$$

将 1975 年国际椭球元素值代入(4-79)式，则得各项系数

$$\begin{cases} m_0' = 6\ 399\ 596.652 & n_0' = 6\ 399\ 596.652 \\ m_2' = -\ 64\ 695.142 & n_2' = -\ 21\ 565.047 \\ m_4' = 545.016 & n_4' = 109.003 \\ m_6' = -\ 4.285 & n_6' = -\ 0.612 \\ m_8' = 0.032 & n_8' = +\ 0.004 \\ (m_{10}') = 0.000 & (n_{10}') = 0.000 \end{cases} \tag{4-81}$$

4.3.4 任意法截弧的曲率半径

我们知道，子午法截弧是南北方向，其方位角为 $0°$ 或 $180°$。卯酉法截弧是东西方向，其方位角为 $90°$ 或 $270°$，这两个法截弧在 P 点上是正交的，如图 4-14 所示。现在来讨论在 P 点方位角为 A 的任意法截弧的曲率半径 R_A 的计算公式。

按尤拉公式，由曲面上任意一点主曲率半径计算该点任意方位角 A 的法截弧的曲率半径的公式为

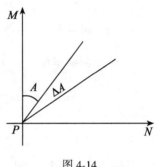

图 4-14

$$\frac{1}{R_A} = \frac{\cos^2 A}{M} + \frac{\sin^2 A}{N} \tag{4-82}$$

上式可改写成

$$R_A = \frac{MN}{N\cos^2 A + M\sin^2 A} \tag{4-83}$$

将上式分子分母同除以 M，并顾及

$$\frac{N}{M} = V^2 = 1 + \eta^2 \tag{4-84}$$

于是

$$R_A = \frac{N}{1 + \eta^2\cos^2 A} = \frac{N}{1 + e'^2\cos^2 B\cos^2 A} \tag{4-85}$$

上式即为任意方向 A 的法截弧的曲率半径的计算公式。为了实用，还需对它进行某些变化。将(4-85)式展开级数：

$$R_A = N(1 - \eta^2\cos^2 A + \eta^4\cos^4 A + \cdots)$$

实际上，总是用平均曲率半径 R 代替 N，$N = R\sqrt{1+\eta^2} \approx R(1+\frac{1}{2}\eta^2)$。将此式代入上式，并略去 η^4 项，可得

$$R_A = R\left(1 + \frac{1}{2}\eta^2\right)(1 - \eta^2\cos^2 A)$$

$$= R - \frac{R}{2}e'^2\cos^2 B\cos 2A = R + \Delta \tag{4-86}$$

式中：

$$\Delta = -\frac{R}{2}e'^2\cos^2 B\cos 2A \tag{4-87}$$

119

(4-86)式即为任意方向法截弧曲率半径的实用公式。式中 R 和 Δ 均可在《一、二等基线测量细则》的附表"任意法截弧曲率半径计算用表"中分别以 B 和以 B 与 A 为引数查取。

从 R_A 的计算公式可知，R_A 不仅与点的纬度 B 有关，而且还与过该点的法截弧的方位角 A 有关。当 $A=0°$（或 $180°$）时，R_A 值为最小，这时(4-85)式变为计算子午圈曲率半径的(4-61)式，即 $R_0=M$；当 $R_{90}=90°$（或 $270°$）时，R_A 值为最大，这时的曲率半径 R_A 即为卯酉圈曲率半径，即 $R_{90}=N$。由此可见，主曲率半径 M 及 N 分别是 R_A 的极小值和极大值。

从(4-85)式还可知，当 A 由 $0°\rightarrow90°$ 时，R_A 之值由 $M\rightarrow N$，当 A 由 $90°\rightarrow180°$ 时，R_A 值由 $N\rightarrow M$，可见 R_A 值的变化是以 $90°$ 为周期且与子午圈和卯酉圈对称的。

4.3.5　平均曲率半径

所谓平均率半径 R 是指经过曲面任意一点所有可能方向上的法截线曲率半径 R_A 的算术平均值。

由(4-85)式可知，曲率半径 R_A 是随 $\cos^2 A$ 的变化而变化的，且与子午线和卯酉线对称，因此，为了确定平均曲率半径只要 A 在一个象限内（$0\rightarrow\pi/2$）的微分变量 ΔA 所有法截线曲率半径的积分即可。此时，曲率半径的总数是 $\pi/2\Delta A$，曲率半径的算术平均值

$$\left(\sum_{A=\Delta A}^{A=\frac{\pi}{2}} R_A\right):\frac{\pi}{2\Delta A}=\frac{2}{\pi}\sum_{A=\Delta A}^{A=\frac{\pi}{2}} R_A\Delta A \tag{4-88}$$

当 $\Delta A\rightarrow0$ 时的极限，便得到平均曲率半径的积分公式：

$$R=\frac{2}{\pi}\int_0^{\pi/2} R_A\,dA \tag{4-89}$$

将(4-85)式代入，得

$$R=\frac{2N}{\pi}\int_0^{\pi/2}\frac{dA}{1+\eta^2\cos^2 A} \tag{4-90}$$

将被积函数变化一下：

$$\frac{\dfrac{dA}{\cos^2 A}}{1+\eta^2+\tan^2 A}=\frac{d(\tan A)}{V^2+\tan^2 A}=\frac{d\left(\dfrac{\tan A}{V}\right)}{V\left[1+\left(\dfrac{\tan A}{V}\right)^2\right]} \tag{4-91}$$

则积分后得：

$$R=\frac{2N}{\pi V}\left[\arctan\left(\frac{\tan A}{V}\right)\right]_0^{\pi/2} \tag{4-92}$$

则得

$$R=\frac{N}{V}=\frac{c}{V^2}=\sqrt{MN} \tag{4-93}$$

(4-93)式就是平均曲率半径的计算公式。它表明，曲面上任意一点的平均曲率半径是该点上主曲率半径的几何平均值。

4.3.6　M，N，R 的关系

椭球面上某一点 M，N，R 均是自该点起沿法线向内量取，它们的长度通常是不相等的，由(4-60)式、(4-61)式、(4-86)式、(4-87)式及(4-88)式、(4-89)式比较可知它们有如下关系

$$N > R > M \tag{4-94}$$

只有在极点上，它们才相等，且都等于极曲率半径 c，即

$$N_{90} = R_{90} = M_{90} = c \tag{4-95}$$

为了便于记忆，我们把 N，R，M 的公式写成下面有规律的形式(表4-4)：

表4-4

曲率半径	N	R	M
公 式	$\dfrac{c}{V^1}$ $\dfrac{a\sqrt{1-e^2}^{\,0}}{W^1}$	$\dfrac{c}{V^2}$ $\dfrac{a\sqrt{1-e^2}^{\,1}}{W^2}$	$\dfrac{c}{V^3}$ $\dfrac{a\sqrt{1-e^2}^{\,2}}{W^3}$

为了帮助大家对这些曲率半径的大小有个数值概念，这里列出它们的数值表，以供参考(表4-5)：

表4-5

B	$N(\text{m})$	$R(\text{m})$	$M(\text{m})$
0°	6 378 245	6 356 863	6 335 553
15°	6 379 675	6 359 714	6 339 816
30°	6 383 588	6 367 518	6 351 488
45°	6 388 954	6 378 209	6 367 491
60°	6 394 315	6 388 936	6 383 561
75°	6 398 255	6 396 811	6 395 368
90°	6 399 699	6 399 699	6 399 699

在这一节里，导出了主曲率半径 M，N 及与它们有关的平均曲率半径 R 的计算公式。同时，还导出了它们在特殊点位上(赤道及极点)的特殊形式，从而知道它们都是随着 B 的增大而增大，且在极点上都等于极曲率半径 c。另外，还推导了任意方向法截弧的曲率半径 R_A 的计算公式，知道它们是以子午圈和卯酉圈为对称的。从而对椭球面上任意一点法截弧的曲率半径有了一个比较全面的认识。

4.4　椭球面上的弧长计算

在研究与椭球体有关的一些测量计算时，例如研究高斯投影计算及弧度测量计算，往

往要用到子午线弧长及平行圈弧长，本节就来推导它们的计算公式。

4.4.1　子午线弧长计算公式

我们知道，子午椭圆的一半，它的端点与极点相重合，而赤道又把子午线分成对称的两部分，因此，推导从赤道开始到已知纬度 B 间的子午线弧长的计算公式就足够使用了。

如图 4-15 所示，今取子午线上某微分弧 $PP' = \mathrm{d}x$，令 P 点纬度为 B，P' 点纬度为 $B+\mathrm{d}B$，P 点的子午圈曲率半径为 M，于是有

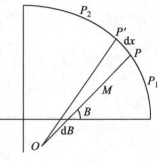

图 4-15

$$\mathrm{d}x = M\mathrm{d}B \qquad (4\text{-}96)$$

因此，为了计算从赤道开始到任意纬度 B 的平行圈之间的弧长，必须求出下列积分值

$$X = \int_0^B M\mathrm{d}B \qquad (4\text{-}97)$$

子午线曲率半径 M 的级数展开式见(4-70)式，为便于积分往往将正弦的幂函数展开为余弦的倍数函数，由于

$$\begin{cases}
\sin^2 B = \dfrac{1}{2} - \dfrac{1}{2}\cos 2B \\[2mm]
\sin^4 B = \dfrac{3}{8} - \dfrac{1}{2}\cos 2B + \dfrac{1}{8}\cos 4B \\[2mm]
\sin^6 B = \dfrac{5}{16} - \dfrac{15}{32}\cos 2B + \dfrac{3}{16}\cos 4B - \dfrac{1}{32}\cos 6B \\[2mm]
\sin^8 B = \dfrac{35}{128} - \dfrac{7}{16}\cos 2B + \dfrac{7}{32}\cos 4B - \dfrac{1}{16}\cos 6B + \dfrac{1}{128}\cos 8B \\[2mm]
\cdots
\end{cases} \qquad (4\text{-}98)$$

将它代入(4-70)式，并经整理得到：

$$M = a_0 - a_2\cos 2B + a_4\cos 4B - a_6\cos 6B + a_8\cos 8B \qquad (4\text{-}99)$$

式中：

$$\begin{cases}
a_0 = m_0 + \dfrac{m_2}{2} + \dfrac{3}{8}m_4 + \dfrac{5}{16}m_6 + \dfrac{35}{128}m_8 + \cdots \\[2mm]
a_2 = \dfrac{m_2}{2} + \dfrac{m_4}{2} + \dfrac{15}{32}m_6 + \dfrac{7}{16}m_8 \\[2mm]
a_4 = \dfrac{m_4}{8} + \dfrac{3}{16}m_6 + \dfrac{7}{32}m_8 \\[2mm]
a_6 = \dfrac{m_6}{32} + \dfrac{m_8}{16} \\[2mm]
a_8 = \dfrac{m_8}{128}
\end{cases} \qquad (4\text{-}100)$$

将(4-99)式代入(4-97)式进行积分，经整理后得

$$X = a_0 B - \dfrac{a_2}{2}\sin 2B + \dfrac{a_4}{4}\sin 4B - \dfrac{a_6}{6}\sin 6B + \dfrac{a_8}{8}\sin 8B \qquad (4\text{-}101)$$

最后一项 $\dfrac{a_8}{8} = \dfrac{m_8}{1\,024}$，总是小于 $0.000\,03\text{m}$，故可忽略不计。最后，当将克拉索夫斯基椭球元素值代入时，得子午弧长计算公式

$$X = 111\,134.861B^\circ - 16\,036.480\sin 2B + 16.828\sin 4B - 0.022\sin 6B \qquad (4\text{-}102)$$

代入 1975 年国际椭球元素值后，则得

$$X = 111\,133.005B^\circ - 16\,038.528\sin 2B + 16.833\sin 4B - 0.022\sin 6B \qquad (4\text{-}103)$$

如果将 (4-70) 式展成正弦 n 次幂和余弦乘积的形式，那将更适用于计算机计算，注意到

$$\int_0^B \sin^n B\,\mathrm{d}B = -\frac{1}{n}\sin^{n-1}B\cos B + \frac{n-1}{n}\int_0^B \sin^{n-2}B\,\mathrm{d}B$$

经过整理易得下式：

$$X = a_0 B - \sin B\cos B\left[(a_2 - a_4 + a_6) + \left(2a_4 - \frac{16}{3}a_6\right)\sin^2 B + \frac{16}{3}a_6\sin^4 B\right] \qquad (4\text{-}104)$$

当将克拉索夫斯基椭球元素值代入上式，则得

$$X = 111\,134.861B^\circ - 32\,005.780\sin B\cos B - 133.929\sin^3 B\cos B - 0.697\sin^5 B\cos B \qquad (4\text{-}105)$$

当将 1975 年国际椭球元素值代入上式则得：

$$X = 111\,133.005B^\circ - 32\,009.858\sin B\cos B - 133.960\sin^3 B\cos B - 0.698\sin^5 B\cos B \qquad (4\text{-}106)$$

如果利用 (4-77) 式，并注意到

$$\int_0^B \cos^n B\,\mathrm{d}B = \frac{\sin B\cos^{n-1}B}{n} + \frac{n-1}{n}\int_0^B \cos^{n-2}B\,\mathrm{d}B$$

则可得

$$X = c\left[\beta_0 B + (\beta_2\cos B + \beta_4\cos^3 B + \beta_6\cos^5 B + \beta_8\cos^7 B)\sin B\right] \qquad (4\text{-}107)$$

式中：

$$\begin{cases} \beta_0 = 1 - \dfrac{3}{4}e'^2 + \dfrac{45}{64}e'^4 - \dfrac{175}{256}e'^6 + \dfrac{11\,025}{16\,384}e'^8 \\[2mm] \beta_2 = \beta_0 - 1 \\[2mm] \beta_4 = \dfrac{15}{32}e'^4 - \dfrac{175}{384}e'^6 + \dfrac{3\,675}{8\,192}e'^8 \\[2mm] \beta_6 = -\dfrac{35}{96}e'^6 + \dfrac{735}{2\,048}e'^8 \\[2mm] \beta_8 = \dfrac{315}{1\,024}e'^8 \end{cases} \qquad (4\text{-}108)$$

或

$$X = C_0 B + (C_2\cos B + C_4\cos^3 B + C_6\cos^5 B + C_8\cos^7 B)\sin B \qquad (4\text{-}109)$$

当将克拉索夫斯基椭球元素值代入，则有各系数值

$$\begin{cases} C_0 = \beta_0 c = 637\ 558.496\ 9\text{m} \\ C_2 = \beta_2 c = -\ 32\ 140.404\ 9\text{m} \\ C_4 = \beta_4 c = 135.330\ 3\text{m} \\ C_6 = \beta_6 c = -\ 0.709\ 2\text{m} \\ C_8 = \beta_8 c = 0.004\ 2\text{m} \end{cases} \tag{4-110}$$

当将 1975 年国际椭球元素值代入，则有各系数值：

$$\begin{cases} C_0 = \beta_0 c = 6\ 367\ 452.132\ 8\text{m} \\ C_2 = \beta_2 c = -\ 32\ 144.518\ 9\text{m} \\ C_4 = \beta_4 c = 135.364\ 6\text{m} \\ C_6 = \beta_6 c = -\ 0.703\ 4\text{m} \end{cases} \tag{4-111}$$

如果以 $B = 90°$ 代入，则得子午椭圆在一个象限内的弧长约为 10 002 137m。旋转椭球的子午圈的整个弧长约为 40 008 549.995m。即一象限子午线弧长约为 10 000km，地球周长约为 40 000km。

在测量实践中，往往会遇到两个十分接近的平行圈($B_1 = $常数，$B_2 = $常数)间的子午线弧段长的计算问题。比如计算梯形图幅东西两边的长度等。解决此类问题的一种方法是将 B_1 和 B_2 分别代入(4-104)式中，求得 X_1 和 X_2，最后计算他们的差 $X_2 - X_1 = \Delta X$ 即可。

另外一种解决方法就是直接将 ΔX 展开 $\Delta B = B_2 - B_1$ 的级数。因为 ΔB 是微小量，此时在 1 点上展开 ΔB 的级数为：

$$\Delta X = \left(\frac{\mathrm{d}X}{\mathrm{d}B}\right)_1 \Delta B + \left(\frac{\mathrm{d}^2 X}{\mathrm{d}B^2}\right)_1 \frac{\Delta B^2}{2} + \left(\frac{\mathrm{d}^3 X}{\mathrm{d}B^3}\right)_1 \frac{\Delta B^3}{6} + \cdots \tag{4-112}$$

因为

$$\frac{\mathrm{d}X}{\mathrm{d}B} = M.$$

$$\frac{\mathrm{d}^2 X}{\mathrm{d}B^2} = \frac{\mathrm{d}M}{\mathrm{d}B} = m_2 \sin 2B + 2m_4 \sin 2B \sin^2 B + \cdots \tag{4-113}$$

$$\frac{\mathrm{d}^3 X}{\mathrm{d}B^3} = \frac{\mathrm{d}^2 M}{\mathrm{d}B^2} = 2m_2 \cos 2B + \cdots$$

将(4-72)式中的 m_2 和 m_4 的数值代入上式，进而代入(4-112)式，得

$$\Delta X = M_1 \Delta B + \frac{3}{2} a e^2 (1 - e^2) \left[\left(1 + \frac{5}{2} e^2 \sin^2 B_1\right) \sin 2B_1 \frac{\Delta B^2}{2} + \cos 2B_1 \frac{\Delta B^3}{3} + \cdots \right] \tag{4-114}$$

式中 ΔB 以弧度为单位。

假如将克氏椭球元素值代入，则得：

$$\Delta X = M_1 \Delta B + 21\ 203 \left[(3 + 0.0502 \sin^2 B_1) \sin B_1 \cos B_1 + (1 - 2\sin^2 B_1) \Delta B \right] \Delta B^2 \tag{4-115}$$

在(4-114)式中省略了 $a e^6 \Delta B^2$，$a e^4 \Delta B^3$，$a e^2 \Delta B^4$ 及更高阶项。

(4-115)式的计算误差，当 $\Delta B = 0.01$($\Delta X \approx 60$km)，小于 0.001m，当 $\Delta B = 0.1$($\Delta X \approx 600$km)，不大于 1m。

当在 $B_m = \frac{1}{2}(B_1 + B_2)$ 点展开级数时，(4-112)式可以减少二倍的项数，则根据(4-112)

式，得

$$\Delta X = \left(\frac{\mathrm{d}X}{\mathrm{d}B_m}\right) + \Delta B \left(\frac{\mathrm{d}^3 X}{\mathrm{d}B^3}\right)_m \frac{\Delta B^3}{24} + \cdots$$

这个公式不但项数少，而且比(4-112)式更精确，因为此式省略的是 ΔB^5 及以上项，而(4-114)式省略的是 ΔB^4 及以上项。

将上面有关数值代入，则有式：

$$\Delta X = M_m \Delta B + \frac{ae^2(1-e^2)}{8}\cos 2B_m \Delta B^3 + \cdots \tag{4-116}$$

或

$$\Delta X = M_m \Delta B + 5\,300(1 - 2\sin^2 B_m)\Delta B^3 \tag{4-117}$$

上式右边第二项当 $B_m = 45°$ 时等于零，当纬度等于 60° 或 30° 以及对于 $\Delta B = 0.01(\approx 30')$ 时，都小于 0.002m，所以对于短子午弧段有更简单的计算公式：

$$\Delta X = M_m \Delta B \tag{4-118}$$

现在推求由 ΔX 计算 ΔB 的反算公式。采用级数反解公式，由(4-114)式得：

$$\Delta B = \Delta\beta - \frac{3}{2}e^2\left[(1+e^2\sin^2 B_1)\sin 2B_1 \frac{\Delta\beta^2}{2} + \cos 2B_1 \frac{\Delta\beta^3}{3}\right] \tag{4-119}$$

式中：

$$\Delta\beta = \frac{\Delta X}{M_1} \tag{4-120}$$

由(4-116)式，对小弧段，求得：

$$\Delta B = \frac{\Delta X}{M_m} \tag{4-121}$$

由(4-119)式、(4-121)式计算的纬度差以弧度为单位。

例如：起算数据：$B_1 = 30°$，$B_2 = 30°30'$

按(4-105)式计算：

$X_1 = 3\,320\,172.406$；　　$X_2 = 3\,375\,601.713$

$\Delta X = X_2 - X_1 = 55\,429.307\text{m}.$

按(4-115)式计算：

$M_1 = 6\,351\,488.50$；　　$\Delta X = 55\,429.307\text{m}$

按(4-116)式计算：

$M_m = 6\,351\,730.48$；　　$\Delta X = 55\,429.307\text{m}$

按(4-119)式校核：

$\Delta\beta = 0.008\,726\,979\,0$；　　$\Delta B = 0.008\,726\,646\,3$ 或 $30'$。

4.4.2 由子午线弧长求大地纬度

利用子午线弧长反算大地纬度在高斯投影坐标反算公式中要用到，反解公式可以采用迭代解法和直接解法。

当利用迭代解法时，例如对(4-102)式，就克拉索夫斯基椭球，迭代开始时设

$$B_f^1 = X/111\,134.861\,1 \tag{4-122}$$

以后每次迭代按下式计算

$$B_f^{i+1} = (X - F(B_f^i))/111\ 134.861\ 1 \tag{4-123}$$

$$F(B_f^i) = -16\ 036.480\ 3\sin2B_f^i + 16.828\ 1\sin4B_f^i - 0.022\ 0\sin6B_f^i$$

重复迭代直至 $B_f^{i+1} - B_f^i < \varepsilon$ 为止。

对 1975 年国际椭球，也有类似公式。

当利用直接解法时，例如对（4-103）式和 1975 年国际椭球，若令

$$\beta_{(弧度)} = X/6\ 367\ 452.133$$

则有 $\quad B_f = \beta - 2.518\ 829\ 807 \times 10^{-3} \times \sin2B + 2.643\ 546 \times 10^{-6}\sin4B -$

$$3.452 \times 10^{-9}\sin6B + 5 \cdot 10^{-12}\sin8B \tag{4-124}$$

利用三角级数的回代公式：

$$y = x + P_2\sin2x + P_4\sin4x + P_6\sin6x$$

$$x = y + q_2\sin2y + q_4\sin4y + q_6\sin6y$$

式中：

$$q_2 = -P_2 - P_2P_4 + \frac{1}{2}P_2^3$$

$$q_4 = -P_4 + P_2^2 - 2P_2P_6 + 4P_2^2P_4 + \cdots$$

$$q_6 = -P_6 + 3P_2P_4 - \frac{3}{2}P_2^3$$

可获得子午弧长的反解公式：

$$B_f = \beta + 2.518\ 828\ 475 \cdot 10^{-3}\sin2\beta + 3.701007 \cdot 10^{-6} \cdot \sin4\beta +$$

$$7.447 \cdot 10^{-9}\sin6\beta \tag{4-125}$$

最后利用三角函数倍角公式，变为余弦升幂多项式：

$$B_f = \beta + [50\ 228\ 976 + (293\ 697 + (2\ 383 + 22\cos^2\beta)\cos^2\beta)\cos^2\beta] \cdot$$

$$10^{-10} \cdot \sin\beta\cos\beta \tag{4-126}$$

同理，对于克拉索夫斯基椭球，有下式：

$$\beta_{(弧度)} = X/6\ 367\ 588.496\ 9 \tag{4-127}$$

$$B_f = \beta + (50\ 221\ 746 + (293\ 622 + (2\ 350 + 22\cos^2\beta)\cos^2\beta)\cos^2\beta) \cdot$$

$$10^{-10} \cdot \sin\beta\cos\beta \tag{4-128}$$

4.4.3　平行圈弧长公式

旋转椭球体的平行圈是一个圆，其短半轴 r 就是圆上任意一点的子午面直角坐标 x，亦即有

$$r = x = N\cos B = \frac{a\cos B}{\sqrt{1 - e^2\sin^2 B}} \tag{4-129}$$

如果平行圈上有两点，它们的经度差 $l'' = L_2 - L_1$，于是可以写出平行圈弧长公式：

$$S = N\cos B\frac{l''}{\rho''} = b_1 l'' \tag{4-130}$$

式中：$b_1 = \dfrac{N}{\rho''}\cos B$，该值可以 B 为引数从《高斯投影坐标计算表》中查取。

很显然，同一个经度差 l''，在不同纬度的平行圈上的弧长是不相同的。由(4-130)式可知，平行圈弧长随纬度变化的微分公式可近似地写为

$$dS = \frac{\partial S}{\partial B} \cdot \Delta B \approx - M\sin Bl'' \cdot \Delta B$$

因为 $M\Delta B = \Delta X$，于是

$$\Delta S = - (L_2 - L_1)\sin B_m \cdot \Delta X \tag{4-131}$$

式中：

$$B_m = \frac{(B_2 + B_1)}{2} \tag{4-132}$$

例如，当经度差 $l = L_2 - L_1 = 5.729\,58°$时，$B_1 = 29°30'$ 及 $B_2 = 30°30'$两个平行圈的相应弧长之差：由于 $\Delta B = 1°$，$\Delta X = 111\,210m$，则

$$\Delta S = - \frac{5.729\,58°}{57.295\,8°}\sin 30° \times 111\,210 = - 5\,556.5m$$

这就是说，此时平行圈弧长相应缩短近 5.6km。

4.4.4 子午线弧长和平行圈弧长变化的比较

为了对子午线弧长和平行圈弧长有个数量上的概念，现将不同纬度相应的一些弧长的数值列于表4-6。

表 4-6

B	子午线弧长			平行圈弧长		
	$\Delta B = 1°$	$1'$	$1''$	$l = 1°$	$1'$	$1''$
0°	110 576m	1 842.94m	30.716m	111 321m	1 855.36m	30.923m
15°	110 656	1 844.26	30.738	107 552	1 792.54	29.876
30°	110 863	1 847.71	30.795	96 488	1 608.13	26.802
45°	111 143	1 852.39	30.873	78 848	1 314.14	21.902
60°	111 423	1 857.04	30.951	55 801	930.02	15.500
75°	111 625	1 860.42	31.007	28 902	481.71	8.028
90°	111 696	1 861.60	31.027	0	0.00	0.000

从表中可以看出，单位纬度差的子午线弧长随纬度升高而缓慢地增长；而单位经度差的平行圈弧长则随纬度升高而急剧缩短。同时还可以看出，1°的子午线弧长约为 110km，1′约为 1.8km，1″约为 30m，而平行圈弧长，仅在赤道附近才与子午线弧长大体相当，随着纬度的升高它们的差值愈来愈大。

4.4.5 椭球面梯形图幅面积的计算

由两条子午线和两条平行圈围成的椭球表面称为椭球面梯形。现在我们来讨论椭球梯

形面积的计算。由图 4-16 可知，微分面积 dp 等于坐标微分长度 dx 和 dy 的乘积：

$$dp = dx \times dy \tag{4-133}$$

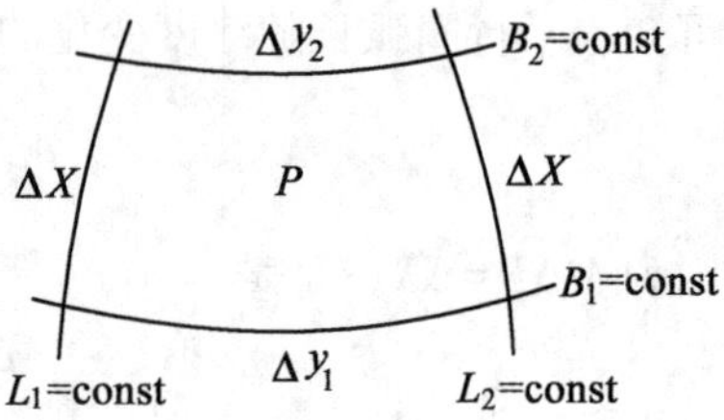

又由图 4-16 可知，d$x = MdB$　　　d$y = N\cos BdL$

图 4-16

于是

$$dP = \frac{a^2(1-e^2)\cos B}{W^4}dBdL \tag{4-134}$$

由于

$$a^2(1-e^2) = b^2 \tag{4-135}$$
$$W^2 = 1 - e^2\sin^2 B$$

则

$$P = b^2\int_{L_1}^{L_2}\int_{B_1}^{B_2}(1-e^2\sin^2 B)^{-2}\cos BdBdL \tag{4-136}$$

得

$$P = b^2(L_2-L_1)\int_{B_1}^{B_2}(1-e^2\sin^2 B)^{-2}\cos BdB \tag{4-137}$$

上式右边的积分可以按换元方法转换为基本函数再进行积分。

设

$$e\sin B = \sin\psi \tag{4-138}$$

得

$$\int(1-e^2\sin^2 B)^{-2}\cos BdB = \frac{1}{e}\int\frac{d\psi}{\cos^3\psi} \tag{4-139}$$

上式右边的积分可查表得到

得

$$P = \frac{b^2}{2}(L_2-L_1)\left|\frac{\sin B}{1-e^2\sin^2 B}+\frac{1}{2e}\ln\frac{1+e\sin B}{1-e\sin B}\right|_{B_1}^{B_2} \tag{4-140}$$

据上式计算梯形面积是相当复杂的。实际上，是首先将（4-137）式的被积函数展开级数，然后再分项进行积分。因此得：

$$P = b^2(L_2-L_1)\int_{B_1}^{B_2}(\cos B + 2e^2\sin^2 B\cos B + 3e^4\sin^4 B\cos B + 4e^6\sin^6 B\cos B + \cdots)dB \tag{4-141}$$

积分后，得：

$$P = b^2(L_2-L_1)\left|\sin B+\frac{2}{3}e^2\sin^3 B+\frac{3}{5}e^4\sin^5 B+\frac{4}{7}e^6\sin^7 B+\cdots\right|_{B_1}^{B_2} \tag{4-142}$$

上式即为椭球梯形图幅面积的计算公式。

下面我们来求地球椭球的全面积。

为此，我们将 $L_2-L_1=2\pi$，$B_1=0$，$B_2=\frac{\pi}{2}$ 代入（4-142）式，并将其值 2 倍即可。

得

$$P_E = 4\pi b^2\left(1+\frac{2}{3}e^2+\frac{3}{5}e^4+\frac{4}{7}e^6+\cdots\right) \tag{4-143}$$

将克氏椭球元素值代入，整个地球椭球的面积为 510 083 060km²，约为 5.1 亿 km²。

最后我们计算一下，与地球椭球面积相等的地球圆球的半径 R_E。

由于 $4\pi R_E^2 = P_E$

则

$$R_E = b\sqrt{1+\frac{2}{3}e^2+\frac{3}{5}e^4+\frac{4}{7}e^6+\cdots} \tag{4-144}$$

将克氏椭球元素值代入，得等价地球的半径等于 6 371 116m。

因此，在解决有关地球的许多问题时，可以把等价地球的半径作为地球的半径，即地球半径等于 6 371.1km。

4.5 大 地 线

我们知道，两点间的最短距离，在平面上是两点间的直线，在球面上是两点间的大圆弧，那么在椭球面上又是怎样的一条线呢？经研究确认为，它应是大地线。因此，在这一节里，我们从相对法截线入手，着重研究有关大地线定义、性质及其微分方程等基本内容。

4.5.1 相对法截线

设在椭球面上任取两点 A 和 B，如图 4-17 所示。其纬度分别为 B_1 和 B_2，且 $B_1 \neq B_2$。通过 A，B 两点分别作法线与短轴交于 n_a 和 n_b 点，与赤道面分别交于 Q_1 和 Q_2。现在证明 n_a 和 n_b 将不重合。

由图可知，

$$\begin{cases} On_a = Q_1 n_a \sin B_1 \\ On_b = Q_2 n_b \sin B_2 \end{cases} \tag{4-145}$$

顾及（4-23）式 $Qn = Ne^2$，上式又可写成

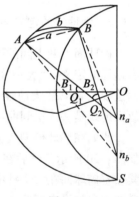

图 4-17

$$\begin{cases} On_a = N_1 e^2 \sin B_1 \\ On_b = N_2 e^2 \sin B_2 \end{cases} \tag{4-146}$$

故当 $B_1 \neq B_2$ 时，$On_a \neq On_b$，故 n_a 和 n_b 不重合，所以当两点不在同一子午圈上，也不在同一平行圈上时，两点间就有两条法截线存在。

现在假设经纬仪的纵轴同 A，B 两点的法线 An_a 和 Bn_b 重合（忽略垂线偏差），如此以两点为测站，则经纬仪的照准面就是法截面。用 A 点照准 B 点，则照准面 An_aB 同椭球面的截线为 AaB，叫做 A 点的正法截线，或 B 点的反法截线；同样由 B 点照准 A 点，则照准面 Bn_bA 与椭球面之截线 BbA，叫做 B 点的正法截线或 A 点的反法截线。因法线 An_a 和 Bn_b 互不相交，故 AaB 和 BbA 这两条法截线不相重合。我们把 AaB 和 BbA 叫做 A，B 两点

的相对法截线。

由(4-146)式可知，当 $B_2 > B_1$ 时，$On_b > On_a$，这就是说，某点的纬度愈高，其法线与短轴的交点愈低，即法截线 BbA 偏上，而 AaB 偏下。根据上述定理，现将 AB 方向在不同象限时，正反法截线的关系表示于图 4-18 中。

当 A，B 两点位于同一子午圈或同一平行圈上时，正反法截线则合二为一，这是一种特殊情况。在通常情况下，正反法截线是不重合的。因此在椭球面上 A，B，C 三个点处所测得的角度(各点上正法截线之夹角)将不能构成闭合三角形，见图 4-19。为了克服这个矛盾，在两点间另选一条单一的大地线代替相对法截线，从而得到由大地线构成的单一的三角形。下面先叙述大地线的定义和性质。

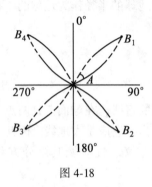

图 4-18

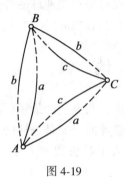

图 4-19

4.5.2　大地线的定义和性质

椭球面上两点间的最短程曲线叫做大地线。在微分几何中，大地线(又称测地线)另有这样的定义："大地线上每点的密切面(无限接近的三个点构成的平面)都包含该点的曲面法线"，亦即"大地线上各点的主法线与该点的曲面法线重合"。因曲面法线互不相交，故大地线是一条空间曲面曲线。

假如在椭球模型表面 A，B 两点之间，画出相对法截线如图 4-20 所示，然后在 A，B 两点上各插定一个大头针，并紧贴着椭球面在大头针中间拉紧一条细橡皮筋，并设皮筋和椭球面之间没有摩擦力，则橡皮筋形成一条曲线，恰好位于相对法截线之间，如图 4-20 所示，这就是一条大地线，由于橡皮筋处于拉力之下，所以它实际上是两点间的最短线。

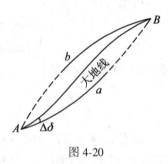

图 4-20

上已言及，不在同一子午圈或同一平行圈上的两点的正反法截线是不重合的，它们之间的夹角 Δ，在一等三角测量中可达到千分之四秒，可见此时是不容忽略的。大地线是两点间惟一最短线，而且位于相对法截线之间，并靠近正法截线(见图 4-20)，它与正法截线间的夹角

$$\delta = \frac{1}{3}\Delta \qquad (4\text{-}147)$$

在一等三角测量中，δ 数值可达千分之一两秒，可见在一等或相当于一等三角测量精度的

工程三角测量中是不容忽略的。

大地线与法截线长度之差只有百万分之一毫米，所以在实际计算中，这种长度差异总是可忽略不计的。

但是，上面已经阐明的大地线性质告诉我们，在椭球面上进行测量计算时，应当以两点间的大地线为依据。在地面上测得的方向、距离等，应当归算成相应大地线的方向、距离。

4.5.3　大地线的微分方程和克莱罗方程

如图 4-21 所示，设 p 为大地线上任意一点，其经度为 L，纬度为 B，大地线方位角为 A。当大地线增加 dS 到 p_1 点时，则上述各量相应变化 dL，dB 及 dA。所谓大地线微分方程，即表达 dL，dB，dA 各与 dS 的关系式。由图可知，dS 在子午圈上分量 $p_2p_1 = MdB$，在平行圈上分量 $pp_2 = rdL = N\cos BdL$。又三角形 pp_2p_1 是一微分直角三角形，因

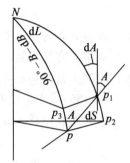

图 4-21

$$MdB = dS\cos A$$

故

$$dB = \frac{\cos A}{M}dS \tag{4-148}$$

又

$$N\cos BdL = dS \cdot \sin A$$

$$dL = \frac{\sin A}{N\cos B}dS \tag{4-149}$$

又由球面直角三角形 p_1p_3N 可得

$$\cos(90° - dA) = \sin dL \cdot \sin[90° - (90° - B - dB)]$$

即

$$\sin dA = \sin dL\sin(B + dB) \tag{4-150}$$

由于 dA，dL 及 dB 均是微分量，故有

$$\sin dA = dA$$

$$\sin dL = dL$$

$$\sin(B + dB) = \sin B$$

于是(4-150)式可写成

$$dA = dL \cdot \sin B \tag{4-151}$$

将(4-149)式代入，则得

$$dA = \frac{\sin A}{N}\tan BdS \tag{4-152}$$

以上(4-148)式、(4-149)式、(4-152)式三个关系式称为大地线微分方程，这三个微分方程在解决与椭球体有关的一些测量计算中经常用到。

现在推导大地线的克莱罗方程。

将(4-148)式代入(4-152)式，得

$$dA = \frac{\sin A}{\cos A} \cdot \frac{M \sin B dB}{N \cos B} \tag{4-153}$$

顾及 $r = N\cos B$，$M\sin B dB = -dr$，则又得

$$\cot A dA = -\frac{dr}{r} \tag{4-154}$$

两边积分，易得

$$\ln \sin A + \ln r = \ln C$$

或

$$r \cdot \sin A = C \tag{4-155}$$

上式即为著名的克莱罗方程。

克莱罗方程表明：在旋转椭球面上，大地线各点的平行圈半径与大地线在该点的大地方位角的正弦的乘积等于常数。

(4-155)式中常数 C 也叫大地线常数。它的意义可以从两方面来理解。

当大地线穿越赤道时，$B = 0°$，$r = a$，$A = A_0$，于是

$$C = a \sin A_0 \tag{4-156}$$

当大地线达极小平行圈时，$A = 90°$，设此时 $B = B_0$，$r = r_0$，于是

$$C = r_0 \cdot \sin 90° = r_0 \tag{4-157}$$

由此可见，某一大地线常数等于椭球半径与该大地线穿越赤道时的大地方位角的正弦乘积，或者等于该大地线上具有最大纬度的那一点的平行圈半径。

克莱罗方程在椭球大地测量学中有重要意义，它是经典的大地主题解算的基础。

由克莱罗方程可以写出

$$\frac{r_2}{r_1} = \frac{\sin A_1}{\sin A_2} \tag{4-158}$$

利用这个关系式可以检查纬度和方位角计算的正确性。

当顾及 $r = N\cos B$ 时，克莱罗方程可写成

$$N\cos B \sin A = C \tag{4-159}$$

或依归化纬度定义，易知 $r = a\cos u$，于是克莱罗方程又可写成下面的形式

$$a\cos u \cdot \sin A = C \tag{4-160}$$

或

$$\cos u \cdot \sin A = C \tag{4-161}$$

4.6　将地面观测值归算至椭球面

上面讨论了椭球体的数学性质，并着重指出，参考椭球面是测量计算的基准面。但在野外的各种测量都是在地面上进行，观测的基准线不是各点相应的椭球面的法线，而是各点的垂线，各点的垂线与法线存在着垂线偏差。因此，也就不能直接在地面上处理观测成果，而应将地面观测元素（包括方向和距离等）归算至椭球面。在归算中有两条基本要求：①以椭球面的法线为基准；②将地面观测元素化为椭球面上大地线的相应元素。

4.6.1　将地面观测的水平方向归算至椭球面

将水平方向归算至椭球面上，包括垂线偏差改正、标高差改正及截面差改正，习惯上

称此三项改正为三差改正。

1. 垂线偏差改正 δ_u

地面上所有水平方向的观测都是以垂线为根据的，而在椭球面上则要求以该点的法线为依据。这样，在每一三角点上，把以垂线为依据的地面观测的水平方向值归算到以法线为依据的方向值而应加的改正定义为垂线偏差改正，以 δ_u 表示。

垂线偏差改正同经纬仪垂直轴不垂直的改正是很相似的。如图 4-22 所示，以测站 A 为中心作出单位半径的辅助球，u 是垂线偏差，它在子午圈和卯酉圈上的分量分别以 ξ，η 表示，M 是地面观测目标 m 在球面上的投影。

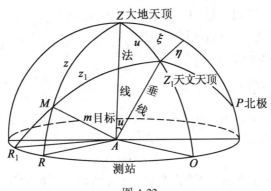

图 4-22

由图可知，如果 M 在 ZZ_1O 垂直面内，无论观测方向以法线为准或以垂线为准，照准面都是一个，而无需作垂线偏差改正。因此，我们可把 AO 方向作为参考方向。

如果 M 不在 ZZ_1O 垂直面内，情况就不同了。若以垂线 AZ_1 为准，照准 m 点得 OR_1；若以法线 AZ 为准，则得 OR。由此可见，垂线偏差对水平方向的影响是 $(R-R_1)$，这个量就是 δ_u。

垂线偏差改正的计算公式是

$$\begin{aligned}\delta_u'' &= -(\xi''\sin A_m - \eta''\cos A_m)\cot Z_1\\ &= -(\xi''\sin A_m - \eta''\cos A_m)\tan\alpha_1\end{aligned} \tag{4-162}$$

式中：ξ，η 为测站点上的垂线偏差在子午圈及卯酉圈上的分量，它们可在测区的垂线偏差分量图中内插取得。A_m 为测站点至照准点的大地方位角；Z_1 为照准点的天顶距；α_1 为照准点的垂直角。

从 (4-162) 式可以看出，垂线偏差改正的数值主要与测站点的垂线偏差和观测方向的天顶距 (或垂直角) 有关。

2. 标高差改正 δ_h

标高差改正又称由照准点高度而引起的改正。我们知道，不在同一子午面或同一平行圈上的两点的法线是不共面的。这样，当进行水平方向观测时，如果照准点高出椭球面某一高度，则照准面就不能通过照准点的法线同椭球面的交点，由此引起的方向偏差的改正叫做标高差改正，以 δ_h 表示。

如图 4-23 所示，A 为测站点，如果测站点观测值已加垂线偏差改正，则可认为垂线同法线一致。这时测站点在椭球面上或者高出椭球面某一高度，对水平方向是没有影响的。这是因为测站点法线不变，则通过某一照准点只能有一个法截面，为简单起见，我们设 A 在椭球面上。

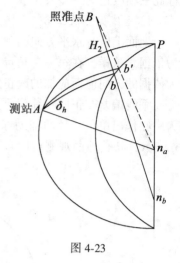

设照准点高出椭球面的高程为 H_2，An_a 和 Bn_b 分别为 A 点及 B 点的法线，B 点法线与椭球面的交点为 b。因为通常 An_a 和 Bn_b 不在同一平面内，所以在 A 点照准 B 点得出的法截线是 Ab' 而不是 Ab，因而产生了 Ab 同 Ab' 方向的差异。按归算的要求，地面各点都应沿自己法线方向投影到椭球面上，即需要的是 Ab 方向值而不是 Ab' 方向值，因此需加入标高差改正数 δ_h，以便将 Ab' 方向改到 Ab 方向。

标高差改正的计算公式是

$$\delta_h'' = \frac{e^2}{2} H_2 (1)_2 \cos^2 B_2 \sin 2A_1 \qquad (4\text{-}163)$$

图 4-23

式中：B_2 为照准点大地纬度，A_1 为测站点至照准点的大地方位角；H_2 为照准点高出椭球面的高程，它由三部分组成：

$$H_2 = H_常 + \zeta + a \qquad (4\text{-}164)$$

$H_常$ 为照准点标石中心的正常高，ζ 为高程异常，a 为照准点的觇标高。$(1)_2 = \rho''/M_2$，M_2 是与照准点纬度 B_2 相应的子午圈曲率半径。

在实用上，为计算方便起见，设

$$K_1 = \frac{e^2}{2} H_2 (1)_2 \cos^2 B_2 \qquad (4\text{-}165)$$

则 (4-163) 式变为

$$\delta_h'' = K_1 \sin 2A_1 \qquad (4\text{-}166)$$

K_1 在《测量计算用表集》(之一) 中有表列数值，以照准点的高程 (H_2) (单位：m) 和照准点纬度 B_2 为引数查取。

由 (4-163) 式可知，标高差改正主要与照准点的高程有关。经过此项改正后，便将地面观测的水平方向值归化为椭球面上相应的法截弧方向。

3. 截面差改正 δ_g

在椭球面上，纬度不同的两点由于其法线不共面，所以在对向观测时相对法截弧不重合，应当用两点间的大地线代替相对法截弧。这样将法截弧方向化为大地线方向应加的改正叫截面差改正，用 δ_g 表示。

如图 4-24 所示，AaB 是 A 至 B 的法截弧，它在 A 点处的大地方位角为 A_1'，ASB 是 AB 间的大地线，它在 A 点的大地方位角是 A_1，A_1 与 A 之差 δ_g 就是截面差改正。

截面差改正的计算公式为

$$\delta_g'' = -\frac{e^2}{12\rho''} S^2 (2)_1^2 \cos^2 B_1 \sin 2A_1 \qquad (4\text{-}167)$$

式中：S 为 AB 间大地线长度，$(2)_1 = \dfrac{\rho''}{N_1}$，$N_1$ 为测站点纬度 B_1 相对应的卯酉圈曲率半径。

现令

$$K_2 = \frac{e^2}{12\rho''}S^2(2)_1^2\cos^2 B_1 \qquad (4\text{-}168)$$

则(4-167)式变为

$$\delta_g'' = -K_2\sin 2A_1 \qquad (4\text{-}169)$$

K_2 可由《测量计算用表集》(之一)中以 S(单位：km)和 B_1 为引数查取。由上式可知，截面差改正主要与测站点至照准点间的距离 S 有关。

天文方位角归算为大地方位角按(3-170)式进行。

天文天顶距归算为大地天顶距按(3-173)式进行。

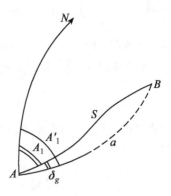

图 4-24

4.6.2 将地面观测的长度归算至椭球面

根据测边使用的仪器不同，地面长度的归算分两种：一是基线尺量距的归算，二是电磁波测距的归算，下面分别介绍它们的归算公式和方法。

1. 基线尺量距的归算

将基线尺量取的长度加上测段倾斜改正后，可以认为它是基线平均高程面上的长度，以 S_0 表示，现要把它归算至参考椭球面上的大地线长度 S。

1)垂线偏差对长度归算的影响

由于垂线偏差的存在，使得垂线和法线不一致，水准面不平行于椭球面。为此，在长度归算中应首先消除这种影响。假设垂线偏差沿基线是线性变化的，则垂线偏差 u 对长度归算的影响公式是

$$\Delta s_u = \frac{u_1'' + u_2''}{2\rho''}\sum\Delta h = \frac{u_1'' + u_2''}{2\rho''}(H_2 - H_1) \qquad (4\text{-}170)$$

式中：u_1'' 和 u_2'' 为在基线端点 1 和 2 处，垂线偏差在基线方向上的分量；$\sum\Delta h$ 为各个测段测量的高差总和；H_1 及 H_2 为基线端点 1 和 2 的大地高。

从(4-170)式可见，垂线偏差对基线长度归算的影响，主要与垂线偏差分量 u 及基线端点的大地高差 $\sum\Delta h$ 有关，其数值一般比较小，此项改正是否需要，需结合测区及计算精度要求的实际情况作具体分析。

2)高程对长度归算的影响

假如基线两端点已经过垂线偏差改正，则基线平均水准面平行于椭球体面。此时由于水准面离开椭球体面一定距离，也引起长度归算的改正。

如图 4-25 所示，AB 为平均高程水准面上的基线长度，以 S_0 表示，现要求其在椭球面上的长度 S。由图可知

$$\frac{S_0}{S} = \frac{R + H_m}{R} = 1 + \frac{H_m}{R} \qquad (4\text{-}171)$$

由此得椭球面上的长度

$$S = S_0\left(1 + \frac{H_m}{R}\right)^{-1} \qquad (4\text{-}172)$$

式中：$H_m = \dfrac{1}{2}(H_1 + H_2)$，即基线端点平均大地高程；$R$ 为基线

方向法截线曲率半径，按(4-85)式计算。

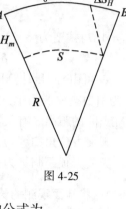

如果将上式展开级数，取至二次项，则有

$$S = S_0\left(1 - \frac{H_m}{R} + \frac{H_m^2}{R^2}\right) \qquad (4\text{-}173)$$

此式为(4-172)式的近似式，由此式可得由高程引起的基线归化
改正数公式

$$\Delta S_H = -S_0\frac{H_m}{R} + S_0\frac{H_m^2}{R^2} \qquad (4\text{-}174)$$

图 4-25

可见，此项改正数主要是与基线的平均高程 H_m 及长度有关。

这样，顾及以上两项，则地面基线长度归算到椭球面上长度的公式为

$$S = S_0\left(1 + \frac{H_m}{R}\right)^{-1} + \frac{u_1'' + u_2''}{2\rho''}(H_2 - H_1) \qquad (4\text{-}175)$$

经过以上计算后，便得到了椭球面上的基线长度。至此，这类归算业已完成。

2. 电磁波测距的归算

电磁波测距仪测得的长度是连接地面两点间的直线斜距，也应将它归算到参考椭球面上。

如图 4-26 所示，大地点 Q_1 和 Q_2 的大地高分别为 H_1 和 H_2。其间用电磁波测距仪测得的斜距为 D，现要求大地点在椭球面上沿法线的投影点 Q_1' 和 Q_2' 间的大地线的长度 S。

由前已知，在椭球面上两点间大地线长度与相应法截线长度之差是极微小的，可以忽略不计，这样可将两点间的法截线长度认为是该两点间的大地线长度。通过证明又知，两点间的法截线的长度与半径等于其起始点曲率半径的圆弧长相差也很微小，比如当 $S = 640\text{km}$ 时，之差等于 0.3m；$S = 200\text{km}$ 时，之差等于 0.005m。由于工程测量中边长一般都是几公里，最长也不过十几公里，从而，这种差异又可忽略不计。因此，所求的大地线的长度可以认为是半径

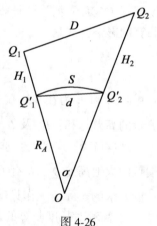

$$R_A = \frac{N}{1 + e'^2\cos^2 B_1\cos^2 A_1}$$

对应的圆弧长。

图 4-26

于是，在平面三角形 $Q_1 Q_2 O$ 中，由余弦定理有

$$\cos\sigma = \frac{(R_A + H_1)^2 + (R_A + H_2)^2 - D^2}{2(R_A + H_1)(R_A + H_2)}$$

另外，又知

$$\cos\sigma = \cos\frac{S}{R_A} = 1 - 2\sin^2\frac{S}{2R_A}$$

由以上两式易得

$$\sin^2 \frac{S}{2R_A} = \frac{D^2 - (H_2 - H_1)^2}{4(R_A + H_1)(R_A + H_2)}$$

经过简单变化，得

$$S = 2R_A \arcsin \frac{D}{2R_A} \sqrt{\frac{1 - \left(\frac{H_2 - H_1}{D}\right)^2}{\left(1 + \frac{H_1}{R_A}\right)\left(1 + \frac{H_2}{R_A}\right)}} \tag{4-176}$$

将上式按反正弦函数展开级数，舍去五次项，则得

$$S = D\sqrt{\frac{1 - \left(\frac{H_2 - H_1}{D}\right)^2}{\left(1 + \frac{H_1}{R_A}\right)\left(1 + \frac{H_2}{R_A}\right)}} + \frac{D^3}{24R_A^2} \tag{4-177}$$

上式即为电磁波测距的归算公式。式中大地高 H 由两项组成：一是正常高，一是高程异常。为了保证 S 的计算精度不低于 10^{-6} 级，当 $D<10\text{km}$ 时，高差 $\Delta h = (H_2 - H_1)$ 的精度必须达到 0.1m；当 $D>10\text{km}$ 时，其精度必须达到 1m。大地高 H 本身的精度，须达 5m级，而曲率半径 R_A 达 1km 即可。

为了某些应用和说明各项的几何意义，(4-177)式经进一步化简，又可写成

$$S = D - \frac{1}{2}\frac{\Delta h^2}{D} - D\frac{H_m}{R_A} + \frac{D^3}{24R_A^2} \tag{4-178}$$

式中：$H_m = \frac{1}{2}(H_1 + H_2)$。显然，上式右端第二项是由于控制点之高差引起的倾斜改正的主项，经过此项改正，测线已变成平距；第三项是由平均测线高出参考椭球面而引起的投影改正，经此项改正后，测线已变成弦线；第四项则是由弦长化改为弧长的改正项。(4-177)式还可用下式表达

$$S = \sqrt{D^2 - \Delta h^2}\left(1 - \frac{H_m}{R_A}\right) + \frac{D^3}{24R_A^2} \tag{4-179}$$

显然第一项即为经高差改正后的平距。

将以上两式同(4-177)式对照，我们便知两点间的弦长

$$d = D\sqrt{\frac{1 - \left(\frac{H_2 - H_1}{D}\right)^2}{\left(1 + \frac{H_1}{R_A}\right)\left(1 + \frac{H_2}{R_A}\right)}} \tag{4-180}$$

此式在某些计算中有时会用到。

经过以上各项改正的计算，即将地面上用电磁波测距仪测得的两点间的斜距化算到参考椭球面上，从而这类归算即告结束。

4.7 大地测量主题解算概述

4.7.1 大地主题解算的一般说明

椭球面上点的大地经度 L、大地纬度 B，两点间的大地线长度 S 及其正、反大地方位角 A_{12}、A_{21}，通称为大地元素。如果知道某些大地元素推求另一些大地元素，这样的计算问题就叫大地主题解算，大地主题解算有正解和反解。

如图 4-27 所示，已知 P_1 点的大地坐标 (L_1, B_1)，P_1 至 P_2 的大地线长 S 及其大地方位角 A_{12}，计算 P_2 点的大地坐标 (L_2, B_2) 和大地线 S 在 P_2 点的反方位角 A_{21}，这类问题叫做大地主题正解。

如果已知 P_1 和 P_2 点的大地坐标 (L_1, B_1) 和 (L_2, B_2)，计算 P_1 至 P_2 的大地线长 S 及其正、反方位角 A_{12} 和 A_{21}，这类问题叫做大地主题反解。

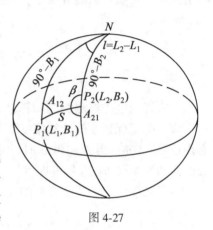

图 4-27

由上可见，椭球面上两控制点大地坐标，大地线长度及方位角的正解和反解问题同平面上两控制点平面坐标、平面距离及方位角的正反算是相似的，不过解算椭球面上的大地问题要比平面上相应计算复杂得多。

大地主题正解和反解，从解析意义来讲，就是研究大地极坐标与大地坐标间的相互变换。

大地主题正、反解原是用于推求一等三角锁中各点的大地坐标或反算边长和方位角的，目前由于大量的三角网都转化到高斯投影面上计算，所以它在三角测量计算中的作用就大大降低了。但是随着现代科学技术，特别是空间技术、航空、航海、国防等方面的科学技术的发展，大地主题又有了重要作用，解算的距离也由原来几十、几百公里扩大到几千甚至上万公里。

根据大地线的长短，主题解算可分为短距离 $(400km$ 以内$)$，中距离 $(400 \sim 1\,000km)$ 及长距离 $(1\,000km$ 以上$)$ 三种。

由于大地主题解算的复杂性，不同的目的要求及不同的计算工具和技术发展的变化，一百多年以来，许多测量学者提出了种类繁多的公式和方法，据不完全统计，目前已有 70 余种。对于这些不同解法的理论基础，大致可归纳成以下五类：

1. 以大地线在大地坐标系中的微分方程为基础的级数展开法

这时可直接在地球椭球面上进行积分运算。由 4.5.3 可知，大地线微分方程

$$
\begin{cases}
\dfrac{\mathrm{d}B}{\mathrm{d}S} = \dfrac{\cos A}{M} \\[2mm]
\dfrac{\mathrm{d}L}{\mathrm{d}S} = \dfrac{\sin A}{N\cos B} \\[2mm]
\dfrac{\mathrm{d}A}{\mathrm{d}S} = \dfrac{\tan B}{N}\sin A
\end{cases}
\tag{4-181}
$$

这三个方程通过将大地线长度 S 作为独立变量，将四个变量 B，L，A 和 S 紧紧联系在一起。它们是常一阶微分方程，沿 P_1 和 P_2 点间的大地线弧长 S 积分得：

$$\begin{cases} B_2 - B_1 = \int_{P_1}^{P_2} \dfrac{\cos A}{M} \mathrm{d}S \\[3mm] L_2 - L_1 = \int_{P_1}^{P_2} \dfrac{\sin A}{N\cos B} \mathrm{d}S \\[3mm] A_2 - A_1 \pm 180° = \int_{P_1}^{P_2} \dfrac{\tan B\sin A}{N} \mathrm{d}S \end{cases} \tag{4-182}$$

在初等函数中这些积分不能计算，所以其精确值不能求得，必须进行趋近解算，为此需要将上述积分进行变换。其中一种方法是运用勒让德级数将它们展开为大地线长度 S 的升幂级数，再逐项计算以达到主题解算的目的。这类解法的典型代表是高斯平均引数公式。其主要特点在于：解算精度与距离有关，距离越长，收敛越慢，因此只适用于较短的距离。

2. 以白塞尔大地投影为基础

我们知道，地球椭球的形状与圆球区别不大。在球面上解算大地主题问题可借助于球面三角学公式简单而严密地进行。因此，如将椭球面上的大地线长度投影到球面上为大圆弧，大地线上的每个点都与大圆弧上的相应点一致，也就是说实现了所谓的大地投影，那么给解算工作带来方便。如果我们已经找到了大地线上某点的数值 B、L、A、S，与球面上大圆弧相应点的数值 φ、λ、α、σ 的关系式，亦即实现了下面的微分方程：

$$\frac{\mathrm{d}B}{\mathrm{d}\varphi} = f_1, \qquad \frac{\mathrm{d}L}{\mathrm{d}\lambda} = f_2, \qquad \frac{\mathrm{d}A}{\mathrm{d}\alpha} = f_3, \qquad \frac{\mathrm{d}S}{\mathrm{d}\sigma} = f_4 \tag{4-183}$$

积分后，我们就找到了从椭球面向球面过渡的必要公式。因此，按这种思想，可得大地主题解算的步骤：

(1)按椭球面上的已知值计算球面相应值，即实现椭球面向球面的过渡；

(2)在球面上解算大地问题；

(3)按球面上得到的数值计算椭球面上的相应数值，即实现从圆球向椭球的过渡。

白塞尔首先提出并解决了投影条件，使这一解法得以实现。这类公式的特点是：计算公式展开 e^2 或 e'^2 的幂级数，解算精度与距离长短无关。因此，它既适用于短距离解算，也适用于长距离解算。依据白塞尔的这种解法，派生出许许多多的公式，有的是逐渐趋近的解法，有的是直接解法。这些公式大多可适应 20 000km 或更长的距离，这对于国际联测，精密导航，远程导弹发射等都具有重要意义。

3. 利用地图投影理论解算大地问题

如在地图投影中，采用椭球面对球面的正形投影和等距离投影以及椭球面对平面的正形投影(如高斯投影)，它们都可以用于解算大地主题，这类解法受距离的限制，只在某些特定情况下才比较有利。

4. 对大地线微分方程进行数值积分的解法

这种解法既不采用勒让德级数，也不采用辅助面，而是直接对(4-182)式进行数值积分计算以解决大地主题的解算。常用的数值积分算法有高斯法，龙格-库塔法，牛顿法以及契巴雪夫法等。这种算法易于编写程序，适用于任意长度距离。其缺点是随着距离的增长，计算工作量大，且精度降低，而在近极地区，这种方法无能为力。

5. 依据大地线外的其他线为基础

连接椭球面两点的媒介除大地线之外，当然还有其他一些有意义的线，比如弦线、法截线等。利用弦线解决大地主题实质是三维大地测量问题，由电磁波测距得到法截线弧长。所以对三边测量的大地主题而言，运用法截弧进行解法有其优点。当然，这些解算结果还应加上归化至大地线的改正。

限于篇幅，我们这里只就第 1、2 种解法加以介绍，其他解法读者可参看有关文献。

4.7.2　勒让德级数式

由图 4-27 可知，在过已知点 $P_1(L_1，B_1)$ 且在该点处大地方位角为 A_{12} 的大地线 S 上，任意一点 P_2 的大地坐标 $(L_2，B_2)$ 及其方位角 A_{21} 必是大地线长度 S 的函数

$$B_2 = B(S)，\quad L_2 = L(S)，\quad A_{21} = A(S) \tag{4-184}$$

显然，当 $S=0$ 时，这些函数值分别等于 P_1 点的相应数值

$$B(0) = B_1，\quad L(0) = L_1，\quad A(0) = A_{12} \tag{4-185}$$

因此，我们可在已知点 P_1 点 $(S=0)$ 上，按麦克劳林公式将 P_1 和 P_2 点的纬度差、经度差及方位角之差展开为大地线长度 S 的幂级数

$$B_2 - B_1 = \Delta B = \sum \left(\frac{\mathrm{d}^n B}{\mathrm{d}S^n}\right)_1 \frac{S^n}{n!}$$

$$= \left(\frac{\mathrm{d}B}{\mathrm{d}S}\right)_1 S + \left(\frac{\mathrm{d}^2 B}{\mathrm{d}S^2}\right)_1 \frac{S^2}{2!} + \left(\frac{\mathrm{d}^3 B}{\mathrm{d}S^3}\right)_1 \frac{S^3}{3!} + \cdots \tag{4-186}$$

$$L_2 - L_1 = \Delta L = \sum \left(\frac{\mathrm{d}^n L}{\mathrm{d}S^n}\right)_1 \frac{S^n}{n!}$$

$$= \left(\frac{\mathrm{d}L}{\mathrm{d}S}\right)_1 S + \left(\frac{\mathrm{d}^2 L}{\mathrm{d}S^2}\right)_1 \frac{S^2}{2!} + \left(\frac{\mathrm{d}^3 L}{\mathrm{d}S^3}\right)_1 \frac{S^3}{3!} + \cdots \tag{4-187}$$

$$A_{21} \pm 180° - A_1 = \Delta A = \sum \left(\frac{\mathrm{d}^n A}{\mathrm{d}S^n}\right)_1 \frac{S^n}{n!}$$

$$= \left(\frac{\mathrm{d}A}{\mathrm{d}S}\right)_1 S + \left(\frac{\mathrm{d}^2 A}{\mathrm{d}S^2}\right)_1 \frac{S^2}{2!} + \left(\frac{\mathrm{d}^3 A}{\mathrm{d}S^3}\right)_1 \frac{S^3}{3!} + \cdots \tag{4-188}$$

以上的下标"1"的各阶导数表示其值按 $S=0$ 时，$B=B_1$，$L=L_1$，$A=A_{12}$ 来计算。

从上可见，为计算 ΔB，ΔL 及 ΔA 的级数展开式，关键问题是推求各阶导数。其中一阶导数就是大地坐标系中的大地线微分方程，由 4.5 节可知

$$\begin{cases} \dfrac{\mathrm{d}B}{\mathrm{d}S} = \dfrac{1}{M}\cos A = \dfrac{V^3}{c}\cos A \\[2mm] \dfrac{\mathrm{d}L}{\mathrm{d}S} = \dfrac{1}{N\cos B}\sin A = \dfrac{V}{c}\sec B\sin A \\[2mm] \dfrac{\mathrm{d}A}{\mathrm{d}S} = \dfrac{\tan B}{N}\sin A = \dfrac{V}{c}\tan B\sin A \end{cases} \tag{4-189}$$

以上式为基础，可依次导出其他高阶导数。于是对二阶导数

$$\frac{\mathrm{d}^2 B}{\mathrm{d}S^2} = \frac{\partial}{\partial B}\left(\frac{\mathrm{d}B}{\mathrm{d}S}\right)\frac{\mathrm{d}B}{\mathrm{d}S} + \frac{\partial}{\partial A}\left(\frac{\mathrm{d}B}{\mathrm{d}S}\right)\frac{\mathrm{d}A}{\mathrm{d}S} = \frac{3V^2}{c}\cos A\frac{\mathrm{d}V}{\mathrm{d}S} - \frac{V^3}{c}\sin A\left(\frac{\mathrm{d}A}{\mathrm{d}S}\right)$$

而

$$\frac{\mathrm{d}V}{\mathrm{d}S} = \frac{\mathrm{d}V}{\mathrm{d}B}\frac{\mathrm{d}B}{\mathrm{d}S} = -\frac{\eta^2 t}{V}\frac{V^3}{c}\cos A$$

因此

$$\frac{\mathrm{d}^2 B}{\mathrm{d}S^2} = -\frac{V^4}{c^2}t(3\eta^2\cos^2 A + \sin^2 A) \tag{4-190}$$

对三阶导数

$$\frac{\mathrm{d}^3 B}{\mathrm{d}S^3} = -\frac{4}{c^2}V^3\frac{\mathrm{d}V}{\mathrm{d}S}t(\sin^2 A + 3\eta^2\cos^2 A) - \frac{V^4}{c^2}(\sin^2 A + 3\eta^2\cos^2 A)\frac{\mathrm{d}t}{\mathrm{d}S} -$$

$$\frac{V^4}{c^2}t\left(2\sin A\cos A\frac{\mathrm{d}A}{\mathrm{d}S} - 6\eta^2\cos A\sin A\frac{\mathrm{d}A}{\mathrm{d}S} + 3\cos^2 A\frac{\mathrm{d}\eta^2}{\mathrm{d}S}\right)$$

而

$$\frac{\mathrm{d}t}{\mathrm{d}S} = \frac{\mathrm{d}t}{\mathrm{d}B}\cdot\frac{\mathrm{d}B}{\mathrm{d}S} = (1 + t^2)\frac{V^3}{c}\cos A, \qquad \frac{\mathrm{d}\eta^2}{\mathrm{d}S} = \frac{\mathrm{d}\eta^2}{\mathrm{d}B}\cdot\frac{\mathrm{d}B}{\mathrm{d}S} = -2\eta^2 t\frac{V^3}{c}\cos A$$

代入前式，经过整理，得到

$$\frac{\mathrm{d}^3 B}{\mathrm{d}S^3} = -\frac{V^5}{c^3}\cos A\left[\sin^2 A(1 + 3t^2 + \eta^2 - 9\eta^2 t^2) + 3\eta^2\cos^2 A(1 - t^2 + \eta^2 - 5\eta^2 t^2)\right]$$

$$\tag{4-191}$$

用类似方法可得

$$\frac{\mathrm{d}^2 L}{\mathrm{d}S^2} = \frac{2V^2}{c^2}t\sec B\sin A\cos A \tag{4-192}$$

$$\frac{\mathrm{d}^3 L}{\mathrm{d}S^3} = \frac{2V^3}{c^3}\sec B\left[\sin A\cos^2 A(1 + \eta^2 + 3t^2) - t^2\sin^3 A\right] \tag{4-193}$$

$$\cdots$$

$$\frac{\mathrm{d}^2 A}{\mathrm{d}S^2} = \frac{V^2}{c^2}\sin A\cos A(1 + 2t^2 + \eta^2) \tag{4-194}$$

$$\frac{\mathrm{d}^3 A}{\mathrm{d}S^3} = \frac{V^3}{c^3}t\left[\cos^2 A\sin A(5 + 6t^2 + \eta^2 - 4\eta^4) - \sin^3 A(1 + 2t^2 + \eta^2)\right] \tag{4-195}$$

$$\cdots$$

把(4-189)式~(4-195)式一并代入(4-186)式、(4-187)式及(4-188)式，并引用符号

$$u = S\cdot\cos A_1, \quad v = S\cdot\sin A_1$$

顾及 $\dfrac{V}{c} = \dfrac{1}{N}$ 及第 4、第 5 阶导数，则得出勒让德级数式如下：

$$\frac{(B_2 - B_1)''}{\rho''} = \frac{V_1^2}{N_1}u - \frac{V_1^2 t_1}{2N_1^2}v^2 - \frac{2V_1^2\cdot\eta_1^2 t_1}{2N_1^2}u^2 - \frac{V_1^2(1 + 3t_1^2 + \eta_1^2 - 9\eta_1^2 t_1^2)}{6N_1^3}uv^2 -$$

$$\frac{V_1^2\eta_1^2(1 - t_1^2 + \eta_1^2 - 5\eta_1^2 t_1^2)}{2N_1^3}u^3 + \frac{V_1^2 t_1(1 + 3t_1^2 + \eta_1^2 - 9\eta_1^2 t_1^2)}{24N_1^4}v^4 -$$

$$\frac{V_1^2 t_1(4 + 6t_1^2 - 13\eta_1^2 - 9\eta_1^2 t_1^2)}{12N_1^4}u^2 v^2 + \frac{V_1^2\eta_1^2 t_1}{2N_1^4}u^4 +$$

$$\frac{V_1^2(1 + 30t_1^2 + 45t_1^4)}{120N_1^5}uv^4 - \frac{V_1^2(2 + 15t_1^2 + 15t_1^4)}{30N_1^5}u^3v^2 + 6\ 次项 \tag{4-196}$$

$$\frac{(L_2 - L_1)''\cos B_1}{\rho''} = \frac{v}{N_1} + \frac{t_1}{N_1^2}uv - \frac{t_1^2}{3N_1^3}v^3 + \frac{(1 + 3t_1^2 + \eta_1^2)}{3N_1^3}u^2v -$$

$$\frac{t_1(1 + 3t_1^2 + \eta_1^2)}{3N_1^4}uv^3 + \frac{t_1(2 + 3t_1^2 + \eta_1^2)}{3N_1^4}u^3v +$$

$$\frac{t_1^2(1 + 3t_1^2)}{15N_1^5}v^5 - \frac{(1 + 20t_1^2 + 30t_1^4)}{15N_1^5}u^2v^3 +$$

$$\frac{(2 + 15t_1^2 + 15t_1^4)}{15N_1^5}u^4v + 6\ 次项 \tag{4-197}$$

$$\frac{(A_2 - A_1)''}{\rho''} \pm \pi = \frac{t_1}{N_1}v + \frac{(1 + 2t_1^2 + \eta_1^2)}{2N_1^2}uv - \frac{t_1(1 + 2t_1^2 + \eta_1^2)}{6N_1^3}v^3 +$$

$$\frac{t_1(5 + 6t_1^2 + \eta_1^2 - 4\eta_1^4)}{6N_1^3}u^2v - \frac{(1 + 20t_1^2 + 24t_1^4 + 2\eta_1^2 + 8\eta_1^2t_1^2)}{24N_1^4}uv^3 +$$

$$\frac{(5 + 28t_1^2 + 24t_1^4 + 6\eta_1^2 + 8\eta_1^2t_1^2)}{24N_1^4}u^3v + \frac{t_1(1 + 20t_1^2 + 24t_1^4)}{120N_1^5}v^5 -$$

$$\frac{t_1(58 + 280t_1^2 + 240t_1^4)}{120N_1^5}u^2v^3 +$$

$$\frac{t_1(61 + 180t_1^2 + 120t_1^4)}{120N_1^5}u^4v + 6\ 次项 \tag{4-198}$$

勒让德级数是大地主题正算的一组基本公式，但它仅适用于边长短于 30km 的情况。因为边长长的话，级数收敛很慢，且计算工作很复杂。后来博尔茨对级数中 u，v 及它们各次幂之积的系数作了改化，使之成为带有 e'^2 的升幂和 $\sin mB_1$ 及 $\cos mB_1$（m 为正整数）的级数式，并编制了计算用表，使勒让德级数成为手算实用公式。同时，赫里斯托夫（Hristow），史赖伯（Schreiber）等也对级数系数进行了改化，并编制了相应计算用表或公式。为解算大地主题，高斯于 1846 年对勒让德级数也进行了改化，提出了以大地线两端点平均纬度及平均方位角为依据的高斯平均引数公式，它具有级数收敛快，公式项数少，精度高，计算较简便，使用范围大等优点。

4.7.3 高斯平均引数正算公式

高斯平均引数正算公式推导的基本思想是：首先把勒让德级数在 P_1 点展开改在大地线长度中点 M 展开，以使级数公式项数减少，收敛快，精度高；其次，考虑到求定中点 M 的复杂性，将 M 点用大地线两端点平均纬度及平均方位角相对应的 m 点来代替，并借助迭代计算，便可顺利地实现大地主题正解。

如图 4-28 所示，设点 M 是大地线 P_1P_2 的中点，即点 M 到点 P_1 和 P_2 的大地线长度相等：

$$MP_2 = \frac{S}{2}, \qquad MP_1 = -\frac{S}{2} \qquad (4\text{-}199)$$

上式的正负号以大地线 P_1P_2 的方向为准。M 点经、
纬度为 L_M，B_M，在 M 点处的大地线的大地方位角为
A_M。分别对 MP_2 及 MP_1 写出如（4-186）式的展开式

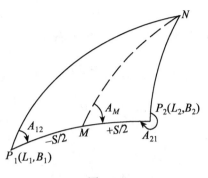

图 4-28

$$B_2 - B_M = \left(\frac{\mathrm{d}B}{\mathrm{d}S}\right)_M \frac{S}{2} + \frac{1}{2}\left(\frac{\mathrm{d}^2B}{\mathrm{d}S^2}\right)_M \cdot \frac{S^2}{4} +$$
$$\frac{1}{6}\left(\frac{\mathrm{d}^3B}{\mathrm{d}S^3}\right)_M \frac{S^3}{8} + \cdots \qquad (4\text{-}200)$$

$$B_1 - B_M = -\left(\frac{\mathrm{d}B}{\mathrm{d}S}\right)_M \frac{S}{2} + \frac{1}{2}\left(\frac{\mathrm{d}^2B}{\mathrm{d}S^2}\right)_M \cdot \frac{S^2}{4} - \frac{1}{6}\left(\frac{\mathrm{d}^3B}{\mathrm{d}S^3}\right)_M \frac{S^3}{8} + \cdots$$

$$(4\text{-}201)$$

两式相减，得

$$(B_2 - B_1)'' = \Delta B'' = \rho''\left(\frac{\mathrm{d}B}{\mathrm{d}S}\right)_M S + \frac{\rho''}{24}\left(\frac{\mathrm{d}^3B}{\mathrm{d}S^3}\right)_M S^3 +$$
$$5 \text{ 次项} \qquad (4\text{-}202)$$

同理有

$$(L_2 - L_1)'' = \Delta L'' = \rho''\left(\frac{\mathrm{d}L}{\mathrm{d}S}\right)_M S + \frac{\rho''}{24}\left(\frac{\mathrm{d}^3L}{\mathrm{d}S^3}\right)_M S^3 + 5 \text{ 次项} \qquad (4\text{-}203)$$

$$(A_{21} - A_{12})'' = \Delta A'' = \rho''\left(\frac{\mathrm{d}A}{\mathrm{d}S}\right)_M S + \frac{\rho''}{24}\left(\frac{\mathrm{d}^3A}{\mathrm{d}S^3}\right)_M S^3 + 5 \text{ 次项} \qquad (4\text{-}204)$$

由上可知，用大地线中点 M 的纬度 B_M 和大地方位角 A_M 来计算各阶导数值，两项已
达原四项精度。然而由于 B_M 和 A_M 均为未知，不能直接用来计算。为此，引进 P_1 和 P_2
点平均纬度和平均方位角相对应的 m 点代替 M 点。这时

$$B_m = \frac{1}{2}(B_1 + B_2), \qquad A_m = \frac{1}{2}(A_{12} + A_{21} \pm 180°) \qquad (4\text{-}205)$$

显然
$$B_m \neq B_M, \qquad A_m \neq A_M$$

但它们的差异是很小的，因为将（4-200）和（4-201）两式相加除以 2，得

$$B_m - B_M = \frac{S^2}{8}\left(\frac{\mathrm{d}^2B}{\mathrm{d}S^2}\right)_M + 4 \text{ 次项} \qquad (4\text{-}206)$$

同理有
$$A_m - A_M = \frac{S^2}{8}\left(\frac{\mathrm{d}^2A}{\mathrm{d}S^2}\right)_M + 4 \text{ 次项} \qquad (4\text{-}207)$$

可见它们之差均属二次微小量。因此，如能设法将（4-202）式~（4-204）式中以 B_M，A_M 为
依据的导数值改化为以 B_m，A_m 为依据的导数值，问题就得到解决。下面以 ΔB 的展开式
为例进行推导。

由于 $\dfrac{\mathrm{d}B}{\mathrm{d}S}$ 是 B 和 A 的函数，因此有式

$$\left(\frac{\mathrm{d}B}{\mathrm{d}S}\right)_M = f(B_M,\ A_M) = f(B_m + B_M - B_m,\ A_m + A_M - A_m) \tag{4-208}$$

将上式以 B_m，A_m 为依据展开级数

$$\left(\frac{\mathrm{d}B}{\mathrm{d}S}\right)_M = f(B_m,\ A_m) + \left(\frac{\partial f}{\partial B}\right)_m (B_M - B_m) + \left(\frac{\partial f}{\partial A}\right)_m (A_M - A_m) + \cdots \tag{4-209}$$

亦即

$$\left(\frac{\mathrm{d}B}{\mathrm{d}S}\right)_M = \left(\frac{\mathrm{d}B}{\mathrm{d}S}\right)_m + \left(\frac{\partial\left(\frac{\mathrm{d}B}{\mathrm{d}S}\right)}{\partial B}\right)_m (B_M - B_m) + \left(\frac{\partial\left(\frac{\mathrm{d}B}{\mathrm{d}S}\right)}{\partial A}\right)_m (A_M - A_m) + \cdots \tag{4-210}$$

下面分别求出上式右边各项。

第一项，由大地线微分方程知

$$\left(\frac{\mathrm{d}B}{\mathrm{d}S}\right)_m = \frac{\cos A_m}{M_m} = \frac{V_m^3}{c}\cos A_m = \frac{V_m^2}{N_m}\cos A_m \tag{4-211}$$

第二项

$$\left(\frac{\partial\left(\frac{\mathrm{d}B}{\mathrm{d}S}\right)}{\partial B}\right)_m = \frac{\partial\frac{V_m^3}{c}\cos A_m}{\partial B} = -\frac{3}{N_m}t_m\eta_m^2\cos A_m \tag{4-212}$$

第三项

$$\left(\frac{\partial\left(\frac{\mathrm{d}B}{\mathrm{d}S}\right)}{\partial A}\right)_m = \frac{\partial\frac{V_m^3}{c}\cos A_m}{\partial A} = -\frac{V_m^2}{N_m}\sin A_m \tag{4-213}$$

第四项由于 $(B_m - B_M)$ 是二次微小量，故略去证明，直接用 $\left(\frac{\mathrm{d}^2B}{\mathrm{d}S^2}\right)_m$ 代替 $\left(\frac{\mathrm{d}^2B}{\mathrm{d}S^2}\right)_M$。因此 (4-206)式及(4-207)式分别有

$$B_M - B_m = -\frac{S^2}{8}\left(\frac{\mathrm{d}^2B}{\mathrm{d}S^2}\right)_m$$

$$= \frac{V_m^2 S^2}{8N_m^2}(t_m\cdot\sin^2 A_m + 3t_m\eta_m^2\cos^2 A_m) \tag{4-214}$$

及

$$A_M - A_m = -\frac{S^2}{8}\left(\frac{\mathrm{d}^2A}{\mathrm{d}S^2}\right)_m$$

$$= -\frac{S^2}{8N_m^2}\sin A_m\cos A_m(1 + 2t_m^2 + \eta_m^2) \tag{4-215}$$

将(4-211)式~(4-215)式代入(4-210)式，经整理得到按 B_m 和 A_m 计算 $\left(\frac{\mathrm{d}B}{\mathrm{d}S}\right)_M$ 的公式

$$S\cdot\left(\frac{\mathrm{d}B}{\mathrm{d}S}\right)_M = \frac{V_m^2}{N_m}S\cdot\cos A_m - \frac{3V_m^2}{8N_m^3}\cos A_m t_m^2\eta_m^2(\sin^2 A_m + 3\eta_m^2\cos^2 A_m)\cdot S^3 +$$

$$\frac{V_m^2}{8N_m^3}\sin^2 A_m\cos A_m(1 + 2t_m^2 + \eta_m^2)\cdot S^3 + 5\text{ 次项} \tag{4-216}$$

在考虑(4-202)式右边第二项导数值时，根据上面分析，可直接用 $\left(\dfrac{\mathrm{d}^3 B}{\mathrm{d} S^3}\right)_m$ 代替 $\left(\dfrac{\mathrm{d}^3 B}{\mathrm{d} S^3}\right)_M$，

于是有式

$$\frac{S^3}{24}\left(\frac{\mathrm{d}^3 B}{\mathrm{d} S^3}\right)_M = -\frac{V_m^2}{24 N_m^3}\cos A_m\{\sin^2 A_m(1 + 3t_m^2 + \eta_m^2 - 9t_m^2\eta_m^2) +$$

$$3\eta_m^2\cos^2 A_m(1 - t_m^2 + \eta_m^2 - 5t_m^2\eta_m^2)\}S^3 + 5\,\text{次项} \tag{4-217}$$

最后将(4-216)式及(4-217)式代入(4-202)式，经整理可得高斯平均引数正算公式

$$\Delta B'' = (B_2 - B_1)'' = \frac{V_m^2}{N_m}\rho'' S \cdot \cos A_m\{1 + \frac{S^2}{24 N_m^2}[\sin^2 A_m(2 + 3t_m^2 + 3\eta_m^2 t_m^2) +$$

$$3\eta_m^2\cos^2 A_m(-1 + t_m^2 - \eta_m^2 - 4t_m^2\eta_m^2)]\} + 5\,\text{次项} \tag{4-218}$$

仿上，可得

$$\Delta L'' = (L_2 - L_1)'' = \frac{\rho''}{N_m}S \cdot \sec B_m\sin A_m\{1 + \frac{S^2}{24 N_m^2}[\sin^2 A_m \cdot t_m^2 -$$

$$\cos^2 A_m(1 + \eta_m^2 - 9t_m^2\eta_m^2 + \eta_m^4)]\} + 5\,\text{次项} \tag{4-219}$$

$$\Delta A'' = (A_{21} - A_{12})'' = \frac{\rho''}{N_m}S \cdot \sin A_m t_m\{1 + \frac{S^2}{24 N_m^2}[\cos^2 A_m(2 + 7\eta_m^2 + 9t_m^2\eta_m^2 +$$

$$5\eta_m^4) + \sin^2 A_m(2 + t_m^2 + 2\eta_m^2)]\} + 5\,\text{次项} \tag{4-220}$$

以上三式保证了四次项的精度，可解算 120km 主题问题。

当距离小于 70km 时，上述各式中的 η_m^2 项可略去，若设主项

$$\begin{cases} \Delta B_0' = \dfrac{\rho''}{M_m}S \cdot \cos A_m, & \Delta L_0'' = \dfrac{\rho''}{N_m}S \cdot \sin A_m\sec B_m \\[3mm] \Delta A_m'' = \dfrac{\rho''}{N_m}S \cdot \sin A_m\tan B_m = \Delta L_0'' \cdot \sin B_m \end{cases} \tag{4-221}$$

则得简化公式

$$\begin{cases} \Delta L'' = \dfrac{\rho''}{N_m}S \cdot \sin A_m\sec B_m\left(1 + \dfrac{\Delta A_0''^2}{24\rho''^2} - \dfrac{\Delta B_0''^2}{24\rho''^2}\right) \\[3mm] \Delta B'' = \dfrac{\rho''}{M_m}S \cdot \cos A_m\left(1 + \dfrac{\Delta L_0''^2}{12\rho''^2} + \dfrac{\Delta A_0''^2}{24\rho''^2}\right) \\[3mm] \Delta A'' = \dfrac{\rho''}{N_m}S \cdot \sin A_m\tan B_m\left(1 + \dfrac{\Delta B_0''^2}{12\rho''^2} + \dfrac{\Delta L_0''^2}{12\rho''^2}\cos^2 B_m + \dfrac{\Delta A_0''^2}{24\rho''^2}\right) \end{cases} \tag{4-222}$$

高斯平均引数公式，结构比较简单，精度比较高。从公式可知，欲求 ΔL、ΔB 及 ΔA，必先有 B_m 及 A_m。但由于 B_2 和 A_{21} 未知，故精确值尚不知，为此需用逐次趋近的迭代方法进行公式的计算。一般主项趋近 3 次，改正项趋近 1~2 次就可满足要求了。

4.7.4 高斯平均引数反算公式

大地主题反算是已知两端点的经、纬度 L_1、B_1 及 L_2、B_2，反求两点间的大地线长度 S 及正、反大地方位角 A_{12} 和 A_{21}。这时，由于经差 ΔL、纬差 ΔB 及平均纬度 B_m 均为已知，

故可依正算公式很容易地导出反算公式。

由(4-219)式及(4-218)式两式，分别移项，经整理可得

$$S \cdot \sin A_m = \frac{\Delta L''}{\rho''} N_m \cos B_m - \frac{S \cdot \sin A_m}{24 N_m^2} [S^2 t_m^2 \sin^2 A_m -$$

$$S^2 \cos^2 A_m (1 + \eta_m^2 - 9 \eta_m^2 t_m^2 + \eta_m^4)] \tag{4-223}$$

$$S \cdot \cos A_m = \frac{\Delta B''}{\rho''} \frac{N_m}{V_m^2} - \frac{S \cdot \cos A_m}{24 N_m^2} [S^2 \sin^2 A_m (2 + 3 t_m^2 + 2 \eta_m^2) +$$

$$3 \eta_m^2 S^2 \cos^2 A_m (t_m^2 - 1 - \eta_m^2 - 4 \eta_m^2 t_m^2)] \tag{4-224}$$

上两式右端第二项含有 $S \cdot \sin A_m$ 及 $S \cdot \cos A_m$，它们可用其主式代换，即有

$$S \cdot \sin A_m = \frac{\Delta L''}{\rho''} N_m \cos B_m, \qquad S \cdot \cos A_m = \frac{\Delta B''}{\rho''} \frac{N_m}{V_m^2} \tag{4-225}$$

将上式代入前两式，并按 ΔL 和 ΔB 集项，得

$$\begin{cases} S \cdot \sin A_m = r_{01} \Delta L'' + r_{21} \Delta B''^2 \Delta L'' + r_{03} \Delta L''^3 \\ S \cdot \cos A_m = S_{10} \Delta B'' + S_{12} \Delta B'' \Delta L''^2 + S_{30} \Delta B''^3 \end{cases} \tag{4-226}$$

式中各系数

$$\begin{cases} r_{01} = \frac{N_m}{\rho''} \cos B_m, \qquad r_{21} = \frac{N_m \cos B_m}{24 \rho''^3 V_m^4} (1 + \eta_m^2 - 9 \eta_m^2 t_m^2 + \eta_m^4), \qquad r_{03} = \frac{-N_m}{24 \rho''^3} \cos^3 B_m t_m^2 \\ S_{10} = \frac{N_m}{\rho'' V_m^2}, \quad S_{12} = \frac{N_m}{24 \rho''^3 V_m^2} \cos^2 B_m (+ 2 + 3 t_m^2 + 2 \eta_m^2), \quad S_{30} = \frac{N_m}{8 \rho''^3 V_m^6} (\eta_m^2 - t_m^2 \eta_m^2) \end{cases} \tag{4-227}$$

将(4-226)式、(4-227)式一并代入(4-220)式，经整理得到

$$\Delta A'' = t_{01} \Delta L'' + t_{21} \Delta B''^2 \Delta L'' + t_{03} L''^3 \tag{4-228}$$

式中

$$\begin{cases} t_{01} = t_m \cos B_m, \qquad t_{21} = \frac{1}{24 \rho''^2 V_m^4} \cos B_m t_m (2 + 7 \eta_m^2 + 9 t_m^2 \eta_m^2 + 5 \eta_m^4) \\ t_{03} = \frac{1}{24 \rho''^2} \cos^3 B_m t_m (2 + t_m^2 + 2 \eta_m^2) \end{cases} \tag{4-229}$$

求出 $S \cdot \sin A_m$，$S \cdot \cos B_m$ 及 $\Delta A''$ 后，按下式计算大地线长度 S 及正、反方位角 A_{12}，A_{21}

$$\tan A_m = \frac{S \cdot \sin A_m}{S \cdot \cos A_m} \tag{4-230}$$

由此求出 A_m 后，进而再求

$$\begin{cases} S = \frac{S \cdot \sin A_m}{\sin A_m} = \frac{S \cdot \cos A_m}{\cos A_m} \\ A_{12} = A_m - \frac{1}{2} \Delta A'', \quad A_{21} = A_m + \frac{1}{2} \Delta A'' \pm 180° \end{cases} \tag{4-231}$$

上述公式同正算公式一样，保证了四次项精度，可用于 200km 下的反算。

当距离小于 70km 时，可由简化公式(4-222)式写出

$$
\begin{cases}
S \cdot \sin A_m = \dfrac{N_m \Delta L'' \cos B_m}{\rho'' \left(1 + \dfrac{\Delta A_0''^2}{24\rho''^2} - \dfrac{\Delta B_0''^2}{24\rho''^2} \right)} \\[4ex]
S \cdot \cos A_m = \dfrac{M_m \Delta B''}{\rho'' \left(1 + \dfrac{\Delta L''}{12\rho''^2} + \dfrac{\Delta A_0''^2}{24\rho''^2} \right)}
\end{cases}
\tag{4-232}
$$

而 $\Delta A_0''$ 可用下式替代

$$
\Delta A_0'' = \Delta L_0'' \cdot \sin B_m
\tag{4-233}
$$

精密方位角之差按(4-220)式计算，其他计算同(4-230)式及(4-231)式。

为判断 A_m 的象限，设 $b = B_2 - B_1$，$l = L_2 - L_1$，先按下式求出

$$
\begin{cases}
T = \begin{cases}
\arctan \left| \dfrac{S \cdot \sin A_m}{S \cdot \cos A_m} \right|, & \text{当} \ |b| \geqslant |l| \\[3ex]
\dfrac{\pi}{4} + \arctan \dfrac{1-c}{1+c}, & \text{当} \ |b| \leqslant |l|
\end{cases} \\[6ex]
c = \left| \dfrac{S \cdot \cos A_m}{S \cdot \sin A_m} \right|
\end{cases}
\tag{4-234}
$$

所以

$$
A_m = \begin{cases}
T & \text{当} \ b > 0, \ l \geqslant 0 \\
\pi - T & \text{当} \ b < 0, \ l \geqslant 0 \\
\pi + T & \text{当} \ b \leqslant 0, \ l < 0 \\
2\pi - T & \text{当} \ b > 0, \ l < 0 \\
\dfrac{\pi}{2} & \text{当} \ b = 0, \ l > 0
\end{cases}
\tag{4-235}
$$

反算公式结构简单，收敛快，精度高，无须迭代，这些优点使它成为迄今为止短距离大地主题反算的最佳公式。

最后，可按下列框图编写高斯平均引数公式解算大地主题正、反算问题的电算程序。

4.7.5 白塞尔大地主题解算方法

白塞尔法解算大地主题的基本思想是将椭球面上的大地元素按照白塞尔投影条件投影到辅助球面上，继而在球面上进行大地主题解算，最后再将球面上的计算结果换算到椭球面上。由此可见，这种方法的关键问题是找出椭球面上的大地元素与球面上相应元素之间的关系式。同时也要解决在球面上进行大地主题解算的方法。

1. 在球面上进行大地主题解算

如图 4-29 所示，在球面上有两点 P_1 和 P_2，其中 P_1 点的大地纬度 φ_1，大地经度 λ_1，P_2 点大地纬度 φ_2，大地经度 λ_2；P_1 和 P_2 点间的大圆弧长为 σ，$P_1 P_2$ 的方位角为 α_1，其反方位角为 α_2，球面上大地主题正算是已知 φ_1，α_1，σ，要求 φ_2，α_2 及经差 λ；反算问题是已知 φ_1，φ_2 及经差 λ，要求 σ，α_1 及 α_2。

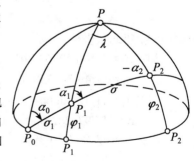

图 4-29

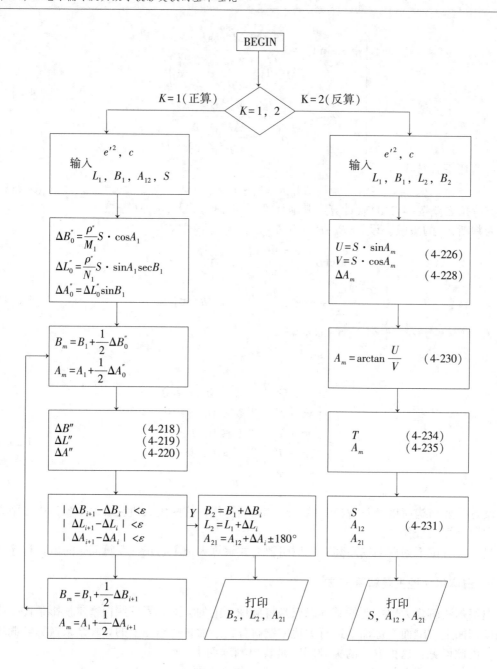

算例(1954 年北京坐标系)：

    已知：$B_1 = 47°46'52.647\,0''$

           $L_1 = 35°49'36.330\,0''$

           $A_1 = 44°12'13.664''$

           $S = 44\,797.282\,6\text{m}$

    求得：$B_2 = 48°04'09.638\,4''$

           $L_2 = 36°14'45.050\,5''$

           $A_{21} = 224°30'53.551''$

算例：

    已知：$B_1 = 47°46'52.647\,0''$

           $L_1 = 35°49'36.330\,0''$

           $B_2 = 48°04'09.638\,4''$

           $L_2 = 36°14'45.050\,5''$

    求得：$S = 44\,797.283\text{m}$

           $A_{12} = 44°12'13.665''$

           $A_{21} = 224°30'53.551''$

在球面上进行大地主题正反算，实质是对极球面三角形 PP_1P_2 的解算。为了解算极球面三角形可以采用多种球面的三角学公式。在这里，我们给出正切函数式，其优点是能保证反正切函数的精度。在有关计算中，反三角函数应用最少，易于编写计算机程序，从而使其得到实质性的改善。

现在我们首先把极球面三角元素间的基本公式汇总如下：

$$\sin\sigma\sin\alpha_1 = \sin\lambda\cos\varphi_2 \tag{a}$$

$$\sin\sigma\sin\alpha_2 = -\sin\lambda\cos\varphi_1 \tag{b}$$

$$\sin\sigma\cos\alpha_1 = \cos\varphi_1\sin\varphi_2 - \sin\varphi_1\cos\varphi_2\cos\lambda \tag{c}$$

$$\sin\sigma\cos\alpha_2 = \sin\varphi_1\cos\varphi_2 - \cos\varphi_1\sin\varphi_2\cos\lambda \tag{d}$$

$$\cos\sigma = \sin\varphi_1\sin\varphi_2 + \cos\varphi_1\cos\varphi_2\cos\lambda \tag{e}$$

$$\cos\varphi_2\cos\lambda = \cos\varphi_1\cos\sigma - \sin\varphi_1\sin\sigma\cos\alpha_1 \tag{f}$$

$$\cos\varphi_2\cos\alpha_2 = \sin\varphi_1\sin\sigma - \cos\varphi_1\cos\sigma\cos\alpha_1 \tag{g}$$

$$\cos\varphi_2\sin\alpha_2 = -\cos\varphi_1\sin\alpha_1 \tag{h}$$

$$\sin\varphi_2 = \sin\varphi_1\cos\sigma + \cos\varphi_1\sin\sigma\cos\alpha_1 \tag{i}$$

1）球面上大地主题正解方法

此时已知量：φ_1，α_1 及 σ；要求量：φ_2，α_2 及 λ。

首先按（i）式计算 $\sin\varphi_2$，继而用下式计算 φ_2：

$$\tan\varphi_2 = \frac{\sin\varphi_2}{\sqrt{1-\sin^2\varphi_2}} \tag{j}$$

为确定经差 λ，将（a）÷（f），得

$$\tan\lambda = \frac{\sin\sigma\sin\alpha_1}{\cos\varphi_1\cos\sigma - \sin\varphi_1\sin\sigma\cos\alpha_1} \tag{k}$$

为求定反方位角 α_2，将（h）÷（g），得

$$\tan\alpha_2 = \frac{\cos\varphi_1\sin\alpha_1}{\cos\varphi_1\cos\sigma\cos\alpha_1 - \sin\varphi_1\sin\sigma} \tag{l}$$

2）球面上大地主题反解方法

此时已知量：φ_1，φ_2 及 λ；要求量：σ，α_1 及 α_2。

为确定正方位角 α_1，我们将（a）÷（c）式，得

$$\tan\alpha_1 = \frac{\sin\lambda\cos\varphi_2}{\cos\varphi_1\sin\varphi_2 - \sin\varphi_1\cos\varphi_2\cos\lambda} = \frac{p}{q} \tag{m}$$

式中 $\quad p = \sin\lambda\cos\varphi_2, \quad q = \cos\varphi_1\sin\varphi_2 - \sin\varphi_1\cos\varphi_2\cos\lambda \tag{n}$

为求解反方位角 α_2，我们将（b）÷（d）式，得

$$\tan\alpha_2 = \frac{\sin\lambda\cos\varphi_1}{\cos\varphi_1\sin\varphi_2\cos\lambda - \sin\varphi_1\cos\varphi_2} \tag{o}$$

为求定球面距离 σ，我们首先将（a）式乘以 $\sin\alpha_1$，（c）式乘以 $\cos\alpha$，并将它们相加；将相加结果再除以（e）式，则易得：

$$\tan\sigma = \frac{\cos\varphi_2\sin\lambda\sin\alpha_1 + (\cos\varphi_1\sin\varphi_2 - \sin\varphi_1\cos\varphi_2\cos\lambda)\sin\alpha_1}{\sin\varphi_1\sin\varphi_2 + \cos\varphi_1\cos\varphi_2\cos\lambda}$$

$$= \frac{p\sin\alpha_1 + q\cos\alpha_1}{\cos\sigma} \tag{p}$$

式中，p 及 q 见（n）式。

2. 椭球面和球面上坐标关系式

如图 4-30 所示，在椭球面极三角形 PP_1P_2 中，用 B，L，S 及 A 分别表示大地线上某点的大地坐标，大地线长及其大地方位角。在球面极三角形 $P'P_1'P_2'$中，与之相应，用 φ，λ，σ 及 α 分别表示球面大圆弧上相应点的坐标、弧长及方位角。

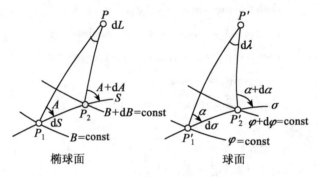

图 4-30

在椭球面上大地线微分方程为

$$\begin{cases} \mathrm{d}B = \dfrac{\cos A}{M}\mathrm{d}S \\[2mm] \mathrm{d}L = \dfrac{\sin A}{N\cos B}\mathrm{d}S \\[2mm] \mathrm{d}A = \dfrac{\tan B\sin A}{N}\mathrm{d}S \end{cases} \tag{4-236}$$

在单位圆球面上，易知大圆弧的微分方程为：

$$\begin{cases} \mathrm{d}\varphi = \cos\alpha\,\mathrm{d}\sigma \\[2mm] \mathrm{d}\lambda = \dfrac{\sin\alpha}{\cos\varphi}\mathrm{d}\sigma \\[2mm] \mathrm{d}\alpha = \tan\varphi\,\sin\alpha\,\mathrm{d}\sigma \end{cases} \tag{4-237}$$

由以上两组关系式易知二者有如下关系式：

$$\frac{\mathrm{d}B}{\mathrm{d}\varphi} = \frac{\cos A}{M\cos\alpha}\frac{\mathrm{d}S}{\mathrm{d}\sigma} \tag{4-238}$$

$$\frac{\mathrm{d}L}{\mathrm{d}\lambda} = \frac{\cos\varphi\,\sin A}{N\cos B\sin\alpha}\frac{\mathrm{d}S}{\mathrm{d}\sigma} \tag{4-239}$$

$$\frac{\mathrm{d}A}{\mathrm{d}\alpha} = \frac{\tan B\sin A}{N\tan\varphi\,\sin\alpha}\frac{\mathrm{d}S}{\mathrm{d}\sigma} \tag{4-240}$$

为简化计算，白塞尔提出如下三个投影条件：

(1)椭球面大地线投影到球面上为大圆弧；

(2)大地线和大圆弧上相应点的方位角相等；

(3)球面上任意一点的纬度等于椭球面上相应点的归化纬度。

按照上述条件，在球面极三角形 $P'P_1'P_2'$ 中，依正弦定理得

$$\cos u_1 \sin\alpha_1 = \cos u_2 \sin\alpha_2 \tag{4-241}$$

另外，依大地线克莱罗方程

$$\cos u_1 \sin\alpha_1 = \cos u_2 \sin A_2 \tag{4-242}$$

比较以上两式，易知

$$\alpha_2 = A_2 \tag{4-243}$$

这表明，在白塞尔投影方法中，方位角投影保持不变。

至此，在白塞尔投影中的六个元素，其中四个元素($B_1 \sim u_1$，$B_2 \sim u_2$，$A_1 \sim \alpha_1$，$A_2 \sim \alpha_2$)的关系已经确定，余下的 λ 与 l，σ 与 S 的关系尚未确定。下面我们首先建立它们之间的微分方程。

根据第一投影条件，可使用(4-238)式、(4-239)式及(4-240)式，顾及第二投影条件($A = \alpha$)，则由(4-240)式可得：

$$\frac{dS}{d\sigma} = \frac{N\tan\varphi}{\tan B} \tag{4-244}$$

将上式代入(4-238)式，得

$$\frac{dB}{d\varphi} = \frac{N\tan\varphi}{M\tan B} \tag{4-245}$$

进而得到

$$\frac{dL}{d\lambda} = \frac{\sin\varphi}{\sin B} \tag{4-246}$$

现在我们研究以上三个方程的积分。

首先对(4-245)式，可写成

$$\tan\varphi d\varphi = \frac{M\sin B}{N\cos B}dB \tag{4-247}$$

由于 $M\sin B dB = -dr$，则

$$\tan\varphi d\varphi = -\frac{dr}{r} \tag{4-248}$$

则

$$\ln\cos\varphi - \ln r + \ln C = 0$$

或

$$C \cdot \cos\varphi = r \tag{4-249}$$

式中：C 为积分常数。根据白塞尔投影第三条件确定常数 C，由于 $\varphi = u$，因为 $r = a\cos u$，于是 $C = a$。

再来研究(4-244)式及(4-246)式，根据第三投影条件，它们可以写成

$$\frac{dS}{d\sigma} = \frac{N\tan u}{\tan B} = \frac{a\sqrt{1-e^2}}{W} = \frac{a}{V} \tag{4-250}$$

$$\frac{dL}{d\lambda} = \frac{\sin u}{\sin B} = \frac{1}{V} \tag{4-251}$$

又因为
$$V^2 = 1 + e'^2\cos^2 B = 1 + \frac{e^2}{1-e^2}W^2\cos^2 u = 1 + e^2 V^2\cos^2 u$$

则
$$V^2 = \frac{1}{1-e^2\cos^2 u}$$

因此 (4-250) 式及 (4-251) 式可写成下式

$$\frac{\mathrm{d}S}{\mathrm{d}\sigma} = a\sqrt{1-e^2\cos^2 u} \tag{4-252}$$

$$\frac{\mathrm{d}L}{\mathrm{d}\lambda} = \sqrt{1-e^2\cos^2 u} \tag{4-253}$$

以上两式称为白塞尔微分方程，它们表达了椭球面上大地线长度与球面上大圆弧长度，椭球面上经差与球面上经差的微分关系，对这组方程进行积分：

$$S = a\int_{P_1}^{P_2}\sqrt{1-e^2\cos^2 u}\,\mathrm{d}\sigma \tag{4-254}$$

$$L = L_2 - L_1 = \int_{P_1}^{P_2}\sqrt{1-e^2\cos^2 u}\,\mathrm{d}\lambda \tag{4-255}$$

就可求得 S 与 σ，L 与 λ 的关系式。

3. 白塞尔微分方程的积分

首先研究 (4-254) 式的积分。

见图 4-31，将大圆弧 $P_2 P_1$ 延长与赤道相交于 P_0，此点处大圆弧方位角为 A_0，则在球面直角三角形 $P_0 Q_1 P_1$ 中，

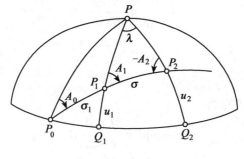

图 4-31

$$\sin u = \sin\sigma\cos A_0$$

则
$$\cos^2 u = 1 - \cos^2 A_0 \sin^2\sigma$$

于是 (4-254) 式可写成

$$\begin{aligned}
S &= a\int_{P_1}^{P_2}\sqrt{1 - e^2 + e^2\cos^2 A_0\sin^2\sigma}\,\mathrm{d}\sigma \\
&= a\sqrt{1-e^2}\int_{P_1}^{P_2}\sqrt{1 + \frac{e^2}{1-e^2}\cos^2 A_0\sin^2\sigma}\,\mathrm{d}\sigma \\
&= b\int_{P_1}^{P_2}\sqrt{1 + e'^2\cos^2 A_0\sin^2\sigma}\,\mathrm{d}\sigma
\end{aligned} \tag{4-256}$$

式中：b 为椭球短半径。

对被积函数的常数引用符号

$$k^2 = e'^2\cos^2 A_0 \qquad (4-257)$$

则

$$S = b\int_{P_1}^{P_2} (1 + k^2\sin^2\sigma)^{1/2}\mathrm{d}\sigma \qquad (4-258)$$

为便于积分，将被积函数展开级数

$$(1 + k^2\sin^2\sigma)^{1/2} = 1 + \frac{k^2}{2}\sin^2\sigma - \frac{k^4}{8}\sin^4\sigma + \frac{k^6}{16}\sin^6\sigma - \cdots \qquad (4-259)$$

很显然，由于 k 中含偏心率 e'^2，故它收敛快。

为便于积分，将幂函数用倍数函数代替：

$$\sin^2\sigma = \frac{1}{2} - \frac{1}{2}\cos2\sigma$$

$$\sin^4\sigma = \frac{3}{8} - \frac{1}{2}\cos2\sigma + \frac{1}{8}\cos4\sigma$$

$$\sin^6\sigma = \frac{5}{16} - \frac{15}{32}\cos2\sigma + \frac{3}{16}\cos4\sigma - \frac{1}{32}\cos6\sigma$$

同类项合并后，得

$$
\begin{aligned}
(1 + k^2\sin^2\sigma)^{1/2} = &\left(1 + \frac{k^2}{4} - \frac{3}{64}k^4 + \frac{5}{256}k^6 - \cdots\right) - \\
&\left(\frac{k^2}{4} - \frac{k^4}{16} + \frac{15}{512}k^6 - \cdots\right)\cos2\sigma - \\
&\left(\frac{k^4}{64} - \frac{3}{256}k^6 + \cdots\right)\cos4\sigma - \left(\frac{k^6}{512} - \cdots\right)\cos6\sigma
\end{aligned} \qquad (4-260)
$$

上式最后一项积分后，乘以椭球短半轴 b，得

$$\frac{bk^6}{3\,072}\sin6\sigma < 0.000\,6\mathrm{m}$$

甚至在最精密的计算中，它也可忽略不计。其他三角函数积分后，分别得

$$\int\cos2\sigma\mathrm{d}\sigma = \frac{1}{2}\sin2\sigma \qquad (4-261)$$

$$\int\cos4\sigma\mathrm{d}\sigma = \frac{1}{2}\sin2\sigma\cos2\sigma \qquad (4-262)$$

现在，我们可以得到具有足够精度保证的 S 与 σ 的关系式：

$$S_i = A\sigma_i - B\sin2\sigma_i - C\sin2\sigma_i\cos2\sigma_i - \cdots \qquad (4-263)$$

式中

$$
\begin{cases}
A = b\left(1 + \dfrac{k^2}{4} - \dfrac{3k^4}{64} + \dfrac{5}{256}k^6 - \cdots\right) \\[2mm]
B = b\left(\dfrac{k^2}{8} - \dfrac{k^4}{32} + \dfrac{15}{1\,024}k^6 - \cdots\right) \\[2mm]
C = b\left(\dfrac{k^4}{128} - \dfrac{3}{512}k^6 + \cdots\right)
\end{cases} \qquad (4-264)
$$

当将克拉索夫斯基椭球元素值代入上式，得

$$\begin{cases} A = 6\ 356\ 863.\ 020 + (10\ 708.\ 949 - 13.\ 474\cos^2A_0)\cos^2A_0 \\ B = (5\ 354.\ 469 - 8.\ 978\cos^2A_0)\cos^2A_0 \\ C = (2.\ 238\cos^2A_0)\cos^2A_0 + 0.\ 006 \end{cases} \quad (4\text{-}265)$$

如果将 1975 年国际椭球元素值代入，则得

$$\begin{cases} A = 6\ 356\ 755.\ 288 + (10\ 710.\ 341 - 13.\ 534\cos^2A_0)\cos^2A_0 \\ B = (5\ 355.\ 171 - 9.\ 023\cos^2A_0)\cos^2A_0 \\ C = (2.\ 256\cos^2A_0)\cos^2A_0 + 0.\ 006 \end{cases} \quad (4\text{-}266)$$

（4-263）式的解算精度与距离长短无关，其误差最大不超过 0.005m。利用此式可计算从赤道开始至大圆弧任意一点 P_i 的大地线的长度。为计算两点 P_1P_2 间的大地线长度，对这两点分别使用（4-263）式后：

$$\begin{cases} S_1 = A\sigma_1 - B\sin2\sigma_1 - C\sin2\sigma_1\cos2\sigma_1 \\ S_2 = A\sigma_2 - B\sin2\sigma_2 - C\sin2\sigma_2\cos2\sigma_2 \end{cases} \quad (4\text{-}267)$$

因为 $S = S_2 - S_1$，$\sigma = \sigma_2 - \sigma_1$，故

$$S = A\sigma + \sin2\sigma_1(B + C \cdot \cos2\sigma_1) - \sin2\sigma_2(B + C\cos2\sigma_2) \quad (4\text{-}268)$$

此式用于大地主题反算。当正算时，可采用趋近法和直接法。对于逐次趋近法，由（4-268）式可得

$$\sigma = \frac{1}{A}\{S - \sin2\sigma_1(B + C\cos2\sigma_1) + \sin2(\sigma_1 + \sigma)[B + C\cos2(\sigma + \sigma_1)]\} \quad (4\text{-}269)$$

第一次趋近时，初值可采用

$$\sigma_0 = \frac{1}{A}[S - (B + C \cdot \cos2\sigma_1)\sin2\sigma_1] \quad (4\text{-}270)$$

对于直接法，由（4-267）式第二式，得

$$\frac{S_2}{A} = \sigma_2 - \frac{B}{A}\sin2\sigma_2 - \frac{C}{2A}\sin4\sigma_2 \quad (4\text{-}271)$$

根据三角级数反解规则，由上式解出

$$\sigma_2 = \frac{S_2}{A} + \frac{B'}{A}\sin2\left(\frac{S_2}{A}\right) + \frac{C'}{2A}\sin4\left(\frac{S_2}{A}\right) \quad (4\text{-}272)$$

式中

$$\begin{cases} B' = B - \frac{BC}{2A} - \frac{B^3}{2A^2} = B - \frac{3b}{2\ 048}k^6 \\ C' = C + \frac{2B^2}{A} = 5C \end{cases} \quad (4\text{-}273)$$

对于 B' 式右端第二项的数值很小，如果舍去，误差不会超过 0.000 1″，故在许多情况下，可以认为 $B = B'$。

由于 $S_2 = S_1 + S$，顾及（4-267）式第一式时，得

$$\frac{S_2}{A} = \sigma_1 - \frac{B}{A}\sin2\sigma_1 - \frac{C}{A}\sin2\sigma_1\cos2\sigma_1 + \frac{S}{A}$$

注意到（4-270）式，上式可写为

$$\frac{S_2}{A} = \sigma_1 + \sigma_0 \quad (4\text{-}274)$$

因此由(4-272)式，顾及上式，经某些变换后，可得

$$\sigma = \sigma_0 + \frac{1}{A}[B + 5C\cos2(\sigma_1 + \sigma_0)]\sin2(\sigma_1 + \sigma_0) \tag{4-275}$$

此式即为对 σ 的直接解法公式，比(4-269)式有优点。

现在研究(4-255)式的积分。

在积分前，必须对被积函数做某些变换，以使被积函数中的变量和积分变量一致。为此，首先将被积函数展开级数，并对第一项积分后，易得：

$$L = \int_{P_1}^{P_2}(1 - e^2\cos^2u)^{1/2}\mathrm{d}\lambda = \int_{P_1}^{P_2}\left(1 - \frac{e^2}{2}\cos^2u - \frac{e^4}{8}\cos^4u - \frac{e^6}{16}\cos^6u - \cdots\right)\mathrm{d}\lambda$$

$$= \lambda - \int_{P_1}^{P_2}\left(\frac{e^2}{2} + \frac{e^4}{8}\cos^2u + \frac{e^6}{16}\cos^4u + \cdots\right)\cos^2u\mathrm{d}\lambda \tag{4-276}$$

注意到
$$\cos^2u = 1 - \cos^2A_0\sin^2\sigma \tag{4-277}$$

又据白塞尔投影条件，在球面三角形 $P_0P_1Q_1$ 中有式

$$\begin{cases} \cos u\sin A = \sin A_0 \\ \mathrm{d}\lambda\cos u = \mathrm{d}\sigma\sin A \\ \cos^2u\mathrm{d}\lambda = \sin A_0\mathrm{d}\sigma \end{cases} \tag{4-278}$$

则易得

将(4-277)式及(4-278)式代入(4-276)式，得

$$L = \lambda - \sin A_0 \cdot \int_{P_1}^{P_2}\left[\left(\frac{e^2}{2} + \frac{e^4}{8} + \frac{e^6}{16} + \cdots\right) - \left(\frac{e^4}{8} + \frac{e^6}{8} + \cdots\right)\cos^2A_0\sin^2\sigma + \right.$$

$$\left. \left(\frac{e^6}{16} + \cdots\right)\cos^2A_0\sin^4\sigma + \cdots\right]\mathrm{d}\sigma \tag{4-279}$$

将三角函数的幂函数用倍数函数代替，并合并同类项，得：

$$L = \lambda - \sin A_0\int_{P_1}^{P_2}\left\{\left(\frac{e^2}{2} + \frac{e^4}{8} + \frac{e^6}{16} + \cdots\right) - \left(\frac{e^4}{16} + \frac{e^6}{16} + \cdots\right)\cos^2A_0 + \right.$$

$$\left(\frac{3}{128}e^6 + \cdots\right)\cos^4A_0 + \cdots + \left[\left(\frac{e^4}{16} + \frac{e^6}{16} + \cdots\right)\cos^2A_0 + \right.$$

$$\left. \left(\frac{e^6}{32} + \cdots\right)\cos^4A_0 + \cdots\right]\cos2\sigma + \cdots\right\}\mathrm{d}\sigma \tag{4-280}$$

上式右端的截断项 $\frac{e^6}{128}\cos^4A_0\sin A_0\cos4\sigma$，其值小于 $0.00015''$。

对上式积分，并代入 σ_1 及 σ_2，则得到经差的计算公式：

对于正算，有式
$$L = \lambda - \sin A_0[\alpha\sigma + \beta(\sin2\sigma_2 - \sin2\sigma_1)] \tag{4-281}$$

对于反算，有式
$$\lambda = L + \sin A_0[\alpha\sigma + \beta(\sin2\sigma_2 - \sin2\sigma_1)] \tag{4-282}$$

式中

$$\begin{cases} \alpha = \left(\dfrac{e^2}{2} + \dfrac{e^4}{8} + \dfrac{e^6}{16} + \cdots\right) - \left(\dfrac{e^4}{16} + \dfrac{e^6}{16} + \cdots\right)\cos^2 A_0 + \left(\dfrac{3}{128}e^6 + \cdots\right)\cos^4 A_0 + \cdots \\ \beta = \left(\dfrac{e^4}{32} + \dfrac{e^6}{32} + \cdots\right)\cos^2 A_0 - \left(\dfrac{e^6}{64} + \cdots\right)\cos^4 A_0 \end{cases}$$

(4-283)

当将克拉索夫斯基椭球元素值代入，得系数

$$\begin{cases} \alpha = \left[33\ 523\ 299 - (28\ 189 - 70\cos^2 A_0)\cos^2 A_0\right] \times 10^{-10} \\ \beta = (0.2907 - 0.0010\cos^2 A_0)\cos^2 A_0 \end{cases}$$

(4-284)

当将 1975 年国际椭球元素值代入，则得系数

$$\begin{cases} \alpha = (33\ 528\ 130 - (28\ 190 - 70\cos^2 A_0)\cos^2 A_0] \times 10^{-10} \\ \beta = (14\ 095 - 46.7\cos^2 A_0)\cos^2 A_0 \times 10^{-10} \end{cases}$$

(4-285)

用这些系数计算经度的误差不大于 0.000 2″。

下面我们来研究反解问题时，计算 S 和 σ 的更简化的公式。

将(4-268)式可改写为：

$$S = A\sigma - B(\sin 2\sigma_2 - \sin 2\sigma_1) - C(\sin 2\sigma_2\cos 2\sigma_2 - \sin 2\sigma_1\cos 2\sigma_1)$$ (4-286)

则 $$S = A\sigma - 2B\sin\sigma\cos(2\sigma_1 + \sigma) - C\sin 2\sigma\cos(4\sigma_1 + 2\sigma)$$ (4-287)

为便于计算机编程计算，还需对上式进行一些变换。由于

$$\cos(2\sigma_1 + \sigma) = \cos 2\sigma_1\cos\sigma - \sin 2\sigma_1\sin\sigma$$
$$= \cos\sigma - 2\sin\sigma_1(\sin\sigma_1\cos\sigma + \cos\sigma_1\sin\sigma)$$
$$= \cos\sigma - 2\sin\sigma_1\sin\sigma_2$$

在球面三角形中有公式

$$\sin\varphi = \sin\sigma\cos A_0$$

于是有 $$\sin\sigma = \frac{\sin\varphi}{\cos A_0}$$

注意到 $\varphi_1 = u_1$，$\varphi_2 = u_2$，经某些变化则得

$$\cos(2\sigma_1 + \sigma) = \frac{1}{\cos^2 A_0}(\cos^2 A_0\cos\sigma - 2\sin u_1\sin u_2)$$

此外 $$\cos(4\sigma_1 + 2\sigma) = 2\cos^2(2\sigma_1 + \sigma) - 1$$

把这些公式代入(4-287)式，得：

$$S = A\sigma + \frac{2B}{\cos^2 A_0}(2\sin u_1\sin u_2 - \cos^2 A_0\cos\sigma)\sin\sigma +$$
$$\frac{2C}{\cos^4 A_0}[\cos^4 A_0 - 2\cos^4 A_0\cos^2(2\sigma_1 + \sigma)]\cos\sigma\sin\sigma$$ (4-288)

引入符号

$$\begin{cases} x = 2\sin u_1\sin u_2 - \cos^2 A_0\cos\sigma \\ y = (\cos^4 A_0 - 2x^2)\cos\sigma \end{cases}$$ (4-289)

将它代入(4-288)式，得反解时计算大地线长度的公式

$$S = A\sigma + (B''x + C''y)\sin\sigma$$ (4-290)

如将克拉索夫斯基椭球元素值代入，则

$$\begin{cases} A = 6\ 356\ 863.020 + (10\ 708.949 - 13.474\cos^2 A_0)\cos^2 A_0 \\ B'' = \dfrac{2B}{\cos^2 A_0} = 10\ 708.938 - 17.956\cos^2 A_0 \\ C'' = \dfrac{2C}{\cos^4 A_0} = 4.487 \end{cases} \tag{4-291}$$

如将 1975 年国际椭球元素值代入，则

$$\begin{cases} A = 6\ 356\ 755.288 + (10\ 710.341 - 13.534\cos^2 A_0)\cos^2 A_0 \\ B'' = 10\ 710.342 - 18.046\cos^2 A_0 \\ C'' = 4.512 \end{cases} \tag{4-292}$$

(4-290)式的优点是不必计算 σ_1 及其三角函数值，且系数计算也简单。

仿此，对(4-282)式变换后有式

$$\lambda = L - (2\sigma - \beta' x \sin\sigma)\sin A_0$$

式中系数，对克拉索夫斯基椭球有

$$\begin{cases} \alpha = [33\ 523\ 299 - (28\ 189 - 70\cos^2 A_0)\cos^2 A_0] \times 10^{-10} \\ \beta' = 2\beta = (28\ 189 - 94\cos^2 A_0) \times 10^{-10} \end{cases} \tag{4-293}$$

对 1975 年国际椭球有

$$\begin{cases} \alpha = (33\ 528\ 130 - (28\ 190 - 70\cos^2 A_0)\cos^2 A_0] \times 10^{-10} \\ \beta' = 2\beta = (28\ 190 - 93.4\cos^2 A_0) \times 10^{-10} \end{cases} \tag{4-294}$$

4. 白塞尔法大地主题正算步骤

已知：大地线起点的纬度 B_1，经度 L_1，大地方位角 A_1 及大地线长度 S。

求：大地线终点的纬度 B_2，经度 L_2 及大地方位角 A_2。

(1)计算起点的归化纬度：

$$W_1 = \sqrt{1 - e^2\sin^2 B_1}, \quad \sin u_1 = \frac{\sin B_1\sqrt{1-e^2}}{W_1}, \quad \cos u_1 = \frac{\cos B_1}{W_1},$$

(2)计算辅助函数值：

$$\sin A_0 = \cos u_1\sin A_1, \quad \cot\sigma_1 = \frac{\cos u_1\cos A_1}{\sin u_1}$$

$$\sin 2\sigma_1 = \frac{2\cot\sigma_1}{\cot^2\sigma_1 + 1}, \quad \cos 2\sigma_1 = \frac{\cot^2\sigma_1 - 1}{\cot^2\sigma_1 + 1},$$

(3)注意到 $\cos^2 A_0 = 1 - \sin^2 A_0$，按(4-266)式及(4-284)式计算系数 A，B，C 及 α，β 之值。

(4)计算球面长度：

$$\sigma_0 = [S - (B + C\cdot\cos 2\sigma_1)\sin 2\sigma_1]\frac{1}{A}$$

$$\sin 2(\sigma_1 + \sigma_0) = \sin 2\sigma_1\cos 2\sigma_0 + \cos 2\sigma_1\sin 2\sigma_0$$

$$\cos 2(\sigma_1 + \sigma_0) = \cos 2\sigma_1\cos 2\sigma_0 - \sin 2\sigma_1\sin 2\sigma_0$$

$$\sigma = \sigma_0 + [B + 5C\cos 2(\sigma_1 + \sigma_0)]\frac{\sin 2(\sigma_1 + \sigma_0)}{A}$$

（5）计算经度差改正数：

$$\lambda - L = \delta = \{\alpha\sigma + \beta[\sin2(\sigma_1 + \sigma) - \sin2\sigma_1]\}\sin A_0$$

（6）计算终点大地坐标及大地方位角：

$$\sin u_2 = \sin u_1\cos\sigma + \cos u_1\cos A_1\sin\sigma$$

$$B_2 = \arctan\left[\frac{\sin u_2}{\sqrt{1 - e^2}\sqrt{1 - \sin^2 u_2}}\right]$$

$$\lambda = \arctan\left[\frac{\sin A_1\sin\sigma}{\cos u_1\cos\sigma - \sin u_1\sin\sigma\cos A_1}\right]$$

$\sin A_1$ 符号	+	+	−	−
$\tan\lambda$ 符号	+	−	−	+
$\lambda =$	$\|\lambda\|$	$180° - \|\lambda\|$	$-\|\lambda\|$	$\|\lambda\| - 180°$

$$L_2 = L_1 + \lambda - \delta$$

$$A_2 = \arctan\left[\frac{\cos u_1\sin A_1}{\cos u_1\cos\sigma\cos A_1 - \sin u_1\sin\sigma}\right]$$

$\sin A_1$ 符号	−	−	+	+
$\tan A_2$ 符号	+	−	+	−
$A_2 =$	$\|A_2\|$	$180° - \|A_2\|$	$180° + \|A_2\|$	$360° - \|A_2\|$

$|\lambda|$，$|A_2|$——第一象限角。

5. 白塞尔法大地主题反算步骤

已知：大地线起点、终点的大地坐标 B_1，L_1 及 B_2，L_2。

求：大地线长度 S 及起点、终点处的大地方位角 A_1 及 A_2。

（1）辅助计算：

$$W_1 = \sqrt{1 - e^2\sin^2 B_1}, \qquad W_2 = \sqrt{1 - e^2\sin B_2},$$

$$\sin u_1 = \frac{\sin B_1\sqrt{1 - e^2}}{W_1}, \qquad \sin u_2 = \frac{\sin B_2\sqrt{1 - e^2}}{W_2},$$

$$\cos u_1 = \frac{\cos B_1}{W_1}, \qquad\qquad \cos u_2 = \frac{\cos B_2}{W_2},$$

$$L = L_2 - L_1,$$

$$a_1 = \sin u_1\sin u_2, \qquad a_2 = \cos u_1\cos u_2$$

$$b_1 = \cos u_1\sin u_2, \qquad b_2 = \sin u_1\cos u_2$$

（2）用逐次趋近法同时计算起点大地方位角、球面长度及经差 $\lambda = L + \delta$：

第一次趋近时，取 $\delta = 0$，

$$p = \cos u_2 \sin\lambda, \qquad q = b_1 - b_2\cos\lambda$$

$$A_1 = \arctan\frac{p}{q}$$

p 符号	+	+	−	−
q 符号	+	−	−	+
$A_1 =$	$\mid A_1 \mid$	$180° - \mid A_1 \mid$	$180° + \mid A_1 \mid$	$360° - \mid A_1 \mid$

$$\sin\sigma = p\sin A_1 + q\cos A_1, \qquad \cos\sigma = a_1 + a_2\cos\lambda,$$

$$\sigma = \arctan\left(\frac{\sin\sigma}{\cos\sigma}\right)$$

$\cos\sigma$ 符号	+	−
$\sigma =$	$\mid \sigma \mid$	$180° - \mid \sigma \mid$

$\mid A_1 \mid$、$\mid \sigma \mid$ 第一象限的角度。

$$\sin A_0 = \cos u_1 \sin A_1, \qquad x = 2a_1 - \cos^2 A_0\cos\sigma$$

$$\delta = \left[\alpha\sigma - \beta' x\sin\sigma\right]\sin A_0$$

系数 α 及 β' 按(4-293)式计算,用算得的 δ 计算 $\lambda_1 = l + \delta$,依此,按上述步骤重新计算得 δ_2 再用 δ_2 计算 λ_2,仿此一直迭代,直到最后两次 δ 相同或小于给定的允许值。λ、A_1、σ、x 及 $\sin A_0$ 均采用最后一次计算的结果。

(3)按(4-291)式计算系数 A,B'' 及 C'';之后计算大地线长度 S。

$$y = (\cos^4 A_0 - 2x^2)\cos\sigma$$

$$S = A\sigma + (B''x + C''y)\sin\sigma$$

(4)计算反方位角:

$$A_2 = \arctan\left(\frac{\cos u_1 \sin\lambda}{b_1\cos\lambda - b_2}\right)$$

A_2 的符号确定与 A_1 相同。

算例:白塞尔主题解算(正、反算)

已知: $B_1 = 30°30'00''$ $L_1 = 114°20'00''$ $A_1 = 225°00'00''$ $S = 10\,000\,000.00\text{m}$

正算(表4-7):

(1)$W_1 = \sqrt{1 - e^2\sin^2 B_1} = 0.999\,137\,531$

$$\sin u_1 = \frac{\sin B_1\sqrt{1-e^2}}{W_1} = 0.506\,273\,571$$

$$\cos u_1 = \frac{\cos B_1}{W_1} = 0.862\,372\,929$$

(2)$\sin A_0 = \cos u_1 \sin A_1 = -0.609\,789\,749$

$$\cos^2 A_0 = 1 - \sin^2 A_0 = 0.628\ 156\ 465$$

$$A = 6\ 356\ 863.020 + (10\ 708.949 - 13.474\cos^2 A_0)\cos^2 A_0 = 6.363\ 584\ 598 \times 10^6$$

$$B = (5\ 354.469 - 8.978\cos^2 A_0)\cos^2 A_0 = 3.359\ 901\ 774 \times 10^3$$

$$C = (2.238\cos^2 A_0)\cos^2 A_0 + 0.006 = 0.889\ 071\ 258$$

$$\alpha = [33\ 523\ 299 - (28\ 189 - 70\cos^2 A_0)\cos^2 A_0] \times 10^{-10} = 691.103\ 011\ 8$$

$$\beta = (0.290\ 7 - 0.001\ 0\cos^2 A_0)\cos^2 A_0 = 0.182\ 210\ 504$$

$$(3)\ \sigma_0 = [S - (B + C\cos 2\sigma_1)\sin 2\sigma_1]\frac{1}{A}$$

$$\sin 2\sigma_1 = \frac{2\cot\sigma_1}{\cot^2\sigma_1 + 1} = -0.982\ 941\ 195 \qquad \cos 2\sigma_1 = \frac{\cot^2\sigma_1 - 1}{\cot^2\sigma_1 + 1} = 0.183\ 920\ 109$$

$$\cot 2\sigma_1 = \frac{\cos u_1 \cos A_1}{\sin u_1} = -0.187\ 112\ 016$$

$$\sin 2(\sigma_1 + \sigma_0) = \sin 2\sigma_1 \cos 2\sigma_0 + \cos 2\sigma_1 \sin 2\sigma_0 = 0.982\ 510\ 348$$

$$\cos 2(\sigma_1 + \sigma_0) = \cos 2\sigma_1 \cos 2\sigma_0 - \sin 2\sigma_1 \sin 2\sigma_0 = -0.186\ 207\ 987$$

$$\sigma = \sigma_0 + [B + 5C\cos 2(\sigma_1 + \sigma_0)]\frac{\sin 2(\sigma_0 + \sigma_1)}{A} = 1.572\ 478\ 989$$

$$(4)\ \lambda - L = \delta = \{\alpha\sigma + \beta[\sin 2(\sigma_1 + \sigma) - \sin 2\sigma_1]\}\sin A_0 = -662.904\ 318\ 9$$

表 4-7   **正 算 表 格**

B_1	30°30′00.00″	A	$6.363\ 584\ 598 \times 10^6$
L_1	114°20′00″	B	$3.359\ 901\ 774 \times 10^3$
A_1	225°00′00″	C	0.889 071 258
S	10 000 000.00	α	691.103 011 8
W_1	0.999 137 531	β	0.889 071 258
$\sin u_1$	0.506 273 571	σ_0	
$\cos u_1$	0.862 372 929	$\sin 2(\sigma_1 + \sigma_0)$	0.982 510 348
$\sin A_1$	−0.707 106 781	$\cos 2(\sigma_1 + \sigma_0)$	−0.186 207 987
$\cos A_1$	−0.707 106 781	σ	−1.572 478 989
$\sin A_0$	−0.609 789 747	δ	−662.904 318 9
$\cos^2 A_0$	0.628 156 465	$\sin\sigma$	0.999 998 584
$\cot\sigma_1$	−1.204 466 874	$\cos\sigma$	$-1.682\ 664\ 554 \times 10^{-3}$
$\sin 2\sigma_1$	−0.982 941 195	λ	−63°14′30.4″
$\cos 2\sigma_1$	0.183 920 109	B_2	−37°43′44.135 1″
		L_2	+51°16′32.497 7″
		A_2	50°21′22.49″

（5）$\sin u_2 = \sin u_1 \cos\sigma + \cos u_1 \cos A_1 \sin\sigma = -0.610\,640\,768$

$$B_2 = \arctan\left[\frac{\sin u_2}{\sqrt{1-e^2}\sqrt{1-\sin^2 u_2}}\right] = -37°43'44.1''$$

$$\lambda' = \arctan\left[\frac{\sin A_1 \sin\sigma}{\cos u_1 \cos\sigma - \sin u_1 \sin\sigma \cos A_1}\right] = -63°14'30.4''$$

$$\lambda = -63°14'30.4''$$

$$L_2 = L_1 + \lambda - \delta = +51°16'32.5''$$

$$A_2 = \arctan\left[\frac{\cos u_1 \sin A_1}{\cos u_1 \cos\sigma \cos A_1 - \sin u_1 \sin\sigma}\right] = 50°21'22.49''$$

反算（表4-8）：

$$W_1 = \sqrt{1-e^2\sin^2 B_1} = 0.999\,137\,531$$

$$W_2 = \sqrt{1-e^2\sin^2 B_2} = 0.998\,746\,025$$

$$\sin u_1 = \frac{\sin B_1\sqrt{1-e^2}}{W_1} = 0.506\,273\,571$$

$$\sin u_2 = \frac{\sin B_2\sqrt{1-e^2}}{W_2} = -0.610\,640\,635$$

$$a_1 = \sin u_1 \sin u_2 = -0.309\,151\,215$$

$$a_2 = \cos u_1 \cos u_2 = 0.682\,919\,786$$

$$b_1 = \cos u_1 \sin u_2 = -0.526\,599\,999$$

$$b_2 = \sin u_1 \cos u_2 = 0.400\,921\,954$$

$$\lambda = l + \delta$$

第一次取 $\delta = 0$ $\quad \lambda = 1$

$$p = \cos u_2 \sin\lambda = -0.705\,956\,267$$

$$q = b_1 - b_2\cos\lambda = -0.708\,255\,372$$

$$A_1 = \arctan\frac{p}{q} = 224°54'24.7''$$

$$\sin\sigma_1 = p\sin A_1 + q\cos A_1 = 0.999\,999\,962$$

$$\cos\sigma = a_1 + a_2\cos\lambda = 0.000\,275\,526$$

$$\sigma = \arctan\left(\frac{\sin\sigma}{\cos\sigma}\right) = 1.570\,520\,800$$

$$\sin A_0 = \cos u_1 \sin A_1 = -0.608\,797\,598$$

$$x = 2a_1 - \cos^2 A_0 \cos\sigma = -0.618\,475\,973$$

$$\delta = [\alpha\sigma - \beta'x\sin\sigma]\sin A_0 = -661''.001\,630\,809$$

第二次取 $\delta = -662.898\,859\,275$

第三次取 $\delta = -662.904\,304\,382$

第四次取 $\delta = -662.904\,320\,010$

表 4-8		反 算 表 格		
$B_1 = 30°30'00''$		$B_2 = -37°43'44.1''$	$l = -63°3'27.5''$	
$\sin u_1$	0.506 273 571		a_1	−0.309 151 283
$\cos u_1$	0.862 372 929		a_2	0.682 919 786
$\sin u_2$	−0.610 640 768		b_1	−0.526 599 999
$\cos u_2$	0.791 907 729		b_2	0.400 921 954

计算值	趋 近 次 数			
	1	2	3	4
$\sin\lambda$	−0.891 462 782	−0.892 910 199	−0.892 914 340	−0.892 914 352
$\cos\lambda$	0.453 093 928	0.450 234 801	0.450 226 588	0.450 226 564
p	−0.705 956 267	−0.707 102 488	−0.707 105 767	−0.707 105 777
q	−0.708 255 372	−0.707 109 085	−0.707 105 792	−0.707 105 783
A_1	224°54′24.7″	224°59′59.03″	224°59′59″.996	224°59′59″.999
$\sin A_1$	−0.705 959 294	−0.707 103 482	−0.707 106 768	−0.707 106 778
$\cos A_1$	−0.708 255 399	−0.707 110 079	−0.707 106 793	−0.707 109 784
$\sin\sigma$	0.999 999 962	0.999 998 594	0.999 998 584	0.999 998 584
$\cos\sigma$	0.000 275 526	−0.001 677 028	−0.001 682 636	−0.001 682 652
σ	1.570 520 800	1.572 473 355	1.572 478 964	1.572 478 980
$\sin A_0$	−0.608 797 598	−0.609 786 902	−0.609 789 735	0.609 789 744
x	−0.618 475 973	−0.617 249 124	−0.617 245 607	−0.617 245 597
α	0.003 350 558	0.003 350 562	0.003 350 562	0.003 350 562
δ	−661″.001 630 809	−662″.898 859 275	−662″.904 304 382	−662″.904 320 010
β'	0.000 002 813	0.000 002 813	0.000 002 813	0.000 002 813

A	6 363 584.598 967 814		y	0.000 618 213
B'	10 697.659		s	9 999 999.952 070 301
C'	4.487		A_2	50°21′22″.488 1

4.8　地图数学投影变换的基本概念

4.8.1　地图数学投影变换的意义和投影方程

　　所谓地图数学投影，简略地说就是将椭球面上元素(包括坐标、方位和距离)按一定的数学法则投影到平面上，研究这个问题的专门学科叫地图投影学。这里所说的一定的数学法则，可用下面两个方程式概括

$$\begin{cases} x = F_1(L,\ B) \\ y = F_2(L,\ B) \end{cases} \qquad (4\text{-}295)$$

式中：L, B 是椭球面上某点的大地坐标；x, y 是该点投影后的平面直角坐标。这里所说

的平面，通常也叫投影面。很显然，投影面必是可以展成为平面的曲面，比如椭圆(或圆)柱面，圆锥面以及平面等。

(4-295)式表达了椭球面上一点同投影面上相应点坐标之间的解析关系式，它也叫坐标投影方程，F_1 和 F_2 称投影函数。根据(4-295)方程可以求得相应方向和距离的投影公式，因为两点间的方向和距离均可用两端点坐标的某种函数式表达。由此可见，地图投影主要研究内容就是探讨所需要的投影方法及建立椭球面元素和投影面相应元素之间的解析关系式。在地图投影中，投影的种类和方法有很多，各种方法的本质特征可以说都是由投影条件和投影函数 F 的具体形式决定的。

4.8.2 地图投影的变形

1. 长度比

为了研究投影变形，要首先明白长度比。

如图 4-32 所示，设椭球面上一微小线段为 P_1P_2，投影到平面上相应线段为 $P_1'P_2'$，我们把投影面上的线段 $P_1'P_2'$同原面上相应线段 P_1P_2 之比，当 $P_1P_2\to 0$ 时的极限叫投影长度比，简称长度比，用 m 表示，亦即

$$m = \lim_{P_1P_2\to 0}\frac{P_1'P_2'}{P_1P_2} \qquad (4\text{-}296)$$

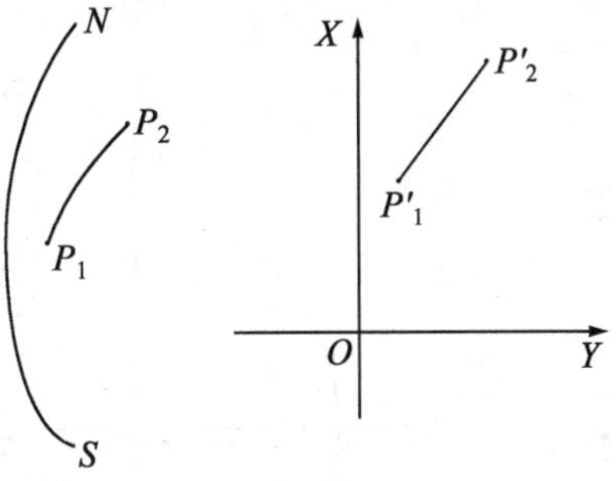

图 4-32

或者说，长度比 m 就是投影面上一段无限小的微分线段 $\mathrm{d}s$，与椭球面上相应的微分线段 $\mathrm{d}S$ 二者之比，也就是

$$m = \frac{\mathrm{d}s}{\mathrm{d}S} \qquad (4\text{-}297)$$

由此可见，一点上的长度比，不仅随点的位置，而且随线段的方向而发生变化。也就是说，不同点上的长度比都不相同，而且同一点上不同方向的长度比也不相同。

2. 主方向和变形椭圆

投影后一点的长度比依方向不同而变化。其中最大及最小长度比的方向，称为主方向。下面，我们用图 4-33 来说明极值长度比的主方向处在椭球面上两个互相垂直的方向上。

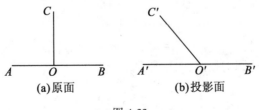

(a)原面　　　(b)投影面

图 4-33

设原面上有两条垂直线 AB 和 CO，它们相交原面于 O 点，组成两个直角 $\angle AOC$ 及 $\angle COB$。在投影面上，它们分别相交于 O' 点，并组成锐角 $\angle A'O'C'$ 及钝角 $\angle C'O'B'$。设想

在椭球面上，以 O 为中心，将直角 $\angle AOC$ 逐渐向右旋转，达到 $\angle COB$ 的位置；则该直角的投影，将以 O' 为中心，由锐角 $\angle A'O'C'$ 开始，逐渐增大，最后变成钝角 $\angle C'O'B'$。这样我们可以看到，在其旋转过程中，不仅它的投影位置在变化，而且角值也随之增大，即由一个锐角逐渐变成一个钝角，其间必定在某个位置上为直角。这就告诉我们，在椭球面的任意点上，必定有一对相互垂直的方向，它在平面上的投影也必是相互垂直的。这两个方向就是长度比的极值方向，也就是主方向。

如果已知主方向上的长度比，就可计算任意其他方向上的长度比，从而以定点为中心，以长度比的数值为向径，构成以两个长度比极值为长、短半轴的椭圆。这个椭圆称为变形椭圆，下面我们来推导变形椭圆方程。

如图 4-34 所示。设在椭球面上有以 O 点为中心的单位微分圆。两个主方向分别为 ξ 轴和 η 轴。在微分圆上有一点 P，其坐标 $OA=\xi$，$OB=\eta$，则该单位微分圆的方程为：

$$\xi^2 + \eta^2 = 1 \tag{4-298}$$

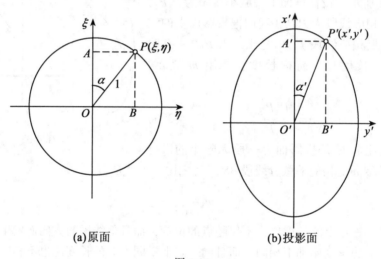

(a)原面　　　　(b)投影面

图 4-34

在投影面上，设 O 点的投影点 O' 为原点，主方向的投影为 x' 和 y'，则 P 点的投影点 P' 的坐标 $O'A'=x'$，$O'B'=y'$，于是根据长度比定义，知主方向上的长度比，分别为

$$\frac{O'A'}{OA} = a, \qquad \frac{O'B'}{OB} = b \tag{4-299}$$

于是有式

$$x' = a\xi, \qquad y' = b\eta$$

P' 点的运动轨迹就是上述圆的投影，且可写成：

$$\frac{x'^2}{a^2} + \frac{y'^2}{b^2} = 1 \tag{4-300}$$

这就是在投影面上，以某定点为圆心，以主方向上长度比为长、短半轴的椭圆方程。该椭圆称为变形椭圆。它说明，椭球面上的微分圆投影后为微分椭圆，在原面上与主方向一致的一对直径，投影后成为椭圆的长轴和短轴。变形椭圆的形状、大小及方向，完全由投影条件确定、随投影条件不同而不同，同一投影中因点位不同也不同。

若设原面上单位为 1 的微分圆上一点 P 投影到平面上变成微分椭圆上的一点 P' 的向径为 r，则由长度比定义可知

$$m = \frac{r}{1} = r \qquad (4\text{-}301)$$

从此式可更进一步认识到，OP 方向上的长度比等于变形椭圆上 P' 的向径，因此可以说，某定点 O 处的变形椭圆是描述该点各方向上长度比的椭圆。

综上所述，变形椭圆可形象地表达点的投影变形情况。这对研究投影性质，投影变形等有着很重要的作用。

3. 投影变形

我们知道，椭球面是一个凸起的不可展平的曲面，如果将这个曲面上的元素，比如一段距离、一个方向、一个角度及图形等投影到平面上，必然同原来的距离、方向、角度及图形产生差异，这一差异称为投影变形。下面我们分别来研究这些投影变形的基本特征。

1）长度变形

由图 4-35 可知，

$$r = \sqrt{x'^2 + y'^2} \qquad (4\text{-}302)$$

而 $\qquad x' = a\xi, \qquad y' = b\eta, \qquad \xi = \cos\alpha, \qquad \eta = \sin\alpha$

则得 $\qquad m = r = \sqrt{a^2\cos^2\alpha + b^2\sin^2\alpha} \qquad (4\text{-}303)$

式中：α 为所研究线段的方位角。此式充分说明，利用主方向上的长度比 a、b，即可计算任意方位角为 α 方向上的长度比。

我们称 m 与 1 之差为相对长度变形，简称长度变形，用 ν 表示：

$$\nu = m - 1 \qquad (4\text{-}304)$$

很显然，ν 值可大于、小于或等于 1，因此 ν 值可能为正、负或 0。若在变形椭圆中心上做一单位圆，则各方向上，椭圆向径 m 与单位圆半径 1 之差，就是长度变形，如图 4-35 所示。

2）方向变形

如图 4-34 所示，设从主方向量起 OP 的方向角为 α，投影后 $O'P'$ 的方位角 α'，则 $(\alpha'-\alpha)$ 称为方向变形。

由于 $\qquad \tan\alpha' = \frac{y'}{x'} = \frac{b}{a}\frac{\eta}{\xi} = \frac{b}{a}\tan\alpha \qquad (4\text{-}305)$

由上式可得

$$\tan\alpha - \tan\alpha' = \frac{a-b}{a}\tan\alpha \qquad (4\text{-}306)$$

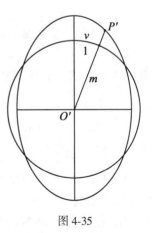

图 4-35

$$\tan\alpha + \tan\alpha' = \frac{a+b}{a}\tan\alpha \qquad (4\text{-}307)$$

由于 $\qquad \tan\alpha - \tan\alpha' = \sin(\alpha - \alpha')/\cos\alpha\cos\alpha' \qquad (4\text{-}308)$

$$\tan\alpha + \tan\alpha' = \sin(\alpha + \alpha')/\cos\alpha\cos\alpha' \qquad (4\text{-}309)$$

将（4-308）式代入（4-306）式，将（4-309）式代入（4-307）式，并相除，得

$$\sin(\alpha - \alpha') = \frac{a - b}{a + b}\sin(\alpha + \alpha') \tag{4-310}$$

上式即为计算方向变形公式。很显然，当 $\alpha = \alpha'$（等于 0° 或 90° 时），亦即在主方向上，没有方向变形，而当 $\alpha + \alpha' = 90°$ 或 270° 时，方向变形最大，并设此时的方位角为 α_0 及 α_0'，最大方向变形用 ω 表示，则

$$\sin\omega = \sin(\alpha_0 - \alpha_0') = \frac{a - b}{a + b} \tag{4-311}$$

此时，由于 $\tan\alpha' = \tan(90° - \alpha) = \cot\alpha$
顾及 (4-305) 式，易得

$$\tan\alpha_0 = \pm\sqrt{\frac{a}{b}}, \quad \tan\alpha_0' = \pm\sqrt{\frac{b}{a}} \tag{4-312}$$

这就是计算最大方向变形的方向公式。

3）角度变形

在大多数情况下，投影前后两个对应的角度并不都是方向角，亦即由组成该角度的两条边都不在主方向上，这时应该研究角度变形及最大的角度变形。所谓角度变形就是投影前的角度 u 与投影后对应角度 u' 之差

$$\Delta u = u' - u \tag{4-313}$$

现在我们研究最大角度变形。

如图 4-36 所示，设 OA 及 OB 分别为最大的变形方向，它们与 x 轴夹角分别为 α_1 和 α_2，由于这两个方向与 y 轴对称，则 $\angle AOB$ 可表示为：

$$u = \alpha_2 - \alpha_1 = 180° - \alpha_1 - \alpha_1 = 180° - 2\alpha_1 \tag{4-314}$$

同理，该角度投影后为

$$u' = \alpha_2' - \alpha_1' = 180° - \alpha_1' - \alpha_1' = 180° - 2\alpha_1' \tag{4-315}$$

以上两式相减，即得最大角度变形公式

$$\Delta u = u' - u = 2(\alpha_1 - \alpha_1') \tag{4-316}$$

顾及 (4-311) 式，显然，最大角度变形

$$\sin\frac{\Delta u}{2} = \frac{a - b}{a + b} \tag{4-317}$$

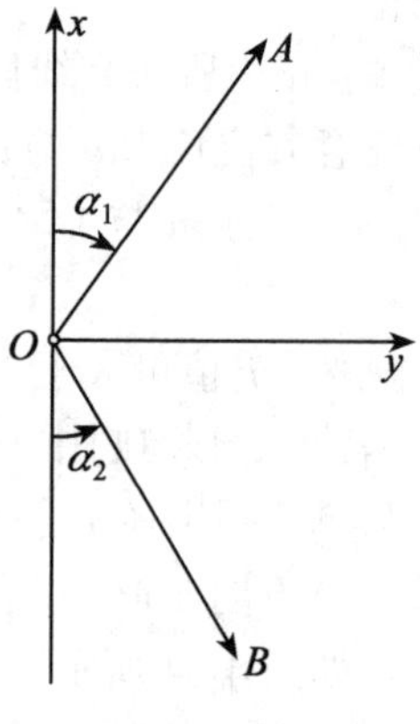

图 4-36

故

$$\Delta u = 2\omega = 2\arcsin\frac{a - b}{a + b} \tag{4-318}$$

这就是说，最大角度变形可用最大方向变形计算，且是最大方向变形的两倍。

4）面积变形

原面上单位圆的面积为 π，投影后变形椭圆的面积为 πab，则投影的面积比

$$P = \frac{\pi ab}{\pi} = ab \tag{4-319}$$

从而有面积变形 ($P - 1$)。

地图投影必然产生变形，这是一个不以人们意志为转移的客观事实。投影变形一般有长度变形、方向变形、角度变形和面积变形。在地图投影中，尽管投影变形是不可避免

的，但是人们可以根据需要来掌握和控制它，可使某种变形为零，而其他变形最小。因而在地图数学投影中产生了许多种类的投影以供人们日常工作和生活使用。

4.8.3 地图投影的分类

地图投影分类方法很多。这里主要介绍按变形性质和正轴经纬网形状的两种分类方法。

1. 按变形性质分类

1）等角投影

这类投影方法是要保证投影前后的角度不变形，由(4-317)式可知，等角投影必须满足下式：

$$a - b = 0 \tag{4-320}$$

或
$$a = b$$

这就是说，在等角投影中，微分圆的投影仍为微分圆，投影前后保持微小圆形的相似性；投影的长度比与方向无关，即某点的长度比是一个常数。因此，又把等角投影称为正形投影。

2）等积投影

这类投影是要保持投影前后的面积不变形，由(4-319)式可知，等积投影必满足下式：

$$ab = 1 \tag{4-321}$$

3）任意投影

这类投影是既不等角，又不等积，即

$$a \neq b, \quad ab \neq 1 \tag{4-322}$$

这类投影方法有许多种，应用也比较广泛。其中，保持某一主方向的长度比等于1，即

$$a = 1 \text{ 或 } b = 1 \tag{4-323}$$

即为等距离投影。

2. 按经纬网投影形状分类

这种分类方法是按正轴投影经纬网形状来划分，因而类别名称以采用的投影面名称命名。

1）方位投影

取一平面与椭球极点相切，将极点附近区域投影在该平面上。纬线投影后是以极点为圆心的同心圆，而经线则为它的向径，且经线交角不变。用极坐标可表示投影方程为

$$\rho = f(B), \quad \delta = l \tag{4-324}$$

2）圆锥投影

取一圆锥面与椭球某条纬线相切，将纬圈附近的区域投影于圆锥面上，再将圆锥面沿某条经线剪开成平面。在这种投影中，纬线投影成同心圆，经线是这些圆的半径，且经线交角与经差成比例，用极坐标表示的投影方法为

$$\rho = f(B), \quad \delta = \beta l \tag{4-325}$$

很显然，方位投影是圆锥投影当 $\beta = 1$ 时的特例。

3. 圆柱(或椭圆柱)投影

取圆柱(或椭圆柱)与椭球赤道相切,将赤道附近区域投影到圆柱面(或椭圆柱面)上,然后将圆柱或椭圆柱展开成平面。在这类投影中,纬线投影为一组平行线,且对称于赤道;经线是与纬线垂直的另一组平行线。设中央经线投影为 x 轴,赤道投影为 y 轴,圆柱的半径为 C,则圆柱投影的一般方程为

$$x = Cf(B), \qquad y = Cl \tag{4-326}$$

在地图投影的实际应用中,为使投影变形较小,并达到变形均匀的效果,除运用投影面和地球椭球面相对正常位置外(即正轴投影外),还常常采用其他的相对位置,这时也可以按投影面和原面的相对位置关系来进行分类:

(1)正轴投影:即圆锥轴或圆柱轴与地球自转轴相重合时的投影,此时称正轴圆锥投影或正轴圆柱投影。

(2)斜轴投影:即投影面与原面相切于除极点和赤道以外的某一位置所得的投影。

(3)横轴投影:投影面的轴线与地球自转轴相垂直,且与某一条经线相切所得的投影。比如横轴椭圆柱投影等。

除此之外,为调整变形分布,投影面还可以与地球椭球相割于两条标准线,这就是所谓割圆锥,割圆柱投影等。

我国大地测量中,采用横轴椭圆柱面等角投影,即所谓的高斯投影。

4.8.4　高斯投影简要说明

著名的德国科学家卡尔·弗里德里赫·高斯(1777—1855)在 1820—1830 年在对德国汉诺威三角测量成果进行数据处理时,曾采用了由他本人研究的将一条中央子午线长度投影规定为固定比例尺度的椭球正形投影。可是并没有发表和公布它。人们只是从他给朋友的部分信件中知道这种投影的结论性投影公式。

高斯投影的理论是在他去世后,首先在史赖伯于 1866 年出版的名著《汉诺威大地测量投影方法的理论》中进行了整理和加工,从而使高斯投影的理论得以公布于世。

更详细地阐明高斯投影理论并给出实用公式的是由德国测量学家克吕格在他 1912 年出版的名著《地球椭球向平面的投影》中给出的。在这部著作中,克吕格对高斯投影进行了比较深入的研究和补充,从而使之在许多国家得以应用。从此,人们将这种投影称为高斯-克吕格投影。

为了方便地实际应用高斯-克吕格投影,德国学者巴乌盖尔在 1919 年建议采用 3°带投影,并把坐标纵轴西移 500km,在纵坐标前冠以带号,这个投影带是从格林尼治开始起算的。

高斯-克吕格投影得到世界许多测量学家的重视和研究。其中保加利亚的测量学者赫里斯托夫的研究工作最具代表性。他的两部力作 1943 年的《旋转椭球上的高斯-克吕格坐标》及 1955 年的《克拉索夫斯基椭球上的高斯和地理坐标》,在理论及实践上都丰富和发展了高斯-克吕格投影。

现在世界上许多国家都采用高斯-克吕格投影,比如奥地利、德国、希腊、英国、美国、前苏联等,我国于 1952 年正式决定采用高斯-克吕格投影。

4.9 高斯平面直角坐标系

4.9.1 高斯投影概述

1. 控制测量对地图投影的要求

为了控制测量而选择地图投影时，应根据测量的任务和目的来进行。为此，对地图投影提出了以下要求。

首先，应当采用等角投影（又称为正形投影）。这是因为，假如采用正形投影的话，在三角测量中大量的角度观测元素在投影前后保持不变，这样就免除了大量投影计算工作；另外，我们测制的地图主要是为国防和国民经济建设服务，采用这种等角投影可以保证在有限的范围内使地图上图形同椭球上原形保持相似，这将给识图用图带来很大便利。比如，在椭球面上有一个有限小的多边形 $ABCDE$（图4-37），它在平面上被描写为相应的多边形 $A'B'C'D'E'$，那么根据等角投影的定义，则有

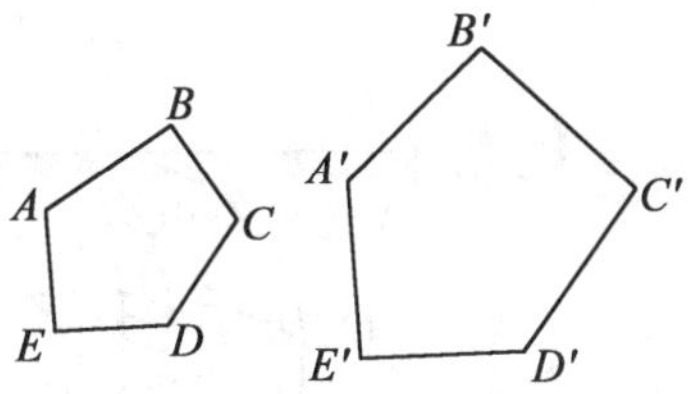

图 4-37

$$\angle A = \angle A', \quad \angle B = \angle B', \quad \angle C = \angle C', \quad \angle D = \angle D', \quad \angle E = \angle E'$$

且投影面上的边长与原面上的相应长度之比——称为长度比

$$m = \frac{A'B'}{AB} = \frac{B'C'}{BC} = \frac{C'D'}{CD} = \frac{D'E'}{DE} = \frac{E'A'}{EA}$$

这就表明，在微小范围内保持了形状的相似性，因为 $ABCDE$ 无限接近，以致可把这个多边形看做一点，因此在正形投影中，长度比 m 仅与点的位置有关，而与方向无关。这就给地图测制以及在地图上进行各种量、算等工作带来极大方便。

其次，在所采用的正形投影中，还要求长度和面积变形不大，并能够应用简单公式计算由于这些变形而带来的改正数。在一般情况下，从理论上说，不管投影变形有多大，都是可以计算出来的。但计算很大的变形，比起直接在椭球面上进行数据处理，显得并不简单，从而将失去投影的意义。因此，以测量为目标的地图投影，其投影范围不应过大，从而控制变形，并能以简单公式计算由它引起的改正数。

最后，对于一个国家乃至全世界，投影后应该保证具有一个单一起算点的统一的坐标系，但这是不可能的。因为如果是这样的话，变形将会很大，并且难以顾及，这同上面要求相矛盾。为了解决这个矛盾，测量上往往是将这样大的区域按一定规律分成若干小区域（或带）。每个带单独投影，并组成本身的直角坐标系，然后，再将这些带用简单的数学方法连接在一起，从而组成统一的系统。因此，要求投影能很方便按分带进行，并能按高精度的、简单的、同样的计算公式和用表把各带连成整体。

2. 高斯投影描述

如图 4-38 所示，想象有一个椭圆柱面横套在地球椭球体外面，并与某一条子午线（此子午线称为中央子午线或轴子午线）相切，椭圆柱的中心轴通过椭球体中心，然后用一定投影方法，将中央子午线两侧各一定经差范围内的地区投影到椭圆柱面上，再将此柱面展

开即成为投影面，如图 4-39 所示。

　　我国规定按经差 6° 和 3° 进行投影分带，为大比例尺测图和工程测量采用 3° 带投影。在特殊情况下，工程测量控制网也可采用 1.5° 带或任意带。但为了测量成果的通用，需同国家 6° 或 3° 带相联系。

　　高斯投影 6° 带，自 0° 子午线起每隔经差 6° 自西向东分带，依次编号 1，2，3，…。我国 6° 带中央子午线的经度，由 73° 起每隔 6° 而至 135°，共计 11 带，带号用 n 表示，中央子午线的经度用 L_0 表示，它们的关系是 $L_0=6n-3$，如图 4-40 所示。

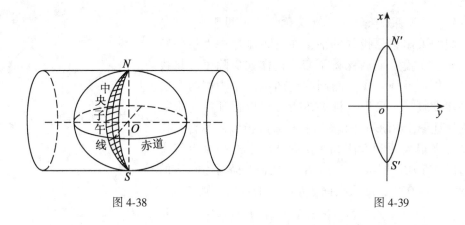

图 4-38　　　　　　　　　　　　　　　图 4-39

　　高斯投影 3° 带，是在 6° 带的基础上形成的。它的中央子午线一部分带（单数带）与 6° 带中央子午线重合，另一部分带（偶数带）与 6° 带分界子午线重合。如用 n' 表示 3° 带的带号，L 表示 3° 带中央子午线的经度，它们的关系是 $L=3n'$，如图 4-40 所示。

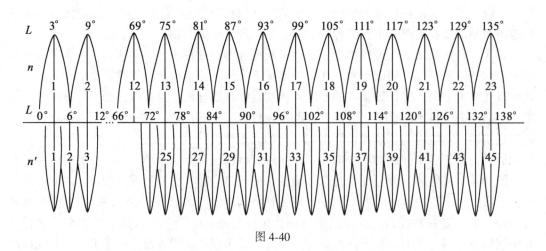

图 4-40

　　在投影面上，中央子午线和赤道的投影都是直线，并且以中央子午线和赤道的交点 O 作为坐标原点，以中央子午线的投影为纵坐标轴，以赤道的投影为横坐标轴，这样便形成了高斯平面直角坐标系。在我国 x 坐标都是正的，y 坐标的最大值（在赤道上）约为 330km。为了避免出现负的横坐标（y 坐标），可在横坐标上加上 500km。此外还应在横坐标前面再冠以带号。这种坐标称为国家统一坐标。例如，有一点 $Y=19\,123\,456.789$m，该点位于 19 带内，其相对于中央子午线而言的横坐标则是：首先去掉带号，再减去 500km，最后得 $y=-376\,543.211$m。

由于分带造成了边界子午线两侧的控制点和地形图处于不同的投影带内，这给使用造成不便。为了把各带连成整体，一般规定各投影带要有一定的重叠度，其中每一 6° 带向东加宽 30′，向西加宽 15′ 或 7.5′，这样在上述重叠范围内，控制点将有两套相邻带的坐标值，地形图将有两套公里格网，从而保证了边缘地区控制点间的互相应用，也保证了地图的顺利拼接和使用。

由上可见，高斯投影由于是正形投影，故保证了投影的角度的不变性、图形的相似性以及在某点各方向上的长度比的同一性。由于采用了同样法则的分带投影，这既限制了长度变形，又保证了在不同投影带中采用相同的简便公式和数表进行由于变形引起的各项改正的计算，并且带与带间的互相换算也能用相同的公式和方法进行。高斯投影这些优点必将使它得到广泛的推广和具有国际意义。

3. **椭球面元素化算到高斯投影面**

如图 4-41 所示，假设在椭球面某一带内有一要化算到高斯平面上的三角网 P，K，T，M，Q 等，其中 P 点为起始点，其大地坐标 B，l，而 $l=L-L_0$，L 及 L_0 为 P 点及轴子午线的大地经度；起始边 $PK=S$；中央子午线 ON，赤道 OE，起始边的大地方位角 A_{PK}；PC 为垂直于中央子午线的大地线，C 点大地坐标为 B_0，$l=0°$；PP_1 为过 P 点平行圈，P_1 点的大地坐标 B，$l=0°$；X 为赤道至纬度 B 的平行圈子午弧长。

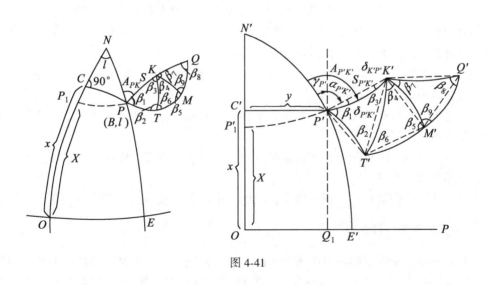

图 4-41

在高斯投影面上，中央子午线和赤道被描写为直线 ON' 及 OE'。其他的子午线和平行圈，比如过 P 点的子午线和平行圈均变为曲线，如 $P'N'$ 和 $P'P_1$，点 P 的投影点 P' 的直角坐标为 x，y，椭球面三角形投影后变为边长 $s_i>S_i$ 的曲线三角形，且这些曲线都凹向纵坐标轴；由于是等角投影，所以大地方位角 A_{PK} 投影后没有变化。

由于在正形投影中椭球面三角形各边被描写成曲线，这对于在平面上解算测量问题是极其困难的，因此我们应首先用连接各点间的弦线来代替曲线，为此必须在每个方向上引进由于大地线投影后变成曲线，再将其改化成直线的所谓水平方向改化 δ。此外，还必须能有以必要的精度，根据起始点 P 的大地坐标 B，l 计算平面坐标的所谓坐标正算公式；同时为了计算的检核，还应该有其反算公式；最后，为了计算其他三角点的平面坐标

$$x_{K'} = x_P + s_{P'K'}\cos\alpha_{P'K'}$$

$$y_{K'} = y_P + s_{P'K'}\sin\alpha_{P'K'}$$

还应该确定平面三角形各边长 s 及其坐标方位角 α。由于是正形投影，则由图 4-41 可知

$$A_{P'K'} = \alpha_{P'K'} + \gamma_P - \delta_{P'K'} \tag{4-327}$$

式中：$\gamma_{P'}$ 为 P' 点的子午线收敛角，它是过 P' 点的子午线的投影 $P'N'$ 同平面直角坐标系中 X 轴的夹角，$\alpha_{P'K'}$ 为直线边 $P'K'$ 的坐标方位角，$\delta_{P'K'}$ 为由曲线改成直线 $P'K'$ 的曲率改化。由于在计算中已经顾及了它的正负号，因此计算方位角的实用公式为

$$\alpha_{P'K'} = A_{P'K'} - \gamma_{P'} + \delta_{P'K'} \tag{4-328}$$

显然，为计算坐标方位角 α 必须知道子午线收敛角 γ 及曲率改化 δ。

至此，为了计算平面坐标 x，y，还必须将椭球面上的大地线长度 S 投影到平面上的相应长度 s，为此应加入长度改化 Δs

$$s = S + \Delta s \tag{4-329}$$

因此，将椭球面三角系归算到高斯投影面的主要内容有：

（1）将起始点 P 的大地坐标 (L, B) 归算为高斯平面直角坐标 x，y；为了检核还应进行反算，即根据 x，y 反算 B，L，这项工作统称为高斯投影坐标计算。

（2）按（4-328）式，将椭球面上起算边大地方位角 A_{PK} 归算到高斯平面上相应边 $P'K'$ 的坐标方位角 $\alpha_{P'K'}$，这是通过计算该点的子午线收敛角 γ 及方向改化 δ 实现的。

（3）将椭球面上各三角形内角归算到高斯平面上的由相应直线组成的三角形内角。这是通过计算各方向的曲率改化即方向改化来实现的。

（4）按（4-329）式，将椭球面上起算边 PK 的长度 S 归算到高斯平面上的直线长度 s。这是通过计算距离改化 Δs 实现的。

由此可见，要将椭球面三角系归算到平面上，包括坐标、曲率改化、距离改化和子午线收敛角等项计算工作。

最后，当控制网跨越两个相邻投影带，以及为将各投影带连成统一的整体，还需要进行平面坐标的邻带换算。

从下节开始我们就来逐一解决以上提出的各个问题以及与此有关的一些其他问题。

4.9.2　正形投影的一般条件

由上节知道，正形投影是地图投影中的一种，而高斯投影又是正形投影中的一种。所以，正形投影对于投影来说，是一种特殊的投影，但对于高斯投影来说却是一种一般投影。这就是说，高斯投影首先必须满足正形投影的一般条件。因此，在研究具体高斯投影之前，必须对正形投影的法则有一个比较深入地了解。本节的任务就是导出正形投影的一般条件。在这个基础上，再加上高斯投影的特殊条件，就可以导出高斯投影坐标正、反算公式来。

要想导出正形投影的一般条件，就必须紧紧抓住正形投影区别于其他投影的特殊本质。这个特殊的本质是：在正形投影中长度比与方向无关，这就成为推导正形投影一般条

件的基本出发点。

1. 长度比的通用公式

图 4-42 为椭球面，图 4-43 为它在平面上的投影。在椭球面上有无限接近的两点 P_1 和 P_2，投影后为 p_1' 和 p_2'，其坐标均已注在图上，dS 为大地线的微分弧长，其方位角为 A。在投影面上，建立如图 4-43 所示的坐标系，dS 的投影弧长为 ds。

在微分直角三角形 $p_1p_2p_3$ 及 $p_1'p_2'p_3'$ 中，可有

$$\begin{cases} dS^2 = (MdB)^2 + (N\cos Bdl)^2 \\ ds^2 = dx^2 + dy^2 \end{cases} \tag{4-330}$$

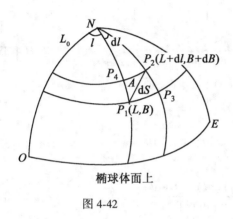

图 4-42 椭球体面上

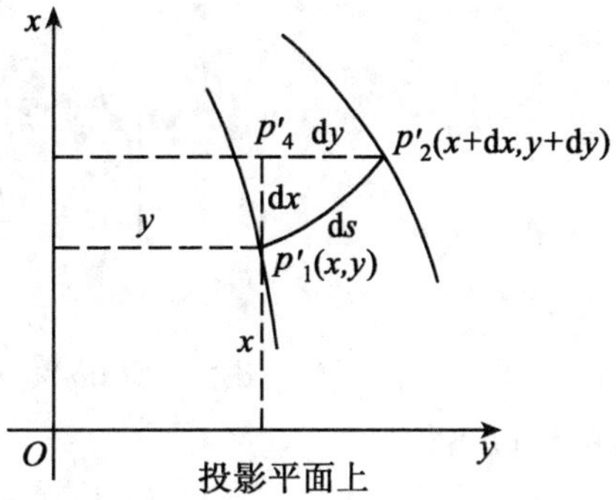

图 4-43 投影平面上

则长度比

$$m^2 = \left(\frac{ds}{dS}\right)^2 = \frac{dx^2 + dy^2}{(MdB)^2 + (N\cos Bdl)^2}$$

$$= \frac{dx^2 + dy^2}{(N\cos B)^2 \left[\left(\dfrac{MdB}{N\cos B}\right)^2 + dl^2\right]} \tag{4-331}$$

为了简化以后公式的推导过程，引用符号

$$dq = \frac{MdB}{N\cos B} \tag{4-332}$$

则

$$q = \int_0^B \frac{MdB}{N\cos B} \tag{4-333}$$

称它为等量纬度，因为它仅与纬度有关。因此，可以把 dq 和 dl 看做互为独立的变量的微分。这样，则有长度比 m^2 的表达式

$$m^2 = \frac{dx^2 + dy^2}{r^2 \left[(dq)^2 + (dl)^2\right]} \tag{4-334}$$

在 4.8.1 中讲过，所有地图投影就是要具体地确定(4-295)式中的 F_1 和 F_2，亦即建立平面坐标 x，y 和大地坐标 L，B 的函数关系。由(4-333)式知，大地纬度 B 同等量纬度 q 有确定的关系，因此投影问题也可以说成是建立 x，y 与 l，q 的函数关系。现设其函数

关系为

$$x = x(l, q), \quad y = y(l, q) \tag{4-335}$$

由上式全微分得

$$\begin{cases} dx = \dfrac{\partial x}{\partial q}dq + \dfrac{\partial x}{\partial l}dl \\[3mm] dy = \dfrac{\partial y}{\partial q}dq + \dfrac{\partial y}{\partial l}dl \end{cases} \tag{4-336}$$

将上式代入(4-330)第二式, 并令

$$\begin{cases} E = \left(\dfrac{\partial x}{\partial q}\right)^2 + \left(\dfrac{\partial y}{\partial q}\right)^2 \\[3mm] F = \dfrac{\partial x}{\partial q} \cdot \dfrac{\partial x}{\partial l} + \dfrac{\partial y}{\partial q} \cdot \dfrac{\partial y}{\partial l} \\[3mm] G = \left(\dfrac{\partial x}{\partial l}\right)^2 + \left(\dfrac{\partial y}{\partial l}\right)^2 \end{cases} \tag{4-337}$$

得

$$ds^2 = E(dq)^2 + 2F(dq)(dl) + G(dl)^2 \tag{4-338}$$

于是(4-334)式变为

$$m^2 = \frac{E(dq)^2 + 2F(dq)(dl) + G(dl)^2}{r^2[(dq)^2 + (dl)^2]} \tag{4-339}$$

2. 柯西-黎曼条件

现在在上式中引入方向, 由图 4-42 知,

$$\tan(90° - A) = \frac{P_2 P_3}{P_1 P_3} = \frac{MdB}{rdl} = \frac{dq}{dl} \tag{4-340}$$

即

$$dl = \tan A dq \tag{4-341}$$

将上式代入(4-339)式得

$$\begin{aligned} m^2 &= \frac{E(dq)^2 + 2F\tan A(dq)^2 + G\tan^2 A(dq)^2}{r^2[(dq)^2 + \tan^2 A(dq)^2]} \\[3mm] &= \frac{E + 2F\tan A + G\tan^2 A}{r^2 \sec^2 A} \\[3mm] &= \frac{E\cos^2 A + 2F\sin A\cos A + G\sin^2 A}{r^2} \end{aligned} \tag{4-342}$$

要想使上式中 m 与 A 脱离关系, 必须满足

$$F = 0, \quad E = G \tag{4-343}$$

将(4-337)式代入得

$$\frac{\partial x}{\partial q} \cdot \frac{\partial x}{\partial l} + \frac{\partial y}{\partial q} \cdot \frac{\partial y}{\partial l} = 0$$

$$\left(\frac{\partial x}{\partial q}\right)^2 + \left(\frac{\partial y}{\partial q}\right)^2 = \left(\frac{\partial x}{\partial l}\right)^2 + \left(\frac{\partial y}{\partial l}\right)^2 \tag{4-344}$$

由上式第一式得

$$\frac{\partial x}{\partial l} = -\frac{\dfrac{\partial y}{\partial q} \cdot \dfrac{\partial y}{\partial l}}{\dfrac{\partial x}{\partial q}}$$

代入第二式得

$$\left(\frac{\partial x}{\partial q}\right)^2 + \left(\frac{\partial y}{\partial q}\right)^2 = \frac{\left(\dfrac{\partial y}{\partial l}\right)^2}{\left(\dfrac{\partial x}{\partial q}\right)^2}\left\{\left(\frac{\partial x}{\partial q}\right)^2 + \left(\frac{\partial y}{\partial q}\right)^2\right\}$$

消去共同项得

$$\left(\frac{\partial x}{\partial q}\right)^2 = \left(\frac{\partial y}{\partial l}\right)^2$$

将上式开方,并代入(4-344)式第一式得

$$\begin{cases} \dfrac{\partial x}{\partial q} = \dfrac{\partial y}{\partial l} \\ \dfrac{\partial x}{\partial l} = -\dfrac{\partial y}{\partial q} \end{cases} \tag{4-345}$$

上式即为椭球面到平面的正形投影一般公式,在微分几何中,称柯西-黎曼条件。

与此相反,按照由此及彼的方法,不难导出平面正形投影到椭球面上的一般条件

$$\begin{cases} \dfrac{\partial q}{\partial x} = \dfrac{\partial l}{\partial y} \\ \dfrac{\partial l}{\partial x} = -\dfrac{\partial q}{\partial y} \end{cases} \tag{4-346}$$

(4-345)式、(4-346)式即为由椭球面到平面及由平面到椭球面正形投影的一般条件,它们是各类正形投影方法都必须遵循的公共法则,因此,在推导高斯投影坐标正、反算公式时也必须以它们为基础。

顺便指出,在满足 $F=0$,$E=G$ 时,长度比公式(4-342)化简为

$$m^2 = \frac{E}{r^2} = \frac{\left(\dfrac{\partial x}{\partial q}\right)^2 + \left(\dfrac{\partial y}{\partial q}\right)^2}{r^2}$$

或

$$m^2 = \frac{G}{r^2} = \frac{\left(\dfrac{\partial x}{\partial l}\right)^2 + \left(\dfrac{\partial y}{\partial l}\right)^2}{r^2} \tag{4-347}$$

3. 柯西-黎曼条件的几何意义

设 A 点是椭球面上某点在平面上的投影(见图 4-44),$\overset{\frown}{AB}$ 和 $\overset{\frown}{AC}$ 分别是 $L=$ 常数的子午微分弧段及 $B=$ 常数的平行圈微分弧段在平面上的投影。角 γ 是子午线收敛角,它是直角坐标纵线($x=$ 常数)及横线($y=$ 常数)分别与子午线和平行圈投影间的夹角,从坐标线按反时针量取。

因三角形 ABB' 和 ACC' 相似，故有关系式

$$\left.\begin{array}{l} \dfrac{AB'}{AB} = \dfrac{AC'}{AC} = \cos\gamma \\[3mm] \dfrac{BB'}{AB} = \dfrac{CC'}{AC} = \sin\gamma \end{array}\right\} \qquad (4\text{-}348)$$

现在来求这些线段的长度。

因正形投影的长度比 m 与方向无关，故有式

$$AB = mM\mathrm{d}B, \qquad AC = mN\cos B\mathrm{d}l \qquad (4\text{-}349)$$

由投影方程(4-335)式的全微分方程

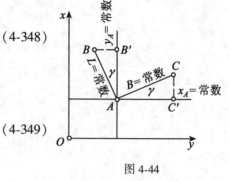

图 4-44

$$\left\{\begin{array}{l} \mathrm{d}x = \dfrac{\partial x}{\partial B}\mathrm{d}B + \dfrac{\partial x}{\partial l}\mathrm{d}l \\[3mm] \mathrm{d}y = \dfrac{\partial y}{\partial B}\mathrm{d}B + \dfrac{\partial y}{\partial l}\mathrm{d}l \end{array}\right. \qquad (4\text{-}350)$$

可知，对 L=常数的子午微分弧段的投影，有式

$$\left\{\begin{array}{l} \mathrm{d}x_B = AB' = \dfrac{\partial x}{\partial B}\mathrm{d}B \\[3mm] \mathrm{d}y_B = BB' = -\dfrac{\partial y}{\partial B}\mathrm{d}B \end{array}\right. \qquad (4\text{-}351)$$

式中负号是因纬度增加而 y 坐标减少的缘故。同理，对 B=常数的平行圈微分弧段的投影，有式

$$\left\{\begin{array}{l} \mathrm{d}x_L = CC' = \dfrac{\partial x}{\partial L}\mathrm{d}L \\[3mm] \mathrm{d}y_L = AC' = \dfrac{\partial y}{\partial L}\mathrm{d}L \end{array}\right. \qquad (4\text{-}352)$$

将(4-349)、(4-351)及(4-352)三式确定的线段代入(4-348)式，则得

$$\left\{\begin{array}{l} \dfrac{\dfrac{\partial x}{\partial B}\mathrm{d}B}{mM\mathrm{d}B} = \dfrac{\dfrac{\partial y}{\partial L}\mathrm{d}L}{mN\cos B\mathrm{d}L} = \cos\gamma \\[6mm] \dfrac{-\dfrac{\partial y}{\partial B}\mathrm{d}B}{mM\mathrm{d}B} = \dfrac{\dfrac{\partial x}{\partial L}\mathrm{d}L}{mN\cos B\mathrm{d}L} = \sin\gamma \end{array}\right. \qquad (4\text{-}353)$$

由以上关系式，即可得到柯西-黎曼条件：

$$\left\{\begin{array}{l} \dfrac{\partial x}{\partial B} = \dfrac{M}{N\cos B}\dfrac{\partial y}{\partial L} \\[4mm] \dfrac{\partial y}{\partial B} = -\dfrac{M}{N\cos B}\dfrac{\partial x}{\partial L} \end{array}\right. \qquad (4\text{-}354)$$

此外又有

$$\begin{cases} m\cos\gamma = \dfrac{1}{M}\dfrac{\partial x}{\partial B} = \dfrac{1}{N\cos B}\dfrac{\partial y}{\partial L} \\[3mm] m\sin\gamma = -\dfrac{1}{M}\dfrac{\partial y}{\partial B} = \dfrac{1}{N\cos B}\dfrac{\partial x}{\partial L} \end{cases} \tag{4-355}$$

由上式，又可得计算子午线收敛角 γ 的公式

$$\tan\gamma = \dfrac{-\dfrac{\partial y}{\partial B}}{\dfrac{\partial x}{\partial B}} = \dfrac{\dfrac{\partial x}{\partial L}}{\dfrac{\partial y}{\partial L}} \tag{4-356}$$

及长度 m 的计算公式

$$m = \dfrac{1}{M}\sqrt{\left(\dfrac{\partial x}{\partial B}\right)^2 + \left(\dfrac{\partial y}{\partial B}\right)^2} = \dfrac{1}{N\cos B}\sqrt{\left(\dfrac{\partial x}{\partial L}\right)^2 + \left(\dfrac{\partial y}{\partial L}\right)^2} \tag{4-357}$$

顾及(4-332)式，比较(4-345)式和(4-354)式可知，微分公式(4-354)即为正形投影必须满足的基本条件：柯西-黎曼条件。

4.9.3 高斯投影坐标正反算公式

由4.9.1已知，要将椭球体上元素投影到平面上，需讨论包括坐标、方向和长度三类问题。因此，所讨论的问题不止是一种矛盾，而是有多种矛盾存在。从研究投影这个过程来说，如果(4-295)式的具体形式已经知道，亦即椭球面与平面对应点间的坐标关系已经确定的话，相应地，方向和长度的投影关系也就确定了。由此可见，推求高斯投影坐标关系式，是整个投影过程的主要矛盾，这个矛盾一经解决，那么方向和长度的换算公式就可迎刃而解，所以，首先来研究高斯投影坐标计算公式。

因此，本节的主要内容就是导出高斯平面坐标(x, y)与大地坐标(L, B)的相互关系式。关系式分两类：第一类称高斯投影正算公式，亦即由L, B求x, y；第二类称高斯投影反算公式，亦即由x, y求L, B。

上已言及，既然高斯投影是正形投影的一种，当然它必须满足正形投影一般条件(4-345)式。但是，有了这个条件并没有最后确定(4-335)式的具体形式，也就是说，并没有完成大地坐标对平面坐标的转化。为此，必须再加入高斯投影本身的特殊条件，在这些条件基础上，才能导出高斯投影坐标的正算和反算公式。下面分别加以推导。

1. 高斯投影坐标正算公式

综合4.9.1和4.9.2所述，高斯投影必须满足以下三个条件：

(1)中央子午线投影后为直线；

(2)中央子午线投影后长度不变；

(3)投影具有正形性质，即正形投影条件。

由第一个条件可知，由于地球椭球体是一个旋转椭球体，所以高斯投影必然有这样一个性质，即中央子午线东西两侧的投影必然对称于中央子午线。具体地说，比如在椭球面上有对称于中央子午线的两点 P_1 和 P_2，它们的大地坐标分别为(l, B)及$(-l, B)$，式中l为椭球面上P点的经度与中央子午线的经度之差，P点在中央子午线之东，l为正；在西，l则为负，则投影后的平面坐标一定为$P_1'(x, y)$和$P_2'(x, -y)$。这就是说，在所求的投影

公式中，当 $B=$ 常数，l 以 $-l$ 代换时，x 值不变号，而 y 值则变号，亦即（4-335）式中，第一式为 l 的偶函数，第二式为 l 的奇函数。

又由于高斯投影是按带投影的，在每带内经差 l 是不大的，$\dfrac{l}{\rho}$ 是一个微小量，所以可将（4-335）式中的函数展开为经差 l 的幂级数，它可写成如下形式，

$$\begin{cases} x = m_0 + m_2 l^2 + m_4 l^4 + \cdots \\ y = m_1 l + m_3 l^3 + m_5 l^5 + \cdots \end{cases} \tag{4-358}$$

式中 m_0，m_1，m_2，$\cdots$ 是待定系数，它们都是纬度 B 的函数。

由第三个条件：$\dfrac{\partial y}{\partial l}=\dfrac{\partial x}{\partial q}$ 和 $\dfrac{\partial x}{\partial l}=-\dfrac{\partial y}{\partial q}$，将（4-358）式分别对 l 和 q 求偏导数代入，得

$$\begin{cases} m_1 + 3m_3 l^2 + 5m_5 l^4 + \cdots = \dfrac{dm_0}{dq} + \dfrac{dm_2}{dq} l^2 + \dfrac{dm_4}{dq} l^4 + \cdots \\ 2m_2 l + 4m_4 l^3 + \cdots = -\dfrac{dm_1}{dq} l - \dfrac{dm_3}{dq} l^3 - \cdots \end{cases} \tag{4-359}$$

为使上面两式两边相等，其必要充分条件是 l 的同次幂的系数相等，因而有

$$\begin{cases} m_1 = \dfrac{dm_0}{dq} \\ m_2 = -\dfrac{1}{2}\dfrac{dm_1}{dq} \\ m_3 = \dfrac{1}{3}\dfrac{dm_2}{dq} \end{cases} \tag{4-360}$$

为要最终求出待定系数 m_1，m_2，m_3，$\cdots$，显然矛盾的焦点在于求得导数 $\dfrac{dm_0}{dq}$，为此，首先要确定 m_0 的表达式。

由第二个条件可知，位于中央子午线上的点，投影后的纵坐标 x 应该等于投影前从赤道量至该点的子午线弧长，即在（4-358）第一式中，当 $l=0$ 时，

$$x = m_0 = X \tag{4-361}$$

式中：X 为自赤道量起的子午线弧长。

顾及子午线弧长微分公式 $\dfrac{dX}{dB}=M$ 和（4-332）式 $\dfrac{dB}{dq}=\dfrac{N\cos B}{M}$，于是得

$$\dfrac{dm_0}{dq} = \dfrac{dm_0}{dB}\cdot\dfrac{dB}{dq} = \dfrac{dX}{dB}\cdot\dfrac{N\cos B}{M} = M\cdot\dfrac{N\cos B}{M} = N\cos B \tag{4-362}$$

故

$$m_1 = N\cos B = \dfrac{c}{V}\cos B \tag{4-363}$$

其次求 $\dfrac{dm_1}{dq}$，由上式对 q 求偏导数得

$$\dfrac{dm_1}{dq} = \dfrac{dm}{dB}\cdot\dfrac{dB}{dq} = \dfrac{d}{dB}\left(\dfrac{c}{V}\cos B\right)\dfrac{dB}{dq}$$

$$= \left(-\frac{c}{V^2}\frac{\mathrm{d}V}{\mathrm{d}B}\cos B - \frac{c}{V}\sin B \right)\frac{\mathrm{d}B}{\mathrm{d}q}$$

顾及

$$\frac{\mathrm{d}V}{\mathrm{d}B} = -\frac{1}{V}\eta^2 t$$

于是得出

$$\frac{\mathrm{d}m_1}{\mathrm{d}q} = \left[-\frac{c}{V^2}\left(-\frac{1}{V}\eta^2 t \right)\cos B - \frac{c}{V}\sin B \right]\frac{\dfrac{c}{V}\cos B}{\dfrac{c}{V^3}}$$

$$= \left[\frac{c}{V^3}\sin B(\eta^2 - V^2) \right]V^2\cos B = -\frac{c}{V}\sin B\cos B$$

于是

$$m_2 = \frac{N}{2}\sin B\cos B \tag{4-364}$$

依次求导，并依次代入(4-360)式右边可得 m_3，m_4，…各值

$$\begin{cases} m_3 = \dfrac{N}{6}\cos^3 B(1 - t^2 + \eta^2) \\[2mm] m_4 = \dfrac{N}{24}\sin B\cos^3 B(5 - t^2 + 9\eta^2) \\[2mm] m_5 = \dfrac{N}{120}\cos^5 B(5 - 18t^2 + t^4) \\[2mm] \cdots \end{cases} \tag{4-365}$$

将上面已经求出的各个确定系数 m_i，代入(4-358)式，并略去 $\eta^2 l^5$ 及 l^6 以上各项，最后得出高斯投影坐标正算公式如下：

$$\begin{cases} x = X + \dfrac{N}{2\rho''^2}\sin B\cos B l''^2 + \dfrac{N}{24\rho''^4}\sin B\cos^3 B(5 - t^2 + 9\eta^2)l''^4 \\[2mm] y = \dfrac{N}{\rho''}\cos B l'' + \dfrac{N}{6\rho''^3}\cos^3 B(1 - t^2 + \eta^2)l''^3 + \dfrac{N}{120\rho''^5}\cos^5 B(5 - 18t^2 + t^4)l''^5 \end{cases} \tag{4-366}$$

当 $l < 3.5°$ 时，公式换算的精度为 ± 0.1m。欲要换算精确至 0.001m 的坐标公式，可将上式继续扩充，现直接写出如下：

$$\begin{cases} x = X + \dfrac{N}{2\rho''^2}\sin B\cos B l''^2 + \dfrac{N}{24\rho''^4}\sin B\cos^3 B(5 - t^2 + 9\eta^2 + 4\eta^4)l''^4 + \\[2mm] \qquad \dfrac{N}{720\rho''^6}\sin B\cos^5 B(61 - 58t^2 + t^4)l''^6 \\[2mm] y = \dfrac{N}{\rho''}\cos B l'' + \dfrac{N}{6\rho''^3}\cos^3 B(1 - t^2 + \eta^2)l''^3 + \\[2mm] \qquad \dfrac{N}{120\rho''^5}\cos^5 B(5 - 18t^2 + t^4 + 14\eta^2 - 58\eta^2 t^2)l''^5 \end{cases} \tag{4-367}$$

(4-366)式和(4-367)式即为高斯投影坐标正算公式，它们就是(4-295)式中的 F_1 和

F_2 的具体形式。

2. 高斯投影坐标反算公式

在高斯投影坐标反算时，原面是高斯平面，投影面是椭球面，已知的是平面坐标(x, y)，要求的是大地坐标(B, L)，相应地有如下投影方程

$$\begin{cases} B = \varphi_1(x, y) \\ l = \varphi_2(x, y) \end{cases} \tag{4-368}$$

同正算一样，对投影函数 φ_1 和 φ_2 提出如下三个条件：

（1）x 坐标轴投影成中央子午线，是投影的对称轴；

（2）x 轴上的长度投影保持不变；

（3）正形投影条件。

高斯投影坐标反算公式的推导方法同正算时相似。由第一条件可知，由于 y 值比起椭球半径是一个相对较小的数值，因而可以将大地坐标 B 及 l 展开成 y 的幂级数，又由于是对称投影，在此幂级数中，大地纬度 B 必是 y 的偶函数，大地经差 l 必是 y 的奇函数，因此可写成下面的级数形式：

$$\begin{cases} B = n_0 + n_2 y^2 + n_4 y^4 + \cdots \\ l = n_1 y + n_3 y^3 + n_5 y^5 + \cdots \end{cases} \tag{4-369}$$

式中：n_0，n_1，n_2，…是待定系数，它们都是纵坐标 x 的函数。

由第三个条件可知，反算投影必满足柯西-黎曼条件，即

$$\left. \begin{aligned} \frac{\partial q}{\partial x} &= \frac{\partial l}{\partial y} \\ \frac{\partial l}{\partial x} &= -\frac{\partial q}{\partial y} \end{aligned} \right\} \tag{4-370}$$

注意到

$$dq = \frac{MdB}{N\cos B} \tag{4-371}$$

故上式可改写成：

$$\left. \begin{aligned} \frac{\partial B}{\partial x} &= \frac{N\cos B}{M} \frac{\partial l}{\partial y} \\ \frac{\partial B}{\partial y} &= -\frac{N\cos B}{M} \frac{dl}{dx} \end{aligned} \right\} \tag{4-372}$$

将(4-369)式分别对 x 及 y 求偏导数，代入上式，必有：

$$\left. \begin{aligned} \frac{dn_0}{dx} + \frac{dn_2}{dx}y^2 + \frac{dn_4}{dx}y^4 + \cdots &= \frac{N\cos B}{M}(n_1 + 3n_3 y^2 + 5n_5 y^4 + \cdots) \\ 2n_2 y + 4n_4 y^3 + \cdots &= -\frac{N\cos B}{M}\left(\frac{dn_1}{dx}y + \frac{dn_3}{dx}y^3 + \frac{dn_5}{dx}y^5 + \cdots\right) \end{aligned} \right\} \tag{4-373}$$

上式相等的必要充分条件，是同次幂 y 前的系数相等，从而得待定系数等式：

$$\left. \begin{aligned} n_1 &= \frac{M}{N\cos B}\frac{dn_0}{dx}, \qquad n_2 = -\frac{1}{2}\frac{N\cos B}{M}\frac{dn_1}{dx} \\ n_3 &= \frac{M}{3N\cos B}\frac{dn_2}{dx}, \qquad n_4 = -\frac{N\cos B}{4M}\frac{dn_3}{dx} \\ \cdots & \qquad\qquad\qquad \cdots \end{aligned} \right\} \tag{4-374}$$

由上式可知，为确定各系数 n_1，n_2，n_3，$\cdots$，很显然，关键在于求得导数 $\dfrac{\mathrm{d}n_0}{\mathrm{d}x}$，而要求得此导数，首先必须确定 n_0。

由高斯投影第二个条件，当 $y=0$ 时，$x=X$，此时对应的 F 点称为底点，其纬度称为底点纬度，用 B_f 表示。在这种情况下，显然有式

$$B = n_0 = B_f \tag{4-375}$$

所以 n_0 可理解为底点 F 的纬度 B_f，也就是当 $x=X$ 时的子午线弧长所对应的纬度。因而，(4-374)式所有系数可以看成底点纬度 B_f 的函数。因此，若用 X 代替 x，则各阶导数值应缀以下标 f，以标明是用底点纬度 B_f 计算的导数值。

因此
$$\frac{\mathrm{d}n_0}{\mathrm{d}x} = \frac{\mathrm{d}B_f}{\mathrm{d}X} \tag{4-376}$$

顾及
$$\mathrm{d}X = M_f \mathrm{d}B_f \tag{4-377}$$

因而
$$\frac{\mathrm{d}B_f}{\mathrm{d}X} = \frac{1}{M_f} \tag{4-378}$$

再注意到
$$\frac{\mathrm{d}f(B_f)}{\mathrm{d}X} = \frac{\mathrm{d}f(B_f)}{\mathrm{d}B_f} \cdot \frac{\mathrm{d}B_f}{\mathrm{d}X} \tag{4-379}$$

便可求得各个导数值。进而求得各系数，如

$$n_1 = \frac{M_f}{N_f \cos B_f} \cdot \frac{\mathrm{d}n_0}{\mathrm{d}X} = \frac{M_f}{N_f \cos B_f} \cdot \frac{\mathrm{d}B_f}{\mathrm{d}X}$$
$$= \frac{M_f}{N_f \cos B_f} \cdot \frac{1}{M_f} = \frac{1}{N_f \cos B_f} \tag{4-380}$$

其他各系数仿此依次求得，汇总如下：

$$\begin{cases} n_2 = -\dfrac{t_f}{2M_f N_f} \\[2mm] n_4 = \dfrac{t_f}{24M_f N_f^3}(5 + 3t_f^2 + \eta_f^2 - 9\eta_f^2 t_f^2) \\[2mm] n_6 = -\dfrac{t_f}{720M_f N_f^5}(61 + 90t_f^2 + 45t_f^4) \\[2mm] n_3 = -\dfrac{1}{6N_f^3 \cos B_f}(1 + 2t_f^2 + \eta_f^2) \\[2mm] n_5 = \dfrac{1}{120N_f^5 \cos B_f}(5 + 28t_f^2 + 24t_f^4 + 6\eta_f^2 + 8\eta_f^2 t_f^2) \end{cases} \tag{4-381}$$

将以上各系数代入(4-369)式，经整理得

$$
\left\{
\begin{aligned}
B &= B_f - \frac{t_f}{2M_f N_f} y^2 + \frac{t_f}{24 M_f N_f^3}(5 + 3t_f^2 + \eta_f^2 - 9\eta_f^2 t_f^2) y^4 - \\
&\quad \frac{t_f}{720 M_f N_f^5}(61 + 90 t_f^2 + 45 t_f^4) y^6 \\
l &= \frac{1}{N_f \cos B_f} y - \frac{1}{6 N_f^3 \cos B_f}(1 + 2t_f^2 + \eta_f^2) y^3 + \\
&\quad \frac{1}{120 N_f^5 \cos B_f}(5 + 28 t_f^2 + 24 t_f^4 + 6\eta_f^2 + 8\eta_f^2 t_f^2) y^5
\end{aligned}
\right.
\tag{4-382}
$$

上式 B 及 l 的单位为弧度。当 $l < 3.5°$ 时，上式换算精度达 0.000 1″。欲使换算精确至 0.01″，可对上式简化成：

$$
\left\{
\begin{aligned}
B &= B_f - \frac{t_f}{2M_f N_f} y^2 + \frac{t_f}{24 M_f N_f^3}(5 + 3t_f^2 + \eta_f^2 - 9\eta_f^2 t_f^2) y^4 \\
l &= \frac{1}{N_f \cos B_f} y - \frac{1}{6 N_f^3 \cos B_f}(1 + 2t_f^2 + \eta_f^2) y^3 + \\
&\quad \frac{1}{120 N_f^5 \cos B_f}(5 + 28 t_f^2 + 24 t_f^4) y^5
\end{aligned}
\right.
\tag{4-383}
$$

(4-382)式、(4-383)式即为高斯投影坐标反算公式。

3. 高斯投影正反算公式的几何解释

正算时，是已知 B，L 求 x，y。由于 l 值不大，因此公式可展开为 l 的幂级数，并以已知纬度 B 的函数 m 作为其系数，公式结果是

$$x = X + (m_2 l^2 + m_4 l^4 + \cdots) = X + \Delta X$$

由图 4-45 可知，当 $l = 0$ 时，根据轴子午线投影的正长条件，故

$$x = X$$

(即 P' 点的 x 值)。当 $l \neq 0$ 时，$x \neq X$，其差为 ΔX，所以根据 B 值查出 X 后还需加上 ΔX，即

$$x = X + \Delta X (即 P 点的 x 值)$$

然而在反算时，是已知 x，y 求 B，l。由于 y 值不大，因此公式可展开为 y 的幂级数。此时纬度 B 是要求的，但 P 点垂足纬度 B_f 却是已知的，如图 4-46 过 P 点作垂线和中央子午线的交点为 P''，其纬度称垂足纬度 B_f。该点的横坐标 y 为零，纵坐标和 P 点纵坐标一样，即 $x = X$。根据子午线弧长公式，则 $x = X$ 可以很快解出 B_f，进而求出 B。因此公式中的各系数是 B_f 的函数，它的公式必然成为这样形式

$$B = B_f - (n_2 y^2 + n_4 y^4 + \cdots) = B_f - \Delta B$$

当 $y = 0$ 时，$l = 0$；当 $l = 0$ 时，$x = X$。所以 x 对应 B_f，而当 $y \neq 0$ 时，$x \neq X$，$B \neq B_f$，因此 $B = B_f - \Delta B$。

从上可见，正算公式实际上是在中央子午线上 P' 点展开 l 的幂级数，而反算公式实际上则是在中央子午线上 P'' 点展开 y 的幂级数。

高斯投影坐标正、反算公式是在高斯投影必须遵循的三个条件下导出的，因此这些公

式也必然完备地表现出高斯投影的特点。比如对正算公式(4-367)式的分析,可知具有如下特点(参见图4-47):

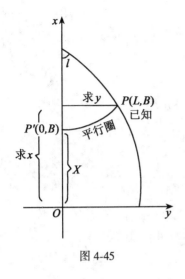

图 4-45

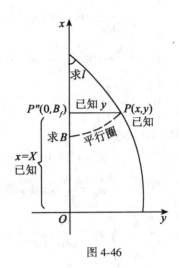

图 4-46

(1)当l等于常数时,随着B的增加x值增大,y值减小;又因$\cos(-B)=\cos B$,所以无论B值为正或为负,y值不变。这就是说,椭球面上除中央子午线外,其他子午线投影后,均向中央子午线弯曲,并向两极收敛,同时还对称于中央子午线和赤道。

(2)当B等于常数时,随着l的增加,x值和y值都增大。所以在椭球面上对称于赤道的纬圈,投影后仍成为对称的曲线,同时与子午线的投影曲线互相垂直凹向两极。

(3)距中央子午线越远的子午线,投影后弯曲越厉害,长度变形也越大。

4.9.4 高斯投影坐标计算的实用公式及算例

在高斯投影坐标计算的实际工作中,往往采用查表和电

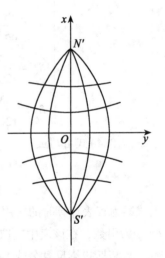

图 4-47

算两种方法,为此对于在4.9.3推导的正、反算公式,相应地也有两种实用公式。下面分别加以介绍,并给出算例。

1. 适用于查表的高斯坐标计算的实用公式及算例

为了便于查表计算,编有专门的计算用表,例如,《高斯-克吕格投影计算表》(纬度$0°\sim60°$)。该表适用于高斯投影正算x,y,精确至$0.001\mathrm{m}$,高斯投影反算L,B精确至$0.0001''$。上表及其他有关用表都是对于克拉索夫斯基椭球而言的。

1)高斯投影正算公式

由(4-367)式写得

$$\begin{cases} x = X + \dfrac{N}{2\rho''^2}\sin B\cos B l''^2 + \dfrac{N}{24\rho''^4}\sin B\cos^3 B(5 - t^2 + 9\eta^2 + 4\eta^4)l''^4 + \\[3mm] \qquad \dfrac{N}{720\rho''^6}\sin B\cos^5 B(61 - 58t^2 + t^4)l''^6 \\[3mm] y = \dfrac{N}{\rho''}\cos B l'' + \dfrac{N}{6\rho''^3}\cos^3 B(1 - t^2 + \eta^2)L''^5 + \\[3mm] \qquad \dfrac{N}{120\rho''^5}\cos^5 B(5 - 18t^2 + t^4 + 14\eta^2 - 58\eta^2 t^2)l''^5 \end{cases} \tag{4-384}$$

在编表时引用下列符号

$$\begin{cases} l' = l''^2 \cdot 10^{-8} \\[3mm] a_1 = \dfrac{N}{2\rho''^2}\sin B\cos B 10^8 \\[3mm] a_2 = \dfrac{N}{24\rho''^4}\sin B\cos^3 B(5 - t^2 + 9\eta^2 + 4\eta^4)10^{16} \\[3mm] b_1 = \dfrac{N}{\rho''}\cos B \\[3mm] b_2 = \dfrac{N}{6\rho''^3}\cos^3 B(1 - t^2 + \eta^2)10^8 \\[3mm] \delta_x = \dfrac{N}{720\rho''^6}\sin B\cos^5 B(61 - 58t^2 + t^4)l''^6 \\[3mm] \delta_y = \dfrac{N}{120\rho''^5}\cos^5 B(5 - 18t^2 + t^4 + 14\eta^2 - 58\eta^2 t^2)l''^5 \end{cases} \tag{4-385}$$

于是(4-384)式可写成

$$\begin{cases} x = X + l'(a_1 + a_2 l') + \delta_x \\ y = l''(b_1 + b_2 l') + \delta_y \end{cases} \tag{4-386}$$

上式即为查表计算时的实用公式。式中 X，a_1，a_2，b_1，b_2 都可以纬度为引数，δ_x 和 δ_y 以 B，l 为引数，在该表中查取。其中 X，b_1 需进行二次内插。

2) 高斯投影反算公式

由(4-382)式可进一步写成

$$\begin{cases} (B_f - B)'' = \dfrac{\rho'' t_f}{2M_f N_f}y^2 - \dfrac{\rho'' t_f}{24M_f N_f^3}(5 + 3t_f^2 + \eta_f^2 - 9t_f^2\eta_f^2)y^4 + \\[3mm] \qquad \dfrac{\rho''}{720M_f N_f^5}(61 + 90t_f^2 + 45t_f^4)y^6 \\[3mm] l'' = y : \left(\dfrac{N_f\cos B_f}{\rho''} + \dfrac{(1 + 2t_f^2 + \eta_f^2)\cos B_f}{6N_f\rho''}y^2 \right) + \\[3mm] \qquad \dfrac{\rho''}{360N_f^5\cos B_f}(5 + 44t_f^2 + 32t_f^4 - 2\eta_f^2 - 16\eta_f^2 t_f^2)y^5 \end{cases} \tag{4-387}$$

在编表时引用下列符号

$$
\begin{cases}
y' = y^2 \cdot 10^{-10} \\[2mm]
A_1 = \dfrac{\rho'' t_f}{2N_f M_f} 10^{10} \\[3mm]
A_2 = -\dfrac{\rho'' t_f}{24 M_f N_f^3}(5 + 3t_f^2 + \eta_f^2 - 9t_f^2 \eta_f^2)10^{20} \\[3mm]
B_2 = \dfrac{(1 + 2t_f^2 + \eta_f^2)\cos B_f}{6 N_f \rho''}10^{10} \\[3mm]
\delta_B = \dfrac{\rho''}{720 M_f N_f^5}(61 + 90t_f^2 + 45t_f^4)y^6 \\[3mm]
\delta_l = \dfrac{\rho''}{360 N_f^5 \cos B_f}(5 + 44t_f^2 + 32t_f^4 - 2\eta_f^2 - 16\eta_f^2 t_f^2)y^5
\end{cases}
\tag{4-388}
$$

于是(4-387)式可写成

$$
\begin{cases}
(B_f - B)'' = y'(A_1 + A_2 y') + \delta_B \\[2mm]
l'' = y : (b_1 + B_2 y') + \delta_l \\[2mm]
B = B_f - (B_f - B) \\[2mm]
L = L_0 + l
\end{cases}
\tag{4-389}
$$

反算时,将 x 当做 X_f 反内插查取 B_f,然后以 B_f 为引数按线性内插查取 A_1, A_2, b_1, B_2 等值。A_2 无需作内插。δ_l 以 B(取至分)和 $y : (b_1 + B_2 y')$ 为引数查取,当 l 为负值时,δ_l 应反号。

2. 适用于电算的高斯坐标计算的实用公式及算例

现行高斯投影用表都是采用克拉索夫斯基椭球参数。我国 1980 年国家大地坐标系采用 1975 年国际椭球参数,因此现有各种数表已不再适用。又由于电子计算机和各种可编程序电子计算器在测量上广泛使用,因而也有可能直接进行高斯投影计算。因此,在这里给出有关电算的实用公式和算例。

1)高斯投影正算公式

为适用于电算程序的编写,需对(4-367)式作进一步变化。比如写成

$$
\begin{cases}
x = X + \dfrac{N}{2}t\cos^2 B l^2 + \dfrac{N}{24}t(5 - t^2 + 9\eta^2 + 4\eta^4)\cos^4 B l^4 + \\[3mm]
\quad \dfrac{N}{720}t(61 - 58t^2 + t^4)\cos^6 B l^6 \\[3mm]
y = N\cos B l + \dfrac{N}{6}(1 - t^2 + \eta^2)\cos^3 B l^3 + \dfrac{N}{120}(5 - 18t^2 + \\[3mm]
\quad t^4 + 14\eta^2 - 58\eta^2 t^2)\cos^5 B l^5
\end{cases}
\tag{4-390}
$$

若令 $m = \cos B l \cdot \dfrac{\pi}{180}$,则上式可写为

$$\begin{cases} x = X + Nt\left[\left(\dfrac{1}{2} + \left(\dfrac{1}{24}(5 - t^2 + 9\eta^2 + 4\eta^2) + \right.\right.\right. \\ \left.\left.\left. \dfrac{1}{720}(61 - 58t^2 + t^4)m^2\right)m^2\right)m^2\right] \\ y = N\left[\left(1 + \left(\dfrac{1}{6}(1 - t^2 + \eta^2) + \dfrac{1}{120}(5 - 18t^2 + \right.\right.\right. \\ \left.\left.\left. t^4 + 14\eta^2 - 58\eta^2 t^2)m^2\right)m^2\right)m\right] \end{cases} \tag{4-391}$$

下面我们导出适宜克拉索夫斯基椭球及 1975 年国际椭球的具体的正算公式。

若令

$$\begin{cases} A_2 = \dfrac{1}{2}N\sin B\cos B \\[2mm] A_4 = \dfrac{1}{24}N\sin B\cos^3 B(5 - t^2 + 9\eta^2 + 4\eta^4) \\[2mm] \quad = \dfrac{1}{24}N\sin B\cos B(5\cos^2 B - \sin^2 B + 9e'^2\cos^4 B + 4e'^4\cdot\cos^6 B) \\[2mm] \quad = N\sin B\cos B\left(-\dfrac{1}{24} + \dfrac{1}{4}\cos^2 B + \dfrac{3}{8}e'^2\cos^4 B + \dfrac{1}{6}e'^4\cos^6 B\right) \\[2mm] A_6 = \dfrac{1}{720}N\sin B\cos B(61\cos^4 B - 58\sin^2 B\cos^2 B + \sin^4 B) \\[2mm] \quad = N\sin B\cos B\left(\dfrac{1}{720} - \dfrac{1}{12}\cos^2 B + \dfrac{1}{6}\cos^4 B\right) \\[2mm] \quad \approx N\sin B\cos^3 B(-0.083 + 0.167\cos^2 B) \\[2mm] A_3 = \dfrac{1}{6}N\cos^3 B(1 - t^2 + \eta^2) \\[2mm] \quad = \dfrac{1}{6}N\cos B(\cos^2 B - \sin^2 B + e'^2\cos^4 B) \\[2mm] \quad = N\cos B\left(-\dfrac{1}{6} + \dfrac{1}{3}\cos^2 B + e'^2\cos^4 B\right) \\[2mm] A_5 = \dfrac{1}{120}N\cos^5 B(5 - 18t^2 + t^4 + 14\eta^2 - 58\eta^2 t^2) \\[2mm] \quad = \dfrac{1}{120}N\cos B(5\cos^4 B - 18\sin^2 B\cos^2 B + \sin^4 B + 14e'^2\cos^6 B - \\[2mm] \quad\quad 58e'^2\sin^2 B\cos^4 B) \\[2mm] \quad = N\cos B\left(\dfrac{1}{120} - \dfrac{1}{6}\cos^2 B + \dfrac{12 - 29e'^2}{60}\cos^4 B + \dfrac{3}{5}e'^2\cos^6 B\right) \end{cases} \tag{4-392}$$

当将克拉索夫斯基椭球元素值代入上式，并顾及(4-390)式，经整理，则得正算公式

$$\begin{cases} x = 6\ 367\ 558.496\ 9\ \dfrac{B''}{\rho''} - \{a_0 - [0.5 + (a_4 + a_6 l^2)l^2]l^2 N\}\sin B\cos B \\[2mm] y = [1 + (a_3 + a_5 l^2)l^2]lN\cos B \end{cases} \tag{4-393}$$

式中：

$$\begin{cases} l = \dfrac{(L - L_0)''}{\rho''} \\ N = 6\,399\,698.902 - [\,21\,562.267 - (108.973 - 0.612\cos^2 B)\cos^2 B\,]\cos^2 B \\ a_0 = 32\,140.404 - [\,135.330\,2 - (0.709\,2 - 0.004\,0\cos^2 B)\cos^2 B\,]\cos^2 B \\ a_4 = (0.25 + 0.002\,52\cos^2 B)\cos^2 B - 0.041\,66 \\ a_6 = (0.166\cos^2 B - 0.084)\cos^2 B \\ a_3 = (0.333\,333\,3 + 0.001\,123\cos^2 B)\cos^2 B - 0.166\,666\,7 \\ a_5 = 0.008\,3 - [\,0.166\,7 - (0.196\,8 + 0.004\,0\cos^2 B)\cos^2 B\,]\cos^2 B \end{cases}$$

(4-394)

它们的计算精度，即平面坐标可达 0.001m，算例见表 4-9。

已知：$B = 30°30'$，$L = 114°20'$，求 x，y。

表 4-9

序号	公式	结果	
		克氏椭球	1975 年国际椭球
1	B	30°30′	30°30′
2	B''	109 800″	109 800″
3	B''/ρ''	0. 532 325 421 85	0. 532 325 421 85
4	$\sin B$	0. 507 538 363	0. 507 538 363
5	$\cos B$	0. 861 629 16	0. 861 629 16
6	$\cos^2 B$	0. 742 404 81	0. 742 404 81
7	$l° = L - L_0$	3°20′	3°20′
8	l''	12 000″	12 000″
9	$l = l''/\rho''$	0. 058 177 641 732	0. 058 177 641 732
10	N	6 383 750. 783	6 383 646. 608 422
11	a_0	32 040. 323 46	32 044. 409 581 58
12	a_4	0. 145 330 138	0. 145 325 649 702
13	a_6	+0. 029 131 369	0. 030 424 939 389
14	a_3	0. 081 420 503	0. 081 420 503 438
15	a_5	−0. 005 352 879	−0. 005 238 868 35
16	$\sin B \cos B$	0. 437 309 853	0. 437 309 853
17	l^2	0. 003 384 638	0. 003 384 637 998
18	$N l^2$	21 606. 686 41	21 606. 332 876 67
19	6 367 558. 496 9 B''/ρ''	3 389 613. 365	
	6 367 452. 132 8 B''/ρ''		3 389 556. 642 702
20	x	3 380 330. 773	3 380 272. 288 636
21	$1 + (a_3 + a_5 l^2) l^2$	1. 000 275 518	1. 000 275 518 915
22	$[21] l \cos B$	0. 051 413 64	0. 050 141 363 665
23	y	320 089. 970	320 084. 740

当把 1975 年国际椭球参数代入(4-392)式，经过某些简单变化，可得相似的正算电算公式：

$$\begin{cases} x = 6\ 367\ 452.\ 132\ 8\ \dfrac{B''}{\rho''} - (a_0 - (0.5 + (a_4 + a_6 l^2) l^2) l^2 N) \cos B \sin B \\ y = (1 + (a_3 + a_5 l^2) l^2) l N \cos B \end{cases} \tag{4-395}$$

式中：

$$\begin{cases} N = 6\ 399\ 596.\ 652 - [21\ 565.\ 045 - (108.\ 996 - 0.\ 603 \cos^2 B) \cos^2 B] \cos^2 B \\ a_0 = 32\ 144.\ 518\ 9 - [135.\ 364\ 6 - (0.\ 703\ 4 - 0.\ 004\ 1 \cos^2 B) \cos^2 B] \cos^2 B \\ a_4 = (0.\ 25 + 0.\ 002\ 53 \cos^2 B) \cos^2 B - 0.\ 041\ 67 \\ a_6 = (0.\ 167 \cos^2 B - 0.\ 083) \cos^2 B \\ a_3 = (0.\ 333\ 333\ 3 + 0.\ 001\ 123 \cos^2 B) \cos^2 B - 0.\ 166\ 666\ 7 \\ a_5 = 0.\ 008\ 78 - (0.\ 170\ 2 - 0.\ 203\ 82 \cos^2 B) \cos^2 B \end{cases}$$

$$\tag{4-396}$$

2) 高斯投影反算公式

当将 $\dfrac{1}{M} = \dfrac{1+\eta^2}{N}$ 代入(4-382)式，则可把该式整理成

$$\begin{cases} B^\circ = B_f^\circ - \dfrac{1}{2} V_f^2 t_f \left[\left(\dfrac{y}{N_f}\right)^2 - \dfrac{1}{12}(5 + 3t_f^2 + \eta_f^2 - 9\eta_f^2 t_f^2)\left(\dfrac{y}{N_f}\right)^4 + \right. \\ \left. \qquad \dfrac{1}{360}(61 + 90t_f^2 + 45t_f^2)\left(\dfrac{y}{N_f}\right)^6 \right] \dfrac{180}{\pi} \\ l^\circ = \dfrac{1}{\cos B_f} \left[\left(\dfrac{y}{N_f}\right) - \dfrac{1}{6}(1 + 2t_f^2 + \eta_f^2)\left(\dfrac{y}{N_f}\right)^3 + \dfrac{1}{120}(5 + 28t_f^2 + 24t_f^2 + \right. \\ \left. \qquad 6\eta_f^2 + 8\eta_f^2 t_f^2)\left(\dfrac{y}{N_f}\right)^5 \right] \dfrac{180}{\pi} \end{cases}$$

$$\tag{4-397}$$

上式已经变成 $\left(\dfrac{y}{N_f}\right)$ 的幂级数，故便于编写程序。

此外，下面再推演适宜克拉索夫斯基椭球及 1975 年国际椭球的具体的反算公式。

对(4-382)式进行某些变化：

$$Z = \frac{y}{N_f \cos B_f}$$

$$B_2 = \frac{t_f}{2M_f N_f} y^2 = \left(\frac{y}{N_f \cos B_f}\right)^2 \frac{1}{2} \sin B_f \cos B_f (1 + e'^2 \cos^2 B_f)$$

$$= Z^2 (0.\ 5 + \frac{1}{2} e'^2 \cos^2 B_f) \sin B_f \cos B_f$$

$$B_3 = \frac{1}{6N_f^3 \cos B_f}(1 + 2t_f^2 + \eta_f^2) y^3$$

$$= Z^3 \left(\frac{1}{6}\cos^2 B_f + \frac{1}{3}\sin^2 B_f + \frac{1}{6} e'^2 \cos^4 B_f\right)$$

$$= Z^3 \left(0.333\,333 - 0.166\,667\cos^2 B_f + \frac{1}{6}e^{'2}\cos^4 B_f \right)$$

$$B_4 = \frac{t_f}{24 M_f N_f^3}(5 + 3t_f^2 + \eta_f^2 - 9\eta_f^2 t_f^2)y^4$$

$$= B_2 \frac{y^2}{N_f^2}\left(\frac{5}{12} + \frac{1}{4}t_f^2 + \frac{1}{12}\eta_f^2 - \frac{3}{4}\eta_f^2 t_f^2 \right)$$

$$= B_2 Z^2 \left(\frac{5}{12}\cos^2 B_f + \frac{1}{4}\sin^2 B_f + \frac{1}{12}e^{'4}\cos^4 B_f - \frac{3}{4}e^{'4}\sin^2 B_f\cos^2 B_f \right)$$

$$B_5 = \frac{1}{120 N_f^5 \cos B_f}(5 + 28t_f^2 + 24t_f^2 + 6\eta_f^2 + 8\eta_f^2 t_f^2)y^5$$

$$= Z^5 \left(\frac{1}{24}\cos^4 B_f + \frac{7}{30}\sin^2 B_f\cos^2 B_f + \frac{1}{5}\sin^4 B_f + \right.$$
$$\left. \frac{1}{20}e^{'2}\cos^6 B_f + \frac{1}{15}e^{'2}\sin^2 B_f\cos^4 B_f \right)$$

$$B_6 = \frac{t_f}{720 M_f N_f^5}(61 + 90t_f^2 + 45t_f^4)y^6$$

$$= B_2 \left(\frac{y}{N_f} \right)^4 \left(\frac{61}{360} + \frac{1}{4}t_f^2 + \frac{1}{8}t_f^4 \right)$$

$$= Z^4 B_2(0.169\,4\cos^4 B_f + 0.25\sin^2 B_f\cos^2 B_f + 0.125\sin^4 B_f)$$

$$= Z^4 B_2(0.125 + 0.044\cos^4 B_f) \qquad (4\text{-}398)$$

上式中 B_5 最末项忽略，B_6 取 1/2 代替末项的 $\cos^4 B_f$，其误差都不超过 $0.000\,06''$，可忽略不计。

当把有关克氏椭球参数代入(4-398)式，进而代入(4-392)式，经过某些简单变化，可得到更实用的反算电算公式

$$\begin{cases} B = B_f - [1 - (b_4 - 0.12 Z^2)Z^2]Z^2 b_2 \rho'' \\ l = [1 - (b_3 - b_5 Z^2)Z^2]Z\rho'' \\ L = L_0 + l \end{cases} \qquad (4\text{-}399)$$

式中：

$$\begin{cases} B_f = \beta + \{50\,221\,746 + [293\,622 + (2\,350 + 22\cos^2\beta)\cos^2\beta]\cos^2\beta\}10^{-10}\sin\beta\cos\beta\rho'' \\ \beta = \dfrac{x}{6\,367\,558.496\,9}\rho'' \\ Z = y/(N_f\cos B_f) \\ N_f = 6\,399\,698.902 - [21\,562.267 - (108.973 - 0.612\cos^2 B_f)\cos^2 B_f]\cos^2 B_f \\ b_2 = (0.5 + 0.003\,369\cos^2 B_f)\sin B_f\cos B_f \\ b_3 = 0.333\,333 - (0.166\,667 - 0.001\,123\cos^2 B_f)\cos^2 B_f \\ b_4 = 0.25 + (0.161\,61 + 0.005\,62\cos^2 B_f)\cos^2 B_f \\ b_5 = 0.2 - (0.166\,7 - 0.008\,8\cos^2 B_f)\cos^2 B_f \end{cases}$$

$$(4\text{-}400)$$

它的计算精度，即大地坐标可达 0. 000 1″，算例见表 4-10。

已知 $x = 3\ 380\ 330.\ 773$　$y = 320\ 089.\ 970$ 及 $x = 3\ 380\ 272.\ 288$，$y = 320\ 084.\ 740$，求 B，L，电算格式如表 4-10 所示。

同样将 1975 年国际椭球元素值代入，经整理可得高斯投影坐标反算公式：

$$\begin{cases} B = B_f - (1 - (b_4 - 0.147Z^2)Z^2)Z^2 b_2 \rho'' \\ l = [1 - (b_3 - b_5 Z^2)Z^2]Z\rho'' \end{cases} \tag{4-401}$$

式中：

$$\begin{cases} Z = \dfrac{y}{N_f \cos B_f} \\ b_2 = (0.5 + 0.003\ 369\ 75\cos^2 B_f)\sin B_f \cos B_f \\ b_3 = 0.333\ 333 - (0.166\ 666\ 7 - 0.001\ 123\cos^2 B_f)\cos^2 B_f \\ b_4 = 0.25 + (0.161\ 612 + 0.005\ 617\cos^2 B_f)\cos^2 B_f \\ b_5 = 0.2 - (0.166\ 67 - 0.008\ 78\cos^2 B_f)\cos^2 B_f \end{cases} \tag{4-402}$$

式中 B_f 按（4-124）式计算，N_f 按（4-69）式计算。

表 4-10

序　号	公　式	结　　果	
		克氏椭球	1975 年国际椭球
1	β，弧度	0. 530 867 634	0. 530 867 317 82
2	β''	109 499. 311 6	109 499. 246 189 3
3	$\beta°$	30°24′29. 31″	30°24′59. 246 2″
4	$\sin\beta$	0. 506 281 759	0. 506 281 486 176
5	$\cos\beta$	0. 862 368 123	0. 862 368 271 4
6	$\cos^2\beta$	0. 743 678 779	0. 743 679 056 756
7	B_f，弧度	0. 533 069 892	0. 533 069 594 865
8	B_f''	109 953. 564 1	109 953. 498 576 6
9	$B_f°$	30°32′33. 56″	30°32′33. 498 576 6″
10	$\sin B_f$	0. 508 179 687	0. 508 179 431 36
11	$\cos B_f$	0. 861 251 069	0. 861 251 092 4
12	$\cos^2 B_f$	0. 741 753 404	0. 741 753 665 543
13	N_f	6 383 764. 724	6 383 660. 718 432
14	b_2	0. 219 928 873	0. 219 929 045 093
15	b_3	0. 210 325 057	0. 210 325 014 74
16	b_4	0. 372 966 881	0. 372 966 758 372

序　号	公　式	结　果	
		克氏椭球	1975 年国际椭球
17	b_5	0. 081 191 45	0. 081 158 643 52
18	$N_f\cos B_f$	5 498 024. 193	5 498 025. 157 841
19	Z	0. 058 219 091	0. 058 218 130 495
20	Z^2	0. 003 389 462 669	0. 003 389 350 718
21	$[1-(b_4-0.12Z^2)Z^2]Z^2b_2$ $[1-(b_4-0.147Z^2)Z^2]Z^2b_2$	0. 000 744 499	
22	$\rho''[21]$	153. 563 985 1	153. 559 122 199
23	B	$30°30'$	$30°30'$
24	$[1-(b_3-b_5Z^2)Z^2]Z$	0. 058 177 641	0. 058 177 694
25	$l=[24]\rho''$	11 999. 999 6	11 999. 995 14
26	$L=L_0+l$	$114°20'$	$114°20'$

4.9.5　平面子午线收敛角公式

在 4.9.1 曾指出，为把椭球面上的大地方位角 A 改化成平面坐标方位角 α，必须知道平面子午线收敛角 γ 和方向改化 δ。其计算公式由 (4-328) 式给出，即 $\alpha=A-\gamma+\delta$。为此，本节首先讨论平面子午线收敛角 γ 的公式及其计算，下节再来讨论 δ。

1. 平面子午线收敛角的定义

如图 4-48 所示，p'，$p'N'$ 及 $p'Q'$ 分别为椭球面 P 点、过 P 点的子午线 PN 及平行圈 PQ 在高斯平面上的描写。由图可知，所谓点 p' 子午线收敛角就是 $p'N'$ 在 p' 上的切线 $p'n'$ 与坐标北 $p't$ 之间的夹角，用 γ 表示。

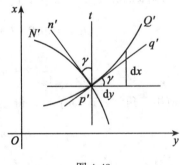

图 4-48

在椭球面上，因为子午线同平行圈正交，又由于投影具有正形性质，因此它们的描写线 $p'N'$ 及 $p'Q'$ 也必正交，由图可见，平面子午线收敛角也就是等于 $p'Q'$ 在 p' 点上的切线 $p'q'$ 同平面坐标系横轴 y 的倾角。

2. 公式推导

平面子午线收敛角 γ 可以由大地坐标 L，B 算得，也可由平面坐标 x，y 算得。下面分别推导它们的计算公式。

1) 由大地坐标 L、B 计算平面子午线收敛角 γ 的公式

由图 4-48，根据一阶导数的几何意义立即可写出

$$\tan\gamma=\frac{\mathrm{d}x}{\mathrm{d}y} \tag{4-403}$$

在平行圈 $P'Q'$ 上，$B=$ 常数，即 $\mathrm{d}B=0$，于是对于 $x=F_1(L,\ B)$ 及 $y=F_2(L,\ B)$ 可有

$$dx = \frac{\partial x}{\partial l}dl$$

$$dy = \frac{\partial y}{\partial l}dl$$

故由(4-403)式得

$$\tan\gamma = \frac{\dfrac{\partial x}{\partial l}}{\dfrac{\partial y}{\partial l}} \tag{4-404}$$

根据高斯投影正算公式(4-367)，可以得到

$$\begin{cases} \dfrac{\partial x}{\partial l} = N\sin B\cos Bl + \dfrac{N\sin B\cos^3 B}{6}(5 - t^2 + 9\eta^2 + 4\eta^4)l^3 + \\ \qquad \dfrac{N\sin B\cos^5 B}{120}(61 - 58t^2 + t^4)l^5 \\ \dfrac{\partial y}{\partial l} = N\cos B\left\{1 + \dfrac{\cos^2 B}{2}(1 - t^2 + \eta^2)l^2 + \dfrac{\cos^4 B}{24}(5 - 18t^2 + t^4)l^4\right\} \end{cases} \tag{4-405}$$

为了按(4-403)式计算 γ 还需对上式第二式求倒数。由级数展开式

$$\frac{1}{1 + x} = 1 - x + x^2 - x^3$$

可得

$$\frac{1}{\dfrac{\partial y}{\partial l}} = \frac{1}{N\cos B}\left(1 - \frac{l^2}{2}\cos^2 B(1 - t^2 + \eta^2) + \frac{l^4}{24}\cos^4 B(1 + 6t^2 + 5t^4)\right) \tag{4-406}$$

将(4-406)式第一式和上式一起代入(4-403)式，得

$$\tan\gamma = \sin B \cdot l + \frac{1}{3}(1 + t^2 + 3\eta^2 + 2\eta^4)\sin B \cdot \cos^2 Bl^3 + \\ \frac{1}{15}(2 + 4t^2 + 2t^4)\sin B \cdot \cos^4 Bl^5 \tag{4-407}$$

再应用三角学公式 $\tan\gamma = x$，得

$$\gamma = \arctan x = x - \frac{1}{3}x^3 + \frac{1}{5}x^5 + \cdots$$

于是有

$$\gamma = \tan\gamma - \frac{1}{3}\tan^3\gamma + \frac{1}{5}\tan^5\gamma + \cdots$$

将(4-407)式代入，经整理得

$$\gamma = \sin B \cdot l + \frac{1}{3}\sin B\cos^2 Bl^3(1 + 3\eta^2 + 2\eta^4) + \\ \frac{1}{15}\sin B\cos^4 Bl^5(2 - t^2) + \cdots \tag{4-408}$$

此式即为由大地坐标 L，B 计算平面子午线收敛角 γ 的公式。由此式可知：

(1) γ 为 l 的奇函数，而且 l 越大，γ 也越大；

(2) γ 有正负，当描写点在中央子午线以东时，γ 为正；在西时，γ 为负；

(3) 当 l 不变时，则 γ 随纬度增加而增大。

2) 由平面坐标 x，y 计算平面子午线收敛角 γ 的公式

由平面坐标 x，y 计算子午线收敛角 γ 的公式，可直接由 (4-408) 式推得，此时只须将该式中的 l 用 (4-397) 式中的 l 代入，B 用 B_f 代替即可。关于用 B_f 代替 B 的方法如下：

由于

$$B = B_f - (B_f - B),$$

及

$$\sin B = \sin\left[B_f - (B_f - B) \right]$$

$$= \sin B_f - \cos B_f \cdot \frac{(B_f - B)''}{\rho''} + \cdots$$

将 (4-397) 式中的 $(B_f - B)$ 代入，并只取主项，且顾及

$$\frac{N_f}{M_f} = 1 + \eta_f^2$$

于是上式可写成

$$\sin B = \sin B_f \left[1 - \frac{y^2}{2N_f^2}(1 + \eta_f^2) \right]$$

同理

$$\cos B = \cos B_f \left(1 + \frac{t_f^2}{2M_f N_f} \cdot y^2 \right)$$

将此式及 (4-397) 式的 l 式代入 (4-408) 式，忽略 y^5 以上的小项，则得

$$\gamma = \frac{\rho''}{N_f} y \tan B_f \left[1 - \frac{y^2}{3N_f^3}(1 + \tan^2 B_f - \eta_f^2) \right] \tag{4-409}$$

此式精度可达 $1''$。如欲使精度达 $0.001''$，可顾至 y^5，经推导有

$$\gamma'' = \frac{\rho''}{N_f} y t_f - \frac{\rho'' y^3}{3N_f^3} t_f(1 + t_f^2 - \eta_f^2) + \frac{\rho'' y^5}{15 N_f^5} t_f(2 + 5t_f^2 + 3t_f^4) \tag{4-410}$$

(4-409)、(4-410) 两式即为用平面坐标计算平面子午线收敛角公式。

3. 实用公式

1) 适于查表的实用公式

为了便于应用大地坐标 L，B 计算平面子午线收敛角 γ，依 (4-408) 式在《高斯-克吕格投影计算用表》中专门编制了数表以供查算。在编表时，为取 γ 及 l 以秒为单位，则 (4-408) 式变为

$$\gamma'' = \sin B l'' + \frac{\sin B \cos^2 B}{3\rho''^2}(1 + 3\eta^2 + 2\eta^4) l''^3 + \frac{\sin B \cos^4 B}{15\rho''^4}(2 - t^2) l''^5 \tag{4-411}$$

引入下列符号

$$\begin{cases} l' = l''^2 \cdot 10^{-8} \\ C_1 = \sin B \\ C_2 = \dfrac{\sin B}{3\rho''^2}\cos^2 B(1 + 3\eta^2 + 2\eta^4)10^8 \\ \delta_r = \dfrac{\sin B\cos^4 B}{15\rho''^4}(2 - t^2)l''^5 \end{cases} \tag{4-412}$$

于是(4-411)式可写为以下的简单形式

$$\gamma'' = l''(C_1 + C_2 l') + \delta_r \tag{4-413}$$

C_1，C_2 及 δ_r 都列在《高斯-克吕格投影计算用表》中，其中，C_1，C_2 以 B 为引数，δ_r 以 B，l 为引数，后者在该表的表 II 查取。

当应用平面坐标 x，y 计算平面子午线收敛角 γ 时，对于(4-409)式

$$\gamma'' = \frac{\rho'' t_f}{N_f''}y - \frac{\rho'' t_f}{3N_f^3}(1 + t_f^2 - \eta_f^2)y^3 \tag{4-414}$$

引用下面符号

$$\begin{cases} K = \dfrac{\rho''}{N_f''}t_f \\ \delta_r = -\dfrac{\rho'' t_f}{3N_f^3}(1 + t_f^2 - \eta_f^2)y^3 \end{cases} \tag{4-415}$$

于是子午线收敛角按下式计算

$$\gamma'' = K \cdot y + \delta_r'' \tag{4-416}$$

式中 K 和 δ_r'' 均可在《测量计算用表集》(之一)中查取。K 以纵坐标 x(取至 0.1km) 为引数，δ_r'' 以 x(取至 km) 和 y(取至 10km) 为引数，其符号与 y 的符号相同。精确至 $1''$。

当需使计算精度达 0.000 $1''$，只要对(4-410)式加以扩展，便得到公式

$$\gamma'' = C_1'y - C_3'y^3 + C_5'y^5 \tag{4-417}$$

式中

$$\begin{cases} C_1' = \dfrac{t_f}{N_f}\rho'' \\ C_3' = \dfrac{\rho''}{3N_f^3}t_f(1 + t_f^2 - \eta_f^2 - 4\eta_f^2) \\ C_5' = \dfrac{\rho''}{15N_f^5}t_f(2 + 5t_f^2 + 3t_f^4 + 2\eta_f^2 + \eta_f^2 t_f^2) \end{cases} \tag{4-418}$$

2)适于电算的实用公式

对(4-411)式可改写为

$$\gamma = \sin Bl\left[1 + \frac{1}{3}\cos^2 B(1 + 3\eta^2 + 2\eta^4)l^2 + \frac{1}{15}\cos^4 B(2 - t^2)l^4\right] \tag{4-419}$$

若令 $\quad C_1 = \dfrac{1}{3}\cos^2 B(1 + 3\eta^2 + 2\eta^4) = \cos^2 B\left(\dfrac{1}{3} - e'^2\cos^2 B + \dfrac{2}{3}e'^4\cos^4 B\right) \tag{4-420}$

上式右端括号内末项可忽略不计，于是有计算子午线收敛角的实用公式，对克拉索夫斯基

椭球，有

$$\gamma = \{1 + [(0.33333 + 0.00674\cos^2 B) + \\ (0.2\cos^2 B - 0.0067)l^2]l^2\cos^2 B\}l\sin B \tag{4-421}$$

对 1975 年国际椭球，有

$$\gamma = \{1 + (C_3 + C_5 l^2)l^2\cos^2 B\}l \cdot \sin B \tag{4-422}$$

式中

$$\begin{cases} C_3 = 0.33332 + 0.00678\cos^2 B \\ C_5 = 0.2\cos^2 B - 0.0667 \end{cases} \tag{4-423}$$

4.9.6　方向改化公式

在本章第一节曾指出，椭球面上的三角网是由大地线组成的，大地线在高斯平面上的投影是曲线，为了在平面上利用平面三角学公式进行计算，须把大地线的投影曲线用其弦来代替，因此需要在水平方向观测值中加上由于"曲改直"而带来的所谓"方向改正数"。也就是说，方向改正的数值指的是大地线投影曲线和连接大地线两点的弦之夹角。由于在三角测量中，大量观测元素是方向，而每个方向都必须进行方向改化，因此方向改正数计算的任务是比较多且又重要的。本节将详细研究适于不同精度要求时，方向改正的计算公式及其应用。

1. 方向改化近似公式的推导

如图 4-49 所示，假设地球椭球为一圆球，在球面上轴子午线之东有一条大地线 AB，当然它定是一条大圆弧。它在投影面上投影为曲线 ab。过 A，B 点，在球面上各作一大圆

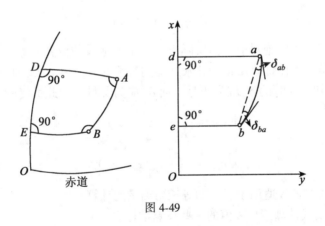

图 4-49

弧与轴子午线正交，其交点分别为 D，E，它们在投影面上的投影分别为 ad 和 be。由于是把地球近似看成球，故 ad 和 be 都是垂直于 x 轴的直线。由图可知，在 a，b 点上的方向改化分别为 δ_{ab} 和 δ_{ba}。当大地线长度不大于 10km，y 坐标不大于 100km 时，二者之差不大于 $0.05''$，因而可近似认为 $\delta_{ab} = \delta_{ba}$。

我们知道，在球面上四边形 $ABED$ 的内角之和等于 $360° + \varepsilon$，ε 是四边形的球面角超。在平面上四边形 $abed$ 的内角之和等于 $360° + \delta_{ab} + \delta_{ba}$。由于是等角投影，所以这两个四边形内角之和应该相等，即

$$360° + \varepsilon = 360° + \delta_{ab} + \delta_{ba}$$

因此得

$$\varepsilon = \delta_{ab} + \delta_{ba} = 2\delta_{ab} = 2\delta_{ba}$$

由此有

$$\delta_{ab} = \delta_{ba} = \frac{1}{2}\varepsilon \qquad (4\text{-}424)$$

众所周知,在球面上,球面角超有公式

$$\varepsilon'' = \frac{P}{R^2}\rho''$$

式中: P 为球面图形面积,在此即为 $ABED$ 的面积,其计算公式为

$$P = \frac{AD + BE}{2}DE$$

在平面上, $\widehat{DE} = x_d - x_e = x_a - x_b$,当边长不大,横坐标 y 之值较小时,可近似认为 $\widehat{AD} \approx y_a$, $\widehat{BE} \approx y_b$ 。又由于球面角超总为正值,于是可把球面角超公式写为

$$\varepsilon'' = \frac{\rho''}{R^2}\left| (x_a - x_b)\frac{(y_a + y_b)}{2} \right| \qquad (4\text{-}425)$$

顾及(4-424)式,则得方向改正的计算公式

$$\delta_{ab} = \delta_{ba} = \frac{\rho''}{2R^2}|\ y_m(x_a - x_b)\ | \qquad (4\text{-}426)$$

式中

$$y_m = \frac{1}{2}(y_a + y_b)$$

上面只是方向改正的绝对值。但实际上,由于大地线的位置和方向不同, δ 的数值可能为正也可能为负。为使计算所得的 δ 永远加到观测的方向值上去,我们必须顾及 δ 的符号。由图 4-49 可知,这时的 δ_{ab} 应为正号,而 δ_{ba} 应为负号,为此最终的方向改正公式应是

$$\begin{cases} \delta_{ab} = \dfrac{\rho''}{2R^2}y_m(x_a - x_b) \\[3mm] \delta_{ba} = -\dfrac{\rho''}{2R^2}y_m(x_a - x_b) \end{cases} \qquad (4\text{-}427)$$

上式的误差小于 0.1″,故适用于三、四等三角测量的计算。

表 4-11 中按上式计算给出 δ 值的一些概略数值。

表 4-11

$x_2 - x_1$/km y_m/km	0	4	8	12	16	20	24	28	32	36	40
100	0.0	1.0	2.0	3.0	4.0	5.1	6.1	7.1	8.1	9.1	10.1
200	0.0	2.0	4.1	6.1	8.1	10.1	12.2	14.2	16.2	18.3	20.3
300	0.0	3.0	6.1	9.1	12.2	15.2	18.2	21.3	24.3	27.4	30.4

由表 4-11 可见，对于各等三角测量计算，方向改正都不能忽略。

2. 方向改化较精密公式的推导

较精密公式的推导方法，大多数教材是以近似公式作为微分方程，引入曲率半径公式和新坐标系，建立二阶微分方程，再进行二重积分而求得的。这里应用几何方法可使推导过程大为简化。同推导近似公式一样，仍视椭球为球。在图 4-50(a)中，过 P_1 点加作一条平行于中央子午线的小圆弧 $\overset{\frown}{P_1Q}$，它与 AP_1，BP_2 正交；过 P_1，Q 再作大圆弧 $\overset{\frown}{P_1CQ}$。在投影平面上(图 4-50(b))相应的投影为直线 $P_1'Q'$ 和曲线 $P_1'C'Q'$，设其夹角为 δ。因为是正形投影，所以 $P_1'Q'$ 与 $A'P_1'$，$B'P_2'$ 垂直即平行于 x 轴，由图可得

$$\delta_{1,2} = \delta + \alpha - T \tag{4-428}$$

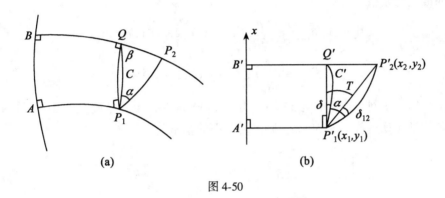

图 4-50

δ 的推求原理和近似公式有类似的形式

$$\delta = \frac{1}{2R^2}(x_2 - x_1)y_1 \tag{4-429}$$

由球面三角形 P_1CQP_2 按勒让德定理

$$\frac{QP_2}{P_1P_2} = \frac{\sin\left(\alpha - \dfrac{\varepsilon}{3}\right)}{\sin\left(\beta - \dfrac{\varepsilon}{3}\right)} \tag{4-430}$$

式中 ε 为相应的球面角超。因 $\beta \approx 90°$，$\sin\left(\beta - \dfrac{\varepsilon}{3}\right) \approx 1$，故有

$$\frac{QP_2}{P_1P_2} = \sin\left(\alpha - \frac{\varepsilon}{3}\right) \tag{4-431}$$

由图 4-50(b)可知

$$\frac{Q'P_2'}{P_1'P_2'} = \sin T \tag{4-432}$$

设 P_2 点长度比为 m_2，则近似有式 $Q'P_2' = QP_2 m_2$，$P_1'P_2' = P_1P_2 \cdot m_2$，于是有

$$\frac{QP_2}{P_1P_2} = \frac{Q'P_2'}{P_1'P_2'} \tag{4-433}$$

由(4-431)、(4-432)两式可得

$$\alpha - \frac{\varepsilon}{3} = T \tag{4-434}$$

顾及
$$\varepsilon = \frac{1}{2R^2}(x_2 - x_1)(y_2 - y_1) \tag{4-435}$$

于是得到
$$\alpha - T = \frac{\varepsilon}{3} = \frac{1}{6R^2}(x_2 - x_1)(y_2 - y_1) \tag{4-436}$$

将(4-429)式及(4-436)式代入(4-428)式，得
$$\delta_{1,2} = \frac{1}{2R^2}(x_2 - x_1)y_1 + \frac{1}{2R^2}(x_2 - x_1)(y_2 - y_1) \tag{4-437}$$

用平均曲率半径 R_m 代替球半径 R。顾及测量计算习惯，将 $\delta_{1,2}$ 赋以负号，并以秒表示之，则得方向改化的较精密公式

$$\begin{cases} \delta_{1,2}^{''} = -\dfrac{\rho^{''}}{6R_m^2}(x_2 - x_1)(2y_1 + y_2) \\[4mm] \delta_{2,1}^{''} = \dfrac{\rho^{''}}{6R_m^2}(x_2 - x_1)(2y_2 + y_1) \end{cases} \tag{4-438}$$

我国二等三角网平均边长为 13km，当 $y_m < 250$km 时，上式精确至 $0.01''$，故通常用于二等三角测量计算。若 $y_m > 250$km，则需用下面的精密公式计算

$$\begin{cases} \delta_{1,2}^{''} = -\dfrac{\rho^{''}}{6R_m^2}(x_2 - x_1)\left(2y_1 + y_2 - \dfrac{y_m^3}{R_m^2}\right) - \\[4mm] \qquad \dfrac{\rho^{''}\eta^2 t}{R_m^3}(y_2 - y_1)y_m^2 \\[4mm] \delta_{2,1}^{''} = \dfrac{\rho^{''}}{6R_m^2}(x_2 - x_1)\left(2y_2 + y_1 - \dfrac{y_m^3}{R_m^2}\right) + \\[4mm] \qquad \dfrac{\rho^{''}\eta^2 t}{R_m^3}(y_2 - y_1)y_m^2 \end{cases} \tag{4-439}$$

该式精确至 $0.001''$，适用于一等三角测量计算。

为了方向改正数值的计算，下面还必须说明两点。

首先，为计算方向改正的数值，必须预先知道点的平面坐标。然而要精确知道点的平面坐标，却又要先算出方向改正值，所以这是一个矛盾。为了解决这个矛盾，需要采用逐次趋近计算。由于各等计算精度要求不同，所以趋近次数也是不一样的，为在保证精度前提下，力争计算迅速，需要对所需的坐标精度作一定的分析。

由(4-427)式，作全微分可得

今设

则有

亦即

$$\begin{cases} \Delta\delta^{''} = \dfrac{\rho^{''}}{2R^2}\{y_m\Delta(x_2 - x_1) + (x_2 - x_1)\Delta y \\[4mm] \Delta(x_2 - x_1) = \Delta y = \Delta P \\[4mm] \Delta\delta^{''} = \dfrac{\rho^{''}}{2R^2}\Delta P\{y_m + (x_2 - x_1)\} \\[4mm] \Delta P = \dfrac{2R^2}{\rho^{''}}\dfrac{\Delta\delta^{''}}{y_m + (x_2 - x_1)} \end{cases} \tag{4-440}$$

在三等三角测量中，令 $\Delta\delta'' = 0.1''$，并设 $y = 350\text{km}$，$x_2 - x_1 = 10\text{km}$，则得 $\Delta P \approx 0.1\text{km}$。由此可见，需将概略坐标计算至 0.1km，即可满足三等方向改化计算精度的要求。同样道理，对于二等及一等来说，平面坐标精度分别满足 10m 和 1m 的精度也就足够了。事实上，对于大量的三等三角测量来说，由于对概略坐标的精度要求不高，因此可不必进行趋近计算。

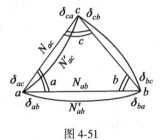

图 4-51

其次，在计算中，虽力求计算正确，但差错有时还是难免的。为了避免计算中的错误，必须找出检核方向改正数计算正确性的公式。椭球面三角形内角之和为 $180° + \varepsilon$，正形投影至平面后由曲线组成的该三角形内角之和当然仍是 $180° + \varepsilon$。方向改正是将平面上的曲线三角形的边改直线，则由图 4-51 可知，平面角

$$a = N_{ab} - N_{ac} = N'_{ab} + \delta_{ab} - (N'_{ac} + \delta_{ac})$$
$$= N'_{ab} - N'_{ac} + (\delta_{ab} - \delta_{ac})$$

式中：N'_{ab}，N'_{ac} 及 N_{ab}，N_{ac} 分别为椭球面及平面上的方向观测值，若 $N'_{ab} - N'_{ac} = A$，$\delta_{ab} - \delta_{ac} = \Delta a$ 为角度改正数，则有

$$\begin{cases} a = A + \Delta a \\ b = B + \Delta b \\ c = C + \Delta c \end{cases} \qquad (4\text{-}441)$$

将上式两端相加得

$$a + b + c = A + B + C + (\Delta a + \Delta b + \Delta c)$$

顾及

$$a + b + c = 180°$$
$$A + B + C = 180° + \varepsilon$$

因而得

$$\Delta a + \Delta b + \Delta c = -\varepsilon \qquad (4\text{-}442)$$

由此可知，一个三角形的三个内角的角度改正值(同一点相应两个方向的方向改正之差)之和应等于该三角形的球面角超的负值。此式可用来检核方向改正计算的正确性。其不符值，二等不得大于 $\pm 0.02''$，三等以下不得大于 $\pm 0.2''$。

4.9.7 距离改化公式

如图 4-52 所示，设椭球体上有两点 P_1，P_2 及其大地线 S，在高斯投影面上的投影为 P'_1，P'_2 及 s。s 是一条曲线，而连接 $P'_1 P'_2$ 两点的直线为 D。如前所述由 S 化至 D 所加的改正称为距离改正 ΔS，本节就来推导它的计算公式。

由于高斯投影的长度比在一般情况下恒大于 1，因此有如下关系

$$S < s > D$$

我们的目的是要求出 S 与 D 的关系。在推导过程中，首先研究大地线的平面曲线长度 s 与其弦线长度 D 的关系；接着研究用大地坐标 (B, l) 和平面坐标 (x, y) 计算长度比 m 的公式，最后导出距离改化 ΔS 的计算公式。

1. s 与 D 的关系

设 $\mathrm{d}D$ 是 $P_1'P_2'$ 弦上的微分线段，$\mathrm{d}s$ 表示弧线 $\overset{\frown}{P_1'P_2'}$ 上的微分线段，它们的夹角为 v（见图 4-53）。由图可知，它们之间有关系式

$$\mathrm{d}D = \mathrm{d}s \cdot \cos v$$

因此

$$D = \int_0^s \cos v \,\mathrm{d}s$$

由于 v 是一个小角，最大不会超过方向改化值 δ，因此可把 $\cos v$ 展开为级数：

$$\cos v = 1 - \frac{v^2}{2} + \cdots$$

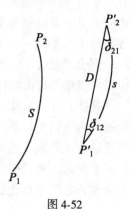

图 4-52

于是

$$D = \int_0^s \left(1 - \frac{v^2}{2}\right)\mathrm{d}s = s - \frac{\delta^2}{2}s \qquad (4\text{-}443)$$

在上式中，用 v 的最大值 δ 代替 v。

由上式可知，D 与 s 之差是一个微小量 $\dfrac{\delta^2}{2}s$。比如，当 δ

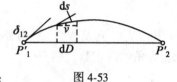

图 4-53

取最大 $40''$，$s = 50\mathrm{km}$ 时，代入上式得 $\dfrac{\delta^2}{2}s = 1\mathrm{mm}$。因此，用 D 代替 s 在最不利情况下，误差也不会超过 $1\mathrm{mm}$。而实际上，边长要比 $50\mathrm{km}$ 短得多，此时误差将会更小。所以在应用上，完全可以认为大地线的平面投影曲线的长度 s 等于其弦线长度 D。

2. 长度比和长度变形

在 4.9.2 中已经知道，所谓长度比 m 指的是椭球面上某点的一微分元素 $\mathrm{d}S$，其投影面上的相应微分元素 $\mathrm{d}s$，则

$$m = \frac{\mathrm{d}s}{\mathrm{d}S}$$

称为该点的长度比。由于长度比 m 恒大于 1，故称 $(m-1)$ 为长度变形，显而易见，距离改化时与长度变形有关。因此长度比、长度变形以及距离改化三者密切有关，为解决距离改化的问题，首先必须解决长度比及长度变形问题。

上述已指出，在正形投影中，某点的长度比仅与该点的位置有关，而与方向无关。长度比既可作为大地坐标位置 (B, l) 的函数，也可作为平面坐标位置 (x, y) 的函数。

1）用大地坐标 (B, l) 表示的长度比 m 的公式

在 (4-347) 式中，写出了两个特殊方向的长度比公式。其中第一式是对子午线而言的（因为 $l =$ 常数），第二式是对平行圈而言的（$q =$ 常数）。结合高斯投影坐标计算公式，显然对 l 求偏导数容易一些，因此采用 (4-347) 式的第二式求长度比。

由 (4-347) 式的第二式得

$$m^2 = \frac{\left(\dfrac{\partial x}{\partial l}\right)^2 + \left(\dfrac{\partial y}{\partial l}\right)^2}{r^2} = \frac{1}{N^2\cos^2 B}\left[\left(\dfrac{\partial x}{\partial l}\right)^2 + \left(\dfrac{\partial y}{\partial l}\right)^2\right] \qquad (4\text{-}444)$$

将(4-367)式对 l 取偏导数得

$$\begin{cases} \dfrac{\partial x}{\partial l} = N\sin B\cos Bl + \cdots \\[2mm] \dfrac{\partial y}{\partial l} = N\cos B + \dfrac{N}{2}\cos^2 B(1 - t^2 + \eta^2)l^2 + \cdots \end{cases} \tag{4-445}$$

将此两式代入(4-444)式，再经过一些相应的变化，得

$$m = 1 + \frac{1}{2}l^2\cos^2 B(1 + \eta^2) + \cdots$$

或

$$m = 1 + \frac{l''^2}{2\rho''^2}\cos^2 B(1 + \eta^2) \tag{4-446}$$

上式即为用大地坐标(B, l)求长度比的近似公式。如果在推导公式时，再多顾及一项，那么同样可以得到更精确的长度比 m 的计算公式。现不加推导直接写出

$$m = 1 + \frac{1}{2}l^2\cos^2 B(1 + \eta^2) + \frac{1}{24}l^4\cos^4 B(5 - 4t^2) \tag{4-447}$$

或写成

$$m = 1 + d_2 l^2 + d_4 l^4 \tag{4-448}$$

式中

$$\begin{cases} d_2 = \dfrac{1}{2}\cos^2 B(1 + \eta^2) \\[2mm] d_4 = \dfrac{1}{24}\cos^4 B(5 - 4t^2) \end{cases} \tag{4-449}$$

2)用平面坐标(x, y)表示的长度比 m 的公式

为此，取(4-367)式第二式的主项，解出

$$l'' = \frac{y}{N\cos B}\rho''$$

代入(4-446)式，则得

$$m = 1 + \frac{y^2}{2N^2}(1 + \eta^2)$$

因为

$$1 + \eta^2 = \frac{N}{M}, \qquad R = \sqrt{MN}$$

所以上式变为

$$m = 1 + \frac{y^2}{2R^2} \tag{4-450}$$

式中：R_m 表示按大地线始末两端点的平均纬度计算（查取）的椭球的平均曲率半径。上式即为用平面坐标(x, y)表示的长度比的近似式。同理，也可得到更精确的长度比 m 的公式

$$m = 1 + \frac{y^2}{2R^2} + \frac{y^4}{24R^4} \tag{4-451}$$

或写成

$$m = 1 + d_2' y^2 + d_4' y^4 \qquad (4\text{-}452)$$

式中

$$d_2' = \frac{1}{2R^2}, \qquad d_4' = \frac{1}{24R^4} \qquad (4\text{-}453)$$

表 4-12 给出了长度比的大约数值。

(4-448)式或(4-451)式将有助于我们进一步分析和认识高斯投影及长度变形的规律。由两式显而易见：

表 4-12

y/km ＼ B	20°	30°	40°	50°
50	1.000 031	1.000 031	1.000 031	1.000 031
100	1.000 124	1.000 123	1.000 123	1.000 123
200	1.000 494	1.000 493	1.000 492	1.000 491
300	1.001 112	1.011 10		
350	1.001 514			

(1)长度比 m 只与点的位置 (B, l) 或 (x, y) 有关，即 m 只是点位坐标的函数，只随点的位置不同而变化，但在一点上与方向无关。这同正形投影一般条件是一致的。

(2)当 $y = 0$(或 $l = 0$)时，亦即在纵坐标轴(或中央子午线)上，各点的长度比 m 都等于 1，也就是说，中央子午线投影后长度不变。这同高斯投影本身的条件是一致的。

(3)当 $y \neq 0$(或 $l \neq 0$)时，不管 y(或 l)为正还是为负，亦即不管该点在纵坐标轴之东还是之西，由于 m 是 y(或 l)的偶函数，故 m 恒大于 1。这就是说，不在中央子午线上的点，投影后都变长了。

(4)长度变形 $(m-1)$ 与 y^2(或 l^2)成比例地增大，对于在椭球面上等长的子午线来说，离开中央子午线越远的那条，其长度变形越大，而对某一条子午线来说，在赤道处有最大的变形。

3. 距离改化公式

将椭球面上大地线长度 S 描写在高斯投影面上，变为平面长度 D。由(4-451)式可知，大地线上各微分弧段的长度比是不同的。但对于一条三角边来说，由于边长较短，长度比的变化实际上是很微小的，可以认为是一个常数，因而可用 $\dfrac{D}{S}$ 来代替 $\dfrac{\mathrm{d}s}{\mathrm{d}S}$。因此由(4-450)式有

$$\frac{D}{S} = 1 + \frac{y_m^2}{2R_m^2} \qquad (4\text{-}454)$$

故距离改化公式为

$$D = \left(1 + \frac{y_m^2}{2R_m^2}\right) S \qquad (4\text{-}455)$$

式中：y_m 取大地线投影后始末两点横坐标平均值，即 $y_m = \dfrac{y_1 + y_2}{2}$。同理，根据(4-451)式可得更精密的距离改化公式

$$\frac{D}{S} = \left(1 + \frac{y_m^2}{2R_m^2} + \frac{\Delta y^2}{24R_m^2} \right) \tag{4-456}$$

或

$$D = \left(1 + \frac{y_m^2}{2R_m^2} + \frac{\Delta y^2}{24R_m^2} \right) \cdot S \tag{4-457}$$

上式计算精度可达 0.01m。要使计算要求达到 0.001m，则有更精确的距离改化公式

$$\frac{D}{S} = \left(1 + \frac{y_m^2}{2R_m^2} + \frac{\Delta y^2}{24R_m^2} + \frac{y_m^4}{24R_m^4} \right) \tag{4-458}$$

或

$$D = \left(1 + \frac{y_m^2}{2R_m^2} + \frac{\Delta y^2}{24R_m^2} + \frac{y_m^4}{24R_m^4} \right) \cdot S \tag{4-459}$$

为了距离改化的计算，下面还要说明两点。

其一，同方向改正数 δ 的计算一样，要计算距离改正数 ΔS，也必须首先知道点的坐标。然而要精确知道点的平面坐标，却又要先算出距离改正，这也是一个矛盾。与 4.9.6 中的分析一样，认为只要满足方向改正计算时要求的坐标精度，那么距离改正的精度是有足够保证的。

其二，由于距离改正的计算没有校核公式，因此为保证这项计算准确无误，必须用两人对算或一人用两套公式分别计算的方法予以校核。

4.9.8 高斯投影的邻带坐标换算

从以上各节可知，高斯投影虽然保证了角度没有变形这一优点，但其长度变形较严重。为了限制高斯投影的长度变形，必须依中央子午线进行分带，把投影范围限制在中央子午线东、西两侧一定的狭长带内分别进行。但这又使得统一的坐标系分割成各带的独立坐标系。于是，因分带的结果产生了新的矛盾，即在生产建设中提出了各相邻带的互相联系问题。这个问题是通过由一个带的平面坐标换算到相邻带的平面坐标，简称为"邻带换算"的方法来解决的。

具体来说，在以下情况下需要进行坐标邻带换算：

(1)如图 4-54 所示，A，B，1，2，3，4，C，D 为位于两个相邻带边缘地区并跨越两个投影带(东、西带)的控制网。假如起算点 A，B 及 C，D 的起始坐标是按两带分别给出的话，那么为了能在同一带内进行平差计算，必须把西带的 A，B 点的起始坐标换算到东带，或者把东带的 C，D 点的坐标换算到西带。

(2)在分界子午线附近地区测图时，往往需要用到另一带的三角点作为控制，因此必须将这些点的坐标换算到同一带中；为实现两邻带地形图的拼接和使用，位于 45′(或 37.5′)重叠地区的三角点需具有相邻两带的坐标值，见图 4-55。

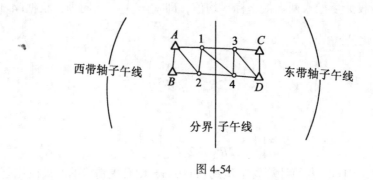

西带轴子午线　　　　　　　　东带轴子午线

分界 子午线

图 4-54

（3）当大比例尺（1：10 000 或更大）测图时，特别是在工程测量中，要求采用 3°带、1.5°带或任意带，而国家控制点通常只有 6°带坐标，这时就产生了 6°带同 3°带（或 1.5°带、任意带）之间的相互坐标换算问题。

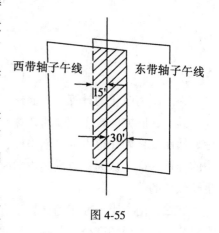

图 4-55

综上所述，换带计算是分带带来的必然结果，是生产实践的需要，没有分带就不会有换带。因此，高斯投影坐标换带计算是必须掌握的又一重要基础知识。

高斯投影坐标邻带换算的方法有多种。在这里主要介绍应用高斯投影正、反算公式进行邻带换算的方法，它具有精度高、通用和便于计算等优点。

如图 4-56 所示，其中图 4-56(a)是 P 点在 I 带平面直角坐标系的投影，它的平面直角坐标是 $P(x, y)_{I}$；图 4-56(b)是该 P 点在 II 带平面直角坐标系的投影，它的平面直角坐标是 $P(x, y)_{II}$。假若已知 $P(x, y)_{I}$ 要求 $P(x, y)_{II}$，或已知 $P(x, y)_{II}$ 要求 $P(x, y)_{I}$，这就是所谓的邻带坐标换算。

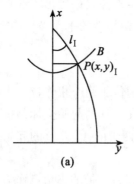
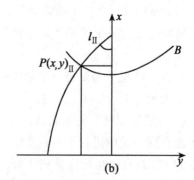

图 4-56

　　利用高斯投影正反算公式进行邻带坐标换算的实质是把椭球面上的大地坐标作为过渡坐标。其解法是，首先利用高斯投影坐标反算公式，如(4-399)式，根据$(x，y)_I$换算成椭球面大地坐标$(B，l_I)$，进而得到$L=L_0^I+l_I$。然后再由大地坐标$(B，l_{II})$，利用高斯投影坐标正算公式，如(4-393)式，根据$(B，l_{II})$计算该点在II带的平面直角坐标$(x，y)_{II}$，但在这一步计算时，要根据第II带的中央子午线的经度L_0^{II}计算P点在第II带的经差$l_{II}=L-L_0^{II}$。为了检核计算的正确性，每步都需要往返计算。

　　由上可见，利用这种方法进行坐标邻带换算，理论上最简明严密，精度最高，通用性最强，它不仅适用于6°→6°带，3°→3°带以及6°→3°带互相之间的邻带坐标换算，而且也适用于任意带之间的坐标换算。虽然计算的工作量稍大一些，但当使用电子计算机时，由于本法的通用性和计算的高精度，它自然便成为坐标邻带换算中最基本的方法。

　　可按下列框图编写高斯投影正、反算公式及换带计算电算程序，算例见表4-13。

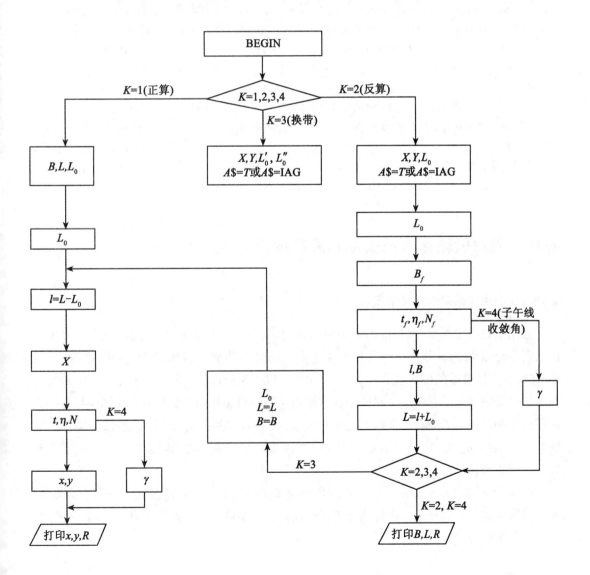

表 4-13

	克 氏 椭 球		1975 国际椭球	
	输入已知数据	打 印 输 出	输入已知数据	打 印 输 出
正算	$A\$ = T$ $K = 1$ $B = 17°33'55.7339''$ $L = 119°15'52.1159''$ $L_0 = 117°$	$X_2 = 1\,944\,359.609\,0(\mathrm{m})$ $Y_2 = 240\,455.456\,3(\mathrm{m})$ $R = 0°41'01.458''$	$A\$ = \mathrm{IAG}$ $K = 1$ $B = 17°33'55.7339''$ $L = 119°15'52.1159''$ $L_0 = 117°$	$X_2 = 1\,944\,325.803\,0(\mathrm{m})$ $Y_2 = 240\,451.508\,5(\mathrm{m})$ $R = 0°41'01.458''$
反算	$K = 2$ $x = 1\,944\,359.609\,0(\mathrm{m})$ $y = 240\,455.456\,3(\mathrm{m})$ $L_0 = 117°$	$L = 119°15'52.1159''$ $B = 17°33'55.7339''$ $R = 0°41'01.458''$	$K = 2$ $x = 1\,944\,325.803\,0(\mathrm{m})$ $y = 240\,451.508\,5(\mathrm{m})$ $L_0 = 117°$	$L = 119°15'52.1159''$ $B = 17°33'55.7339''$ $R = 0°41'01.458''$
换带	$K = 3$ $x_1 = 1\,944\,359.609\,0(\mathrm{m})$ $y_1 = 240\,455.456\,3(\mathrm{m})$ $L_0 = 117°$ $L_0 = 120(\text{新带})$	$L = 119°15'52.1159''$ $B = 17°33'55.7339''$ $X_2 = 1\,943\,076.301\,0(\mathrm{m})$ $Y_2 = -78\,087.222\,1(\mathrm{m})$ $R = -0°13'19.160''$	$K = 3$ $x_1 = 1\,944\,325.803\,0(\mathrm{m})$ $y_1 = 240\,451.508\,5(\mathrm{m})$ $L_0 = 117°$ $L_0 = 120(\text{新带})$	$L = 119°15'52.1159''$ $B = 17°33'55.7339''$ $X_2 = 1\,943\,042.516\,0(\mathrm{m})$ $Y_2 = -78\,085.939\,9(\mathrm{m})$ $R = -0°13'19.160''$

4.10　通用横轴墨卡托投影和高斯投影族的概念

4.10.1　通用横轴墨卡托投影概念

通用横轴墨卡托投影(Universal Transverse Mercator Projection)取其前面三个英文单词的大写字母而称 UTM 投影。从几何意义上讲，UTM 投影属于横轴等角割椭圆柱投影(见图4-57)。它的投影条件是取第 3 个条件"中央经线投影长度比不等于 1 而是等于0.9996"，投影后两条割线上没有变形，它的平面直角系与高斯投影相同，且和高斯投影坐标有一个简单的比例关系，因而有的文献上也称它为 $m_0 = 0.999\,6$ 的高斯投影。该投影由美国军事测绘局 1938 年提出，1945 年开始采用。已被许多国家、地区或集团采用作为大地测量和地形图的投影基础。

UTM 投影的直角坐标(x, y)，长度比以及子午线收敛角等计算公式，即可由高斯-克吕格投影族通用公式导出，也可依高斯投影而得。这里略去公式推导而直接给出。

直角坐标公式：

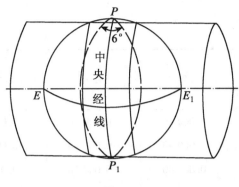

图 4-57

$$\begin{cases} x = 0.999\ 6\left[S + \dfrac{l^2 N}{2}\sin B\cos B + \dfrac{l^4}{24}N\sin B\cos^3 B(5 - t^2 + 9\eta^2 + 4\eta^4) + \cdots \right] \\ y = 0.999\ 6\left[lN\cos B + \dfrac{l^3 N}{6}\cos^3 B(1 - t^2 + \eta^2) + \dfrac{l^5 N}{120}\cos^5 B(5 - 18t^2 + t^4) + \cdots \right] \end{cases}$$

$$(4\text{-}460)$$

长度比公式：

$$m = 0.999\ 6\left[1 + \frac{1}{2}\cos^2 B(1 + \eta^2)l^2 + \frac{1}{6}\cos^4 B(2 - t^2)l^4 - \frac{1}{8}\cos^4 Bl^4 + \cdots \right] \quad (4\text{-}461)$$

子午线收敛角公式：

$$\gamma = l\sin B + \frac{l^3}{3}\sin B\cos^2 B(1 + 3\eta^2) + \cdots \quad (4\text{-}462)$$

(4-460)式中的 S 是从赤道开始的子午线弧长。

与高斯投影坐标公式比较可知，这里 x、y 坐标只有一个常系数 0.999 6 的差异。

该投影长度变形可用(4-461)式加以分析，表 4-14 给出不同纬度和经差情况下的长度变形值。

由公式和表列数值可知，中央经线长度变形为 -0.000 40，即中央经线长度比为 0.999 6；这是为了使得 $B=0°$，$l=3°$ 处的最大变形值小于 0.001 而选择的数值。两条割线（在赤道上，它们位于离中央子午线大约 ±180km（约 ±1°40′）处）上没有长度变形；离开这两条割线越远变形越大；在两条割线以内长度变形为负值；在两条割线之外长度变形为正值。

UTM 投影的分带是将全球划分为 60 个投影带，带号 1，2，3，…，60 连续编号，每带经差为 6°，从经度 180°W 和 174°W 之间为起始带（1 带），连续向东编号。带的编号与 1∶100万比例尺地图有关规定相一致。该投影在南纬 80° 至北纬 84° 范围内使用。使用时直角坐标的实用公式为：

$$y_{实} = y + 50\ 000(轴之东用)， \qquad x_{实} = 10\ 000\ 000 - x(南半球用)$$

$$y_{实} = 500\ 000 - y(轴之西用)， \qquad x_{实} = x \qquad (北半球用)$$

同样，由于使用椭球元素不同，即使是同一点，它们的 UTM 坐标值也是不同的，这是在实际应用中应该注意的一个问题。

表 4-14

长度变形 经差 纬度	0°	1°	2°	3°
90°	−0.000 40	−0.000 40	−0.000 40	−0.000 40
80°	−0.000 40	−0.000 40	−0.000 38	−0.000 36
70°	−0.000 40	−0.000 38	−0.000 33	−0.000 24
60°	−0.000 40	−0.000 36	−0.000 25	−0.000 06
50°	−0.000 40	−0.000 34	−0.000 15	+0.000 17
40°	−0.000 40	−0.000 31	−0.000 04	+0.000 41
30°	−0.000 40	−0.000 28	+0.000 06	+0.000 63
20°	−0.000 40	−0.000 27	+0.000 14	+0.000 81
10°	−0.000 40	−0.000 26	+0.000 19	+0.000 94
0°	−0.000 40	−0.000 25	+0.000 21	+0.000 98

4.10.2　高斯投影族的概念

高斯投影具有许多优点，因而我国和世界上许多国家都采用它作为大地测量和地图投影的数学基础，适应并满足了测量和制图的生产需要。但高斯投影也有不足之处，最主要的缺点，正如 4.9.7 中所指出的那样，长度变形比较大，而面积变形更大，特别是纬度越低，越靠近投影带边缘的地区，这些变形将更厉害。我国地处中低纬度地区，随着社会主义建设事业的发展，对大比例尺测图和工程测量的平面精度提出了越来越高的要求，过大的变形显然是不适应的。因而研究旨在保留高斯投影优点而减少缺点——缩小长度变形新的一族投影就更具有实际意义了。

高斯投影族是概括依经线分带的一族横轴等角投影。它应满足的投影条件是：

(1)中央经线和赤道投影后为相互垂直的直线，且为投影的对称轴；

(2)投影具有等角性质；

(3)中央经线上的长度比 $m_0=f(B)$。

有了这三个条件，就可仿 4.9.3 中那样的方法建立该投影族的坐标投影计算通用公式。其中关键的问题是根据第 3 个条件求出下式

$$\left.\begin{array}{l} x = a_0 + a_2 l^2 + a_4 l^4 + \cdots \\ y = a_1 l^1 + a_3 l^3 + a_5 l^5 + \cdots \end{array}\right\} \tag{4-463}$$

中的各系数 a_0，a_1，a_2，a_3，a_4，a_5，$\cdots$。

若令 $F=\dfrac{N\cos B}{M}=\dfrac{r}{M}=\cos B(1+\eta^2)$，$\eta^2=e'^2\cos^2 B$，则经推导，得各系数 a_i，今汇总如下：

$$\begin{cases} a_0 = \displaystyle\int_0^B m_0 M \mathrm{d}B \\[2mm] a_1 = m_0 r \\[2mm] a_2 = \dfrac{1}{2} F(m_0 r)' \\[2mm] a_3 = \dfrac{1}{3} F' a_2 - \dfrac{1}{6} F^2 (m_0 r)'' \\[2mm] a_4 = -\dfrac{1}{4} F' a_3 + \dfrac{1}{24} F^2 \big[F''(m_0 r)' + 2F'(m_0 r)'' + F(m_0 r)''' \big] \\[2mm] \cdots \end{cases} \tag{4-464}$$

式中

$$\begin{cases} F' = -\sin B(1 + 3\eta^2) \\[2mm] F'' = -\cos B(1 + 6e'^2 + 9\eta^2) \\[2mm] F''' = \sin B(1 - 6e'^2 + 27\eta^2) \\[2mm] \cdots \end{cases} \tag{4-465}$$

$$\begin{cases} (m_0 r)' = m_0 r' + m_0' r \\[2mm] (m_0 r)'' = m_0 r'' + 2m_0' r' + m_0'' r \\[2mm] (m_0 r)''' = m_0 r''' + 3m_0' r'' + 3m_0'' r' + m_0''' r \\[2mm] \cdots \end{cases} \tag{4-466}$$

$$\begin{cases} r = a\cos B / (1 - e^2 \sin^2 B)^{1/2} \\[2mm] r' = -\sin B M = -a(1 - e^2)\sin B \cdot G \\[2mm] r'' = -a(1 - e^2)(\cos B \cdot G + \sin B \cdot G') \\[2mm] r''' = -a(1 - e^2)(-\sin B G + 2\cos B \cdot G' + \sin B \cdot G'') \\[2mm] \cdots \end{cases} \tag{4-467}$$

$$\begin{cases} G = A_1 - B_1 \cos 2B + C_1 \cos 4B - D_1 \cos 6B + E_1 \cos 8B \\[2mm] G' = 2B_1 \sin 2B - 4C_1 \sin 4B + 6D_1 \sin 6B - 8E_1 \sin 8B \\[2mm] G'' = 4B_1 \cos 2B - 16C_1 \cos 4B + 36D_1 \cos 6B - 64E_1 \cos 8B \\[2mm] \cdots \end{cases} \tag{4-468}$$

$$\begin{cases} A_1 = 1 + \dfrac{3}{4} e^2 + \dfrac{45}{64} e^4 + \dfrac{175}{256} e^6 + \dfrac{11\,025}{16\,384} e^8 + \cdots \\[2mm] B_1 = \dfrac{3}{4} e^2 + \dfrac{15}{16} e^4 + \dfrac{525}{512} e^6 + \dfrac{2\,205}{2\,068} e^8 + \cdots \\[2mm] C_1 = \dfrac{15}{64} e^4 + \dfrac{105}{256} e^6 + \dfrac{2\,205}{4\,096} e^8 + \cdots \\[2mm] D_1 = \dfrac{35}{512} e^6 + \dfrac{315}{2\,048} e^8 + \cdots \\[2mm] E_1 = \dfrac{315}{16\,384} e^8 + \cdots \end{cases} \tag{4-469}$$

根据给定的第 3 个条件 $m_0 = f(B)$，便可求出 a_0 项，进而依次求得 m_0'，m_0''，m_0'''，…，再求得各系数值 a_1，a_2，a_3，a_4，a_5，…，最后代入 (4-463) 式便得到由已知大地坐标 B，l，计算直角坐标的计算公式。

下面研究 $m_0 = 1 - q\cos^2 KB$ 情况下计算 a_0 的公式，其中 q，K 为参数。

$$
\begin{aligned}
a_0 = \int m_0 M\mathrm{d}B = & \left(1 - \frac{q}{2}\right) X - \\
& \frac{q}{8} a(1 - e^2) \left\{ A_1 \left[\frac{1}{K}\sin 2KB + \frac{1}{K}\sin 2KB\right] - \right. \\
& B_1 \left[\frac{1}{1 + K}\sin 2(1 + K)B + \frac{1}{1 - K}\sin 2(1 - K)B\right] + \\
& C_1 \left[\frac{1}{2 + K}\sin 2(2 + K)B + \frac{1}{2 - K}\sin 2(2 - K)B\right] - \\
& D_1 \left[\frac{1}{3 + K}\sin 2(3 + K)B + \frac{1}{3 - K}\sin 2(3 - K)B\right] + \\
& \left. E_1 \left[\frac{1}{4 + K}\sin 2(4 + K)B + \frac{1}{4 - K}\sin 2(4 - K)B\right] \right\}
\end{aligned}
\tag{4-470}
$$

式中

$$
\begin{aligned}
X = a(1 - e^2) & \left(A_1 B - \frac{B_1}{2}\sin 2B + \frac{C_1}{4}\sin 4B - \frac{D_1}{6}\sin 6B + \right. \\
& \left. \frac{E_1}{8}\sin 8B \right)
\end{aligned}
\tag{4-471}
$$

$$
\begin{cases}
m_0 = 1 - q\cos^2 KB \\
m_0' = Kq\sin 2KB \\
m_0'' = 2K^2 q\cos 2KB \\
m_0''' = -4K^3 q\sin 2KB
\end{cases}
\tag{4-472}
$$

于是，便可按 (4-464) 式计算各系数，进而按 (4-463) 式进行坐标计算。

由长度比定义公式

$$
m = \frac{1}{r}\left[\left(\frac{\partial x}{\partial l}\right)^2 + \left(\frac{\partial y}{\partial l}\right)^2\right]^{1/2}
\tag{4-473}
$$

按 (4-463) 式可求得 $\dfrac{\partial x}{\partial l}$ 及 $\dfrac{\partial y}{\partial l}$，将它们代入上式经整理可得计算长度比 m 的通用公式：

$$
m = a_1^2 + (6a_1 a_3 + 4a_2^2)l^2 + (9a_3^2 + 10a_1 \cdot a_5 + 16a_2 \cdot a_4)l^4 + \cdots
\tag{4-474}
$$

由子午线收敛角计算公式 (4-404) 式，将 $\dfrac{\partial x}{\partial l}$ 及 $\dfrac{\partial y}{\partial l}$ 值代入，经整理可得计算子午线收敛角的通用公式：

$$
\tan r = \frac{2a_2}{a_1}l + \frac{4a_4}{a_1}l^3 - \frac{6a_2 a_3}{a_1^2}l^5 + \cdots
\tag{4-475}
$$

综上所述，我们可对高斯投影族中各类投影作如下简要概括：

(1) 设 $q = 0$，则 $m_0 = 1$，该投影即为高斯-克吕格投影。在 6° 带范围内，其长度变形在边界子午线与赤道交点处最大，达 0.138%，随纬度增高长度变形逐渐减小。

(2)设 $q=0.000\,4$，$K=0$，则 $m_0=0.999\,6$，该投影即为通用横轴墨卡托投影。在 6°带范围内，长度变形在分界子午线与赤道交点处最大，达 0.098%，中央子午线上的长度变形为-0.04%。

(3)设 $q=0.000\,609$，$K=1$，则 $m_0=1-0.000\,609\cos^2 B$，该投影即为双标准经线等角横椭圆柱投影。在 6°带范围内，双标准经线选在距中央子午线±2°为相割的经线上。在双标准经线上，长度没变形，在同一纬线上，长度变形随远离中央经线的距离而增大。在同一经线上，长度变形随纬度增高而减小。在赤道与分界经线交点处，长度变形最大，可达+0.077%；中央子午线上长度变形最大，达-0.016%。

(4)设 $q=0.000\,609$，$K=1.5$，则 $m_0=1-0.000\,609\cos^2\dfrac{3}{2}B$，该投影在分界子午线与赤道交点处变形最大，达 0.077%；长度变形随纬度增高而减小，在中央子午线上，最大长度变形-0.061%，纬度 60°处长度变形为 0。

由上可见，取不同的 q 和 K 值，可确定不同的正形等角投影方案。这说明，在高斯投影族中有无穷多种投影方法。

4.11 兰勃脱投影概述

4.11.1 兰勃脱投影基本概念

我国在 1949 年以前曾采用兰勃脱(Lambert)割圆锥投影作为全国统一投影。现在世界上仍有不少国家，特别是中纬度地区的国家还是采用兰勃脱圆锥投影作为地图制图和大地测量的基本投影。为此，我们对这种投影作一简要介绍。

兰勃脱投影是正形正轴圆锥投影。如图 4-58(a)、(b)所示，设想用一个圆锥套在地球椭球面上，使圆锥轴与椭球自转轴相一致，使圆锥面与椭球面一条纬线(纬度 B_0)相切，按照正形投影的一般条件和兰勃脱投影的特殊条件，将椭球面上的纬线(又称平行圈)投影到圆锥面上成为同心圆，经线投影圆锥面上成为从圆心发出的辐射直线，然后沿圆锥面某条母线(一般为中央经线 L_0)，将圆锥面切开而展成平面，从而实现了兰勃脱切圆锥投影。如果圆锥面与椭球面上两条纬线(纬度分别为 B_1 及 B_2)相割，则称为兰勃脱割圆锥投影，如图 4-59(a)、(b)所示。

4.11.2 兰勃脱投影坐标正、反算公式

1. 兰勃脱切圆锥投影直角坐标系的建立

圆锥面与椭球面相切的纬线(纬度 B_0)称为标准纬线。将中央子午线的投影作为该投影平面直角坐标系的 x 轴；将中央子午线与标准纬线相交的投影点作为坐标原点 o，过原点 o 与标准纬线投影相切的直线，亦即从原点 o 作 x 轴的垂线，作为该投影直角坐标系 y 轴指向东为正，从而构成兰勃脱切圆锥投影平面直角坐标系(见图 4-60)。很显然，在该坐标系中

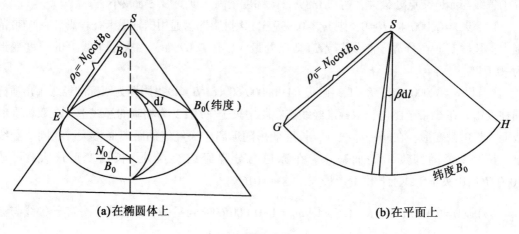

(a)在椭圆体上   (b)在平面上

图 4-58

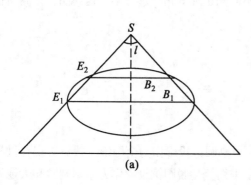 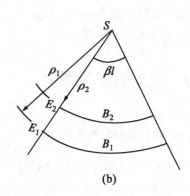

(a)   (b)

图 4-59

任意点 P 的坐标 (x, y) 与极坐标有如下关系式：

$$\begin{cases} x = \rho_0 - \rho\cos\gamma \\ y = \rho\sin\gamma \end{cases} \qquad (4\text{-}476)$$

式中：ρ_0 为标准纬线的极距，由图 4-58 易知有式

$$\rho_0 = N_0\cot B_0 \qquad (4\text{-}477)$$

可见，纬度 B_0 一经给定，ρ_0 也确定了。ρ 为计算点 P 的极径，当然，它只能是 P 点纬度 B 的函数；γ 为计算点 P 的子午线收敛角，它必是经差 l 的函数。于是，对极坐标

$$\rho = f(B), \qquad \gamma = \beta l \qquad (4\text{-}478)$$

式中：β 为由兰勃脱投影条件决定的常系数。

根据长度比的定义，沿子午线方向的长度比

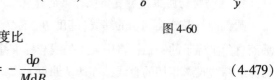

图 4-60

$$m_B = -\frac{\mathrm{d}\rho}{M\mathrm{d}B} \qquad (4\text{-}479)$$

沿纬线方向的长度比

$$m_L = \frac{\rho \mathrm{d}\gamma}{N \cos B \mathrm{d}l} \tag{4-480}$$

注意到(4-478)式：$\mathrm{d}\gamma = \beta \mathrm{d}l$

则上式可写为

$$m_L = \frac{\rho \mathrm{d}\gamma}{N \cos B \mathrm{d}l} = \frac{\rho \beta \mathrm{d}l}{N \cos B \mathrm{d}l} = \frac{\rho \beta}{N \cos B} \tag{4-481}$$

在正形投影中，要求以上两种长度比相等，亦即

$$m = -\frac{\mathrm{d}\rho}{M \mathrm{d}B} = \frac{\rho \beta}{N \cos B} \tag{4-482}$$

由此式，可写成

$$\frac{\mathrm{d}\rho}{\rho} = -\beta \frac{M \mathrm{d}B}{N \cos B} \tag{4-483}$$

顾及

$$\mathrm{d}q = \frac{M \mathrm{d}B}{N \cos B} \tag{4-484}$$

故上式可写成

$$\frac{\mathrm{d}\rho}{\rho} = -\beta \mathrm{d}q \tag{4-485}$$

两边积分后，得

$$\ln\rho = -\beta q + \ln K$$

或

$$\rho = K e^{-\beta q} \tag{4-486}$$

式中：K 为积分常数，e 为自然对数的底。

如果 Δq 及常数 β 及 K 都已确定，那么(4-486)式即可实现。下面分别研究它们同大地纬度 B(或 ΔB)的关系。

2. 大地纬度差 ΔB 同等量纬度差 Δq 的关系式

由于

$$\mathrm{d}q = \frac{M \mathrm{d}B}{N \cos B}$$

两边积分后得：

$$q = \int_0^B \frac{M \mathrm{d}B}{N \cos B} \tag{4-487}$$

由于 $M = a(1-e^2)(1-e^2\sin B)^{-\frac{3}{2}}$，$N = a(1-e^2\sin^2 B)^{-\frac{1}{2}}$，代入上式，得

$$q = \int_0^B \frac{(1-e^2)\mathrm{d}B}{(1-e^2\sin^2 B)\cos B}$$

$$= \int_0^B \frac{(1-e^2\sin^2 B - e^2\cos^2 B)}{(1-e^2\sin^2 B)\cos B}\mathrm{d}B$$

$$= \int_0^B \frac{\mathrm{d}B}{\cos B} - \int_0^B \frac{e^2 \cos B}{1 - e^2 \sin^2 B} \mathrm{d}B \tag{4-488}$$

为便于积分，令
$$\sin A = e \sin B \tag{4-489}$$

两边微分：
$$\mathrm{d}\sin A = \mathrm{d}(e \sin B) \tag{4-490}$$

$$\cos A \mathrm{d}A = e \cos B \mathrm{d}B \tag{4-491}$$

又
$$1 - \sin^2 A = 1 - e^2 \sin^2 B = \cos^2 A \tag{4-492}$$

于是(4-488)式右边第二项可写为

$$\int_0^B \frac{e^2 \cos B}{1 - e^2 \sin^2 B} \mathrm{d}B = e \int_0^A \frac{e \cos A}{\cos^2 A} \mathrm{d}A = e \int_0^A \frac{\mathrm{d}A}{\cos A} \tag{4-493}$$

于是(4-488)式变为

$$q = \int_0^B \frac{\mathrm{d}B}{\cos B} - e \int_0^A \frac{\mathrm{d}A}{\cos A}$$

$$= \ln \tan\left(45° + \frac{B}{2}\right) - e \ln \tan\left(45° + \frac{A}{2}\right)$$

整理后得：
$$q = \ln \tan\left(45° + \frac{B}{2}\right) + \frac{e}{2} \ln \frac{1 - e \sin B}{1 + e \sin B} \tag{4-494}$$

或
$$q = \frac{1}{2} \ln \frac{1 + \sin B}{1 - \sin B} - \frac{e}{2} \ln \frac{1 + e \sin B}{1 - e \sin B} \tag{4-495}$$

式中：e 为椭球第一偏心率。此式即为由大地纬度 B 计算等量纬度 q 的封闭关系式。显然当 $B=0°$ 时，$q=0$。

如果以上逐式中积分上、下限分别为 B_2、B_1，则利用(4-494)式或(4-495)式经二次计算，分别算出对应大地纬度 B_2 及 B_1 的等量纬度 q_2 及 q_1，就可得到由大地纬度计算等量纬度差 Δq 的公式。但在实际工作中，不是采用(4-494)式，而是直接采用大地纬度差 ΔB 计算等量纬度差 Δq 的级数展开式。

由于
$$q = q_0 + \Delta q = f(B_0 + \Delta B) \tag{4-496}$$

故用泰勒级数将上式展开：

$$\Delta q = \left(\frac{\mathrm{d}q}{\mathrm{d}B}\right)_0 \Delta B + \left(\frac{\mathrm{d}^2 q}{\mathrm{d}B^2}\right)_0 \Delta B^2 + \frac{1}{6}\left(\frac{\mathrm{d}^3 q}{\mathrm{d}B^3}\right)_0 \Delta B^3 + \cdots \tag{4-497}$$

设
$$t_n = \frac{1}{n!}\left(\frac{\mathrm{d}^n q}{\mathrm{d}B^n}\right)_0, \quad n = 1, 2, 3, \cdots \tag{4-498}$$

则(4-497)式可写成

$$\Delta q = t_1 \Delta B + t_2 \Delta B^2 + t_3 \Delta B^3 + t_4 \Delta B^4 + t_5 \Delta B^5 + \cdots \tag{4-499}$$

式中
$$\frac{\mathrm{d}q}{\mathrm{d}B} = \frac{M}{N \cos B} = \frac{1}{V^2 \cos B}, \qquad \frac{\mathrm{d}V^2}{\mathrm{d}B} = -2\eta^2 \tan B$$

逐次求导，可依次得

$$\begin{cases} t_1 = \dfrac{1}{\cos B_0}(1 - \eta_0^2 + \eta_0^4 - \eta_0^6) \\[2ex] t_2 = \dfrac{1}{2\cos B_0}\tan B_0(1 + \eta_0^2 - 3\eta_0^4) \\[2ex] t_3 = \dfrac{1}{6\cos B_0}(1 + 2\tan^2 B_0 + \eta_0^2 - 3\eta_0^4 + 6\eta_0^4\tan^2 B_0) \\[2ex] t_4 = \dfrac{1}{24\cos B_0}\tan B_0(5 + 6\tan^2 B_0 - \eta_0^2) \\[2ex] t_5 = \dfrac{1}{120\cos B_0}(5 + 28\tan^2 B_0 + 24\tan^4 B_0) \end{cases} \tag{4-500}$$

(4-499)式即为由大地纬度差 ΔB 计算等量纬度差 Δq 的公式。

利用级数回求法,可得(4-499)式的反算式:

$$\Delta B = B - B_0 = t_1'\Delta q + t_2'\Delta q^2 + t_3'\Delta q^3 + t_4'\Delta q^4 + t_5'\Delta q^5 + \cdots \tag{4-501}$$

式中:

$$\begin{cases} t_1' = \cos B_0(1 + \eta_0^2) \\[2ex] t_2' = \dfrac{1}{2}\cos^2 B_0\tan B_0(-1 - 4\eta_0^2 - 3\eta_0^4) \\[2ex] t_3' = \dfrac{1}{6}\cos^3 B_0(-1 + \tan^2 B_0 - 5\eta_0^2 + 13\eta_0^2\tan^2 B_0 - 7\eta_0^4 + 27\eta_0^4\tan^2 B_0) \\[2ex] t_4' = \dfrac{1}{24}\cos^4 B_0\tan B_0(5 - \tan^2 B_0 + 56\eta_0^2 - 40\eta_0^2\tan^2 B_0) \\[2ex] t_5' = \dfrac{1}{120}\cos^5 B_0(5 - 18\tan^2 B_0 + \tan^4 B_0) \end{cases} \tag{4-502}$$

(4-501)式即为由等量纬度差 Δq 计算大地纬度差 ΔB 的公式。

3. 常数 β 及 K 的确定

根据兰勃脱切圆锥投影特殊条件:标准纬线 B_0 的投影不变形,也就是说,在标准纬线上所有点的长度比都恒等于 1,而其导数为 0,用数学公式可表达为:

$$m_0 = 1, \qquad \left(\frac{\mathrm{d}m}{\mathrm{d}\rho}\right)_0 = \left(\frac{\mathrm{d}m}{\mathrm{d}q}\right)_0 = 0 \tag{4-503}$$

由(4-482)式,取自然对数可得

$$\ln m + \ln(N\cos B) = \ln\beta + \ln\rho$$

两边对 q 微分,得

$$\frac{1}{m}\frac{\mathrm{d}m}{\mathrm{d}q} + \frac{1}{N\cos B}\frac{\mathrm{d}N\cos B}{\mathrm{d}q} = \frac{1}{\rho}\frac{\mathrm{d}\rho}{\mathrm{d}q} \tag{4-504}$$

因为

$$\frac{\mathrm{d}(N\cos B)}{\mathrm{d}q} = \frac{\mathrm{d}r}{\mathrm{d}B}\cdot\frac{\mathrm{d}B}{\mathrm{d}q} = -M\sin B\frac{N\cos B}{M}$$

注意到:

$$\frac{\mathrm{d}\rho}{\mathrm{d}q} = -\beta\rho \tag{4-505}$$

从而易得

$$\beta = \sin B_0 \tag{4-506}$$

根据(4-486)式，对于B_0处，有式

$$\rho_0 = N_0 \cot B_0 = K e^{-\sin B_0 \cdot q_0} \tag{4-507}$$

于是

$$K = N_0 \cot B_0 e^{\sin B_0 \cdot q_0} \tag{4-508}$$

(4-506)式及(4-508)式就是兰勃脱切圆锥投影时，计算系数β及K的公式。

根据兰勃脱脱割圆锥投影特殊条件：两条标准纬线(B_1，B_2)的投影不变形，也就是说，这两条标准纬线投影前后的长度相等，即长度比$m_1 = m_2 = 1$。于是仿(4-482)式，有下式

$$\begin{cases} N_1 \cos B_1 = \beta K e^{-\beta q_1} \\ N_2 \cos B_2 = \beta K e^{-\beta q_2} \end{cases} \tag{4-509}$$

由此可解得

$$\beta = \frac{1}{q_2 - q_1} \ln\left(\frac{N_1 \cos B_1}{N_2 \cos B_2}\right) \tag{4-510}$$

$$K = \frac{N_1 \cos B_1}{\beta e^{-\beta q_1}} = \frac{N_2 \cos B_2}{\beta e^{-\beta q_2}} \tag{4-511}$$

(4-510)式、(4-511)式即为兰勃脱脱割圆锥投影时计算系数β及K的公式。只要知道$B_1(q_1)$及$B_2(q_2)$，即可求出β及K，进而依(4-486)式计算ρ_1及ρ_2。

4. 兰勃脱投影坐标正、反算公式

下面我们把兰勃脱投影坐标正、反算公式汇总如下。

对于正算是已知B，$l(=L-L_0)$，求x，y：

$$\begin{cases} \gamma = \beta l \\ \rho = \rho_0 e^{\beta(q_0 - q)} \\ x = \rho_0 - \rho \cos\gamma \\ y = \rho \sin\gamma \end{cases} \tag{4-512}$$

当切圆锥投影时，β及K分别按(4-506)式及(4-508)式计算；当割圆锥投影时，β及K分别按(4-510)式及(4-511)式计算，再计算ρ_1，ρ_2，一般取$\rho_2 = \rho_0$。

对于反算是已知x，y，求B，L：

$$\begin{cases} \gamma = \arctan\dfrac{y}{\rho_0 - x}, \quad l = \dfrac{\gamma}{\beta}, \quad L = L_0 + l \\ \rho = \sqrt{(\rho_0 - x)^2 + y^2} \end{cases} \tag{4-513}$$

$$\Delta q = q - q_0 = -\frac{1}{\beta}\ln\frac{\rho}{\rho_0}$$

$$\Delta B = B - B_0 = t_1' \Delta q + t_2' \Delta q^2 + t_3' \Delta q^3 + t_4' \Delta q^4 + t_5' \Delta q^5,$$

当切圆锥投影时，β及K分别按(4-506)式及(4-508)式计算；当割圆锥投影时，β及K分别按(4-510)式及(4-511)式计算。

在上述坐标正、反算时，都要涉及ρ的计算，为简化数值运算，往往计算一个小数值的量

$$\Delta\rho = \rho_0 - \rho \tag{4-514}$$

来代替。在正算时，对(4-514)式展开Δq的幂级数

$$-\Delta\rho = \left(\frac{\mathrm{d}\rho}{\mathrm{d}q}\right)_0 \Delta q + \frac{1}{2}\left(\frac{\mathrm{d}^2\rho}{\mathrm{d}q^2}\right)_0 \Delta q^2 + \frac{1}{6}\left(\frac{\mathrm{d}^3 e}{\mathrm{d}q^3}\right)_0 \Delta q^3 + \cdots \tag{4-515}$$

由于
$$\frac{\mathrm{d}\rho}{\mathrm{d}q} = -\beta\rho, \quad \frac{\mathrm{d}^2\rho}{\mathrm{d}q^2} = \beta^2\rho, \cdots$$

故
$$\Delta\rho = \rho_0\left[\beta\Delta q - \frac{1}{2}(\beta\Delta q)^2 + \frac{1}{6}(\beta\Delta q)^3 - \frac{1}{24}(\beta\Delta q)^4 + \cdots\right] \tag{4-516}$$

在坐标反算时,有式
$$\Delta\rho = \rho_0(1 - \cos\gamma) - x\cos\gamma + y\sin\gamma \tag{4-517}$$

上式也可展开级数
$$\Delta\rho = x - \frac{y^2}{2\rho_0} - \frac{xy^2}{2\rho_0^2} + \cdots \tag{4-518}$$

对(4-516)式进行级数反算,得到
$$\beta\Delta q = \frac{\Delta\rho}{\rho_0} + \frac{1}{2}\left(\frac{\Delta\rho}{\rho_0}\right)^2 + \frac{1}{3}\left(\frac{\Delta\rho}{\rho_0}\right)^3 + \cdots \tag{4-519}$$

最后按(4-501)式计算 ΔB。

在大地测量应用兰勃脱投影时,除有椭球大地坐标同投影平面直角坐标的互算外,同其他正形投影一样,也需将椭球面方向值及大地线长度归算到投影平面上成为平面方向值及直线距离,进而按平面坐标公式进行计算。这些方向及长度的归算方法,公式及步骤,与高斯投影时基本相仿,下面不加推导,直接给出方向改化及距离改化的简化公式:

$$\delta_{1,2}^{''} = \frac{\rho''}{6R_0^2}(y_2 - y_1)(2x_1 + x_2)$$
$$= \delta_0(y_2 - y_1)(2x_1 + x_2)10^{-10} \tag{4-520}$$

$$d - S = \Delta S = \frac{S}{6R_0^2}(x_1^2 + x_1 x_2 + x_2^2) \tag{4-521}$$

或更近似地:
$$\Delta S = \frac{S}{2R_0^2}x_m^2 = \Delta_0 x_m^2 S 10^{-15} \tag{4-522}$$

式中
$$\begin{cases} R_0^2 = M_0 N_0 = \dfrac{N_0^2}{V_0^2}, \quad \delta_0 = \dfrac{\rho''}{6R_0^2}10^{10} \\[3mm] x_m = \dfrac{1}{2}(x_1 + x_2), \quad \Delta_0 = \dfrac{10^{15}}{2R_0^2} \end{cases} \tag{4-523}$$

精密公式的推导过程比较繁琐,在此从略。

4.11.3 兰勃脱投影长度比、投影带划分及应用

对兰勃脱投影的长度比公式
$$m = \frac{\beta\rho}{N\cos B}$$

在 ρ_0 处展开 $\Delta\rho$ 的幂级数,有式
$$m = 1 + \frac{V_0^2}{2N_0^2}\Delta\rho^2 + \frac{V_0^2\tan B_0}{6N_0^3}(1 - 4\eta_0^2)\Delta\rho^3 +$$

$$\frac{V_0^2}{24N_0^4}(1 + 3\tan^2 B_0 - 3\eta_0^2 + \cdots)\Delta\rho^4 + \cdots \qquad (4\text{-}524)$$

如将(4-518)式代入，整理后得

$$m = 1 + \frac{V_0^2}{2N_0^2}x^2 + \frac{V_0^2\tan B_0}{6N_0^3}(1 - 4\eta_0^2)x^3 - \frac{V_0^2\tan B_0}{2N_0^3}xy^2 + \cdots \qquad (4\text{-}525)$$

这是用直角坐标计算长度比 m 的公式。由(4-525)式可知，当 $B = B_0$，此时 $x = 0$，则 $m_0 = 1$，这说明，在标准纬线 B_0 处，长度比为1，没有变形。当离开标准纬线(B_0)无论是向南还是向北，$|\Delta B|$ 增加，$|x|$ 数值增大，因而长度比迅速增大，长度变形($m-1$)也迅速增大。因此，为限制长度变形，必须限制南北域的投影宽度，为此必须按纬度分带投影。以上是兰勃脱切圆锥投影的情况。

对兰勃脱割圆锥投影的长度比，应按(4-510)式及(4-511)式计算 β 及 K，然后再把此值代入(4-482)式中计算长度比 m。对南标准纬线 B_1 而言，有式

$$m_1 = \frac{\beta\rho_1}{N_1\cos B_1} \qquad (4\text{-}526)$$

将 $\rho_1 = Ke^{-\beta q_1}$，　$\beta = \dfrac{N_1\cos\beta_1}{Ke^{-\beta q_1}}$

代入，则

$$m_1 = \frac{N_1\cos B_1}{N_1\cos B_1} \cdot \frac{Ke^{-\beta q_1}}{Ke^{-\beta q_1}} = 1 \qquad (4\text{-}527)$$

同理，对北标准纬线 B_2 处，$m_2 = 1$。由此可见，在兰勃脱割圆锥投影中，在南、北两条标准纬线上，长度比 $m_1 = m_2 = 1$，说明长度没有变形。很显然，当点位于区域 $B_1 < B < B_2$ 时，长度比 m 必小于1，当在中间平行圈 B_0 处，长度比 m 达最小；当点位于区域 $B < B_1$ 及 $B > B_2$ 时，长度比 m 必大于1。为限制长度变形($m-1$)，同样也必须限制投影的南北宽度，即采用按纬度分带投影。

从上又知，长度比 m 与经差无关。

为了限制长度变形，可按纬圈进行分带投影。即取不同的圆锥与各投影带的标准纬线相切或相割，分别进行投影，然后再将各投影带拼接成整体。投影带的纬度宽，即纬度差，过大过小都不好：过大，长度变形大，于测图及工程建设应用不允许或不方便；过小，长度变形虽小，但给测量计算及投影带的拼接等带来诸多的麻烦和不便。为此，每个国家应根据自己的实际情况，适当地选取投影带的宽度。我国在1949年以前，采用兰勃脱割圆锥投影作为大地测量投影用，按纬差 2°30′ 进行分带(如图4-61)，自纬度 22°10′ 起，由南向北共分11个投影带，(22°10′ 以南地区，另行计算)，并且相邻投影带重叠 30′，采用东经 105° 的经线作为中央子午线，投影后成为纵坐标轴。为保证我国坐标均为正值，将坐标纵轴西移 3 500km；对每带而言，取过南边纬与中央经线相交点的切线，向东为正，为横坐标。对全国统一坐标而言，选赤道投影为横坐标轴。采取以上措施后，就可保证我国版图内所有点的坐标均为正值。我国新编百万分之一地图也采用兰勃脱割圆锥投影方法，按纬差 4° 进行分带，

自赤道由南向北将我国分成 14 个投影带，采取每带的中纬和边纬的长度变形绝对值相等的条件确定投影常数。

综上所述，兰勃脱投影是正形正轴圆锥投影，它的长度变形$(m-1)$与经度无关，但随纬差 ΔB，即纵坐标 x 的增大而迅速增大，为限制长度变形，采用按纬度的分带投影，因此，这种投影适宜南北狭窄、东西延伸的国家和地区。这些国家根据本国实际情况，采用相应的分带方法和统一的坐标系统。但与高斯投影相比较，这种投影子午线收敛角有时过大，精密的方向改化和距离改化公式也较高斯投影要复杂，故目前国际上还是建议采用高斯投影。

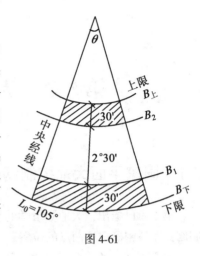

图 4-61

第5章 大地测量基本技术与方法

5.1 国家平面大地控制网建立的基本原理

第1章已指出，大地测量学的基本任务之一，是在全国范围内建立高精度的大地测量控制网，以精密确定地面点的位置。

确定地面点的位置，实质上是确定点位在某特定坐标系中的三维坐标，通常称其为三维大地测量。例如，全球导航卫星系统（GNSS）就是直接求定地面点在地心坐标系中的三维坐标。传统的大地测量是把建立平面控制网和高程控制网分开进行的，分别以地球椭球面和大地水准面为参考面确定地面点的坐标和高程。因此，下面将分别进行介绍。

5.1.1 建立国家平面大地控制网的方法

1. 常规大地测量法

1）三角测量法

（1）网形。

如图5-1所示，在地面上选定一系列点位1，2，…，使其构成三角形网状，观测的方向需通视，三角网的观测量是网中的全部（或大部分）方向值，由这些方向值可计算出三角形的各内角。

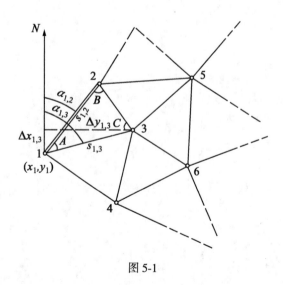

图5-1

（2）坐标计算原理。

如果已知点 1 的坐标(x_1, y_1)，又精密地测量了点 1 至点 2 的边长 S_{12} 和坐标方位角 α_{12}，就可用三角形正弦定理依次推算出三角网中其他所有边长，各边的坐标方位角及各点的坐标。

这些三角形的顶点称为三角点，又称大地点。把这种测量和计算工作称为三角测量。

（3）三角网的元素。

三角网的元素是指网中的方向（或角度）、边长、方位和坐标。根据其来源的不同，可以分为三类。

① 起算元素：已知的坐标、边长和已知的方位角，也称起算数据。

② 观测元素：三角网中观测的所有方向（或角度）。

③ 推算元素：由起算元素和观测元素的平差值推算的三角网中其他边长、坐标方位角和各点的坐标。

2）导线测量法

在地面上选定相邻点间互相通视的一系列控制点 A，B，C，…，连接成一条折线形状（如图 5-2），直接测定各边的边长和相互之间的角度。若已知 A 点的坐标(x_A, y_A)和一条边的方位角（例如 AM 边的方位角 α_{AM}），就可以推算出所有其他控制点的坐标。这些控制点称为导线点，把这种测量和计算工作称为导线测量。

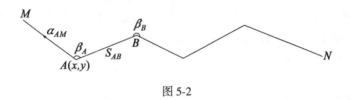

图 5-2

3）三边测量及边角同测法

三边测量法的网形结构同三角测量法一样，只是观测量不是角度而是所有三角形的边长，各内角是通过三角形余弦定理计算而得到的。如果在测角基础上加测部分或全部边长，则称为边角同测法，后者又称为边角全测法。

上述三种布设形式中，三角网早在 17 世纪初就已被采用。三角测量的优点是：图形简单，结构强，几何条件多，便于检核，网的精度较高。不足之处是：在平原地区或隐蔽地区易受障碍物的影响，布设困难，增加了建标费用；推算而得的边长精度不均匀，距起始边越远边长精度越低。因三角测量主要是用经纬仪完成大量的外业观测工作，故在电磁波测距仪问世以前，世界上许多国家采用三角测量法布设国家平面大地控制网。我国的天文大地网也基本上是采用三角测量法布设的。

随着电磁波测距技术的发展和电磁波测距仪的普及，导线网和边角网逐渐被采用。和三角测量相比，导线测量的优点是：网中各点的方向数较少，除节点外只有两个方向，故布设灵活，在隐蔽地区容易克服地形障碍；导线测量只要求相邻两点通视，故可降低觇标高度，造标费用少，且便于组织观测，工作量也少，受天气条件影响小；网内边长直接测量，边长精度均匀。

当然，导线测量也有其缺点：导线结构简单，没有三角网那样多的检核条件，有时不易发现观测中的粗差，可靠性不高；其基本结构是单线推进，故控制面积不如三角网大。

由此可见，在地形困难，交通不便的地区，用导线测量代替三角测量不失为一种好的办法。

由于完成一个测站的边长测量比完成方向观测容易和快捷得多，故有时在仪器设备和通视条件都允许的情况下，也可布设测边网。

边角全测网的精度最高，相应工作量也较大。故在建立高精度的专用控制网(如精密的形变监测网)或不能选择良好布设图形的地区可采用此法而获得较高的精度。

2. 天文测量法

天文测量法是在地面点上架设仪器，通过观测天体(主要是恒星)并记录观测瞬间的时刻，来确定地面点的地理位置，即天文经度、天文纬度和该点至另一点的天文方位角。这种方法各点彼此独立观测，也无需点间通视，组织工作简单、测量误差不会积累。但因其定位精度不高，所以，它不是建立国家平面大地控制网的基本方法。然而，在大地控制网中，天文测量却是不可缺少的，因为为了控制水平角观测误差积累对推算方位角的影响，需要在每隔一定距离的三角点上进行天文观测，以推求大地方位角，即

$$A = \alpha + (L - \lambda)\sin\varphi \tag{5-1}$$

式中：A：大地方位角　　　L：大地经度

φ：天文纬度　　　　λ：天文经度　　　α：天文方位角

该式也称为拉普拉斯方程式，由此计算出来的大地方位角又称为拉普拉斯方位角，这也是通常称国家大地控制网为天文大地网的由来。

3. 现代定位新技术简介

1) GNSS 测量

GNSS 可为各位用户提供精密的三维坐标、三维速度和时间信息。该系统的出现，对大地测量的发展产生了深远的影响，因为利用 GNSS 技术可以在较短的时间内以极高的精度进行大地测量的定位，所以，它使常规大地测量的布网方法、作业手段和内业计算等工作都发生了根本性的变革。

GNSS 的应用领域相当广泛，可以进行海、空和陆地的导航，导弹的制导，大地测量和工程测量的精密定位，时间的传递和速度的测量等。仅就测绘领域而言，GNSS 定位技术已经用于建立高精度的全国性的大地测量控制网，测定全球性的地球动态参数，也可用于改造和加强原有的国家大地控制网；可用于建立陆地海洋大地测量的基准，进行海洋测绘和高精度的海岛陆地联测；用于监测地球板块运动和地壳形变；在建立城市测量和工程测量的平面控制网时 GNSS 已成为主要方法；GNSS 还可用于测定航空航天摄影的瞬间位置，实现仅有少量的地面控制或无地面控制的航测快速成图。可以预言，随着 GNSS 技术的不断发展和研究的不断深入，GNSS 技术的应用领域将更加广泛，并进入我们的日常生活。

2) 甚长基线干涉测量系统(VLBI)

甚长基线干涉测量系统(Very Long Baseline Interferometry)是在甚长基线的两端(相距几千公里)，用射电望远镜，接收银河系或银河系以外的类星体发出的无线电辐射信号，通过信号对比，根据干涉原理，直接测定基线长度和方向的一种空间技术。长度的相对精度可优于 10^{-6}，对测定射电源的空间位置，可达 0.001″，由于其定位的精度高，可在研究地球的极

移、地球自转速率的短周期变化、地球固体潮、大地板块运动的相对速率和方向中得到广泛的应用。

3）惯性测量系统（INS）

惯性测量系统（Inertiae Navigation System）是利用惯导技术，同时快速地获得大地测量数据（如经度、纬度、高程、方位角、重力异常和垂线偏差）的一种新技术。

惯性测量是利用惯性力学基本原理，在相距较远的两点之间，对装有惯性测量系统的运动载体（汽车或直升飞机）从一个已知点到另一个待定点的加速度，分别沿三个正交的坐标轴方向进行两次积分，从而求定其运动载体在三个坐标轴方向的坐标增量，进而求出待定点的位置和其他大地测量数据。惯性测量系统的优点主要是：完全自主式，在测量过程中不需要任何外界信号，点间也不要求通视；全天候，只取决于汽车能否开动、飞机能否飞行；全能快速，机动灵活。它的缺点主要是价格昂贵，不便于检修。由于它属于相对定位，其相对精度为 $(1\sim2)\times10^{-5}$，测定的平面位置中误差为 ±25cm 左右，精度还不能满足布设国家大地控制网的要求，但随着惯性原件的改进和有关数学模型的优化，可望降低价格和提高精度，使该系统在大地测量领域中得到应用，为测量的自动化提供重要手段。

以上的现代大地测量技术和方法，其特点都是在一个全球的参考系中直接测定地面点的三维坐标，从而可建立一个三维大地控制网，解决全球的大地测量问题，统一全球大地测量成果，为国际间合作交流和资源共享提供有利条件。

现代定位新技术的内容将有专门课程讲授，这里不再赘述。

5.1.2 建立国家平面大地控制网的基本原则

国家平面大地控制网是一项浩大的基本测绘建设工程。在我国大部分领域上布设国家大地网，事先需进行全面规划，统筹安排，兼顾数量、质量、经费和时间的关系，拟定出具体的实施细则，作为布网的依据。这些原则主要有：

1. 大地控制网应分级布设、逐级控制

这是根据我国具体国情所决定的。我国领土辽阔，地形复杂，不可能一次性用较高的精度和较大的密度布设全国网。为了适时地保障国家经济建设和国防建设用图的需要，根据主次缓急而采用分级布网、逐级控制的原则是十分必要的，即先以精度高而稀疏的一等三角锁，尽可能沿经纬线纵横交叉地迅速地布满全国，形成统一的骨干控制网，然后在一等锁环内逐级布设二、三、四等三角网。

每一等级三角测量的边长逐渐缩短，三角点逐级加密。先完成的高等级三角测量成果作为低一等级三角测量的起算数据并起控制作用。

在用 GNSS 技术布设控制网时，也是采用从高到低，分级布设的方法。《全球定位系统（GPS）测量规范》规定，GNSS 测量控制网按其精度划分为 A、B、C、D、E 五级，其中 A 级网建立我国最高精度的坐标框架，B、C、D、E 级分别相当于常规大地测量的一、二、三、四等。

2. 大地控制网应有足够的精度

国家三角网的精度，应能满足大比例尺测图的要求。在测图中，要求首级图根点相对于起算三角点的点位误差，在图上应不超过 ±0.1mm，相对于地面点的点位误差则不超过 $\pm0.1N$mm（N 为测图比例尺分母）。而图根点对于国家三角点的相对误差，又受图根点误差和国家三角点误差的共同影响，为使国家三角点的误差影响可以忽略不计，应使相邻国家三角点的点位误差小于 $\frac{1}{3} \times 0.1N$ mm。据此可得出不同比例尺测图对相邻三角点点位的精度要求，见表 5-1。

表 5-1

测图比例尺	1：5 万	1：2.5 万	1：1 万	1：5 千	1：2 千
图根点对于三角点的点位误差(m)	±5	±2.5	±1.0	±0.5	±0.2
相邻三角点的点位误差(m)	±1.7	±0.83	±0.33	±0.17	±0.07

为满足现代科学技术的需要，国家一、二等网的精度除满足测图的要求外，精度要求还应更高一些，以保留一定的精度储备。

GNSS 测量中，各级 GPS 网相邻点间弦长精度用下式表示，并按表 5-2 的规定执行。

$$\sigma = \sqrt{a^2 + (bd)^2} \tag{5-2}$$

式中：σ——标准差，mm；

a——固定误差，mm；

b——比例误差的系数，ppm；

d——相邻点间距离，km。

表 5-2

级　别	固定误差 a(mm)	比例误差系数 b(ppm)
A	≤5	≤0.1
B	≤8	≤1
C	≤10	≤5
D	≤10	≤10
E	≤10	≤20

3. 大地控制网应有一定的密度

国家三角网是测图的基本控制，故其密度应满足测图的要求。三角点的密度，是指每幅图中包含有多少个控制点，而测图的比例尺不同，每幅图的面积也不同。所以，三角点的密度也用平均若干平方公里有一个三角点来表示。

根据长期测图实践，不同比例尺地图对大地点的数量要求见表 5-3。

表 5-3

测图比例尺	平均每幅图面积（km²）	平均每幅图要求的三角点数	每点控制的面积（km²）	三角网的平均边长（km）	相应的三角网等级
1：5万	350~500	3	150	13	二等
1：2.5万	100~125	2~3	50	8	三等
1：1万	15~20	1	20	2~6	四等

大地点的密度不仅取决于测图比例尺，还与采用的测图方法有关。以上的密度要求，是按照 20 世纪 50 年代的航测成图方法确定的，如采用新的航测成图方法，大地点的密度还可适当稀疏一些。

GPS 测量中两相邻点间的距离可视需要而定，一般按表 5-4 的要求。

表 5-4　　　　　　　　　　　　　　　　　　　　　　　　　　　　单位：km

项目 \ 级别	A	B	C	D	E
相邻点最小距离	100	15	5	2	1
相邻点最大距离	2 000	250	40	15	10
相邻点平均距离	300	70	15~10	10~5	5~2

按以上的精度和密度要求所布设的国家控制网，在地形图测量时再加密图根控制点即可。

4. 大地控制网应有统一的技术规格和要求

由于我国领土广大，建立国家三角网是一个浩大的工程，需要相当长的时期，花费大量的人力、物力和财力才能完成。这就需要很多单位共同完成。为此，为了避免重复和浪费，且便于成果资料的相互利用和管理，必须有统一的布设方案和作业规范，作为建立全国大地控制网的依据。

1958 年和 1959 年国家测绘总局先后颁布了《大地测量法式（草案）》和《一、二、三、四等三角测量细则》，1974 年又颁布了《国家三角测量和精密导线测量规范》。为规范 GPS 测量工作，1992 年国家测绘局发布了《全球定位系统（GPS）测量规范》，并于 2001 年和 2009 年进行了修订。

《大地测量法式》是国家为开展大地测量工作而制定的基本测量法规。根据《大地测量法式》，国家又制定出相应的测量规范，它是国家为测绘作业制定的统一规定。主要有具体的布网方案、作业方法、使用仪器、各种精度指标等内容。全国各测绘部门，在进行测量作业时都必须以此为技术依据而遵照执行。

5.1.3 国家平面大地控制网的布设方案

1. 常规大地测量方法布设国家三角网

根据国家平面控制网当时施测时的测绘技术水平和条件，确定采用常规的三角网作为平面控制网的基本形式，在困难地区兼用精密导线测量方法。现将国家三角网的布设方案和精度要求简述如下：

1）一等三角锁系布设方案

一等三角锁系是国家平面控制网的骨干，其作用是在全国范围内迅速建立一个统一坐标系的框架，为控制二等及以下各级三角网的建立并为研究地球的形状和大小提供资料。

一等三角锁一般沿经纬线方向构成纵横交叉的网状，如图 5-3 所示，两相邻交叉点之间的三角锁称为锁段，锁段长度一般为 200km，纵横锁段构成锁环。一等三角锁段根据地形条件，一般采用单三角锁，也可组成大地四边形和中点多边形。三角形平均边长：山区一般为 25km 左右，平原地区一般为 20km 左右，按三角形闭合差计算的测角中误差应小于 ±0.7″，三角形的任一内角不得小于 40°，大地四边形或中点多边形的传距角应大于 30°。

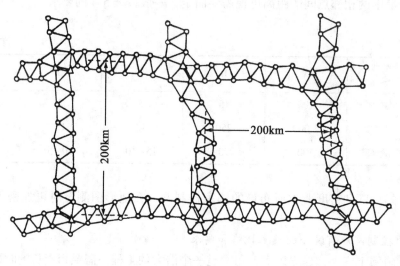

图 5-3

为控制锁段中边长推算误差的积累，在一等锁的交叉处测定起始边长，要求起始边测定的相对中误差优于 1∶35 万，当时多数起始边是采用基线丈量法测定的，即先丈量一条短边，再由基线网扩大推算求得。随着电磁波测距技术的发展，少量边采用了电磁波测距的方法。

一等锁在起始边的两端点上还精密测定了天文经纬度和天文方位角，在锁段中央处测定了天文经纬度。测定天文方位角之目的是为了控制锁段中方位角的传递误差，测定天文经纬度之目的是为计算垂线偏差提供资料。

2）二等三角锁、网布设方案

二等三角网既是地形测图的基本控制，又是加密三、四等三角网（点）的基础，它和一等三角锁网同属国家高级控制点。

我国二等三角网的布设有两种形式：

1958 年以前，采用两级布设二等三角网的方法。见图 5-4，即在一等锁环内首先布设纵横交叉的二等基本锁，将一等锁分为四个部分，然后再在每个部分中布设二等补充网。

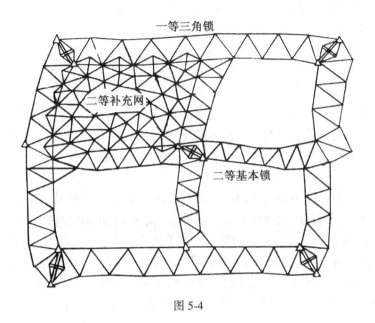

图 5-4

在二等锁系交叉处加测起始边长和起始方位角，二等基本锁的平均边长为 15～20km，按三角形闭合差计算的测角中误差应小于±1.2″，二等补充网的平均边长为 13km，测角中误差应小于±2.5″。

1958 年以后改用二等全面网，即在一等锁环内直接布满二等网，见图 5-5。

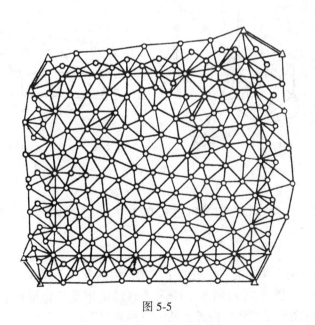

图 5-5

为保证二等全面网的精度，控制边长和方位角传递的误差积累，在全面网的中间部分，测定了起始边，在起始边的两端测定了天文经纬度和天文方位角，其测定精度要求同一等点。当一等锁环过大时，应在全面网的适当位置，加测起始边长和起始方位角。二等网的平均边长为 13km 左右，测角中误差应小于±1.0″。

习惯上把 1958 年以前分两级布设的二等网叫旧二网，把 1958 年以后布设的叫新二网。

3）三、四等三角网

为了满足大比例尺测图和工程建设需要，在一、二等锁网的基础上，还需布设三、四等三角网，使其大地点的密度与测图比例尺相适应，以便作为图根测量的基础。三、四等三角点的布设尽可能采用插网的方法，也可采用插点法布设。

（1）插网法。

所谓插网法就是在高等级三角网内，以高级点为基础，布设次一等级的连续三角网，连续三角网的边长根据测图比例尺对密度的要求而定，可按两种形式布设，一种是在高级网中（双线表示）插入三、四等点，相邻三、四等点与高级点间联结起来构成连续的三角网，如图 5-6（a）所示。这适用于测图比例尺小，要求控制点密度不大的情况；另一种是在高等级点间插入很多低等点，用短边三角网附合在高等级点上，不要求高等级点与低等级点构成三角形，如图 5-6（b）所示。此种方法适用于大比例尺测图，要求控制点密度较大的情况。

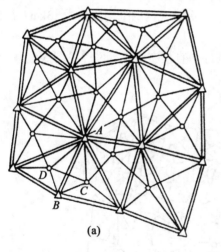
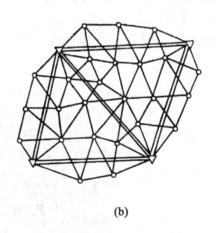

(a)　　　　　　　　　　　　　(b)

图 5-6

三等网的平均边长为 8km，四等网边长在 2～6km 范围内变通，测角中误差三等为±1.8″，四等为±2.5″。

（2）插点法。

插点法是在高等级三角网的一个或两个三角形内插入一个或两个低等级的新点。插点法的图形种类较多，如图 5-7（a）所示，插入 A 点的图形是三角形内插一点的典型图形。而插入 B、C 两点的图形是三角形内外各插一点的典型图形。

在用插点法加密三角点时，要求每一插点须由三个方向测定，且各方向均双向观测，并应注意新点的点位，当新点位于三角形内切圆中心附近时，插点精度高；新点离内切圆

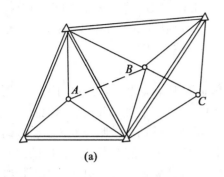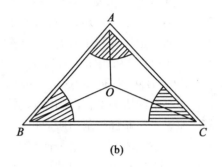

图 5-7

中心越远则精度越低。规范规定，新点不得位于以三角形各顶点为圆心，角顶至内切圆心距离一半为半径所作的圆弧范围之内(图 5-7(b)的斜线部分，也称为危险区域)。

采用插网法(或插点法)布设三、四等网时，因故未联测的相邻点间的距离(例如图 5-7(b)的 AB 边)有限制，三等应大于 5km，四等应大于 2km，否则必须联测。因为不联测的边，边长较短时则边长的相对中误差较大，不能满足进一步加密的需要。

以上我们简要介绍了常规大地测量方法布设国家三角锁、网的基本情况，其详尽的技术规格及要求参见有关规范。

4) 我国天文大地网基本情况简介

我国疆域辽阔，地形复杂。除按上述方法布设大地网外，在特殊困难地区采用了相应的方法，如在青藏高原地区，采用相应精度的一等精密导线代替一等三角锁，一般布设成 1 000~2 000km 的环状，沿线每隔 100~150km 的一条边的两端点测定天文经、纬度和方位角，以控制方位的误差传播；连接辽东半岛和山东半岛的一等三角锁，布设了横跨渤海湾的大地四边形，其最长边长达 113km；用卫星大地测量方法联测了南海诸岛，使这些岛屿也纳入到统一的国家大地坐标系中。

我国统一的国家大地控制网的布设工作开始于 20 世纪 50 年代初，60 年代末基本完成，历时 20 余年。先后共布设一等三角锁 401 条，一等三角点6 182个，构成 121 个一等锁环，锁系长达 7. 3 万 km。一等导线点 312 个，构成 10 个导线环，总长约 1 万 km。1982 年完成了全国天文大地网的整体平差工作。网中包括一等三角锁系，二等三角网，部分三等网，总共约有 5 万个大地控制点，500 条起始边和近1 000个正反起始方位角的约 30 万个观测量的天文大地网。平差结果表明：网中离大地点最远点的点位中误差为±0.9m，一等观测方向中误差为±0.46″。为检验和研究大规模大地网计算的精度，采用了两种方案独立进行，第一种方案为条件联系数法，第二种方案为附有条件的间接观测平差法。两种方案平差后所得结果基本一致，坐标最大差值为 4.8cm。这充分说明，我国天文大地网的精度较高，结果可靠。

2. 利用现代测量技术建立国家大地测量控制网

GNSS 技术具有精度高、速度快、费用省、全天候、操作简便等优点，因此，它广泛应用于大地测量领域。用 GNSS 技术建立起来的控制网叫 GNSS 网。一般可把 GNSS 网分为两大类：一类是全球或全国性的高精度的 GNSS 网，另一类是区域性的 GNSS 网。后者是指国家 C、D、E 级 GNSS 网或专为工程项目而建立的工程 GNSS 网，这种网的特点是控制面积不大，边长较短，观测时间不长，现在全国用 GNSS 技术布设的区域性控制网很多，下面只把我国利用 GNSS 技术建立的几个全国性的 GNSS 网简述于下。

1) EPOCH 92 中国 GNSS 大会战

EPOCH 92 中国 GNSS 大会战(92A 级网)是在中国资源卫星应用中心，中国测绘规划设计中心组织协调下，由国家测绘局、中国地震局、中国石油天然气总公司、原地质矿产部、原煤炭工业部等部门所属单位，利用国际全球定位系统地球动力学服务 IGS92 会战的机会，实施完成的一次全国性精密 GNSS 定位会战。目的是在全国范围内确定精确的地心坐标，建立起我国新一代的地心参考框架及其与国家坐标系的转换参数，以优于 10^{-7} 量级的相对精度确定站间基线向量、布设成国家 A 级网，作为国家高精度卫星大地网的骨架并奠定地壳运动及地球动力学研究的基础。全网由 27 个点组成，其中五个测站上布置了 GNSS 观测副站，平均边长 800km，使用 4 台 MINI-MAC2816、13 台 Trimble 4000 SST 和 17 台 Ashtech MDX Ⅱ C/A 双频接收机观测，平差后在 ITRF 91 地心参考框架中的定位精度优于 0.1m，边长相对精度一般优于 $1×10^{-8}$。

2) 96GNSS A 级网

为了达到进一步完善我国新一代的地心坐标框架的目的，在我国西部地区增加了新的点位，对 92 GNSS A 级网的改造，尽量增埋了新点。96 GNSS A 级网共包括 33 个主站，23 个副站，与 92 GNSS A 级网点重合 21 个。96 GNSS A 级网观测时共使用了 53 台双频 GNSS 接收机，其中 14 台 Astech MD12，17 台 Trimble 4000 SSE，8 台 Leica 200，6 台 Rogue 8000，8 台 Astech Z12。经数据精处理后基线分量重复性水平方向优于 4mm+3ppm，垂直方向优于8mm+4ppm，地心坐标分量重复性优于 2cm。全网整体平差后，在 ITRF93 参考框架中的地心坐标精度优于 10cm，基线边长的相对精度优于 $1×10^{-8}$。

3) 国家高精度 GNSS B 级网

为了精化我国的大地水准面，提供检校和加强全国天文大地网的依据，初步建立覆盖全国的三维地心坐标框架，精确测定我国大地坐标与地心坐标系之间的转换参数，监测我国地壳形变和板块运动，建立海洋大地测量与陆地大地测量统一的大地基准，在国家 GNSS A 级网的控制下，建立国家高精度 GNSS B 级网。全网由 818 个点组成，分布全国各地(除台湾省外)。东部点位较密，平均站间距 50~70km，中部地区平均站间距 100km，西部地区平均站间距 150km。外业自 1991 年至 1995 年结束，主要使用 Ashtech MD 12 和 Trimble 4000 SSE 仪器观测。经数据精处理后，点位中误差相对于已知点在水平方向优于 0.07m，高程方向优于 0.16m，平均点位中误差水平方向为 0.02m，垂直方向为 0.04m，基线相对精度达到 10^{-7}。

4) 全国 GNSS 一、二级网

全国 GNSS 一、二级网是军事测绘部门建立的，一级网由 40 余点组成。大部分点与国家三角点(或导线点)重合，水准高程进行了联测。一级网相邻点间距离最大为 1 667 km，最小为 86km，平均为 683km。外业观测自 1991 年 5 月至 1992 年 4 月进行，使用 10 台 MINI-MAC 2816 接收机作业。网平差后基线分量相对误差平均在 0.01ppm 左右，最大 0.024ppm，点位中误差，绝大多数点在 2cm 以内。二级网由 500 多个点组成，二级网是一级网的加密。二级网与地面网联系密切，有 200 多个二级点与国家三角点(或导线点)

重合，所有点都进行了水准联测，全网平均距离为164.7km。外业观测分1992年至1994年用MINI-MAC 2816接收机和1995年至1997年用Astech Z12接收机两个阶段完成。网平差后基线分量相对误差平均在0.02 ppm左右，最大0.245ppm，网平差后大地纬度、大地经度和大地高的中误差的平均值分别为0.18cm、0.21cm和0.81cm。

5）中国地壳运动观测网络

中国地壳运动观测网络是中国地震局、总参测绘局、中国科学院和国家测绘局联合建立的，主要是服务于中长期地震预报，兼顾大地测量的目的。该网络是以GNSS为主，辅以SLR和VLBI以及重力测量的观测网络，它由三个层次的网络组成，即25站连续运行的基准网、56站定期复测的基本网和1 000站复测频率低的区域网。基准网与基本网的试验联测于1998年8月至9月完成，每天连续观测23.5小时以上。基准站从1999年1月开始运行。区域网(与基准站和区域站一起)的首次观测于1999年3月至10月进行，每站观测4~5天。网络工程运行以来已取得一批有意义的成果，其中包括一个高精度的地心坐标系和一个有一定精度的速度场，观测结果已显示其监测地壳运动的能力。

3. 国家平面大地控制网的布设

布设国家平面大地控制网包括以下工作：技术设计，实地选点，建造觇标，标石埋设，距离测量，角度测量和平差计算等工作。下面将简要介绍前四项内容，后三项内容将在以后节次及专门课程中介绍。

1）技术设计

技术设计的目的是制定切实可行的技术方案，保证测绘产品符合相应的技术标准和要求，并获得最佳的社会效益和经济效益。大地控制网的技术设计一般按以下步骤进行：

(1)收集资料。

要使设计符合实际情况，须充分收集测区有关资料。这些资料包括测区的各种比例尺地形图，交通图，气象资料；已有的大地测量成果资料，例如点之记，成果表，技术总结，三角网略图及水准路线图。如有几个单位施测的成果，应了解各套成果的坐标系和高程是否统一。原有点位的觇标，标石保存完好情况；测区的自然地理和人文地理，交通运输，物质供应等。

对收集到的资料加以分析和研究，选取可靠和有价值的部分作为设计时参考。

(2)实地踏勘。

在拟定布网方案和计划时，可能由于资料不足或缺乏对测区实际地形地物的了解，以及由于社会经济和建设事业的发展，收集到的图集与实地已有较大的变化，这都需要到测区进行必要的踏勘和调查；对于某些尚未开发和考察的地区，还要进行一些必要的草测，以作为设计时参考。

(3)图上设计。

图上设计是技术设计的重要项目。它是根据大地控制测量任务按照有关规范和技术规定，在地形图上拟定出控制点的位置和网的图形结构。

①对控制点的基本要求：

● 技术指标方面

控制点所构成的边长、角度、图形结构应完全符合规范的要求。

点位选在视野开阔、展望良好的地方，以便于扩展和加密低等点。

　　为保证观测目标的清晰和减弱水平折光(旁折光)的影响，视线应尽量避免沿斜坡或大河、大湖的岸边通过，并超越(或旁离)障碍物一定距离。

　　点的位置应选在土质坚硬，易排水的高地，以便于点位的长期保存。

　　● 经济指标方面

　　充分利用旧点，以便节省造标埋石费用，也不造成点位的混乱。

　　充分利用制高点和高建筑物等有利地形地物，以降低建标费用。

　　● 安全方面

　　点位应选在便于造标和观测的地方。

　　点位离公路、铁路和其他建筑物以及高压线等应有一定距离。

　　②图上设计的一般方法和步骤如下：

　　● 展绘已知点：即把测区的1∶5万或1∶10万的地图拼接起来。在其上绘出测区范围，标出已知点的位置。

　　● 新点扩展：按以上对点位的基本要求，从已知点开始向外扩展，根据等高线和各点之间障碍物的高程决定新点的位置，直至均匀布满整个测区为止。

　　● 保证通视：保证相邻点的通视，不能保证通视的方向，要根据障碍物的高度，计算出最适宜的觇标高度。

　　● 拟定水准联测路线：按照规范对高程起算点的密度要求，拟定水准联测路线。

　　● 估算控制网中各推算元素的精度。前已述及，三角锁网的元素分为起算元素、观测元素和推算元素，而不同等级的三角网对起算元素、观测元素和推算元素的精度要求也不相同。一般来说，起算元素的精度是事先知道的，观测元素的精度根据所使用的仪器和观测方法也可以知道，但推算元素的精度预先是不知道的，它需要经过大量的外业工作和内业计算之后才能确定，而这恰恰是最重要的。如果等工程结束后，我们才发现推算元素的精度不能达到相应等级的要求，势必造成全盘返工和巨大的浪费。因此，我们必须在技术设计阶段，利用一定的方法对推算元素的精度进行估算。

　　● 图上设计完成后，须进行一次认真全面的检查，包括设计的点位数量、质量是否符合规范要求，项目是否齐全，相邻控制点是否通视等。

　　在进行 GNSS 网的技术设计时，由于 GNSS 测量各观测站之间不一定要求相互通视，而且网的图形结构也比较灵活，因而，GNSS 的选点比常规控制测量要方便和容易。根据 GNSS 测量的特点，为保证观测工作的顺利进行和观测结果的可靠性，除注意常规控制测量的一些共性要求外，GNSS 测量选点应注意以下几点：

　　虽然 GNSS 测量本身不要求点间通视，但为了今后用常规测量方法加密的需要，每点至少应有一个通视方向为宜。

　　点位应设在易于安放接收设备、视野开阔的较高点上。

　　为减少 GNSS 信号被遮挡或被障碍物吸收，GNSS 点位目标应显著，视场周围15°以内不应有障碍物。

　　点位应远离大功率无线电发射源(如电视台、微波站等)，其距离不小于200m；远离高压输电线，其距离不得小于50m，以避免电磁场对 GNSS 信号的干扰。

　　点位附近不应有大面积水域或不应有强烈干扰卫星信号接收的物体，以减弱多路径效应的影响。

（4）编写技术设计书。

技术设计书有专门的格式和要求。主要应包括：

● 任务概述：说明任务的名称、来源，测区范围，地理位置，行政隶属，项目内容，种类及形式，任务量，要求达到的主要精度指标，完成期限等。

● 测区自然地理概况：简要说明地理特征，居民地，交通，气象情况和作业困难类别等。

● 已有资料的利用情况：包括已有测量成果质量情况及评价，利用的可能性和利用方案等。

● 设计的实施方案：包括作业技术依据，主要的作业方法和技术规定，如采用新技术、新方法的依据和技术要求，并应进行精度估算与说明，保证质量的措施和要求等。

● 计划的安排和经费预算：包括作业困难类别划分，工作量预估，进度计划及经费预算等项。

● 附件：包括踏勘报告，可供利用资料清单及附图附表等。

2）实地选点

实地选点就是按照实地情况检查落实图上设计，修改其中不恰当或不完善的部分。实地确定控制点的最适宜位置，对需要建造觇标的控制点，最后确定出三角点的觇标高度。

选点工作结束后，应提交下列资料：

● 选点图。

● 点之记。

● 选点工作技术总结。包括测区概况，旧点利用情况，选点的数量和质量统计，需建觇标类型及数量统计，对造标埋石和观测工作的建议等内容。

3）建造觇标

三角点点位选定后，要把它固定在地面上。需要埋设带有中心标志的标石，以便长期保存。当相邻点不能在地面上通视时，应建造觇标，作为相邻各点观测的目标及本点观测时架设仪器的观测台。对 GNSS 点为以后的应用，有的也需造标。

（1）觇标的类型。

比较常见的觇标类型有：

● 寻常标（见图 5-8）：常用木材、废钻杆、角钢、钢筋混凝土做成，适于地面上能直接通视的控制点。观测时，仪器安置在地面的脚架上。

● 双锥标（见图 5-9）：当三角网边长较长，地形隐蔽，必须升高仪器才能与相邻点通视时，则采用双锥标。有木材和钢铁制成的两种。此种觇标分内外架，内架升高仪器，外架用以支承照准目标和升高观测站台，内外架完全分离，以免观测人员在观测台上走动而影响仪器的稳定。

● 屋顶观测台：在利用高建筑物设置控制点时，宜在稳定的建筑物上建造 1.2m 高的固定观测台。观测台可用 3 号角钢预制，观测时仪器放在观测台上，观测完毕，插入带照准圆筒的标杆，即可供其他点照准。

（2）微相位照准圆筒。

作为观测时的目标供照准用。无论哪种觇标，其顶部都要安装照准圆筒。目前广泛采用的是微相位照准圆筒。它由上下两块圆板及一些辐射块片组成，圆筒全部涂上无光黑漆。采用这种微相位照准圆筒作照准标志，无论阳光从哪个方向照射，整个圆筒均呈黑色。若用实体目标，在阳光照射下会出现阴暗面，使望远镜照准它时产生偏差。即当背景是暗的，十字丝会偏向目标光亮部分；当背景是亮的，十字丝会偏向目标阴暗部分，这种望远镜纵丝照准的部位与圆筒实际几何轴之间的角度称为照准目标的相位差。而采用微相位照准圆筒基本上可消除相位差的影响。

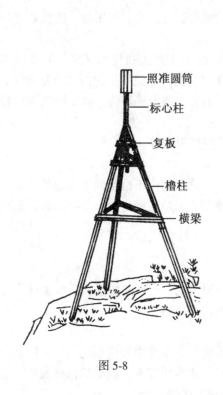

图 5-8

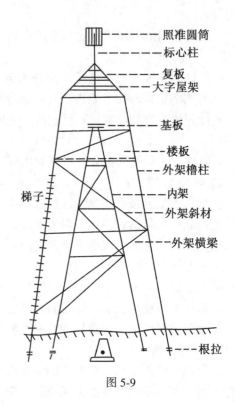

图 5-9

（3）觇标的建造。

为了保证观测的质量，所建造的觇标要能长期保存。在大风大雨下不致变形和倾斜，外形要端正，全部结构与觇标中心轴对称。标心柱与照准圆筒应保持垂直。圆筒中心，基板中心应与标石中心尽量在一条铅垂线上。

建造觇标是一项细致而艰苦的工作，其实用技术可在实践中学习掌握。

4）标石埋设

三角测量的标石是三角点的真正标志。三角点的坐标，实际上指的就是标石中心的坐标，所有三角测量的成果（坐标、距离、方位角）都是以标石中心为准的。所以，标石的任何位移或毁坏，都将使测量成果降低精度或失去价值。可见，标石埋设和保存是一项重要的工作。三角点的中心标石一般用混凝土制作，也可用花岗石、青石或其他坚硬石料凿成。标石分盘石和柱石两部分，柱石、盘石的中央各嵌入一个金属或瓷质标志，此标志中心就是标石的中心。

标石有不同的种类，在保证其稳固和能长期保存的原则下，视所在地区和三角点等级不同而有所差异，在一般地区，一、二等三角点的标石由柱石和上、下两块盘石组成，见

图 5-10(a)。

而一般地区三、四等点的标石则由柱石和一块盘石组成,见图 5-10(b)。

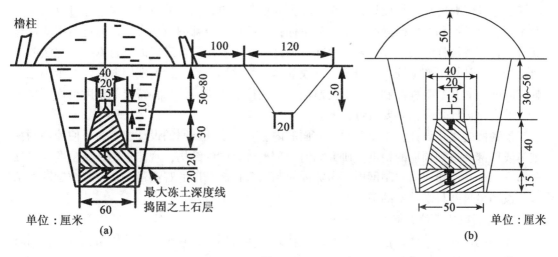

图 5-10

在冻土地区,盘石应埋在最深冻土层以下,其他各类地区标石的规格和要求见有关规范。

埋石工作结束后,要到所在地的乡人民政府所在地办理三角点的托管手续,并广泛宣传保护测量标志的重大意义。

5.1.4　大地控制网优化设计简介

1. 概述

大地控制网建立的过程包括图上设计、踏勘选点、造标埋石、外业观测、平差计算和成果分析,而网的质量和建网费用则取决于网的设计阶段。在 5.1.3 节中,我们曾提到,在三角网的技术设计时,需要对大地网的推算元素进行精度估算,看是否能满足规范中相应等级的精度要求。

最优化,通俗地讲,就是追求最好结果或最优目标的学问,在科学实验、工程设计、生产管理或研究社会经济问题中,总希望通过采取种种措施和方法,以便在有限的人力、物力和财力的条件下和规定的约束条件下取得最佳效果。所以,最优化就是在相同的条件下从所有可能方案中选择最佳的一个,以达到预定的或最优目标的学科。

大地网的设计,一直得到大地测量学者的重视和关注。直至 20 世纪 50 年代初,已形成了一套经典的设计理论和方法。这种方法,主要是建立在大地网的精度标准的基础上,以技术规范作为设计依据,如上所述,在三角网的技术设计时,是根据图上设计的网形结构和已知的观测精度,去对所设计的大地网中的推算元素的精度进行估算,求出大地网最弱边的精度,以及方位和坐标的精度,看是否能达到规范中相应等级的精度要求。若得出最弱边的相对精度能满足有关规范对某一等级控制网的精度要求,且保证大地网具有一定的几何图形和强度以及必要的尺度和定向控制即可,显然它未顾及控制网的可靠性和经济性，只对推算元素的精度进行了估算，其设计目标是不全面的，这种方法称为"规范化设计"。

随着最优化数学理论和电子计算机的广泛应用而发展起来的近代控制网优化设计，则不同于这种经典的规范化设计，而是一种更为科学和更为精密的设计方法。它可以同时顾及精度、可靠性和经费的全部质量设计指标，借助优化设计的数学方法，通过精密的计算获得最合理的设计方案。即从多个可能的设计方案中找出一个最优的可行方案。此法的不足之处在于计算工作量较大，对于大规模的国家大地网而言，计算费用较高。对于小规模的控制网，如某些工程控制网、形变监测网，它往往要求设计某种特定的精度结构，采用严格的优化设计是完全必要且可行的。

控制网的优化设计，主要有两个方面的内容：一是在新网的设计中，为了使控制网在整体或局部上达到预期的精度，研究如何合理地确定网的结构，观测量的必要精度及最佳分布；二是在已建成的控制网中，研究如何利用现代高精度的观测量，来改善控制网的精度，以满足最新科学技术的需要。

2. 控制网的设计目标

控制网设计的目标，指的是控制网应达到的质量标准，它是设计的依据和目的，同时又是评定网的质量的指标。

质量标准包括精度标准、可靠性标准、费用标准、可区分标准及灵敏度标准等，其中常用的主要是前三个标准。

1）精度标准

网的精度标准以观测值仅存在随机误差为前提，使用坐标参数的方差-协方差阵 D_{XX} 或协因数阵 Q_{XX} 来度量，要求网中目标成果的精度应达到或高于预定的精度。

为了反映全网的总体精度，常用包含网的全部精度信息的 D_{XX} 或 Q_{XX} 的某种矩阵不变量为指标，从平均的意义上来表征网的总体精度，诸如 $\mathrm{tr}(D_{XX})$ 和 $\det(D_{XX})$ 等均是矩阵相似不变量。

设坐标未知参数的方差-协方差阵

$$D_{XX} = \sigma_0^2 Q_{XX} \tag{5-3}$$

则作为整体精度标准的指标有：

① N 最优。即 D_{XX} 的范数 $\| D_{XX} \|$ 满足

$$\| D_{XX} \| = \min \tag{5-4}$$

② A 最优。若

$$\mathrm{tr}(D_{XX}) = \lambda_1 + \lambda_2 + \cdots + \lambda_r = \min \tag{5-5}$$

（λ_i 是矩阵 D_{XX} 的特征值）成立，则称为 A 最优。

③ D 最优。若

$$\det(D_{XX}) = \lambda_1 \cdot \lambda_2 \cdot \cdots \cdot \lambda_r = \min \tag{5-6}$$

成立，则称为 D 最优。

④ E 最优。

$$\lambda_{\max} = \min \tag{5-7}$$

$\lambda_{\max}$ 是 D_{XX} 的最大特征值。

⑤ S 最优。

$$\lambda_{\max}-\lambda_{\min}=\min \tag{5-8}$$

$\lambda_{\max}-\lambda_{\min}$ 表示矩阵 D_{XX} 的频谱间隔。

所谓局部精度指标是用最关心的一个或几个指标反映控制网的局部精度特性。控制测量常用的局部精度指标有：

① 点位误差椭圆：其元素的计算公式为

$$\lambda_1=\frac{1}{2}(Q_{XX}+Q_{YY}+k)$$

$$\lambda_2=\frac{1}{2}(Q_{XX}+Q_{YY}-k)$$

$$k=\sqrt{(Q_{XX}-Q_{YY})^2+4Q_{XY}^2}$$

$$\tan\varphi_1=\frac{\lambda-Q_{XX}}{Q_{XY}}=\frac{Q_{XY}}{\lambda_1-Q_{YY}}$$

$$\tan2\varphi_1=\frac{2Q_{XY}}{Q_{XX}-Q_{YY}}$$

② 相对误差椭圆：其元素计算公式与上式相似，只是要把坐标权系数改为坐标差的权系数。

③ 未知数某些函数的精度。比如控制网中推算边长、方位角的精度等，设有观测值函数

$$F=f^{\mathrm{T}}X$$

则有

$$D_F=f^{\mathrm{T}}Q_{XX}f \tag{5-9}$$

2）可靠性标准

可靠性理论考虑观测值中不仅含有随机误差，还含有粗差为前提，并把粗差归入函数模型之中来评价网的质量。

网的可靠性，是指控制网能够发现观测值中存在的粗差和抵抗残存粗差对平差结果影响的能力。

根据可靠性理论在此仅列出基本公式及定义。

对于间接（参数）平差，有

$$V=Q_{VV}Pl$$

$$Q_{VV}=P^{-1}-BQ_{XX}B^{\mathrm{T}}$$

式中：V 表示观测值改正数向量；Q_{VV} 是 V 的协因数阵；P 为观测值权阵；l 为误差方程常数向量；Q_{XX} 为未知参数的协因数阵；B 为设计矩阵。定义

$$r_i=(Q_{VV}P)_i \tag{5-10}$$

为第 i 个观测值的多余观测分量，且

$$\sum_{i=1}^{n}r_i=r \quad （r 为多余观测数） \tag{5-11}$$

内部可靠性指标：在显著性水平 α_0 下，以检验功效 β_0 发现粗差的下界为

$$\nabla l_{0i}=\sigma_{li}\delta_0/\sqrt{r_i} \tag{5-12}$$

式中：δ_0 为非中心化参数，$\delta_0=\delta_0(\alpha_0,\beta_0)$，查表可得，如 $\alpha=0.05$，$\beta_0=0.80$，$\delta_0=4.13$

$$\sigma_{li} = \sigma_0 / \sqrt{P_i} \tag{5-13}$$

外部可靠性指标：表示不可发现的粗差对平差结果影响的指标。第 i 个观测值不可发现的粗差对平差未知数的影响为

$$\bar{\delta}_{0i} = \delta \sqrt{\frac{1-r_i}{r_i}} \tag{5-14}$$

δ_{0i} 是一个没有量纲的量，与坐标系无关，从平均意义上进行度量。

从(5-11)式和(5-13)式知，内、外可靠性主要与多余观测分量有关。多余观测分量愈小，∇l_{0i} 愈大，表示只能发现大粗差；δ_{0i} 愈大，表示粗差对未知数的影响愈大，即内、外可靠性均较差。当然，r_i 接近于 1，则网的内、外可靠性都较好。所以可靠性标准直接与多余观测分量发生联系，若要求可靠性指标在一定范围之内，就相当于对多余观测分量和总的多余观测提出制约。

在网的优化设计中，如果只用可靠性标准作为目标进行设计，则很难获得合理的观测方案，常导致费用较高，优化解不稳定等问题。因此通常把可靠性作为约束条件处理，这样做比较容易获得合理的观测方案，其结果是对各个多余观测分量提出适当的上、下约束。

3）费用标准

布设任何控制网都不可一味追求高精度和高可靠性而不考虑费用问题，尤其是在讲究经济效益的今天更是如此。网的优化设计，就是得出在费用最小（或不超过某一限度）的情况下使其他质量指标能满足要求的布网方案，具体地说就是采用下列的某一原则：

① 最大原则：在费用一定条件下，使控制网的精度和可靠性最大或者能满足一定限制下使精度最高。

② 最小原则：在使精度和可靠性指标达到一定的条件下，使费用支出最小。

一般来说，布网费用可表达为：

$$C_{总} = C_{设计} + C_{造埋} + C_{观测} + C_{计算} + C_{分析}$$

式中：C 表示经费，其下标表示经费使用的项目。优化设计中，主要考虑的是观测费用 $C_{观测}$。由于各种不同观测量，采用不同的仪器，其计算均不一样，很难有一完整的表达式表达出来，只能视具体情况，采用不同的计算公式。

3. 优化设计的分类和方法

1）优化设计的分类

控制网的优化设计，是在限定精度、可靠性和费用等质量指标下，获得最合理、满意的设计。

网的优化设计可分为零、一、二、三类。由测量平差理论可知，对于间接平差而言，有

$$Q_{XX} = (B^T P B)^{-1}$$

（1）零类设计（基准设计）。固定参数是 B 和 P，待求参数是 X 和 Q_{XX}。就是在控制网的网形和观测值的先验精度已定的情况下，选择合适的起始数据，使网的精度最高。主要采用自由网平差和 s 变换进行，得到位置、定向和尺度参数等一组基准数值。

（2）一类设计（图形设计）。固定参数是 P 和 Q_{XX}，待定参数为 B。就是在观测值先验

精度和未知参数的准则矩阵已定的情况下,选择最佳的点位布设和最合理的观测值数目。通常,在传统的大地网图形设计中就是解决这个问题。

(3)二类设计(权设计)。固定参数是 B, Q_{XX},待定参数为 P。即在控制网的网形和网的精度要求已定的情况下,进行观测工作量的最佳分配(权分配),决定各观测值的精度(权),使各种观测手段得到合理组合。

(4)三类设计(加密设计)。固定参数是 Q_{XX} 和部分 B, P,待定参数为部分 B 和 P,是对现有网和现有设计进行改进,引入附加点或附加观测值,导致点位增删或移动,观测值的增删或精度改变。

控制网优化的各类设计的划分可用表 5-5 简单表示。

表 5-5

设计分类	固定参数	待定参数
零类设计(ZOD)	B, P	X, Q_{XX}
一类设计(FOD)	P, Q_{XX}	B
二类设计(SOD)	B, Q_{XX}	P
三类设计(THOD)	Q_{XX}, 部分 B, P	部分 B, P

2)优化设计的方法

大地控制网的优化设计的方法大致分为解析法和模拟法两种。

(1)解析法。

解析法是将设计问题表达为含待求变量(如观测权、点位坐标)的线性或非线性方程组,或是线性、非线性数学规划问题。如二类问题,使用最小原则,其表达式为

$$\begin{cases} \min Z = C^T P \\ \text{S. t. } AP \leqslant b \\ P \geqslant 0 \end{cases} \tag{5-15}$$

式中:P 为列向量,$P = (P_1, P_2, \cdots, P_n)^T$,$C^T$ 为价值系数组成的行向量,约束条件 $AP \leqslant b$ 是由精度和可靠性标准满足一定条件构成的等式或不等式约束条件,若为线性,(5-15)式可用单纯形法求解,获得 P 的最优解。

解析法具有计算机时较少,理论上较严密等优点;但其数学模型难以构造,具有最优解有时不符合实际或可行性差,权的离散化和程序设计较费时等缺点。

解析法可适用于各类的设计问题,特别是零类设计。

(2)模拟法。

模拟法是对经验设计的初步网形和观测精度,模拟一组数据与观测值输入计算机,按间接(参数)平差,组成误差方程和法方程,求逆而得到未知参数的协因数阵(或方差-协方差阵),计算未知参数及其函数的精度,估算成本,或进一步计算可靠性等信息;与预定的精度、成本和可靠性要求等相比较;根据计算所提供的信息和设计者的经验,对控制网的基准、网形、观测精度等进行修正。可重复上述计算,必要时再修正,直到获得满足设计要求的较为理想的方案。

模拟法可用于除零类设计之外的各类设计，设计过程中可同时顾及任意数目的参数和目标，特别适用于一类设计和三类设计。

模拟法的优点是计算简单，程序易于编制，优化过程中可进行人工干预。缺点是较费机时，计算工作量较大。

解析法和模拟法的结合，将是更为合理和可行的优化设计解算方法。

5.2　国家高程控制网建立的基本原理

高程是表示地球上一点空间位置的量值之一，它和平面坐标一起，统一地表达了点的位置。而高程是对于某一具有特定性质的参考面而言，没有参考面高程就失去意义，同一点其参考面不同，高程的意义和数值就不同。布测全国统一的高程控制网，首先必须建立一个统一的高程起算基准面，所有水准测量测定的高程都是以这个面为零起算，也就是高程基准面作为零高程面。用精密水准测量联测到陆地上预先设置好的一个固定点，定出这个点的高程作为全国水准测量的起算高程，这个固定点称为水准原点，包括高程起算基准面和相对于这个基准面的水准原点，就构成了国家高程基准。

我国高程基准的传递经历了由局部到全国范围逐步完善和提高的过程，国家高程控制网的建立也经历了相应的发展过程。

5.2.1　国家高程控制网的布设原则

国家高程控制网布设的目的和任务有两项：

一是在全国领土上建立统一的高程控制网，为地形测图和各项建设提供必要的高程控制基础；

二是为地壳垂直运动、平均海面倾斜及其变化和大地水准面形状等地球科学研究提供精确的高程数据。

所以，国家高程控制网必须通过高精度的几何水准测量方法来建立，根据我国地域辽阔、领土广大、地形条件复杂和各地经济发展不平衡的特点，按以下原则布设国家高程控制网。

1. 从高到低、逐级控制

国家水准网采用从高到低，从整体到局部，逐级控制，逐级加密的方式布设，分为一、二、三、四等水准测量。一等水准测量是国家高程控制网的骨干，同时也为相关地球科学研究提供高程数据；二等水准测量是国家高程控制网的全面基础；三、四等水准测量是直接为地形测图和其他工程建设提供高程控制点。

2. 水准点分布应满足一定的密度

国家各等级水准路线上，每隔一定距离应布设水准点。水准点分为基岩水准点、基本水准点、普通水准点三种类型。各种水准点的间距及布设要求见表 5-6。

3. 水准测量达到足够的精度

足够的测量精度，是保证水准测量成果使用价值的头等重要问题。特别是一等水准测量应当用最先进的仪器、最完善的作业方法和最严格的数据处理，以期达到尽可能高的精度。

表5-6

水准点类型	间距(km)			布设具体要求
	一般地区	经济发达地区	荒漠地区	
基岩水准点	400 左右			宜设于一等水准路线节点处,在大城市、国家重大工程和地质灾害多发区应予增设;基岩较深地区可适当放宽;每省(直辖市、自治区)不少于4座
基本水准点	40 左右	20~30	60 左右	设在一、二等水准路线上及其节点处;大、中城市两侧;县城及乡、镇政府所在地,宜设置在坚固岩层中
普通水准点	4~8	2~4	10 左右	设在地面稳定,利于观测和长期保存的地点;山区水准路线的高程变换点附近;长度超过300m的隧道两端;跨河水准测量的两岸标尺点附近

各等级水准测量的精度,是用每千米高差中数的偶然中误差 M_Δ 和每千米高差中数的全中误差 M_W 来表示的,它们的限值见表5-7。

表5-7

水准测量等级	一等	二等	三等	四等
M_Δ 的限值	≤±0.45mm	≤±1.0mm	≤±3.0mm	≤±5.0mm
M_W 的限值	≤±1.0mm	≤±2.0mm	≤±6.0mm	≤±10.0mm

4. 一等水准网应定期复测

国家一等水准网应定期复测,复测周期主要取决于水准测量精度和地壳垂直运动速率,一般为15~20年复测一次。二等水准网按实际需要可进行不定期复测。复测的目的主要取决于满足涉及地壳垂直运动的地学研究对高程数据精度不断提高的要求,改善国家高程控制网的精度,增强其现实性。同时也是监测高程控制网变化和维持完善国家高程基准和传递的措施。

5.2.2 国家水准网的布设方案及精度要求

按照以上的布设原则,我国的水准测量分为四等。各等级水准测量路线必须自行闭合或闭合于高等级的水准路线上,与其构成环形或附合路线,以便控制水准测量系统误差的积累和便于在高等级的水准环中布设低等级的水准路线。一、二等闭合环线周长,在平原和丘陵地区为1 000~1 500km,一般山区为2 000km左右。二等闭合环线周长,在平原地区为500~750km,山区一般不超过1 000km。一、二等环线周长在地形条件和困难、经济不发达的地区可酌情适当放宽。三、四等水准在一、二等水准环中加密,根据高等级水准环的大小和实际需要布设,其中环线周长、附合路线长度和结点间路线长度,三等水准分别为200km、150km 和70km;四等水准分别为100km、80km 和30km。

水准路线附近的验潮站基准点、沉降观测基准点、地壳形变基准点以及水文站、气象站等应根据实际需要按相应等级水准进行联测。

各等级水准测量的精度要求，见表 5-7。

每完成一条水准路线的测量，需进行往返高差不符值和每千米高差中数的偶然中误差 M_Δ 的计算(小于 100m 或测段数不足 20 个的路线，可纳入相邻路线一并计算)，其公式为：

$$M_\Delta = \pm\sqrt{[\Delta\Delta/R]/(4 \cdot n)} \tag{5-16}$$

式中：Δ 为测段往返高差不符值，mm；

　　　R 为测段长度，km；

　　　n 为测段数。

每完成一条附合路线或闭合环线的测量，在对观测高差施加有关改正后，计算出附合路线或环线的闭合差。当构成水准网的水准环数 $N>20$ 时，需计算每千米高差中数的全中误差 M_W，其计算公式为：

$$M_W = \pm\sqrt{[WW/F]/N} \tag{5-17}$$

式中：W 为经各项改正后的闭合差，mm；

　　　F 为水准环长度，km；

　　　N 为水准环数。

5.2.3　水准路线的设计、选点和埋石

1. 技术设计

水准网布设前，必须进行技术设计。技术设计是根据任务要求和测区情况，在小比例尺地图上，拟定最合理的水准网或水准路线的布设方案。故设计前应充分了解测区情况，收集有关资料(如测区现有地形图，已有水准测量成果)，然后在 1：50 万或 1：100 万的地形图上设计一、二等水准路线。一等水准路线应沿路面坡度平缓、交通不太繁忙的交通路线布设，二等水准路线尽量沿公路、大河及河流布设，沿线交通较为方便。水准路线应避开土质松软的地段和磁场甚强的地段，并应尽量避免通过大的河流、湖泊、沼泽与峡谷等障碍物。

当一等水准路线通过大的岩层断裂带或地质构造不稳定的地区时，应与地质地震等有关科研单位，共同研究决定。

2. 选点

图上设计完成后，需进行实地选线，其目的在于使设计方案能符合实际情况，以确定切实可行的水准路线和水准点的具体位置。选定水准点时，必须能保证点位地基稳定、安全僻静，并利于标石长期保存与观测使用。水准点应尽可能选在路线附近的机关、学校、公园内。不宜在易于淹没和土质松软的地域埋设水准标石，也不宜在易受震动和地势隐蔽而不易观测的地方埋石。

基岩水准点与基本水准点，应尽可能选在基岩露头或距地面不深处。选定基岩水准点，必要时应进行钻探；选设土层中基本水准点的位置，应注意了解地下水位的深度、地下有无孔洞和流沙、土质是否坚实稳定等情况，确保标石稳固。

水准点点位选定后，应填绘点之记，绘制水准路线图及节点接测图。

3. 埋石

水准点选定后，就应进行水准标石的埋设工作。水准标石的作用是在地面上长期保留水准点位和永久地保存水准测量成果，为各种测量工作和其他科研工作服务。所谓水准点的高程是指嵌设在标石上面的水准标志顶面相对于高程基准面的高度，因此必须高度重视水准标石的埋设质量。如果水准标石埋设不好，容易产生垂直位移或倾斜，其最后的高程成果将是不可靠的。

与水准点的类型相对应，水准标石可分为基岩水准标石、基本水准标石、普通水准标石三种类型。

基岩水准标石是与岩层直接联系的永久性标石，它是研究地壳和地面垂直运动的主要依据，经常用精密水准测量联测和检测基岩水准标石和高等级水准点的高差，研究其变化规律，可在较大范围内测量地壳垂直形变，为地质构造、地震预报等科学研究服务。

基本水准标石的作用在于能长久地保存水准测量成果，以便根据它们的高程联测新设水准点的高程或恢复已被破坏的水准标石。

普通水准标石的作用是直接为地形测量和其他测量工作提供高程控制，要求使用方便。

根据埋设地点、制作材料和埋石规格的不同，水准标石又细分为 14 种标石类型，见表 5-8。其中，道路水准标石是埋设在道路肩部的普通水准标石。

表 5-8

水准点类型	标 石 类 型
基岩水准点	深层基岩水准标石 浅层基岩水准标石
基本水准点	岩层基本水准标石 混凝土基本水准标石 钢管基本水准标石 永冻地区钢管基本水准标石 沙漠地区混凝土柱基本水准标石
普通水准点	岩层普通水准标石 混凝土普通水准标石 钢管普通水准标石 永冻地区钢管普通水准标石 沙漠地区混凝土柱普通水准标石 道路水准标石 墙角水准标石

各类水准标石的制作材料和埋设规格及其埋设方法等，在《国家一、二等水准测量规范》都有具体的规定和说明。在此不再叙述。

5.2.4　水准路线上的重力测量

因精密水准测量成果需进行重力异常改正，故在一、二等水准路线沿线要进行重力测量。

高程大于4 000m 或水准点间的平均高差为 150~250m 的地区，一、二等水准路线上每个水准点均应测定重力。高差大于 250m 的测段，在地面倾斜变化处应加测重力。

高程在1 500~4 000m 或水准点间的平均高差为 50~150m 的地区，一等水准路线上重力点间平均距离应小于 11km；二等水准路线上应小于 23km。

在我国西北、西南和东北边境等有较大重力异常的地区，一等水准路线上每个水准点均应测定重力。

在由青岛水准原点至国家大地原点的一等水准路线上，应逐点测定重力，以便精确求得大地原点的正常高。

水准点上重力测量，按加密重力点要求施测。

5.2.5　我国国家水准网的布设概况

我国国家水准网的布设，按照布测目的、完成年代、采用技术标准和高程基准等，基本上可分为三期：第一期主要是 1976 年以前完成的，以 1956 年黄海高程基准起算的各等级水准网；第二期主要是 1976 年至 1984 年施测完成的，以 1985 国家高程基准起算的国家一、二等水准网。该期水准网在 1991 年至 1998 年进行过复测，包含国家一等水准网的复测和局部地区二等水准网的复测。

1. 国家第一期一、二等水准网的布设

我国第一期一、二等水准网的布设开始于 1951 年至 1976 年初，共完成了一等水准测量约 60 000km，二等水准 130 000km，构成了基本上覆盖全国大陆和海南岛的一、二等水准网，使用的仪器主要有：蔡司 Ni007、Ni004、威特 N_3 和 HA-1 等类型的水准仪和线条式铟瓦水准标尺。水准网平差采用与布测方案相适应的区域性水准网平差、逐区传递、逐级控制的方式进行，首先完成我国东南部地区精密水准网平差，将该区水准点的平差高程作为后平差区的起算值逐区传递。起算高程为 1956 年黄海高程基准的国家水准原点高程 72.289m。

第一期一、二等水准网建立的全国统一的高程基准起算的国家高程控制网和所提供的高程数据，为满足国家经济建设的需要发挥了重要作用，同时也为地球科学研究提供了必要的高程资料。

2. 国家第二期一、二等水准网的布设和复测

（1）国家第二期一、二等水准网布设

我国第一期一、二等水准网的布设，由于当时条件的限制，在路线分布、网形结构、观测精度和数据处理等方面还存在缺陷和不足。且随着时间的推移，标石存在下沉，使得国家高程控制网在精度和现势性方面已不能满足经济建设和科学研究的需要。为此，于 1976 年 7 月国家有关部门研究确定了新的国家一等水准网的布设方案和任务分工，外业观测工作主要在 1977 年至 1981 年进行。1981 年末又布置了对国家一等网加密的二等水准网的任务，外业观测主要在 1982 年至 1988 年完成，到 1991 年 8 月完成了全部外业观

测工作和内业数据处理任务，从而建立起我国新一代的高程控制网的骨干和全面基础。使用的仪器是：一等主要有蔡司Ni007、Ni002、Ni004，二等主要有蔡司Ni007和Ni002。国家一等水准网共布设289条路线，总长度93 360km，全网有100个闭合环和5条单独路线，共埋设固定水准标石2万多座。国家二等水准网共布设1 139条路线，总长度136 368km，全网有822个闭合环和101条附合路线和支线，共埋设固定水准标石33 000多座。国家一、二等水准网按全网分等级平差。一等水准网先将大陆的进行平差，再求得海南岛的结果。二等是以一等水准环为控制进行平差计算的，起算高程采用"1985国家高程基准"的国家水准原点高程72.260 4m。为实现对国家一、二等水准测量成果资料的科学化、系统化、规范化的管理，提高水准测量数据的处理能力、快速多途径的查询能力和提供多种服务，于1991年底建立了《国家一、二等水准测量数据库》。

国家一、二等水准网的布设和平差的完成，在全国范围内建立起了统一的、高精度的高程控制网，还为在全国范围内使用"1985国家高程基准"提供了高程控制骨干和全面基础。

（2）国家一等水准网复测

随着科学技术的发展和国家经济建设的需要，应以更高精度和要求进行国家第二期一等水准的复测。为此，为使水准复测在网形结构、节点和基岩设置、仪器标尺及其检定和观测方法、系统性误差的削弱和改正、数据处理等方面有较大改善和提高，国家相关部门专门进行了研究设计，于1988年初正式实施。在全面分析第二期一等水准布设状况，吸收各项专题成果和国外最新成果的基础上，研究制定了一等水准网复测技术方案。设计方案确定的复测水准网共273条路线，总长9.4万km，构成99个闭合环，全网共设置水准点2万多个。复测工作自1991年起开始，1998年完成全部外业观测任务、成果的综合分析和数据处理工作，成果已公布启用。

国家一等水准网复测是一项基础性的重点测绘工程，它的完成将为国家提供新的精度更高现实性更强的高程控制系统，它对于地壳垂直运动的研究、国家经济建设、自然灾害的预防等都具有重要的意义。

（3）国家第三期一等水准网布测

按照《国家一、二等水准测量规范》的规定：一等水准测量应每隔15年复测一次，每次复测的起讫时间不超过5年。因此，为保证国家高程控制网的现势性，国家第三期一等水准网布设于2012年底实施，现已完成全部外业观测工作，2016年内业平差计算完成，成果尚待公布启用。

第三期一等水准网设计主要是在已有的国家一、二等水准路线的基础上，根据交通路线的变化，对原有国家一、二等水准路线进行重新组合、改造，形成覆盖全国、密度适宜的国家高程基准框架，使其能满足现代测绘基准体系对高程基准框架的要求。一等水准路线的走向尽量利用国家等级公路。西部地区主要根据地形和交通的实际情况布设。

国家第三期一等水准网设计时，由覆盖全国大陆的385条水准路线、239个节点、147个闭合环构成。水准环线平均周长为1 410km，路线总长约为12.2km（含联测验潮站水准路线约0.2km）。

国家第三期一等水准的布设完成和成果启用，及时维护和更新了国家高程基准框架，可满足经济建设和科学研究对高精度高程成果现势性的要求，将会产生显著的经济效益和社会效益。

5.3　工程测量控制网建立的基本原理

5.3.1　工程测量控制网的分类

我们知道，在各种工程建设中，从工程的进行而言，大体上可分为设计、施工和运营三个阶段。因此，作为为工程建设服务的工程测量控制网来说，根据工程建设的不同阶段对控制网提出的不同要求，工程测量控制网一般可分为以下三类：

1. 测图控制网

这是在工程设计阶段建立的用于测绘大比例尺地形图的测量控制网。在这一阶段，技术设计人员将要在大比例尺图上进行建筑物的设计或区域规划，以求得设计所依据的各项数据。因此，作为图根控制依据的测图控制网，必须保证地形图的精度和各幅地形图之间的准确拼接。另外，这种测图控制网也是地籍测量的基本控制。

2. 施工控制网

这是在工程施工阶段建立的用于工程施工放样的测量控制网。在这一阶段，施工测量的主要任务是将图纸上设计的建筑物放样到实地上。对于不同的工程来说，施工测量的具体任务也不同。例如，隧道施工测量的主要任务是保证对向开挖的隧道能按照规定的精度贯通，并使各建筑物按照设计修建；放样过程中，标尺所安置的方向、距离都是依据控制网计算出来的。因此，在施工放样以前，应建立具有必要精度的施工控制网。

3. 变形观测专用控制网

这是在工程竣工后的运营阶段，建立的以监测建筑物变形为目的的变形观测专用控制网。由于在工程施工阶段改变了地面的原有状态，加之建筑物的重量将会引起地基及其周围地层的不均匀变化。此外建筑物本身及其基础也会由于地基的变化而产生变形，这种变形，如果超过了一定的限度，就会影响建筑物的正常使用，严重的还会危及建筑物的安全。在一些大中城市，由于地下水的过量开采，也会引起市区大范围的地面沉降，从而造成危害。所以，在工程竣工后的运营阶段，需要对有的建筑物或市区进行变形监测，这就需要布设变形监测专用控制网。而这种变形的量级一般都很小，为了能精确地测出其变化，要求变形监测网具有较高的精度。

有时又把以上 2、3 阶段(施工和运营阶段)布设的控制网称为专用控制网。

5.3.2　工程平面控制网的布设原则

在 5.1 节里我们介绍了国家平面控制网的布设原则，而面向各种工程建设服务的工程控制网所控制的面积比国家大地测量要小(一般都小于 2 000km²)，这就决定了它的布设原则既有和国家控制网相同之处，也有它自身的特点，它的布设一般也应考虑以下原则：

1. 分级布网，逐级控制

对于工测控制网，通常先布设精度要求最高的首级控制网，随后根据测图需要，测图面积的大小再加密若干级较低精度的控制网。用于工程建筑物放样的专用控制网，往往分二级布设。第一级作总体控制，第二级直接为建筑物放样而布设；用于变形观测或其他专门用途的控制网，通常无需分级，直接布设成高精度的控制网即可。城市控制网或工程 GPS 网按相邻点的平均距离和精度划分为二、三、四等和一、二级，在布网时可以逐级布设、越级布设或布设同级全面网。

2. 要有足够的精度

以工程控制网为例，一般要求最低一级控制网（四等网）的点位中误差能满足大比例尺 1∶500 的测图要求。按图上 ±0.1mm 的绘制精度计算，这相当于地面上的点位精度为 ±(0.1×500)=±5cm。对于国家控制网而言，尽管观测精度很高，但由于边长比工测控制网长得多，待定点与起始点相距较远，因而点位中误差远远大于工测控制网。

各等级城市或工程 GPS 网的相邻点边长精度同(5-2)式。

3. 要有足够的密度

不论是工测控制网或是专用控制网，都要求在测区内有足够多的控制点。如前所述，控制点的密度通常是用控制网的平均边长来表示的。《城市测量规范》中对于城市三角网平均边长及主要技术要求列于表 5-9 中。

表 5-9

等级	平均边长（km）	测角中误差(″)	起始边边长相对中误差	最弱边边长相对中误差
二等	9	≤±1.0	≤1/300 000	≤1/120 000
三等	5	≤±1.8	≤1/200 000（首级） ≤1/120 000（加密）	≤1/80 000
四等	2	≤±2.5	≤1/120 000（首级） ≤1/80 000（加密）	≤1/45 000
一级小三角	1	≤±5.0	≤1/40 000	≤1/20 000
二级小三角	0.5	≤±10.0	≤1/20 000	≤1/10 000

城市或工程 GNSS 网的主要技术要求见表 5-10，相邻点最小距离应为平均距离的 1/2~1/3，最大距离应为平均距离的 2~3 倍。

表 5-10

等级	平均距离(km)	a(mm)	b(ppm)	最弱边相对中误差
二等	9	≤5	≤2	1/120 000
三等	5	≤5	≤2	1/80 000
四等	2	≤10	≤5	1/45 000
一级	1	≤10	≤5	1/20 000
二级	<1	≤10	≤5	1/10 000

注：当边长小于 200m 时，边长中误差应小于 20mm。

4. 要有统一的规格

虽然工程控制网一般是由不同的工测部门独立施测的，但为了能够互相利用和协调，也应制定统一的规范，以便大家共同遵照执行。工程控制网的规范主要有《城市测量规范》、《工程测量规范》和《精密工程测量规范》等。1997 年建设部颁发了行业标准《全球定位系统城市测量技术规程》，作为建立城市或工程 GPS 控制网的技术标准。

5.3.3 工程平面控制网的布设方案

以《城市测量规范》为例，它对控制网测设的主要技术要求都有具体的规定，其中三角网的主要技术要求见表 5-9，电磁波测距导线的主要技术要求列于表 5-11。

表 5-11

等级	闭合环或附合导线长度(km)	平均边长（m）	测距中误差（mm）	测角中误差（″）	导线全长相对闭合差
三等	15	3 000	≤±18	≤±1.5	≤1/60 000
四等	10	1 600	≤±18	≤±2.5	≤1/40 000
一级	3.6	300	≤±15	≤±5	≤1/14 000
二级	2.4	200	≤±15	≤±8	≤1/10 000
三级	1.5	120	≤±15	≤±12	≤1/6 000

从以上两表中可以看出，工测控制网有以下特点：

① 同相应等级的国家三角网比较，工测三角网的平均边长显著地缩短。

② 工测三角网的等级较多。

③ 各等级控制网均可作为测区的首级控制，这是因为工程测量的服务对象很广泛，测区面积大小不一，大的可达几千平方公里(如大的城市控制网)，小的只有几公顷(如工厂的建厂测量)。这就决定了根据测区面积的大小，各等级的控制网均可作为测区的首级控制。

④ 三、四等三角测量的起始边，按首级网和加密网分别对待。对独立的首级网而言，起算边由电磁波测距获得，因此起算边的精度以电磁波测距所能达到的精度考虑。而对于加密网，则上一等级控制网的最弱边的精度应能满足次一等级控制网对起始边的精度要求。这样，既做到了分级布设，逐级控制，也有利于在测区内利用已有的国家网或其他已建成的控制网的成果作为起算数据。

以上的特点和要求，是针对工测控制网应满足大比例尺 1∶500 测图的要求而考虑的。

随着电磁波测距仪应用越来越普遍，电磁波测距导线测量已成为工测控制网布设的重要形式。在表 5-11 中电磁波测距导线分为五个等级，其中三、四等导线与三、四等三角网的精度相当。

布设工测控制网时，应尽量与国家控制网联测。这样可使工测控制网纳入到国家坐标系中，以便于各有关部门互相利用资料，而不造成重复测量和浪费。

在布设专用控制网时，则要根据专用控制网的特殊用途和要求进行控制网的技术设计。因为专用控制网是为工程建筑物的施工放样和变形观测等专门用途而建立的，其用途非常明确。例如：桥梁三角网对于桥轴线方向的精度要求应高于其他方向的精度，以利于提高桥墩放样的精度；而隧道三角网则对垂直于直线隧道轴线方向的横向精度的要求应高于其他方向的精度，以利于提高隧道贯通的精度；用于建设环形粒子加速器的专用控制网，其径向精度应高于其他方向的精度，以利于精确安装位于环形轨道上的磁块。

这些内容将在工程测量学中作详细介绍。

5.3.4 工程高程控制网的布设

城市和工程测量中的高程控制网可按水准测量和三角高程测量的方法来建立。下面简述如下：

1. 水准测量建立工程高程控制网

水准测量是建立工程高程控制网的主要方法，为了统一水准测量的规格，并考虑到城市和工程建设的特点，水准测量的等级依次分为二、三、四等。首级高程控制网不应低于三等水准，且一般要求布设成闭合环，加密时可布成附合路线、结点图形和闭合环。

城市和工程建设的水准测量是各种大比例尺测图、城市工程测量和城市地面沉降观测的高程控制基准，又是工程测量施工放样和监测工程建筑物垂直形变的依据。所以，必须以较高精度和要求测设，各等级水准测量的精度和国家水准测量中相应等级的精度一致。

城市和工程建设的水准测量的实施，和国家等级水准测量相似，其主要步骤一般是：水准网图上设计、选点、标石埋设、外业观测、平差计算和成果表的编制等内容。水准网的布设应力求做到经济合理。因此，首先要充分了解测区的有关情况，进行必要的实地踏勘，搜集和分析已有的有关水准资料，包括各等级水准网图、水准点之记、成果表和技术总结等，从而拟定出较为合适的布设方案。

如果测区面积较大，则应先在 1 :（25 万 ~ 10 万）比例尺地形图上先进行图上设计，图上技术设计的方法和国家水准测量相同，需要注意的是，城市或工程建设工地交通较为繁忙，选点时应避开干扰因素较多的地方；墙上水准点应选在永久性的大型建筑物上；布设城市和工程建设的水准网时应与国家水准点进行联测，以求得高程系统的统一。

城市和工程建设的水准测量的标石制作与埋设，和国家水准测量的相应等级要求相同，如果需在墙上埋设水准标志（图 5-11），一般嵌设在地基已经稳固的永久性建筑物的基础部分，水准测量时水准标尺安放在标志的突出部分。

同样，标石埋设后，应绘制水准点之记，并办理委托保管手续。

2. 三角高程测量建立工程高程控制网

建立工程高程控制网一般用水准测量方法，如用三角高程测量，宜在平面控制网的基础上布设成高程导线附合路线、闭合环或三角高程网。有条件的测区，可布设成光电测距三维控制网，高程导线各边的高差测定宜采用对向观测。当仅布设高程导线时，也可采用在两标志点中间设站的形式（即中间法）。

代替四等水准的光电测距高程导线，应起闭于不低于三等的水准点上。其边长不应大于 1km，高程导线的最大长度不应超过四等水准路线的最大长度，其具体的技术要求见有关规范。

经纬仪三角高程导线，应起闭于四等水准联测的高程点上。三角高程网中应有一定数量的高程控制点作为高程起算数据，高程起算点应布设在锁的两端或网的边缘。

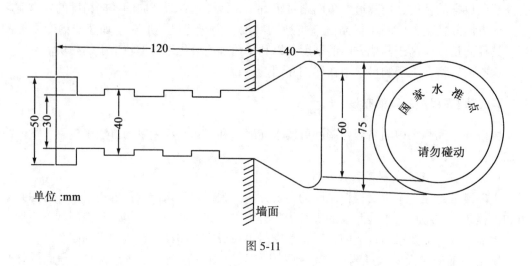

图 5-11

各等级平面控制网用三角高程测量测定高程时，计算的高差经地球曲率和大气折光改正后，应满足以下规定：

① 由两个单方向算得的高程不符值不大于 $0.07\sqrt{S_1^2+S_2^2}$（m）（S_1、S_2 为两个单方向的边长，km）。

② 由对向观测所求得的高差较差不应大于 $0.1S$（m）（S 为边长，km）。

③ 由对向观测所求得的高差中数，计算闭合环线或附合路线的高程闭合差不应大于 $\pm0.05\sqrt{[S^2]}$（m）。

5.4　大地测量仪器

5.4.1　精密测角仪器——经纬仪

1. 精密电子经纬仪及其特点

装有电子扫描度盘，在微处理机控制下实现自动化数字测角的经纬仪称为电子经纬仪。

1968 年，联邦德国首次推出了电子速测仪 Reg Elta14，从此为工程测量仪器向着自动化方向发展翻开了新的一页。如今，世界各主要测量仪器生产厂家都已生产了门类齐全、式样各异的电子速测仪。电子经纬仪在电子速测系统中占有十分重要的地位，它是集光学、机械、电子、计算技术及半导体集成技术等方面新成就于一体，在光学经纬仪的基础上发展起来的新一代的经纬仪。

电子经纬仪和电子测距仪是全站仪的核心组成部分，依国家计量检定规程的规定，它们的等级划分体现在全站仪的等级划分中，也就是说，全站仪的等级与电子经纬仪和电子测距仪的等级是一致的。具体情况见表 5-12：

表 5-12

准确度等级	测角标准偏差(″)	测距标准偏差(mm)
I	$\lvert m_\beta \rvert \leqslant 1$	$\lvert m_D \rvert \leqslant 5$
II	$1 < \lvert m_\beta \rvert \leqslant 2$	$\lvert m_D \rvert \leqslant 5$
III	$2 < \lvert m_\beta \rvert \leqslant 6$	$5 < \lvert m_D \rvert \leqslant 10$
IV	$6 < \lvert m_\beta \rvert \leqslant 10$	$\lvert m_D \rvert \leqslant 10$

注：测角标准偏差实为一测回水平方向标准偏差；m_D 为每千米测距标准偏差。

比起光学经纬仪，电子经纬仪具有如下特点：

(1)角度标准设备——度盘及其读数系统与光学经纬仪有本质区别。为了进行自动化数字电子测角，必须采用角(模)-码(数)光电转换系统。这个转换系统应含有电子扫描度盘及相应的电子测微读数系统。这就是说，首先由电子度盘给出相应于其最小格值整数倍的粗读数，再利用电子细分技术对度盘格值进行测微，取得分辨率达几秒到零点几秒的精读数。这两个读数之和即为最后读数并以数字方式输出，或者显示在显示器上，或者记录在电子手簿上，或者直接输入计算机内。在现代电子经纬仪中主要采用以下两种电子测角方式：

① 采用编码度盘及编码测微器的绝对式，或采用计时测角度盘并实现光电动态扫描的绝对式。

② 采用光栅度盘并利用莫尔干涉条纹测量技术的增量式。

无论哪种电子测角经纬仪，都应解决编码、识向和角度细分等三个方面的关键技术。

(2)微处理机是电子速测仪的中心部件。它的主要功能是：

① 控制和检核各种测量程序。

② 实现电子测角，将粗读数和精读数合并为角度最终读数，并计算竖轴倾斜引起的水平角及竖直角的改正。

③ 实现电子测距和计算，对所测距离进行地球曲率和气象改正，并进行相应的数据处理，如水平距离、高差及坐标增量的计算等。

④ 将观测值及计算结果显示在显示器上或自动记录在电子手簿上或存储器内。

为实现上述功能，作为中央处理单元 CPU(Central Processing Unit)的微处理机主要由控制器(指令代码器和程序计数器等)、计算器(算术-逻辑运算和管理单元)、数据寄存器及中间存储器等组成。此外还配有操作存储器(随机存储器)RAM(Random Access Memory)和程序存储器(只读存储器)ROM(Read Only Memory)，并通过输入和输出单元与外围设备相连。控制器监控着单指令的运行和执行，并产生数据总线上的数据交换的控制信号，其程序计数器给出执行的指令。在运算器中进行逻辑运算和管理。经常变化的数据存储在操作存储器里，此数据可以修改和读出。固定数据(包括微处理机管理监控程序、汇编程序及不需变动的数据等)固定在只读存储器中，它只能读出而不能重写。通过输入和输出组件，微处理机可从外围设备得到或向外围设备输出数据。

以微处理机和微型数字计算机为核心将电子测角系统(包括水平角和垂直角)、电子测距系统(包括测量和计算)以及竖直轴倾斜测量系统(水平角和垂直角改正)等外围设备，通过输入/输出(I/O)寄存器和数据总线连在一起，从而组成电子全站仪的主体。以上各组件关系的方框图见图 5-12。

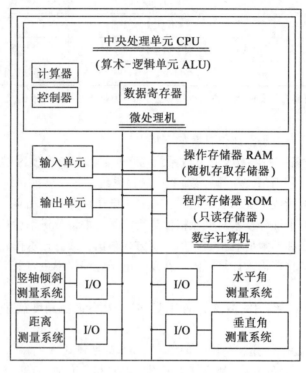

图 5-12

（3）竖轴倾斜自动测量和改正系统是供仪器自动整平及整平剩余误差对水平盘读数和竖盘读数的自动改正，以便使仪器或者只需用一个 2′精度的圆水准器概略置平或者只需一个度盘位置观测，从而提高了工作效率。这样的竖轴倾斜自动补偿系统有许多种。

（4）有些电子全站仪的望远镜既是目标水平方向及垂直角观测的瞄准装置，也是测距信号的发射和接收装置。为得到正像，现代电子全站仪大多采用阿贝屋脊棱镜或别汉全反射和全透射棱镜。为使可见光同测距信号分开，常采用分光棱镜，如图 5-13 所示。这是由两块 90°棱镜结合在一起的正立方体。在两块棱镜胶合之前，棱镜的一个斜面上涂一层对测距波长能全反射而对可见光部分可透射的涂层。

（5）现代电子经纬仪向自动照准、自动调焦并兼有摄像功能的高自动化和多功能化的方向发展。

在电子经纬仪内装有伺服马达轴系驱动装置和数控器，可控制望远镜在水平方向和垂直方向的移动，以实现自动照准目标；装有绝对线性扫描伺服马达和数调器，可实现自动调焦；装有电荷耦合器件 CCD(Charge-Coupled Device)并利用软件控制宽角视场和常规观测视场的转换的 CCD 摄像机，成为摄像经纬仪。

2. 精密光学经纬仪及其特点

我国大地测量经纬仪系列标准有 DJ_{07}、DJ_1、DJ_2、DJ_6、DJ_{15} 等五个等级。其中“D”和

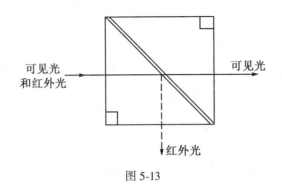

图 5-13

"J"分别为"大地测量"和"经纬仪"的汉语拼音第一个字母,"07"、"1"、"2"、"6"、"15"为该仪器一测回水平方向中误差。在精密光学经纬仪中,属 DJ$_{07}$ 级系列的有北京光学仪器厂 DJ$_{07}$ 及南京 1002 厂的 DJ$_{07}$ 等;属 DJ$_1$ 级系列的有 Wild 厂的 T3 及 Kern 厂的 DKM$_3$ 等。现以 T3 为例说明其主要特点。

T3 光学经纬仪的主要技术指标有:

望远镜

放大倍数:	24,30,40
物镜有效孔径:	60mm
望远镜长度:	260mm
最短视距:	4.6m

度盘

水平度盘直径:	140mm
垂直度盘直径:	95mm
水平度盘最小分格值:	4′
垂直度盘最小分格值:	8′

水准器

照准部水准器格值:	7″/2mm
垂直度盘指标水准器格值:	12″/2mm
圆水准器格值:	(8′~10′)/2mm

重量

仪器重量:	11.0kg
仪器盒重量:	3.8kg

一般来说,精密光学经纬仪在结构上的主要特点是:

① 角度标准设备——度盘及其读数系统都由光学玻璃组成,水平度盘和垂直度盘(竖盘)共用同一个附着在望远镜筒旁边的读数显微镜和光学测微器,并实现双面(对径)读数。

② 目标照准设备——望远镜均为消色差的或经过消色差校正过的,尺寸较短的内调焦望远镜。一般给出目标的倒像,但现代望远镜大多数给出目标的正像;一般制动及微动螺旋分离设置,现代的则向共轴发展;都具有精密的测微读数系统。

③ 设有强制归心机构，精密光学对点器和对中杆以及快速安平机构等，有的经纬仪设有垂直度盘指标自动归零补偿器，从而提高了仪器精度和测量效率。

④ 经纬仪由优质可靠的有机材料和合金制造。

在精密控制网的建立、设备安装以及变形观测中广泛地应用精密光学经纬仪观测水平角和垂直角，收到了良好的效果。比如，在原武汉测绘科技大学崇阳多功能大地测量标准试验网建立过程中，于 1988 年 5~6 月间，用 T3 精密光学经纬仪进行了 I 等三角测量。采用全组合测角法，方向权 $P = m \times n = 42$。由于边长短，采用了特制的照准标志和强制归心的对中装置(对中精度不大于 0.1mm)。观测成果的各项精度指标均满足 I 等三角测量要求。下面给出三角形闭合差分布及极条件自由项检核的数值(表 5-13 及表 5-14)。

表 5-13

闭合差分布区间	+		−	
	个　　数	和　　数	个　　数	和　　数
0.0″~0.5″	2	0.47″	7	1.70″
0.5~1.0	7	4.86	4	3.37
1.0~1.5	4	4.48	4	5.00
1.5~2.0	5	8.54	2	3.16
2.0 以上	1	2.21	1	2.04
和	19	20.56	18	15.27
差数=1,　　　限差 12,　　　差值+5.29				

表 5-14

中心多边形			大地四边形		
极　点	w_g	$w_{g限}$	极　边	w_g	$w_{g限}$
1	0.81	9.73	4-3	−8.29	10.98
6	0.91	20.40	5-2	−8.07	9.88
8	−4.81	10.63	7-1	3.73	9.01
10	−9.60	11.52	8-5	3.56	10.78
11	−2.12	8.59	9-1	6.77	10.44
			11-8	−3.16	14.84
			11-9	−2.27	13.30
			13-6	−4.83	16.26
			14-10	−6.29	54.73

由表 5-13 可知，三角形闭合差呈正态分布。按菲列罗公式计算的方向中误差 $m_菲 = \pm 0.46″$；按测站平差计算的方向中误差 $m_站 = \pm 0.44″$。$m_菲$ 和 $m_站$ 非常接近，这充分说明采

取以上有力的技术措施后，系统误差(如旁折光影响、归心误差影响等)已降到最低限度。

表 5-14 中，$W_{g限} = \pm 2m\sqrt{[\delta\delta]}$，式中：$m$ 为 I 等三角测量的测角中误差限值，δ 为角度正弦对数秒差。由该表可知，极条件自由项都满足了规范中 I 等三角测量的限差要求。

综上所述，光学经纬仪具有体积小、重量轻、作业方便和精度高等特点。但工作量大、效率低，不能实现作业的自动化，严重地限制了它的应用和发展。于是新一代电子经纬仪就应运而生了。

5.4.2 电磁波测距仪

电磁波测距仪(Electronic Distance Measuring，EDM)就是利用电磁波作为载波和调制波进行长度测量的一门技术。其出发公式是

$$D = \frac{1}{2}ct \tag{5-18}$$

式中：c 为电磁波在大气中的传播速度，其值约为 $3\times10^8\mathrm{m/s}$；t 为电磁波在被测距离上一次往返传播的时间；D 为被测距离。

显然，只要测定了时间 t，则被测距离 D 即可按式(5-18)算出。

按测定 t 的方法，电磁波测距仪主要可区分为两种类型：

(1)脉冲式测距仪。它是直接测定仪器发出的脉冲信号往返于被测距离的传播时间，进而按上式求得距离值的一类测距仪。

(2)相位式测距仪。它是测定仪器发射的测距信号往返于被测距离的滞后相位 φ 来间接推算信号的传播时间 t，从而求得所测距离的一类测距仪。

因为

$$t = \frac{\varphi}{\omega} = \frac{\varphi}{2\pi f}$$

所以

$$D = \frac{1}{2}c \cdot \frac{\varphi}{2\pi f} = \frac{c\varphi}{4\pi f} \tag{5-19}$$

式中：f 为调制信号的频率。

根据(5-18)式和(5-19)式，如取 $c=3\times10^8\mathrm{m/s}$，$f=15\mathrm{MHz}$，当要求测距误差小于 1cm 时，通过计算可知：用脉冲法测距时，计时精度须达到 $\frac{2}{3}\times10^{-10}\mathrm{s}$；而用相位法测距时，测定相位角的精度达到 0.36°即可。目前，欲达到 $10^{-10}\mathrm{s}$ 的计时精度，困难较大，而达到 0.36°的测相精度则易于实现。所以当前电磁波测距仪中相位式测距仪居多。

由于电磁波测距仪型号甚多，为了研究和使用仪器的方便，除了采用上述分类法外，还有许多其他分类方法，例如：

按测程分 $\begin{cases} 长程——几十公里。\\ 中程——数公里至十余公里。\\ 短程——3km 以下。 \end{cases}$

$$按载波源分\begin{cases}光波——激光测距仪，红外测距仪。\\微波——微波测距仪。\end{cases}$$

$$按载波数分\begin{cases}单载波——可见光；红外光；微波。\\双载波——可见光，可见光；可见光，红外光等。\\三载波——可见光，可见光，微波；可见光，红外光，微波等。\end{cases}$$

$$按反射目标分\begin{cases}漫反射目标(非合作目标)。\\合作目标——平面反射镜，角反射镜等。\\有源反射器——同频载波应答机，非同频载波应答机等。\end{cases}$$

随着 GNSS 技术的迅速发展，作为长距离测量的微波测距仪和激光测距仪，正在逐步退出历史舞台。特别是微波测距仪，目前市场上已不多见。而以激光和红外作光源的全站仪，几乎全部为中、短程测距仪。

另外，还可按精度指标分级。由电磁波测距仪的精度公式

$$m_D = A + BD$$

A 代表固定误差，单位为 mm。它主要由仪器加常数的测定误差、对中误差、测相误差等引起。固定误差与测量的距离无关，即不管实际测量距离多长，全站仪将存在不大于该值的固定误差。全站仪的这部分误差一般在 1~5mm。

BD 代表比例误差。它主要由仪器频率误差、大气折射率误差引起。其中 B 的单位为"ppm"(Parts Per Million)，是百万分之(几)的意思，它广泛地出现在国内外有关技术资料上。它不是我国法定计量单位，而仅仅是人们对这一数学现象的习惯叫法。全站仪 B 的值由生产厂家在用户手册里给定，用来表征比例误差中比例的大小，是个固定值，一般在 1~5ppm；D 的单位为"km"，即 $1×10^6$mm，它是一个变化值，根据用户实际测量的距离确定；它同时又是一个通用值，对任何全站仪都一样。由于 D 是通用值，所以比例误差中真正重要的是"ppm"，通常人们看比例部分的精度也就是看它的大小。

B 和 D 的乘积形成比例误差。一旦距离确定，则比例误差部分就会确定。显然，当 B 为 1ppm，被测距离 D 为 1km 时，比例误差 BD 就是 1mm。随着被测距离的变化，全站仪的这部分误差将随之按比例进行变化，例如当 B 仍为 1ppm，被测距离等于 2km 时，则比例误差为 2mm。

固定误差与比例误差绝对值之和，再冠以偶然误差±号，即构成全站仪测距精度。如徕卡 TPS1100 系列全站仪测距精度为 2mm+2ppm×D。当被测距离为 1km 时，仪器测距精度为 4mm，换句话说，全站仪最大测距误差不大于 4mm；当被测距离为 2km 时，仪器测距精度则为 6mm，最大测距误差不大于 6mm。

按此指标，我国现行城市测量规范将测距仪划分为 Ⅰ、Ⅱ、Ⅲ 级，即

Ⅰ 级：$m_D \leq 5$mm，Ⅱ 级：5mm$< m_D \leq 10$mm，　Ⅲ 级：10mm$< m_D \leq 20$mm

5.4.3　全站仪

全站仪(Total Station)又称全站型电子速测仪(Electronic Tachometer Total Station)，装

有电子扫描度盘，在微处理机控制下实现自动化数字测角的经纬仪称为电子经纬仪。将电子经纬仪、电子测距仪及电子记录手簿组合在一起，在同一微处理机控制和检核下，同时兼有观测数据(水平方向、垂直角、斜距等)的自动获取和改正(对角度加竖轴倾斜改正、对距离加气象改正及地球曲率改正等)、计算(水平距离、高差及坐标等)和记录(电子手簿或记录模块等)多种功能的测距经纬仪称为电子速测仪。因为它能在测站上同时自动测得斜距、水平角和垂直角，并能计算出地面点三维空间坐标，因此人们又称它为地面三维电子全站仪。将电子速测仪、电子计算机及绘图仪连成统一系统，全站仪完成野外数据采集、记录和预处理，通过接口在计算机内利用机助制图软件或其他用户软件，绘成地形图及其他数据处理，从而构成地面电子测绘系统或地面电子监测系统或工业测量三维定位系统(Total station Positioning System，TPS)。它同惯性测量系统及全球定位系统一起，形成现代的三种空间定位系统。下面以徕卡全站仪为例讲解全站仪的主要技术特点。

1. 全站仪测角技术

1)编码度盘及其测角原理

电子测角仪器的度盘及其读数系统与光学经纬仪有本质区别。为进行自动化数字电子测角，必须用角-码光电转换系统来代替光学经纬仪的光学读数系统。这套光电转换系统包括电子扫描度盘及相应的电子测微读数系统。光电转换系统可以采用编码绝对式电子测角。

编码度盘是在光学圆盘上刻制多道同心圆环，每一同心圆环称为码道，图 5-14 表示一个有 4 个码道的纯二进制编码度盘，分别以 2^0，2^1，2^2，2^3 表示。度盘按码道数 n 等分 $2n$ 个码区，在图 5-14 中，$n=4$，则度盘分成 16 个码区，该度盘的角度分辨率为 $2\pi/2^n = 22.5°$。为了确定每个码区在度盘上的绝对位置，一般将码道由里向外按码区赋予二进制代码，16 个码区显示从 $0000 \sim 1111$ 四个二进制的全组合，表 5-15 所示为 $n=4$ 的纯二进制代码和方向值。

图 5-14

电子测角是用光传感器来识别和获取度盘位置信息的，因此度盘各码道的码区有透光和不透光部分，如图5-14中涂黑与不涂黑部分。在图 5-15 中，在编码度盘的一侧安置电源，如发光二极管或红外半导体二极管，度盘的另一侧直接对着光源安置光传感器，如光电晶体管或硅光二极管，当光线通过度盘的透光区而光传感器接收时表示为逻辑 0，光线被度盘不透光挡住而不能被光传感器接收时表示为逻辑 1，因此，当照准某一方向时，度盘位置数据信息可以通过各码道的光传感器再经光电转换后以电信号输出，从而获得一组二进制的方向代码，图 5-15 中的方向代码为 0101，当照准两个方向时，则可获得两个度盘位置的方向代码，由此得到两个方向间的夹角。1953 年，葛莱(Gray)等人提出了改进的编码方式，见表 5-16。

表 5-15

方向序号	码道图形				纯二进制代码	方向值
	2^3	2^2	2^1	2^0		
0					0000	00°00
1				■	0001	22 30
2			■		0010	45 00
3			■	■	0011	67 30
4		■			0100	90 00
5		■		■	0101	112 30
6		■	■		0110	135 00
7		■	■	■	0111	157 30
8	■				1000	180 00
9	■			■	1001	202 30
10	■		■		1010	225 00
11	■		■	■	1011	247 30
12	■	■			1100	270 00
13	■	■		■	1101	292 30
14	■	■	■		1110	315 00
15	■	■	■	■	1111	337 30

2）光栅度盘及其测角原理

在光学玻璃度盘的径向上均匀地刻制明暗相间的等宽度格线，即光栅。在度盘的一侧安置恒定光源，另一侧相对于恒定光源有一固定的光感器，固定光栅的格线间距及宽度与度盘上的光栅完全相同，并要求固定光栅平面与度盘光栅平面严格平行，而两者的光栅则相错一个固定的小角，如图 5-16 所示。

当度盘随照准部转动时，光线透过度盘光栅和固定光栅显示出径向移动的明暗相间的干涉条纹，称为莫尔干涉条纹。

在图 5-16 中，设 x 是光栅度盘相对于固定光栅的移动量，y 是莫尔干涉条纹在径向的移动量，设两光栅间的夹角为 θ，则有关系

$$y = x\cot\theta \tag{5-20}$$

由于 θ 是小角，故可写成

$$y = \frac{x}{\theta}\rho \tag{5-21}$$

由上式可见，对于任意选定的 x，θ 角越小，干涉条纹的径向移动量就越大。

表 5-16

方向序号	码道图形				葛莱代码	方向值
	2^3	2^2	2^1	2^0		
0					0000	00°00
1					0001	22 30
2					0011	45 00
3					0010	67 30
4					0110	90 00
5					0111	112 30
6					0101	135 00
7					0100	157 30
8					1100	180 00
9					1101	202 30
10					1111	225 00
11					1110	247 30
12					1010	270 00
13					1011	292 30
14					1001	315 00
15					1000	337 30

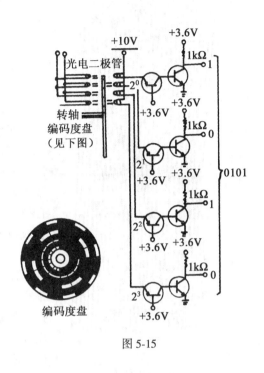

编码度盘

图 5-15

如果两光栅的相对移动是沿 x 方向从一条格线移到相邻的另一条格线，则干涉条纹将在 y 方向上移动一整周，即光强由暗到明，再由明到暗变化一个周期，于是干涉条纹移动的总周数将等于所通过的格线数。如果数出和记录光感器所接收的光强曲线总周数，便可测得移动量，再经光电信号转换，最后得到角度值。

2. 全站仪测距技术

1）使用高频测距技术

由相位式电磁波测距原理公式

$$D = u(N + \Delta N)$$

可知，测尺长度 u 好比测距仪的刻画，在测相精度一定的情况下，刻画越精细，亦即测尺越短，其测距精度越高。但在测相器分辨率和精度有限的情况下，在全站仪电路噪声和背影噪声等原因干扰下，大幅度提高测距频率的技术有一定难度，故在通常情况下，目前市场上的全站仪的精测频率大都采用 15MHz 或 30MHz。

例如，徕卡全站仪早期产品，TC2000 精测频率是 5MHz，DI2000，DI1000 精测频率 7.5MHz，TC1000 是 15MHz；20 世纪 90 年代末，DI1600，精测频率是 50MHz；1998 年投入市场的 TPS300/700/1100 系列均使用 TCWⅢ型测距头，其精测频率达 100MHz，测尺长 1.5m，如果按测相精度是尺长的 10^{-4} 计算，则这项误差只有 0.15mm。

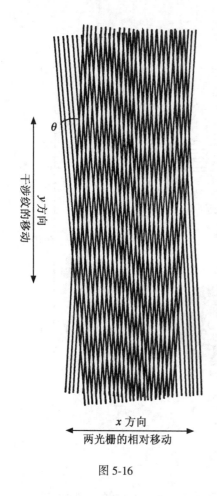

干涉纹的移动
y 方向

θ

x 方向
两光栅的相对移动

图 5-16

2）温控与动态频率校正技术

测距频率是决定测距成果质量的重要因素，它的稳定与否直接关系着测距仪的测尺长度和比例误差的大小。测距频率由石英晶体振荡器产生，它的频率稳定度一般只能达到5×10^{-5}。实际测距时，环境气象条件的变化，特别是温度的变化，将直接影响晶体振荡器的稳定。为了保证晶体振荡器频率因温度影响而引起的变化最小，生产厂家采取了许多措施，比如采用温度补偿晶体振荡器，当温度变化时，温补网络里的热敏电阻引起的频率变化量与晶体振荡器的频率变化量近似相等且符号相反，从而使频率得到补偿，提高其稳定性；又比如，采用频率综合技术和锁相技术，即在前一技术基础上，用频率合成技术得到所需要的频率，如主测、粗测、主振及本振频率等，使各频率之间严格相关，具有与温补晶振相同的频率稳定度。但尽管是这样，由于频率稳定度是有限的，当达到一定程度时，进一步的提高频率稳定度将是十分困难的。一旦频率发生偏离或漂移，测尺将会不准，产生比例误差，使测距精度降低。

一般来说，从作用和所代表的意义来划分，徕卡测距仪具有三种不同类型的精测频率：

①标称频率（Nominal Frequency）

仪器标称的精测频率。徕卡 DI1600/DI2002 和 TPS1000 系列为 50MHz，TPS300/700/1100 系列为 100MHz。该频率由生产厂家设计并确定，是其他两频率设计的基础，可被用来粗略地计算精测尺长。

②发射频率，或称实际频率（Effective Frequency）

即来自晶体振荡器的调制频率。晶体一旦由厂家选定，其频率便不可调整。该频率受温度影响而变化，且可通过光电转换装置配合频率计进行测试。

③计算频率（Calculated Frequency）

仪器根据频率与温度的关系模型计算得到的频率，它用来对发射频率进行修正，但这种修正并不直接作用于发射频率，而是通过自动测相环节的计算过程来进行。

这种动态频率技术的特点是：

● 不采用温补技术来稳定发射频率，而是让其随温度变化而变化；

● 适时提取机内温度变化参数，提供相应的计算频率代表实际发射频率进行距离解算。

为此，徕卡测距仪在生产过程中，除对晶体进行老化外，还对晶体在整个温度适用范围内的变化进行严格的测试，不但得出其在标准温度下的频率 F_0，同时还测出了在其他温度状态下的三个温度系数 K_1、K_2、K_3，求出晶体频率随温度变化的多项式函数曲线和表达式：

$$F(t) = F_0 + K_1 t + K_2 t^2 + K_3 t^3 \qquad (5\text{-}22)$$

其工作原理见图 5-17。

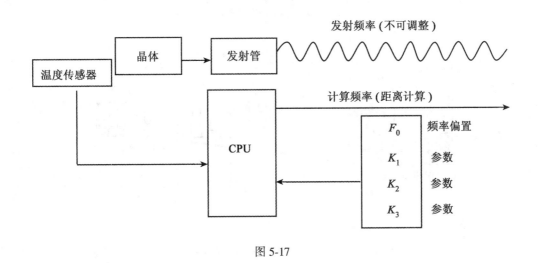

图 5-17

测距仪工作时，将受到环境、自身元器件运作时的发热等温度的影响。因此，晶体振荡器频率即测距发射频率必然会产生变化。徕卡测距仪内部的温度传感器适时地测出此时晶体附近的温度，将其送往 CPU，代入 K_1、K_2 和 K_3 所组成的温度表达式对频率进行修正，得出该温度状态下的计算频率和测尺来参加最终距离解算。由于这一过程与发射、接收过程同步进行，动态地对测尺进行修正，因此可以有效地保证实际测距频率参与计算的准确性和可靠性，从而大大提高了距离测量的精度。

3）无棱镜相位法激光测距技术

现把无棱镜相位法激光测距的原理介绍如下。

如图 5-18 所示，徕卡 TCR 系列全站仪的测距头里，安装有两个光路同轴的发光管，提供两种不同光源的测距方式。一种方式是 IR，它发射红外光束，其波长是 780nm，用以棱镜或反射片测距，单棱镜可测距离 3000m，精度为 $\pm(2\text{mm}+2\text{ppm}\times D)$；另一种方式为 RL，它发射可见红色激光束，其波长为 670nm，不用反棱镜（或贴片）测距，可测距离 80m，测距精度为 $\pm(3\text{mm}+2\text{ppm}\times D)$。这两种测距方式的转换可通过键盘操作以控制内部光路来实现。

在无棱镜测距方式中，同样采取精测频率 100MHz 的高频率测距，同样采用分辨率高的相位法测距技术，同样采用动态频率校正技术，而且采用的可见红色激光，在 80m 时光斑为椭圆（20mm×25mm），小于 80m 时光斑将更小，最后无棱镜测距数据与有棱镜测距数据一样被送往 CPU，计算平距、高差或点的三维坐标，并可显示、储存及输出。

3. 全站仪自动目标识别技术（ATR）

在仪器内装有两个马达，分别控制望远镜转动和照准部旋转。仪器盘左、盘右的转动全通过程序操作控制马达驱动来实现。后来，又在望远镜照准系统里安置 CCD 传感器（实

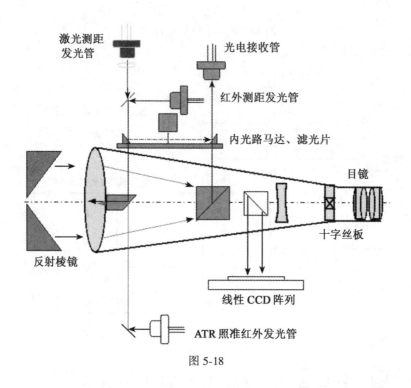

图 5-18

质上是 CCD 相机），实现自动照准，从而实现了智能式目标自动识别照准测量系统。在此系统基础上，在镜站再使用目标遥测设备，进而实现由镜站进行遥测的自动化测量系统。以上技术的综合，即信息技术、微电子技术、空间技术及现代通信技术的综合，构成了现代全站仪的核心技术。下面以 TCA 系列全站仪来说明智能式目标自动识别的一般原理。

如图 5-18 所示，徕卡 TCA 全站仪的自动目标识别（Automatic Target Recognition）是先由 ATR 照准红外发光管自主发射一红外光束，按类似自准直的原理经目标棱镜反射后由 CCD 相机所接收，然后通过图像处理功能实现目标的精确照准。固定焦距的 CCD（Charge Couple Device）相机，它可以将光能转换成电能。典型的 CCD 的纵横行数均大于 500。即 250 000 个单元（像素）可储存数据。ATR 自动目标识别、照准和测量可分为三个过程：目标搜索过程、目标照准过程和测量过程。

5.4.4　GNSS 接收机

我们知道，GNSS 系统由空间卫星星座、地面监控站和用户接收设备三大部分组成。在用户接收设备中，接收机是关键设备。接收机是指用户用来接收 GNSS 卫星信号并对其进行处理而取得定位和导航信息的仪器。为此，它应包括接收天线（带前置放大器），信号处理器（用于信号识别和处理），微处理机（用于接收机的控制、数据采集和定位及导航计算），用户信息显示、储存、传输及操作等终端设备，精密振荡器（用以产生标准频率）以及电源等。

如果按其组成构件的性质和功能，可将它们分为硬件部分和软件部分。

硬件部分系指上述接收机、天线及电源等硬件设备。软件部分系指支持接收硬件实现其功能并完成各种导航与测量任务的必备条件。一般说来，GNSS 接收机软件包括内置软件和外用软件。内置软件是指控制接收机信号通道、按时序对每颗卫星信号进行量测以及内存或固化在中央处理器中的自动操作程序等。这类软件已和接收机融为一体。而外用软件系指处理观测数据的软件，比如，基线处理软件、网平差软件等，这种软件一般以磁盘或磁卡方式提供，通常所说的接收机软件系指这类软件系统。软件部分已构成现代 GNSS 接收机测量系统的重要组成部分。一个品质优良、功能齐全的软件不但能方便用户使用，改善定位精度，提高作业效率，而且对开发新的应用领域都有重要意义，因此软件的质量与功能已是反映现代 GNSS 测量系统先进水平的重要标志。

GNSS 接收机可有多种不同的分类方法。

按接收机的工作原理，可分为码相关型接收机、平方型接收机、混合型接收机。

按接收机信号通道的类型，可分为多通道接收机、序贯通道接收机、多路复用通道接收机。

按接收的卫星信号频率，可分为单频接收机（L_1）、双频接收机（L_1，L_2）。

按接收机的用途，可分为导航型接收机、测量型接收机、授时型接收机。

5.4.5 精密水准测量仪器——水准仪

1. 精密水准仪和水准尺的主要特点

1）精密水准仪及分类

在大地测量的高差测量仪器中，主要使用气泡式的精密水准仪、自动安平的精密水准仪、数字水准仪以及相应的铟瓦合金水准尺。

我国水准仪系列及基本技术参数列于表 5-17。

表 5-17

技术参数项目		水准仪系列型号			
		S05	S1	S3	S10
每公里往返平均高差中误差		0.5mm	≤1mm	≤3mm	≤10mm
望远镜放大率		≥40 倍	≥40 倍	≥30 倍	≥25 倍
望远镜有效孔径		≥60mm	≥50mm	≥42mm	≥35mm
管状水准器格值		10″/2mm	10″/2mm	20″/2mm	20″/2mm
测微器有效量测范围		5mm	5mm		
测微器最小分格值		0.05mm	0.05mm		
自动安平水准仪补偿性能	补偿范围	±8′	±8′	±8′	±10′
	安平精度	±0.1″	±0.2″	±0.5″	±2″
	安平时间不长于	2s	2s	2s	2s

国产水准仪系列标准有 DS05、DS1、DS3、DS10、DS20 等 5 个等级。其中"D"和"S"分别为"大地测量"和"水准仪"的汉语拼音第一个字母，"05"、"1"、"3"、"10"及"20"

为该仪器以毫米为单位的每千米往返高差中数的偶然中误差标称值。自动安平水准仪在
"DS"后加"Z"，"Z"是"自动安平"的汉语拼音第一个字母。例如用于我国一等水准测量
的水准仪最低型号为 DS05 或 DSZ05，二等为 DS1 或 DSZ1。

我国生产的水准仪系列型号，是按仪器所能达到的每千米往返测高差中数中误差 M_Δ
这一精度指标为依据制定的。系列中各型号仪器的精度指标 M_Δ 是由测段往返测高差之差
Δ 计算的，见(5-16)式。

相当于我国水准仪系列 DS05 的外国水准仪较多，国内引进的有：

①前民主德国蔡司：Ni002，Ni002A，ReNi002A，Ni007 自动安平水准仪和 Ni004 水
准器水准仪。

②前联邦德国奥普托：Ni1 自动安平水准仪。

③匈牙利莫姆厂：NiA31 自动安平水准仪。

④瑞士威特厂：N3 水准器水准仪和新 N3 自动安平水准仪。

⑤日本测机舍：PLI 水准器水准仪。

⑥前苏联：НБ1 水准器水准仪。

⑦瑞士徕卡：DNA03 数字水准仪。

⑧日本拓普康：DL-101 数字水准仪。

⑨美国天宝：DiNi03 数字水准仪。

2）精密水准仪和水准尺的主要特点

（1）精密水准仪的结构特点。

对于精密水准测量的精度而言，除一些外界因素的影响外，观测仪器——水准仪在结
构上的精确性与可靠性是具有重要意义的。为此，对精密水准仪必须具备的一些条件提出
下列要求：

① 高质量的望远镜光学系统。为了在望远镜中能获得水准标尺上分划线的清晰影像，
望远镜必须具有足够的放大倍率和较大的物镜孔径。一般精密水准仪的放大倍率应大于
40 倍，物镜的孔径应大于 50mm。

② 坚固稳定的仪器结构。仪器的结构必须使视准轴与水准轴之间的联系相对稳定，
不受外界条件的变化而改变它们之间的关系。一般精密水准仪的主要构件均用特殊的合金
钢制成，并在仪器上套有隔热的防护罩。

③ 高精度的测微器装置。精密水准仪必须有光学测微器装置，借以精密测定小于水
准标尺最小分划线间格值的尾数，从而提高水准标尺的读数精度。一般精密水准仪的光学
测微器可以直接读到 0.1mm，估读到 0.01mm。

④ 高灵敏的管水准器。一般精密水准仪的管水准器的格值为 $10''/2mm$。由于水准器
的灵敏度越高，观测时要使水准器气泡迅速居中也就越困难，为此，在精密水准仪上必须
有倾斜螺旋(又称微倾螺旋)的装置，借以使视准轴与水准轴同时产生微量变化，从而使
水准气泡较为容易地精确居中以达到视准轴的精确整平。

⑤ 高性能的补偿器装置。对于自动安平水准仪补偿元件的质量以及补偿器装置的精
密度都可以影响补偿器性能的可靠性。如果补偿器不能给出正确的补偿量，或是补偿不
足，或是补偿过量，都会影响精密水准测量观测成果的精度。

（2）精密水准尺的特点。

水准标尺是测定高差的长度标准，如果水准标尺的长度有误差，则对精密水准测量的观测成果带来系统性质的误差影响，为此，对精密水准标尺提出如下要求：

① 当空气的温度和湿度发生变化时，水准标尺分划间的长度必须保持稳定，或仅有微小的变化。一般精密水准尺的分划是漆在因瓦合金带上，因瓦合金带则以一定的拉力引张在木质尺身的沟槽中，这样因瓦合金带的长度不会受木质尺身伸缩变形影响。水准标尺分划的数字是注记在因瓦合金带两旁的木质尺身上，如图 5-19(a)、(b)所示。

② 水准标尺的分划必须十分正确与精密，分划的偶然误差和系统误差都应很小。水准标尺分划的偶然误差和系统误差的大小主要决定于分划刻度工艺的水平，当前精密水准标尺分划的偶然中误差一般在 $8\sim11\mu m$。由于精密水准标尺分划的系统误差可以通过水准标尺的平均每米真长加以改正，所以分划的偶然误差代表水准标尺分划的综合精度。

③ 水准标尺在构造上应保证全长笔直，并且尺身不易发生长度和弯扭等变形。一般精密水准标尺的木质尺身均应以经过特殊处理的优质木料制作。为了避免水准标尺在使用中尺身底部磨损而改变尺身的长度，在水准标尺的底面必须钉有坚固耐磨的金属底板。在精密水准测量作业时，水准标尺应竖立于特制的具有一定重量的尺垫或尺桩上。尺垫和尺桩的形状如图 5-20 所示。

④ 在精密水准标尺的尺身上应附有圆水准器装置，作业时扶尺者借以使水准标尺保持在垂直位置。在尺身上一般还应有扶尺环的装置，以便扶尺者使水准标尺稳定在垂直位置。

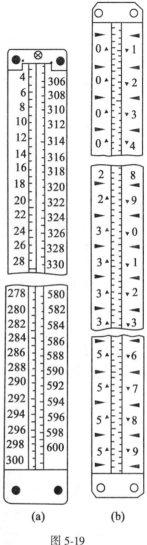

图 5-19

⑤ 为了提高对水准标尺分划的照准精度，水准标尺分划的形式和颜色与水准标尺的颜色相协调，一般精密水准标尺都为黑色线条分划，如图 5-19 所示，和浅黄色的尺面相配合，有利于观测时对水准标尺分划精确照准。

线条分划精密水准标尺的分格值有 10mm 和 5mm 两种。分格值为 10mm 的精密水准标尺如图 5-19(a)所示，它有两排分划，尺面右边一排分划注记从 $0\sim300cm$，称为基本分划，左边一排分划注记从 $300\sim600cm$，称为辅助分划，同一高度的基本分划与辅助分划读数相差一个常数，称为基辅差，通常又称尺常数，水准测量作业时可以用以检查读数的正确性。分格值为 5mm 的精密水准尺如图 5-19(b)所示，它也有两排分划，但两排分划彼此错开 5mm，所以实际上左边是单数分划，右边是双数分划，也就是单数分划和双数分划各占一排，而没有辅助分划。木质尺面右边注记的是米数，左边注记的是分米数，整个注记从 $0.1\sim5.9m$，实际分格值为 5mm，分划注记比实际数值大了一倍，所以用这种水准标尺所测得的高差值必须除以 2 才是实际的高差值。

尺垫　　　　　　　尺桩

图 5-20

2. 徕卡公司数字水准仪 DNA03 和条码水准尺

徕卡公司于 20 世纪 80 年代末推出了世界上第一台数字水准仪——NA2000 型工程水准仪，采用 CCD 线阵传感器识别水准尺上的条码分划，用影像相关技术，由内置的计算机程序自动算出水平视线读数及视线长度，并记录在数据模块中，像元宽度 25μm，每米水准测量偶然中误差为±1.5mm。1991 年推出了 NA3000 型精密水准仪，每米水准测量偶然中误差为±0.3mm。后来又推出了第二代数字水准仪 DNA03，下面对其进行简单介绍。

1）仪器外形和主要技术特征

DNA03 型数字水准仪的外形如图 5-21 所示。

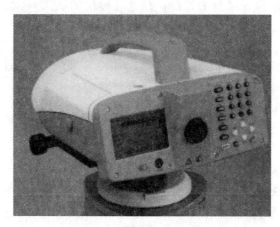

图 5-21

DNA03 型数字水准仪技术数据：

双次水准测量每公里高差中误差标准差：应用因瓦水准尺，0.3mm。

视场角：粗相关 2°/50m

精相关 1.1°

这就是说，为了精确测量，在 1°的视场角范围内不要有任何遮挡，而 1°范围以外的遮挡不会影响测量精度。

量程：水准尺 0~4.05m

距离 1.8~110m

距离测量标准差：5mm

2）仪器的内部结构和相关法原理

DNA03 数字水准仪在仪器内部使用了磁阻补偿器，这样地球大磁体对非磁性的仪器补偿系统就没有任何影响。

在捕获标尺影像和电子数字读数方面，仪器采用了一种对可见光敏感的高性能最新 CCD 阵列感应器，从而大大提高了在微暗光线下进行测量的作业距离范围和测量灵敏性的稳定度。进入仪器的光线一部分用于光学测量（光路），另一部分被用于电子测量（CCD），由于电子测量用到的光谱属可见光范围，因此，在黑暗的条件下进行测量时，白炽灯及卤素灯等照明设备均可作为照亮标尺的光源。

当前数字水准仪的读数方法有：相关法、几何法和相位法，下面简要介绍相关法的基本原理。

图 5-22 左边是水准标尺的伪随机条码，该条码图像已事先被存储在电子水准仪中作为参考信号。右边是与它对应的区格式分划，为了便于读者理解，相关读数画在右边。

伪随机条码属于二进制码，它的结构可以预先确定，并且可以重复产生和复制，另一方面它还具有随机特性，即统计特性。该码由线性移位寄存器产生。这种码用在电子水准仪中具有可以在 1.8~100m 距离内使用相关法的特性。

仪器的电子部件的作用是将 CCD 输出的带测量信息的视频信号，经模数转换后送至信息处理芯片与事先准备好的参考信号进行相关计算，然后将读数结果存储并送显示器。

图 5-22 相关法原理

在图 5-22 左边伪随机条码的下面是望远镜照准伪随机条码后截取的片段伪随机条码。该片段的伪随机条码成像在探测器上后，被探测器转换成电信号，即为测量信号。该信号在数字水准仪中与事先已存储好的代表水准标尺伪随机条码的参考信号进行比较，这就是相关过程，称为相关。在图 5-22 中自下而上的比较。当两信号相同，即在图 5-22 中左边虚线位置时，也就是最佳相关位置时，读数就可以确定。如图 5-22 中的 0.116m，即箭头所指为对应的区格式标尺的位置。

由于标尺到仪器的距离不同，条码在探测器上成像的宽窄也将不同，即图 5-22 中片段条码的宽窄会变化，随之电信号的"宽窄"也将改变。于是引起上述相关的困难。NA 系列仪器采用二维相关法来解决，也就是根据精度要求以一定步距改变仪器内部参考信号的"宽窄"，与探测器采集到的测量信号相比较，如果没有相同的两信号，则再改变，再进行一维相关，直到两信号相同为止，才可以确定读数。参考信号的"宽窄"与视距是对应的，"宽窄"相同的两信号相比较是求视线高的过程，因此二维相关中，一维是视距，另一维是视线高。二维相关之后视距就可以精确算出。

DNA03 型数字水准仪配套使用的水准尺是条形码水准尺。条形码刻印在膨胀系数小于$1×10^{-6}$在因瓦带上，而因瓦带镶嵌在优质的木槽内，因瓦带的两端用固定的拉力拉紧。水准尺可读长度 4.05m。其中的一部分见图 5-22。对条形码影像相关和识别的分辨率完全取决于 CCD 探测器的像素宽度和观测时外界光线明暗和清晰程度，DNA03 型数字水准仪 CCD 探测器的像素宽度为 25μm，因此其数值分辨率为 25μm，在允许和可能的条件下，每公里往返高差中数的中误差为±0.3mm。

3）键盘

键盘结构见图 5-23。

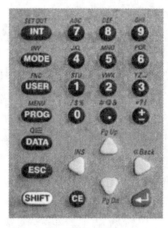

图 5-23

4）测量模式

DNA03 的测量模式有：单一测量、平均测量、中间测量、预设标准差的平均测量和重复单一测量模式，对于重复单一测量模式，每一次测量都是一个完整的单一测量，当测量环境稳定后即可停止测量，同时把最后一次测量结果存储下来。

单一测量的时间由三部分组成：

①等待，1 秒钟的等待时间是让补偿器稳定下来。

②感光，感光时间需持续 0.5 秒（正常条件）到 1 秒（较差条件）左右。在这段时间里，仪器可完成 36 次扫描。

③粗相关和精相关，粗相关和精相关一般需要 1.5 秒钟。

单一测量进行一次一般需要 3 秒钟。重复测量模式中，在第一次测量以后的每次测量时间会减少 1 秒钟，因为不再需要等待补偿器稳定下来。

5）显示窗

DNA03 作为第一部使用大屏幕显示的数字水准仪，显示窗见图 5-24。所有的相关信息如测量次数、标尺实际读数、单一测量的标准差和平均测量的标准差、以及重复测量的离散值等都显示在该显示窗口。

6）机载应用软件

（1）测量和记录程序。

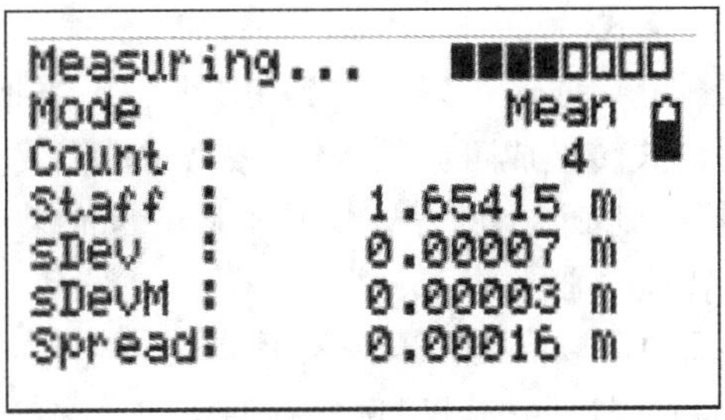

图 5-24

DNA03 数字水准仪也配有测量和记录程序。开机以后，仪器立刻进入后视测量或简单测量中对标尺重复读数状态。由于仪器的显示屏足够显示所有必须的测量信息，因此不再需要翻屏显示其他信息。

（2）线路测量模式程序。

DNA03 有四种线路测量模式，即 BF、aBF、BFFB、aBFFB 模式。

顾及不同国家的水准测量规范，在大多数情况下这些测量模式都是自动进行的。一般情况下，用户几乎不需按任何键系统会自动更新显示测量结果。

如图 5-25 所示，在第一行用符号（如 BF）表示线路测量的模式，同时还用该符号表示了一对测站。图中箭头指向第二个 BF 表示当前的测站是偶数站，箭头指向 B 表示在本站上的下一个观测方向。测站指示的好处是自动显示测段的最后站是否偶数站。

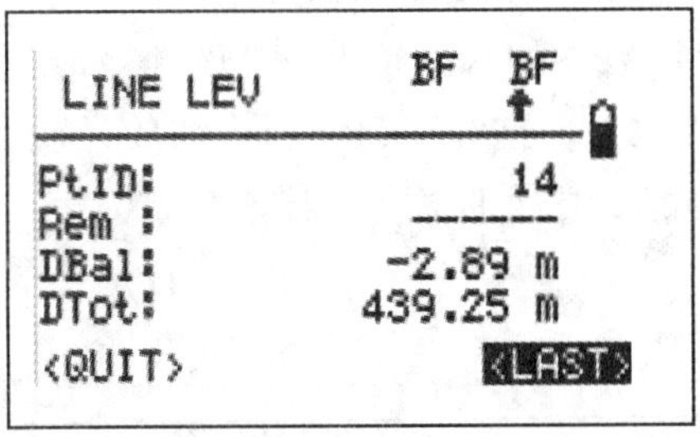

图 5-25

距离差值表示前后距离差的累计值。

（3）编码选择程序。

DNA03 型数字水准仪提供了三种编码存储方式。第一种是自由码方式，这种方式可在测量前也可在测量后存储编码；第二种是简码（快速编码），这种编码可于测量前或测量后存储，但一般是和测量工作同时进行，每完成一次测量，用户必须在键盘上输入一个两位的数；第三种是在开始测量之前，在注记栏存储一个点码作为标识。

7）数据存储

DNA03 数字水准仪可存储的信息包括工作、线路、测量模式、校正、开始点、测量结果、目标点、测站结果等。一个测量数据块由 16 种以上的数据组成，这其中包括精相关的相关程度，从而为测量质量提供提示。

仪器可以将数据转换成多种格式，其中将 XML、GSI-8 和 GSI-16 作为标准格式。另外还允许输入三种用户自定义格式。

存储在仪器内存中的测量数据还可以拷贝到 PC 卡中。当把数据拷贝到 PC 卡中时，用户可根据需要将二进制格式转换成可读的 XML 或 ASCII 格式。测量数据不能直接存储到 PC 卡中。把测量数据拷贝到 PC 卡的好处是便于将测量成果保存到个人存储设备中去或将测量成果发送到数据处理中心。

若不用测量存储卡，用户可以借助徕卡测量办公软件通过 RS-232 标准串行口将数据直接传输到 PC 机中，传输时用户同样可以选择存储格式。当把 PC 卡插入仪器时，用户可通过徕卡测量办公软件把数据文件从仪器内存下载到 PC 卡，同时还可以将数据文件从 PC 卡拷贝到仪器内存中。

利用 PC 卡还可以存储控制点和放样点的坐标以及编码表，需要时可将这些文件内的数据传输给仪器。仪器还可同时使用 Flash 和 SRAM 存储设备。

3. 自动安平水准仪简介

用于精密水准测量中的补偿式自动安平水准仪有 Koni 007，Ni 002 等。下面以 Koni 007 为例介绍其工作原理及结构特点。

1）自动安平水准仪的补偿原理

在图 5-26 中，当仪器的视准轴水平时，在十字丝分划板 o 的横丝处得到水准标尺上的正确读数 A，当仪器的垂直轴没有完全处于垂直位置时，视准轴倾斜了 α 角，这时十字丝分划板移到 o_1，在横丝处得到倾斜视线在水准标尺上的读数 A_1。而来自水准标尺上正确读数 A 的水平光线并不能进入十字丝分划板 o_1，这是由于视准轴倾斜了 α 角，十字丝分划板位移了距离 a。现在设在望远镜像方光路上，离十字丝分划板 g 的地方安置一种光学元件，使来自水准标尺上读数 A 的水平光线通过该光学元件偏转 β 角（或平移 a）而正确地落在十字丝分划板 o_1 的横丝处，这时来自倾斜视线的光线通过该光学元件将不再落在十字丝分划板 o_1 的横丝处。该光学元件称为光学补偿器。

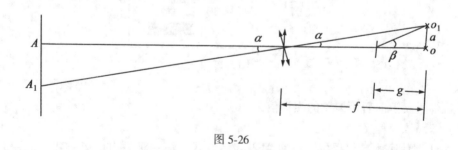

图 5-26

下面讨论水平光线通过补偿器使光线偏转 β 角后能正确进入倾斜视准轴的十字丝分划板 o_1 的条件，也就是补偿器能给出正确补偿的条件。

由于视准轴倾斜角 α 和偏转角 β 都是小角，所以由图 5-26 可得

$$f\alpha = g\beta \tag{5-23}$$

即

$$\beta = \frac{f}{g}\alpha \tag{5-24}$$

式中 f 是望远镜物镜的焦距。凡是能满足(5-24)式的条件都能得到正确的补偿。

补偿器如果安置在望远镜像方光路上的 $\frac{1}{2}f$ 处，即使 $g=\frac{1}{2}f$，则由(5-24)式可得

$$\beta = 2\alpha$$

也就是说，当偏转角 β 等于两倍视准轴倾斜角 α 时，补偿器能给出正确的补偿。

由图 5-26 可知，若补偿器能使来自水平的光线平移量 $a=f\alpha$，则平移后的光线也将正确地进入十字丝分划板 o_1 处，从而达到正确补偿的目的。

对于不同型号的自动安平水准仪，采用不同的光学元件，如棱镜、透镜、平面反射镜等作为补偿器，以发挥其补偿作用。

2) 自动安平水准仪 Koni 007

这种仪器由于其构造的特点，外形与一般卧式水准仪不同，成直立圆筒状，一般称为直立式，图 5-27 就是这种仪器的外形。这种直立式水准仪，视线离地面比一般的卧式水准仪高，因而有利于减弱地面折光影响。

仪器的光学结构如图 5-28 所示。来自水平方向的光线经保护玻璃 2 后，在五角棱镜 1 的镜面上经过两次反射，使光线偏转 90° 垂直向下，经过物镜组 4 和调焦镜 3，再经过棱镜补偿器 6 的两次反射，光线偏转 180° 向上，再经过直角棱镜 7 的反射和目镜 8 的放大并将倒像转为正像成像在十字丝分划板上。

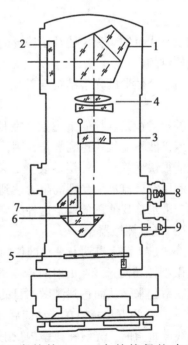

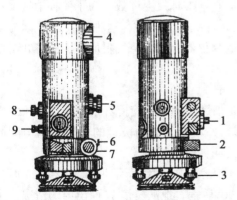

1—测微器；2—圆水准器；3—脚螺旋；4—保护玻璃；5—调焦螺旋；6—制动扳把；7—微动螺旋；8—望远镜目镜；9—水平度盘读数目镜

图 5-27

1—五角棱镜；2—五角棱镜保护玻璃；
3—望远镜调焦透镜；4—望远镜物镜；
5—水平度盘；6—补偿器；7—转像棱镜；
8—望远镜目镜；9—水平度盘读数目镜

图 5-28

（1）光学补偿器。

光学补偿器 6 是一块等腰直角棱镜，用弹性薄簧片悬挂形成重力摆，以摆轴为中心可以自由摆动，在重力作用下，最后静止在与重力方向一致的位置上。

棱镜补偿器的补偿原理如图 5-29 所示。当仪器整平时，补偿棱镜在位置 Ⅰ，使来自水平方向的光线 A 转向 180°，最后进入十字丝分划板横丝，此时补偿棱镜仅起转向作用，不起补偿作用。当仪器向前倾，即望远镜物镜端向下倾斜一个小角度 α 时，望远镜目镜随同十字分划板向上位移 a，此时，补偿棱镜产生与视准轴倾斜相反的方向摆动，在重力的作用下最后静止在位置 Ⅱ。由图 5-29 可见，当补偿棱镜摆动最后静止在位置 Ⅱ 时，将来自水平的光线 A，经 180° 转向后平移了距离 a，再经过转向和成像的倒置而正确地进入仪器倾斜后的十字丝分划板横丝处，从而达到了补偿的目的。由平面几何原理可知，只有当补偿棱镜摆动后位移 $a/2$，才可使转向后的光线平移 a，那么当视准轴倾斜 α 角时，怎样才能使补偿棱镜摆动后正好位移 $a/2$ 而静止在位置 Ⅱ 呢？下面就来讨论这个问题。

设补偿棱镜的悬挂长度为 l，显然，当视准轴倾斜 α 角时，补偿棱镜也将产生角位移 α，假如相应地能使补偿棱镜线位移 $a/2$，则补偿棱镜的悬挂长度应为

$$l = \frac{a}{2\alpha}$$

而又由前面的讨论可知 $a = f\alpha$，故上式可写成

$$l = \frac{1}{2}f \tag{5-25}$$

由（5-25）式可知，只要使补偿棱镜的悬挂长度 l 等于物镜焦距 f 的一半，就可以达到正确补偿的目的。

由于补偿器的光学结构与补偿棱镜的悬挂长度等因素，所以仪器采用直立式的结构形式。

补偿棱镜是悬挂的重力摆，在仪器倾斜时，必然产生自由摆动。虽然摆动的范围不大，但仍然不能很快达到静止，因而也不能立即在水准标尺上读数。为了使补偿棱镜在摆动中能很快地静止，补偿器装置必须有使补偿元件减振的设备，这种设备通常称为阻尼器。利用空气流动所受到的阻力达到减振目的的阻尼器，叫做空气阻尼器，Koni 007 精密自动安平水准仪使用的就是这种类型的阻尼器。

（2）光学测微器。

Koni 007 精密自动安平水准仪的测微装置是借助于测微螺旋使五角棱镜（图 5-26 中的 1）作微小转动使光线在出射时产生微小的平移，并将转动五角棱镜的机械结构与测微分划尺联系起来，从而达到测微的目的，这种装置叫做棱镜测微器。

图 5-30 为五角棱镜在转动前后光线平移的情况，图中粗线所示为五角棱镜 ab 面与水平光线 A 垂直时，光线在棱镜内反射而被转折 90° 后垂直地从棱镜 bc 面出射的情况；图中细线所示为五角棱镜微小转动后，水平光线 A 在棱镜内反射，也使光线转折 90° 而从棱镜面 b'c' 出射，出射的光线仍然是垂直的，只是与原来的出射光线比较，平移了一个微小量 δ。由几何光学的理论可知，不管五角棱镜如何安置，光线经过棱镜面的反射，都被转折 90° 而出射，只是光线产生一个微小量的平移，而平移量 δ 与五角棱镜的转动量有关。Koni 007 精密自动安平水准仪就是利用这种关系来达到测微目的的。

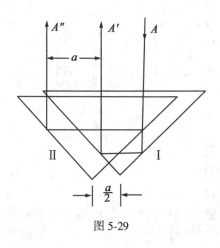

图 5-29

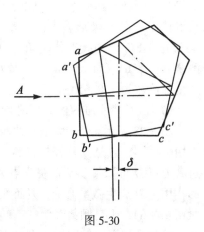

图 5-30

测微器的量测范围为 5mm，在实际作业时应配合分划间隔为 5mm 的因瓦水准标尺。

Koni 007 精密自动安平水准仪补偿器的最大作用范围为 ±10′，圆水准器的灵敏度为 8′/2mm，因此，只要圆水准器气泡偏离中央小于 2mm，补偿器就可以给出正确的补偿。

4. 气泡式精密水准仪和水准尺简介

用于精密水准测量中的气泡水准仪有我国南京测绘仪器厂的 S1 级系列水准仪，Wild 厂的 N3 水准仪，Zeiss 厂的 Ni004 等。下面以 N3 为例介绍其主要特点。

Wild N3 精密水准仪的外形如图 5-31 所示。望远镜物镜的有效孔径为 50mm，放大倍率为 40 倍，管状水准器格值为 10″/2mm。N3 精密水准仪与分格值为 10mm 的精密因瓦水准标尺配套使用，标尺的基辅差为 301.55cm。在望远镜目镜的左边上下有两个小目镜（在图5-31中没有表示出来），它们是符合气泡观察目镜和测微器读数目镜，在 3 个不同的目镜中所见到的影像如图 5-32 所示。

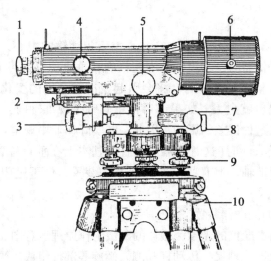

1—望远镜目镜；2—水准气泡反光镜；3—倾斜螺旋；4—调焦螺旋；5—平行玻璃板测微螺旋；
6—平行玻璃板旋转轴；7—水平微动螺旋；8—水平制动螺旋；9—脚螺旋；10—脚架

图 5-31

转动倾斜螺旋，使符合气泡观察目镜的水准气泡两端符合，则视线精确水平，此时可转动测微螺旋使望远镜目镜中看到的楔形丝夹准水准标尺上的 148 分划线，也就是使 148 分划线平分楔角，再在测微器目镜中读出测微器读数 653（即 6.53mm），故水平视线在水准标尺上的全部读数为 148.653cm。

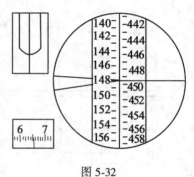

图 5-32

1）N3 精密水准仪的倾斜螺旋装置

图 5-33 所示是 N3 型精密水准仪倾斜螺旋装置及其作用示意图。它是一种杠杆结构，转动倾斜螺旋时，通过着力点 D 可以带动支臂绕支点 A 转动，使其对望远镜的作用点 B 产生微量升降，从而使望远镜绕转轴 C 作微量倾斜。由于望远镜与水准器是紧密相联的，于是倾斜螺旋的旋转就可以使水准轴和视准轴同时产生微量的变化，借以迅速而精确地将视准轴整平。在倾斜螺旋上一般附有分划盘，可借助于固定指标进行读数，由倾斜螺旋所转动的格数可以确定视线倾角的微小变化量，其转动范围约为 7 周。借助于这种装置，可以测定视准轴微倾的角度值，在进行跨越障碍物的精密水准测量时具有重要作用。

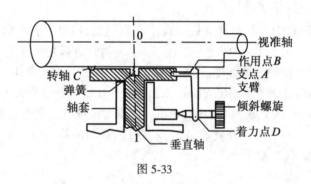

图 5-33

必须指出，由图 5-33 可见仪器转轴 C 并不位于望远镜的中心，而是位于靠近物镜的一端。由圆水准器整平仪器时，垂直轴并不能精确在垂直位置，可能偏离垂直位置较大。此时使用倾斜螺旋精确整平视准轴时，将会引起视准轴高度的变化，倾斜螺旋转动量愈大，视准轴高度的变化也就愈大。如果前后视精确整平视准轴时，倾斜螺旋的转动量不等，就会在高差中带来这种误差的影响。因此，在实际作业中规定：只有在符合水准气泡两端影像的分离量小于 1cm 时（这时仪器的垂直轴基本上在垂直位置），才允许使用倾斜螺旋来进行精确整平视准轴。但有些仪器转轴 C 的装置，位于过望远镜中心的垂直几何轴线上。

2）N3 精密水准仪的测微器装置

图 5-34 是 N3 精密水准仪的光学测微器的测微工作原理示意图。由图可见，光学测微器由平行玻璃板、测微器分划尺、传动杆和测微螺旋等部件组成。平行玻璃板传动杆与测微分划尺相连。测微分划尺上有 100 个分格，它与 10mm 相对应，即每分格为 0.1mm，可估读至 0.01mm。每 10 格有较长分划线并注记数字，每两长分划线间的格值为 1mm。当

平行玻璃板与水平视线正交时，测微分划尺上初始读数为 5mm。转动测微螺旋时，传动杆就带动平行玻璃板相对于物镜作前俯后仰，并同时带动测微分划尺作相应的移动。平行玻璃板相对于物镜作前俯后仰，水平视线就会向上或向下作平行移动。若逆转测微螺旋，使平行玻璃板前俯到测微分划尺移至 10mm 处，则水平视线向下平移 5mm；反之，顺转测微螺旋使平行玻璃板后仰到测微分划尺移至 0mm 处，则水平视线向上平移 5mm。

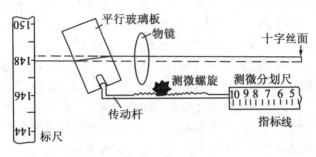

图 5-34

在图 5-34 中，当平行玻璃板与水平视线正交时，水准标尺上读数应为 a，a 在两相邻分划 148 与 149 之间，此时测微分划上读数为 5mm，而不是 0。转动测微螺旋，平行玻璃板作前俯，使水平视线向下平移与就近的 148 分划重合，这时测微分划尺上的读数为 6.50mm，而水平视线的平移量应为 6.50~5mm，最后读数 a 为

$$a = 148cm + 6.50mm - 5mm$$

即 $a = 148.650cm - 5mm$。

由上述可知，每次读数中应减去常数（初始读数）5mm，但因在水准测量中计算高差时能自动抵消这个常数，所以在水准测量作业时，读数、记录、计算过程中都可以不考虑这个常数。但要切记，在单向读数时就必须减去这个初始读数。

测微器的平行玻璃板安置在物镜前面的望远镜筒内，如图 5-35 所示。在平行玻璃板的前端，装有一块带楔角的保护玻璃，实质上是一个光楔罩，它一方面可以防止尘土侵入望远镜筒内，另一方面光楔的转动可使视准轴倾角 i 作微小的变化，借以精确地校正视准轴与水准轴的平行性。

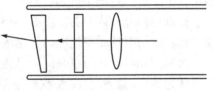

图 5-35

近期生产的新 N3 精密水准仪，望远镜物镜的有效孔径为 52mm，并有一个放大倍率为 40 的准直望远镜，直立成像，能清晰地观测到离物镜 0.3m 处的水准标尺。

光学平行玻璃板测微器可直接读至 0.1mm，估读到 0.01mm。

微倾螺旋装置还可以用来测量微小的垂直角和倾斜度的变化。

仪器备选附件有自动准直目镜、激光目镜、目镜照明灯和折角目镜等，利用这些附件可进一步扩大仪器的应用范围，可用于精密高程控制测量、形变测量、沉陷监测、工业应用等。

5.5 电磁波在大气中的传播

5.5.1 一般概念

我们在进行电磁波测距时，并不是在真空中，而是在具体实际的现实大气条件下进行的，因此，为计算电磁波测量的距离，就不能用真空中的光速值 $C_0 = 299\ 792.458\text{km/s}$（1973 年公认的光速值），而必须用实际光速值 C。这样，大气对电磁波测距的影响，主要表现在两方面：一方面是使大气中电磁波传播速度小于真空中的传播速度，从而扩大了在一定距离内的传播时间；另一方面由于大气折射影响，使电磁波传播的波道弯曲，使距离测得过长。因此，我们必须解决由此带来的两个问题：一是确定具体现实工作条件下的电磁波传播的实际速度；二是顾及波道弯曲。为此，首先来概略地介绍一下电磁波在大气中传播时产生的两种现象：一是电磁波辐射能量被大气吸收和散射而引起的大气衰减；二是由大气湍流影响致使电磁波的有关参数的随机变化。

信号强度的衰减随辐射波长的减少而剧增，因此可见光谱中的波的衰减特别厉害，波长大于 10cm 的波，衰减得特别小。大气衰减主要影响测距仪测程的减少。

波参数的随机变化是大气湍流影响的结果，也就是在波的传播路程上空气密度不均匀的随机变化的结果。大气湍流是由空气对流而形成的许许多多的涡流形成的，而每一个小涡流又与其速度、温度、折射率及其他因素密切相关，因而由大气湍流形成的大气场是个不平稳、不均匀、随机变化着的折射场。这样，使得电磁波的各种参数，尤其是振幅（强度）、相位、频率、偏振性、波及波束横断面的传播方向等都发生随机变化，其结果是使得进入接收机的噪声功率的光谱密度扩大，因而降低信/噪比值。假如以光波作为测频进行测量（比如干涉测量），湍流极大地干扰着干涉仪的工作，甚至使其不能工作。解决大气湍流问题的一个最好手段，就是选择有利观测时间——湍流现象发生最小的时间。在一般情况下，日出后一小时和日落前一小时是有利观测时间。

在近地（12km 内）对流层进行测量时，湍流影响更为厉害，这个对流层内的时、空随机变化着的折射场受空气压力、温度及湿度等因素制约着，它们都随高度增加而减少。

大气压场可以认为在时间上是相对稳定的，并按一定规律变化着。在一般情况下，甚至可认为等压面实际上按水平分布。因此，在测距中我们可以比较准确地测定它。

对流层的温度场大致可分为具有完全不同性质的两种境地来考虑。高出地面 500m 内的近地层空间，温度由白天吸热夜里放热的现象决定着。由于热交换现象与天气、季节、地形及植被等有关，尽管有风的不断掺合作用，但近地层空间的温度场是很不一致的。超出近地层的远层空间的温度场可以说保持着线性结构关系，在稳定天气中热量传递较少，故温度变化较小。

对流层的湿度场是用空气中含有由于蒸发或干热而引起的水蒸气含量的多少来表示，它随温度增高、气流增强及高度增加而减少。水汽压场同温度场有复杂关系。

5.5.2 电磁波在大气中的衰减

电磁波在大气中传播时强度的衰减主要有两种原因：一是大气气体分子的吸收；二是

大气密度的变化及空中微粒的散射。强度衰减与大气透射率、传播距离及波长等有关。辐射的衰减按布格(Bouguer)公式计算:

$$I_D = I_0 e^{-\alpha(\lambda)D} \tag{5-26}$$

式中: I_D 为通过某段距离 D 后的射束强度; I_0 为射束的初始强度; $\alpha(\lambda)$ 为衰减的光谱系数,它集中表达大气的透射性能,由吸收系数和散射系数组成:

$$\alpha(\lambda) = \alpha_a(\lambda) + \alpha_z(\lambda) \tag{5-27}$$

称数值

$$\sigma = e^{-\alpha(\lambda)} \tag{5-28}$$

为单位长度(比如 1km)大气透射的光谱系数,因此可把(5-26)式写成:

$$I_D = I_0 \sigma^D \tag{5-29}$$

假如只顾及吸收,则有

$$\sigma_a = e^{-\alpha_a(\lambda)} \tag{5-30}$$

而只顾及散射,则有

$$\sigma_z = e^{-\alpha_z(\lambda)} \tag{5-31}$$

一般情况下都是同时顾及它们,因此透射系数

$$\sigma = \sigma_a \cdot \sigma_z \tag{5-32}$$

空气各种成分中,水蒸气、二氧化碳、氧及臭氧对电磁波吸收有较大影响。在可见光谱或近红外光谱中,水蒸气分子的吸收更为严重。但在近地大气层中也有透射窗: $400 \sim 780nm$, $800 \sim 920nm$, $980 \sim 1\,050nm$, $1\,170 \sim 1\,320nm$。水蒸气的吸收系数与其饱和分压有关,而饱和分压又是气温的函数,因此大气衰减与温度有关。在大气吸收的研究中还表明,在上述透射窗中也还有一些能被吸收的光带(线)。当采用宽谱带光源时(比如白炽灯,汞灯等),这种吸收可忽略不计,但当采用窄狭光源时(比如激光、砷化镓二极管)就必须注意以使辐射波长不落在吸收带(线)上。在白天,空中悬浮的较大微粒(如烟尘等)可引起无法控制的吸收,在城区及工业区测距时应特别予以注意。

大气对辐射波产生散射的主要原因是直径小于或相当于辐射波长的各种微粒所致,大于波长的微粒可引起反射或折射。

对可见光谱大气透射率可用所谓"视程"来估计。视程(又称气象视程或大气视程)是指这样的水平距离,即在这个距离内,在白天天空背景下能够区分足够大小的阴暗目标,因此它又等于当亮度反差等于人眼衬比阈值的一段距离。白天,人眼衬比阈值的平均值等于 0.02,因此衰减系数同视程有关系式:

$$\alpha = 3.91 km/s \tag{5-33}$$

此式当 $\lambda = 555nm$ 时才成立,但它也可以足够精度用在这个波带上的光电测距中。

估算出视程 S 后,就可按(5-33)式求出衰减系数 α,进而当已知起始强度 I_0 时,就可按(5-26)式确定通过距离 D 后的强度 I_D。

在大多数情况下,大气透射率同波长的关系只能用实验得到,而每次实验又只能针对具体波长,因而要想得到通用的严密公式是不可能的。目前,当视程小于 20km 时,往往采用罗卡尔(pokap)公式:

$$(1 - \sigma_\lambda) = (1 - \sigma_{\lambda_0})\left(\frac{\lambda_0}{\lambda}\right)2.5 \tag{5-34}$$

式中, σ_{λ_0} 为任何起始波长 λ_0 的透射率。这个公式有很大近似性,只有当散射微粒大小不

大于波长时才适用，当大于波长时，比如空中有粉尘及烟雾等时，衰减同波长关系很弱。

大部分无线电波不被大气吸收，但在雨或薄雾时也可引起某些衰弱，在尘、烟、灰或浓雾条件下进行测量时，远比光电测量所受干扰要小得多。测程与发射功率、天线扩大系数、传播的大气衰减等因素有关。而且这些参数又都与载波波长的动态变化有关。在微波波带内也有免受氧及水蒸气吸收的波带：10cm、3cm 及 8mm，因此微波测距仪大多采用这几种载波。引起微波在大气中衰减的另外原因就是由雨滴、烟尘、浓云、雪及冰霜等形成的电介散射或由空中小微粒如小雨滴、小冰晶等形成的衍射散射而带来的影响。现在，微波测距仪可测 120km 或更长的测程。

5.5.3　电磁波的传播速度

1. 大气折射率

电磁波在实际介质中的传播速度 C 是用真空中传播速度 C_0 除以介质折射率 n 来表示：

$$C = \frac{C_0}{n} \tag{5-35}$$

在电子学中，折射率 $n = \sqrt{\varepsilon\mu}$，式中，$\varepsilon$、$\mu$ 分别为介质的电介常数和磁导率。在气象学中，大气折射率是表示大气实际介质性质的气体成分、温度、压力、湿度以及波长等的函数，一般函数表达式有

$$n = f(\lambda, \ T, \ P, \ e) \tag{5-36}$$

对于纯单色波，相折射率

$$n_\varphi = \frac{C_0}{C_\varphi} \tag{5-37}$$

式中：C_φ 为相速度。但光电测距仪发出的光波都不是单色波，而是由许多频率相近的单色波叠加而成的群单色波。仿(5-37)式，群波在大气中传播速度 C_g 和群折射率 n_g 有关系式：

$$n_g = \frac{C_0}{C_g} \tag{5-38}$$

根据瑞利(RayLeig)规则，知群折射率和相折射率之间有关系式：

$$n_g = n_\varphi - \lambda \frac{\mathrm{d}n_\varphi}{\mathrm{d}\lambda} \tag{5-39}$$

对于无线电微波，在 11~12km 内的对流层空间里，大气实际上是非色散介质，因此对于微波，相速度和群速度是一致的；但对光波来说，大气则是色散介质，因此二者不一样。在光电测距中采用调制波，应该用群速度，因此对群折射率十分关心。

2. 光波的折射率

上面提到，在光波传播的每一点上，光波的大气折射率 n 都是波长 λ、气温 $T(t)$、气压 p 和水汽压 e 的函数：

$$n = f(\lambda, \ T, \ p, \ e)$$

通常把折射率同波长及气象元素的关系分开来讨论。

折射率 n 同波长 λ 的关系，是在实验室建立的标准气象条件 $(p_0, \ T_0, \ e_0)$ 下导出的。

国际上标准条件是指 $T_0 = 288.16k(t = 15℃)$，$p_0 = 760mmHg$ 及 $e_0 = 0$（干燥空气）及二氧化碳含量 0.03%。色散关系式按柯希（Cauchg）公式计算

$$N_0 = A + \frac{B}{\lambda^2} + \frac{C}{\lambda^4} \tag{5-40}$$

或用通用的希梅（Selmeier）公式：

$$N_0 = A' + \frac{B'}{a - \sigma^2} + \frac{C'}{b - \sigma^2} \tag{5-41}$$

式中：

$$N_0 = (n_0 - 1) \cdot 10^6 \tag{5-42}$$

称为大气折射指数，比 n_0 小 1，且以小数点后第六位为单位；λ 为真空中波长；$\sigma = \frac{1}{\lambda}$；$A$、$B$、$C$、$A'$、$B'$、$C'$、$a$、$b$ 等为色散系数，通过实验确定。由（5-40）式和（5-41）式确定的折射率是相折射率。通过（5-39）式可将它转换成群折射率

$$N_{g0} = (n_{g0} - 1) \cdot 10^6$$
$$= A + \frac{3B}{\lambda^2} + \frac{5C}{\lambda^4} \tag{5-43}$$

1963 年在伯克莱举行的国际大地测量与地球物理年会上，推荐按巴热尔-希尔斯（Barrell-Sears）公式计算

$$N_{g0} = (n_{g0} - 1) \cdot 10^6$$
$$= 287.604 + 3 \times \frac{1.6288}{\lambda^2} + 5 \times \frac{0.0136}{\lambda^4} \tag{5-44}$$

式中：λ 以微米计。该式是在气温 $t_0 = 0℃$，气压为 $760mmHg(1\,013.25mb)$ 及二氧化碳含量为 0.03% 的条件下导出的。例如，对于 HP3800B 测距仪，有 $\lambda = 910nm$（毫微米），依（5-44）式算得 $N_{g0} = 293.6$，则 $n_{g0} = 1.0002936$；对于 AGA Geodimeter6A，有 $\lambda = 550nm$，同样算得 $N_{g0} = 304.5$，而 $n_{g0} = 1.0003045$，当 $\lambda = 6\,328nm$ 时，可算得 $n_{g0} = 1.00030023$。

更精确的色散公式由埃德伦（Edlen）于 1966 年给出：

$$N_{g0} = (n_{g0} - 1) \cdot 10^6$$
$$= 287.583 + 3 \times \frac{1.6134}{\lambda^2} + 5 \times \frac{0.01442}{\lambda^4} \tag{5-45}$$

此公式是在 $t_0 = 15℃$，$p_0 = 760mmHg$ 下导出的。

因此，只要知道光波的真空波长，便可算出参考条件下的折射率。

（5-44）式对 λ 取微分后，当 $d\lambda = 5nm$ 时，可得由此引起的折射率误差 dn_{g0} 为 $0.3ppm$，因此，载波波长必须很精确。

折射率 n 同非标准条件下气象元素的关系，在光电测距中常采用巴热尔-希尔斯给出的公式：

$$n_L = 1 + \frac{n_{g0} - 1}{1 + \alpha t} \cdot \frac{p}{1\,013.25} - \frac{4.1 \times 10^{-8}}{1 + \alpha t} \cdot e \tag{5-46}$$

式中：
$$\alpha = \frac{1}{273.16} = 0.003\ 661 \tag{5-47}$$

或者写成：
$$N_L = (n_L - 1) \cdot 10^6$$
$$= (n_{g0} - 1) \cdot 10^6 \cdot \frac{p}{(1 + \alpha t)1\ 013.25} - 0.041\frac{e}{1 + \alpha t} \tag{5-48}$$

或
$$N_L = (n_L - 1) \cdot 10^6 = (n_{g0} - 1) \cdot 10^6 \cdot 0.269\ 6 \cdot \frac{p}{T} - 11.20\frac{e}{T} \tag{5-49}$$

或
$$N_L = (n_L - 1) \cdot 10^6 = 0.269\ 6 \cdot N_{g0}\frac{p}{T} - 11.20\frac{e}{T} \tag{5-50}$$

以上各式 p、e 均以 mb 为单位。若改为以 mmHg 为单位，则上面诸式可分别写成：
$$n_L = 1 + \frac{n_{g0} - 1}{1 + \alpha t} \cdot \frac{p}{760} - 5.5\frac{e \cdot 10^{-8}}{1 + \alpha t} \tag{5-51}$$

或
$$N_L = (n_L - 1) \cdot 10^6$$
$$= (n_{g0} - 1) \cdot 10^6 \cdot \frac{p}{760(1 + \alpha t)} - 0.055\frac{e}{1 + \alpha t} \tag{5-52}$$

或
$$N_L = (n_L - 1) \cdot 10^6$$
$$= (n_{g0} - 1) \cdot 10^6 \cdot 0.359\ 4\frac{p}{T} - 15.02\frac{e}{T} \tag{5-53}$$

或
$$N_L = (n_L - 1) \cdot 10^6$$
$$= 0.359\ 4 \cdot N_{g0}\frac{p}{T} - 15.02\frac{e}{T} \tag{5-54}$$

以上这些公式虽然形式不同，但计算结果都是一样的，只是要注意各公式中参数的单位。

对由于测量气温 t，气压 p 及湿度 e 的误差 dt，dp 及 de 而引起群折射率 n 的误差 dn_L，可用 (5-48) 式对 t、p 及 e 取全微分得到，当 $t = 15℃$，$p = 1\ 007mb$，$e = 13mb$ 及 $n_{g0} = 1.000\ 304\ 5$时，则有
$$dn_L \cdot 10^6 = -1.00dt + 0.28dp - 0.04de \tag{5-55}$$
由此可知：

①测量温度 1℃ 的误差可引起折射率 n，亦即距离有 1ppm 的误差；

②测量气压 1.0mb 的误差可引起折射率 n，亦即距离有 0.3ppm 的误差；

③测量湿度 1.0mb 的误差可引起折射率 n，亦即距离有 0.04ppm 的误差。

因此，为保证折射率测定的必要精度，精确测定温度 t 是关键，比如应至少在测站两端点测量温度，分别计算折射率再取平均值，尽管如此，折射率平均值也不会优于 1ppm，除非应用特殊的设备和手段。对于 (5-49) 式最后一项湿度的影响也不可忽略，如若忽略这项，则会引起如表 5-18 所示的误差：

表 5-18

温度	相对湿度 50%	相对湿度 100%
0℃	0.1ppm	0.2ppm
10℃	0.2ppm	0.5ppm
20℃	0.4ppm	0.9ppm
30℃	0.8ppm	1.6ppm
40℃	1.4ppm	2.8ppm
50℃	2.3ppm	4.6ppm

3. 微波的折射率

由于对无线电微波大气色散实际上等于0，故在每点上的微波折射率仅是气象元素 T、p、e 的函数，这种函数表达式一般可写为：

$$N_M = (n_M - 1)10^6$$

$$= a\frac{p}{T} + b\frac{e}{T} + c\frac{e}{T^2} \tag{5-56}$$

在第12届国际大地测量和地球物理年会上，推荐按埃森(Essen)和弗鲁姆(Froome)公式计算微波折射率：

$$N_M = \frac{77.64}{T}(p-e) + \frac{64.68}{T} \cdot \left(1 + \frac{5748}{T}\right)e \tag{5-57}$$

式中：p 及 e 均以 mb 为单位。后来史密斯(Smith)和魏特洛布(Weintraub)综合分析各种研究结果，又给出了(5-56)式中的系数如下：

$$a = 77.60, \quad b = -5.62, \quad c = 3.75 \cdot 10^5$$

不过目前，仍采用(5-57)式计算 $N_M(n_M)$。

在(5-57)式中，若对 t、p、e 取全微分就可得出气象元素的测定误差对折射率的影响。设 $t = 10℃$，$p = 1013.15\text{mb}$，$e = 13\text{mb}$，得

$$dn_M 10^6 = -1.4dt + 0.3dp + 4.6de \tag{5-58}$$

由此可知：

①测定气温1℃的误差，可引起折射率 n，亦即距离有 1.4ppm 的误差；

②测定气压1mb的误差，可引起折射率 n，亦即距离有 0.3ppm 的误差；

③测定水汽压1mb的误差，可引起折射率 n，亦即距离有 4.6ppm 的误差。

显然，在测定微波折射率时，关键性的参数是水汽分压的测定，同光波相比可知，水汽压对微波折射率的影响是光波的 100 倍，即高出 2 个数量级，所以，与光波测距不同，在微波测距中必须沿整条测线十分精确地测定湿度。即便是这样，使 n_M 好于±3ppm 的精度也是很困难的，所以微波测距精度一般都低于光波测距精度。

4. 大气参数的测定

大气参数测量的范围和精度，在很大程度上取决于测距仪的类型、内精度、测距精度以及距离的长短等。为控制测量用的电磁波测距，起码应在仪器站和反光镜站同时测定干温 t，湿温 t' 及气压 p。

大气温度通常用通风干湿计(A·阿斯曼发明)或遥测通风干湿计同湿度一起测定。它们测定干、湿温的精度分别是 0.2℃ 及 0.1℃。温度计应放在阴凉、通风处,离地物(包括地面、物体及人)等 1.5m 之外,尤其要十分注意免受人体热量的影响。每隔 3~5min 测定一次气象元素。遥测干湿计接上自动记录装置可连续记录。温度计要按时检定,特别要注意零点差及刻划误差的检定和改正。

大气压测量通常用精度高于 1mb 的高质量空盒气压计测量。测量时要注意应把气压计平放在阴凉处,安静一段时间后再读数。注意测前、测后对气压计的检定,对测量的气压值要加以温度、比例误差及零点差改正。

大气湿度测量通常用两种方法:一是用湿度计;二是用通风干湿计。为满足精度要求和使用方便起见,现都采用(遥测)通风干湿计。在测湿温时要注意棉球湿润后在认定读数达到平衡时再使用,并随时注意棉球的润湿以防干燥。为计算折射率用的水汽压,通过测得的干温 t,湿温 t',按斯珀隆(A. Sprung)公式计算:

$$\begin{cases} e = E_w' - 0.000\,662p(t - t') & \text{水上} \\ e = E_{ice}' - 0.000\,583p(t - t') & \text{冰上} \end{cases} \tag{5-59}$$

式中,E_w' 及 E_{ice}' 分别为越过水及冰时的饱和水汽压,可从专用表中查取,或用马格努斯-泰坦斯(Magnus-Tetens)公式计算:

$$\begin{cases} E_w' = 10^{\left(\frac{7.5t'}{237.3+t'}+0.785\,8\right)} \\ E_{ice}' = 10^{\left(\frac{9.5t'}{265.5+t'}+0.785\,8\right)} \end{cases} \tag{5-60}$$

或用它的修正式

$$\begin{cases} E_w' = 6.107\,8\exp\left(\frac{17.269t'}{237.30+t'}\right) \\ E_{ice}' = 6.107\,8\exp\left(\frac{21.875t'}{265.50+t'}\right) \end{cases} \tag{5-61}$$

上面两式适用于 -70℃~+50℃,在 0℃~40℃ 之间公式精度可达 0.1mb。

例如:$t = 21.3℃$,$t' = 17.9℃$,$p = 1\,010.6$mb,则依(5-60)式得:

$$E_w' = 10^{\left(\frac{7.5\times17.9}{237.3+17.9}+0.785\,8\right)} = 20.50\text{mb}$$

依(5-59)式得 $e = 20.50 - 0.000\,662(1\,010.6)\cdot(21.3-17.9) = 20.50-2.28 = 18.22$mb

5. 平均折射率的测定问题

上述公式对光程上的每点都是正确的,但实际上大气是一个不同一的介质,因此每点的折射率都不一样,因而速度也是逐点不同的。为了计算距离,显然应该用整条光程上的平均速度 $\bar{V}$,即距离

$$D = \frac{\bar{V} \cdot t_{2D}}{2} \tag{5-62}$$

假如电磁波通过 dx 微分光程所需时间:

$$dt = \frac{dx}{v(x)}$$

则电磁波走完发射机至接收机 2D 路程所需时间

$$t_{2D} = \int_0^{2D} \frac{\mathrm{d}x}{v(x)} = 2\int_0^D \frac{\mathrm{d}x}{v(x)} \tag{5-63}$$

将它代入(5-62)式，求出平均速度

$$\bar{V} = D \Big/ \int_0^D \frac{\mathrm{d}x}{v(x)} \tag{5-64}$$

对于每一点都有

$$v(x) = \frac{C_0}{n(v)} \tag{5-65}$$

因此最后得到

$$\bar{V} = \frac{C_0}{\dfrac{1}{D}\displaystyle\int_0^D n(v)\,\mathrm{d}x} = \frac{c_0}{\bar{n}} \tag{5-66}$$

在这个表达式中

$$\bar{n} = \frac{1}{D}\int_0^D n(x)\,\mathrm{d}x \tag{5-67}$$

称大气平均折射率，用它求出平均光速，进而求出距离。但完全按照(5-67)式确定折射率是不现实的，目前往往都是在测线的一端，或两端，或再加测测线上几点的气象元素，分别算出这些点的折射率，再取平均值来代表测线上的平均折射率。

为准确地测定折射率，合理地描述大气模型非常重要。比如，经研究认为在城区沿短陡测线大气折射率的规律主要是受空气密度的制约，此时(5-67)式可写成：

$$\bar{n} = \frac{1}{D}\int_0^D n[H(x)]\,\mathrm{d}x \tag{5-68}$$

式中：$n[H(x)]$ 为与高度 H 有关的折射率，而 H 又是距离变量 x 的函数。$n[H(x)]$ 或其简化式 $n(H)$，往往有式

$$n(H) = n_{H_0}f(H)$$

式中：n_{H_0} 为在某起始高度 H_0 处的折射率，可用气象仪表测算得到，而 $f(H)$ 则需用实验方法确定。

在无线电气象学中，曾给出大气折射指数同高度 H 成线性、抛物线及指数的函数关系，一般认为指数函数模型比较准确一些：

$$N(H) = N_{H_0}\exp[-q(H - H_0)] \tag{5-69}$$

式中，指数 q 的取值范围为 $0.10\sim0.25$，这是 1959 年国际标准大气会议(CRPL)推荐的。

以上三种大气模型的图形见图(5-36)。

由(5-69)式给出的大气模型适于近地几公里的大气。为扩大适用范围，美国的贝安(Bean)和达顿(Datton)经过大量的统计分析提出所谓双指数函数模型：

$$N(H) = N_t(H) + N_f(H)$$
$$= N_t\exp\left(-\frac{H}{H_t}\right) + N_f\exp\left(-\frac{H}{H_f}\right) \tag{5-70}$$

式中：N_t 和 N_f 是参考高度 H_t 和 H_f 的大气折射指数的干、湿分量。对于微波，地表的干、湿折射指数分量为：

$$N_t^M = a\,\frac{p_{H_0} - e_{H_0}}{T_{H_0}} \tag{5-71}$$

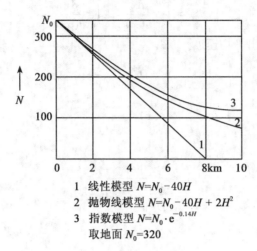

1　线性模型 $N = N_0 - 40H$
2　抛物线模型 $N = N_0 - 40H + 2H^2$
3　指数模型 $N = N_0 \cdot e^{-0.14H}$
　　取地面 $N_0 = 320$

图 5-36

$$H_f^M = \left(a + b + \frac{c}{T_{H_0}} \right) \frac{e_{H_0}}{T_{H_0}} \tag{5-72}$$

式中：T_{H_0}、p_{H_0}、e_{H_0} 为地表 H_0 处空气的温度、气压和湿度，系数 a、b、c 由 (5-57) 式取得。对于光波，计算 N_t 和 N_f 的公式为

$$N_t^L = N_0 \frac{T_0}{p_0} \cdot \frac{P_{H_0} - e_{H_0}}{T_{H_0}} \tag{5-73}$$

$$N_f^L = \left[N_0 \frac{T_0}{p_0} - \left(17.045 - \frac{0.557\,2}{\lambda^2} \right) \right] \frac{e_{H_0}}{T_{H_0}} \tag{5-74}$$

为确定平均折射指数 $\overline{N}$，必须将 (5-70) 式代入 (5-68) 式：

$$\overline{N} = \frac{N_t}{D} \int_0^D e^{-\frac{H}{H_t}} dx + \frac{N_f}{D} - \int_0^D e^{-\frac{H}{H_f}} dx \tag{5-75}$$

可见，为计算 $\overline{N}$，最好使用计算机。

以上指数函数及双指数函数大气模型可用于陡测线的大气折射率的计算。

1959 年微气象学家普里斯特利 (Priestley) 曾提出大气湍流转换模型，大地测量学家安努斯-列潘 (Angnus-Leppan) 和布鲁纳 (Brunner) 1980 年把这种理论用于大地测量中的大气折射的研究。这种模型的基本参数是从地面到空中 (或相反) 的热通量，是它支配和决定着低层大气湍流状态，其表达式为 $H = R - G - E$。式中，H 为热通量；R 为太阳的辐射热；G 为地面的吸收热；E 为蒸发失去的热。可见，热通量是云、风向、风速、植被等多种自然因素的函数，是个很难直接准确测量和估算的参数。

此外，还有人提出利用三角高程和水准测量的高差比较的方法，求出大气折光系数 k，再利用 k 找出折射率的垂直梯度 $\mathrm{d}n/\mathrm{d}h$，进而求出高度 H 处的大气折射率。还有人建议用同时对向观测天顶距的方法测定大气折射率。

更进一步的技术就是利用飞机沿着波道连续地测量大气元素 t、p、e，从而直接解出沿整条测线的大气折射率。据报道，在美国径·安弟斯断层形变监测网就应用了这种方法，精度可达 0.2ppm。

1956 年帕里列宾（Npulenuh）和本德（Bender）、奥温斯（Owens）等人分别提出直接利用光在大气中传播的色散原理确定大气折射率 n 的色散确定方法。其基本原理就是采用双波或多波测距，使不能沿测线全部点测量气象元素的问题用测量两种不同波长的光程差来代替。据实践和分析认为，这种方法对由温度和气压的变化对折射率的影响有很好的扼制作用，但水汽分压变化的影响仍很大。

可见，气象条件是限制电磁波测距精度的主要因素，如何克服和进一步减少其影响，这是当前发展电磁波测距技术的一个重要课题。

5.5.4 电磁波的波道弯曲

由于大气密度的不均匀性使得电磁波在大气中的传播波道不是一条直线而是一条曲线，为得到两测站点间的直线距离，我们必须首先研究电磁波传导波道的几何性质。

波道的几何性质用曲率半径表达：

$$r = \frac{n}{\sin\alpha \frac{dn}{dH}} \tag{5-76}$$

式中：α 为光线的入射角，n 为大气折射率，可近似取 1。由于波道倾角一般不大，故入射角 α 接近 90°，可认为 $\sin\alpha = 1$，因此

$$r = \frac{1}{\frac{dn}{dH}} = \frac{10^6}{\frac{dN}{dH}} \tag{5-77}$$

可见，曲率半径 r 不是和折射率（或折射指数）有关，而是与折射率的梯度有关，近似地等于其倒数。因此确定曲率半径的问题归结到确定折射率（或折射指数）梯度的问题。上面已指出，最简单的气象模型是线性模型，并且有折射指数梯度 $dN/dH = 40$，因此将此值代入上式，求得对微波波道的曲率半径 $r = 25\ 000$km，大约是地球平均半径 $R = 6\ 400$km 的 4 倍；对光波取 $r = 50\ 000$km，约为地球平均半径 R 的 8 倍。我们把地球平均半径 R 和波道曲率半径 r 之比 k：

$$k = \frac{R}{r} \tag{5-78}$$

称为折光系数。可见，对于光波 $k = 0.13$，对于微波 $k = 0.25$。

关于电磁波传播的实际速度计算及波道弯曲改正问题将在 5.7.3 节详细介绍。

5.6 精密角度测量方法

5.6.1 精密测角的误差来源及影响

1. 外界条件的影响
1）大气层密度的变化和大气透明度对目标成像质量的影响
（1）大气层密度的变化对目标成像稳定性的影响。
目标成像是否稳定主要取决于视线通过近地大气层（简称大气层）密度的变化情况，

如果大气密度是均匀的、不变的，则大气层就保持平衡，目标成像就很稳定；如果大气密度剧烈变化，则目标成像就会产生上下左右跳动。实际上大气密度始终存在着不同程度的变化，它的变化程度主要取决于太阳造成地面热辐射的强烈程度以及地形、地物和地类等的分布特征。下面以晴天的平原地区为例，对成像情况作一具体分析。

早晨太阳升起时，阳光斜射通过大气层使气体分子缓慢而均匀地升温，使夜间的平衡状态开始变化，但各部分大气密度仅有微小的差异，因此没有明显的对流，目标成像也仅有轻微的波动。

日出以后，有一段时间，大约 1~3h，地面处于吸热过程，此时大气层密度较均匀，大气层基本上保持平衡，成像较稳定。但随着地面吸热达到饱和后，不断将热量再散发出去，使靠近地面的大气升温膨胀，形成上升气流，并到达一定高度后消失。然而，由于地类的不同，其吸热和散热的性能也不尽相同，如岩石、砂砾、干土等吸热较快，很快达到饱和，并开始向外散热；而另一些地类，如湿土、水域、植被等则吸热慢，开始向外散热也要晚一点，这样不同地类的地面上方的大气层之间，就存在着温度的差别，而形成大气的水平对流。也就是说，在整条视线上不仅存在着上下不同密度的大气对流，而且还存在着左右的大气对流，因此目标成像也必然出现上下和左右的动荡现象。随着太阳的不断升高，地面上的热量也不断增加，上述现象就愈加强烈。这是上午大气层密度结构变化情况，也就是目标成像由轻微波动到稳定，再逐渐向激烈动荡的过程。

一般在下午当大气温度达到最高点以后，太阳逐渐下降，地面辐射热量减少，大气逐渐降温并趋向平衡，目标成像愈来愈稳定。因此，在日落前又有一段成像稳定而有利于观测的时间。

夜间大气层一般是平衡的，但仍有一部分地类，如水域、稻田等，入夜以后仍徐缓放热，靠近这些地类上方的视线也有一段时间的微小波动。

(2)大气透明度对目标成像清晰的影响。

目标成像是否清晰主要取决于大气的透明程度，也就是取决于大气中对光线散射作用的物质(如尘埃、水蒸气等)的多少。尘埃上升到一定高度后，除部分浮悬在大气中，经雨后才消失外，一般均逐渐返回地面。水蒸气升到高空后可能形成云层，也可能逐渐稀释在大气中，因此尘埃和水蒸气对近地大气的透明度起着决定性作用。

地面的尘埃之所以上升，主要是由于风的作用，即强烈的空气水平气流和上升对流的结果，大量水蒸气也是水域和植被地段强烈升温产生的，所以大气透明度从本质上说也主要决定于太阳辐射的强烈程度。因此一般来说，上午接近中午时大气透明度较差，午后随着辐射减弱，水蒸气愈来愈少，尘埃也不断陆续返回地面，所以一般在下午 3 点以后又有一段大气透明度良好的有利观测时间。

从上面讨论可以看出：为了获得清晰稳定的目标成像，应当在有利于观测的时间段进行观测，一般晴天在日出 1h 后的 1~2h 内和下午 3~4 点到日落前 1h 这段时间最为适宜。夏季的观测时间要适当缩短，冬季可稍加延长，阴天由于太阳的热辐射较小，所以大气的温度和密度变化也较小，几乎全天都能获得清晰稳定的目标成像，所以全天的任何时间都有利于观测。

2)水平折光的影响

光线通过密度不均匀的空气介质时，经过连续折射后形成一条曲线，并向密度大的一方弯曲，如图 5-37 所示。当来自目标 B 的光线进入望远镜时，望远镜所照准的方向为这条曲线在望远镜 A 处的切线方向，如图中的 AC 方向，这个方向显然不与这条曲线的弦线 AB 相一致（AB 一般称为理想的照准方向），而有一微小的交角 δ，称为微分折光。微分折光可以分解为纵向和水平两个分量，由于大气温度的梯度主要发生在垂直面内，所以微分折光的纵向分量是比较大的，是微分折光的主要部分。微分折光的水平分量（又称旁折光）影响着视线的水平方向，对精密测角的观测成果产生系统性质的误差影响。

水平折光的影响还随着大气温度的变化而不同。如白天在太阳照射下的砂石地面气温上升快，密度小，水面上方气温上升慢，密度大，如图 5-38 所示。但是在夜间砂石地面散热快，而水面的空气散热慢，因此，白天和晚间的水平折光影响正好相反。如图 5-39 所示，A 点观测 B 点，由于 AB 方向的右侧有河流，在白天观测时，视线凹向河流，在晚间观测时，视线凸向河流，所以取白天和晚间观测成果的平均值，可以有效地减弱水平折光的影响。

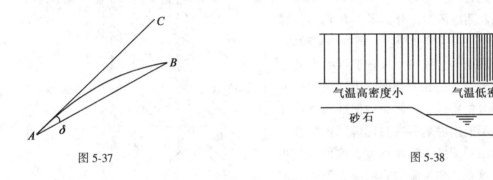

图 5-37   图 5-38

视线在水平方向靠近某些实体会产生局部性水平折光影响，如视线靠近岩石或在建筑物附近通过，因岩石等实体比空气吸热快、传热也快，使岩石等实体附近的气温高、密度小，所以也将使视线弯曲。在观测时，引起大气密度分布不均匀的地形地物愈靠近测站，水平折光就愈大，在图 5-40 中，由于山体靠近 A，所以 AB 方向的水平折光影响要比 BA 方向大，即 $\delta_1 > \delta_2$。

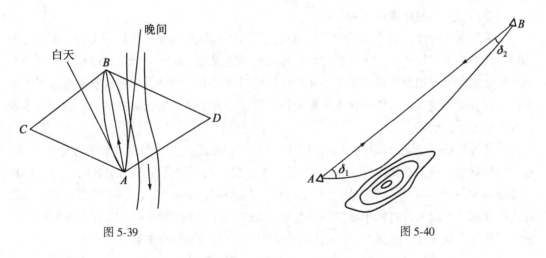

图 5-39   图 5-40

水平折光的影响是极为复杂的，为了在一定程度上削减其对精密测角的影响，一般应采取必要的措施。在选点时，应避免使视线靠近山坡、大河或与湖泊的岸线平行，并应尽量避免视线通过高大建筑物、烟囱和电线杆等实体的侧方。在造标时应使橹柱旁离视线至少 10cm，一般在有微风的时候或在阴天进行观测，可以减弱部分水平折光的影响。

在精密工程测量中水平角观测还受到工程场地的一些局部因素的影响。工业能源设施向大气排放大量热气、烟尘、沥青，或水泥路面、混凝土及金属构筑物等热量传导性能的改变，水蒸气的蒸发与冷却的瞬变等，使测区处于瞬变的微气候条件。为了削减微气候条件构成的水平折光影响，应根据测区微气候条件的实际情况，选择最有利于观测的时间，将整个观测工作分配在几个不同的时间段内进行。

3）照准目标的相位差

照准目标如果是圆柱形实体，如木杆、标心柱，则在阳光照射下会有阴影，圆柱上分为明亮和阴暗的两部分如图 5-41 所示。视线较长时往往不易确切地看清圆柱的轮廓线，当背景较阴暗时，往往十字丝照准明亮部分的中线；当背景比较明亮时，十字丝却照准了阴暗部分的中线，也就是说照准实体目标时，往往不能正确地照准目标的真正中心轴线，从而给观测结果带来误差，这种误差叫相位差。可知，相位差的影响随太阳的方位变化而不同，在上午和下午，当太阳在对称

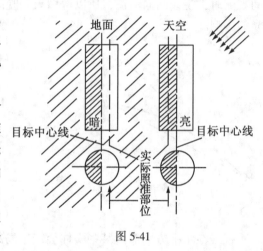

图 5-41

位置时，实体目标的明亮与阴暗部分恰恰相反，所以相位差影响的正负号也相反，因此，最好半数测回在上午观测，半数测回在下午观测。

为了减弱这种误差的影响，在三角测量中一般采用微相位照准圆筒，微相位照准圆筒的结构形式可参阅国家规范中的有关章节。

4）温度变化对视准轴的影响

如果在观测时仪器受太阳光的直接照射，则由于仪器的各部分受热不均匀，膨胀也不相同，致使仪器产生变形，各轴线间的正确关系不能保证，从而影响观测的精度，所以在观测时必须撑伞或用测橹覆挡住太阳光对仪器的直接照射。但是，尽管仪器不直接受太阳光的照射，周围空气温度的变化也会影响仪器各部分发生微小的相对变形，使仪器视准轴位置发生微小的变动。

视准轴位置的变动可以由同一测回中照准同一目标的盘左、盘右读数的差数中看出，这个差数就是两倍视准轴误差，以 $2c$ 表示。如果没有由于仪器变形而引起的误差，则由每个观测方向所求得的 $2c$ 值与其真值之间只能有偶然性质的差异。但是经验证明，倘若在连续观测几个测回的过程中温度不断变化，则由每个测回所得的 $2c$ 值有着系统性的差异，而且这个系统性的差异与观测过程中温度的变化有着密切的关系。

假定在一个测回的短时间观测过程中，空气温度的变化与时间成比例，那么可以采用按时间对称排列的观测程序来削弱这种误差对观测结果的影响。所谓按时间对称排列的观

测程序，是假定在一测回的较短时间内，气温对仪器的影响是均匀变化的，上半测回依顺时针次序观测各目标，下半测回依逆时针次序观测各目标，并尽量做到观测每一目标的时间间隔相近，这样做，上下半测回观测每一目标时刻的平均数相近，可以认为各目标是在同一平均时刻观测的，这样可以认为同一方向上下半测回观测值的平均值中将受到同样的误差影响，从而由方向求角度时可以大大削弱仪器受气温变化影响而引起的误差。

5）外界条件对觇标内架稳定性的影响

在高标上观测时，仪器安放在觇标内架的观测台（仪器台）上，在地面上观测时，通常把仪器安放在三脚架上，当觇标内架或三脚架发生扭转时，仪器基座和固定在基座上的水平度盘就会随之发生变动，给观测结果带来影响。

温度的变化会使木标架或三脚架的木构件产生不均匀的胀缩而引起扭转，钢标在阳光的照射下，向阳处温度高，背阴处温度低，由于温度的差异，使标架的不同部分产生不均匀的膨胀，从而引起扭转。

假定在一测回的观测过程中，觇标内架或三脚架的扭转是匀速发生的，因此采用按时间对称排列的观测程序也可以减弱这种误差对水平角的影响。

2. 仪器误差的影响

1）水平度盘位移的影响

当转动照准部时，由于轴面的摩擦力使仪器的基座部分产生弹性的扭曲，因此，与基座固连的水平度盘也随之发生微小的方位变动，这种扭曲主要发生在照准部旋转的开始瞬间，因为这时必须克服垂直轴与轴套表面之间互相密接的惯力。当照准部开始转动之后，在转动照准部的过程中只需克服较小的轴面摩擦力，而在转动停止之后，没有任何力再作用于仪器的基座部分，它在弹性作用下就逐渐反向扭曲，企图恢复原来的平衡状态。因此，在观测时当照准部顺时针方向转动时，度盘也随着基座顺转一个微小的角度，使在度盘上的读数偏小；反之，逆转照准部时，使度盘读数偏大，这将给测得的方向值带来系统误差。

根据这种误差的性质，如果在半测回中照准目标时保持照准部向一个方向转动，则可以认为各方向所带误差的正负号相同，由方向组成角度时就可以削减这种误差影响，即使各方向所受误差的大小不同，在组成角度中也只含有残余误差的影响，且其符号可能为正，也可能为负，而没有系统的性质。

如果在一测回中，上半测回顺转照准部，依次照准各方向，下半测回逆转照准部，依相反的次序照准各方向，则在同一角度的上下半测回的平均值中就可以很好地消除这种误差影响。

2）照准部旋转不正确的影响

当照准部垂直轴与轴套之间的间隙过小，则照准部转动时会过紧，如果间隙过大，则照准部转动时垂直轴在轴套中会发生歪斜或平移，这种现象叫照准部旋转不正确。照准部旋转不正确会引起照准部的偏心和测微器行差的变化，为了消除这些误差的影响，采用重合法读数，可在读数中消除照准部偏心影响。在测定测微器行差时应转动照准部位置而不应转动水平度盘位置，这样测定的行差数值中将受到照准部旋转不正确的影响，根据这个行差值来改正测微器读数较为合理。

3）照准部水平微动螺旋作用不正确的影响

旋进照准部水平微动螺旋时，靠螺杆的压力推动照准部；当旋出照准部微动螺旋时，靠反作用弹簧的弹力推动照准部。若因油污阻碍或弹簧老化等原因使弹力减弱，则微动螺旋旋出后，照准部不能及时转动，微动螺杆顶部就出现微小的空隙，在读数过程中，弹簧才逐渐伸张而消除空隙，这时读数，视准轴已偏离了照准方向，从而引起观测误差。为了避免这种误差的影响，规定观测时应旋进微动螺旋（与弹力作用相反的方向）去进行每个观测方向的最后照准，同时要使用水平微动螺旋的中间部分。

4）垂直微动螺旋作用不正确的影响

在仪器整平的情况下转动垂直微动螺旋，望远镜应在垂直面内俯仰。但是，由于水平轴与其轴套之间有空隙，垂直微动螺旋的运动方向与其反作用弹簧弹力的作用方向不在一直线上，从而产生附加的力矩引起水平轴一端位移，致使视准轴变动，给水平方向的方向观测值带来误差，这就是垂直微动螺旋作用不正确的影响。

若垂直微动螺旋作用不正确，则在水平角观测时，不得使用垂直微动螺旋，直接用手转动望远镜到所需的位置。

3. 照准误差和读数误差的影响

照准误差受外界因素的影响较大。例如目标影像的跳动会使照准误差增大好几倍，又如目标的背景不好，有时也会增大照准误差甚至照准错误。因此除了选择有利的观测时间外，作业员认真负责地进行观测，是提高精度的有效措施。

光学经纬仪按接合法读数时，读数误差主要表现为接合误差，读数精度主要取决于光学测微器的质量，它受外界条件的影响较小。水平度盘对径分划接合一次中误差 $m_接$ 可以由实验的办法测定，对于 J1 型经纬仪 $m_接 \leqslant \pm 0.3''$；对于 J2 型经纬仪 $m_接 \leqslant 1''$。经验证明，采光的位置不适当，会影响读数显微镜正倒像的照明，使接合误差增大，若测微器的目镜调节不佳也会增大接合误差。

此外，对于具有偶然性质的读数误差和照准误差，还可以用多余观测的办法来削弱其影响，如接合读数两次和多于一个测回的观测，都是提高观测质量的措施。为了提高照准精度，有时对同一目标可以连续照准两次，取两次照准的读数平均数，不仅可以削弱照准误差的影响，同时可以削弱接合误差的影响。

尚须指出，影响水平角观测精度的因素是错综复杂的，为了讨论问题的方便，我们把误差来源分为外界因素的影响、仪器误差的影响和读数与照准误差的影响。实际上有些误差是交织在一起的，并不能截然分开，如观测时的照准误差，它既受望远镜的放大倍率和物镜有效孔径等仪器光学性能的影响，又受目标成像质量和旁折光等外界因素的影响。

5.6.2　精密测角的一般原则

根据前面所讨论的各种因素对测角精度的影响规律，为了最大限度地减弱或消除各种误差的影响，在精密测角时应遵循下列原则：

① 观测应在目标成像清晰、稳定的有利于观测的时间进行，以提高照准精度和减小

旁折光的影响。

②观测前应认真调好焦距，消除视差。在一测回的观测过程中不得重新调焦，以免引起视准轴的变动。

③各测回的起始方向应均匀地分配在水平度盘和测微分划尺的不同位置上，以消除或减弱度盘分划线和测微分划尺的分划误差的影响。

④在上、下半测回之间倒转望远镜，以消除和减弱视准轴误差、水平轴倾斜误差等影响，同时可以由盘左、盘右读数之差求得两倍视准误差$2c$，借以检核观测质量。

⑤上、下半测回照准目标的次序应相反，并使观测每一目标的操作时间大致相同，即在一测回的观测过程中，应按与时间对称排列的观测程序，其目的在于消除或减弱与时间成比例均匀变化的误差影响，如觇标内架或三脚架的扭转等。

⑥为了克服或减弱在操作仪器的过程中带动水平度盘位移的误差，要求每半测回开始观测前，照准部按规定的转动方向先预转 1~2 周。

⑦使用照准部微动螺旋和测微螺旋时，其最后旋转方向均应为旋进。

⑧为了减弱垂直轴倾斜误差的影响，观测过程中应保持照准部水准器气泡居中。当使用 J_1 型和 J_2 型经纬仪时，若气泡偏离水准器中央一格时，应在测回间重新整平仪器，这样做可以使观测过程中垂直轴的倾斜方向和倾斜角的大小具有偶然性，可望在各测回观测结果的平均值中减弱其影响。

5.6.3 方向观测法

1. 观测方法

方向观测法的特征是在一个测回中将测站上所有要观测的方向逐一照准进行观测，在水平度盘上读数，得出各方向的方向观测值。由两个方向观测值可以得到相应的水平角度值。如图 5-42 所示，设在测站上有 1，2，3，…，n 个方向要观测，首先应选定边长适中、通视良好、成像清晰稳定的方向(如选定方向 1)作为观测的起始方向(又称零方向)。上半测回用盘左位置先照准零方向，然后按顺时针方向转动照准部依次照准方向 2，3，…，n 再闭合到方向 1，并分别在水平度盘上读数。下半测回用盘右位置，仍然先照准零方向 1，然后按逆时针方向转动照准部依相反的次序照准方向 n，…，3，2，1，并分别在水平度盘上读数。

除了观测方向数较少(国家规范规定不大于 3)的测站以外，一般都要求每半测回观测闭合到起始方向以检查观测过程中水平度盘有无方位的变动，此时上、下半测回观测均构成一个闭合圆，所以这种观测方法又称为全圆方向观测法。

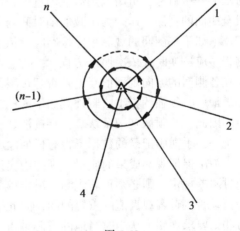

图 5-42

为了削减偶然误差对水平角观测的影响，从而提高测角精度，观测时应有足够的测回数。方向观测法的观测测回数，是根据测角网的等级和所用仪器的类型确定的，见表 5-19 所示。

按全圆方向观测法用 T3 光学经纬仪观测，当照准每一目标时，如测微器两次接合读数之差符合限差规定，则取其和数作为一个盘位的方向观测值。对于 J2 型仪器则取两次接合读数的平均数。

在每半测回观测结束时，应立即计算归零差，即对零方向闭合照准和起始照准时的测微器读数差，以检查其是否超过限差规定。

当下半测回观测结束时，除应计算下半测回的归零差外，还应计算各方向盘左、盘右的读数差，即计算各方向的 $2c$ 值，以检核一测回中各方向的 $2c$ 互差是否超过限差规定。如各方向的 $2c$ 值互差符合限差规定，则取各方向盘左、盘右读数的平均值，作为这一测回中的方向观测值。

表 5-19

仪器	二等	三等	四等
	测回数		
J1	15	9	6
J2		12	9

对于零方向有闭合照准和起始照准两个方向值，一般取其平均值作为零方向在这一测回中的最后方向观测值。将其他方向的方向观测值减去零方向的方向观测值，就得到归零后各方向的方向观测值，此时零方向归零后的方向观测值为 $0°00'00.0''$。

将不同度盘位置的各测回方向观测值都进行归零，然后比较同一方向在不同测回中的方向观测值，它们的互差应小于规定的限差，一般称这种限差为"测回差"。

在某些工程控制网中，同一测站上各水平方向的边长悬殊很大，若严格执行一测回中不得重新调焦的规定，会产生过大的视差而影响照准精度，此时若使用的仪器经调焦透镜运行正确的检验，证实调焦透镜运行正确时，则一测回中可以允许重新调焦，若调焦透镜运行不正确，这时可以考虑改变观测程序：对一个目标调焦后接连进行正倒镜观测，然后对准下一个目标，重新调焦后立即进行正倒镜观测，如此继续观测测站上的所有方向而完成全测回的观测工作。为了减弱随时间均匀变化的误差影响，相邻测回照准目标的次序应相反，如第一测回的观测程序按顺时针依次照准方向 1，2，3，…，n，1，第二测回的观测程序应按逆时针依次照准方向 1，n，…，3，2，1，全部测回观测完毕后，应检查各方向在各测回的方向观测值互差是否超过限差的规定。

最后必须强调指出：野外观测手簿记载着测量的原始数据，是长期保存的重要测量资料，因此，必须做到记录认真，字迹清楚，书写端正，各项注记明确，整饰清洁美观，格式统一，手簿中记录的数据不得有任何涂改现象。

为了保证观测成果的质量，观测中应认真检核各项限差是否符合规定，如果观测成果超过限差规定，则必须重新观测。决定哪个测回或哪个方向应该重测是一个关系到最后平均值是否接近客观真值的重要问题，因此要慎重对待。对重测对象的判断，有些较明显，有些则要求观测员从当时当地的实际情况出发，结合误差传播的规律和实践经验进行具体分析，才能正确判断。

重测和取舍观测成果应遵循的原则是：

（1）重测一般应在基本测回（即规定的全部测回）完成以后，对全部成果进行综合分析，作出正确的取舍，并尽可能分析出影响质量的原因，切忌不加分析，片面、盲目地追求观测成果的表面合格，以致最后得不到良好的结果。

（2）因对错度盘、测错方向、读错记错、碰动仪器、气泡偏离过大、上半测回归零差超限以及其他原因未测完的测回都可以立即重测，并不计重测数。

（3）一测回中 $2c$ 互差超限或化归同一起始方向后，同一方向值各测回互差超限时，应重测超限方向并联测零方向（起始方向的度盘位置与原测回相同）。因测回互差超限重测时，除明显值外，原则上应重测观测结果中最大值和最小值的测回。

（4）一测回中超限的方向数大于测站上方向总数的 1/3 时（包括观测 3 个方向时，有一个方向重测），应重测整个测回。

（5）若零方向的 $2c$ 互差超限或下半测回的归零差超限，应重测整个测回。

（6）在一个测站上重测的方向测回数超过测站上方向测回总数的 1/3 时，需要重测全部测回。

测站上方向测回总数 $=(n-1)m$，式中 m 为基本测回数，n 为测站上的观测方向总数。

重测方向测回数的计算方法是：在基本测回观测结果中，重测一方向，算作一个重测方向测回；一个测回中有 2 个方向重测，算作 2 个重测方向测回；因零方向超限而全测回重测，算作 $(n-1)$ 个重测方向测回。

设测站上的方向数 $n=6$，基本测回数 $m=9$，则测站上的方向测回总数 $=(n-1)m=45$，该测站重测方向测回数应小于 15。

在表 5-20 中各测回的重测方向数均小于 $\frac{1}{3}n$。按上述规定计算得测站重测方向测回数为 12，故不需重测全部测回，只需重测第 Ⅲ 和第 Ⅳ 测回和联测零方向重测有关测回的超限方向。

表 5-20

n \ m	Ⅰ	Ⅱ	Ⅲ	Ⅳ	Ⅴ	Ⅵ	Ⅶ	Ⅷ	Ⅸ
0			×						
1									
2						×			
3	×	×				×		×	
4									
5		×							
重测方向测回数	1	2	5	0	0	3	0	1	0

观测的基本测回结果和重测结果，一律抄入水平方向观测记簿，记簿格式如表 5-21 所示。重测结果与基本测回结果不取中数，每一测回只采用一个符合限差的结果。

水平方向观测记簿必须由两人独立编算两份，以确保无误。应该指出重测只是获得合格成果的辅助手段，不能过分依赖重测，若重测成果与原测成果接近，说明在该观测条件下原测成果并无大错，这时应该考虑误差可能在其他方向或其他测回中，而不宜多次重测原超限方向，因为这样测得的成果虽然有时可以通过测站上的限差检查，但往往偏离客观真值，会在以后的计算中产生不良影响。

2. 测站限差

测站上的观测成果理论上应满足一些条件，例如半测回归零差应为零；一测回中各方向的 $2c$ 值应相同；各测回同一方向归零后的方向值应该相同。但实际上由于存在某些系统误差的残余和各种偶然误差的影响，使这些条件并不能满足而存在一定程度的差异。为了保证观测结果的精度，根据误差理论和大量实验的验证，对其差异规定一个界限，称为限差，在作业中用这些限差来检核观测质量，决定观测成果的取舍和重测，在限差以内的观测成果认为合格，超限成果则不合格，应舍去并重新进行观测。

表 5-21　　　　　　　　　　　　　**水平方向观测记簿**

呼　包区三等三角网(点)

包头西(11431)点水平方向观测记簿

所在图幅(1:10 万)：11-49-114

手簿编号：No. 017　　　　　　　　　　觇　标　类　型：8m 钢标

仪　器：T3，No. 42102　　　　　　　　仪器至柱石面高：8.13m

观测者：屠志向　　　　记簿者：李　伟

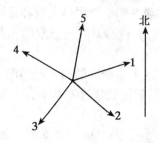

方向号数	方向名称	测站平差后方向值	(C+γ)归零	加归心改正后方向值	备　注
		° ′ ″			一测回方向值中误差： $\mu=\pm0.83''$ m 个测回方向值中数的中误差： $M=\pm0.28''$
1	小　山	0 00 00.0			
2	黄土岭	59 15 13.2			
3	河　山	141 44 44.9			
4	白云山	228 37 24.9			
5	岭西村	297 07 05.7			

观测日期	测回号	1. 小山 T 0 00	v	2. 黄土岭 T 59 15	v	3. 河 山 T 141 44	v	4. 白云山 T 228 37	v	5. 岭西村 T 297 07	v	6. ° ′	v	7. ° ′	v
		″		″	″	″	″	″	″	″	″	″	″	″	″
7.3	I	00.0		14.0	-0.8	(48.5)		25.1	-0.2	06.9	-1.2				
	II	00.0		12.5	+0.7	46.0	-1.1	25.0	-0.1	05.9	-0.2				
	III	00.0		11.6	+1.6	45.0	-0.1	23.4	+1.5	04.7	+1.0				
	IV	00.0		11.4	+1.8	46.3	-1.4	26.0	-1.1	05.3	+0.4				
	V	(00.0)		09.2		41.8		23.0		(00.8)					
	VI	00.0		15.0	-1.8	43.1	+1.8	24.1	+0.8	04.7	+1.0				
	VII	00.0		(17.1)		44.0	+0.9	26.2	-1.3	06.6	-0.9				
	VIII	00.0		13.0	+0.2	44.5	+0.4	－		06.7	-1.0				
	IX	00.0		14.8	-1.6	45.2	-0.3	24.8	+0.1	05.5	+0.2				
	重V	00.0		13.2	0.0	44.7	+0.2	24.4	+0.5	04.9	+0.8				
	重I	00.0				45.6	-0.7								
	重VII	00.0		12.9	+0.3										
	重VIII	00.0						25.3	-0.4						
中数		00.0		13.2		44.9		24.9		05.7					
$\sum\lvert v\rvert_i$				8.8		6.9		6.0		6.7					

一测回方向值的中误差 $\mu = K\sum\lvert v\rvert/n = \pm0.83''$，　$\sum\lvert v\rvert = 28.4$，　$m=9$，　$K=0.147$

m 个测回方向值中数中误差 $M=\dfrac{\mu}{\sqrt{m}}=\pm0.28''$，　$K=1.25/\sqrt{m(m-1)}$

注：括弧中的成果实为划去不采用。　　　　　n 为方向数，m 为测回数

测站限差是根据不同的仪器类型规定的。国家规范中对全圆方向观测法中的各项限差的规定如表 5-22 所示。

表 5-22

限 差 项 目	J1 型	J2 型	
两次重合读数差	1″	3″	注：当照准点的垂直角超过 3°时，该方向的 2c 互差应与同一观测时间段内的相邻测回进行比较。如按此方法比较应在手簿中注明。
半测回归零差	6	8	
一测回 2c 互差	9	13	
测回互差	6	9	

测站限差是检核和保证测角成果精度的重要指标，限差规定是否正确合理，将直接影响观测成果的质量和作业的进度，因此限差的制定是一个重要而严肃的科学问题。

以下对制定限差的基本思想作概要的阐述。

观测误差可分为偶然误差和系统误差两部分，根据不同的函数关系，偶然误差的累积可以用误差传播定律计算，系统误差则必须具体分析它的影响规律，然后再分别考虑它们对制定限差的影响。

设一个方向观测值 L（或 R）的偶然中误差为 $\mu_方$，则按误差传播定律可以导出各项限差的影响，如表 5-23 所示。

表 5-23

项 目 （函数式）	中 误 差	限差 $\Delta = 2m$
归零差 $= L_始 - L_末$	$m_{归零} = \sqrt{2}\mu_方$	$2\sqrt{2}\mu_方$
$2c = L - R$	$m_{2c} = \sqrt{2}\mu_方$	
$2c_{互差} = 2c_i - 2c_j$	$m_{2c互差} = \sqrt{2}m_{2c} = 2\mu_方$	$4\mu_方$
一测回方向值 $M_i = \frac{1}{2}(L+R)$	$m_{方向} = \frac{1}{2}\sqrt{2}\mu_方$	
归零方向 $= M_i - M_0$（方向 i 与零方向之夹角）	$m_角 = m_{方向}\sqrt{2} = \mu_方$	
测回互差 $=$（归零方向）$p -$（归零方向）q	$m_{测回差} = m_角\sqrt{2} = \sqrt{2}\mu_方$	$2\sqrt{2}\mu_方$

由表 5-23 可知，偶然误差对各项限差的影响可以用 $\mu_方$ 的函数式表示，而 $\mu_方$ 一般是通过大量实测资料经统计分析求得的。

有关部门经过对部分三角网的观测资料进行分析，得出一个方向观测值的中误差为：

对于 J1 型仪器　　$\mu_方 = \pm 1.2″$（一般为 $0.8″ \sim 1.6″$）

对于 J2 型仪器　　$\mu_方 = \pm 2.2″$（一般为 $1.9″ \sim 2.6″$）

将上述 $\mu_方$ 值代入表 5-23 各式中，就不难求得限差的偶然误差部分。

至于系统误差对观测的影响与外界因素关系极大，不可能根据各种不同条件确定不同的数值来制定限差，而只能根据在不同条件下的大量实验数据统计出一个较有代表性的数值，作为制定限差的系统误差部分，然后取偶然误差部分和系统误差部分的平方和平方根

作近似运算，即

$$M = \sqrt{m_{偶}^2 + m_{系}^2}$$

再以两倍中误差作为限差。

1）半测回归零差的限差

由表 5-23 可知，归零差的偶然误差部分为 $m_{归零} = \sqrt{2}\mu_{方}$，所以：

对于 J1 型仪器　　$m_{归零} = \pm 1.2'' \sqrt{2} = \pm 1.7''$

对于 J2 型仪器　　$m_{归零} = \pm 2.2'' \sqrt{2} = \pm 3.1''$

除偶然误差外，在归零差中还包含有仪器基座扭转等系统误差的影响。而仪器基座扭转等系统误差的影响和外界因素关系极大，很难用实验的办法给出一个代表性的数值。另一方面又不能根据各种不同的外界因素条件确定不同的数值来制定限差，因此只能对大量实测数据的分析，认为这部分误差影响为±2″。

因此，半测回归零差的限差为：

对于 J1 型仪器　　$\Delta_{归零} = 2\sqrt{1.7^2 + 2.0^2} = \pm 5.2''$（规定限差为±6″）

对于 J2 型仪器　　$\Delta_{归零} = 2\sqrt{3.1^2 + 2.0^2} = \pm 7.4''$（规定限差为±8″）

根据多年实践经验，归零差的限差规定为±6″（J1 型仪器）和±8″（J2 型仪器）大体上是适宜的。

从上面的分析过程得知，在归零差的限差中是同时顾及了偶然误差和系统误差的影响。假如我们在操作中采取了措施，使仪器基座在半测回中不产生方位的移动，那么归零差一般是不会超限的。若归零差超限，则说明有较大的系统误差，或者照准和读数时有粗差存在。

2）一测回内 $2c$ 互差的限差

从表 5-23 可知，$2c$ 互差的偶然误差部分为 $m_{2c互差} = 2\mu_{方}$，所以：

对于 J1 型仪器　　$m_{2c互差} = 2 \times 1.2'' = \pm 2.4''$

对于 J2 型仪器　　$m_{2c互差} = 2 \times 2.2'' = \pm 4.4''$

$2c$ 互差中的系统误差部分是由仪器误差和外界因素引起的。仪器误差中以视准轴差和水平轴倾斜误差对 $2c$ 的影响较大，这两项轴系误差不影响盘左盘右读数的平均值，但以两倍的数值反映在盘左盘右的读数差（$2c$）中，它们影响的大小与观测方向的垂直角有关，所以当观测方向的垂直角不等时将对 $2c$ 互差有影响。

校正仪器时要求做到：对于 J1 型仪器 $2c \leqslant 20''$，$i \leqslant 10''$，对于 J2 型仪器 $2c \leqslant 30''$；$i \leqslant 15''$，此外国家规范还规定当垂直角丨α丨$>3°$，一测回内 $2c$ 互差可以不比较，所以分析时可认为垂直角最大为 3°。

视准轴误差对 $2c$ 互差的影响为

$$\Delta_1 = \frac{2c}{\cos\alpha_2} - \frac{2c}{\cos\alpha_1} = \frac{30''}{\cos 3°} - \frac{30''}{\cos 3°} = 0.04''$$

显然，这个数值很小可以不顾及。

水平轴倾斜误差对 $2c$ 互差的影响为

$$\Delta_2 = 2i\tan\alpha_2 - 2i\tan\alpha_1 = 2i(\tan\alpha_2 - \tan\alpha_1)$$

当 α_1 和 α_2 有不同正负号时影响最大。设 $\alpha_2 = +3°$，$\alpha_1 = -3°$，则得：

对于 J1 型仪器　　$\Delta_2 = 2.1''$

对于 J2 型仪器　　$\Delta_2 = 3.1''$

仪器基座的方位位移对 $2c$ 互差也有影响。此外，由于温度的影响或碰动调焦镜引起视准轴的变化对 $2c$ 互差也有较大的影响。但这些系统误差的影响都不易测定，因此只得假定这部分误差影响约为 $2.0''$。

几种系统误差同时起作用时，其综合影响的大小与误差的正负号有关，现以最不利的情况来考虑，即认为各误差有相同的正负号，即将误差的绝对值相加，则系统误差的综合影响为：

对于 J1 型仪器　　$\Delta_2 = 2.1'' + 2.0'' = 4.1''$

对于 J2 型仪器　　$\Delta_2 = 3.1'' + 2.0'' = 5.1''$

同时顾及偶然误差和系统误差时，求得 $2c$ 互差的限差为：

对于 J1 型仪器　　$\Delta_{2c互差} = 2\sqrt{2.4^2 + 4.1^2} = \pm 9.5''$（规定限差为 $\pm 9''$）

对于 J2 型仪器　　$\Delta_{2c互差} = 2\sqrt{4.4^2 + 5.1^2} = \pm 13.5''$（规定限差为 $\pm 13''$）

在水平轴倾斜误差不大或观测方向的垂直角不大的情况下，一般互差是不会超限的。这时 $2c$ 互差的意义就在于限制观测过程中的粗差和外界条件变化带来的不良影响。

3）同一方向各测回互差的限差

从表 5-23 可知，同一方向各测回互差的偶然误差部分为 $m_{测回差} = \sqrt{2}\mu_方$，所以：

对于 J1 型仪器　　$m_{测回差} = \sqrt{2} \times 1.2'' = \pm 1.7''$

对于 J2 型仪器　　$m_{测回差} = \sqrt{2} \times 2.2'' = \pm 3.1''$

对测回差有影响的系统误差主要有度盘分划线误差、测微器分划误差的影响以及外界条件变化引起旁折光变化的影响。其他系统误差对盘左盘右平均数的影响较小。度盘分划误差约为 $1'' \sim 2''$。至于旁折光变化的影响，可以指望在各测回平均数中得到部分的抵消。

国家规范中规定测回差的限差为：

对于 J1 型仪器　　$\Delta_{测回差} \leq \pm 6''$

对于 J2 型仪器　　$\Delta_{测回差} \leq \pm 9''$

3. 测站平差

测站平差的目的是根据测站上各测回的观测成果求取各方向的测站平差值，同时还要计算一测回方向观测值的中误差和测站平差值的中误差，以评定测站上的观测质量。

1）观测方向测站平差值的计算

设测站 K 上有 A，B，C，…，N 诸方向，如图 5-43 所示，按方向观测法共观测了 m 个测回，各测回的方向值 a_i，b_i，c_i，…，$n_i (i = 1, 2, \cdots, m)$ 列于表 5-24。

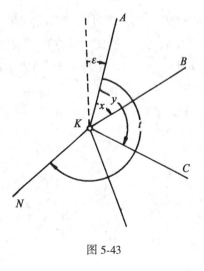

图 5-43

在 n 个方向中有 $(n-1)$ 个独立未知数（角度），在图 5-43 中以 x，y，$\cdots$，t 表示。

此外，从各测回中求未知数时，各测回应有一个共同的起始位置，这个共同的起始位置与各测回起始方向的夹角称为定向角，它也是未知数，以 ε_i 表示。

表 5-24 方向观测值

测 回	目 标					每测回方向值之和
	A	B	C	$\cdots$	N	
1	a_1	b_1	c_1	$\cdots$	n_1	$\sum_1$
2	a_2	b_2	c_2	$\cdots$	n_2	$\sum_2$
3	a_3	b_3	c_3	$\cdots$	n_3	$\sum_3$
$\vdots$	$\vdots$	$\vdots$	$\vdots$	$\vdots$	$\vdots$	$\vdots$
m	a_m	b_m	c_m	$\cdots$	n_m	$\sum_m$
总和	$[a]$	$[b]$	$[c]$	$\cdots$	$[n]$	$[\sum]$

现以 δ_{a_i}，δ_{b_i}，δ_{c_i}，$\cdots$，δ_{n_i} 表示第 i 测回中各方向观测值的改正数，则第 i 测回的误差方程式为

$$
\begin{cases}
\delta_{a_i} = \varepsilon_i & - a_i \\
\delta_{b_i} = \varepsilon_i + x & - b_i \\
\delta_{c_i} = \varepsilon_i + y & - c_i \\
\cdots \\
\delta_{n_i} = \varepsilon_i & + t - n_i
\end{cases}
\tag{5-79}
$$

由（5-79）式第一式可知，当我们将各测回中零方向的观测值 a_i 都化归零时，则定向角 ε_i 实际上就是第 i 测回中零方向的观测误差，在这组误差方程式中，ε_1，ε_2，$\cdots$，ε_m（共 m 个）和 x，y，$\cdots$，t（共 $n-1$ 个）为未知数，现由它们组成法方程式有如下形式

$$
\begin{cases}
n\varepsilon_1 + \cdots + x + y + \cdots + t - \sum_1 = 0 \\
n\varepsilon_2 + \cdots + x + y + \cdots + t - \sum_2 = 0 \\
\cdots \\
n\varepsilon_m + \cdots + x + y + \cdots + t - \sum_m = 0
\end{cases}
\tag{5-80}
$$

$$
\begin{cases}
\varepsilon_1 + \varepsilon_2 + \cdots + \varepsilon_m + mx + \cdots - [b] = 0 \\
\varepsilon_1 + \varepsilon_2 + \cdots + \varepsilon_m + my + \cdots - [c] = 0 \\
\cdots \\
\varepsilon_1 + \varepsilon_2 + \cdots + \varepsilon_m + mt + \cdots - [n] = 0
\end{cases}
\tag{5-81}
$$

式中

$$\sum_1 = a_1 + b_1 + \cdots + n_1 \qquad [b] = b_1 + b_2 + \cdots + b_m$$
$$\sum_2 = a_2 + b_2 + \cdots + n_2 \qquad [c] = c_1 + c_2 + \cdots + c_m$$
$$\cdots \qquad\qquad\qquad\qquad \cdots$$
$$\sum_m = a_m + b_m + \cdots + n_m \qquad [n] = n_1 + n_2 + \cdots + n_m$$

为了解算法方程式，可先由(5-81)式解得

$$\begin{cases} \varepsilon_1 = \dfrac{1}{n}[\sum_1 - (x + y + \cdots + t)] \\[2mm] \varepsilon_2 = \dfrac{1}{n}[\sum_2 - (x + y + \cdots + t)] \\[2mm] \cdots \\[2mm] \varepsilon_m = \dfrac{1}{n}[\sum_m - (x + y + \cdots + t)] \end{cases} \tag{5-82}$$

由上列各式求和，得

$$\varepsilon_1 + \varepsilon_2 + \cdots + \varepsilon_m = \frac{1}{n}[\sum] - \frac{m}{n}(x + y + \cdots + t) \tag{5-83}$$

式中：

$$[\sum] = \sum_1 + \sum_2 + \cdots + \sum_m = [a] + [b] + \cdots + [n]$$

将(5-83)式代入(5-81)式各式中，可将(5-81)式化为

$$\begin{cases} \left(m - \dfrac{m}{n}\right)x - \dfrac{m}{n}y - \cdots - \dfrac{m}{n}t + \left(\dfrac{1}{n}[\sum] - [b]\right) = 0 \\[2mm] -\dfrac{m}{n}x + \left(m - \dfrac{m}{n}\right)y - \cdots - \dfrac{m}{n}t + \left(\dfrac{1}{n}[\sum] - [c]\right) = 0 \\[2mm] \cdots \\[2mm] -\dfrac{m}{n}x - \dfrac{m}{n}y - \cdots + \left(m - \dfrac{m}{n}\right)t + \left(\dfrac{1}{n}[\sum] - [n]\right) = 0 \end{cases} \tag{5-84}$$

将(5-84)式中(n-1)个式子相加得

$$\frac{m}{n}x + \frac{m}{n}y + \cdots + \frac{m}{n}t + \left([a] - \frac{1}{n}[\sum]\right) = 0 \tag{5-85}$$

将(5-85)式分别与(5-84)式中各式相加得

$$mx - [b] + [a] = 0$$
$$my - [c] + [a] = 0$$
$$\cdots \tag{5-86}$$
$$mt - [n] + [a] = 0$$

即

$$\begin{cases} x = \dfrac{[b]}{m} - \dfrac{[a]}{m} \\[2ex] y = \dfrac{[c]}{m} - \dfrac{[a]}{m} \\[2ex] \cdots \\[1ex] t = \dfrac{[n]}{m} - \dfrac{[a]}{m} \end{cases} \tag{5-87}$$

(5-87)式就是未知数 x，y，$\cdots$，t 的表达式，如果引用 A，B，C，$\cdots$，N 表示各方向的平差值，则

$$\begin{cases} A = \dfrac{[a]}{m} \\[2ex] B = \dfrac{[b]}{m} \\[2ex] C = \dfrac{[c]}{m} \\[1ex] \cdots \\[1ex] N = \dfrac{[n]}{m} \end{cases} \tag{5-88}$$

由此得出结论：未知数 x，y，$\cdots$，t 是各方向各测回观测结果的平均值分别减去起始方向各测回观测结果的平均值，在实际作业中总是将各测回的起始方向值归零，所以平差值 $A=0$，这样取各测回归零方向值的平均值，即得到各观测方向的测站平差值。

2）测站观测精度的评定

实际上只从一个测站上的观测值来衡量整个三角网的观测精度是没有什么意义的，因此，通常用下列近似而简便的公式来评定测站精度。

一测回方向观测中误差

$$\mu = \pm K \frac{\sum |v|}{n} \tag{5-89}$$

式中：$K = \dfrac{1.253}{\sqrt{m(m-1)}}$；$m$ 为测回数；n 为观测方向数。

m 测回方向值中数的中误差 M，也就是测站平差值的中误差

$$M = \pm \frac{\mu}{\sqrt{m}} \tag{5-90}$$

测站平差和测站精度评定一般在水平方向观测记簿中进行，算例见表5-24。

5.6.4　分组方向观测法

方向观测法的特征是将测站上所有方向一起观测。但在实际作业中，有时测站上要观测的方向较多，各个方向的目标不一定能同时成像稳定和清晰，如果要一起观测，往往要花费较长时间来等待各方向成像同时稳定清晰；若不如此，勉强将所有方向一起观测，则

又将有损于观测精度。此外，由于方向多，一起观测使一测回的观测时间过长，受外界因素的影响也将显著增大。因此国家规范规定，当测站上观测方向数多于 6 个时，应考虑分为两组观测。

分组时，一般是将成像情况大致相同的方向分在一组，每组内所包含的方向数大致相等。为了将两组方向观测值化归成以同一零方向为准的一组方向值和进行观测成果的质量检核，观测时两组都要联测两个共同的方向，其中最好有一个是共同的零方向，以便加强两组的联系。

两组中每一组的观测方法、测站的检核项目、作业限差和测站平差等与前面所述的一般方向观测法相同，所不同的是，两组共同方向之间的联测角应该作检核，以保证观测质量。

1. 联测精度

由于测量误差的普遍存在，两组观测的联测角总是有差异的，为了保证观测精度，其差异应小于规定的限值。现设两组观测时两个共同方向以 i，j 表示。

第一组的联测角角值为：　　$\beta' = (j' - i')$

第二组的联测角角值为：　　$\beta'' = (j'' - i'')$

式中，i'，j' 和 i''，j'' 为共同方向在两组观测中的方向值。

设两组观测联测角的差为 w

$$w = \beta' - \beta''$$

如果 β' 和 β'' 的测角中误差分别为 m_1 和 m_2，则按误差传播定律可得联测角差数的中误差 m_w

$$m_w = \pm \sqrt{m_1^2 + m_2^2}$$

取两倍中误差作为限差，则两组观测联测角之差的限差 $w_{限}$ 应为

$$w_{限} \leqslant 2m_w = \pm \sqrt{m_1^2 + m_2^2} \tag{5-91}$$

如果两组按同精度观测，则测角中误差 $m_1 = m_2 = m$，（5-92）式为

$$w_{限} \leqslant 2m\sqrt{2} \tag{5-92}$$

式中，测角中误差 m 按不同的三角测量等级有相应的规定选定。如按三等精度观测，则规定的测角中误差 $m = \pm 1.8''$，相应的联测角之差的限值为：$w_{限} \leqslant 2 \times 1.8'' \sqrt{2} = \pm 5.1''$。

2. 分组观测时的测站平差

先将两组方向观测值分别进行测站平差，分别得出属于两组的测站平差方向值，然后比较两组观测的联测角，如差数小于限差 $w_{限}$，则联合两组的测站平差方向值再进行平差，最后求出一组以共同起始方向为准的方向观测值。

设两组联测的共同方向为 i，j，它们的方向观测值和相应的改正数为：

第一组联测方向的方向值为 i'，j'，相应的平差改正数为 v_i'，v_j'；

第二组联测方向的方向值为 i''，j''，相应的平差改正数为 v_i''，v_j''。

组成条件方程式

$$(j' + v_j') - (i' + v_i') = (j'' + v_j'') - (i'' + v_i'') \tag{5-93}$$

经整理得

$$-v_i' + v_j' + v_i'' + v_j'' + w_{12} = 0 \tag{5-94}$$

式中：w_{12} 是两组观测联测角的差数，也就是联测角的闭合差为

$$w_{12} = (j' - i') - (j'' - i'') \tag{5-95}$$

组成法方程式

$$4k_1 + w_{12} = 0 \tag{5-96}$$

解得联系数 k_1 为

$$k_1 = -\frac{1}{4}w_{12} \tag{5-97}$$

则平差改正数为

$$\begin{cases} v_i' = -k_1 = +\dfrac{1}{4}w_{12}, & v_i'' = +k_1 = -\dfrac{1}{4}w_{12} \\[2mm] v_j' = +k_1 = -\dfrac{1}{4}w_{12}, & v_j'' = -k_1 = +\dfrac{1}{4}w_{12} \end{cases} \tag{5-98}$$

联测方向的平差值为

$$\begin{cases} i_1 = i' + v_i' = i' + \dfrac{1}{4}w_{12} \\[2mm] j_1 = j' + v_j' = j' - \dfrac{1}{4}w_{12} \\[2mm] i_2 = i'' + v_i'' = i'' - \dfrac{1}{4}w_{12} \\[2mm] j_2 = j'' + v_j'' = j'' + \dfrac{1}{4}w_{12} \end{cases} \tag{5-99}$$

由此可知：两组观测测站平差实际上是第一组的第一个联测方向改正 $\left(+\dfrac{1}{4}w_{12}\right)$，第二个联测方向改正 $\left(-\dfrac{1}{4}w_{12}\right)$，而第二组的联测方向改正数与第一组的改正数数值相等正负号相反，即 $\left(-\dfrac{1}{4}w_{12}\right)$ 和 $\left(+\dfrac{1}{4}w_{12}\right)$。

3. 举例

1）联测方向包含零方向

表 5-25 为一个三等点的两组观测测站平差的示例，两组的第一个联测方向为共同的零方向。两组观测联测角的闭合差 w_{12} 为

$$w_{12} = 220°14'13.6'' - 220°14'12.0'' = +1.6''$$

2）联测方向不包含零方向

表 5-26 为一个三等点的两组观测测站平差示例，其联测方向不包含零方向，即两组观测的零方向不同。两组观测联测角的闭合差 w_{12} 为

$$w_{12} = (170°06'29.43'' - 115°37'42.36'') - 54°28'48.27'' = -1.20''$$

表 5-25　　　　　　　　　　　　　零方向相同

方向号	第 一 组				第 二 组				平差方向值
	观 测 值	改正数 v	v 归零		观 测 值	改正数 v	v 归零		
	° ′ ″	″	″		° ′ ″	″	″		° ′ ″
1	0 00 00.0	+0.4	0.0		0 00 00.0	-0.4	0.0		0 00 00.0
2	42 35 18.4		-0.4						42 35 18.0
3					55 45 15.2		+0.4		55 45 15.6
4	141 04 56.8		-0.4						141 04 56.4
5	169 00 52.3		-0.4						169 00 51.9
6	220 14 13.6	-0.4	-0.8		220 14 12.0	+0.4	+0.8		220 14 12.8
7					278 38 08.7		+0.4		278 38 09.1

表 5-26　　　　　　　　　　　　　零方向不同

方向号	第 一 组			第 二 组			平差方向值
	观 测 值	改正数 v		观 测 值	改正数 v	v 归零	
	° ′ ″	″		° ′ ″	″	″	° ′ ″
1	0 00 00.0						0 00 00.0
2	59 41 18.95						59 41 18.95
3	115 37 42.36	-0.30		0 00 00.0	+0.30	0.00	115 37 42.06
4	170 06 29.43	+0.30		54 28 48.27	-0.30	-0.60	170 06 29.73
5				119 50 55.18		-0.30	235 28 36.94
6				164 19 37.40		-0.30	297 57 19.16

在精密水平角观测中，除了上面的观测方法外，还有全组合测角法和三方向法。由于纯粹的三角网布设已较少，全组合测角法用得很少，本书不作介绍。

5.6.5 归心改正

1. 问题的产生

控制点的位置是以标石顶部的十字线中心来表示的，一切观测和成果的计算都必须以该标石中心为准。因此，在进行水平角观测时，仪器架设的中心必须和测站点的标石中心在一条铅垂线上；照准目标的中心也必须和该照准点的标石中心在同一铅垂线上。观测时要求标石中心、仪器中心和目标中心在同一铅垂线上，这就是所谓的"三心一致"。

而实际情况是常常不得不偏心观测。在造标埋石时，虽然尽量使照准圆筒中心和标石中心在同一铅垂线上，但观测和造理要相隔一段时间，觇标会受到风吹日晒雨淋，以及觇标的橹柱脚会不均匀下沉等因素，使照准圆筒中心偏离标石中心；在观测时，由于觇标的橹柱挡住了视线，不得不偏心观测；在有觇标的内架上架设仪器时，应先把标石中心沿垂线投影到观测台上，再将仪器安置在标石中心的投影点上进行观测，但如果投影点落在观测台的边缘或落在观测台的外面，这时为了仪器的安全和稳定，需将仪器安置在观测台的中央观测，也产生了偏心的问题。

由于偏心观测的存在，把偏心的方向观测值归算到以标石中心为准的方向观测值需加的改正称为归心改正。由仪器偏心引起的归心改正称为测站点归心改正，由照准点觇标偏心引起的归心改正称为照准点归心改正。

2. 归心元素

我们引入下列符号，并结合图 5-44 加以说明。

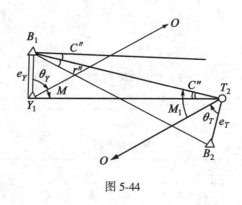

图 5-44

B——三角点标石中心（通常以 B_1 表示测站点标石中心，B_2 表示照准点标石中心）。

Y——仪器中心。

T——觇标中心（T_1 表示测站点觇标中心，T_2 表示照准点觇标中心）。

e_Y——Y 至 B 的距离，通常称为"测站偏心距"。

e_T——T 至 B 的距离，通常称为"照准点偏心距"。

e_Y、e_T 又称为归心长度元素。

θ_Y——表示以 Y 为角顶，由 YB_1 起顺时针方向量至测站点起始方向的角度，通常称为"测站偏心角"。

θ_T——表示以 T_2 为角顶，由 T_2B_2 起顺时针方向量至照准点起始方向的角度，通常称为"照准点偏心角"。

θ_Y、θ_T 又称为归心角度元素。

我们把 e_Y、θ_Y 称为测站点归心元素，e_T、θ_T 称为照准点归心元素。不难看出，对于三角锁（网）中每一个三角点，都可能有测站归心元素和照准点归心元素。

3. 归心改正数的计算

从图 5-44 中可以看出，从测站点 B_1 向照准点 B_2 观测时，正确的方向是 B_1B_2 的连线，而实际观测的是 Y_1T_2，分两步进行改正：第一步是把 Y_1T_2 改正到 B_1T_2 的测站归心改正，用 c'' 表示；第二步是把 B_1T_2 改正到 B_1B_2 的照准点归心改正，用 r'' 表示。

测站归心改正数的计算公式为：

$$c'' = e_Y \sin(\theta_Y + M)\rho'' \tag{5-100}$$

式中：e_Y 为测站点偏心距，θ_Y 为测站点偏心角，S 为两点之间的距离，M 为测站点观测照准点的方向观测值。

照准点归心改正数的计算公式为:

$$r'' = e_T \sin(\theta_T + M_1) \rho'' \qquad (5\text{-}101)$$

式中: e_T 为照准点偏心距, θ_T 为照准点偏心角, S 为两点之间的距离, M_1 为照准点上安置仪器对 B_1 的方向观测值。

由(5-100)式和(5-101)式两式可看出, c'' 和 r'' 的计算公式形式相同, 但须注意以下几点:

① c'' 和 r'' 的符号分别由 $(\theta_Y + M)$ 和 $(\theta_T + M_1)$ 决定的, 当 $(\theta_Y + M)$ 和 $(\theta_T + M_1)$ 小于 $180°$ 时, c'' 和 r'' 为正; 当 $(\theta_Y + M)$ 和 $(\theta_T + M_1)$ 大于 $180°$ 时, c'' 和 r'' 为负。

② 同一测站上不同方向其测站归心改正数 c'' 的大小不同; 同一照准点上对周围各测站的照准点归心改正数 r'' 的大小也不同。

③ 计算 c'' 时, 是根据本测站归心元素 e_Y、θ_Y 和测站上的观测方向值 M 及距离 S 计算的, 是用来改正本测站的各个方向的; 而计算 r'' 时, 是取用欲改正方向上的对方照准点上的照准点归心元素 e_T、θ_T 和观测方向值 M_1 及距离 S 计算的, 不是本测站上的 e_T、θ_T 和 M。

④ 当观测的零方向和归心投影时的零方向不一致时, 应注意偏心角的化算。

把按以上公式计算的归心改正数加到欲改正的方向即可。

4. 归心元素的测定

在计算归心改正数时需知归心元素 e_Y、θ_Y 和 e_T、θ_T 的大小, 归心元素测定的实质是把同一三角点的标石中心、仪器中心、照准点觇标中心依铅垂线投影至同一水平面上, 然后在此水平面上直接量取各 e 和 θ 值。所以归心元素的测定有时也称为归心投影。归心投影的方法有图解法、直接法和解析法, 其中图解法用得最为广泛。

1) 图解法

图解法测定归心元素的实质是将同一测站的标石中心 B、仪器中心 Y 和照准圆筒中心 T 沿垂线投影在一张置于水平位置的归心投影用纸上, 然后在投影用纸上量取归心元素 e 和 θ。

按图解法测定归心元素的具体做法如下:

在标石上方安置小平板, 并将归心投影用纸固定在平板上, 再用垂球使平板中心与标石中心初步对准, 使 B, Y, T 三点沿垂线的投影点均能落在投影用纸上为原则, 然后整置平板, 并使投影用纸的上方朝北。

一般在 3 个位置用投影仪或经纬仪进行投影, 仪器的 3 个位置的交角应接近于 $120°$ 或 $60°$, 如图 5-45(a)所示, 这样做是为了提高投影的交会精度, 安置投影仪器时必须使每个投影位置都能看到标石中心(或与其对中的垂线)、仪器中心和照准圆筒中心。

投影前, 应检校用于投影的仪器, 使仪器的视准轴误差和水平轴倾斜误差很小, 投影时必须将投影仪器整平。

下面以投影标石中心为例来说明其投影的具体做法, 仪器中心和照准圆筒中心的投影方法相同。

在投影位置 I 上，盘左照准标石中心后，固定照准部，上仰望远镜对准平板，依照准方向指挥平板处的作业员在投影用纸的边缘标出前后两点，再用盘右照准标石中心，用同样方法依盘右的照准方向在投影用纸的边缘标出前后两点，然后连接前两点的中点和后两点的中点，这条线就是投影位置 I 照准标石中心在投影用纸上的投影方向线，以 B_1B_1 表示，如图5-45(b)所示。

在投影位置 II，III 分别用盘左、盘右照准标石中心，按同样的方法将照准方向线描绘在投影用纸上，如图 5-45(b)中的 B_2B_2 和 B_3B_3，三条投影方向线的交点就是标石中心在投影用纸上的投影点 B。按理三条投影方向线应相交于一点，但由于仪器检校的残余误差和操作误差等的影响，三条投影方向线往往不相交于一点，而形成一个示误三角形。示误三角形的大小反映了投影的质量，国家规范规定，示误三角形的最长边长对于标石中心 B 和仪器中心 Y 应小于 5mm，对于照准圆筒中心 T 应小于 10mm，若在限差以内，则取示误三角形内切圆的中心作为投影点的位置。

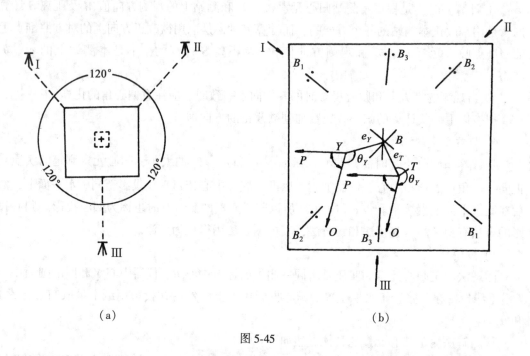

(a)　　　　　　　　　　　(b)

图 5-45

用同样的方法，将仪器中心 Y 和照准圆筒中心 T 投影在投影用纸上，如图 5-45(b)所示。为了避免线条和注记太多，容易混淆，所以它们的投影方向线没有全部画出来，在正规作业时还是应该将全部方向线和注记标出，可参阅归心投影用纸示例。

投影照准圆筒中心 T 时，必须注意照准圆筒的中线，一般取照准圆筒左右边缘的读数的中数作为照准中线的方向。

将 B，Y，T 在投影用纸上标定后，保持平板不动，用照准仪的直尺边缘分别切于 Y 点和 T 点描绘出测站上一个目标比较清晰的方向线，最好是观测时的起始零方向，如图 5-45(b)中的 YO 和 TO。为了防止描绘方向线时的粗差，另外还应在 Y 点和 T 点上描绘一条指向另一个任意邻点的方向线，这条方向线叫检查方向线，如图 5-45(b)中的 YP 和 TP。方向线 YO 和 YP 以及 TO 和 TP 之间的夹角的图解值与观测值之差应小于 2°。

三角点归心投影用纸

系区：	红旗庄二等	三角点归心投影用纸	No. 89041	图幅编号：11-49-89

测前第1次　投影 投影时间：　　年 7月24日	觇标类型：　钢寻常标 投影仪器： T3No. 46853	投影者： 描绘者：	记录者： 检查者：

测站归心零方向：	跃 进 村	照准点归心零方向：	跃 进 村
检 查 角 跃进村—东风岗	观测值75°28′	检 查 角 跃进村—东风岗	观测值75°28′
	描绘值75°15′		描绘值75°30′
$e_Y = 0.029\text{m}$	$\theta_Y = 216°15′$	$e_T = 0.030\text{m}$	$\theta_T = 299°15′$
应改正的 方向名称	跃进村、东风岗、金星星	应改正的方向名称	跃进村、东风岗、 金星星

测站点归心元素中数

$$e_Y = \frac{0.029+0.033}{2} = 0.031\text{m}$$

$$\theta_Y = (216°15′+218°45′) \times \frac{1}{2} = 217°30′$$

（测后投影见 No. 89042）

照准点归心元素中数

$$e_T = \frac{0.030+0.026}{2} = 0.026\text{m}$$

$$\theta_T = (299°15′+298°45′) \times \frac{1}{2} = 299°00′$$

（测后投影见 No. 89042）

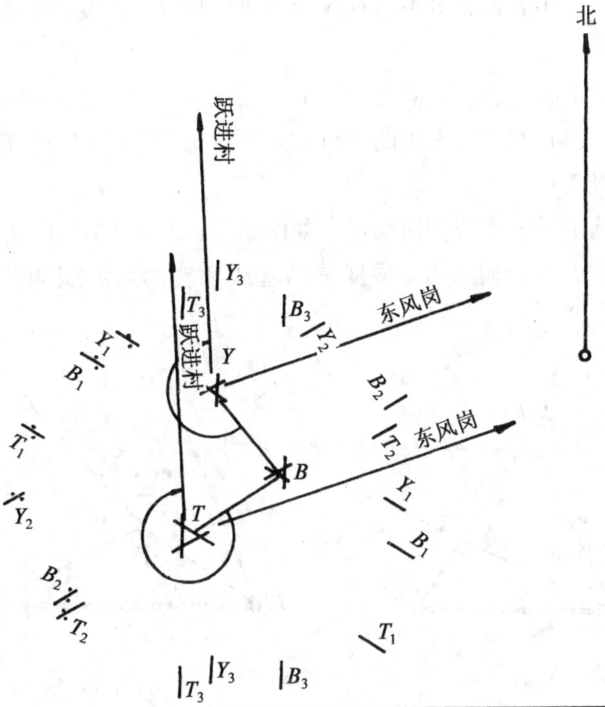

图 5-46

图 5-45(b)中的 $BY=e_Y$，$BT=e_T$，用直尺量至毫米。按偏心角的定义用量角器量 θ_Y 和 θ_T，量至 $15'$。

按图解法测定归心元素时，如果限于地形，选择 3 个投影位置有困难，则可选定两个投影位置，垂直投影面的交角最好接近 $90°$（或在 $50°\sim130°$），在每一投影位置投影一次后，稍许改变投影位置再投影一次，这样两次投影位置对每个点作出 4 条投影方向线，其示误四边形的对角线长度，对标石中心 B 和仪器中心 Y 的投影应小于 5mm，对照准圆筒中心 T 的投影应小于 10mm。

图 5-46 是图解法测定归心元素的归心投影用纸示例。

2）直接法

当偏心距较大在投影用纸上无法容纳时，可采用直接法测定归心元素。

将仪器中心和照准圆筒中心投影在地面设置的木桩顶面上，用钢尺直接量出偏心距 e_Y 和 e_T，为了检核丈量的正确性，要改变钢尺零点后重复丈量一次。两次之差应小于 10mm。

偏心角 θ_Y 和 θ_T 可用经纬仪直接测定，一般应观测两个测回，取至 $10''$。和图解法测定归心元素时一样，在投影点 Y 和 T 上测定 θ_Y 和 θ_T 时应联测与另一检查方向线之间的角度，以资检核。若偏心距小于投影仪器的最短视距（一般 2m 左右），则地面点在望远镜内不能成像，此时可将该方向用细线延长以供照准。

直接测定的归心元素 e_Y，e_T，θ_Y，θ_T 均应记录在手簿上。此外，还应按一定比例尺缩绘在归心投影用纸上，作为投影资料，在投影用纸上应注明测定方法和手簿编号。

3）解析法

当偏心距过大又不能用直接法测定时，如利用旗杆、水塔顶端或避雷针作为三角点标志，可用解析法测定归心元素。常用的解析法是利用辅助基线和一些辅助角度的观测结果推算出归心元素 e 和 θ。

根据实地情况选定一个或两个辅助点，如图 5-47(a)、(b)中的 P_1 和 P_2，图中 b 为辅助基线，α、β 和 E、F 均为辅助角，根据辅助基线和辅助角的观测结果，不难导得计算归心元素 e 和 θ 的公式。

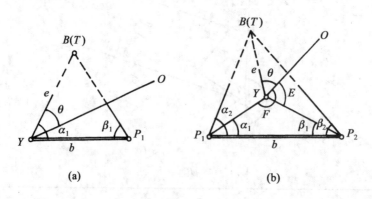

图 5-47

5.7 精密的电磁波测距方法

在大地测量中，为了推算国家大地控制点的坐标，必须测定网中少量边长作为起始边长，作为网中的尺度基准。在 20 世纪 60 年代以前，起始边长是采用一种膨胀系数极小的合金——因瓦（其膨胀系数 $\alpha = 0.5 \times 10^{-6}°C$）制成的线尺，即因瓦线尺丈量，我国大地网的起始边大多是用 24m 因瓦线尺用悬空丈量的方法测定的。作业时先在地面上选择一合适的地段直接丈量出一条较短的边，这条短边称为基线。然后通过构成一定图形的基线网，推算出三角网的起始边长。直接丈量短边的工作称为基线测量。但这种方法不但耗费大量人力、物力，效率也很低，而且对测线上的地形条件要求较高，选择基线较为困难。

随着无线电技术的发展，光电测距仪和微波测距仪先后问世。由于其具有精度高、机动灵活、操作方便、受气候地形影响小等特点，得到了迅速发展和日益完善，逐步取代了因瓦基线尺而成为精密距离测量的主要工具。下面仅就精密电磁波测距的基本原理、测距成果的处理和误差分析进行简要介绍。

5.7.1 电磁波测距基本原理

1. 电磁波测距基本原理公式

设电磁波在大气中的传播速度为 c，它在距离 D 上往返一次所用的时间为 t，则有：

$$D = \frac{1}{2}ct \tag{5-102}$$

可见只要能测出时间 t，根据已知的波速 c，就可求出距离 D。(5-102)式就是电磁波测距基本原理公式。

2. 相位式测距原理公式

按测定 t 的方法，分为直接测时和间接测时。直接测定仪器发射的测距信号往返于被测距离的传播时间，进而解算出距离 D 的一类测距仪称为脉冲式测距仪，该类测距仪因其精度较低，通常只用于精度要求较低的远距离测量、地形测量和炮瞄雷达测距等。

现有的精密光波测距仪都不采用直接测时的方法，而采用间接测时，即用测定相位的方法来测定距离，此类仪器称为相位式测距仪。它是用一种连续波（精密光波测距仪采用光波）作为"运输工具"（称为载波），通过一个调制器使载波的振幅或频率按照调制波的变化做周期性变化。测距时，通过测量调制波在待测距离上往返传播所产生的相位变化，间接地确定传播时间 t，进而求得待测距离 D。

设调制频率为 f，调制波在距离 D 上往返一次产生的相位变化为 φ，调制信号一个周期相位变化为 2π，则调制波的传播时间 t 为：$t = \varphi/\omega = \varphi/2\pi f$（式中 ω 为角频率）。将其代入(5-102)式中得：

$$D = \frac{c\varphi}{4\pi f} \tag{5-103}$$

设调制信号为正弦信号，由图 5-48（把调制信号往返传播的全过程展开）可见，φ 包含 2π 的整倍数 $N \cdot 2\pi$ 和不足 2π 的尾数部分 Ψ，即：

$$\varphi = N \cdot 2\pi + \Psi = 2\pi\left(N + \frac{\Psi}{2\pi}\right)$$

令 $\Delta N = \dfrac{\Psi}{2\pi}$，上式又可写成：

$$\varphi = 2\pi(N+\Delta N) \tag{5-104}$$

将(5-104)式代入(5-103)式中，整理后得：

$$D = \frac{c}{2f}(N+\Delta N) = \frac{\lambda}{2}(N+\Delta N) \tag{5-105}$$

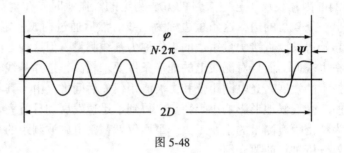

图 5-48

令 $u = \dfrac{c}{2f} = \dfrac{\lambda}{2}$，于是(5-105)式可写成：

$$D = u(N+\Delta N) \tag{5-106}$$

这就是相位式测距原理公式。u 称为单位长，不同类型仪器根据设计要求选用不同的单位长。通俗地解释，(5-106)式表明相位式测距仪是用长度为 u 的"尺子"去量测距离，量了 N 个整尺段加上不足一个 u 的长度就是所测距离。我们把所测距离中不足一个尺段的剩余长度称为余长。一般称这种尺子为"电子尺"(electronic tape)或叫"测尺"。

5.7.2　N 值解算的一般原理

1. 可变频率法

在(5-106)式中 $u = \dfrac{\lambda}{2}$ 是已知的，ΔN(即 $\Delta\Psi$)可测出，但仍有两个未知数，即待测距离 D 和整周数 N，这就使距离产生多值性，如能解出 N，距离 D 就成为单值解。

解算 N 的方法，有可变频率法和固定频率法两种。前者的基本原理是：测距时，连续变动调制频率使其调制波长也作相应的连续变化。设调制波长为 λ_1(相应频率为 f_1)时，$\Delta\Psi$ 等于零(可由返回信号的强度判断)。由(5-105)式得：

$$D = \frac{1}{2}N\lambda_1 = \frac{1}{2}N\frac{c}{f_1} \tag{5-107}$$

如果我们逐渐调高频率使调制波长缩短，当出现第 $(n+1)$ 次 $\Delta\Psi = 0$ 时(此时有 f_{n+1} 和 λ_{n+1})，则得：

$$D = \frac{1}{2}(N+n)\lambda_{n+1} = \frac{1}{2}(N+n)\frac{c}{f_{n+1}} \tag{5-108}$$

由(5-107)式和(5-108)式两式联合求解得：

$$N = \frac{nf_1}{f_{n+1}-f_1} \tag{5-109}$$

式中的 n 即是从 f_1 变化至 f_{n+1} 出现信号强度作周期性变化的次数。解出 N 再代入 (5-107) 式就可解出距离 D。

2. 固定频率法

下面介绍固定频率法。由 (5-106) 式可看出，对于相位式测距仪，只要测出余长且得出 N，即可求出距离。余长可通过相位测量得到，这样直接得到的最小距离只是与调制频率相对应的一个单位长 u 的距离。

显而易见，一个频率的测量只能得到余长而解不出 N。例如，用一个频率测量得 2.578m，它可以是尾数都是 2.578m 的若干个大数不同的距离。这意味着用单一频率的测量仍存在多值性问题。如果想要用单一频率的测量来获得距离的单值解，则精度和测程就不可能兼顾。例如采用 15MHz 的频率，其单位长为 $u = 10\mathrm{m}\left(u = \dfrac{c}{2f}\right)$，测程只能到 10m，设测相精度为 $\pm 0.36°$，则距离的精度为 $\pm 0.1\mathrm{cm}$。如果希望测程为 1 000m，则要求单位长为 1 000m，相应的频率为 150kHz，设测相精度不变，这时距离精度只有 $\pm 1\mathrm{m}$。也就是说，用单一频率测量要同时获得远测程高精度是不可能的，它们的关系见表 5-27。

表 5-27

测尺频率	15MHz	1.5MHz	150kHz	15kHz	1.5kHz
测尺长度	10m	100m	1km	10km	100km
精　度	1cm	10cm	1m	10m	100m

为解决扩大测程和提高精度的矛盾，既得到距离的单值解，同时又具有高精度和远测程，相位式测距仪一般采用一组测尺共同测距，即用精测频率测定余长以保证精度，设置多级频率(粗测频率)来解算 N(通常称为多级固定频率测距仪)而保证测程，从而解决"多值性"问题。这些频率在解算距离上构成特定的关系称为频率的制式。频率的制式主要有直接进制和间接进制两种，直接进制是指各频率顺次为倍数关系。现以两个频率为例：设 $f_1 = kf_2$ 或 $\lambda_2/\lambda_1 = k$。用 f_1 测量其测程为 $\lambda_1/2$，用 f_2 测量其测程为 $\lambda_2/2$，显然 $\lambda_2/2 = k\lambda_1/2$，测程比用单一 f_1 测量扩大了 k 倍。由 (5-105) 式有：

$$D = \frac{\lambda_1}{2}(N_1 + \Delta N_1)$$

$$D = \frac{\lambda_2}{2}(N_2 + \Delta N_2)$$

假若限制所测距离 D 小于 $\lambda_2/2$，于是 $N_2 = 0$，合并上两式可得：

$$N_1 = \frac{\lambda_2}{\lambda_1}\Delta N_2 - \Delta N_1 = k\Delta N_2 - \Delta N_1$$

由此即可求得 N。λ_1 愈小，精度愈高；k 愈大，测程愈远，但 k 不能过大，否则易产生距离粗差。因此，k 一般取 10 或 100，采用多级频率的直接进制可逐级扩大到设计的测程。

间接进制的频率间不是直接的倍数关系，而是精测频率与精测频率和粗测频率的差值或粗测频率间的差值成倍数关系。仍以两个频率为例：设 $f_1/(f_1-f_2)=k$。同样可知，用 (f_1-f_2) 构成的单位长来测算距离是用 f_1 测量的测程的 k 倍。设用 f_1、f_2 测量了同一距离 D，由（5-103）式可知：

$$4\pi f_1 D = c\varphi_1$$
$$4\pi f_2 D = c\varphi_2$$

将以上两式相减得：

$$D = \frac{c}{4\pi(f_1-f_2)}(\varphi_1-\varphi_2) \tag{5-110}$$

把 $\varphi_1=2\pi(N_1+\Delta N_1)$ 和 $\varphi_2=2\pi(N_2+\Delta N_2)$ 代入（5-110）式中：

$$D = \frac{c}{2(f_1-f_2)}(N_1-N_2+\Delta N_1-\Delta N_2) \tag{5-111}$$

式中的 $\frac{c}{2(f_1-f_2)}$ 可理解为由两个频率之差构成的单位长，ΔN_1 和 ΔN_2 可由 f_1 和 f_2 各自相位测量而得到，N_1 和 N_2 是未知的，然而 N_1-N_2 却可以用一定办法来确定。当用两个相差不大的频率测量同一距离时，设 $f_2<f_1$，则 $u_2>u_1$，在测线上存在这样一些点，这些点是 u_1 的测量点与 u_2 的测量点的重合点，如图 5-49 中的 A、B、C 等。我们把相邻重合点间的距离称为重合距离，用 d 表示。实际上，d 就是 u_1 和 u_2 的最小公倍数，设在距离 D 上有 p 个重合点后不再有重合点出现的距离为 Δd。

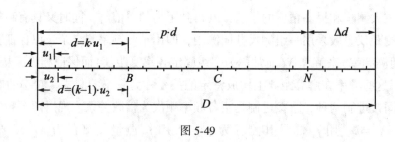

图 5-49

由图 5-49 可知：

$$D = pd+\Delta d \tag{5-112}$$

适当选取 u_1 和 u_2，使在一个重合距离 d 里所包含的 u_1 和 u_2 的个数只相差 1，设含有 k 个 u_1，$(k-1)$ 个 u_2，即 $d=ku_1=(k-1)u_2$，由此可得：

$$k = \frac{u_2}{u_2-u_1} = \frac{f_1}{f_1-f_2}$$

因此

$$d = k \cdot u_1 = \frac{f_1}{f_1-f_2} \cdot \frac{c}{2f_1} = \frac{c}{2(f_1-f_2)} \tag{5-113}$$

（5-113）式表明重合距离 d 等于两个频率之差构成的单位长，用 f_1 测量的测程为 u_1，而用两个频率测量后，利用它们的差构成的单位长可使测程扩大 k 倍。（5-112）式中的 p

仍是未知的。实际上，不必求出 p 而只要把两个频率解算的距离限制在它们的一个重合距离之内，采用多级频率就可以满足需要的测程。

在 u_1 和 u_2 的一个重合距离之内的任一距离上，包含 u_1 的个数 N_1 和 u_2 的个数 N_2 之差不是 1 就是零，是 1 还是零与余长有关，如图 5-50 所示。

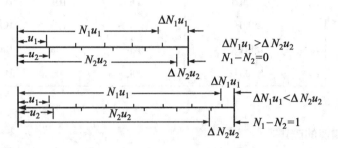

图 5-50

由图可知，当 $\Delta N_1 u_1 > \Delta N_2 u_2$ 时，$N_1 - N_2 = 0$；当 $\Delta N_1 u_1 < \Delta N_2 u_2$ 时，$N_1 - N_2 = 1$。因为是用 u_1、u_2 量同一距离，故：

$$u_1(N_1 + \Delta N_1) = u_2(N_2 + \Delta N_2)$$

在 $N_1 - N_2 = 0$ 时可得：

$$N_1 = \frac{\Delta N_1 u_1 - \Delta N_2 u_2}{u_2 - u_1}$$

在 $N_1 - N_2 = 1$ 时可得：

$$N_1 = \frac{\Delta N_1 u_1 - \Delta N_2 u_2 + u_2}{u_2 - u_1}$$

这样都可以求出 N 值。用以上两式求 N 显然是不方便的，我们可以采用下面的简单方法：在 $\Delta N_1 u_1 < \Delta N_2 u_2$ 时，把 u_1 测量的余长加一个 u_1，这样 $N_1 - N_2$ 总是零，于是 (5-111)式就可写成：

$$D = \frac{c}{2(f_1 - f_2)}(\Delta N_1 - \Delta N_2) \tag{5-114}$$

D 表示 f_1、f_2 测算的距离，因限制在它们的一个重合距离之内，故只是待测距离 D 的一部分，通常称为概略距离或粗测距离。采用多级频率可使测程扩展到设计的指标。(5-114)式是间接进制解算概略距离的基本公式。

例如，选择一组相近的测尺频率 f_1，f_2，…（见表 5-28）进行测量，测得各自的尾数 ΔN_1，ΔN_2，…，若取 f_1 为精测尺频率确定精测距离，取 $f_1 - f_2$，$f_1 - f_3$，…为间接尺频率，则可求出 $\Delta N_1 - \Delta N_i (i=2，3，…)$ 以确定粗测距离。适当选取 f_1，f_2，…的大小，就可形成一套测尺长度(u)为十进制的测尺系统($k=10$)，由此，根据这些测尺频率的测量结果组合起来就可完成一组距离的测量，解算出设计测程以内的距离。

表 5-28

精尺和粗尺频率 f_i	精尺和间接测尺频率	测尺长度 $u=\frac{1}{2}\lambda$	精度	确定距离范围
$f_1 = 15\text{MHz}$	$f_1 = 15\text{MHz}$	10m	1cm	$0<D_1<10\text{m}$
$f_2 = (1-10^{-1})f_1$	$f_{12} = f_1-f_2 = 1.5\text{MHz}$	100m	10cm	$1\text{m}<D_{12}<100\text{m}$
$f_3 = (1-10^{-2})f_1$	$f_{13} = f_1-f_3 = 150\text{kHz}$	1km	1m	$10\text{m}<D_{13}<1\text{km}$
$f_4 = (1-10^{-3})f_1$	$f_{14} = f_1-f_4 = 15\text{kHz}$	10km	10m	$100\text{m}<D_{14}<10\text{km}$
$f_5 = (1-10^{-4})f_1$	$f_{15} = f_1-f_5 = 1.5\text{kHz}$	100km	100m	$1\text{km}<D_{15}<100\text{km}$

5.7.3　距离观测值的改正

虽然现在测距仪的种类和型号都很多，但其使用方法都大同小异，且每套仪器都附有详细的使用说明书，故限于篇幅，具体的测距仪器不作介绍。下面直接介绍用测距仪测得的实测距离应加哪些改正。

电磁波测距是在地球的自然表面上，实际的大气条件下进行的，测得的只是距离的初步值，需要加上以下的这些改正才可得到两点间的倾斜距离。应指出的是，由于现在测距仪的性能和自动化程度不同，测距时的精度要求也各异。故有的改正可不需进行，有的可在观测时在仪器中直接输入有关数值或改正值即可。

1. 气象改正 ΔD_n

这是电磁波测距的重要改正，因为电磁波在大气中传输时受气象条件的影响很大。

此项改正的实质是大气折射率对距离的改正。因折射率与气压、气温、湿度有关，因此习惯上我们称为气象改正。大气折射率 $n=\dfrac{c_0}{c}$，其中，c 为光在大气中传播速度，c_0 为光在真空中传播速度。1975 年 IUGG 第十六届年会公布的新值是：$c_0 = (299\ 792\ 458 \pm 1.2)\text{m/s}$。

故(5-102)式又可写为

$$D = \frac{t}{2} \cdot \frac{c_0}{n} \tag{5-115}$$

测距仪的调制频率是根据测距仪选定的参考大气条件设计的，设与参考大气条件相应的折射率为 n_0，故仪器测算出来的距离为

$$D_0 = \frac{t}{2} \cdot \frac{c_0}{n_0} \tag{5-116}$$

由(5-115)式和(5-116)式两式可知

$$D = D_0 \cdot \frac{n_0}{n} \tag{5-117}$$

上式说明实际距离 D 等于距离测量值 D_0 乘以 n_0/n。

一般而言，空气是低气压物质，其折射率接近于 1，故可写为

$$n_0 = 1 + \delta_{n_0}$$
$$n = 1 + \delta_n$$

代入 (5-117) 式得：

$$D = \frac{1 + \delta_{n_0}}{1 + \delta_n} \cdot D_0 \qquad (5-118)$$

因为 δ_n 是一个正的小量，可将 $(1 + \delta_n)^{-1}$ 按级数展开，略去高次项后代入上式得：

$$D = D_0 (1 + \delta_{n_0})(1 - \delta_n)$$

略去二次项有：

$$D = D_0 + D_0 (\delta_{n_0} - \delta_n) \qquad (5-119)$$

上式中第二项即为气象改正：

$$\Delta D_n = D_0 (\delta_{n_0} - \delta_n) \qquad (5-120)$$

实用的计算公式，由巴雷尔-西尔公式导出。1963 年 IUGG 决定使用巴雷尔-西尔公式称为折射率与波长的关系式 (色散公式)：

$$n = 1 + A + \frac{B}{\lambda^2} + \frac{C}{\lambda^4} \qquad (5-121)$$

式中：$A = 2\ 876.04 \times 10^{-7}$；$B = 16.288 \times 10^{-7}$；$C = 0.136 \times 10^{-7}$；$n$ 为在温度 0℃，气压 760mmHg，湿度 0%，含 0.03%CO_2 的标准大气压条件下的折射率。

(5-121) 式只适用于单一波长的光。实际上，任一波长的光都有一定的带宽。在大气中不同波长光的传播速度是不同的。不同波长合成的光速称为群速，相应的折射率叫群折射率。调制光以群速传播，群速由下式给出：

$$c_g = c - \frac{dc}{d\lambda} \lambda$$

式中：dc 为光速变化宽度，$d\lambda$ 为光波波长的带宽。

相应的群折射率为

$$n_g = n - \frac{dn}{d\lambda} \lambda \qquad (5-122)$$

式中：n_g 为群折射率，n 为单一波长的折射率，λ 为光波的有效波长。微分 (5-121) 式得

$$\frac{dn}{d\lambda} = -\frac{2B}{\lambda^3} - \frac{4C}{\lambda^5}$$

将上式和 (5-121) 式代入 (5-122) 式有

$$n_g = 1 + A + \frac{3B}{\lambda^2} + \frac{5C}{\lambda^4} \qquad (5-123)$$

式中：λ 以 μm 为单位。

(5-123) 式求出的是在标准大气条件下的群折射率。测量时的大气气象参数与标准气象条件是不一样的，其折射率也不同。如果已知上述标准气象条件下的群折射率 n_g，则一般大气条件下光的折射率按下式计算

$$n = 1 + \frac{n_g - 1}{1 + \alpha t} \cdot \frac{P}{760} - \frac{5.51 \cdot e}{1 + \alpha t} \cdot 10^{-8} \tag{5-124}$$

式中：α 为空气膨胀系数，$\alpha = \dfrac{1}{273.16}$。

根据(5-120)式、(5-123)式、(5-124)式三式就可求出任何仪器的气象改正公式。

例如 DI20 测距仪的红外波长 $\lambda = 0.835\mu m$，由此可求出其气象改正式为

$$\Delta D_n = \left(282.2 - \frac{105.91 - 15.02 \cdot e}{273.16 + t} \right) \times 10^{-6} \cdot D_0 \tag{5-125}$$

式中：t 以℃为单位，P、e 以 mmHg 为单位，D_0 以 m 为单位。

气压单位除有 mmHg 外，还有 mb(毫巴)以及法定单位 kPa，它们的关系为

$$\begin{cases} 1mmHg = 133.322Pa \\ 1mb = 99.9915Pa \\ 760mmHg = 1\,013.2mb \end{cases} \tag{5-126}$$

气象要素的采集通常是在测距的同时，使用空盒气压计和通风干湿计来测定。气压计和通风干湿计都不应受阳光直接照射，干湿计应距地面 1.5m 处量测。

2. 仪器加常数改正 ΔD_C 和乘常数改正 ΔD_R

1)仪器加常数改正 ΔD_C

因测距仪、反光镜的安置中心与测距中心不一致而产生的距离改正，称仪器加常数改正，用 ΔD_C 表示。仪器加常数 C 包括测距仪加常数 C_1 和反光镜加常数 C_2。C_1 是由测距仪的距离起算点与仪器安置中心不一致产生的；C_2 是由反射棱镜的等效反射面与反光镜安置中心不一致产生的。在测距仪的调试时，常通过电子线路补偿，使 $C_1 = 0$，但实际上不可能严格为零，即存在剩余值，故有时又称为剩余加常数。当多次或用多种方法测定并确认仪器存在明显的加常数时，应在测距成果中加入仪器加常数改正：

$$\Delta D_C = C_1 + C_2 \tag{5-127}$$

2)乘常数改正 ΔD_R

当测定中、长的边长，测定精度要求又较高时，还应顾及仪器乘常数引起的距离改正 ΔD_R

$$\Delta D_R = R \cdot D_0 \tag{5-128}$$

式中：R 为测距仪的乘常数系数(mm/km)；D_0 为观测距离(km)。

下面说明乘常数的意义。

由相位法测距的原理公式知

$$D = u(N + \Delta N)$$

$$u = \frac{\lambda}{2} = \frac{V}{2f} = \frac{c}{2nf}$$

设 $f_标$ 为标准频率，假定无误差；$f_实$ 为实际工作频率；令 $f_实 - f_标 = \Delta f$，即频率偏差；$u_标$ 为与 $f_标$ 相应的尺长，即 $u_标 = \dfrac{c}{2nf_标}$；$u_实$ 为与 $f_实$ 相应的尺长，即 $u_实 = \dfrac{c}{2nf_实}$。

于是有

$$u_{标} = \frac{c}{2n(f_{实} - \Delta f)} = \frac{c}{2nf_{实}}\left(1 - \frac{\Delta f}{f_{实}}\right)^{-1} \approx \frac{c}{2nf_{实}}\left(1 + \frac{\Delta f}{f_{实}}\right)$$

令

$$\frac{\Delta f}{f_{实}} = R$$

则

$$u_{标} = u_{实}(1 + R)$$

设用 $u_{标}$ 测得的距离值为 $D_{标}$，用 $u_{实}$ 测得的距离值为 $D_{实}$，则 $D_{标} = D_{实}(1 - R)$，而一般常写为 $D_{标} = D_{实}(1 + R')$，即 $R = -R'$。由此可见，所谓乘常数，就是当频率偏离其标准值时而引起一个计算改正数的乘系数，也称为比例因子。乘常数可通过一定检测方法求得，必要时可对观测成果进行改正。当然如果有小型频率计，直接测定 $f_{实}$，进而求得 Δf，对于求得乘常数改正就更方便了。

测距仪的加常数 C 和乘常数 R 应定期检定，以便对所测距离加以改正，下面简单介绍用六段法测定仪器加常数的基本原理。

3）六段法测定仪器加常数的基本原理

六段解析法是一种不需要预先知道测线的精确长度而采用电磁波测距仪本身的测量成果，通过平差计算求定加常数的方法。

其基本做法是设置一条直线（其长度大约几百米至 1km 左右），将其分为 d_1，d_2，$\cdots$，d_n 等 n 个线段。如图 5-51 所示。

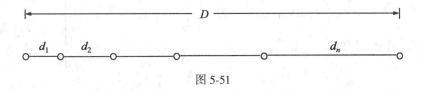

图 5-51

因为 $D + C = (d_1 + C) + (d_2 + C) + \cdots + (d_n + C) = \sum_{i=1}^{n} d_i + nC$

由此得

$$C = \frac{D - \sum_{i=1}^{n} d_i}{n - 1} \qquad (5\text{-}129)$$

将（5-129）式微分，换成中误差表达式，

$$m_C = \pm\sqrt{\frac{n+1}{(n-1)^2}} \cdot m_d \qquad (5\text{-}130)$$

从估算公式（5-130）可见，分段数 n 的多少，取决于测定 C 的精度要求。一般要求加常数的测定中误差 m_C 应不大于该仪器测距中误差 m_d 的 $1/2$，即 $m_C \leq 0.5m_d$，我们取 $m_C = 0.5m_d$ 代入（5-130）式。算得 $n = 6.5$。所以应分成 6~7 段，一般取为 6 段。这就是六

段法的来历。

为提高测距精度，应增加多余观测，故采用全组合观测法，共测 21 个距离值。

在六段法中，点号一般取为 0、1、2、3、4、5、6，则需测定如下距离：

$$D_{01} \quad D_{02} \quad D_{03} \quad D_{04} \quad D_{05} \quad D_{06}$$
$$D_{12} \quad D_{13} \quad D_{14} \quad D_{15} \quad D_{16}$$
$$D_{23} \quad D_{24} \quad D_{25} \quad D_{26}$$
$$D_{34} \quad D_{35} \quad D_{36}$$
$$D_{45} \quad D_{46}$$
$$D_{56}$$

为了全面检查仪器的性能，最好将 21 个被测距离的长度大致均匀分布于仪器的最佳测程以内。

至于测定的实际步骤和 C 值的计算方法，以及用比较法同时测定仪器加、乘常数的方法可参阅测距仪检定规范。

3. 波道曲率改正 ΔD_k

这项改正包括第一速度改正（又称几何改正）ΔD_g 和第二速度改正 ΔD_v。

电磁波在近距离上的传播可看成是直线。但当距离较远时，因受大气垂直折射的影响，就不是一条直线，而是一条半径为 ρ 的弧线（见图 5-52），实际测得的距离就是弧线 D'，我们把弧长 D' 化为弦长 D 的改正称为第一速度改正：

$$\Delta D_g = D - D'$$

设 R 为地球半径，波道曲率半径 ρ 则为 $\rho = \dfrac{R}{k}$，k 为折射系数。可导出改正公式为

$$\Delta D_g = -\frac{D'^3}{24R^2} \cdot k^2 \tag{5-131}$$

电磁波传播速度随大气垂直折射率不同而有差异。实际测距时，一般只是在测线两端测定气象元素，由此求出测线两端折射率的平均值，代替严格意义下的测线折射率的积分平均值。

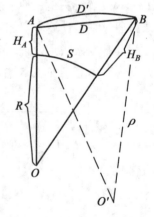

图 5-52

这种以测线两端点的折射率代替测线折射率而产生的改正，叫第二速度改正 ΔD_v。可导出其公式为

$$\Delta D_v = \frac{k(1-k)}{12R^2} \cdot D'^3 \tag{5-132}$$

第一速度改正 ΔD_g 和第二速度改正 ΔD_v 之和称为波道曲率改正 ΔD_k，即

$$\Delta D_k = \Delta D_g + \Delta D_v = -\frac{2k-k^2}{24R^2} \cdot D'^3 \tag{5-133}$$

因折射系数 $k<1$，故波道曲率改正 ΔD_k 恒为负值。折射系数 k 随时间地点等因素不同而异，可通过实验测定。在一般情况下，$k = 0.13 \sim 0.25$。由于波道曲率改正值很小，通

常在 15km 以内的边长，不考虑此项改正。

4. 归心改正 ΔD_e

在某些情况下，如觇标挡住了测距仪的视线或视线中有障碍物等，就需设置偏心观测。对于偏心观测的边长需加归心改正。

如图 5-53 所示，A、B 为测线两端点的标石中心，A'、B' 为主机和反光镜中心，e 和 e' 是相应的偏心距，θ 和 θ' 是偏心角(以主机和反光镜为中心，从 e 或 e' 方向开始顺时针转到测线方向的角度)。测距仪测得的距离为 $D'=A'B'$，化至标石中心的距离为 $D=AB$。则归心改正数 $\Delta D_e = D - D'$。

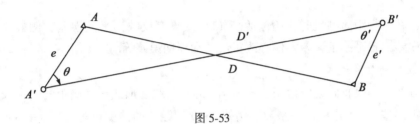

图 5-53

当测站、镜站偏心距之和小于 $\sqrt{D'}$ (D' 用 km 代入)时，归心改正可按下式计算：

$$\Delta D_e = -(e'\cos\theta + e'\cos\theta')$$

5. 周期误差改正

由于测距仪光学和电子线路的光电信号串扰，使得待测距离的尾数呈现按精测尺长为周期变化的一种误差叫周期误差。其改正公式为

$$\Delta D = A\sin(\varphi_0 + \theta)$$
$$\theta = 2D_0 \times 360° / \lambda$$

式中：A 为周期误差的振幅(mm)；φ_0 为周期误差的初始相位角(以度表示)；D_0 为距离观测值；λ 为精测调制波长(m)。A 和 φ_0 由周期误差的检验求得。

当测距精度要求较高，且 A 值大于(或等于)仪器固定误差的 1/2 时，应加周期误差改正。

实测的距离加上以上的改正，就得到两点间的倾斜距离。需要指出的是，气象改正数应按各测回分别改正，而其他各项改正是在 N 测回取均值后再进行。

至于如何把斜距化成平均高程面上的长度，归算成参考椭球面上的大地线长度以及改化到高斯平面上的直线距离等的有关理论和计算公式，已在第 4 章作了介绍，此不赘述。

5.7.4 测距的误差来源和精度表达式

1. 测距的主要误差来源

对相位测距公式：$D = \dfrac{c_0\varphi}{4\pi fn} + C$

取微分得：$dD = \dfrac{c_0}{4fn}\dfrac{d\varphi}{\pi} + D\dfrac{dc_0}{c_0} - D\dfrac{df}{f} - D\dfrac{dn}{n} + dC$

写成中误差的形式有：$m_D^2 = \left(\dfrac{c_0}{4fn}\right)^2 \dfrac{m_\varphi^2}{\pi^2} + \left(\dfrac{m_{c_0}^2}{c_0^2} + \dfrac{m_f^2}{f^2} + \dfrac{m_n^2}{n^2}\right)D^2 + m_c^2$ 　　　　(5-134)

由(5-134)式可见，相位测距误差由两部分组成：一部分是与距离长短无关的测相误差 $\dfrac{m_4}{\pi}$，常数误差 m_c，我们称它为固定误差；另一部分是与距离成比例的真空光速值误差 m_{c_0}/c_0，频率误差 $\dfrac{m_f}{f}$ 及大气折射率误差 m_n/n，我们将它称为比例误差。严格地说，测相误差也与距离有关。但由于限幅测相，使不同距离上有相近的信噪比，因此可认为与距离无关。

此外，在进行距离测量时，还包括(5-134)式没有反映出来的误差，例如仪器和反射镜的对中误差，置平改正误差，偏心改正误差和周期误差等。

2. 测距的精度表达式

为了方便，一般我们近似地用公式 $m = a + b \times D$ 的线性形式作为测距的精度表达式。其中 a 为固定误差，b 为比例误差系数。例如 DI20 测距仪的精度可写为 $m = \pm(3\text{mm} + 1 \times 10^{-6} D)$ 或写为 $m = \pm(3\text{mm} + 1\text{mm/km} \times D)$，也可写为 $m = \pm(3\text{mm} + 1\text{ppm} \times D)$，即表示有固定误差为 3mm，比例误差为 1mm/km。

5.8　精密高程测量方法

在大地测量的高差测量仪器中，主要使用气泡式的精密水准仪、自动安平的精密水准仪及数字水准仪以及相应的因瓦合金水准尺，在 5.4.6 已进行了介绍，下面论述利用精密水准仪进行精密水准测量方法等。

5.8.1　精密水准测量的误差来源及影响

1. 仪器误差

1）i 角的误差影响

虽然经过 i 角的检验校正，但要使两轴完全保持平行是困难的，因此，当水准气泡居中时，视准轴仍不能保持水平，使水准标尺上的读数产生误差，并且与视距成正比。

图 5-54 中，$S_{前}$，$S_{后}$ 为前后视距。由于存在 i 角，并假设 i 角不变的情况下，在前后视水准标尺上的读数误差分别为 $i'' \cdot S_{前} \dfrac{1}{\rho''}$ 和 $i'' \cdot S_{后} \dfrac{1}{\rho''}$，对高差的误差影响为

$$\delta_S = i''(S_{后} - S_{前})\dfrac{1}{\rho''}$$ 　　　　(5-135)

对于两个水准点之间一个测段的高差总和的误差影响为

$$\sum \delta_S = i''\left(\sum S_{后} - \sum S_{前}\right)\dfrac{1}{\rho''}$$ 　　　　(5-136)

由此可见，在 i 角保持不变的情况下，一个测站上的前后视距相等或一个测段的前后

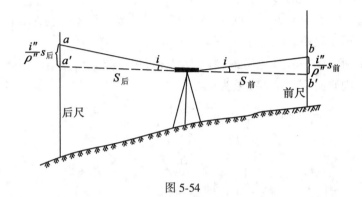

图 5-54

视距总和相等，则在观测高差中由于 i 角的误差影响可以得到消除。但在实际作业中，要求前后视距完全相等是困难的。下面讨论前后视距不等差的容许值问题。

设 $i=15''$，要求 δ_S 对高差的影响小到可以忽略不计的程度，如 $\delta_S=0.1\text{mm}$，那么前后视距之差的容许值可由(5-135)式算得，即

$$(S_{后}-S_{前}) \leqslant \frac{\delta_S}{i''}\rho'' \approx 1.4\text{m}$$

为了顾及观测时各种外界因素的影响，所以规定，二等水准测量前后视距差($S_{后}-S_{前}$)应小于等于1m。为了使各种误差不致累积起来，还规定由测段第一个测站开始至每一测站前后视距累积差 $\sum(S_{后}-S_{前})$，对于二等水准测量而言应小于等于3m。

2)φ 角误差的影响

当仪器不存在 i 角，则在仪器的垂直轴严格垂直时，交叉误差 φ 并不影响在水准标尺上的读数，因为仪器在水平方向转动时，视准轴与水准轴在垂直面上的投影仍保持互相平行，因此对水准测量并无不利影响。但当仪器的垂直轴倾斜时，如与视准轴正交的方向倾斜一个角度，那么这时视准轴虽然仍在水平位置，但水准轴两端却产生倾斜，从而水准气泡偏离居中位置。这时，仪器在水平方向转动，水准气泡将移动。当重新调整水准气泡居中进行观测时，视准轴就会偏离水平位置而倾斜，显然它将影响在水准标尺上的读数。为了减少这种误差对水准测量成果的影响，应对水准仪上的圆水准器进行检验与校正和对交叉误差 φ 进行检验与校正。

3)水准标尺每米长度误差的影响

在精密水准测量作业中必须使用经过检验的水准标尺。设 f 为水准标尺每米间隔平均真长误差，则对一个测站的观测高差 h 应加的改正数为

$$\delta_f=hf \tag{5-137}$$

对于一个测段来说，应加的改正数为

$$\sum\delta_f=f\sum h \tag{5-138}$$

式中：$\sum h$ 为一个测段各测站观测高差之和。

4)两水准标尺零点差的影响

两水准标尺的零点误差不等，设 a，b 水准标尺的零点误差分别为 Δa 和 Δb，它们都会在水准标尺上产生误差。

如图 5-55 所示，在测站 I 上考虑到两水准标尺的零点误差对前后视水准标尺上读数 b_1，a_1 的影响，则测站 I 的观测高差为

$$h_{12} = (a_1 - \Delta a) - (b_1 - \Delta b) = (a_1 - b_1) - \Delta a + \Delta b$$

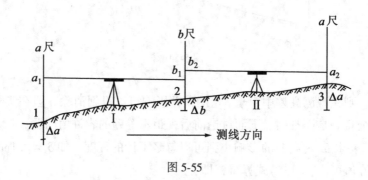

图 5-55

在测站 II 上考虑到两水准标尺零点误差对前后视水准标尺上读数 a_2，b_2 的影响，则测站 II 的观测高差为

$$h_{23} = (b_2 - \Delta b) - (a_2 - \Delta a) = (b_2 - a_2) - \Delta b + \Delta a$$

则 1，3 点的高差，即 I，II 测站所测高差之和为

$$h_{13} = h_{12} + h_{23} = (a_1 - b_1) + (b_2 - a_2)$$

由此可见，尽管两水准标尺的零点误差 $\Delta a \neq \Delta b$，但在两相邻测站的观测高差之和中，抵消了这种误差的影响，故在实际水准测量作业中各测段的测站数目应安排成偶数，且在相邻测站上使两水准标尺轮流作为前视尺和后视尺。

2. 外界因素引起的误差

1)温度变化对 i 角的影响

精密水准仪的水准管框架是同望远镜筒固连的，为了使水准轴与视准轴的联系比较稳固，这些部件是采用因瓦合金钢制造的，并把镜筒和框架整体装置在一个隔热性能良好的套筒中，以防止由于温度的变化，使仪器有关部件产生不同程度的膨胀或收缩，而引起 i 角的变化。

但是当温度变化时，完全避免 i 角的变化是不可能的。例如仪器受热的部位不同，对 i 角的影响也显著不同。当太阳射向物镜和目镜端影响最大；旁射水准管一侧时，影响较小；旁射与水准管相对的另一侧时，影响最小。因此，温度的变化对 i 角的影响是极其复杂的，实验结果表明，当仪器周围的温度均匀地每变化 1℃ 时，i 角将平均变化约为 $0.5''$，有时甚至更大些，有时竟可达到 $1'' \sim 2''$。

由于 i 角受温度变化的影响很复杂，因而对观测高差的影响是难以用改变观测程序的办法来完全消除，而且，这种误差影响在往返测不符值中也不能完全被发现，这就使高差

中数受到系统性的误差影响。因此，减弱这种误差影响最有效的办法是减少仪器受辐射热的影响，如观测时要打伞，避免日光直接照射仪器，以减小 i 角的复杂变化；同时，在观测开始前应将仪器预先从箱中取出，使仪器充分地与周围空气温度一致。

如果我们认为在观测的较短时间段内，由于受温度的影响，i 角与时间成比例地均匀变化，则可以采取改变观测程序的方法在一定程度上来消除或削弱这种误差对观测高差的影响。

两相邻测站Ⅰ，Ⅱ对于基本分划如按下列①，②，③，④程序观测，即

在测站Ⅰ上：①后视　　②前视

在测站Ⅱ上：③前视　　④后视

则由图 5-56 可知，对测站Ⅰ，Ⅱ观测高差的影响分别为 $-S(i_2-i_1)$ 和 $+S(i_4-i_3)$，S 为视距，i_1，i_2，i_3，i_4 为每次读数变化了的 i 角。

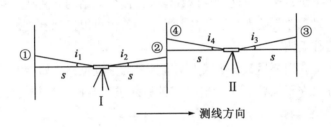

图 5-56

由于我们认为在观测的较短时间段内，i 角与时间成比例地均匀变化，所以 $(i_2-i_1)=(i_4-i_3)$，由此可见，在测站Ⅰ，Ⅱ的观测高差之和中就抵消了由于 i 角变化的误差影响，但是，由于 i 角的变化不完全按照与时间成比例地均匀变化，因此，严格地说，(i_2-i_1) 与 (i_4-i_3) 不一定完全相等，再说相邻奇偶测站的视距也不一定相等，所以按上述程序进行观测，只能说基本上消除由于 i 角变化的误差影响。

根据同样的道理，对于相邻测站Ⅰ，Ⅱ辅助分划的观测程序应为

在测站Ⅰ上：①前视　　②后视

在测站Ⅱ上：③后视　　④前视

综上所述，在相邻两个测站上，对于基本分划和辅助分划的观测程序可以归纳为奇数站的观测程序

后（基）—前（基）—前（辅）—后（辅）

偶数站的观测程序

前（基）—后（基）—后（辅）—前（辅）

所以，将测段的测站数安排成偶数，对于削减由于 i 角变化对观测高差的误差影响也是必要的。

2) 仪器和水准标尺（尺台或尺桩）垂直位移的影响

仪器和水准标尺在垂直方向位移所产生的误差，是精密水准测量系统误差的重要

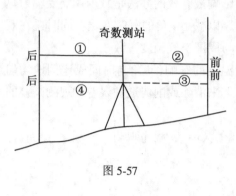

图 5-57

来源。

　　按图 5-57 中的观测程序，当仪器的脚架随时间而逐渐下沉时，在读完后视基本分划读数转向前视基本分划读数的时间内，由于仪器的下沉，视线将有所下降，而使前视基本分划读数偏小。同理，由于仪器的下沉，后视辅助分划读数偏小，如果前视基本分划和后视辅助分划的读数偏小的量相同，则采用"后前前后"的观测程序所测得的基辅高差的平均值中，可以较好地消除这项误差影响。

　　水准标尺(尺台或尺桩)的垂直位移，主要是发生在迁站的过程中，由原来的前视尺转为后视尺而产生下沉，于是总使后视读数偏大，使各测站的观测高差都偏大，成为系统性的误差影响。这种误差影响在往返测高差的平均值中可以得到有效的抵偿，所以水准测量一般都要求进行往返测。

　　在实际作业中，我们要尽量设法减少水准标尺的垂直位移，如立尺点要选在中等坚实的土壤上；水准标尺立于尺台后至少要半分钟后才进行观测，这样可以减少其垂直位移量，从而减少其误差影响。

　　有时仪器脚架和尺台(或尺桩)也会发生上升现象，就是当我们用力将脚架或尺台压入地下之后，在我们不再用力的情况下，土壤的反作用有时会使脚架或尺台逐渐上升，如果水准测量路线沿着土壤性质相同的路线敷设，而每次都有这种上升的现象发生，结果会产生系统性质的误差影响。根据研究，这种误差可以达到相当大的数值。

　　3)大气垂直折光的影响

　　当视线通过近地面大气层，由于近地面大气层的密度分布一般是随离地面的高度而变化，也就是说，近地面大气层的密度存在着梯度。因此，由于光线所通过的大气层密度在不断变化，进而引起折射系数的不断变化，导致视线成为一条各点具有不同曲率的曲线，在垂直方向产生弯曲，并且弯向密度较大的一方，这种现象叫做大气垂直折光。

　　如果在地势较为平坦的地区进行水准测量时，前后视距相等，则折光影响相同，使视线弯曲的程度也相同，因此，在观测高差中就可以消除这种误差影响。但是，由于越接近地面的大气层，密度的梯度越大，前后视线离地面的高度不同，视线所通过大气层的密度也不同，折光影响也就不同，所以前后视线在垂直面内的弯曲程度也不同。如水准测量通过一个较长的坡度时，由于前视视线离地面的高度总是大于(或小于)后视视线离地面的高度，当上坡时前视所受的折光影响比后视要大，视线弯曲凸向下方。这时，垂直折光对高差将产生系统性质误差影响。为了减弱垂直折光对观测高差的影响，应使前后视距尽量相等，并使视线离地面有足够的高度，在坡度较大的水准路线上进行作业时应适当缩短视距。

　　大气密度的变化还受到温度等因素的影响。上午由于地面吸热，使得地面上的大气层离地面越高温度越低；中午以后，由于地面逐渐散热，地面温度开始低于其上大气的温度。因此，垂直折光的影响，还与一天内的不同时间有关，在日出后半小时左右和日落前半小时左右这两段时间内，由于地表面的吸热和散热，使近地面的大气密度和折光差变化迅速而无规律，故不宜进行观测；在中午一段时间内，由于太阳强烈照射，使空气对流剧烈，致使目标成像不稳定，也不宜进行观测。为了减弱垂直折光对观测高差的影响，水准规范还规定每一测段的往测和返测应分别在上午或下午，这样在往返测观测高差的平均值中可以减弱垂直折光的影响。折光影响是精密水准测量一项主要的误差来源，它的影响与观测所处的气象条件，水准路线所处的地理位置和自然环境，观测时间，视线长度，测站高差以及视线离地面的高度等诸多因素有关。虽然当前已有一些试图计算折光改正数的公式，但精确的改正值还是难以测算。因此，在精密水准测量作业时必须严格遵守水准规范中的有关规定。

4）磁场对补偿式自动安平水准仪的影响

近几年来我国在高程控制测量方面已比较广泛地使用补偿式自动安平水准仪。补偿器是补偿式自动安平水准仪的心脏，而由于补偿器受到地磁场的影响，会在磁场中产生严重偏转，以致使视准线产生系统性变化，而对水准测量的观测成果产生系统性质的磁性感应误差的影响。

这个问题自从美国大地测量局提出以来，各国相继进行了不少研究工作和一些模拟性实验，经过研究分析提出了这种误差的特点和对测量的影响规律，从而提出了避免或减小这种误差影响应采取的措施，得到测量部门和各国仪器制造厂商的重视。

这种误差的基本特征是，与水准测量路线的方向有关，在南北方向进行水准测量时表现出明显的系统误差。这种系统误差产生的原因是：当用补偿式自动安平水准仪在南北方向的水准测量路线上进行观测时，补偿器的摆受到一个南北方向的力的作用，使视准线产生系统倾斜，而使水准测量观测成果受到系统性质误差的影响。对实验数据的统计分析表明，每公里可达 $0.7 \sim 1.4$ mm，这个数字对精密水准测量来说是不容忽视的，特别在我国领土广大的情况下，这种系统性误差的影响应引起足够的重视。还须指出，这种系统性误差的影响与距离成正比地降低水准测量的传递精度。

根据东西方向水准测量路线的测量资料分析，表现突出的是偶然误差，而没有发现明显的系统误差的影响。经分析认为，这是由于补偿器的摆仍和南北方向的水准测量路线一样，受到一个相同方向的力的作用，此时摆仍在南北方向偏移，而视准线并不改变它的水平位置，因此，可以认为观测成果没有这种误差的影响，或者影响极为微弱。

必须指出，这种来源于地磁场影响的磁感误差，随地球表面各地磁场的方向和强度不同而异，而且还受到随时间发生变化的各种因素的影响，因此这种误差影响是十分复杂的。

为了克服补偿器在磁场中产生偏转，仪器制造厂商正着力于改进仪器构造，以削减或甚至完全消除仪器的补偿器的磁敏感性，在构造中采用了在补偿器上加装磁屏蔽，或将补偿器的悬挂带改用新的合金制造抗磁补偿摆，为水准测量提供所谓非磁性的补偿式自动安平水准仪。但经一些国家试验的资料表明，非磁性自动安平水准仪并不比通常的补偿式自动安平水准仪有所改善，因此抗磁性补偿器并不能令人满意。

在进行精密水准测量和进行重复水准测量来研究地壳垂直运动，以及进行精密工程水准测量时，在存在强的电磁场情况下，以使用精密水准器水准仪为好，如使用 Ni 004 精密水准仪进行观测。

研究证明，磁致误差与补偿器水准仪的材料、摆的质量和摆长等因素有关。克服磁致误差影响较为有效的措施是改进补偿器的结构和选用新型非磁性材料。

3. 观测误差

精密水准测量的观测误差，主要有水准器气泡居中的误差，照准水准标尺上分划的误差和读数误差，这些误差都是属于偶然性质的。由于精密水准仪有倾斜螺旋和符合水准器，并有光学测微器装置，可以提高读数精度。同时用楔形丝照准水准标尺上的分划线，这样可以减小照准误差，因此，这些误差影响都可以有效地控制在很小的范围内。实验结果分析表明，这些误差在每测站上由基辅分划所得观测高差的平均值中的影响还不到 0.1mm。

5.8.2　精密水准测量的实施

精密水准测量一般指国家一、二等水准测量，在各项工程的不同建设阶段的高程控制测量中，也进行一等水准测量，故在工程测量技术规范中，将水准测量也分为一、二等精密水准测量，其精度指标与国家水准测量的相应等级一致。

下面以二等水准测量为例来说明精密水准测量的实施。

1. 精密水准测量作业的一般规定

在前一节中，分析了有关水准测量的各项主要误差的来源及其影响。根据各种误差的性质及其影响规律，水准规范中对精密水准测量的实施作出了各种相应的规定，目的在于尽可能消除或减弱各种误差对观测成果的影响。

(1)观测前 30 分钟，应将仪器置于露天阴影处，使仪器与外界气温趋于一致；观测时应用测伞遮蔽阳光；迁站时应罩以仪器罩。

(2)仪器距前、后视水准标尺的距离应尽量相等，其差应小于规定的限值：二等水准测量中规定，一测站前、后视距差应小于 1.0m，前、后视距累积差应小于 3m。这样，可以消除或削弱与距离有关的各种误差对观测高差的影响，如 i 角误差和垂直折光等影响。

(3)对气泡式水准仪，观测前应测出倾斜螺旋的置平零点，并作标记，随着气温变化，应随时调整置平零点的位置。对于自动安平水准仪的圆水准器，须严格置平。

(4)在同一测站上观测时，不得两次调焦；转动仪器的倾斜螺旋和测微螺旋，其最后旋转方向均应为旋进，以避免倾斜螺旋和测微器隙动差对观测成果的影响。

(5)在两相邻测站上，应按奇、偶数测站的观测程序进行观测。对于往测奇数测站按"后前前后"，偶数测站按"前后后前"的观测程序在相邻测站上交替进行。返测时，奇数测站与偶数测站的观测程序与往测时相反，即奇数测站由前视开始，偶数测站由后视开始。这样的观测程序可以消除或减弱与时间成比例均匀变化的误差对观测高差的影响，如 i 角的变化和仪器的垂直位移等影响。

(6)在连续各测站上安置水准仪时，应使其中两脚螺旋与水准路线方向平行，而第三脚螺旋轮换置于路线方向的左侧与右侧。

(7)每一测段的往测与返测,其测站数均应为偶数,由往测转向返测时,两水准标尺应互换位置,并应重新整置仪器。在水准路线上每一测段仪器测站安排成偶数,可以削减两水准标尺零点不等差等误差对观测高差的影响。

(8)每一测段的水准测量路线应进行往测和返测,这样,可以消除或减弱性质相同、正负号也相同的误差影响,如水准标尺垂直位移的误差影响。

(9)一个测段的水准测量路线的往测和返测应在不同的气象条件下进行,如分别在上午和下午观测。

(10)使用补偿式自动安平水准仪观测的操作程序与水准器水准仪相同。观测前对圆水准器应严格检验与校正,观测时应严格使圆水准器气泡居中。

(11)水准测量的观测工作间歇时,最好能结束在固定的水准点上,否则,应选择两个坚稳可靠、光滑突出、便于放置水准标尺的固定点,作为间歇点加以标记。间歇后,应对两个间歇点的高差进行检测,检测结果如符合限差要求(对于二等水准测量,规定检测间歇点高差之差应≤1.0mm),就可以从间歇点起测。若仅能选定一个固定点作为间歇点,则在间歇后应仔细检视,确认没有发生任何位移,方可由间歇点起测。

2. 精密水准测量观测

1)测站观测程序

对于每一测站的观测程序,有使用光学水准仪和数字水准仪之分:

(1)光学水准仪观测—测站观测程序

①往测时,奇数测站照准水准标尺分划的顺序为:

a)后视标尺的基本分划;

b)前视标尺的基本分划;

c)前视标尺的辅助分划;

d)后视标尺的辅助分划;

②返测时,偶数测站照准水准标尺分划的顺序为:

a)前视标尺的基本分划;

b)后视标尺的基本分划;

c)后视标尺的辅助分划;

d)前视标尺的辅助分划。

返测时,奇、偶数测站照准标尺的顺序分别与往测偶、奇数测站相同。

③按光学测微法进行观测,以往测奇数测站为例,一测站的操作程序如下:

a)置平仪器。气泡式水准仪望远镜绕垂直轴旋转时,水准气泡两端影像的分离,不得超过1cm,对于自动安平水准仪,要求圆气泡位于指标圆环中央。

b)将望远镜照准后视水准标尺,使符合水准气泡两端影像近于符合(双摆位自动安平水准仪应置于第Ⅰ摆位)。随后用上、下丝分别照准标尺基本分划进行视距读数(如表5-32中的(1)和(2))。视距读取4位,第四位数由测微器直接读得。然后,使符合水准气泡两端影像精确符合,使用测微螺旋用楔形平分线精确照准标尺的基本分划,并读取标尺基本分划和测微分划的读数(3)。测微分划读数取至测微器最小分划。

c)旋转望远镜照准前视标尺,并使符合水准气泡两端影像精确符合(双摆位自动安平水准仪仍在第Ⅰ摆位),用楔形平分线照准标尺基本分划,并读取标尺基本分划和测微分划的读数(4)。然后用上、下丝分别照准标尺基本分划进行视距读数(5)和(6)。

d)用水平微动螺旋使望远镜照准前视标尺的辅助分划,并使符合气泡两端影像精确符合(双摆位自动安平水准仪置于第Ⅱ摆位),用楔形平分线精确照准并进行标尺辅助分划与测微分划读数(7)。

e)旋转望远镜,照准后视标尺的辅助分划,并使符合水准气泡两端影像精确符合(双摆位自动安平水准仪仍在第Ⅱ摆位),用楔形平分线精确照准并进行辅助分划与测微分划读数(8)。

(2)数字水准仪观测—测站观测程序

①往、返测奇数站照准标尺顺序为:

a)后视标尺;

b)前视标尺;

c)前视标尺;

d)后视标尺。

②往、返测偶数站照准标尺顺序为:

a)前视标尺;

b)后视标尺;

c)后视标尺;

d)前视标尺。

③一测站操作程序如下(以奇数站为例):

a)首先将仪器整平(望远镜绕垂直轴旋转,圆气泡始终位于指标环中央);

b)将望远镜对准后视标尺(此时,标尺应按圆水准器整置于垂直位置),用垂直丝照准条码中央,精确调焦至条码影像清晰,按测量键;

c)显示读数后,旋转望远镜照准前视标尺条码中央,精确调焦至条码影像清晰,按测量键;

d)显示读数后,重新照准前视标尺,按测量键;

e)显示读数后,旋转望远镜照准后视标尺条码中央,精确调焦至条码影像清晰,按测量键。显示测站成果。测站检核合格后迁站。

2)测站的记录与计算

表 5-29 中第(1)至(8)栏是读数的记录部分,第(9)至(18)栏是计算部分,现以往测奇数测站的观测程序为例,来说明计算内容与计算步骤。

视距部分的计算

$$(9)=(1)-(2)$$
$$(10)=(5)-(6)$$
$$(11)=(9)-(10)$$
$$(12)=(11)+前站(12)$$

高差部分的计算与检核　　　　　　　　（14）＝（3）＋K－（8）

表 5-29

测自＿＿＿＿＿＿至＿＿＿＿＿　　　　　　　　　20　年　月　日

时间　始＿＿＿时＿＿＿分　末＿＿＿时＿＿＿分　　成　　像＿＿＿＿＿＿

温度＿＿＿＿＿＿　云量＿＿＿＿＿＿　　　　　风向风速＿＿＿＿＿＿

天气＿＿＿＿＿＿　土质＿＿＿＿＿＿　　　　　太阳方向＿＿＿＿＿＿

测站编号	后尺	下丝 上丝	前尺	下丝 上丝	方向及尺号	标尺读数		基+K减辅（一减二）	备考
	后距		前距			基本分划（一次）	辅助分划（二次）		
	视距差 d		∑d						
	(1)		(5)		后	(3)	(8)	(14)	
	(2)		(6)		前	(4)	(7)	(13)	
	(9)		(10)		后－前	(15)	(16)	(17)	
	(11)		(12)		h	-(18)			
					后				
					前				
					后－前				
					h				

式中：K 为基辅差（对于 N3 水准标尺而言 K＝3.015 5m）

$$(13)=(4)+K-(7)$$
$$(15)=(3)-(4)$$
$$(16)=(8)-(7)$$
$$(17)=(14)-(13)=(15)-(16)　（检核）$$
$$(18)=\frac{1}{2}[(15)+(16)]$$

以上即一测站全部操作与观测过程。一、二等精密水准测量外业计算尾数取位如表 5-30 规定。

5.8.3　水准测量的概算

　　水准测量概算是水准测量平差前所必须进行的准备工作。在水准测量概算前必须对水准测量的外业观测资料进行严格的检查，在确认正确无误、各项限差都符合要求后，方可进行概算工作。概算的主要内容有：观测高差的各项改正数的计算和水准点概略高程表的编算等。全部概算结果均列于表 5-30 中。

　　1. 水准标尺每米长度误差的改正数计算

　　水准标尺每米长度误差对高差的影响是系统性质的。根据规定，当一对水准标尺每米长度的平均误差 f 大于 ±0.02mm 时，就要对观测高差进行改正，对于一个测段的改正 $\sum \delta_f$ 可按（5-138）式计算，即

表 5-30　　　　　　　　　　　　　　　　　　　　　　二 等 水 准 测 量 外 业

路线名称：Ⅱ宜柳线自宜_____河至柳_____城　　　仪器：S1 71002　　　施测年份：1973 年

标石类型 / 水准点编号	水准点位置（至重要地物的方向与距离）	纬度 φ	测段编号	测段距离 R (km)	距起算点距离 (km)	往测方向	土质（土、砂、石松紧与植被等）	天气 往测	天气 返测
1	2	3	4	5	6	7	8	9	10
基本 Ⅰ柳宝35基	宜州县第二中学院内	25°28′			0.0				
			1	5.8		东南	坚实黏土	阴 无风	阴晴不定 2级风
普通 Ⅱ宜柳1	宜州县太平公社良川村2号电线杆北20m处	25			5.8				
			2	5.6		东南	坚实土	阴 1~2级风	晴 无风
普通 Ⅱ宜柳2	宜州县太平公社春秀村13号公里碑西50m	22			11.4				
			3	5.0		东南	坚实土	晴 2~3级风	阴 无风
普通 Ⅱ宜柳3	宜州县太平公社东河村北约200m处	19			16.4				
			4	6		东南	带沙实土	阴晴不定 无风	阴 1~2级风
岩通 Ⅱ宜柳4	沂城县欧同公社新象村小学北100m处	16			22.4				
			5	5.4		南	坚实土	阴晴不定 1~2级风	晴 2~3级风
普通 Ⅱ宜柳5	沂城县欧同公社龙门村西南55m处	14			27.8				
			6	5.7		南	坚实土	阴 无风	晴 2级风
岩通 Ⅱ宜柳6	沂城县欧同公社中学北58m处	11			33.5				
			7	5.9		东南	坚实土	阴 3级风	阴 1~2级风
普通 Ⅱ宜柳7	沂城县小塘公社明江村33号公里碑西50m处	9			39.4				
			8	4.9		东南	坚实黏土	晴 1~2级风	阴 2级风
普通 Ⅱ宜柳8	沂城县小塘公社青龙观村南60m处	8			44.3				
			9	5.3		东	实土	阴晴不定 无风	阴 1~2级风
普通 Ⅱ宜柳9	沂城县里高公社双桥村东南50m处	9			49.6				
			10	4.8		东	带沙实土	阴 1~2级风	晴 无风
岩通 Ⅱ宜柳10	沂城县里高公社光明村南40m处	10			54.4				
			11	5.6		东	带沙实土	阴 无风	阴 3级风
普通 Ⅱ宜柳11	柳河县三都公社平阳村小学西北140m处	11			60.0				
			12	5.2		东北	坚实土	阴晴不定 2~3级风	阴晴不定 1~2级风
普通 Ⅱ宜柳12	柳河县三都公社粮食仓库院内	13			65.2				
			13	4.7		东北	坚实土	阴 无风	晴 1级风
普通 Ⅱ宜柳13	柳河县汽车站东南400m处	15			69.9				
			14	5.9		东北	实土	阴 1~2级风	阴 无风
普通 Ⅱ宜柳14	柳河县北关公社小学南40m处	17			75.8				
			15	5.1		东北	坚实土	晴 2级风	阴 1~2级风
基本 Ⅰ柳南1基	柳城公安局院内	20			80.9				

高 差 与 概 略 高 程 表

观测者：马兆良　　校算者：陆为民

编算者：马兆良　　检查者：余 兴

往 测			返 测			观测高差		往返测高差不符值Δ	不符值累积	加δ后往返测高差中数h' 正常水准面不平行改正ε 闭合差改正v	概略高程 $H=H_0$ $+\sum h'$ $+\sum \varepsilon$ $+\sum v$	备注
施测月日	测站数		施测月日	测站数		标尺长度改正δ						
	上午	下午		上午	下午	往 测	返 测					
11	12	13	14	15	16	17	18	19	20	21	22	23
7.2 3	60	38	7.28 29	38	58	+20.344 42 m − 81	−20.346 28 m + 81	mm −1.86	mm 0.00	mm +20 344.5 + 1.5 − 0.7	mm 424 876*	mm f= −0.04
3 4	40	60	26 27	60	38	+77.304 18 − 3 09	−77.302 85 + 3 09	+1.33	−1.86	+77 300.4 + 1.7 − 0.7	446 221	
5	34	40	24	40	32	+55.576 08 − 2 94	−55.577 65 + 2 22	−1.57	−0.53	+55 574.6 + 1.9 − 0.6	522 523	
6 7	58	40	22 23	38	58	+73.450 18 − 2 94	−73.451 80 + 2 94	−1.62	−2.10	+73 448.0 + 2.1 − 0.7	578 099	
7 8	38	56	20 21	54	40	+17.094 70 − 68	−17.084 10 + 68	+0.60	−3.72	+17 093.7 + 1.5 − 0.6	651 548	
10	40	42	19	40	40	+32.770 58 − 1 31	−32.772 95 + 1 31	−2.37	−3.12	+32 770.5 + 2.4 − 0.7	668 643	
11 12	56	38	17 18	38	54	+80.548 52 − 3 22	−80.547 05 + 3 22	1.47	−5.49	+80 544.6 + 1.7 − 0.7	701 415	
12 13	34	60	16 17	62	32	+11.745 28 − 47	−11.745 02 − 47	+0.26	−4.02	+11 744.7 + 0.9 − 0.6	781 960	
8.3	38	40	8.22	38	38	−18.074 48 + 72	+18.071 82 − 72	−2.66	−3.76	+18 072.4 + 0.9 − 0.6	793 705	
4	40	40	21	36	38	−10.145 55 + 41	+10.146 12 − 41	+0.57	−6.42	−10 145.4 − 0.9 − 0.6	775 632	
5 6	60	42	19 20	40	53	−101.097 35 + 4 04	+101.099 32 − 4 04	+1.97	−5.85	−101 094.3 − 0.8 − 0.7	765 485	
6 7	38	58	18 19	58	38	61.959 32 + 2 48	+61.959 85 − 2 48	+0.53	−3.88	−61 957.1 − 1.5 − 0.6	664 389	
8	36	38	17	36	36	−54.996 60 + 2 20	+54.996 18 − 2 20	−0.42	−3.35	−54 994.2 − 1.3 − 0.6	602 430	
10 11	62	40	14 15	38	60	+10.050 25 − 40	−10.051 68 + 40	−1.43	−3.77	+10 050.6 − 1.3 + 0.7	547 434	
11 12	32	54	13 14	52	30	+15.648 22 − 63	−15.649 72 + 63	−1.50	−5.20	+15 648.3 − 2.0 − 0.6	557 482	
									−6.70		573 128*	

注："＊"为已知高程，计算时应用红色填写。

$$\sum \delta_f = f\sum h$$

由于往返测观测高差的符号相反，所以往返测观测高差的改正数也将有不同的正负号。

设有一对水准标尺经检定得，一米间隔的平均真长为 999.96mm，则 f = (999.96−1 000) = −0.04mm。在表 5-31 中第一测段，即从Ⅰ柳宝 35 基到Ⅱ宜柳 1 水准点的往返测高差 h = ±20.345m，则该测段往返测高差的改正数 $\sum \delta_f$ 为

$$\sum \delta_f = -0.04 \times (\pm 20.345) = \pm 0.81(\mathrm{mm})$$

见表 5-30 第 17、18 栏。

2. 正常水准面不平行的改正数计算

按水准规范规定，各等级水准测量结果，均须计算正常水准面不平行的改正。正常水准面不平行改正数 ε 可按下式计算，即

$$\varepsilon_i = -AH_i(\Delta\varphi)'$$

式中：ε_i 为水准测量路线中第 i 测段的正常水准面不平行改正数，A 为常系数。当水准测量路线的纬度差不大时，常系数 A 可按水准测量路线纬度的中数 φ_m 为引数在现成的系数表中查取，如表 5-31；H_i 为第 i 测段始末点的近似高程，以 m 为单位；$\Delta\varphi' = \varphi_2 - \varphi_1$，以分为单位，$\varphi_1$ 和 φ_2 为第 i 测段始末点的纬度，其值可由水准点点之记或水准测量路线图中查取。

在表 5-32 中，按水准路线平均纬度 $\varphi_m = 24°18'$ 在表 5-31 中查得常系数 A = 1 153×10^{-9}。第一测段，即Ⅰ柳宝 35 基到Ⅱ宜柳 1 水准测量路线始末点近似高程平均值 H 为 (425+455)/2 = 435m，纬度差 $\Delta\varphi = -3'$，则第一测段的正常水准面不平行改正数 ε_1 为

$$\varepsilon_1 = -1\,153\times10^{-9}\times435\times(-3) = +1.5(mm)$$

见表 5-30 第 21 栏。

3. 水准路线闭合差计算

水准测量路线闭合差 W 的计算公式为

$$W = (H_0 - H_n) + \sum h' + \sum \varepsilon \tag{5-139}$$

式中：H_0 和 H_n 为水准测量路线两端点的已知高程；$\sum h'$ 为水准测量路线中各测段观测高差加入尺长改正数 δ_f 后的往返测高差中数之和；$\sum \varepsilon$ 为水准测量路线中各测段的正常水准面不平行改正数之和。根据表 5-32 和表 5-30 中的数据按 (5-139) 式计算水准路线的闭合差：

$$W = (424.876 - 573.128)m + 148.256\,5m + 5.0mm = 9.5mm$$

见表 5-32 中的计算。

4. 高差改正数的计算

水准测量路线中每个测段的高差改正数可按下式计算，即

$$v = -\frac{R}{\sum R}W \tag{5-140}$$

<h3 align="center">正常水准面不平行改正数的系数 A</h3>

表 5-31 $\qquad$ A = 0. 000 001 537 1 · sin2φ

φ	0'	10'	20'	30'	40'	50'	φ	0'	10'	20'	30'	40'	50'
°	10^{-9}	10^{-9}	10^{-9}	10^{-9}	10^{-9}	10^{-9}	°	10^{-9}	10^{-9}	10^{-9}	10^{-9}	10^{-9}	10^{-9}
0	000	009	018	027	036	045	30	1 331	1 336	1 340	1 344	1 349	1 353
1	054	063	072	080	089	098	31	1 357	1 361	1 365	1 370	1 374	1 378
2	107	116	125	134	143	152	32	1 382	1 385	1 389	1 393	1 397	1 401
3	161	170	178	187	196	205	33	1 404	1 408	1 411	1 415	1 418	1 422
4	214	223	232	240	249	258	34	1 425	1 429	1 432	1 435	1 438	1 441
5	267	276	285	293	302	311	35	1 444	1 447	1 450	1 453	1 456	1 459
6	320	328	337	340	354	363	36	1 462	1 465	1 467	1 470	1 473	1 475
7	372	381	389	398	406	415	37	1 478	1 480	1 482	1 485	1 487	1 489
8	424	432	441	449	458	466	38	1 491	1 494	1 496	1 498	1 500	1 502
9	475	483	492	500	509	517	39	1 504	1 505	1 507	1 509	1 511	1 512
10	526	534	542	551	559	567	40	1 514	1 515	1 517	1 518	1 520	1 521
11	576	584	592	601	609	617	41	1 522	1 523	1 525	1 526	1 527	1 528
12	625	633	641	650	658	666	42	1 529	1 530	1 530	1 531	1 532	1 533
13	674	682	690	698	706	714	43	1 533	1 534	1 534	1 535	1 535	1 536
14	722	729	737	745	753	761	44	1 536	1 536	1 537	1 537	1 537	1 537
15	769	776	784	792	799	807	45	1 537	1 537	1 537	1 537	1 537	1 536
16	815	822	830	837	845	852	46	1 536	1 536	1 535	1 535	1 534	1 534
17	860	867	874	882	889	896	47	1 533	1 533	1 532	1 531	1 530	1 530
18	903	911	918	925	932	939	48	1 529	1 528	1 527	1 526	1 525	1 523
19	946	953	960	967	974	981	49	1 522	1 521	1 520	1 518	1 517	1 515
20	988	995	1 002	1 008	1 015	1 022	50	1 514	1 512	1 511	1 509	1 507	1 505
21	1 029	1 035	1 042	1 048	1 055	1 061	51	1 504	1 502	1 500	1 498	1 496	1 494
22	1 068	1 074	1 081	1 087	1 093	1 099	52	1 491	1 489	1 487	1 485	1 482	1 480
23	1 106	1 112	1 118	1 124	1 130	1 136	53	1 478	1 475	1 473	1 470	1 467	1 456
24	1 142	1 148	1 154	1 160	1 166	1 172	54	1 462	1 459	1 456	1 453	1 450	1 447
25	1 177	1 183	1 189	1 195	1 200	1 206							
26	1 211	1 217	1 222	1 228	1 233	1 238							
27	1 244	1 249	1 254	1 259	1 264	1 269							
28	1 274	1 279	1 284	1 289	1 294	1 299							
29	1 304	1 308	1 313	1 318	1 322	1 327							

正常水准面不平行改正与路线闭合差的计算

表 5-32　　　　　二等水准路线：自宜河至柳城　　　计算者：马兆良

水准点编号	纬度 φ	观测高差 h'	近似高程	平均高程 H	纬差 $\Delta\varphi$	$H \cdot \Delta\varphi$	正常水准面不平行改正 $\varepsilon = -AH\Delta\varphi$	附　记
Ⅰ 柳宝 35 基	° ′ 24 28	m +20.345	m 425	m 435	′ -3	-1 305 +1.5	mm	已知： Ⅰ 柳宝 35 基
Ⅱ 宜柳 1	25	+77.304	445	484	-3	-1 452	+1.7	高程为：
Ⅱ 宜柳 2	22	+55.577	523	550	-3	-1 650	+1.9	424.876m
Ⅱ 宜柳 3	19	+73.451	578	615	-3	-1 845	+2.1	Ⅰ 柳南 1 基
Ⅱ 宜柳 4	16	+17.094	652	660	-2	-1 320	+1.5	高程为：
Ⅱ 宜柳 5	14	+32.772	669	686	-3	-2 058	+2.4	573.128m
Ⅱ 宜柳 6	11	+80.548	702	742	-2	-1 484	+1.7	本例的 A 按平均
Ⅱ 宜柳 7	9	+11.745	782	788	-1	-788	+0.9	纬度 24°18″
Ⅱ 宜柳 8	8	-18.073	794	785	+1	785	-0.9	查表为
Ⅱ 宜柳 9	9	-10.146	776	771	+1	771	-0.9	1 153×10⁻⁹
Ⅱ 宜柳 10	10	-101.098	766	716	+1	716	-0.8	
Ⅱ 宜柳 11	11	-61.960	665	634	+2	1 268	-1.5	
Ⅱ 宜柳 12	13	-54.996	603	576	+2	1 152	-1.3	
Ⅱ 宜柳 13	15	+10.051	548	553	+2	1 106	-1.3	
Ⅱ 宜柳 14	17	+15.649	558	566	+3	1 698	-2.0	
Ⅱ 宜柳 1 基	20		573					
							+5.0	

即将水准测量路线闭合差 W 按测段长度 R 成正比的比例配赋予各测段的高差中。在表 5-32 中，水准测量路线的全长 $\sum R = 80.9$km，第一测段的长度 $R = 5.8$km，则第一测段的高差改正数为

$$v = -\frac{5.8}{80.9} \times 9.5 = -0.7 \text{(mm)}$$

见表 5-30 中第 21 栏。

最后根据已知点高程及改正后的高差计算水准点的概略高程，即

$$H = H_0 + \sum h' + \sum \varepsilon + \sum v \qquad (5\text{-}141)$$

闭合路线中的正常水准面不平行改正数为+5.0mm，故路线的最后闭合差为

$$W = (H_0 - H_n) + \sum \varepsilon = -148.252\text{m} + 148.256\,5\text{m} + 5.0\text{mm} = 9.5\text{mm}$$

5.8.4　跨河精密水准测量

水准规范规定，当一、二等水准路线跨越江河、峡谷、湖泊、洼地等障碍物的视线长度在 100m 以内时，可用一般观测方法进行施测，但在测站上应变换一次仪器高度，观测两次的高差之差应不超过 1.5mm，取用两次观测的中数。若视线长度超过 100m 时，则应根据视线长度和仪器设备等情况，选用特殊的方法进行观测。

1. 跨河水准测量的特点及跨越场地的布设

由于跨越障碍物的视线较长，使观测时前后视线不能相等，仪器 i 角误差的影响随着视线长度的增长而增大，致使由短视线后视减长视线前视读数所得高差中包含有较大的 i 角误差影响；跨越障碍的视线大大加长，必然使大气垂直折光的影响增大，这种影响随着地面覆盖物、水面情况和视线离水面的高度等因素的不同而不同，同时还随空气温度的变化而变化，因而也就随着时间而变化；视线长度的增大，水准标尺上的分划，在望远镜中观察就显得非常细小，甚至无法辨认，因而也就难以精确照准水准标尺分划和无法读数。

跨河水准测量场地如按图 5-58 布设，水准路线由北向南推进，必须跨过一条河流。此时可在河的两岸选定立尺点 b_1、b_2 和测站 I_1、I_2。I_1、I_2 同时又是立尺点。选点时使 b_1I_1 与 b_2I_2 相等。

观测时，仪器先在 I_1 处后视 b_1，在水准标尺上读数为 B_1，再前视 I_2（此时 I_2 点上竖立水准标尺），在水准标尺上读数为 A_1。设水准仪具有某一定值的 i 角误差，其值为正，由此对读数 B_1 的误差影响为 Δ_1，对于读数 A_1 的误差影响为 Δ_2，则由 I_1 站所得观测结果，可按下式计算 b_2 相对于 b_1 的正确高差

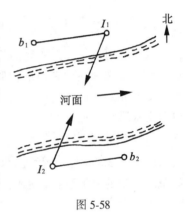

图 5-58

$$h'_{b_1b_2} = (B_1 - \Delta_1) - (A_1 - \Delta_2) + h_{I_2b_2}$$

将水准仪迁至对岸 I_2 处，原在 I_2 的水准标尺迁至 I_1 作后视尺，原在 b_1 的水准标尺迁至 b_2 作前视尺。在 I_2 观测得后视水准标尺读数为 B_2，其中 i 角的误差影响为 Δ_2；前视水准尺读数为 A_2，其中 i 角的误差影响为 Δ_1。则由 I_2 站所得观测结果，可按下式计算 b_2 相对于 b_1 的正确高差

$$h''_{b_1b_2} = h_{b_1I_1} + (B_2 - \Delta_2) - (A_2 - \Delta_1)$$

取 I_1、I_2 测站所得高差的平均值，即

$$h_{b_1b_2} = \frac{1}{2}(h'_{b_1b_2} + h''_{b_1b_2}) = \frac{1}{2}[(B_1 - A_1) + (B_2 - A_2) + (h_{b_1I_1} + h_{I_2b_2})]$$

由此可知，由于在两个测站上观测时，远、近视距是相等的，所以由于仪器 i 角误差对水准标尺上读数的影响，在平均高差中得到抵消。

仪器在 I_1 站观测为上半测回观测，在 I_2 站观测为下半测回观测，由此构成一个测回的观测。观测测回数、跨河视线长度和测量等级在水准规范中有明确规定。跨河水准测量的全部观测测回数，应分别在上午和下午观测各占一半，或分别在白天和晚间观测。测回间应间歇 30min，再开始下一测回的观测。

事实上，按上述方式解决问题是有条件的，因为仪器的 i 角并不是不变的固定值。只有当跨越的视距较短（小于 500m）、渡河比较方便，可以在较短时间内完成观测工作时，上述布点方式才是可行的。另外，为了保证跨越两岸的视线 I_1I_2 在相对方向上具有相同的折光影响，因此，对 I_1 和 I_2 的点位选择，应特别注意，这主要是为了解决由于折光影响的问题。

为了更好地消除仪器 i 角的误差影响和折光影响，最好用两架同型号的仪器在两岸同时进行观测，两岸的立尺点 b_1、b_2 和仪器观测站 I_1、I_2 应布置成如图 5-59 和图 5-60 所示

的两种形式。布置时尽量使 $b_1 I_1 = b_2 I_2$，$I_1 b_2 = I_2 b_1$。

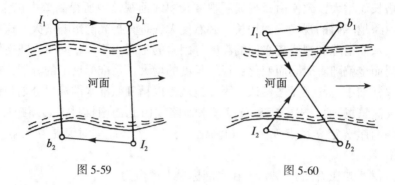

图 5-59　　　　　　　　　　　　　　　　图 5-60

为了尽可能使往返跨越障碍物的视线受相同的折光影响，对跨越地点的选择应特别注意。要尽量选择在两岸地形相似、高度相差不大而跨越距离较短的地点；草丛、沙滩、芦苇等受日光照射后，上面空气层中的温度分布情况变化很快，产生的折光影响很复杂，所以要力求避免通过它们的上方；两岸测站至水面的一段河滩，距离应相等，并应大于 2m；立尺点应打带有帽钉的木桩，以利于立尺。两岸仪器视线离水面的高度应相等，当跨河视线长度小于 300m 时，视线离水面高度应不低于 2m；大于 300m 时，应不低于 $(4\sqrt{s})$ m，s 为跨河视线的公里数；若水位受潮汐影响，应按最高水位计算；当视线高度不能满足要求时，须埋设牢固的标尺桩，并建造稳固的观测台或标架。

2. 观测方法

1）光学测微法

若跨越障碍的距离在 500m 以内，则可用这种方法进行观测。为了能照准较远距离的水准标尺分划并进行读数，要预先制作有加粗标志线的特制觇板。

觇板可用铝板制作，涂成黑色或白色，在其上画有一个白色或黑色的矩形标志线，如图 5-61 所示。矩形标志线的宽度按所跨越障碍物的距离而定，一般取跨越障碍距离的1/25 000，如跨越距离为 250m，则矩形标志线的宽度为 1cm。矩形标志线的长度约为宽度的 5 倍。

觇板中央开一矩形小窗口，在小窗口中央装有一条水平的指标线。指标线可用马尾丝或细铜丝代之。指标线应恰好平分矩形标志线的宽度，即与标志线的上、下边缘等距。

觇板的背面装有夹具，可使觇板沿水准标尺尺面上下滑动，并能用螺旋将觇板固定在水准标尺上的任一位置。

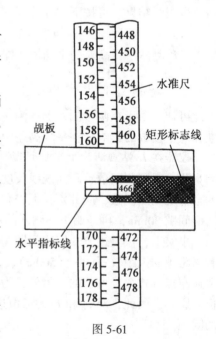

图 5-61

在测站上整平仪器后，先对本岸近标尺进行观测，接连照准标尺的基本分划两次，使用光学测微器进行读数。

向对岸水准标尺读数的方法是：将仪器置平，对准对岸水准标尺，并使符合水准气泡精密符合(此时视线精确水平)，再使测微器读数置于分划全程的中央位置，即平行玻璃板居于垂直位置。然后按预先约定的信号或通过无线电话指挥对岸人员将觇板沿水准标尺上下移动，直至觇板上的矩形标志线被望远镜中的楔形丝平分夹住为止，这时觇板指标线在水准标尺上的读数，就是水平视线在对岸水准标尺上的读数。为了测定读数的精确值，再移动觇板，使觇板指标线精确对准水准标尺上最邻近的一条分划线，则根据水准标尺上分划线的注记读数和用光学测微器测定的觇标指标线的平移量，就可以得到水平视线在对岸水准标尺上的精确读数了。

为了精确测定觇板指标线的平移量，一般规定要多次用光学测微器使楔形丝照准觇板的矩形标志线，按多次测定结果的平均数作为觇板指标线的平移量。

2) 倾斜螺旋法

当跨越障碍的距离很大(500m 以上，甚至 1~2km 时)，上述光学测微器法的照准和读数精度就会受到限制，在这种情况下，必须采用其他方法来解决向对岸水准标尺的照准和读数问题。目前所采用的是"倾斜螺旋法"。

所谓倾斜螺旋法，就是用水准仪的倾斜螺旋使视线倾斜地照准对岸水准标尺(一般叫远尺)上特制觇板的标志线(用于倾斜螺旋法的觇板上有 4 条标志线)，利用视线的倾角和标志线之间的已知距离来间接求出水平视线在对岸水准标尺上的精确读数。视线的倾角可用倾斜螺旋分划鼓的转动格数(指倾斜螺旋有分划鼓的仪器，如 N3 精密水准仪)或用水准器气泡偏离中央位置的格数(指水准器管面上有分划的仪器，如 Ni 004 精密水准仪)来确定。

用于倾斜螺旋法的觇板，一般有 4 条标志线或 2 条标志线，觇板中央也有小窗口和觇板指标线，借助觇板指标线可以读取水准标尺上的读数，如图 5-62、图 5-63 所示。

根据实验，当仪器距水准标尺为 25m 时，水准尺分划线宽以取 1mm 为宜。仿此，如果跨河宽度为 s_m，则觇板标志线的宽度

$$a = \left(\frac{1}{25}s_m\right) \text{mm}$$

觇板上、下相距最远的 2 条标志线，也就是标志线 1、4 的中线之间的距离 d，以倾斜螺旋转动一周的范围(对 N3 水准仪而言约为 100″)或不大于气泡由水准管一端移至另一端的范围(对 Ni 004 水准仪而言约为 110″)为准，一般取 80″左右，故

$$d = \frac{80″}{\rho″}s$$

式中：s 为跨河距离。在图 5-62 中，觇板的 2、3 标志线可适当地对称安排。觇板的宽度 b 一般取 $s/5$，跨河距离 s 以 m 为单位，觇板宽度 b 的单位为 mm。

倾斜螺旋法的基本原理是：通过观测对岸水准标尺上觇板的 4 条标志线，并根据倾斜螺旋的分划值来确定标志线之间所张的夹角，然后通过计算的方法求得相当于水平视线在对岸水准标尺上的读数，而本岸水平视线在水准标尺上的读数可用一般的方法读取。

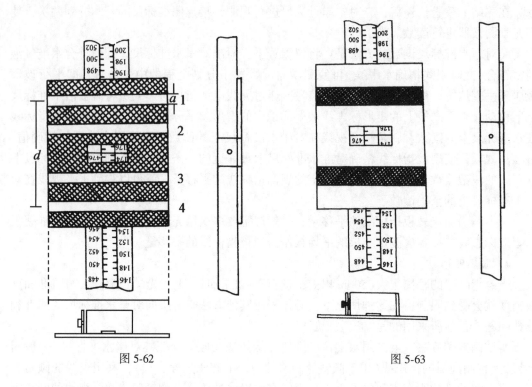

图 5-62　　　　　　　　　　　　　　　　　　　图 5-63

设在本岸水准标尺上的读数为 b，对岸水准标尺上相当于水平视线的读数为 A，则两岸立尺点间的高差为 $(b-A)$。

为了求得 A 值，在远尺上安置觇板，以便对岸仪器照准，如图 5-64 所示。

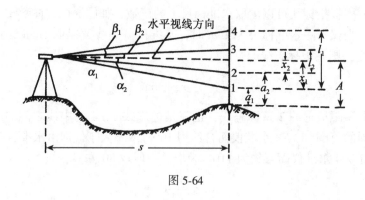

图 5-64

图 5-64 中：l_1 为觇板标志线 1、4 间的距离；l_2 为觇板标志线 2、3 间的距离；a_1 为水准标尺零点至觇板标志线 1 的距离；a_2 为水准标尺零点至觇板标志线 2 的距离；x_1 为标志线 1 至仪器水平视线的距离；x_2 为标志线 2 至仪器水平视线的距离。

α_1、α_2、β_2、β_1 为仪器照准标志线 1、2、3、4 的方向线与水平视线的夹角。这些夹角的值根据仪器照准标志线 1、2、3、4 时倾斜螺旋读数与视线水平时倾斜螺旋读数之差（格数），乘以倾斜螺旋分划鼓的分划值 μ 而求得。图 5-64 中 s 为仪器至对岸水准标尺的距离。

由于 α_1、α_2、β_1、β_2 都是小角，所以按图 5-64 可写出下列关系式

$$s\frac{\alpha_1}{\rho} = x_1$$

$$s\frac{\beta_1}{\rho} = l_1 - x_1$$

由以上两式可得

$$x_1 = \frac{l_1\alpha_1}{\alpha_1 + \beta_1} \tag{5-142}$$

同理，可得

$$x_2 = \frac{l_2\alpha_2}{\alpha_2 + \beta_2} \tag{5-143}$$

由图 5-64 又知

$$\begin{cases} A_1 = a_1 + x_1 \\ A_2 = a_2 + x_2 \end{cases} \tag{5-144}$$

则取其平均数即为仪器水平视线在对岸水准标尺上的读数 A，即

$$A = \frac{1}{2}(A_1 + A_2) \tag{5-145}$$

A 值求出后，即可按一般方法计算两岸立尺点间的高差。设在本岸水准标尺（近尺）上读数为 b，则高差为

$$h = b - A \tag{5-146}$$

(5-142)式和(5-143)式中的 l_1、l_2，可在测前用一级线纹米尺精确测定；(5-144)式中的 a_1 和 a_2 是由觇板指标线在水准标尺上的读数减去觇板标志线 1、2 的中线至觇板指标线的间距求得。

一测回的观测工作和观测程序如下：

(1)观测近尺。

直接照准水准标尺分划，用光学测微器读数。进行两次照准并读数。

(2)观测远尺。

先转动光学测微器，使平行玻璃板置于垂直位置，并在观测过程中保持不动。旋转倾斜螺旋，由觇板最低的标志线开始，从下至上用楔形丝依次精确照准标志线 1、2、3、4，并分别读取倾斜螺旋分划鼓读数（对于 Ni 004 水准仪，读取水准气泡两端的读数），称为往测；然后，从上至下依相反次序用楔形丝照准标志线 4、3、2、1，同样分别读取倾斜螺旋分划鼓读数，称为返测。必须指出，在往、返测照准 4 条标志线中间（往测时，照准标志线 1、2 之后；返测时，照准标志线 4、3 之后），还要旋转倾斜螺旋，使符合水准气泡精确符合两次（往、返测各两次）并进行倾斜螺旋读数，此读数就是当视线水平时倾斜螺旋分划鼓的读数。

由往、返测合为一组观测，观测的组数随跨河视线长度和水准测量的等级不同而异。各组的观测方法相同。

由(1)、(2)的观测组成上半测回。

(3)完成下半测回观测。

　　上半测回结束后，立即搬迁水准标尺和水准仪至对岸进行下半测回观测。此时，观测本岸与对岸水准标尺的次序与上半测回相反，观测方法与上半测回相同。由上、下半测回组成一个测回。

　　从前面所述的观测方法知道，近尺的读数是用光学测微器测定，而照准远尺的觇板标志线时，只是在倾斜螺旋分划鼓上进行读数，最后通过计算得到相当于视线水平时在水准标尺上的读数，并没有使用光学测微器。因此，必须在远尺读数中预先加上平行玻璃板在垂直位置时的光学测微器读数 C（对于 N3 为 5mm），然后与近尺读数相减得到近、远尺立尺点的高差，即

$$h = b - (A + C)$$

　　在 I_1 岸时，由 $(b-A)$ 所得的是立尺点 b_2 对于立尺点 b_1 的高差 h_1；在 I_2 岸时由 $(b-A)$ 所得的是立尺点 b_1 对于立尺点 b_2 的高差 h_2。它们的正负号相反，所以一测回的高差中数为

$$h = \frac{1}{2}(h_1 - h_2)$$

　　用两台仪器在两岸同时观测的两个结果，称为一个"双测回"的观测成果，双测回的高差观测值 H 是取两台仪器所得高差的中数，即

$$H = \frac{1}{2}(h' + h'')$$

取全部双测回的高差中数，就是最后的高差观测值 H_0。

　　一个双测回的高差观测的中误差 m_H 和所有双测回高差平均值的中误差 m_{H_0} 可按下列公式计算

$$m_H = \pm \sqrt{\frac{[vv]}{N - 1}} \tag{5-147}$$

$$m_{H_0} = \pm \frac{m_H}{\sqrt{N}} \tag{5-148}$$

式中：N 为双测回数；$v_i = H_0 - H_i (i=1, 2, \cdots, N)$。

　　按水准规范规定，各双测回高差之间的差数应不大于按下式计算的限值

$$dH_{限} \leqslant 4m_\Delta \sqrt{N}s \,(\text{mm}) \tag{5-149}$$

式中：m_Δ 是相应等级水准测量所规定的每千米高差中数的偶然中误差的限值（如二等水准测量 $m_\Delta \leqslant \pm 1.0$mm）；$s$ 为跨河视线的长度，按图 5-64 可写出计算 s 的公式为

$$s = \frac{l_1}{\alpha_1 + \beta_1}\rho''$$

或

$$s = \frac{l_2}{\alpha_2 + \beta_2}\rho''$$

　　3）经纬仪倾角法

　　当跨越障碍物的距离在 500m 以上时，按水准规范规定，也可用经纬仪倾角法。此法最长的适应距离可达 3 000m。经纬仪倾角法的基本原理是：用经纬仪观测垂直角，间接求出视线水平时中丝在远、近水准标尺上的读数，二者之差就是远、近立尺点间的高差。

观测近尺时，直接照准水准标尺上的分划线。观测远尺时，则照准安置在水准标尺上的觇板，用于此法的觇板只需两条标志线。

对近尺观测时，如图 5-65 所示，使望远镜中丝照准与水平视线最邻近的水准标尺基本分划的分划线 a，此时的垂直角为 α。则相当于水平视线在水准标尺上的读数为

$$b = a - x = a - \frac{\alpha}{\rho} \cdot d$$

式中：a 为望远镜中丝照准水准标尺上基本分划的分划线注记读数；d 为仪器至水准标尺的距离；α 为倾斜视线的垂直角，用经纬仪的垂直度盘测定。

对远尺观测时，如图 5-66 所示，使觇板的两条标志线对称于经纬仪望远镜的水平视线，并将觇板固定在水准标尺上。将望远镜中丝分别照准觇板上的两条标志线，则相当于水平视线在远尺上的读数为

$$A = a + x = a + \frac{\alpha}{\alpha + \beta} \cdot l$$

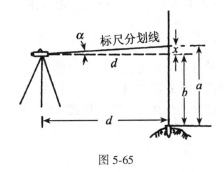

图 5-65

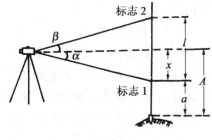

图 5-66

式中：a 为觇板的下标志线在水准标尺上的读数，可按觇板指标线求得；α，β 为照准觇板标志时倾斜视线的垂直角，用经纬仪的垂直度盘测定；l 为觇板两条标志线之间的距离，可用一级线纹米尺预先精确测定。

用此法观测时，应选用指标差较为稳定而无突变的经纬仪，并且在观测前，应对仪器进行下列两项检验与校正：

①用垂直度盘测定光学测微器行差；

②测定垂直度盘的读数指标差。

有关此方法的观测程序、限差要求等，在水准规范中均有规定。

跨越水面的高程传递，在某种特定的条件下，还可以采用其他方法。例如在北方的严寒季节，可以在冰上进行水准测量。在跨越水流平缓的河流、静水湖泊等，当精度要求不高时，可利用静水水面传递高程。

近几年来，激光技术在测量上的应用日益广泛，可以预料，用激光水准仪进行跨越障碍物的水准测量将逐渐显示其优越性，从而在技术装备、观测方法以及成果整理等方面将有一个较大的革新。

5.8.5 三角高程测量

三角高程测量方法的基本原理在数字地形测量学中已经做过了介绍，不过那是以短边

小范围为前提的。在边长长，范围大的大地测量中，其作业方法及计算公式等都需要对它们进行深化和改进。三角高程测量方法是测定大地点高程的基本方法，它的基本思路是在大地点间观测垂直角(单向、对向、同时对向)及边长(平面边长、球面边长)来推算大地点间的高差和高程。这种方法简便灵活不受地形条件限制，是在国家水准网控制下测定大地点高程的基本方法。

1. 三角高程测量方法的外业

1)垂直角的观测方法

垂直角的观测方法分"三丝法"和"中丝法"。三丝法观测：盘左用上中下三丝依次照准目标并分别读取垂直度盘，盘右仍用相同次序照准和读数，以上为一个测回，每个方向观测两测回。中丝法观测：盘左盘右各照准一次并读数是为一测回，每个方向观测四测回。三丝的经纬仪用三丝法，只有一根水平丝的经纬仪用中丝法。垂直角观测时间选择在中午附近大气垂直折光差最小的时间进行。

2)仪器高和觇标高的量取

量取的部位一般要与照准时的部位一致，要仔细，要有检核，合格后取平均数作为量值。

2. 高差计算公式

由于计算高差时应用的元素不同，所以三角高程高差计算公式也有几种不同形式的公式。比如，依采用单向或对向垂直角不同，有单向观测高差公式或对向观测高差公式，依采用边长不同，又有球面边长、或平面边长或倾斜边长的高差公式。公式的形式虽多，但实质相同。下面分别给出它们的具体表达式：

1)用水平距离单向观测计算高差公式

将观测视线长度加上球气差系数 $C = (1 - K)/2R$ 改正，如图 5-67，有水平距离单向观测计算高差公式：

$$h_{1,2} = s_0\tan\alpha_{1,2} + Cs_0^2 + i_1 - v_2 \quad (5\text{-}150)$$

上式就是单向观测计算高差的基本公式。式中垂直角 α，仪器高 i 和觇标高 v，均通过外业观测得到。s_0 为实测的水平距离，一般要化为高斯平面上的长度 d。

2) 用椭球面上的边长计算单向观测高差公式

当将平均高程水准面距离投影到参考椭球面，如图 5-68 所示，则有用椭球面上面的边长计算单向观测高差公式：

$$h_{12} = s\tan\alpha_{1,2}\left(1 + \frac{H_m}{R}\right) + Cs^2 + i_1 - v_2$$

$$(5\text{-}151)$$

式中 Cs^2 项的数值很小，故未顾及 s_0 与 s 之间的差异。

3) 用高斯平面上的边长计算单向观测高差公式

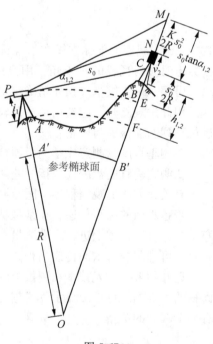

图 5-67

当将参考椭球面距离投影到高斯平面，则有用高斯平面上的边长计算单向观测高差公式：

$$h_{1,2} = d\tan\alpha_{1,2} + Cd^2 + i_1 - v_2 + \Delta h_{1,2}$$

$$(5\text{-}152)$$

式中 $h' = d\tan\alpha_{1,2}$。

令

$$\Delta h_{1,2} = h'\left(\frac{H_m}{R} - \frac{y_m^2}{2R^2}\right)$$

上式中的 H_m 与 R 相比较是一个微小的数值，只有在高山地区当 H_m 很大而高差也较大时，才有必要顾及 $\frac{H_m}{R}$ 这一项。例如当 $h_m = 1\,000$m，$h' = 100$m 时，$\frac{H_m}{R}$ 这一项对高差的影响还不到 0.02m，一般情况下，这一项可以略去。此外，当 $y_m = 300$km，$h' = 100$m 时，$\frac{y_m^2}{2R^2}$ 这一项对高差的影响约为 0.11m。如果要求高差计算精确到 0.1m，则只有 $\frac{y_m^2}{2R^2}h'$ 项小于 0.04m 时才可略去不计，因此，

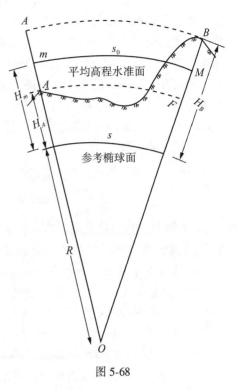

图 5-68

(5-152) 式中最后一项 $\Delta h_{1,2}$ 只有当 H_m，h' 或 y_m 较大时才有必要顾及。

4）对向观测计算高差公式

一般要求三角高程测量进行对向观测，也就是在测站 A 上向 B 点观测垂直角 $\alpha_{1,2}$，而在测站 B 上也向 A 点观测垂直角 $\alpha_{2,1}$，按单向公式有下列两个计算高差的式子。

由测站 A 观测 B 点

$$h_{1,2} = d\tan\alpha_{1,2} + i_1 - v_2 + C_{1,2}d^2 + \Delta h_{1,2} \qquad (5\text{-}153)$$

则测站 B 观测 A 点

$$h_{2,1} = d\tan\alpha_{2,1} + i_2 - v_1 + C_{2,1}d^2 + \Delta h_{2,1} \qquad (5\text{-}154)$$

式中，i_1、v_1 和 i_2、v_2 分别为 A、B 点的仪器和觇标高度；$C_{1,2}$ 和 $C_{2,1}$ 为由 A 观测 B 和 B 观测 A 时的球气差系数。如果观测是在同样情况下进行的，特别是在同一时间作对向观测，则可以近似地假定折光系数 K 值对于对向观测是相同的，因此 $C_{1,2} = C_{2,1}$。在上面两个式子中，$\Delta h_{1,2}$ 与 $\Delta h_{2,1}$ 的大小相等而正负号相反。

从以上两个式子可得对向观测计算高差的基本公式

$$h_{1,2(\text{对向})} = d\tan\frac{1}{2}(\alpha_{1,2} - \alpha_{2,1}) + \frac{1}{2}(i + v_1) - \frac{1}{2}(i_2 - v_2) + \Delta h_{1,2} \qquad (5\text{-}155)$$

式中

$$\Delta h_{1,2} = \left(\frac{H_m}{R} - \frac{y_m}{2R^2}\right)h'$$

$$h' = d\tan\frac{1}{2}(\alpha_{1,2} - \alpha_{2,1})$$

343

5）电磁波测距三角高程测量的高差计算公式

由于电磁波测距技术的发展异常迅速，不但其测距精度高，而且使用十分方便，采用全站仪观测时，可以同时测定边长和垂直角，提高了作业效率，因此，当前利用电磁波测距技术作三角高程测量已相当普遍。根据实测试验表明，当垂直角观测精度 $m_\alpha \leqslant \pm 2.0''$、边长为 2km 范围内，电磁波测距三角高程测量完全可以替代四等水准测量，如果缩短边长或提高垂直角的测定精度，还可以进一步提高测定高差的精度。如 $m_\alpha \leqslant \pm 1.5''$，边长在 3.5km 范围内可达到四等水准测量的精度；边长在 1.2km 范围内可达到三等水准测量的精度。

电磁波测距三角高程测量可按斜距由下列公式计算高差

$$h = D\sin\alpha + (1 - K) \frac{D^2}{2R}\cos^2\alpha + i - V \tag{5-156}$$

式中，h 为测站与镜站之间的高差；α 为垂直角；D 为经气象改正后的斜距；K 为大气折光系数；i 为经纬仪水平轴到地面点的高度；V 为反光镜瞄准中心到地面点的高度。

3. 球气差系数 C 值和大气折光系数 K 值的确定

大气垂直折光对三角高程测量精度的影响是个不容忽视的问题。一般选择中午前后稳定的气象条件下进行垂直角观测，通过确定球气差系数 C 值来测定大气折光系数 K 值。一般有两种方法：一种方法是在已经由水准测量测得高差的两相邻点之间进行三角高程测量，即在已知高差的情况下根据三角高差公式反求 C 值，进而求得 K 值。另一种方法是根据两点间同时对向观测垂直角的高差结果计算 C 值，从而求得 K 值。必须指出，无论采用哪种方法都要采用尽量多一些结果来计算，最后取平均作为测区的平均 C 值。另外还要注意，尽量采用对向观测，选择有利观测时间，提高视线高度，用短边传算高程等。

5.9　天文测量方法

5.9.1　一般说明

天文学是研究天体(太阳、月亮和恒星等统称为天体)，其中也包括地球的运动、构造、起源与发展的自然科学。主要研究内容有：

研究天体在空间的实际位置，确定其质量、大小和形状；

研究天体的化学组成成分，表面的自然条件及内含矿藏；

研究星体和星系的起源与演化等。

根据天文学的研究对象和方法，可把它分为球面天文学、大地天文学、天体力学等多个分支。与我们关系最大的就是大地天文学。

作为天文学的一个特殊分支——大地天文学主要是研究用天文测量的方法，确定地球表面点的地理坐标及方位角的理论和实践问题。又因为测量地面点的地理坐标——天文经度，天文纬度及天文方位角时必须要知道观测天体时的时刻，所以测定外业观测时刻的精确时间也是大地天文学要研究的问题。

用天文测量方法确定经度和纬度的点称为天文点；同时进行大地测量和天文测量确定经度和纬度的点称为天文大地点。在天文大地点上同时测定方位角的点称为拉普拉斯点，经垂线偏差改正后的天文方位角称为大地方位角，在拉普拉斯点上确定的大地方位角称为拉普拉斯方位角，以区别于用大地测量计算得到的方位角。

在天文大地点上推求出的垂线偏差资料可被用来详细研究大地水准面（或似大地水准面）相对参考椭球的倾斜及高度，从而为研究地球形状提供重要的信息。天文测量还可以给出关于国家大地网起算点的起始数据，天文坐标可用于解决关于参考椭球定位、定向，大地测量成果向统一坐标系的归算等问题。总之，天文大地测量和我们的测绘工作紧密相关。

大地天文学是一门较古老的学科。由于天文经纬度和天文方位角可以独立地测定，故以前它被用于无图区或海上定位，随着科技的进步，这些已被其他技术手段所代替，但天文测量的应用领域仍较为广泛，并将不断地发展。在不久以前，人们进行天文测量还只能在地球表面上，但随着人造地球卫星发射成功，打开了天文学发展的新纪元。从此人们对天体的研究（包括对地球的研究）不仅可以通过地面观测进行，而且可借助人造卫星及空间飞行器进行观测，肯定会有一天，人们还可在月球等其他星体上研究天体。

5.9.2 天球及天球上的点和弧

1. 天球的概念与性质

由于地球自转，我们在地球上的人类才观测到天穹上的星日复一日地东起西落；由于地球公转，我们在一年四季里才看到不同的星座在年复一年地变化着。因此，为了表达星体的这种视运动，以便把测站和观测对象——天体之间的这些相对运动的关系能用一些数学关系来表达，在天文测量中使用了一个非常巧妙的辅助工具——天球来展现它们。

天体离我们的距离都很远，虽然有远有近，但用我们的肉眼是分辨不出的，而看起来好像都是等距的，感觉是所有的天体均分布在一个圆球的表面上，而观测者位于这个球的中心。这就给我们以启发，在天文测量中就是利用这个假想的圆球作为讨论问题的辅助工具。

以空间任意点为中心，任意长为半径作成的球，称为天球。一般而言，天球的中心往往设在测站上，当然也可视具体情况设在地球的中心或太阳的中心。

因天球的半径是设想为无穷大的，观测者在地球上的任何位移与天球的半径相比，可小到忽略不计，故天球具有以下两个重要的性质：

①地球上所有互相平行的直线向同一方向延长，相交于天球球面同一点；

②地球上所有互相平行的平面，相交于天球球面同一大圆。

当然，天球同时也具有圆球的一切几何性质：

①通过球心的平面，在天球上截成一个大圆，并将天球分为两个相等的半球；

②通过球面上不在同一直径上的任意两点，只能作一个大圆；

③两个大圆必定相交，且交点是同一直径的两个端点，在天球上不能有互相平行的大圆。

2. 天球上的主要点和弧

天球是以观测者（或地心或日心）为中心，以无穷大为半径的，把观测星的方向延长到天体上，得到天体在天球上的投影。此时，星的位置称为星体的视位置，其运动称为天体视运动。

下面介绍天球上的主要的点和弧，见图 5-69。

天顶和天底：延长测站点的铅垂线，与天球相交于两点，其中位于观测者头顶的一点 Z 称为天文天顶，而相对的另一点 Z' 称为天底点。

天轴和天极：通过天球中心，并与地球自转轴平行的直线叫天轴，与天球相交于两点，与地球北极相应的一点叫天北极(p)，与地球南极相应的一点叫天南极(p')。

天球地平面和天球地平线：垂直于铅垂线 ZZ' 且过天球中心点 C 的平面称为天球地平面，它与天球相交的大圆 NWSE 称为天球地平线。天球地平面把天体分为两个半球：含天顶点 Z 的可见部分和含天底点 Z' 的不可见部分。

垂直面与垂直圈：凡通过天顶和天底，即包含 ZZ' 的平面叫垂直面，垂直面与天球相交的大圆称为垂直圈，它们和地平面相垂直。应注意的是，通过某一天体的垂直圈，是指以 ZZ' 为界的半个大圈而言，在同一个大圈上的另半个大圈，则属通过另一天体的垂直圈。

天球子午面和天球子午线：包含地轴的垂直面叫天球子午面，它与天球相交的大圆 $PZQSZ'N$ 称为测站点的天球子午线。子午面将天球分成两半球：东半球和西半球。子午面和地平面的交线 NCS 称为正午线，N 和 S 点分别称为北点和南点。第一垂直圈（大圆 $ZWZ'E$）与地平面的交点 W 和 E 分别称为西点和东点，平行于地平面的天球小圈称为等高圈（如 AA'）。

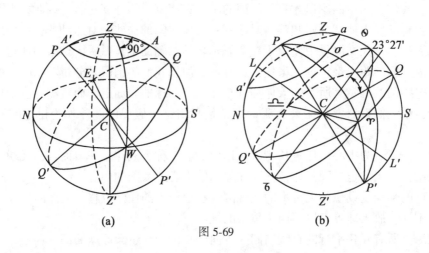

图 5-69

天球赤道面与赤道：通过天球中心 C 点作垂直于天轴 PP' 的平面称为天球赤道面，与天球相交的大圆 $Q'WQE$ 称为天球赤道。天球赤道与地球赤道互相平行。赤道将天球分为两个半球：北半球与南半球，天球赤道与地平线相交于东点 E 及西点 W，观测者面向北极，在右者为东，在左者为西；天球子午面与赤道面相交于上赤道点 Q 和下赤道点 Q'，靠近天顶者为上，靠近天底者为下。

黄道平面与黄道：通过天轴的平面与天球截得的大圆($P\sigma P'$)称为赤纬大圈，平行于赤道的小圆($a\sigma a'$)称为天体 σ 的周日圈。天体的视运动沿着周日圈运行。太阳周年的视运动沿着黄道——大圆($\Upsilon \mathrm{O} \simeq \mathrm{\overline{6}}$)运动。黄道平面对赤道平面的倾角有 $23°27'$。点 L 和 L' 是黄道的几何极。黄道和赤道的交点 $\Upsilon \simeq$ 称为二等分点，在这时即春分点 Υ 和秋分点 $\simeq$

时，黑夜和白昼一样长。所以可把春分点丫看做固定的恒星点。

5.9.3　天球坐标系及其同天文测量的关系

当根据观测天体确定地面点的地理位置时，必须知道天体在天球上的位置。天体在天球上的位置总体上可用过中心点的两个互相垂直的大圆弧表示。目前，主要采用以下三种天球坐标系：地平天球坐标系，第一赤道坐标系及第二赤道坐标系。

1. 地平天球坐标系 (h, a)

如图 5-70(a)，在该坐标系中，把地平平面 NRS 和天体子午面 $ZSP'Z'$ 作为基准面。假如经过天体 σ 作一垂直圈 $Z\sigma RZ'$，则天体 σ 的位置可用下面两个天球坐标确定：

(1)天体高：$h=\overset{\frown}{\sigma R}=\angle\sigma CR$ 和天体方位角 $a=\overset{\frown}{SR}=\angle SCR$（子午平面与星体的垂直平面的二面角）。还可用天顶距 Z 代替天体高 h，$Z=90°-h$。天体高度从地平面算起，其值向天顶变化 $0°\sim90°$；向天底变化 $0°\sim-90°$，而天顶距则是从天顶向地平再向天底变化 $0°\sim180°$。显然，当天顶距大于 $90°$，此星是不可见星。

(2)天体方位角从南点 S 开始顺时针记 $0°\sim360°$。由于地球自转，天体的地平坐标在连续不断地变化。如用经纬仪测量地理坐标则必须备星历表。

2. 第一赤道坐标系 (δ, t)

如图 5-70(b)，在该坐标系中，将天体赤道 $Q'RQ$ 和天体子午面 $ZSP'Z'$ 作为基准面。假如过天体 σ 作赤纬弧 $P\sigma RP'$，则天体 σ 的位置可用两个球面坐标表示：

赤纬 $\delta=\overset{\frown}{R\sigma}=\angle RC\sigma$ 和时角 $t=\overset{\frown}{QR}$。时角 t 是天体子午面和星的赤纬弧面的二面角。赤纬 δ 从赤道开始算，从 $0°\sim\pm90°$ 变化，其中北半球星取"+"号，南半球星取"−"号。有时用 Δ 代替赤纬 δ，它们的关系是 $\Delta=90°-\delta$。

时角 t 是从子午面从东向西沿赤道顺时针量取，通常取时间单位 $(0\sim24^h)$。由于地球自转，时间是均匀变化的，而 δ 不变化。此坐标系又称时角坐标系。

3. 第二赤道坐标系 (α, δ)

如图 5-70(c)，在该坐标系中，将天体的赤道面 $Q'RQ$ 和过春分点的子午面 $P P'$ 作为基准面。此时，天体坐标可用赤纬 $\delta=\overset{\frown}{R\sigma}=\angle RC\sigma$ 及赤经 $\alpha=\overset{\frown}{R}$丫表示。赤经 α 以时、分、秒从春分点逆时针量取在 $0\sim24^h$ 变化。由于春分点与天体一起转动，因此天体的赤经在天体的周日视运动中可认为不变，所以 α 和 δ 与天球自转无关，从星历表或天文年历中可查得它们。

4. 恒星时

我们日常所用的时间是用平太阳两次经过上中天或下中天的间隔时间为 1 日(24^h)来计算的。在天文测量中，我们用春分点连续两次经过上中天或下中天的间隔时间为一个恒星日(24^h)来作时间单位的。恒星时用 s 表示，春分点的时角用 t丫表示，显然 $S=t$丫。

由图 5-70(c)又知

$$S = t 丫 = \alpha + t \tag{5-157}$$

因此，当测定了恒星时 S 和从星历中查得 α 后，便可按下式计算时角

$$t = S - \alpha \tag{5-158}$$

当上中天时，由于时角 α 等于 0，所以(5-157)式变为

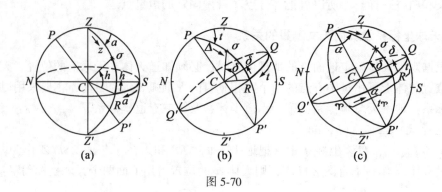

图 5-70

$$S = \alpha \tag{5-159}$$

这就是说恒星时在数值上等于星体的赤经。而在下中天，

$$S = \alpha + 12^h \tag{5-160}$$

（5-157）式～（5-160）式在大地天文测量中具有非常重要的意义，因为依据它们可以很简单地确定恒星时或者观测星体时刻的时角。

5. 天文地理坐标和天球坐标的关系

以测站为中心画一天球（见图 5-71），$PqP'q'$ 是 C 点的地球子午面，则天球子午面 $PZSP'Z'N$ 和地球子午面重合。铅垂线同地球赤道面 qq' 的交角是地面点 C 的天文纬度 φ。此铅垂线与天球赤道面 QQ' 的交角也等于纬度 φ。

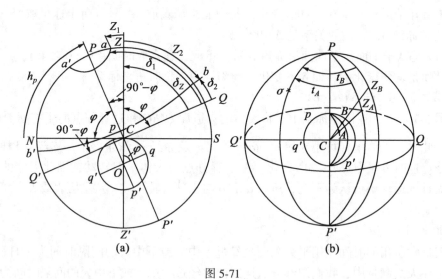

图 5-71

由图可见，地极对地平面的高度，亦即天体的赤纬也同样等于观测点的纬度，$h_p = \delta_z = \varphi$。假设 aa' 和 bb' 是具有赤纬 δ_1 和 δ_2 及天顶距 Z_1，Z_2 的两个天体的自转平行圈，则在一般情况下，假如天体在上中天，将有

$$\varphi = \delta_i \pm Z_i, \quad (i = 1, 2, \cdots) \tag{5-161}$$

在下中天时：

$$\varphi = 180° - (\delta + Z) \qquad\qquad (5\text{-}162)$$

假如将地心和天球中心重合,则 A、B 点的天球子午面和地球子午面也分别重合。假如在经度分别为 λ_A 及 λ_B 的 A、B 两点上,同时观测天体 σ,并得到两个时角 t_A 及 t_B(A、B 点的天顶分别是 Z_A 及 Z_B),则同一物理时刻从两个不同的地面站对任何星体的时角差($\angle Z_B P Z_A$)在数值上等于这两点的经度差($\angle BPA$)。假如 B 点在 A 点东边,有式

$$t_B - t_A = \lambda_B - \lambda_A \qquad\qquad (5\text{-}163)$$

(5-161)~(5-163)式在天文大地测量中得到广泛的应用,它们说明了根据天体观测来确定地面点经纬度的基本原理。

5.9.4 天文观测简介

天文测量的等级是按测量最后成果的中误差来衡量的。根据任务和要求的不同,天文观测分为四个等级,其精度要求见表 5-33。

表 5-33

天文点等级	中　误　差		
	经度	纬度	方位角
一	±0.02″	±0.30″	±0.50″
二	±0.05″	±0.50″	±1.00″
三	±0.10″	±1.00″	±5.00″
四	±0.50″	±5.00″	±10.00″

不同等级的观测,通常采用的仪器和观测方法也不同。

天文观测在我国一般采用目视光学观测,所用的仪器,低等的用普通精密经纬仪,如 T2、T3,高等的天文观测则用 T4、DKM3A 等天文全能经纬仪,再加上接收时号的收录机和计时器以及天文年历就可进行天文观测了。若观测天顶距,还需备气温表、气压计。

专用的全能天文经纬仪和一般普通的大地经纬仪是有区别的,例如 T4 有如下特点:

① 望远镜是折轴式的。这是因为在天文测量中,常常要观测天顶距比较小或者位于天顶附近的天体,如用直轴式望远镜观测这些天体,显然比较困难,甚至不能观测,所以用于天文观测的全能经纬仪的望远镜总是折轴式的。

② 具有目镜测微器。为了跟踪恒星影像或测量微小角,在丝网平面上装有一组活动丝(或称移动丝),为此,在望远镜上装有目镜测微器。

③ 具有高精度的挂水准器(跨水准器)和太尔各特水准器。它们的精度较高,格值为 1″/2mm。挂水准器用于精密整平仪器和测出观测过程中水平轴及垂直轴的变化。太尔各特水准器用于测出观测过程中视准轴在垂直方向的变化。

④ 读数度盘的直径比较大。

天文钟的作用和我们平常生活中用的手表(摆钟)的作用相同,都是用来授时的。只不过天文钟的精度要高一些。

无线电时号用收录机接收,我国陕西天文台发射无线电时号。

天文观测时，必须用计时器(或钟表)记下照准天体的时间，观测前后要收录无线电时号，求出表差，以得到观测时的准确瞬间。具体观测时，由于某些物理因素和人为因素的影响，而使观测量产生差异，需进行相应的改正。

天体的赤经 α 和赤纬 δ 是已知的地心坐标。因此在测站上观测的天顶距值，不仅需要加上由于来自天体的光线经过地球表面不同密度的大气层发生弯曲而产生的蒙气差，还应加上测站天顶距化为地心天顶距时的视差改正。

在方位角的测定中，还应加上由于地球自转而使观测方向发生偏离的光行差改正。在经度测定中，由于仪器类型、观测者的不同等，还应加上人仪差改正。

天文观测的外业成果，还要经过一些归算才能得到我们所需要的值，关于以上应加的各项改正和归算的具体计算公式在此从略。

5.10　重力测量方法

5.10.1　概述

15 世纪伽利略进行了首次重力测量的实验后，直至 17 世纪才开始实际的重力测量。重力测量分为两大类，即绝对重力测量和相对重力测量。

绝对重力测量，就是用仪器直接测出地面点的绝对重力值，地球表面上的重力值在 978~983 伽之间，它是相对重力测量的起始和控制基础。

相对重力测量，就是用仪器测出地面上两点间的重力差值，地球表面上最大的重力差值约为 5 000 毫伽的量级。

凡是与重力有关的物理现象，都可以用来测定重力，归纳起来，有下面两大类：

① 动力法：它是观测物体的运动状态以测定重力。例如利用物体的自由下落或上抛运动，或者利用摆的自由摆动，都可以测定重力。在这类方法中，有的可以用来测定绝对重力，有的也可用来测定相对重力。

② 静力法：它是观测物体受力平衡，测量物体平衡位置受重力变化而产生的位移以测定两点的重力差。例如观测负荷弹簧的伸长即属此类，这种方法只能测定相对重力。

另外，按观测领域不同，重力测量分为：陆地重力测量、海洋重力测量与航空重力测量。海洋重力测量是 20 世纪 20 年代开始的，而从 60 年代开始了航空重力测量。由于在不同领域观测时，所受外界因素的影响不同，因此观测方法和使用的仪器也有某些差别。

5.10.2　绝对重力测量

可用自由落体和振摆两种方法测定绝对重力。

1. 用自由落体测定绝对重力基本原理

从物理学中知，自由落体的运动方程为：

$$h = h_0 + V_0 t + \frac{1}{2} g t^2 \tag{5-164}$$

式中：h 是自由落体的下落距离；

t 是下落时间；

h_0 是自由落体的起始高度；

V_0 是自由落体的下落初始速度；

g 是重力。

从(5-164)式可看出，如果在不同时刻测出自由落体的下落时间 t_i 及其相应的距离 h_i，就可解出绝对重力值 g。因为在(5-164)式中有三个未知数(h_0、V_0、g)，故必须测定三组 h_i 和 t_i 值，组成方程式，解出重力 g 值，我们把这种方法称为自由落体三位置法。

下面估算一下这种方法测定重力的精度和对 h 和 t 的精度要求，在(5-164)式中，令 $h_0 = 0$ 和 $V_0 = 0$，并取对数微分：

$$\frac{\mathrm{d}h}{h} = \frac{\mathrm{d}g}{g} + \frac{2\mathrm{d}t}{t}$$

应用误差传播律得：

$$\left(\frac{m_g}{g}\right)^2 = \left(\frac{m_h}{h}\right)^2 + \left(\frac{2m_t}{t}\right)^2$$

若要求重力测定的精度 $\frac{m_g}{g} \approx 10^{-6}$，则可按等影响原则，得：

$$m_h \approx \pm 0.71 \times 10^{-6} h$$

$$m_t \approx \pm 3.5 \times 10^{-7} t$$

如果物体下落的距离 $h \approx 1\mathrm{m}$，下落时间 $t \approx 0.4\mathrm{s}$，则长度量测误差不超过 $1\mu\mathrm{m}$，时间量测误差不超过 $3.5 \times 10^{-7}\mathrm{s}$。

现代绝对重力仪器大多是利用自由落体的这一原理来测量重力的。如今，可用激光干涉技术精密地测量长度，有极为准确的时钟和电子设备来测定时间。因此，最新的现代绝对重力仪，如 FG5 类型已达到微伽级精度。我国计量科学研究所研制的 NIM 型绝对重力仪和 NIM-Ⅱ绝对重力仪的精度约为 15 微伽。

2. 用振摆测定绝对重力基本原理

由物理学知，当一个摆角 α 足够小时，振摆的摆动周期 T，摆长 l 和重力加速度 g 有如下关系：

$$T = \pi\sqrt{\frac{l}{g}} \tag{5-165}$$

可见，通过对 l 和 T 的测定，就可求得重力 g，见图5-72。

对(5-165)式先取对数，后微分可得：

$$\frac{\mathrm{d}T}{T} = \frac{1}{2}\frac{\mathrm{d}l}{l} - \frac{1}{2}\frac{\mathrm{d}g}{g}$$

根据误差传播定律，上式可变为：

$$\left(\frac{m_g}{g}\right)^2 = \left(\frac{2m_T}{T}\right)^2 + \left(\frac{m_l}{l}\right)^2$$

式中：m_g、m_T、m_l 分别为重力、周期和改化摆长的中误差。

假定 m_T 和 m_l 对 m_g 的影响相等，并要求重力的测定精度为 1 毫伽，即 $\frac{m_g}{g} \approx 10^{-6}$，在此情况下，周期的允许观测误差为

$$m_T \approx \pm \frac{1}{2\sqrt{2}} 10^{-6} T = \pm 3.5 \times 10^{-7} T$$

改化摆长允许观测误差应为

$$m_l \approx \pm \frac{1}{2\sqrt{2}} 10^{-6} l = \pm 0.71 \times 10^{-6} l$$

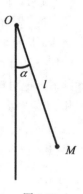

图 5-72

这就是说，如果要求重力测量达到 1 毫伽的精度，则当振摆周期为 1s 时，周期观测误差不得超过 3.5×10^{-7} s；当改化摆长为 1m 时，它的测量误差不超过 1μm。

由以上的分析可知，要求量测周期和摆长的精度是很高的。由于精确测定摆长有很多困难，1811 年，德国天文学家 J. Bohnenberger 提出可倒摆的原理后，不同学者制造出了可倒摆仪器来进行绝对重力测量。但由于这种仪器操作复杂，精度也难以进一步提高，故现在很少采用这种方法。

5.10.3　相对重力测量

用比较两地重力的差值，由重力基准点推求其他点重力的方法，称为相对重力测量。

进行相对重力测量可采用动力法和静力法两种。

1. 用摆仪(动力法)测定相对重力的基本原理

1881 年发明了用来测定两点间重力差的相对摆仪。在这种仪器里安装了一个摆长能够保持不变的摆，在两个点上分别测定摆的摆动周期 T_1 和 T_2 或它们的周期差 $\Delta T = T_2 - T_1$。设两点观测期间的摆长不变，则可从(5-165)式消去摆长 l，得：

$$g_2 = g_1 \frac{T_1^2}{T_2^2} \tag{5-166}$$

或

$$\Delta g = g_2 - g_1 = -\lambda (T_2 - T_1) + \mu (T_2 - T_1)^2 \tag{5-167}$$

式中：

$$\lambda = \frac{2g_1}{T_1} \quad \mu = \frac{3g_1}{T_1^2}$$

由此可见，只要观测了两点的周期，并已知起始点的重力值，就可算出两点的重力差，这就避免了测定改化摆长的工作，而精确测定摆的摆动周期是比较容易的。

这种方法的前提是在两点间的改化摆长不变。为了判断振摆在运输过程中是否发生变化，也为提高观测结果的精度，一般摆仪上都安装了几个摆，同时进行观测，观测各摆的周期差有无改变；另外在联测时，从起始点开始测得一个或几个点后，再回到原起始点重复观测，以检查和控制观测期间改化摆长的变化情况。我们把这样的一组测量称为一个测线(或测程)。

这种方法虽然比绝对重力测量要简便一些，但这种仪器还是比较笨重，测量精度受环境影响大，故现在已不采用。

2. 用重力仪测定相对重力的基本原理

采用静力法的相对重力测量的仪器，通常简称为重力仪。

重力仪的基本原理大致是相同的，它是利用物质的弹性或电磁效应测出由于重力的变化而引起的物理量的变化。如我们所熟悉的弹簧秤可以说是最简单的重力仪。因此，重力仪的中心部分或传感部分，大多是用弹簧或弹性扭丝制成。

通常使用的重力仪，从构造原理可分为垂直型弹簧重力仪、扭丝型重力仪、旋转型弹簧重力仪、扭丝型弹簧重力仪，其中以后者为多。

由图 5-73 可看出重力仪的基本原理。它是根据一根弹力石英扭丝的扭转角来设计制造的。弹性扭丝 BB' 中央焊接一摆杆 OA，A 上安一重荷，在一定范围里，扭丝扭转角度与重力变化量成正比，从而可测量两地重力的变化值。目前石英重力仪的测量精度可达 0.02 毫伽。

从制造弹簧或弹性扭丝的材料来看，又分为金属弹簧重力仪和石英弹簧重力仪。前者如前联邦德国的 GS 型重力仪，美国的 LCR 重力仪。后者如 worden 重力仪，CG-2 和 CG-3 重力仪和国产 ZSM 重力仪。

限于篇幅，具体的重力仪器在此不作介绍。重力仪的观测是比较简单的，只要将重力仪安置在测站上，并置平仪器，然后转动测微器让视场里的亮线和零线重合，再在计数器上读取相应的读数即可。如此重复三次，取其平均值作为该测站的重力仪观测值。至于两点间重力差值计算和重力网平差等问题，参阅有关书籍。

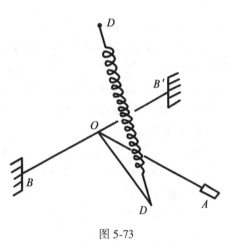

图 5-73

5.10.4 重力基准与重力系统

1. 重力基准和重力系统

在重力测量中，我们大量进行的是相对重力测量，因此必须有属于一个统一系统的已知重力值的起始点。如果这些点的重力值是用绝对重力测量求定的，这样的点称为重力基准点，其重力值就是重力基准值，通常简称它们为重力基准。不同时期的重力基准都有特定的名称，如波茨坦重力基准。根据某一重力基准来推算重力值的重力点，都属于该重力基准的同一重力系统。例如，根据波茨坦重力基准来推算重力值的重力点，都属于波茨坦系统。就全球范围而言，又有单点基准和多点基准之分。

2. 世界重力基准简介

1）维也纳重力基准

1900 年在巴黎举行的国际大地测量协会第 18 次会议上，决定采用维也纳重力基准，即奥地利维也纳天文台的重力值为基准，其值为：

$$g = 981.290 \pm 0.01 \times 10^{-2} \mathrm{ms}^{-2} (\mathrm{Gal})$$

此值是 Oppolzer 在 1884 年用绝对重力测量方法测定的。

2）波茨坦重力基准

1909 年在伦敦举行的国际大地测量协会会议上决定采用波茨坦重力基准，即以德国波茨坦大地测量研究所摆仪厅的重力值作为基准，代替过去的维也纳重力基准，其值为：

$$g = 981.274 \pm 0.003 \times 10^{-2} \mathrm{ms}^{-2} (\mathrm{Gal})$$

此值是 1898—1906 年由 Kuhnen 和 Furtwangler 用可倒摆测定的。1967 年国际大地测量协会决定对波茨坦重力值采用 −14mGal 的改正值。

3)国际重力基准网 1971(IGSN-71)

1971 年在苏联莫斯科举行的国际大地测量与地球物理联合会(IUGG)第 15 届大会上通过决议,决定采用国际重力基准网 1971(IGSN-71),以代替波茨坦国际重力基准。

IGSN-71 以多点基准结束了单点基准的时代。IGSN-71 包括 1 854 个点,其中绝对重力测量的点只有 8 个。相对重力测量包括了摆仪测量和重量仪测量,前者的观测结果约 1 200 个,后者的观测结果约23 700个。IGSN-71 的精度为 $0.1 \times 10^{-5} \mathrm{ms}^{-2} (\mathrm{mGal})$。

4)国际绝对重力基本网(IAGBN)

1982 年提出了国际绝对重力基本点网(IAGBN)的布设方案,IAGBN 的主要任务是长期监测重力随时间的变化,其次是作为重力测量的基准,以及为重力仪标定提供条件。因此,这些点建立后按规则间隔数年进行重复观测。1987 年 IUGG 第 19 届大会曾通过决议,建议着手实施,但现在尚未完全建立。

3. 我国重力基准简介

1949 年以前,只测量了 200 余个重力点,分布地区十分有限。1953 年至 1956 年总共测量了 100 余个重力点。当时由于没有精确和统一的起始重力值,这些结果只能自成系统,测量精度也不高。

1955 年至 1957 年建立了我国第一个国家重力控制网,通常又称为"57 网"。"57 网"包括基本重力点 27 个,一等重力点 82 个。基本点的联测精度为:$\pm 0.15 \times 10^{-5} \mathrm{ms}^{-2}$(mGal),一等点精度为:$\pm 0.25 \times 10^{-5} \mathrm{ms}^{-2}$(mGal),属于波茨坦系统。"57 网"建成后,有关部门施测了数十万个不同等级的重力点,为国家经济和国防建设发挥了重要作用。

我国高精度的重力基本网的建立是从 1981 年开始的,1981 年中意合作测定了 11 个绝对重力点,1983—1984 年又用 9 台 LCR—G 型重力仪进行了新的重力基本网的联测以及国际联测,1985 年完成平差计算,并通过国家鉴定。这个网称为"1985 国家重力基本网",简称为"85 网"。"85 网"由 6 个基准点,46 个基本点和 5 个基本点引点组成。平差中还利用了 5 个国际重力点作为基本点。"85 网"平差值的平均中误差为 $\pm 8 \times 10^{-8} \mathrm{ms}^{-2}$(μGal),最大中误差为 $\pm 13 \times 10^{-8} \mathrm{ms}^{-2}$(μGal)。该网 1985 年 9 月由国家测绘局发布正式启用。

1986 年我国又开始进行新的一等网的布设和观测,共测一等点 163 个,其中 40 个点和"85 网"联测,平均点距 300km,并以 35 个"85 网"点控制进行了平差,平差值的平均中误差为 $\pm 12 \times 10^{-8} \mathrm{ms}^{-2}$(μGal),最大中误差为 $\pm 20 \times 10^{-8} \mathrm{ms}^{-2}$(μGal),至此,建成了我国包括基本网和一等网的我国第二个国家重力网。

近期将要提供使用的 2000 重力基准网,将替代已遭到严重损毁和精度稍逊的"85 网",它由 120 余个绝对和相对重力点组成,由于该网使用了 FG5 绝对重力仪观测,并增加了绝对重力点的数量,2000 重力网的精度将有所提高。

5.11　GNSS 测量方法

GNSS 技术由于它具有定位精度高、作业速度快、费用省、相邻点间无需通视、不受天气条件的影响等诸多常规技术不可比拟的优点，因而它在大地控制测量领域得到了广泛的应用，成为一种利用高新技术进行定位的大地测量方法，因有专门的课程对 GNSS 技术进行系统而详尽的讲述，下面仅从该方法本身的原理，技术设计，外业施测等方面作简要介绍。

5.11.1 GNSS 测量的基本原理

由距离交会定点的原理，在二维平面上需要两个边长就能确定另一点，而在三维空间里就需要三条边长确定第三点。GNSS 的定位原理也是基于距离交会定位原理确定点位的。

利用固定于地球表面的三个及以上的地面点（控制站）可交会确定出天空中的卫星位置，反之利用三个及以上卫星的已知空间位置又可交会出地面未知点（接收机天线中心）的位置。这就是 GNSS 卫星定位的基本原理。

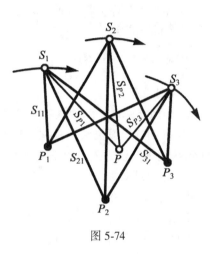

如图 5-74 所示，设在地面上有三个已知点（可以更多）P_1、P_2、P_3 和待定点 P，在其上对卫星 S_1 进行同步观测，测得距离 S_{11}、S_{21}、S_{31} 和 S_{P1}，则可由三个距离 S_{11}、S_{21}、S_{31} 确定出卫星 S_1 的位置，同理可确定出卫星 S_2、S_3 的空间位置以及相应的距离 S_{P2}、S_{P3}，则待定点 P 的位置可由三个卫星（位置已知，可以更多）的距离 S_{P1}、S_{P2}、S_{P3} 交会而确定。

图 5-74

5.11.2 GNSS 的绝对定位和相对定位基本概念

依据测距的原理，其定位方法主要有伪距法定位、载波相位测量定位以及差分 GNSS 定位等。对于待定点来说，根据其运动状态又可分为静态定位和动态定位。所谓静态定位指的是把 GNSS 接收机安置于固定不动的待定点上，进行数分钟及更长时间的观测，以确定出该点的三维坐标，所以又称为绝对定位。若以两台及以上的接收机安置在不同的测站上，通过一定时间的观测，可以确定出这些待定点上接收机天线之间的相对位置（坐标差），故又称为相对定位。

本节主要介绍用静态相对定位布设区域性的城市或工程控制网的有关问题。

5.11.3 GNSS 网的技术设计

和常规控制测量一样，GNSS 测量控制网的测设一般可分为技术设计、外业施测、内业数据处理等三个阶段，在 5.1 节里，我们较为详细地介绍了布设国家平面控制网的技术设计方法，同理，GNSS 网的技术设计也是很重要的，因为施测前的技术设计，是布设 GNSS 网的技术准则，是取得高精度 GNSS 成果的关键。

GNSS 网的技术设计是 GNSS 测量外业观测前的基础性的工作，它主要是依据国家制定的有关规范（规程）、GNSS 网的用途和用户的要求来进行的，其内容主要包括：项目来源、测区概况、工程概况、技术依据、施测方案、作业要求、观测质量控制、数据处理方案等。

关于 GNSS 网的精度分级和密度要求见 5.1.2。

5.11.4　GNSS 网的布网形式

在介绍布网方式前，应了解 GNSS 测量中的几个概念：

① 观测时段：测站上接收机开始观测到结束的时间段，简称时段。

② 同步观测：两台及两台以上的接收机对同一组卫星进行的观测。

③ 同步观测环：三台或三台以上的接收机同步观测获得的基线构成的闭合环，简称同步环。

④ 异步观测环：在构成多边形环路的基线向量中，只要有非同步观测基线，则该多边形环路叫异步观测环，简称异步环。

⑤ 独立基线：N 台接收机观测构成的同步环，有 $\frac{1}{2}N(N-1)$ 条同步观测基线，但只有 $N-1$ 条是独立基线。

⑥ 非独立基线：除独立基线外的其他基线叫非独立基线。

GNSS 网的布设灵活，根据工程的精度要求和交通状况等采用不同的布网方式，一般的 GNSS 网的布设方式有以下几种：

（1）跟踪站式

用若干台 GNSS 接收机长期固定在测站上，进行常年不间断的观测，这种布网方式称为跟踪站式。用这种形式布设的网有很高的精度和框架基准特性，而对普通的 GNSS 网一般不采用这种观测时间长、成本高的布网方式。

（2）会战式

一次组织多台 GNSS 接收机，集中在不太长的时间内共同作业。在观测时，所有接收机在同一时间里分别在一批测站上观测多天或较长时段，在完成一批点后所有接收机再迁至下一批测站，我们把这种方法称为会战式布网。这种网的各基线都进行了较长时间和多时段的观测，具有特高的尺度精度，一般在布设 A、B 级 GNSS 网时采用此法。

（3）多基准站式

把几台接收机在一段时间里固定在某几个测站上进行长时间的观测，而另几台接收机流动作业进行同步观测，我们把固定不动的测站称为基准站，见图 5-75。这种 GNSS 网由于各基准站之间的观测时间较长，有较高的定位精度，可起到控制整个 GNSS 网的作用，加上其他流动站之间不但有自身的基线相连，还和基准站也存在同步基线，故这种网有较好的图形强度。

（4）同步图形扩展式

这是在布设 GNSS 网时最常用的方式，

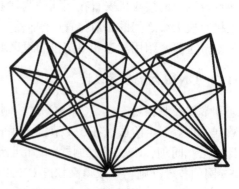

图 5-75

就是把多台接收机在不同的测站上进行同步观测，完成一个时段的观测后再把其中的几台接收机搬至下几个测站，在作业时，不同的同步图形之间有一些公共点相连，直至布满全网。这种布网方式作业方法简单，图形强度较高，扩展速度快，便于作业组织，实际中得到广泛应用。根据相邻两个同步图形之间公共点的多少，又分为：

① 点连式：相邻两个同步图形之间有一个公共点相连。

② 边连式：相邻两个同步图形之间有一条边相连。

③ 网连式：相邻两个同步图形之间有 3 个及 3 个以上的公共点相连。

④ 混连式：一般来说，单独采用以上哪一种方式都是不可取的，在实际工作时，是根据情况灵活采用这几种方式作业，这就是所谓的混连式。

（5）星形布网方式

这是用一台接收机作为基准站，在某个测站上进行连续观测，而其他接收机在基准站周围流动观测，每到一站即开机，结束后即迁站，也即不强求流动的接收机之间必须同步观测。这样测得的同步基线就构成了一个以基准站为中心的星形，故称星形布网方式，见图 5-76。这种方式布网效率高，但图形强度弱，可靠性较差。

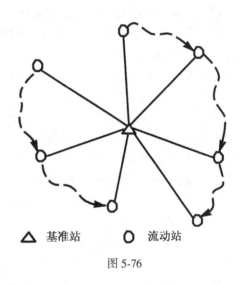

△ 基准站　　○ 流动站

图 5-76

5.11.5　GNSS 网的设计准则

在讲控制网的优化设计时，我们讲到衡量控制网的质量标准有精度标准、可靠性标准和费用标准等，同样这也适用于 GNSS 网的设计，我们总的出发点是在保证精度和可靠性的前提下，尽可能地提高效率，努力降低成本。脱离生产和工程实际，盲目地追求不必要的高精度和高可靠性，或为追求高效率和低成本而放弃对质量的要求都是不可取的。为此，应注意以下的设计准则：

1. GNSS 选点

该内容在 5.1 节里已介绍，主要应便于 GNSS 信号的接收和不受干扰且利于保存。

2. 提高 GNSS 网可靠性的方法

在 GNSS 测量中，网的可靠性是一个重要的指标，应采用以下方法增强其可靠性：

• 增加观测的期数，也即增加独立基线数以加强网的结构。

• 保证一定的重复设站次数。

• 保证每个测站至少与三条以上的独立基线相连，这样可使该测站具有较高的可靠性。

• 在布网时应使网中的最小异步环的边数不大于 6 条。

3. 提高 GNSS 网精度的方法

• 为保证 GNSS 网中各相邻点具有较高的相对精度，对网中距离较近的点一定要进行同步观测，以获得它们间的直接观测基线，否则可能在以后的应用中（如控制网加密）

出现问题。

● 如布设高精度的 GNSS 网，为提高整个 GNSS 网的精度，可在全面网之上布设框架网，以框架网作为整个全面网的控制骨架。

● 在布网时应使网中的最小异步环的边数不大于 6 条。

4. GNSS 网的基准设计

GNSS 测量得到的 GNSS 基线向量，它属于地心空间直角坐标系的三维坐标差，而我们在工程实际中所需要的是国家大地坐标系或地方坐标系的坐标。因此，我们必须明确 GNSS 网采用的坐标系统和起算数据，这就是所谓的基准问题，可称为 GNSS 网的基准设计。

GNSS 基准包括尺度基准、方位基准和位置基准。

尺度基准一般由高精度电磁波测距边长确定，数量可视测区大小和网的精度要求而定，可设置在网中任何位置，也可由两个以上的起算点之间的距离确定，同时也可由 GNSS 基线向量确定。

方位基准一般以给定的起算方位角确定，起算方位不宜太多，可布置在网中任何位置，也可由 GNSS 向量的方位而定。

位置基准一般都是由给定的已知点坐标确定。若要求所布设的 GNSS 网的成果完全与旧成果吻合最好，则起算点越多越好，若不要求所布设的 GNSS 网的成果与旧成果吻合，则一般可选 3~5 个起算点（至少 2 个点），这样既可以保证新老坐标成果的一致性，又可以保持 GNSS 网的原有精度。在确定 GNSS 的位置基准时，应注意已知点之间的兼容性。

为保证整网的点位精度均匀，起算点一般应均匀地分布在 GNSS 网的周围。

5. GNSS 高程问题

GNSS 网平差后，可得到 GNSS 点在地面参照坐标系中的大地高，为求出 GNSS 点的正常高，可联测一些高程点，联测的点应均匀分布于网中，且用不低于四等水准或与其相当精度的方法施测，通过一定的方法就可计算出其他 GNSS 点的正常高。一般地，平原地区不应少于 5 个联测点，而在丘陵或山地，应按地形特征，适当增加高程联测点，其点数不少于 10 个点为宜，当然，还要顾及测区面积的大小。

5.11.6　GNSS 网的外业观测

GNSS 网的技术设计完成后，准备好 GNSS 接收机和各种必要的设备并进行必要的检查，根据测区的地理地形条件和交通情况安排好每天的工作计划表和调度命令，就可进行外业观测，观测时应按仪器要求的不同输入如点名、时段号、数据文件名、天线高等信息，并记录在观测手簿上。在外业观测时，特别要注意仪器的对中整平和天线高不能量错和记错。

每天的外业结束后，随即用基线解算软件解出各条基线，外业验算除根据解算基线时软件提供的基线质量指标标准衡量外，主要从同步环、异步环和重复基线闭合差三个 GNSS 外业质量控制指标来掌握，具体见有关规范。

GNSS 网内业数据处理的理论和方法的有关内容本书不予讨论。GNSS 网平差计算，都有相应的随机商用平差软件或专用的 GNSS 网平差软件，且只要在外业中同步环、异步环和重复基线闭合差符合有关限差要求，则一般地，GNSS 网平差计算都容易进行且满足要求。

5.11.7 关于 GNSS 测量的归心改正

在 GNSS 测量时，有时由于特殊原因或某种条件的限制，也需要进行偏心观测，则同样存在归心元素测定与归心改正计算的问题。由于 GNSS 测量的基线向量是地心空间直角坐标系中的坐标，故和以上三角测量中的归心改正计算是不一样的。GNSS 测量的归心元素测定有 GNSS 方法、天文测量方法和三角联测方法三种。根据测得的归心元素就可按有关公式直接计算出 GNSS 仪器架设点和标石之间的坐标差，从而进行改正。详见《全球定位系统(GPS)测量规范》附录 G。

5.12 大地测量数据处理的数学模型

5.12.1 GNSS 基线向量网在地心空间直角坐标系中平差的数学模型

1. 平差网形的优选

我们知道，由多个同步观测图形连接的工程 GNSS 测量控制网，因同步图形中独立基线的选取是任意的，因此 GNSS 基线向量网的网形也是任意的，但不同网形其可靠性及平差后的精度会不一样，因而平差网形的选择是个十分重要的问题。现只讨论为使平差后获得好的精度为条件来优选平差网形。其应遵循如下原则：

(1)平差网应由尽可能多的闭合图形组成。为此，应先用网中边缘上的 GNSS 点间的独立基线把各边界点连接起来，以形成一个大的封闭环，这样既可避免支点的出现，也可保证组成尽可能多的闭合图形。

(2)平差网形中的各基线向量应由精度好的独立基线组成。这就是说在 $R(R-1)$ 条基线向量中挑选 $(R-1)$ 条独立基线时(R 为接收机数)，应满足：

①每条基线两次设站独立观测的所谓重复观测基线的精度，应符合限差要求，并尽量选最好的；

②异步环中三个坐标分量的闭合差及环线全长相对闭合差都符合限差要求，并应是精度最好的；

③保证相邻异步环闭合差达到最佳配合；

④平差网基准点——固定点的坐标越精确越好。

(3)网中所有闭合图形中坐标分量闭合差应该最小。基线向量网平差网形的优选不是一下子就能做好的，应经过几次试验，通过比较后才能逐渐地确定下来。

2. GNSS 基线向量平差的数学模型

GNSS 基线向量网平差一般都按间接平差，但也可按条件平差。平差的方法与常规地面网平差步骤基本相同。平差中用到的基本量是由基线解中得到的以坐标增量形式表示的基线向量作为观测值，以基线解中得到的方差-协方差阵中的元素作为定权的依据。

在间接平差时，有基线向量的误差方程

$$\begin{bmatrix} V_{\Delta X} \\ V_{\Delta Y} \\ V_{\Delta Z} \end{bmatrix}_{ij} = - \begin{bmatrix} \mathrm{d}X \\ \mathrm{d}Y \\ \mathrm{d}Z \end{bmatrix}_i + \begin{bmatrix} \mathrm{d}X \\ \mathrm{d}Y \\ \mathrm{d}Z \end{bmatrix}_j + \begin{bmatrix} l_{\Delta X} \\ l_{\Delta Y} \\ l_{\Delta Z} \end{bmatrix} \qquad (5\text{-}168)$$

式中：$(\mathrm{d}X,\ \mathrm{d}Y,\ \mathrm{d}Z)_i$，$(\mathrm{d}X,\ \mathrm{d}Y,\ \mathrm{d}Z)_j$ 分别为 i，j 两点坐标未知数。而常数项

$$\begin{bmatrix} l_{\Delta X} \\ l_{\Delta Y} \\ l_{\Delta Z} \end{bmatrix} = - \begin{bmatrix} -X_i^0 + X_j^0 \\ -Y_i^0 + Y_j^0 \\ -Z_i^0 + Z_j^0 \end{bmatrix} + \begin{bmatrix} \Delta X_{ij} \\ \Delta Y_{ij} \\ \Delta Z_{ij} \end{bmatrix}$$

式中：$(X^0,\ Y^0,\ Z^0)_i$，$(X^0,\ Y^0,\ Z^0)_j$，分别为 i，j 点的坐标近似值；$(\Delta X_{ij},\ \Delta Y_{ij},\ \Delta Z_{ij})$ 为 i，j 两点 GNSS 观测的基线向量；$(V_{\Delta X},\ V_{\Delta Y},\ V_{\Delta Z})_{ij}$ 为坐标增量观测值改正数。

若 i，j 中其一为固定点，则将该点坐标未知数以 0 阵代。观测值的权阵

$$\boldsymbol{P} = \boldsymbol{C}_{\Delta X}^{-1} \qquad (5\text{-}169)$$

式中：$\boldsymbol{C}_{\Delta X}^{-1}$ 为基线向量解中得到(或用其他方法确定)的相对坐标的方差-协方差阵。

在条件平差时，按独立环线组成基线向量条件方程式。每个环的条件方程式基本形式为

$$\left. \begin{aligned} \sum V_{\Delta X} + W_{\Delta X} &= 0 \\ \sum V_{\Delta Y} + W_{\Delta Y} &= 0 \\ \sum V_{\Delta Z} + W_{\Delta Z} &= 0 \end{aligned} \right\} \qquad (5\text{-}170)$$

式中：$\sum V_{\Delta X} = V_{\Delta X1,\,2} + V_{\Delta X2,\,3} + \cdots + V_{\Delta Xn,\,1}$，$\sum V_{\Delta Y}$，$\sum V_{\Delta Z}$ 与 $\sum V_{\Delta X}$ 相仿；$W_{\Delta X} = \sum \Delta X = V_{\Delta X1,\,2} + \Delta X_{2,\,3} + \cdots + \Delta X_{n,\,1}$，$W_{\Delta Y}$ 及 $W_{\Delta Z}$ 可仿 $W_{\Delta X}$。这是对由几条基线组成的闭合环而言。

由条件平差得出的改正数是直接观测值——基线向量三个坐标分量的改正数。

若在网中有 WGS-84 系中的三维已知点，或高等级高程点，或已转换到 WGS-84 系中的已知的国家或地方用的控制点，或不要加改正数的固定边长，这时在平差中应列出未知数间应满足的约束条件，按约束平差处理。

有了误差方程或条件方程以及约束条件方程，并确定了相应的权，余下的事情则是按最小二乘法进行平差计算，在此不再赘述。

5.12.2　GNSS 观测值与地面观测值在参心空间坐标系中平差的数学模型

1. 参心空间直角坐标中平差数学模型

为取得对工程测量有实际应用价值的 GNSS 控制测量成果，现在一般都是将属于 WGS-84 坐标系中的 GNSS 基线向量观测值，通过坐标换算将其转换到我国采用的 1980 年国家坐标系(GDZ80)或 1954 年北京坐标系(BJZ54)等参心空间直角坐标系中或大地坐标系中，然后在地面网所属的这些参心坐标系中建立 GNSS 基线向量观测值与地面网常规观测值平差的数学模型，最后通过平差得到有意义的、严密的控制测量成果。下面首先介绍在三维参心空间直角坐标系中平差的函数模型。在这里所指的平差，即包括 GNSS 基线向量观测值与地面网常规观测值的分别平差，也包括这些观测值在一起的联合平差。

1) GNSS 基线向量误差方程式

我们知道，由 GNSS 载波相位测量得到的基线向量观测值是属于地心空间直角坐标系，为在三维参心空间直角坐标系中数据进行处理，必须将 GNSS 基线向量值根据坐标变换的理论，将它们转换到地面网所属的参心坐标系中，并在此坐标系中组成它们的误差方程式。

根据(2-65)式可导出，对 GNSS 基线向量 ΔX_{ij} 如下误差方程式：

$$\begin{bmatrix} V_{\Delta x} \\ V_{\Delta y} \\ V_{\Delta z} \end{bmatrix}_{ij} = -\begin{bmatrix} dX \\ dY \\ dZ \end{bmatrix}_i + \begin{bmatrix} dX \\ dY \\ dZ \end{bmatrix}_j + \begin{bmatrix} 0 & -\Delta Z & \Delta Y \\ \Delta Z & 0 & -\Delta X \\ -\Delta Y & \Delta X & 0 \end{bmatrix}_{ij} \begin{bmatrix} \varepsilon_x \\ \varepsilon_y \\ \varepsilon_z \end{bmatrix} + \begin{bmatrix} \Delta X \\ \Delta Y \\ \Delta Z \end{bmatrix}_{ij} dk + \begin{bmatrix} L_{\Delta x} \\ L_{\Delta y} \\ L_{\Delta z} \end{bmatrix} \qquad (5-171)$$

式中：$\begin{bmatrix} V_{\Delta x} & V_{\Delta y} & V_{\Delta z} \end{bmatrix}_{ij}^{\mathrm{T}}$ 为 GPS 基线向量观测值改正数向量；$\Delta X_{ij} = \begin{bmatrix} \Delta X & \Delta Y & \Delta Z \end{bmatrix}_{ij}^{\mathrm{T}}$ 为坐标改正数列向量；$\begin{bmatrix} dX & dY & dZ \end{bmatrix}^{\mathrm{T}}$ 为地面网点坐标未知数列向量；$\begin{bmatrix} \varepsilon_x & \varepsilon_y & \varepsilon_z \end{bmatrix}^{\mathrm{T}}$ 为 WGS-84 坐标系对参心空间直角坐标系三个坐标轴的旋转角度未知数列向量；dk 为尺度变化未知数，而常数项

$$\begin{bmatrix} L_{\Delta x} \\ L_{\Delta y} \\ L_{\Delta z} \end{bmatrix} = \begin{bmatrix} X_j^0 & -\Delta X_{ij} & -X_i^0 \\ Y_j^0 & -\Delta Y_{ij} & -Y_i^0 \\ Z_j^0 & -\Delta Z_{ij} & -Z_i^0 \end{bmatrix} \qquad (5-172)$$

式中：上角标有"0"的数值为坐标近似值。

由式(5-171)知，在 GPS 基线向量观测值误差方程式中，除具有待定点坐标未知数外，还有为归化观测值同一坐标系而增设的必要附加转换参数未知数。

2) 地面网常规观测值误差方程式

在工程测量控制网中，地面常规观测值通常有方向角 α(或水平方向 r)，垂直角 β，斜距 s 及水准高差 h 等，对于这些观测值也应在参心空间直角坐标系中列出它们的误差方程式。

(1) 方向角 α(或水平方向 r)、垂直角 β 及斜距 s 的误差方程式。

图 5-77 表示在参心空间直角坐标系 $O-XYZ$ 内以测站点 P_i 为坐标原点的站心坐标系。其中 h 的正方向与通过原点 P_i 背向椭球的法线方向重合，n 轴在子午面内，并指北为正向；正向的 e 轴垂直于子午面并向东，从而构成站心空间直角坐标系(P_i-neh)。图 5-78 为测站观测值方向角 α(或水平方向 r)、垂直角 β 及斜距 s 归化的示意图。由站心直角坐标与站心极坐标关系式

$$\begin{bmatrix} n \\ e \\ h \end{bmatrix} = s \begin{bmatrix} \cos\beta\cos\alpha \\ \cos\beta\sin\alpha \\ \sin\beta \end{bmatrix} \qquad (5-173)$$

可建立用站心坐标计算观测值的关系式：

$$\begin{cases} \alpha = \arctan(e/n) \\ \beta = \arcsin(h/s) \\ s = (n^2 + e^2 + h^2)^{1/2} \end{cases} \qquad (5-174)$$

又知，站心直角坐标同参心直角坐标有关系式：

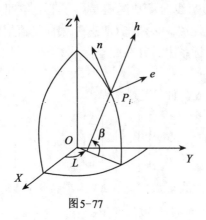

图5-77

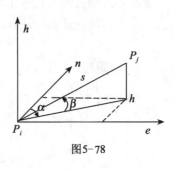

图5-78

$$\begin{bmatrix} n \\ -e \\ h \end{bmatrix} = R_2(B-90°) R_3(L-180°) \begin{bmatrix} \Delta X \\ \Delta Y \\ \Delta Z \end{bmatrix}_{ij} \tag{5-175}$$

式中：R_2 和 R_3 分别为绕 e 轴和 h 轴的旋转矩阵。而

$$\begin{bmatrix} \Delta X \\ \Delta Y \\ \Delta Z \end{bmatrix}_{ij} = \begin{bmatrix} X_j - X_i \\ Y_j - Y_i \\ Z_j - Z_i \end{bmatrix} \tag{5-176}$$

注意到式(5-175)中负号，并将旋转矩阵 R_2 和 R_3 合并，则有式：

$$\begin{bmatrix} n \\ e \\ h \end{bmatrix} = R(B,\ L) \begin{bmatrix} \Delta X \\ \Delta Y \\ \Delta Z \end{bmatrix}_{ij} \tag{5-177}$$

式中：

$$R = \begin{bmatrix} -\sin B\cos L & -\sin B\sin L & \cos B \\ -\sin L & \cos L & 0 \\ \cos B\cos L & \cos B\sin L & \sin B \end{bmatrix}$$

将上式代入式(5-177)再代入式(5-174)，整理得由参心直角坐标差(ΔX, ΔY, ΔZ)计算观测值的公式：

$$\begin{cases} \alpha_i = \arctan \dfrac{-\sin L_i \Delta X + \cos L_i \Delta Y}{-\sin B_i \cos L_i\ \Delta X - \sin B_i \sin L_i \Delta Y + \cos B_i \Delta Z} \\[3mm] \beta_i = \arcsin \dfrac{\cos B_i \cos L_i \Delta X + \cos B_i \sin L_i \Delta Y + \sin B_i\ \Delta Z}{(\Delta X^2 + \Delta Y^2 + \Delta Z^2)^{1/2}} \\[3mm] s = (\Delta X^2 + \Delta Y^2 + \Delta Z^2)^{1/2} \end{cases} \tag{5-178}$$

由上式对坐标未知参数取全微分，则得矩阵表达式：

$$\begin{bmatrix} \mathrm{d}\alpha_i \\ \mathrm{d}\beta_i \\ \mathrm{d}s \end{bmatrix} = -\boldsymbol{G}\mathrm{d}X_i + \boldsymbol{G}\mathrm{d}X_j \tag{5-179}$$

式中：

$$G = \begin{bmatrix} g_{11} & g_{12} & g_{13} \\ g_{21} & g_{22} & g_{23} \\ g_{31} & g_{32} & g_{33} \end{bmatrix} = \begin{bmatrix} g_{\alpha} \\ g_{\beta} \\ g_s \end{bmatrix} \tag{5-180}$$

$$\begin{cases} dX_i = \begin{bmatrix} dX_i & dY_i & dZ_i \end{bmatrix}^T \\ dX_j = \begin{bmatrix} dX_j & dY_j & dZ_j \end{bmatrix}^T \end{cases} \tag{5-181}$$

继而可组成地面观测值 α, β, s 的误差方程式:

$$\begin{bmatrix} V_{\alpha} \\ V_{\beta} \\ V_s \end{bmatrix} = -G dX_i + G dX_j + L_{\alpha\beta s} \tag{5-182}$$

式中:

$$L_{\alpha\beta s} = \begin{bmatrix} L_{\alpha} \\ L_{\beta} \\ L_s \end{bmatrix}_{\text{计}} - \begin{bmatrix} L_{\alpha} \\ L_{\beta} \\ L_s \end{bmatrix}_{\text{测}} \tag{5-183}$$

式(5-180)中 G 矩阵中各分量为

$$\begin{cases} g_{11} = \dfrac{\partial \alpha_i}{\partial X_i} = \dfrac{\sin B_i \cos L_r \sin \alpha_i - \sin L_i \cos \alpha_i}{s \cos \beta_i} \\[2mm] g_{12} = \dfrac{\partial \alpha_i}{\partial Y_i} = \dfrac{\sin B_i \sin L_i \sin \alpha_i + \cos L_i \cos \alpha_i}{s \cos \beta_i} \\[2mm] g_{13} = \partial \alpha_i / \partial Z_i = -\cos \beta_i \sin \alpha_i / (s \cos \beta_i) \\[2mm] g_{21} = \dfrac{\partial \beta_i}{\partial X_i} = \dfrac{s \cos B_i \cos L_i - \sin \beta_i \, \Delta X}{s^2 \cos \beta_i} \\[2mm] g_{22} = \dfrac{\partial \beta_i}{\partial Y_i} = \dfrac{s \cos B_i \sin L_i - \sin \beta_i \, \Delta Y}{s^2 \cos \beta_i} \\[2mm] g_{23} = \dfrac{\partial \beta_i}{\partial Z_i} = \dfrac{s \sin B_i - \sin \beta_i \, \Delta Z}{s^2 \cos \beta_i} \\[2mm] g_{31} = \partial s_i / \partial X_i = \Delta X / s \\[2mm] g_{32} = \partial s_i / \partial Y_i = \Delta Y / s \\[2mm] g_{33} = \partial s_i / \partial Z_i = \Delta Z / s \end{cases} \tag{5-184}$$

上式中所有偏导数值均用近似值计算。

值得注意的是,对水平方向的误差方程式,由于

$$r = \alpha - \zeta$$

式中: ζ 为定向角,则根据式(5-182)第一行所表示的方向角误差方程式易得

$$V_r = -d\zeta + V_{\alpha} + L_r \tag{5-185}$$

式中: $d\zeta$ 为定向角近似值改正数。而常数项

$$L_r = \alpha_{\text{计}} - r_{\text{测}} - \zeta^0 \tag{5-186}$$

(2)水准测量高差 h 的误差方程式。

如果略去转换参数并顾及到这是同椭球变换，即可得大地高的全微分公式

$$\mathrm{d}H = \cos B \cos L \mathrm{d}X - \cos B \sin L \mathrm{d}Y + \sin B \mathrm{d}Z \tag{5-187}$$

由大地高差

$$h_{ij} = H_j - H_i + \Delta N_{ij}$$

故有

$$\mathrm{d}h_{ij} = \mathrm{d}H_j - \mathrm{d}H_i$$

将式(5-187)代入，得大地高差全微分公式

$$\begin{aligned} \mathrm{d}h_{ij} &= \cos B_j \cos L_j \mathrm{d}X_j - \cos B_j \sin L_j \mathrm{d}Y_j \\ &+ \sin B_j \mathrm{d}Z_j - \cos B_i \cos L_i \mathrm{d}X_i \\ &+ \cos B_i \sin L_i \mathrm{d}Y_i - \sin B_i \mathrm{d}Z_i \end{aligned}$$

则大地高差的误差方程式为

$$\begin{aligned} \boldsymbol{V}_{h_{ij}} &= -\begin{bmatrix} \cos B \cos L & -\cos B \sin L & \sin B \end{bmatrix}_i \begin{bmatrix} \mathrm{d}X \\ \mathrm{d}Y \\ \mathrm{d}Z \end{bmatrix}_i + \\ & \begin{bmatrix} \cos B \cos L & -\cos B \sin L & \sin B \end{bmatrix}_j \begin{bmatrix} \mathrm{d}X \\ \mathrm{d}Y \\ \mathrm{d}Z \end{bmatrix}_j + \boldsymbol{L}_h \end{aligned} \tag{5-188}$$

式中：
$$\boldsymbol{L}_h = \boldsymbol{H}_j - \boldsymbol{H}_i + \Delta \boldsymbol{N}_{ij} - \boldsymbol{h}_{ij}$$

ΔN_{ij} 为 j 点和 i 点大地水准面差距之差，可按有关地球重力场模型计算。

（3）重合点坐标误差方程式。

GNSS 网与地面网重合点往往是地面网的点，这时首先应根据平面坐标 (x, y) 用高斯坐标反算公式反算大地坐标 (B, L)，再取得大地高 H，然后再由大地坐标 (B, L, H) 计算空间直角坐标 (X, Y, Z)，于是可得地面网重合点的误差方程式：

$$\begin{bmatrix} V_X \\ V_Y \\ V_Z \end{bmatrix}_i = \begin{bmatrix} \mathrm{d}X \\ \mathrm{d}Y \\ \mathrm{d}Z \end{bmatrix}_i + \begin{bmatrix} X \\ Y \\ Z \end{bmatrix}_i^0 - \begin{bmatrix} X \\ Y \\ Z \end{bmatrix}_i \tag{5-189}$$

3）固定量的约束条件方程

同平面测量控制网平差一样，当网中存在某些固定量或作为已知值的观测量时，在平差中待定点坐标未知数还必须满足由这些固定量制约的约束条件，为此需列立约束条件方程。

（1）固定点坐标约束条件方程。

若设第 i 点为固定点，则固定点坐标约束条件为

$$\mathrm{d}X_i = \boldsymbol{0} \tag{5-190}$$

在列立各观测误差方程时，凡是方程中有 $\mathrm{d}X_i = \begin{bmatrix} \mathrm{d}X & \mathrm{d}Y & \mathrm{d}Z \end{bmatrix}_i^T$ 的均应以 $\boldsymbol{0}$ 代入。

（2）固定边条件方程。

当网中有高精度的弦长作为已知值，并作为 GPS 基线向量网的长度基准，这时由式(5-182)第 3 式易得固定边条件方程

$$-g_s \mathrm{d}X_i + g_s \mathrm{d}X_j + W_s = \boldsymbol{0} \tag{5-191}$$

式中：$W_s = S_{\text{计}} - S_{\text{知}}$。

（3）固定大地方位角条件方程。

当网中有已知大地方位角，并把它作为 GPS 网的方位基准时，则依式(5-182)第 1 式得该条件方程

$$-g_\alpha dX_i + g_\alpha dX_j + W_\alpha = 0 \tag{5-192}$$

式中：$W_\alpha = \alpha_{计} - \alpha_{知}$。

（4）固定大地经度、大地纬度条件方程。

如果必须保证点的大地经度和大地纬度不变（如将三维网变为一维高程网），则必须保证条件

$$dB = dL = 0 \tag{5-193}$$

顾及式(2-77)前两式，则得条件方程：

对于经度

$$-\frac{\sin L}{(N+H)\cos B}dX + \frac{\cos L}{(N+H)\cos B}dY = 0 \tag{5-194}$$

对于纬度

$$-\frac{\sin B\cos L}{M+H}dX - \frac{\sin B\sin L}{M+H}dY + \frac{\cos B}{M+H}dZ = 0 \tag{5-195}$$

（5）固定大地高条件方程。

若将三维网平差返回到二维平面网平差，则必须保证大地高不变的条件

$$dH = 0 \tag{5-196}$$

顾及式(2-77)第 3 式，得大地高条件方程

$$\cos B\cos L dX + \cos B\sin L dY + \sin B dZ = 0 \tag{5-197}$$

上述固定量的约束条件，有的是三维平差所必需满足的，有的也可用它们（指后两类）作平差模型的转换，即可把三维网平差转变为二维网或一维网平差。

2. 在参心大地坐标系中平差数学模型

GNSS 基线向量网与地面网平差，除可在三维参心空间直角坐标系中进行外，通常还在三维参心大地坐标系中进行。现研究在这种情况下平差的函数模型。

为建立在三维参心大地坐标系条件下的观测量的误差方程式，只要将在三维参心空间直角坐标系条件下的各类误差方程中的坐标未知数(dX，dY，dZ)，通过大地微分公式转换成大地坐标未知数(dB，dL，dH)即可很方便地得到。考虑到这里是同椭球的变换，对式(2-73)应有 $da = 0$，$d\alpha = 0$，则有式

$$d\boldsymbol{X} = \begin{bmatrix} dX \\ dY \\ dZ \end{bmatrix} = J \begin{bmatrix} dB \\ dL \\ dH \end{bmatrix} = JdB \tag{5-198}$$

式中：矩阵

$$\boldsymbol{J} = \begin{bmatrix} -(M+H)\sin B\cos L & -(N+H)\cos B\sin L & \cos B\cos L \\ -(M+H)\sin B\sin L & (N+H)\cos B\cos L & \cos B\sin L \\ (M+H)\cos B & 0 & \sin B \end{bmatrix} \tag{5-199}$$

1) GPS 基线向量误差方程式

将式(5-198)代入式(5-171)，则得 GPS 基线向量在三维参心大地坐标(B、L、H)下的误差方程式

$$
\begin{bmatrix} V_{\Delta x} \\ V_{\Delta y} \\ V_{\Delta z} \end{bmatrix}_{ij} = -\boldsymbol{J}_i \mathrm{d}X_i + \boldsymbol{J}_j \mathrm{d}X_j + \begin{bmatrix} 0 & -\Delta Z & \Delta Y \\ \Delta Z & 0 & -\Delta Z \\ -\Delta Y & \Delta X & 0 \end{bmatrix} \begin{bmatrix} \varepsilon_x \\ \varepsilon_y \\ \varepsilon_z \end{bmatrix} + \begin{bmatrix} \Delta X \\ \Delta Y \\ \Delta Z \end{bmatrix}_{ij} \mathrm{d}k + \begin{bmatrix} L_{\Delta x} \\ L_{\Delta y} \\ L_{\Delta z} \end{bmatrix} \tag{5-200}
$$

式中：J_i 及 J_j 分别按 i 点和 j 点的近似大地坐标依式(5-199)计算。

2）地面网观测量误差方程式

地面网观测量：方向角 α，垂直角 β 及斜距 s 在三维参心大地坐标下的误差方程式，只要将式(5-198)代入式(5-182)可得

$$
\begin{bmatrix} V_\alpha \\ V_\beta \\ V_s \end{bmatrix} = -\boldsymbol{G}_j \boldsymbol{J}_i \mathrm{d}B_i + \boldsymbol{G}_i \boldsymbol{J}_j \mathrm{d}B_j + \boldsymbol{L}_{\alpha\beta s} \tag{5-201}
$$

对于水平方向 r，则需将式(5-198)代入式(5-185)得

$$
V_r = -\mathrm{d}Z\zeta - g_{\alpha i} \boldsymbol{J}_i \mathrm{d}B_i + g_{\alpha j} \boldsymbol{J}_j \mathrm{d}B_j + L_r
$$

对水准高差观测值，将式(5-198)代入式(5-188)得

$$
V_{hij} = -\begin{bmatrix} \cos B \cos L - \cos B \sin L & \sin B \end{bmatrix}_i \boldsymbol{J}_i \mathrm{d}B_i +
$$
$$
\begin{bmatrix} \cos B \cos L - \cos B \sin L & \sin B \end{bmatrix}_j \boldsymbol{J}_j \mathrm{d}B_j + L_h \tag{5-202}
$$

对重合点坐标在大地坐标系下误差方程式，直接写成

$$
\begin{bmatrix} V_B \\ V_L \\ V_H \end{bmatrix} = \begin{bmatrix} \mathrm{d}B \\ \mathrm{d}L \\ \mathrm{d}H \end{bmatrix}_i + \begin{bmatrix} B \\ L \\ H \end{bmatrix}_i^0 - \begin{bmatrix} B \\ L \\ H \end{bmatrix}_i \tag{5-203}
$$

3）固定量的约束条件方程

仿上，将式(5-198)代入式(5-190)得固定点坐标约束条件方程：

$$
\boldsymbol{J}_i \mathrm{d}B_i = 0 \tag{5-204}
$$

对固定边，将式(5-198)代入式(5-192)得

$$
-g_s \boldsymbol{J}_i \mathrm{d}B_i + g_s \boldsymbol{J}_j \mathrm{d}B_j + W_s = 0 \tag{5-205}
$$

对固定大地方位角，将式(5-198)代入式(5-191)得

$$
-g_\alpha \boldsymbol{J}_i \mathrm{d}B_i + g_\alpha \boldsymbol{J}_j \mathrm{d}B_j + W_\alpha = 0 \tag{5-206}
$$

对固定大地经度或纬度，将式(5-198)代入式(5-194)或式(5-195)得

$$
\begin{bmatrix} -\dfrac{\sin L}{(N+H)\cos B} & \dfrac{\cos L}{(N+H)\cos B} & 0 \end{bmatrix} J \mathrm{d}B = 0 \tag{5-207}
$$

$$
\begin{bmatrix} -\dfrac{\sin B \cos L}{M+H} & -\dfrac{\sin B \sin L}{M+H} & \dfrac{\cos B}{M+H} \end{bmatrix} J \mathrm{d}B = 0 \tag{5-208}
$$

对固定大地高，将式(5-198)代入式(5-197)得

$$
\begin{bmatrix} \cos B \cos L & \cos B \sin L & \sin B \end{bmatrix} J \mathrm{d}B = 0 \tag{5-209}
$$

3. 三维平差的随机模型、数学解法及转换参数的显著性检验

1）观测量权的合理确定

在平差中观测元素的数量多而且种类也不一样，其中含有 GPS 基线向量、水平方向、垂直角及斜距等，因此合理地确定这些不同类观测值之权显得十分重要。

由权的意义和定权公式可知，若设 m_i 为第 i 类观测值的中误差，则对地面网观测值

的权有：

水平方向的权
垂直角的权
斜距的权
大地高的权

$$\begin{cases} P_r = 1/m_r^2 \\ P_\beta = 1/m_\beta^2 \\ P_s = 1/m_s^2 \\ P_h = 1/m_h^2 \end{cases} \tag{5-210}$$

对 GNSS 基线向量的方差-协方差阵，因载波相位基线向量处理的方式不同而异。一般来说，对单基线解的基线向量三个坐标分量的协方差阵表示为

$$\boldsymbol{\Sigma}_{\Delta xii} = \begin{bmatrix} \sigma_{\Delta x}^2 & \sigma_{\Delta x \Delta y} & \sigma_{\Delta x \Delta z} \\ \sigma_{\Delta y \Delta x} & \sigma_{\Delta y}^2 & \sigma_{\Delta y \Delta z} \\ \sigma_{\Delta z \Delta x} & \sigma_{\Delta z \Delta y} & \sigma_{\Delta z}^2 \end{bmatrix} \tag{5-211}$$

其特点是各条基线向量之间不相关，所有基线向量组成的方差-协方差阵是对角阵，因此权阵也是对角阵：

$$\boldsymbol{P} = \begin{bmatrix} \boldsymbol{\Sigma}_{11} & & & \\ & \boldsymbol{\Sigma}_{12} & & \\ & & \ddots & \\ & & & \boldsymbol{\Sigma}_{nn} \end{bmatrix}^{-1} \tag{5-212}$$

对基线向量的多点解，若有 R 台接收机同步观测，则有 $(R-1)$ 条独立基线，对它们则有方差-协方差阵：

$$\boldsymbol{\Sigma}_{Ri} = \begin{bmatrix} \boldsymbol{\Sigma}_{11} & & \text{对称} & \\ \boldsymbol{\Sigma}_{21} & \boldsymbol{\Sigma}_{22} & & \\ \cdots & & & \\ \boldsymbol{\Sigma}_{n-1,\,1} & \boldsymbol{\Sigma}_{n-1,\,2} & \cdots & \boldsymbol{\Sigma}_{n-1,\,R-1} \end{bmatrix} \tag{5-213}$$

式中：

$$\boldsymbol{\Sigma}_{ii} = \begin{bmatrix} \sigma_{\Delta x}^2 & \sigma_{\Delta x \Delta y} & \sigma_{\Delta x \Delta z} \\ \sigma_{\Delta y \Delta x} & \sigma_{\Delta y}^2 & \sigma_{\Delta y \Delta z} \\ \sigma_{\Delta z \Delta x} & \sigma_{\Delta z \Delta y} & \sigma_{\Delta z}^2 \end{bmatrix}_i$$

$$\boldsymbol{\Sigma}_{ij} = \begin{bmatrix} \sigma_{\Delta xi \Delta xj} & \sigma_{\Delta xi \Delta yj} & \sigma_{\Delta xi \Delta zj} \\ \sigma_{\Delta yi \Delta xj} & \sigma_{\Delta yi \Delta yj} & \sigma_{\Delta yi \Delta zj} \\ \sigma_{\Delta zi \Delta xj} & \sigma_{\Delta zi \Delta yj} & \sigma_{\Delta zi \Delta zj} \end{bmatrix}$$

其特点是各条基线向量之间相关，同步观测得到的观测值协方差阵是一满阵，因而其权阵也是满阵：

$$\boldsymbol{R}_{Ri} = \boldsymbol{\Sigma}_{Ri}^{-1} = \begin{bmatrix} \boldsymbol{\Sigma}_{11} & & \text{对称} & \\ \boldsymbol{\Sigma}_{21} & \boldsymbol{\Sigma}_{22} & & \\ \cdots & & & \\ \boldsymbol{\Sigma}_{n-1,\,1} & \boldsymbol{\Sigma}_{n-1,\,2} & \cdots & \boldsymbol{\Sigma}_{R-1,\,R-1} \end{bmatrix}^{-1} \tag{5-214}$$

但由多组 $(i=2,\,3,\,\cdots,\,n)$ 同步观测得到的全体基线向量协方差阵仍是似对角阵，因而权

阵也是似对角阵:

$$
\boldsymbol{P} = \begin{bmatrix} P_{R1} & & & \\ & P_{R2} & & \\ & & \ddots & \\ & & & P_{Rn} \end{bmatrix} \tag{5-215}
$$

为取得好的平差结果,重要的是通过多种预平差(不同种类观测)合理地取出各类观测值的实际中误差,此外还应通过网的优化设计使各类观测的权得到最佳的匹配。

2)带有约束条件间接平差的解算

无论在哪一种坐标系下进行联合平差,都存在带有条件的间接平差基础方程

$$
\begin{cases} \boldsymbol{V} = \boldsymbol{AX} - \boldsymbol{L} \\ \boldsymbol{CX} + \boldsymbol{W} = \boldsymbol{O} \end{cases} \tag{5-216}
$$

在 $\boldsymbol{V}^{\mathrm{T}}\boldsymbol{PV} = \min$ 条件下,按条件极值法可得法方程

$$
\begin{bmatrix} \boldsymbol{N} & \boldsymbol{C}^{\mathrm{T}} \\ \boldsymbol{C} & \boldsymbol{O} \end{bmatrix} \begin{bmatrix} \boldsymbol{X} \\ \boldsymbol{K} \end{bmatrix} = \begin{bmatrix} \boldsymbol{U} \\ -\boldsymbol{W} \end{bmatrix} \tag{5-217}
$$

式中:$\boldsymbol{N} = \boldsymbol{A}^{\mathrm{T}}\boldsymbol{PA}$,$\boldsymbol{U} = \boldsymbol{A}^{\mathrm{T}}\boldsymbol{PL}$,$\boldsymbol{K}$ 为联系数列向量,$\boldsymbol{X}$ 为坐标未知数及转换参数组成的未知数列向量,对三维参心空间直角坐标系下平差为 $[\, \mathrm{d}\boldsymbol{X}_1^{\mathrm{T}} \quad \mathrm{d}\boldsymbol{X}_2^{\mathrm{T}} \quad \cdots \quad \mathrm{d}\boldsymbol{X}_n^{\mathrm{T}} \quad \varepsilon_x \quad \varepsilon_y \quad \varepsilon_z \quad k\,]^{\mathrm{T}}$,对三维参心大地坐标系下平差为 $[\, \mathrm{d}\boldsymbol{B}_1^{\mathrm{T}} \quad \mathrm{d}\boldsymbol{B}_2^{\mathrm{T}} \quad \cdots \quad \mathrm{d}\boldsymbol{B}_n^{\mathrm{T}} \quad \varepsilon_x \quad \varepsilon_y \quad \varepsilon_z \quad k\,]^{\mathrm{T}}$。

由式(5-217)解得

$$
\begin{cases} \boldsymbol{K} = (\boldsymbol{C}\boldsymbol{N}^{-1}\boldsymbol{C}^{\mathrm{T}})^{-1}(\boldsymbol{W} + \boldsymbol{C}\boldsymbol{N}^{-1}\boldsymbol{U}) \\ \boldsymbol{X} = \boldsymbol{N}^{-1}(\boldsymbol{U} - \boldsymbol{C}^{\mathrm{T}}\boldsymbol{K}) \end{cases} \tag{5-218}
$$

未知数的协因数阵

$$
\begin{cases} \boldsymbol{Q}_{\hat{x}} = \boldsymbol{N}^{-1} + \boldsymbol{N}^{-1}\boldsymbol{C}^{\mathrm{T}}\boldsymbol{Q}_{kk}\boldsymbol{C}\boldsymbol{N}^{-1} \\ \boldsymbol{Q}_{kk} = (\boldsymbol{C}\boldsymbol{N}^{-1}\boldsymbol{C}^{\mathrm{T}})^{-1} \end{cases} \tag{5-219}
$$

单位权方差估值

$$
\hat{\sigma}_0^2 = \boldsymbol{V}^{\mathrm{T}}\boldsymbol{PV}/(3n_g - t + r + n) \tag{5-220}
$$

式中:n_g 为 GNSS 基线向量个数,n 为地面观测值个数,t 为待定未知数个数(含待定点坐标和转换参数),r 为约束条件方程个数。

平差后未知数估值的精度

$$
\boldsymbol{D}_x = \hat{\sigma}_0^2 \boldsymbol{Q}_x \tag{5-221}
$$

在三维参心空间直角坐标系中和在三维参心大地坐标系中进行平差,都是严密解法,均能得到好的平差结果。但从平差的函数模型及平差结果来看,在三维参心大地坐标系中进行平差,可很容易地将平面坐标分量(B,L)同高程分量(H)分开来,并可很方便地转为二维平面信息,这对某些问题的研究是很有利的。

3)转换参数显著性的检验

由联合平差求得的 4 个转换参数,为合理地确定其可用性,一般都通过参数显著性的统计假设检验其可否被采用。为此有:

原假设 H_0:$\varepsilon_x = 0$,$\varepsilon_y = 0$,$\varepsilon_z = 0$,$\mathrm{d}k = 0$

备选假设 H_1:$\varepsilon_x \neq 0$,$\varepsilon_y \neq 0$,$\varepsilon_z \neq 0$,$\mathrm{d}k \neq 0$

经检验 H_0 成立，可认为转换参数不显著，可不采用它们作模型转换；否则，认为 H_1 成立，转换参数显著，可用其作模型转换。现在大多采用单个参数检验法，为此组成 4 个统计量：

$$\begin{cases} T_{\varepsilon_x}=\varepsilon_x/(\hat{\sigma}_0\sqrt{Q_{\varepsilon_x}})\,,\ \ T_{\varepsilon_y}=\varepsilon_y/(\hat{\sigma}_0\sqrt{Q_{\varepsilon_y}}) \\ T_{\varepsilon_z}=\varepsilon_z/(\hat{\sigma}_0\sqrt{Q_{\varepsilon_z}})\,,\ \ T_{dk}=\mathrm{d}k/(\hat{\sigma}_0\sqrt{Q_{dk}}) \end{cases} \tag{5-222}$$

它们都服从 $t_{(f)}$ 分布。这里 f 是 t 分布自由度，$f=3n_g+n-t+r$。

在一定显著水平 α 下，可由 t 分布表查取临界值 t_α。若计算值 T 小于临界值 t_α，即 $T<t_\alpha$，则原假设 H_0 成立，即该参数不显著，在平差模型中可把它舍去，再重新进行平差计算；若 $T>t_\alpha$，则备选假设 H_1 成立，即该参数显著，原平差模型有效。

由式(5-222)可知，转换参数 t 统计量的计算值 T 既与观测精度 σ_0 有关，也与几何条件 $\sqrt{Q}$ 有关。由于这些转换参数是为全球地心坐标系同参心坐标系作模型转换用的，因此在有限范围内求解它们有时就不够准确。公共点的区域大，且分布合理，观测精度高一点也有可能求出准确的转换参数，如果公共点区域小一些，但观测精度高，也有可能求出显著的转换参数，故必须慎重处理这个问题。

5.12.3 GNSS 观测值与地面观测值在平面直角坐标系中平差的数学模型

1. 一般说明

在 5.12.2 中已明确指出，GNSS 基线向量网与地面网无论在三维参心空间直角坐标系中或三维参心大地坐标系中进行平差，都能得到良好的三维空间位置的平差结果，是严密的解法。特别是在三维大地坐标系中进行平差，可将表示平面坐标信息分量同高程位置坐标分量很方便地区分开，并进而简便地转换成工程测量实用的控制成果。因此，这两种平差方法，特别是后者在大地测量和工程测量中得到广泛应用。但在这些空间坐标系中进行平差时，必须知道满足一定精度要求的地面点的大地高或相应的大地水准面差距 N。对于 N，目前一般都是采用某种地球重力场模型通过模拟计算的办法得到，但在某些地形地理条件下，在一些地区还很难获得满意的结果。故工程测量中，为避开这个目前尚难以解决的实际问题，现代工程 GNSS 基线向量网与地面网联合平差还常常采用在二维坐标系中进行的办法。

二维坐标系可以是参考椭球面也可以是高斯投影平面(或某种工程施工坐标平面)。由于工程测量的范围一般都比较小，往往都是采用高斯平面直角坐标系(或施工平面直角坐标系)，因而平差往往是在平面直角坐标系中进行，但也可在参考椭球面二维曲面坐标系中进行。这就是说，在平差中，首先应将 GNSS 基线向量观测值及地面网地面观测值按照一定的数学关系式将它们化算到椭球面或进一步归算到统一的高斯投影平面坐标系中，然后在椭球面或平面直角坐标系中建立观测量的误差方程式，固定量的约束条件方程，并确定它们在该坐标中的随机模型，再进行平差，从而得到适宜于工程测量需要的控制测量成果。

本节将研究在这两种二维坐标系中进行平差的数学模型。当在高斯平面直角坐标系中进行平差时，为将 GNSS 基线向量转换到该坐标系中，一般采用两种方法：一种是将 GNSS 基线向量及其随机模型原封不动地按照数学关系式进行转换；另一种是将 GNSS 网观测量首先进行预平差，然后再将预平差结果(包括三维坐标及其随机特性)一起转换到平面坐标系中。这两种方法都能得到理想的平差结果。这里，我们把前后两种方法称为模式一和模式二。下面将分别加以介绍。本节最后还对三维平差和二维平差进行了综合和比较，以期对 GNSS 基线向量网与地面网数据处理的问题在理论及应用选择上有一明晰认识。

2. 在二维平面直角坐标系中平差模式一的数学模型及解法

模式一的基本要点是：根据有关 GNSS 观测值和地面观测值在统一坐标系中合并的基本理论，首先根据 GNSS 网固定点坐标及 GNSS 观测得到的基线向量$(\Delta X,\ \Delta Y,\ \Delta Z)_{\text{GNSS}}$，求得各点的三维空间直角坐标$(X,\ Y,\ Z)_{\text{GNSS}}$，并利用迭代法或直接法，将其转换成大地坐标$(B,\ L,\ H)_{\text{GNSS}}$，然后，舍去大地高 H，利用$(B,\ L)_{\text{GNSS}}$，通过高斯坐标正算公式计算高斯平面直角坐标$(xy)_{ls}$，最后再按取坐标差的办法，得到平面直角坐标系中的 GNSS 基线向量 Δx_{ij} 及 Δy_{ij}。再利用它们按数学关系式列立误差方程式及约束条件方程。对 GNSS 基线向量的随机信息，按照

$$D_{\Delta X\Delta Y\Delta Z}\rightarrow D_{BLH}\rightarrow D_{xy}\rightarrow D_{\Delta x\Delta y} \tag{5-223}$$

顺序，也进行方差-协方差的传播并转换到二维平面直角坐标系中。对地面网观测值(如水平方向、斜距等)则按常规地面网平差方法，将其归化到高斯投影平面上，从而获得属于该坐标系的地面观测值。最后，将归算到高斯平面坐标系中的 GNSS 基线向量及地面观测量这两类观测值在该坐标系中建立平差数学模型，按其进行平差。

1) 在二维平面直角坐标系中观测量的误差方程式

(1) GNSS 二维基线向量误差方程式。

顾及此时只有平面坐标未知数 dx，dy，而转换参数 $\varepsilon_x=\varepsilon_y=0$，$\varepsilon_z=d\alpha$，尺度变化参数 dk，则依(5-171)式不难获得关于 GNSS 二维基线向量 Δx、Δy 的误差方程式：

$$\begin{bmatrix}V_{\Delta x}\\V_{\Delta y}\end{bmatrix}_{ij}=-\begin{bmatrix}dx\\dy\end{bmatrix}_i+\begin{bmatrix}dx\\dy\end{bmatrix}_j+\begin{bmatrix}\Delta y\\-\Delta x\end{bmatrix}_{ij}d\alpha+\begin{bmatrix}\Delta x\\\Delta y\end{bmatrix}_{ij}dk+\begin{bmatrix}l_{\Delta x}\\l_{\Delta y}\end{bmatrix} \tag{5-224}$$

式中：

$$\begin{cases}l_{\Delta x}=(x_j^0-x_i^0)-(x_j-x_i)\\l_{\Delta y}=(y_j^0-y_i^0)-(y_j-y_i)\end{cases} \tag{5-225}$$

对整个控制网用矩阵表达：

$$V_G=A_G dx+B_G\hat{y}+L_G \tag{5-226}$$

式中：矩阵 V_G 为由二维基线向量(坐标差)改正数组成的列向量，A_G 为坐标未知数 dx 的系数阵，B_G 为转换参数 $\hat{y}=\begin{bmatrix}d\alpha & dk\end{bmatrix}^T$ 的系数阵，L_G 为常数项列向量。

若工程上采用工程独立施工坐标系，这时 GNSS 网与工程独立网之间的基准方向可能有较大差异，则需根据两重合点解算出的方位角进行 GNSS 网的初步配置，即由

$$\Delta\alpha_{ij}=\alpha_{ij}^g-a_{ij}^s \tag{5-227}$$

按式

$$\begin{bmatrix}\Delta x\\\Delta y\end{bmatrix}_{ij}=\begin{bmatrix}\cos\Delta\alpha_{ij} & \sin\Delta\alpha_{ij}\\-\sin\Delta\alpha_{ij} & \cos\Delta\alpha_{ij}\end{bmatrix}\begin{bmatrix}\Delta x\\\Delta y\end{bmatrix}_{ij}^s \tag{5-228}$$

进行。式中 α_{ij}^g，α_{ij}^s 分别为地面网和 GNSS 网两重合点间的方位角，$\begin{bmatrix}\Delta x\\\Delta y\end{bmatrix}^s$ 及 $\begin{bmatrix}\Delta x\\\Delta y\end{bmatrix}$ 分别为

GNSS 二维基线向量在配置前、后的坐标差观测值。

（2）地面观测值误差方程式。

①水平方向误差方程式。

将地面观测的水平方向（已进行垂线偏差 δu、标高差 δh 和截面差 δg 改正）化算成椭球面方向值，再加入高斯投影方向改化 δr 得到高斯投影面上水平方向值 r，于是按间接平差有误差方程式：

$$v_{rij} = -d\zeta_i + a_{ij}dx_i + b_{ij}dy_i - a_{ij}dx_j - b_{ij}dy_j + l_{rij} \tag{5-229}$$

式中：

$$\begin{cases} a_{ij} = \sin\alpha_{ij}^0/s^0, \quad b_{ij} = -\cos\alpha_{ij}^0/s^0 \\ l_{rij} = \alpha_{ij}^0 - r_{ij} + z_i \\ z_i = \dfrac{1}{n_i}\sum_{j=1}^{n_i}(\alpha_{ij}^0 - r_{ij}) \\ \alpha_{ij}^0 = \arctan\dfrac{y_j^0 - y_i^0}{x_j^0 - x_i^0} \end{cases} \tag{5-230}$$

同样可采用史赖伯第一法则，增加站和误差方程式而消去定向角未知数 $d\zeta_i$，该站和误差方程式

$$v'_i = [a_i]dx_i + [b_i]dy_i - \sum_{j=1}^{n}[a_{ij}dx_j + b_{ij}dy_j] + [l]_i \quad 权 - 1/n \tag{5-231}$$

对全网，方向误差方程式用矩阵表达

$$V_r = A_r dx + L_r \tag{5-232}$$

式中：A_r 为消去定向角未知数后的误差方程式系数矩阵，L_r 为常数项列向量。

②边长误差方程式。

对地面观测的斜距，先将其归化到参考椭球面，进而按高斯投影特性归化到高斯平面。这时边长误差方程式有

$$v_{sij} = c_{ij}dx_i + d_{ij}dy_i - c_{ij}dx_j - d_{ij}dy_j + l_{sij} \tag{5-233}$$

式中：

$$\begin{cases} c_{ij} = -\cos\alpha_{ij}^0, \quad d_{ij} = -\sin\alpha_{ij}^0 \\ l_{sij} = s^0 - s, \quad s^0 = [(x_j^0 - x_i^0)^2 + (y_j^0 - y_i^0)^2]^{1/2} \end{cases} \tag{5-234}$$

对全网以矩阵形式表示：

$$V_s = A_s dx + L_s \tag{5-235}$$

式中：A_s 为误差方程式系数阵，L_s 为常数项列向量。

③重合点坐标误差方程式。

据（5-189）式，易知有下式：

$$\begin{bmatrix} v_x \\ v_y \end{bmatrix}_i = \begin{bmatrix} dx \\ dy \end{bmatrix}_i + L_x \tag{5-236}$$

式中：

$$L_x = \begin{bmatrix} x^0 \\ y^0 \end{bmatrix}_i - \begin{bmatrix} x \\ y \end{bmatrix}_i \tag{5-237}$$

对全网可用矩阵表示：

$$V_x = A_x dx + L_x \tag{5-238}$$

式中：A_x 为系数矩阵，实质上它是单位阵；L_x 是常数项列向量。

应指出，若 i 点或 j 点是固定点，则其坐标未知数 $dx = dy = 0$，故凡含有固定点的误差方程式属于该点的坐标未知数以"0"代入。

2）固定量的约束条件方程

若地面网中含有已知量或高精度的作为基准的观测量，如方位角和基准长度，这时应列出相应的约束条件方程。据带有条件的间接平差有

$$a_{ij} dx_i + b_{ij} dy_i - a_{ij} dx_j - b_{ij} dy_j + w_\alpha = 0 \tag{5-239}$$

而

$$w_\alpha = \arctan \frac{y_j^0 - y_i^0}{x_j^0 - x_i^0} - a_{ij} \tag{5-240}$$

$$c_{ij} dx_i + d_{ij} dy_i - c_{ij} dx_j - d_{ij} dy_j + w_s = 0 \tag{5-241}$$

而

$$w_s = s_{ij}^0 - s_{ij} \tag{5-242}$$

式中：系数 a，b 同（5-230）式，c，d 同（5-234）式。

由于在计算待定点坐标时，总是利用已知方位角 α_{ij} 及基准长度 s_{ij}，因此（5-239）式及（5-241）式的常数项 $w_\alpha = 0$，$w_s = 0$，故又可写成

$$\begin{cases} a_{ij} dx_i + b_{ij} dy_i - a_{ij} dx_j - b_{ij} dy_j = 0 \\ c_{ij} dx_i + d_{ij} dy_i - c_{ij} dx_j - d_{ij} dy_j = 0 \end{cases} \tag{5-243}$$

对全网，可用矩阵把约束条件方程综合为

$$Cdx + W = 0 \tag{5-244}$$

式中：C 为系数矩阵，W 为闭合差列向量。

同样，当 i 点或 j 点是固定点时，在约束条件方程中应去掉属于它们的这些项。

3）二维平面坐标系中观测量的随机模型

按本模式平差基本思想，应按（5-223）式对 GNSS 观测量的随机信息进行转换，主要公式如下：

在同椭球下

$$dB = A^{-1} dx \tag{5-245}$$

依方差-协方差传播律得

$$D_B = A^{-1} D_{\Delta x \Delta y \Delta z} A \tag{5-246}$$

式中：

$$A^{-1} = \begin{bmatrix} \dfrac{-\sin B \cos L}{M+H} & \dfrac{-\sin B \sin L}{M+H} & \dfrac{\cos B}{M+H} \\ \dfrac{-\sin L}{(M+H)\cos B} & \dfrac{\cos L}{(M+H)\cos B} & 0 \\ \cos B \cos L & \cos B \sin L & \sin B \end{bmatrix} \tag{5-247}$$

由（4-367）式，当略去二次以上微小量时，高斯投影坐标正算公式可简写为

$$\begin{cases} x = X_0 + X_{02}l^2 + X_{04}l^4 + \cdots \\ y = Y_{01}l + Y_{03}l^3 + \cdots \end{cases} \tag{5-248}$$

式中：
$$\begin{cases} X_{02} = (1/2)N\sin B\cos B \\ X_{04} = (1/24)N(5-6\sin^2 B)\sin B\cos B \\ Y_{01} = N\cos B \\ Y_{03} = (1/6)N(1-2\sin^2 B)\cos B \end{cases} \tag{5-249}$$

而 X_0 为子午线弧长，N 为卯酉圈曲率半径，对上取微分，略去二阶微小量，有

$$\begin{cases} dx = \left(\dfrac{dX_0}{dB} + \dfrac{dX_{02}}{dB}l^2\right)dB + (2X_{02}l + 4X_{04}l^3)dL \\ dy = \left(\dfrac{dY_{01}}{dB}l + \dfrac{dY_{03}}{dB}l^3\right)dB + (Y_{01} + 3Y_{03}l^2)dL \end{cases} \tag{5-250}$$

式中：
$$\begin{cases} dX_0/dB = N(1-e^2)/W^2 \\ dX_{02}/dB = -(1/2)N(1-2\sin^2 B + e^2\sin^2 B\cos^2 B) \\ dY_{01}/dB = -[N(1-e^2)/W^2]\sin B \\ dY_{03}/dB = -(1/6)N(5-6\sin^2 B)\sin B \end{cases} \tag{5-251}$$

式中：$W = (1-e^2\sin^2 B)^{1/2}$，$N = a/W$。

将(5-251)式代入(5-250)式，则得微分关系式：

$$\begin{bmatrix} dx \\ dy \end{bmatrix} = \begin{bmatrix} X_B & X_L \\ Y_B & Y_L \end{bmatrix}\begin{bmatrix} dB \\ dL \end{bmatrix} \tag{5-252}$$

式中：
$$\begin{cases} X_B = N\left[(1-e^2)/W^2 + \left(\dfrac{1}{2}\right)(1-2\sin^2 B + e^2\sin^2 B\cos^2 B)l^2\right] \\ X_L = N\left[l + \left(\dfrac{1}{6}\right)(5-6\sin^2 B)l^3\right]\sin B\cos B \\ Y_B = -N\left[(1-e^2)l/W^2 + \dfrac{1}{6}(5-6\sin^2 B)l^3\right]\sin B \\ Y_L = N\left[1 + \left(\dfrac{1}{2}\right)(1-2\sin^2 B + e^2\cos^2 B)l^2\right]\cos B \end{cases} \tag{5-253}$$

于是按方差-协方差传播律得

$$D_{xy} = \begin{bmatrix} X_b & X_L \\ Y_b & Y_L \end{bmatrix}D_{BL}\begin{bmatrix} X_b & X_L \\ Y_b & Y_L \end{bmatrix}^T \tag{5-254}$$

又由于坐标差

$$\begin{bmatrix} \Delta x \\ \Delta y \end{bmatrix} = \begin{bmatrix} x_j - x_i \\ y_j - y_i \end{bmatrix} = \begin{bmatrix} 1 & -1 & 0 & 0 \\ 0 & 0 & 1 & -1 \end{bmatrix}\begin{bmatrix} x_j \\ x_i \\ y_j \\ y_i \end{bmatrix} \tag{5-255}$$

故按方差-协方差传播律得

$$D_{\Delta x \Delta y} = \begin{bmatrix} 1 & -1 & 0 & 0 \\ 0 & 0 & 1 & -1 \end{bmatrix} D_{xy} \begin{bmatrix} 1 & -1 & 0 & 0 \\ 0 & 0 & 1 & -1 \end{bmatrix}^{\mathrm{T}} \tag{5-256}$$

从上可见，为取得 GNSS 二维平面基线向量的随机信息，其工作量是比较大的。为简化计算，也可采用 GNSS 接收机由厂家给出的标称精度——边长中误差 m_s 及方位中误差 m_α——来确定。这时由坐标差的微分关系式：

$$\begin{bmatrix} \mathrm{d}_{\Delta x} \\ \mathrm{d}_{\Delta y} \end{bmatrix} = \begin{bmatrix} \cos\alpha & -s\sin\alpha \\ \sin\alpha & s\cos\alpha \end{bmatrix} \begin{bmatrix} \mathrm{d}s \\ \mathrm{d}\alpha \end{bmatrix} \tag{5-257}$$

根据方差-协方差传播律得

$$D_{\Delta x \Delta y} = \begin{bmatrix} m_s^2\cos^2\alpha + s^2\sin^2\alpha \, m_\alpha^2 & (m_s^2 - m_\alpha^2 s^2)\cos\alpha\sin\alpha \\ (m_s^2 - m^2\alpha s^2)\cos\alpha\sin\alpha & m_s^2\sin^2\alpha + m_\alpha^2 s^2\cos^2\alpha \end{bmatrix} \tag{5-258}$$

有了坐标差 Δx 及 Δy 的方差-协方差阵，即可按下式定权：

$$P_G = \sigma_0^2 D_{\Delta x \Delta y}^{-1} \tag{5-259}$$

对地面观测值：水平方向、边长及重合点坐标的权，若设其中误差分别为 m_r、m_s 及 m_x，则相应权为

$$\begin{array}{ll} \text{水平方向} \\ \text{边长} \\ \text{坐标} \end{array} \quad \begin{cases} P_r = \sigma_0^2/m_r^2 \\ P_s = \sigma_0^2/m_s^2 \\ P_x = \sigma_0^2/m_x^2 \end{cases} \tag{5-260}$$

4）平差数学模型的解法

由（5-226）、（5-232）、（5-235）及（5-238）各式组成误差方程式矩阵：

$$V = \begin{bmatrix} A & B \end{bmatrix} \begin{bmatrix} \mathrm{d}x \\ \hat{y} \end{bmatrix} + L \tag{5-261}$$

式中矩阵

$$A = \begin{bmatrix} A_r & 0 \\ A_s & 0 \\ A_x & 0 \\ A_G & B_G \end{bmatrix}, \quad L = \begin{bmatrix} L_r \\ L_s \\ L_x \\ L_G \end{bmatrix} \tag{5-262}$$

（5-244）式为条件方程：

$$C\mathrm{d}x + W = \mathbf{0} \tag{5-263}$$

权矩阵

$$P = \begin{bmatrix} P_r & & & \\ & P_s & & \\ & & P_x & \\ & & & P_G \end{bmatrix} \tag{5-264}$$

由它们可组成带有条件的间接平差法方程：

$$\begin{bmatrix} N_{11} & N_{12} & C^{\mathrm{T}} \\ N_{21} & N_{22} & 0 \\ C & 0 & 0 \end{bmatrix} \begin{bmatrix} \mathbf{d}_x \\ \hat{y} \\ k \end{bmatrix} + \begin{bmatrix} A_r^{\mathrm{T}}P_rL_r + A_s^{\mathrm{T}}P_sL_s + A_x^{\mathrm{T}}P_xL_x + A_GP_GL_G \\ B_0^{\mathrm{T}}P_GL_G \\ W \end{bmatrix} = \mathbf{0} \tag{5-265}$$

式中：

$$\begin{cases} \boldsymbol{N}_{11} = \boldsymbol{A}_r^{\mathrm{T}}\boldsymbol{P}_r\boldsymbol{A}_r + \boldsymbol{A}_s^{\mathrm{T}}\boldsymbol{P}_s\boldsymbol{A}_s + \boldsymbol{A}_x^{\mathrm{T}}\boldsymbol{P}_x\boldsymbol{A}_x + \boldsymbol{A}_G^{\mathrm{T}}\boldsymbol{P}_G\boldsymbol{A}_G \\ \boldsymbol{N}_{12} = \boldsymbol{N}_{21}^{\mathrm{T}} = \boldsymbol{A}_r^{\mathrm{T}}\boldsymbol{P}_G\boldsymbol{B}_G + \boldsymbol{A}_s^{\mathrm{T}}\boldsymbol{P}_G\boldsymbol{B}_G + \boldsymbol{A}_x^{\mathrm{T}}\boldsymbol{P}_G\boldsymbol{B}_G \\ \boldsymbol{N}_{22} = \boldsymbol{B}_G^{\mathrm{T}}\boldsymbol{P}_G\boldsymbol{B}_G \end{cases} \tag{5-266}$$

按(5-216)~(5-220)式解算上式，求得未知数 $\mathrm{d}x$，转换参数 $\hat{y}$，联系数 k 及精度。单位权方差估值

$$\hat{\sigma}_0^2 = \frac{\boldsymbol{V}_r^{\mathrm{T}}\boldsymbol{P}_r\boldsymbol{V}_r + \boldsymbol{V}_s^{\mathrm{T}}\boldsymbol{P}_s\boldsymbol{V}_s + \boldsymbol{V}_x^{\mathrm{T}}\boldsymbol{P}_x\boldsymbol{V}_x + \boldsymbol{V}_G^{\mathrm{T}}\boldsymbol{P}_G\boldsymbol{V}_G}{N_r + N_s + 2N_x + 2N_G + r_c - t_\xi - t_x - t_{\hat{y}}} \tag{5-267}$$

式中：N_r 为水平方向观测数，N_s 为边长观测数，N_x 为重合点数，N_G 为 GNSS 点数，r_C 为约束条件数，t_ξ 为定向角未知数个数，t_x 为坐标未知数个数，$t_{\hat{y}}$ 为转换参数个数。

为进行精度评定，还可求出坐标未知数的权系数阵 $Q_{\Delta x \Delta y}$，并可绘出点位误差椭圆或相对点位误差椭圆；还可对其他平差值函数，比如边长等进行精度评定。

同样，应对转换参数 $\mathrm{d}\alpha$ 及 $\mathrm{d}k$ 进行显著性检验，这同 5.12.2 中的转换参数的显著性检验相同，此不赘述。

3. 在二维平面直角坐标系中平差模式二的数学模型

模式二的基本要点是，先在 WGS-84 系中对 GNSS 网进行三维无约束预平差，然后再把预平差得到的三维坐标及其随机信息转换到二维平面坐标系中，得到二维平面坐标 $(xy)_{ls}$ 及其方差-协方差，把它们作为虚拟观测值，再归化到同一平面坐标系中的地面网观测值一起建立平差的数学模型。具体计算步骤如下：

(1)在 WGS-84 系中纯 GNSS 三维网无约束平差。

按 5.12.2 建立平差的函数模型和随机模型，并进行三维无约束平差，平差后得到 WGS-84 系中的 GNSS 三维坐标及其方差-协方差阵。很显然，这时的方差-协方差阵是个大型的满阵。

(2)将 GNSS 三维坐标平差结果整体转换到二维平面坐标系。

按空间网与地面网观测值合并的理论，依

$$(X, Y, Z) \rightarrow (B, L, H) \rightarrow (x, y) \tag{5-268}$$

的方法将三维直角坐标换算成平面坐标，按

$$\boldsymbol{D}_{XYZ} \rightarrow \boldsymbol{D}_{BLH} \rightarrow \boldsymbol{D}_{xy} \tag{5-269}$$

的方法将三维直角坐标随机模型换算成二维平面直角坐标随机模型。这些公式前面已介绍，此不再赘述。

(3)以 GNSS 各点平面坐标对固定点平面坐标之差作为虚拟观测值列立误差方程式：

$$\begin{bmatrix} V_{\Delta x} \\ V_{\Delta y} \end{bmatrix}_{oj}^{(s)} = \begin{bmatrix} \mathrm{d}x \\ \mathrm{d}y \end{bmatrix}_j + \begin{bmatrix} \Delta y \\ -\Delta x \end{bmatrix}_{oj}\mathrm{d}\alpha + \begin{bmatrix} \Delta x \\ \Delta y \end{bmatrix}_{oj}\mathrm{d}\kappa + \begin{bmatrix} L_{\Delta x} \\ L_{\Delta y} \end{bmatrix}_{oj} \tag{5-270}$$

并按已取得的协方差阵定权。

(4)对地面重合点平面坐标差也列出误差方程式：

$$\begin{bmatrix} V_{\Delta x} \\ V_{\Delta y} \end{bmatrix}_{oj}^{(g)} = \begin{bmatrix} \mathrm{d}x \\ \mathrm{d}y \end{bmatrix}_j + \begin{bmatrix} L_{\Delta x} \\ L_{\Delta y} \end{bmatrix}_{oj} \tag{5-271}$$

并按已取得的协方差阵定权。

（5）地面网观测的水平方向、边长等误差方程式以及固定量约束条件方程。

这些方程均与模式一（将 GNSS 基线向量及其随机模型直接按其数学关系式转换到平面坐标系）相同，其解法亦同，不再赘述。

4. 在二维椭球面上的平差数学模型

这时只需将空间网与地面网两类观测值都转换到同一参考椭球面上，即可在此系内建立联合平差的数学模型。由此可见，有许多公式与在三维参心大地坐标系中进行联合平差中的公式是相似的。

GNSS 基线向量观测值误差方程式同（5-200）式。

水平方向 r 误差方程式的建立，由于方向观测值 r_{ij} 及大地方位角 A_{ij} 有关系式：

$$\hat{r}_{ij} = r_{ij} + v_{ij} = -\hat{Z}_i + A_{ij} \tag{5-272}$$

于是有

$$v_{rij} = -\mathrm{d}\xi_i + \mathrm{d}A_{ij} + l_{rij} \tag{5-273}$$

式中：

$$L_{rij} = -Z_i^0 + A_{ij}^0 - r_{ij} \tag{5-274}$$

由赫尔默特第一类微分公式可知：

$$\mathrm{d}A_{ij} = \left(\frac{\mathrm{d}m}{\mathrm{d}s}\right)_j \frac{M_i}{m}\sin A_{ij}^0 \mathrm{d}B_i + \frac{M_j}{m}\sin A_{ji}^0 \mathrm{d}B_j + \frac{N_j}{m}\cos A_{ji}^0\cos B_j^0(\mathrm{d}L_i - \mathrm{d}L_j) \tag{5-275}$$

式中：

$$\begin{cases} m = R_j\sin(s_{ij}^0/R_j) \\ (\mathrm{d}m/\mathrm{d}s)_j = \cos(s_{ij}^0/R_j) \end{cases} \tag{5-276}$$

引入如下符号：

$$\begin{cases} a_{ij} = (\mathrm{d}m/\mathrm{d}s)_j(M_j/m)\sin A_{ij}^0 \\ b_{ij} = (N_j/m)\cos A_{ji}^0\cos B_j^0 \\ c_{ij} = (M_j/m)\sin A_{ji}^0 \end{cases} \tag{5-277}$$

最后得椭球面上水平方向误差方程式：

$$v_{rij} = -\mathrm{d}\xi_i + a_{ij}\mathrm{d}B_i + b_{ij}\mathrm{d}L_i + c_{ij}\mathrm{d}B_j - b_{ij}\mathrm{d}L_j + L_{rij} \tag{5-278}$$

以上诸式中：A^0，B^0 及 L^0 分别是大地方位角、大地纬度及大地经度近似值；M，N 是子午圈和卯酉圈曲率半径；R 是地球平均曲率半径；m 是大地线归化长度；s^0 是大地线长度近似值。

同理，对归算到椭球面上边长误差方程式有

$$v_{sij} = a_{sij}\mathrm{d}B_i + b_{sij}\mathrm{d}L_i + c_{sij}\mathrm{d}B_j - b_{sij}\mathrm{d}L_j + L_{sij} \tag{5-279}$$

式中：

$$\begin{cases} a_{sij} = -M_i\cos A_{ij}^0 \\ b_{sij} = N_j\cos B_j^0\sin A_{ji}^0 \\ c_{sij} = -M_j\cos A_{ji}^0 \\ L_{sij} = S_{ij}^0 - S_{ij} \end{cases} \tag{5-280}$$

对已知大地方位角 A_{ij} 及基准边长 s_{ij}，应列出约束条件方程，分别有

$$a_{ij}dB_i + b_{ij}dL_i + c_{ij}dB_j - b_{ij}dL_j + w_A = 0 \tag{5-281}$$

式中：$w_A = A_{ij}^0 - A_{ij}$

$$a_{sij}dB_i + b_{sij}dL_i + c_{sij}dB_j - b_{sij}dL_j + w_s = 0 \tag{5-282}$$

式中：$w_s = s_{ij}^0 - s_{ij}$。

观测值的随机模型的确定可仿前，不再赘述。

此外，GNSS 基线向量网与地面网在二维椭球面上进行联合平差也可采用在三维参心大地坐标系中进行平差的全部数学模型，但加以大地高改正数为 0 的约束条件，即(5-209)式，按带有约束条件的间接平差实行三维大地坐标系平差模型向二维椭球面平差模型转换的方式进行。

5. GNSS 网与地面网联合平差数学模型的比较

当 GNSS 网同地面网进行联合平差时，我们应对 GNSS 基线向量网与地面网三维联合平差和二维联合平差进行综合比较，以期对其有一全面简明的认识。

1）三维联合平差特点

(1)三维联合平差模型中综合利用了除重力测量以外的 GNSS 网及地面网中的所有观测值，因而解决了平面位置与高程位置统一的解法，克服了经典做法的一些缺点。由于地面网常规观测值(方向、边长、天顶距等)与坐标系无关，只有 GNSS 观测值与坐标系有关，因而在这些联合平差数学模型中只存在 GNSS 基线向量的模型转换，而这种转换关系是函数确定性的问题，是容易理解和实现的。此外，它不存在分带和邻带连接等问题。

(2)三维联合平差得到的结果是点的三维空间位置及其精度，这对点位及其各分量的全面分析和研究是极有利的。特别是三维大地坐标系中联合平差，很容易地把点的平面位置(B，L)和高程位置(H)分开，进而可利用大地坐标(B，L)按高斯投影公式计算高斯平面坐标或施工坐标，这对工程测量应用成果来说，也是方便和实用的。

(3)三维联合平差模型可在不同约束条件下实现平差模型的转换。如在三维参心空间直角坐标系的三维联合平差模型，可在固定高程约束条件(5-197)式下，使平差模型变为二维平差模型，并且由平差结果还可求出第三分量，因从(5-197)式可得，当 $B \neq 0$ 时有

$$dZ = -\cot B \cos L dX - \cot B \sin L dY \tag{5-283}$$

如果在大地经、纬度固定约束条件(5-194)式、(5-195)式下，可使三维联合平差模型转变为一维平差模型。因此，三维联合平差模型是一个多功能的可实现平差模型转换的高级平差系统。

(4)三维联合平差时，需要地面点有相应精度要求的大地高观测值，但这在某些情况下，目前尚难以实现。

2）二维联合平差特点

(1)这种平差方案中的数学模型是大家都比较熟悉和易于掌握的。如地面网观测值的误差方程及约束条件方程都是常规形式，GNSS 基线向量误差方程式也远比三维时的简明。

(2)平差结果得到的是工程测量坐标系中的点位置及其精度，可直接用于工程测量各种目的，这对工作是方便的。

(3)二维联合平差软件比较容易编写，只在原平面网平差程序基础上增加 GNSS 基线向量网这部分平差程序即可实现。

（4）二维联合平差模型中舍去了基线向量高程位置分量及地面网中有关高度角及水准测量等信息。但这对某些工程测量来说不是主要问题，因目前大多数工程测量还都是采取平面网和高程网分开处理的办法。此外，有时会遇到分带及邻带连接等问题。

综上所述，三维联合平差及二维联合平差都是理论上严密解法。只要地面点近似高程可以达到地面观测值归算的精度要求，那么由三维联合平差得到的平面位置及其精度与二维平差结果是相同的。故这两种平差手段均可在工程测量中使用，在某些情况下，也许二维平差方法对工程测量更实用些。

除上述的严密解法外，也有一些近似解法。比如，先用 GNSS 基线向量求得两点间斜距，利用斜距组成测距网，再同地面网联合处理；又如按 WGS-84 系的坐标(X, Y, Z)反算大地坐标(B, L, H)，再用其计算出大地线长度和大地方位角，由大地方位角之差求出水平角，从而组成导线网再同地面网联合平差等。这些方法均不宜在精密工程测量中采用。

国内外广大测量工作者对 GNSS 网与地面网数据联合处理的研究，虽已取得了许多重要成果，但目前仍有许多工作需要进一步进行研究，主要涉及诸如可靠地确定不同类观测量的方差-协方差及权；编制优良性能的联合平差软件系统等。

6. 平差方案的选择

在当前，由于 GNSS 测量已具有相当高的精度，已大大普及使用，无论是国家大地控制网还是工程测量控制网，一般都是采用 GNSS 方法来建立，这时当然应该对 GNSS 网进行单独平差，无需顾及已有的地面观测数据。

如果个别地区或工程需要用地面常规测量方法建立控制网，一般也是在 GNSS 网控制下进行。这时应首先进行 GNSS 网平差，然后再进行地面网平差，也就是说应首选分别平差的方案。当然也可以进行联合平差，但实行中有一些麻烦。

不论是分别独立平差还是联合平差，本节所介绍的基本原理都是适用的，只是要正确地选择其中所需要的数学模型。

5.13　连续运行参考站多功能综合服务系统

1. 建设 CORS 多功能综合服务系统的意义

随着 GNSS 卫星星座的逐步建设和现代化，GNSS 定位技术也随之得到了相应的发展。图 5-79 给出了 GNSS 定位技术的三个发展阶段：第一阶段主要包括伪距单点定位和单基准站伪距和相位实时动态差分（RTK：Real-Time Kinematic），但单基准站的覆盖范围有限，一般在 10km 以内；第二阶段包括精密单点定位（PPP：Precise Point Positioning）和基于多基准站的网络 RTK 技术，网络 RTK 极大地扩展了单基准站 RTK 的覆盖范围，基准站与基准站之间的距离可以扩展到 50~100km；第三阶段为融合 PPP 和网络 RTK 的 PPP-RTK 定位技术，目标是实现一种"全球 RTK"的作业模式。

根据 2016 年 4 月印发的《卫星导航定位基准站建设备案办法（试行）》，本办法所称卫星导航定位基准站，是指对卫星导航信号进行长期连续观测，获取观测数据，并通过通信设施将观测数据实时或者定时传送至数据中心的地面固定观测站。卫星导航定位基准站即属于连续运行参考站 CORS 的一种。

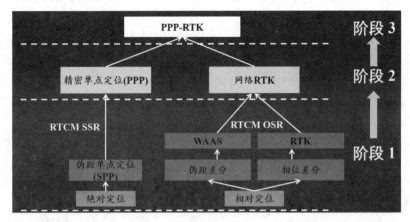

图 5-79

从保障基础测绘工作的角度考虑，建设 CORS 多功能综合服务系统主要有两方面的意义。第一，CORS 基准站网是建立和维持国家和区域高精度静态、动态、地心、三维坐标参考框架的现代基础设施，是测绘基准体系和地理空间基础框架的核心，是国家空间数据基础设施的重要组成部分。第二，CORS 多功能综合服务系统可提供实时和准实时的集约化位置服务，改变原来分散的、行业相对独立的数据采集和事后处理服务模式，在国民经济建设、社会发展、国家安全和国防等方面发挥十分重要的作用。

2. CORS 多功能综合服务系统的组成和工作原理

连续运行卫星定位服务综合系统由基准站网、数据处理中心、数据传输系统、定位导航数据播发系统、用户应用系统五个部分组成，各基准站与数据处理（监控分析）中心间通过数据传输系统连接成一体，形成专用网络。

基准站网：基准站网负责采集 GNSS 卫星观测数据并输送至数据处理中心，同时提供系统完好性监测服务。基准站是系统的数据源，用于对卫星信号进行实时捕获、跟踪、记录和传输，主要包括不间断电源、GNSS 接收机、防电涌等设备，均匀分布在拟控制区域的范围内，站间距可达 70km。比如广州基准站网，由 8 个在广州市域范围内均匀分布的基准站（从化站、吕田站、花都站、增城站、五山站、番禺站、永和站、万顷沙站）以及 1 个 GNSS 监控站（规划院站）组成。武汉有 10 个在市域范围内均匀分布的基准站；广东省（GDCORS）有 38 个在省域范围内均匀分布的基准站，5 个控制中心，站间均距为 83.37km；江苏省（JSCORS）有 62 个在省域范围内均匀分布的基准站，15 个控制中心，站间均距为 46.37km。

数据处理中心：数据处理中心是连续运行卫星定位服务综合系统的核心单元，也是高精度实时动态定位得以实现的关键所在。用于接收各基准站数据，进行数据处理，形成多基准站差分定位用户数据，组成一定格式的数据文件，分发给用户。控制中心是系统的核心单元，利用计算机实时控制整个系统的运行、控制、监控、下载、处理、发布和管理各参考站 GNSS 数据，计算网络差分改正数据，具有数据处理、系统控制、信息服务、网络管理等功能，主要由计算机和软件系统组成。

数据传输系统：各基准站数据通过光纤专线传输至监控分析中心，该系统包括数据传输硬件设备及软件控制模块。基准站与控制中心之间的网络连接通过通讯线形成 VPN(虚拟局域网)。保证整个系统的有效运行,控制中心与基准站间的通信具有保证传输速率(不低于 10KB/s)、可靠性(能独占带宽)、实时性(延迟不能超过 40ms)的严格要求。

数据播发系统:系统通过移动网络、UHF 电台、Internet 等形式向用户播发定位导航数据。即流动站与控制中心的网络通信链路采用 CDMA、GPRS 或 4G/5G 实时传输差分数据,实现从数据中心到流动站无线网络通讯。RTK 动态定位需要数据上传和下载,也对通讯提出了较高的要求,以保证模糊度初始化的成功。

用户应用系统:包括用户信息接收系统、网络型 RTK 定位系统、事后和快速精密定位系统以及自主式导航系统和监控定位系统等。流动站是系统的用户部分,通过获取的网络差分改正数据,实时计算用户所在位置的定位信息。流动站主要由 GNSS 接收机和移动通讯设备组成。

目前,国际上主流的网络 RTK 技术包括虚拟参考站技术(VRS)、主辅站技术(MAC)、综合误差内插技术(CBI)等。下面以虚拟参考站技术说明其工作原理。

VRS 是 Virtual Reference Station 的缩写。系统通过 GNSS 基准站网络建立各种误差模型,然后根据流动站的具体位置虚拟出流动站附近一"虚拟"基准站的改正数据,然后通过无线通信链路将改正数据播发给流动站用户,流动站用户在此基础上可进行超短基线的RTK 作业,并获得厘米级的定位精度。

出于为今后大并发用户提供服务的考虑,在虚拟参考站的基础上发展出了虚拟格网技术。虚拟格网技术的核心是服务端实时生成预先定义的虚拟格网点上的观测值,当有用户提出服务请求时,返回距离用户最近的虚拟格网点的坐标和观测值。以湖北省为例(图 5-80),6°×9°的范围,按照 3′×3′的格网间隔划分,共 121×181 = 21901 个虚拟格网点。当同时并发用户数量大于 21901 时,虚拟格网技术就体现出了比虚拟参考站技术更高的效率。目前国内大多数 CORS 多功能综合服务系统正在进行虚拟格网技术的升级改造。

3. 我国 CORS 基准站网的建设

作为 CORS 多功能综合服务系统的基础设施部分,CORS 基准站网的建设显得尤为重要。国内 CORS 基准站网从 1992 年武汉 IGS 站建立开始,经过 20 多年的建设与应用,据统计截至 2019 年底,国内 CORS 站已申请备案 7223 站,2020 年国内建设站点预计超过 1万站。国内的 CORS 系统主要通过国家重大基础设施项目、各省(市)自主投资建设以及其他行业部门自主建设。此外,近五年来,一些企业也加入到 CORS 系统建设和应用中。主要包括:

(1)国家级基准站网,包括国家现代测绘基准体系基础设施建设工程、927 一期工程等。

(2)各省、直辖市、自治区以及地州自然资源行政主管部门主导建设的区域级卫星导航定位服务系统。

(3)其他行业建设的基准站网,如中国地震局、国家测绘地理信息局等六部委联合建设中国大陆构造环境监测网络等。

(4)企业建设的基准站网,或者称为北斗地基增强网、高精度卫星导航定位基准站等,如千寻位置网络有限公司建设的 2400 个地基增强站等。

接下来以国家级基准站网建设为例,介绍 CORS 基准站网的建设。原国家测绘地理信

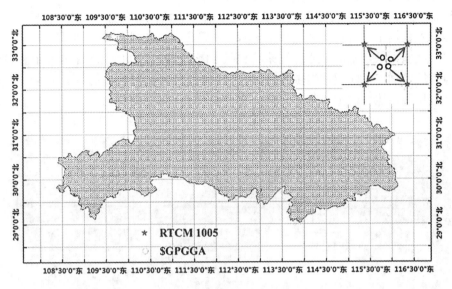

图 5-80

息局根据当前测绘基准现状，以及经济建设、国防建设和社会发展的迫切需求，于 2012 年至 2016 年组织实施了国家现代测绘基准体系基础设施建设工程项目。工程旨在利用现代测绘新技术和空间定位技术，通过新建、改建和利用的方式建立地基稳定、分布合理、利于长期保存的现代测绘基础设施，形成高精度、三维、动态、陆海统一以及几何基准与物理基准一体的现代测绘基准体系，推动我国自主北斗卫星导航产业的发展，提升测绘工作为经济建设、国防建设和科学研究的服务保障能力。

工程建设包括国家 GNSS 连续运行基准站、国家 GNSS 大地控制网、国家高程控制网、国家重力基准点和国家测绘基准管理服务系统等 5 个单项工程。

（1）国家 GNSS 连续运行基准站全国范围内建设 360 站，其中新建 150 站，改造 60 站，直接利用 150 站。

（2）国家 GNSS 大地控制网全国范围内建设 4500 点，其中新建 2500 点，利用已有资源 2000 点。

（3）国家高程控制网建设总规模 27400 点，其中新建基本水准点 725 座、普通水准点 7030 座、水准基岩点 110 座，直接利用 19535 点；高程属性测定 12.2 万公里、加密重力属性测定 27400 点。

（4）国家重力基准点全国范围内选定 50 个国家 GNSS 连续运行基准站完成 100 点次绝对重力属性测定。

（5）国家测绘基准管理服务系统主要完成机房改造、网络通信建设、专业软件研发、数据管理子系统建设、数据处理分析子系统建设和共享服务子系统建设。

国家基准站是国家现代测绘基准体系的核心内容，是国家大地基准框架的主体。国家基准站的建设旨在获得高精度、稳定、连续的观测数据，维持国家三维地心坐标框架，同时提供站点的精确三维位置信息变化，提供实时定位和导航的信息、GNSS 卫星轨道信息以及高精度连续的时频信号等。国家基准站实行有人看护、无人值守、高可靠性、全自动运转的运行方式，7×24 小时连续跟踪观测卫星信号数据，并通过专用数据传输网络实时将数据传输到数据中心，具备多卫星系统的数据采集、完备性监测、可靠性分析以及卫星定轨等多种功能。国家基准站能连续采集包括 BDS、GPS、GLONASS 和 GALILEO 等多种卫星导航系统数据，可向用户提供各种等级的卫星星历和卫星钟差的数据服务，是支撑多功能导航应用服务体系的重要基础设施。部分国家站实景如图 5-81 所示。

图 5-81

4. 格式协议定义

CORS 多功能综合服务系统的核心是以 GNSS 为主的卫星大地测量数据的实时接收、解算和分发。其中，最常用的数据传输（接收和分发）协议为 Ntrip 协议，最常用的数据存储格式为 RTCM 格式。

Ntrip（Network Transport of RTCM via Internet Protocol）协议即 RTCM 数据网络传输协议，该协议主要用于在互联网络上传输 GNSS 数据。流 Ntrip 系统主要由四部分构成，分别为：NtripSource、NtripServer、NtripCaster 和 NtripClient。其中 NtripSource 提供 GNSS 数据流，NtripServer 将数据流传输到 NtripCaster，NtripClient 作为终端用户通过 NtripCaster 获取 NtripSource 的实时流，NtripCaster 作为系统核心开放端口给 NtripServer 和 NtripClient，接收两者请求，处理数据流供需流向。各部分工作关系如图 5-82 所示。

实时 GNSS 数据的传输既要保证数据的完整性，也要保证数据传输的容错性。目前，RTCM SC-104 标准是使用最广泛的实时 GNSS 数据传输格式，该格式由国际海运事业无线电技术委员会（Radio Technical Commission for Maritime Services，RTCM）提出。

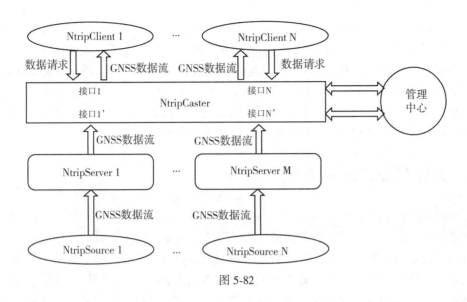

图 5-82

RTCM SC-104专门委员会于 1983 年成立，旨在进行全球卫星导航系统差分定位服务的标准制定与推广。表 5-34 列出了几种常用 RTCM 版本的发布时间和主要内容。

表 5-34

版本号	时间	主 要 内 容
10402.*	1990 年	支持 GPS SPP；GPS、GLONASS 伪距 RTD、相位 RTK
10403.0	2004 年	采用更高效的数据结构、传输检校
10403.1	2006 年	定义 SSR，支持 GPS、GLONASS PPP
10403.2	2013 年	定义 MSM，支持 GPS、GLONASS、Galileo、BDS、QZSS
10403.3	2016 年	新增 BDS 星历，SBAS MSM

5. 系统应用

CORS 多功能综合服务系统改变了传统的测量技术手段，可满足不同行业用户对快速、精确定位导航的要求。对外服务方面，目前各省级 CORS 多功能综合服务系统提供的应用服务内容主要包括测绘基准服务、数据服务、网络 RTK、网络 RTD、坐标转换服务等。在高精度测量和定位方面，主要服务于测绘、国土、城建、电力、规划、铁路、气象、地震、石油等部门，应用于基础测绘、城市建设、市政规划、地理国情监测、土地确权、电力线路巡查、矿业权核查、地质灾害监测预警、土地调查等项目。

CORS 多功能综合服务系统也可向百姓提供丰富多彩的导航位置服务，主要包括三大类应用：第一大类是传统位置服务，如地图查询、位置信息查询等。第二大类是将生活的各个方面互联工具类应用，如导航、点评等各种生活服务应用。第三大类应用是位置社交。由于引入了位置信息，可以将虚拟的网络关系转换为线下的真实关系，吸引更多的线上线下用户。这些位置服务在带动了定位技术和智能设备发展的同时，更方便和拓展了大众的日常生活。

公众位置服务结合移动通信网络和定位技术，向社会大众提供高精度定位增值业务，通过定位技术获得移动终端的位置信息，提供你在哪里(空间信息)、你和谁在一起(社会信息)、附近有什么资源(信息查询)等功能的服务。大众服务广泛应用在交通、物流、医疗、生活等领域中，其服务形式也日趋多样化，例如：地图服务、日常信息服务、导航服务、儿童安防、移动游戏、社会事件推荐、辅助医疗、情景广告、餐饮信息等。多样化的服务形式将极大地拓展 CORS 多功能综合服务系统的应用领域。

5.14 大地测量数据库简介

1. 一般说明

大地测量成果是国家科学研究、国防和经济建设的基础资料，对其采用传统的以手工和纸张为主的建档、保存、查询需耗费大量的人力和物力，对资料的更新尤为困难。随着计算机数据库技术的发展，使得建立大地测量数据库进行电子信息化管理成为必要和可能。特别是Internet网络的发展和普及，建立网络大地测量数据库进行资源共享，这会大大提高测量成果的利用效率，为各部门使用大地测量成果带来极大的方便。

在美国、德国等国家，从 20 世纪 70 年代就着手研究大地测量数据库的建立和应用，并很快应用到了测绘资料的管理工作中。我国在 20 世纪 80 年代，许多测绘研究部门和生产管理部门开展了测绘成果数据库管理系统的研究工作，主要是基于 PC 单机 DOS 操作系统下的 dBASE、Foxbase 关系数据库，建立的是专业或区域性测量成果数据库管理系统，为后续的研究工作打下了基础。随着计算机从单机向网络的发展，建立网络化的国家大地测量数据库成为目前的重要工作，并得到了国家有关部门的重视，展开了深入的研究工作，其主要特点是基于网络操作系统和采用 SQL Server、VC 或 VB 进行程序设计，通过 Internet 网进行数据访问。采用数据库技术实现对大地测量成果的电子化信息管理是必然的发展趋势，本节只是简要介绍其有关基础知识。

2. 大地测量数据库的数据特性

大地测量数据具有很强的空间特性，从数据来源可分为：原始观测值，如方向、距离、高差、重力等；平差值，如在原始观测值基础上经数据处理得到的坐标、高程等；再生数据，如用平面直角坐标转化得到的经、纬度等；总结资料及文字说明等属性信息。所有这些数据具有如下特性：

① 准确性。大地测量数据具有很高的精度，其原始观测值不能含有粗差，数据处理模型应当严密，文字说明资料应当完整可靠。准确性是建立大地测量数据库的首要条件，必须采取一定的手段保证入库数据的正确可靠。

② 长期性与实时性。大地测量控制点是永久性的埋设点，所有的控制点资料将被长期保存和使用，同时对控制点的当前状态又要求准确反映出来，如点位的完好情况，是否可用，是否变动等，因而又具有实时性。这就要求数据库具有更新功能，同时尽量保存已有的历史资料，不要轻易删除。只有系统管理员才能进行删除工作。

③ 周期性与累积性。大地测量工作需隔一定时期进行重复观测，如国家水准网的复测等，因而具有周期性。随着研究工作和国家经济建设的不断发展，大地测量工作是不断

扩展的，其数据量不断累积扩大，这就要求设计的数据库系统具有较好的存档对照和扩展性。

④ 数据加工处理运算复杂。从原始观测值经预处理到平差需进行一系列复杂的数学过程，如观测值的粗差检测、归化与投影、平差计算、成果质量检验与精度评定等，因而要求数据库系统有较强的运算处理能力。

3. 大地测量数据库系统设计

大地测量数据库可分为逻辑层、网络数据库管理 DBMS 层、物理层，其结构框图如图 5-83 所示。

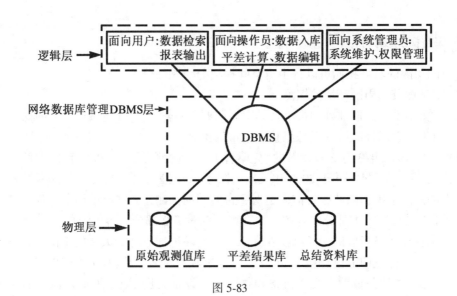

图 5-83

逻辑层是系统功能的外在体现，可通过 VC、VB、SQL Server 来编程实现；DBMS 层一般可选用已有的商用系统；物理层存放具体的数据，需对库结构进行具体设计，应使数据冗余度小，各库之间有关联字段，便于实现逻辑层要求的功能等。

4. 大地测量数据库的运行与维护

一个大地测量数据库系统经过充分测试确认合格后，即可投入运行。在运行的同时还需要对数据库中的数据不断进行维护，删除过时无用的数据，追加新增数据，同时做好文档库的记载，使数据库始终处于最新的正确状态。做好数据库的维护工作是保证数据库生命力的关键，在设计数据库时就要充分考虑数据库的维护费用，一般占总费用的 30% 左右。

第6章 深空大地测量简介

6.1 深空探测概述

6.1.1 深空探测及其特点

按空间探测的对象我们可以将宇宙空间探测分为 3 部分：

(1)对地球及其周围环境的探测；

(2)对太阳系中除地球外的行星及其卫星(包括月球)、小行星、彗星等的探测；

(3)对太阳系以外的银河系乃至整个宇宙的探测。

虽然美国 1972 年 3 月 2 日发射的"先驱者 10 号"探测器已于 1986 年 10 月飞离距太阳最远的行星——冥王星，并于 2000 年飞出太阳系 60 亿 km 的范围，但其他探测器都还没有飞出太阳系的范围，因此，目前人类对宇宙空间的探测还是限于前两部分展开。本书前 5 章内容主要是针对第 1 部分内容的，本章则是针对第 2 部分内容做简单介绍。

所谓深空探测是指借助于探测器在太阳系内对除地球以外的天体的探测，这些天体包括太阳、行星、行星的卫星(包括月球)、小行星和彗星等。在 20 世纪 50 年代前，人类对宇宙的探测(主要是借助于光学设备和射电天文设备)还只限于地面观测，后来人类发明了空间探测器(包括人造卫星、宇宙飞船、哈勃空间探测器和康普顿伽马射线望远镜等)，开始借用空间探测器对行星进行间接探测。只有到 20 世纪 70 年代，美国的 Apollo (阿波罗)载人登月成功，人们才仅有几次在月球上直接进行勘测。21 世纪初，美国等国计划在月球上建立空间实验室，俄罗斯着手登陆火星计划，终有一日人类的观天活动会在月球或其他行星上进行。

下面我们以探月为例来说明深空探测的主要特点。

用现代空间探测技术探测月球是近 60 年的事情。在 20 世纪 50 年代末，苏、美为了争夺空间霸权等目的，展开了以月球探测为核心的空间竞赛。从此，人类对月球的探测进入了一个新时期。

这个时期探月主要的特点可概括为：

第一，观测数据主要靠空间探测器获取。探测的方式主要有以下几种：

(1)利用探测器从月球近旁飞过对月球进行近距离观测；

(2)探测器在月球表面硬着陆，利用坠毁前的短暂时间进行观测；

(3)通过直接发射的月球卫星或由探测器释放的月球卫星对月球进行长期反复观测；

(4)利用软着陆设备或登陆人员携带的设备直接在月面上进行较长时间的实地勘察等。

第二，研究的领域从几何空间延伸到物理空间，从月表深入到内部。比如，美国国家航空暨太空总署(NASA)为阿波罗计划制订的计划，更加明确地指出该计划的主要目标是，"包括对月球、月球和地球的相互作用以及地-月系统在太阳系中的位置等问题得到更深刻的认识"。

第三，为实现这些目标，每次探测都必须解决月球及深空探测器、运载工具、深空测控以及数据通信、处理及数据库等多种连续的关键技术。这就需要全世界各国科学家，其中包括大地测量学家在内的多学科中的科学家卓越、勤奋、创新性的努力和通力合作。可以说经过将近20年(1959—1976)的辛勤工作和艰苦奋斗，在各方面已经取得了许多新的研究成果。但对于我国，此项工程还刚刚起步，有许多问题需要我们去探讨和研究，其中包括深空大地测量。

6.1.2 月球测绘的目标和任务

1. 月球测绘的目标

"嫦娥"工程的启动为月球测绘学的发展提供了极好的机会和条件，同时月球测绘科学也为"嫦娥"工程提供重要的科学技术保障。月球测绘学的基本奋斗目标是：瞄准当代世界深空测绘的先进水平，并结合我国"嫦娥"工程的实际需要，将我国大地测绘学的研究范围从地球表面及近地空间延伸到月球甚至其他大行星和星际空间，强化和实行大地测绘学同天文学、地球物理学及空间物理学等相关学科的交叉、渗透和融合，逐步形成和建立以月球和行星为主要研究对象的深空测绘的完整的理论体系和技术方法，以填补我国测绘科学在这方面的空白。近期目标则是为我国发射探月卫星及测绘月面的三维图像提供测绘的理论依据和实用的工程建议。

2. 月球测绘学的研究内容

1) 月球几何形状和物理特性的理论及应用的研究

① 月心-月固坐标系、地心-月心坐标系和星际空间惯性导航坐标系的建立及坐标系间的互相变换的理论研究；

② 确定月球大地测量基准常数 a、J_2、GM、ω 的理论和方法的研究，并借鉴有关资料综合分析和确定当前最佳值；

③ 月球重力场模型的基本理论：月球重力场模型及其特点，正常重力场，重力异常，月球的物理(重力)形状，月球空间重力变化及用于月球动力形状和结构的研究；

④ 月球水准面及高程系的理论：月球大地水准面的定义、性质和确定的原理，垂线偏差，大地水准面差距，高程系及高程基准点，卫星测高；

⑤月球测量控制网的理论：用地球对月球观测技术建立月面大地测量控制网，用月球卫星摄影测量方法建立和加密控制网，月球几何形状研究。

2)月球卫星数字摄影测量及遥感测绘月球正面三维地形图为目的的月球测图技术的研究

① ALS(人造月球卫星)数字摄影测量技术的研究；

② ALS 数字影像信息传送和接收的研究；

③ ALS 数字影像成图技术的研究；

④ ALS 月球背面数字影像信息传送、接收及成图方案的研究。

3）ALS 跟踪、测控为目的的深空监测站网（DSN）系统建立的方案和测控新技术的研究

① DSN 系统建立的最佳方案的论述研究；

② ALS 跟踪、测控新技术的研究。

综上所述，月球测绘学的基本任务是：月球几何形状和物理特性的理论及应用基础研究，以月球卫星数字摄影测量及遥感测绘月球正面三维地形图为目的的月球测图技术的研究，以 ALS 跟踪、测控为目的的深空监测站网（DSN）系统建立的方案和测控新技术的研究，为实现我国"嫦娥工程"的三阶段的任务提供科学技术服务。

6.1.3 月球及深空大地测量国内外的研究现状及分析

从 1959 年 1 月 2 日苏联首先向月球发射第一颗月球探测器 Луна-1 开始到 1976 年 8 月 9 日发射第二十四颗月球探测器 Луна-24 为止（这个时期可以认为是美、苏第一轮探月竞赛时期），美、苏共发射了 50 余颗月球探测器（成功 45 颗）。如苏联 Луна-1 至 Луна-24 等月球探测器，美国 Surveyor-1 至 Surveyor-7、Luna orbiter-1 至 Luna orbiter-5、Apollo 4 至 Apollo 17 等月球探测器。每个探测器都肩负着研究月球大地测量多方面内容的重要使命。简要情况如下：

1959 年 9 月 14 日，Луна-2 号成为首次直接撞击月球的航天器，三个星期后，第一艘环月飞船 Луна-3 号发回了第一张月球背面的照片。

1966 年 2 月 3 日，Луна-9 软着月面成功，用电视摄影机拍摄月球表面，并将图片穿过 40 万公里太空传回地球，图片可以显示所有几英寸大小的物体，使人们可就近观察到月球表面。

1966 年 3 月 31 日，Луна-10 成为月球卫星，观察月球及近月空间环境，进行了包括研究月球重力场等方面的大地测量工作。

1966 年 6 月 2 日，Surveyor-1 在仅偏离目标 14 公里处实现软着月面，在六个星期内拍摄并向地球传送 11 000 张以上的高清晰度的照片，据称，分辨率可达 0.05cm。除此之外，该系列共 7 艘太空船中的 4 艘实现月面软着陆。如 Surveyor-3、5、6、7，它们都完成了预定的摄影及重力探测等科研任务。

美国发射 Luna orbiter 系列（共 5 艘）月球轨道飞行器计划主要目的是用来拍摄供阿波罗行动的可能着陆点，并增进人类对月球正面和背面地形地貌的了解，除此之外，基于月球的太空船运动的分析，帮助我们确定月球的精确形状以及它可能有的任何重力异常。现已证实月球略像梨形，在北极凸起约 0.4 公里。Луна-12 以后系列月球轨道飞行器也有类似研究工作。它们的基本情况如下：

1966 年 8 月 14 日，Luna orbiter-1 进入远月点 1 850 公里，近月点 190 公里的环月轨道，在环月的 26 圈中，拍摄、冲印并储存了第一批照片。电子扫描并向地球传信，接着改变其轨道，使其轨道近月点降至 58 公里，得以拍摄月球近景照片。

1966 年 10 月 22 日，Луна-12 进入环月轨道，拍摄一系列月面照片并传回接收站，并依此绘制了月球近赤道一定范围内的月面地形图。

1966 年 11 月 6 日，Luna orbiter-2 从两个不同近月点的轨道对月面拍照，特别是有关阿波罗可能着陆场地的极为优异的照片，并传回地球。

1967 年 2 月 5 日，Luna orbiter-3 又进一步地做了类似的工作，特别是对宁静海（Mare Tranquillitatis）东部的初选地址（此地是后来 Apollo11 着月地）进行仔细拍照并进行深入的地形、地貌特点的研究。

1967 年 5 月 11 日，Luna orbiter-4 进入月球两极轨道，并发回第一张月球南极区的照片。探测月球重力场。

1967 年 8 月 1 日，Luna orbiter-5 升空后，对预先选定的月球正面 40 余处场地进行详细拍照，并对背面西部赤道近区也进行了摄影，以上工作是从几条不同轨道上进行的。摄影范围达月面 99%。此外，作为副产品，它还拍摄了一张近乎全地球的照片，显示出非洲、欧洲和亚洲大部分面积。

1968 年 4 月 7 日，Луна-14 绕月飞行，远月点、近月点分别为 870 公里和 160 公里，研究了地球和月球之间的质量关系、月球引力场、太阳风和月球的相互作用以及月球在环地轨道上的运动特征。

1970 年 11 月 10 日，Луна-17 带着能在月面上行走的月球车 1 号，在月球上放置一组供测月用的激光反射镜，并沿线进行多学科的测量和科考，其中包括在月面上直接进行重力测量。

1971 年 9 月 28 日，Луна-19 在月球上空 127~135 公里的近圆形轨道上，对月球表面拍摄，并绘制月面大范围地图。

1973 年 1 月 16 日，Луна-21 在月球上放置了另一组供测月用的激光反射镜和一架电视摄影机，在为期四个月的使用期间，月球车传送了 8 万张月球表面照片，并进行实地重力测量。

下面再对美国阿波罗计划中的登月月球大地测量作介绍。

美国自 1967 年 11 月 9 日实施 Apollo 4 开始，经过 Apollo 5、6、7、8、9 至 Apollo 10，圆满完成了环月飞行和模拟登月实验演练。

1969 年 7 月 20 日，Apollo 11 太空船的成功飞行壮举，使两名美国太空人 Neil A. Armstrong 和 Edwin E. Aldrin 第一次登陆月球并返回地球，实现了人类在月球表面行走并进行实地科学探测的美好愿望。特别是进行了实地直接重力测量，比如，着陆点坐标 0°40′N 23°29′E 重力值 $g_月$ =162 852mGal。架设了一座供测月用的激光反射镜。

1969 年 11 月 19 日，Apollo 12 实现了太空人第二次登上月球，架起了阿波罗月球科学实验装置箱（ALSEP），箱内装有多学科领域的科学实验仪器和设备，广泛地研究月球表面形状特征和内部物理特性。比如，着陆点坐标 3°12′S 23°24′W 重力值 $g_月$ =162 674mGal。

1971 年 2 月 5 日，Apollo 14 实现太空人第三次登上月球，架起了阿波罗月球科学实验装置箱（ALSEP）进行了多种科学研究，特别是架设了一座供测月用的激光反射镜，进行重力测量，着陆点坐标 3°40′S 17°28′E 重力值 $g_月$ =162 653mGal。

1971 年 7 月 26 日，Apollo 15 升空，4 天后顺利实现人类第四次登月，这次使用的科学实验设备仍是 ALSEP，所不同的是这次太空人乘坐月球车在上月球表面进行沿线路（两条）进行科学考察，其中包括重力测量。安放了一座供测月用的激光反射镜。

1972 年 4 月 20 日，Apollo 16 顺利实现人类第五次登月，太空人乘坐月球车进行更大范围的线路科考。

1972 年 12 月 11 日，Apollo 17 顺利实现人类第六次登月，这也是 20 世纪人类最后一次登月。仍乘坐月球车进行科考。进行重力测量，着陆点坐标 20°13′N 30°42′E 重力值 $g_月$ = 162 695mGal。

但由于受到资金和技术方面的限制，在阿波罗登月计划之后，人类对月球的探测曾沉默了多年。

除对月球探测外，与此同时，人类还对水星、金星、土星、木星、天王星、海王星、冥王星以及彗星也使用空间探测器进行了探测。

通过以上这些探月壮举和其他行星探测的那些活动，大大推动了航天事业的发展，也大大丰富了人类对月球的认识。在这一时期，伴随着人类探月工程的伟大实践，月球大地测量学（Lunar geodesy、Selenodesy）和深空大地测量学（Deep space geodesy）得到了空前的发展。例如，实现了高精度的地-月激光测距并建立了以月球反射镜为大地控制点的月球大地控制网，建立了地-月坐标系统，测绘了月球表面的地形图，开展了月球重力场的初步研究，为人类认识月球和行星及其空间探测事业的发展奠定了坚实的基础。

6.1.4　探月再次成为世界航天的热点

近十年来，由于航天科技的飞速发展和人类对月球认识的逐渐深入，人们意识到月球上蕴含的丰富资源将会对人类的未来发展起到重要作用。因此在 20 世纪末，月球探测再次升温。据称，美国、俄罗斯、欧盟和日本正在筹划一个比阿波罗载人登月工程更雄伟的计划——重返月球计划。美国总统布什 2004 年 1 月 15 日宣布，美国将于 2015 年前重返月球并在月球建立永久基地；欧盟于 2003 年 9 月 27 日发射了"SMART-1"月球探测器，表明 21 世纪人类第一次探月开始启动；印度官员 2003 年 9 月 25 日透露，印度将于 5 年内（2008 年前）实现无人月球探测；此外俄罗斯也在筹划一个雄伟的重返月球计划；日本也在忙着筹划探月。按照这些计划，到 2020 年，在月球上将建立人类科学实验室，开辟探测宇宙空间的新基地等。从上可见，探测月球已经成为当今航天事业的热点话题，各国都希望能够在新一轮的月球探测竞赛中占得先机。

在我国，早已有吴刚伐桂、玉兔捣药、嫦娥奔月等美丽的神话，历代诗人也对月球寄予深情，广为传颂。这些都表达了我国劳动人民对月球的美好追求和向往。

从 1999 年开始，国防科工委组织有关部门系统地论证了月球探测的科学目标，2000 年，中国科学院通过了对科学目标的评审，并据此科学目标开始研制有效载荷。从 2002 年起，国防科工委组织科学家和工程技术人员研究月球探测工程的技术方案。经过 2 年多的努力，深化了科学目标及其实施途径，落实了探月工程的技术方案，建立了全国大协作的工程体系，提出了立足我国现有能力的绕月探测工程方案。

2004 年 1 月，国务院批准绕月探测工程立项，命名为嫦娥工程。2006 年 2 月，国务院颁布《国家中长期科学和技术发展规划纲要（2006—2020）》，明确将"载人航天与探月工程"列入国家十六个重大科技专项。我国探月工程规划为绕、落、回三期。

探月工程一期"绕"的任务是实现环绕月球探测。嫦娥一号卫星于 2007 年 10 月 24 日发射，在轨有效探测 16 个月，2009 年 3 月成功受控撞月，实现中国自主研制的卫星进入月球轨道并获得全月图。

探月工程二期"落"的任务是实现月面软着陆和自动巡视勘察。嫦娥二号于 2010 年

10 月 1 日发射，作为先导星，为二期工作进行了多项技术验证，并开展了多项拓展试验，目前已结束任务。嫦娥三号探测器于 2013 年 12 月 2 日发射，12 月 14 日实现落月，开展了月面巡视勘察，获得了大量工程和科学数据。嫦娥三号着陆器目前仍在工作，成为月球表面工作时间最长的人造航天器。2018 年 5 月 21 日，嫦娥四号鹊桥号中继星发射升空。6 月 14 日探月工程嫦娥四号任务鹊桥中继星成功实施轨道捕获控制，进入环绕距月球约6.5 万公里的地月拉格朗日 L2 点的 Halo 使命轨道，成为世界首颗运行在地月 L2 点 Halo轨道的卫星。

探月工程三期"回"的任务是实现无人采样返回，于 2011 年立项。2014 年 10 月 24日，我国实施了探月工程三期再入返回飞行试验任务，验证返回器接近第二宇宙速度再入返回地球相关关键技术。2020 年 11 月 24 日，探月工程嫦娥五号探测器在文昌航天发射场升空。嫦娥五号任务是我国首个实施无人月面取样返回的月球探测任务。它的主要科学目标是开展着陆区的现场调查和分析、开展月球样品返回地球以后的分析与研究。12 月17 日凌晨，嫦娥五号返回器携带月球样品，采用半弹道跳跃方式再入返回，在内蒙古四子王旗预定区域安全着陆。标志着探月工程嫦娥五号任务取得圆满成功。

综观发达国家的月球深空探测行动和新的月球探测计划，我们可以有充分的理由说，所有的人类探测月球工程，无不首先用科学仪器仔细地探测并科学研究和准确地确定月球的几何及物理特性。其中包括月球大地测量基准参数、地-月坐标系及月球的形状和大小，月球外部重力场的研究；还包括遥测月面地形地貌信息，精确地绘制出月球三维图，以便表达包括月球表面地形、地貌、表层土壤的构造、岩层中化学成分的含量及分布等属于测绘学科多项科学研究的内容。对于我国而言，开展以月球大地测量为主的深空大地测量方面的研究是目前我国发展空间技术迫在眉睫的、极重要的关键性的工作之一。它是"嫦娥"工程中第一阶段月卫轨道设计、探测月球周围环境、月面地形、地貌及地质构造与演化，第二阶段选择和确定探测器着月点及机器人的行踪，第三阶段钻孔点的选择及探测器的返回等工程设计和实施必须要事先解决的关键技术。同时也为今后探测火星、金星、水星等行星深空探测打下基础。只要我们以现代高科技水平完成好这项基础研究工作，就能使我们以更快的速度、更省的费用、更好的效能、更高的科学价值占领大地测量等学科这一领域的世界高地，开创中国特色的探月工程的奇迹。

6.2 关于地心引力常数和月心引力常数

6.2.1 引言

天体力学的基础是牛顿万有引力定律：两个质点相互吸引力 F 与它们的质量 M、m之乘积成正比，与它们之间距离 r 的平方成反比，即

$$F = \frac{GMm}{r^2} \tag{6-1}$$

式中：G 称为引力常数。由于测量质量、长度及时间的单位系统不同，故引力常数 G 有不同的数值，比如有牛顿引力常数、高斯引力常数以及爱因斯坦引力常数等。如果 M 是主体即吸引体，那么称 GM 为主星体的星心引力常数，比如地心引力常数 GM_e、月心引力常

数 GM_l 及太阳引力常数 GM_s 等。本文所研究的是牛顿地心引力常数 GM_e 和牛顿月心引力常数 GM_l。

地心引力常数 GM_e 是地球的基本特征参数之一。它是研究地球物理性质、地球重力场、地球动力形状的重要参量；同时它在地球重力场范围内及深空领域研究空间探测器及其运载工具的动态运动起着重要作用，它是空间探测器及其运载工具设计、遥测和遥控的重要参数；同时它在推导其他星心引力常数时也是重要的过渡参数。

同样，月心引力常数 GM_l 在人造月球卫星(ALS)轨道及向太阳系其他行星发射空间探测器(比如宇宙飞船)的轨道的设计、遥测及遥控，在研究月球质量及总体密度及分布，在确定月球的动力形状以及其他目的研究中有着重要作用。

6.2.2　关于地心引力常数

由人造地球卫星的无摄运动微分方程

$$\ddot{r}=-\frac{GM}{r^3}r \tag{6-2}$$

进行积分可得

$$V^2=\frac{2GM}{r}+h \tag{6-3}$$

式中：h 为积分常数，r 为质心间的距离，V 为探测器的速度。

上式左端 V^2 与系统的动能成正比，$2GM/r$ 表示位能，因此积分常数 $h=V^2-2GM/r$ 为系统的动能与位能的代数和。只要我们观测了空间探测器在运行轨道上的速度 V 及至地心的距离 r，我们就可以用带有未知数的条件平差法求出地心引力常数 GM。

因此，(6-3)式两边乘以 $r/2$ 再移项后，可写成

$$\phi_i=GM+r_ih-r_iV_i^2/2=0 \tag{6-3'}$$

将(6-3)′式线性化得：

$$Av+BX+W=0 \tag{6-4}$$

式中：$v=[\delta V_1\ \ \delta r_1\ \ \cdots\ \ \delta V_n\ \ \delta r_n]^T$，$X=[\delta GM\ \ \delta h]^T$。 $\tag{6-5}$

矩阵 A、B 的元素分别由(6-3)′式对 V 和 r、对 GM 和 h 的偏导数组成，其中

$a_{v_i}=r_iV_i$　$a_{r_i}=h-V_i^2/2$　$h=-GM/2a$，a 为轨道长半轴……

$b_i=+1$，$b_i=r_i$，…

$W_i=(GM)_0-r_i(GM/2a)_0-r_iV_i^2$

按附有未知数的条件平差法得出求解公式

$$v=QA^TK \tag{6-6}$$

$$K=-(AQA^T)^{-1}(B\delta X+W) \tag{6-7}$$

$$X=-(B^TQ^{-1}B)B^TQ^{-1}W \tag{6-8}$$

式中：Q 是观测值的权倒数阵。

地心引力常数的确定最好是用无线电测距法、激光测距法、多普勒法和射电干涉等方法对发射离地球甚远的其他行星的空间探测器在其轨道的被动段测定。这样可以使观测处在更好地接近二体运动条件下。如果利用地球人造卫星观测方法确定地心引力常数，此时必须要足够准确地顾及地球引力对卫星轨道的影响，特别是对卫星运动的平均角速度 n 和轨道长半轴 a 的影响。

从法方程的制约性来讲，对椭圆轨道的探测器是不利的。这时我们可改变观测量为平均角速度 n 及轨道长半轴 a 的办法来达到目的。

比如，在利用激光测月定位技术中，根据万有引力定律可知，两个质点之间是互相吸引的，这就是说，在地-月系统中，不仅地球吸引月球，使月球具有加速度 a，同时月球也吸引地球，使地球具有加速度 A。设地球质量为 M，月球质量为 m，由牛顿第二定律知

$$F = ma \qquad (6\text{-}9)$$

所以月球加速度

$$a = \frac{F}{m} = \frac{GM}{r^2} \qquad (6\text{-}10)$$

同理，地球加速度

$$A = \frac{Gm}{r^2} \qquad (6\text{-}11)$$

由于地球和月球各自受力方向相反，它们的加速度方向也相反，所以在相对运动中，月球相对地球的加速度

$$\bar{a} = a + A = \frac{G(M+m)}{r^2} \qquad (6\text{-}12)$$

又因作圆周运动的物体的向心加速度 $a = v^2/r$，将 $v = 2\pi r/T$ 代入，得：

$$A = \frac{4\pi^2}{T^2} r \qquad (6\text{-}13)$$

于是得行星运行周期同半径的关系：

$$\frac{4\pi^2}{T^2} = \frac{G(M+m)}{r^3} \qquad (6\text{-}14)$$

当注意到月球平均角速度 $n_月 = 2\pi/T$，由此可得地心引力常数计算公式：

$$GM_e = \frac{n_l^2(1-v)r^3}{(1+\mu)} \qquad (6\text{-}15)$$

式中：v 为太阳等扰动影响改正项；$\mu = m/M$，月球质量同地球质量比；r 为月球轨道长半轴。

这是根据激光测月原理来确定地心引力数的基本公式。根据激光测月和其他研究资料的处理和分析，还可以大大地改进月球运动理论，更精确地确定 μ 值，并更可靠地确定月球激光反射器的月面位置。虽然这种方法将受比例误差的影响，主要来源是无线电测距和多普勒效应的数据误差以及实际光速的误差。但一般认为用这种方法确定的地心引力常数有较高的内部符合性。表 6-1 是利用空间探测器测得的主要成果。

下面给出国际大地测量与地球物理联合会地心引力常数的推荐值：

国际大地测量与地球物理联合会第 16 届大会（法国 格勒诺布尔 1975）地心引力常数的推荐值：

$$GM = (3\ 986\ 005 \pm 3) \times 10^8 \mathrm{m}^3 \mathrm{s}^{-2}（含大气层）$$

国际大地测量与地球物理联合会第 17 届大会（澳大利亚 堪培拉 1979）地心引力常数的推荐值：

$$GM = (39\ 860\ 047 \pm 5) \times 10^7 \mathrm{m}^3 \mathrm{s}^{-2}（含大气层）$$

国际大地测量与地球物理联合会第 18 届大会（联邦德国 汉堡 1983）地心引力常数的

推荐值：

$$GM = (39\ 860\ 044 \pm 1) \times 10^7 \mathrm{m}^3 \mathrm{s}^{-2}(\text{含大气层})$$

GPS 采用的 WGS-84 大地坐标系采用的是国际大地测量与地球物理联合会第 17 届大会(澳大利亚 堪培拉 1979)地心引力常数的推荐值：

$$GM = (3\ 986\ 005 \pm 0.6) \times 10^8 \mathrm{m}^3 \mathrm{s}^{-2}(\text{含大气层})$$

表 6-1

序号	探测器	δ	m_{GM}	序号	探测器	δ	m_{GM}
1	Ranger 1	0.60	2.5	11	Surveyor 6	1.11	0.5
2	3	1.63	2.5	12	7	1.11	0.8
3	6	0.69	1.1	13	Pioneer 6, 7	1.50	0.4
4	7	1.34	1.5	14	Venera 4~7	0.37	1.0
5	8	1.14	0.7	15	Mariner 4	1.83	1.4
6	9	1.42	0.6	16	5	1.49	0.4
7	Surveyor 1	1.27	0.8	17	6	1.44	1.0
8	3	1.11	0.8	18	7	1.23	1.0
9	4	1.19	1.0	19	9	0.80	0.4
10	5	1.10	0.6				

考虑到 $GM_e = (398\ 600.0 + \delta)\,\mathrm{km}^3 \mathrm{s}^{-2'}$，所以以上 19 次的平均值 $GM_e = 398\ 601.2 \pm 0.2 \mathrm{km}^3 \mathrm{s}^{-2}$。

6.2.3　关于月心引力常数

月心引力常数 GM_l 在绕月探测器或绕月人造卫星(ALS)的运动轨道的计算及设计中有重要意义。它是天文学及天文动力学的基本常数。它也被用来确定月球质量 M_l、平均密度 σ_m 等定量分析中。

在空间探测器出现前，测定 GM_l 的基本手段是天文测量方法，其中的一些方法至今仍被应用着。其基本思想是引起地球自转轴岁差和章动现象除由其本身物质分布不均匀和不对称以及赤道凸起物质的引力影响外，日-月引力的影响也是重要原因。又因为，目前确定地心引力常数 GM_e 可达 10^{-6}，故测定 GM_l 与测定比值 $\mu = M_l / M_e$ 具有相同的意义。因此，测定月心引力常数 GM_l 同测定月-地质量比 μ 可认为是等价事件。

我们知道，地球的周年日月岁差有式：

$$p = H\cos\varepsilon \left(P + \frac{\mu}{1+\mu} Q \right) \tag{6-16}$$

地球的周年日月章动有式：

$$N = H\cos\varepsilon \frac{\mu}{1+\mu} R \tag{6-17}$$

式中：$H = (2C - A - B)/2C$ 为地球的动力扁率。

由(6-16)、(6-17)两式易得

$$\mu^{-1} = A\frac{P}{N} + B \tag{6-18}$$

系数 A、B 是根据 P、Q 和 R 的计算公式(在此略去)并依天文观测量予以确定。岁差 p 依天文观测恒星位置变化或经度变化而确定,章动 N 依天文纬度观测变化量来确定。从 (6-18)式可知,影响测定 μ 值精度的主要误差来源是章动 N 的测定误差。

另外,也可以采用观测月球天平动的方法来确定 μ。

此外,人们还可用(6-15)式确定 μ 值。

这时,$4\pi^2/T^2 = 2.616\ 995\times10^{-12}\mathrm{s}^{-2}$,$\nu$ 是关于太阳及行星的影响、质心位置及其他因素引起的小改正数,可用理论公式计算。为依该式确定 μ 值,我们必须要知道 GM_e、T、ν、月球轨道长半轴 a 及月球半径。其中有些量可用激光测距方法经计算得到。

只有出现人造月球空间探测器及人造月球卫星(ALS)以及自动的行星际的深空观测站后,使得测量 GM_l 值的精度大大提高。其基本原理是在星际深空观测站上,多次自动跟踪(跟踪测量数据主要包括:多普勒跟踪数据,激光测量至月面反镜距离数据,似 VLBI 测量数据,相对重力测量和直接重力测量数据等)ALS 及各种月球空间探测器的坐标及速度,通过研究这些被观测到的坐标及速度的变化量以及利用其他手段测得的 GM_l,作为近似值,经复杂计算得到。

首先介绍利用人造月球卫星 ALS 作为辅助手段测定 GM_l 的基本原理。

ALS 在月球重力场中运动遵守开普勒行星运动第三定律:

$$GM_l = \frac{4\pi^2(1-F)a^3}{T^2} \tag{6-19}$$

式中:T 为卫星周期,a 为卫星轨道长半轴,F 为顾及各种摄动因素引起的改正数,其中包括月球重力场异常改正数。我们知道,异常重力场的影响是随着距离的增大而减少的,因此在我们这里,地球、太阳及其他行星扰动的影响尤为重要。当用 ALS 跟踪数据确定 GM_l 时,是在假设卫星未受到其他任何力的作用情况下导出的,因此没有加这项改正。但后来人们知道月球重力场异常还是很大的。GM_l 数值是利用单个 Lunnar Orbiter 1,2,3,4,5 跟踪数据及其组合数据,并同月球重力场展开式的球谐系数 C_{nm} 和 S_{nm} 一起解出。为了确定 GM_l 已设计了不同阶次的系数。一些主要的结果见表 6-2(序号 1~4)。

其次,确定 GM_l 时还用到月球引力圈内的长轨道空间探测器,比如 Ranger 6,7,8,9 及 Surveyor 1,3,4,5,6,7。基本原理是从地面跟踪站自动跟踪空间探测器的坐标和速度,并将它们同理论计算值进行比较。计算值是根据轨道、重力场其中包括 GM_l 的事先假设确定的参数计算。用坐标和速度的观测值和计算值之差值来改进初始参数。用这种方式确定的 μ 和 GM_l 的结果见表 6-2(序号 5~15)。

然后,用向其他行星体发射的探测器进行观测也可被用来测定 μ 值。比如 Pioneer 6,7,8,9;Mariner 2,4,5,6,7;Venera 4,5,6,7。其基本原理是用天文观测方法观测月行差。但此时的观测目标不是太阳或小行星而是上述的远方空间探测器。观测量是径向距离和径向速度的变化量,不过此时要从观测量中选择出地球绕地-月系质心运动的影响部分。

径向距离的变化公式:

$$\delta\rho = \frac{\mu\Delta}{1+\mu}\cos\beta\sin(\lambda-\lambda_l) \tag{6-20}$$

径向速度的变化公式:

$$\delta\,\dot{\rho} = \frac{2\pi\mu\Delta}{T(1+\mu)}\cos\beta\sin(\lambda-\lambda_l) \tag{6-21}$$

式中：β、λ 为探测器的地心坐标，λ_l 为月球质心经度，T 为恒星月。

径向速度根据多普勒跟踪数据确定（相对地-月系统的质心），为推导 μ^{-1}，要利用连续长期（几个月）并包括几个周期 T 的观测，并经复杂计算。比如在利用 Venera5，6，7 的跟踪数据时，大约有 7 000 次观测，每个探测器有 3~4 个月观测期，在解算时，引进了轨道的 9 个参数，光压系数，地心引力常数 GM_e，同时还考虑到由月球、太阳、行星引起的探测器的运动摄动及地球重力场异常影响等。主要结果见表 6-2（序号 16~31）。

表 6-2　　　　　　　　　　$GM_l = (4\,902.0+\delta)$ km^{3}s^{-2}

序号	探测器	δ	m_{GM_l}	序号	探测器	δ	m_{GM_l}
	Lunar Orbiter						
1	2	0.66	0.19	17	Pioneer 7	0.72	0.02
2	4	0.796	–	18	8	0.82	0.01
3	1，3，4	0.64	0.11	19	9	0.79	0.01
4	1~5	0.73	0.14	20	6，7	0.75	0.12
5	Ranger 6	0.66	0.19	21	Mariner 2	0.84	0.08
6	7	0.54	0.17	22	4	0.76	0.10
7	8	0.63	0.12	23	5	0.77	0.05
8	9	0.71	0.30	24	6	0.78	0.09
9	6~9	0.63	0.07	25	7	0.86	0.09
10	Surveyor 1	0.65	0.24	26	Venera 4	0.806	–
11	3	0.64	0.25	27	5	0.702	–
12	4	0.63	0.25	28	6	0.638	–
13	5	0.63	0.24	29	7	0.808	–
14	6	0.64	0.24	30	4~7	0.716	0.10
15	7	0.64	0.24	31	M45+P7	0.75	0.12
16	Pioneer 6	0.81	0.04	32	Radar+Optical	0.70	

其中，Lunar Orbiter，Ranger，Surveyor 三种探测器（即序号 1~15）的结果是根据求出的 μ^{-1} 和已知的地心引力常数 GM_e = 398 601. 2 km^{3}s^{-2} 计算所得，Pioneer，Mariner 两种探测器（即序号 16~25）的结果是根据求出的 μ^{-1} 和同时求出的地心引力常数算得。Venera，Mariner 45 和 Pioneer 7 的（即序号 26~31）的结果是将 μ^{-1}、GM_l、GM_e 同时求出的结果。

最后计算平均值。取第 4，9，[（10…15）/6]，18，19，20，21，24，25，30，31，32 等相对独立的数值，并按等精度计算，得到 GM_l 的平均值：

$$GM_l(\text{km}^3 \cdot \text{s}^{-2}) = 4\,902.75 \pm 0.047 \tag{6-22}$$

当取 G = 6. 674 5×10^{-11} m^{3}kg^{-1}s^{-2}，利用上式值，可算出月球的质量

$$M_l = 7.\,345\,4 \times 10^{25}\text{g}$$

平均密度　　　　　　　　　　$\sigma_l = M_l/\Omega$

式中：$\Omega = 4\pi abc/3$ 为月球椭球体积，而 a、b、c 分别为椭球的三个半轴，据资料介绍，

它们分别是 1 738.04km，1 737.68km，1 736.67km，将上述有关数值代入算得：

$$\sigma_l = 3.343\ 3 \text{gcm}^{-3} \tag{6-23}$$

6.3 关于月球形状中心和月球质量中心

6.3.1 引言

月球形状中心和月球质量中心对于研究月球几何形状大小，对于绘制月面三维地形模型及影像图，对于研究月球质量、密度、月壳构造，对于研究月球内部及外面空间环境，对于建立月心-月固坐标系及地-月坐标系，对于研究地-月引力场及星际引力场等多项研究都有重要作用。它们也是空间探测科学的基本参照点。它是人造地球卫星、人造月球卫星及所有空间探测器设计、遥测、遥控的重要参照点。

众所周知，月球的质量中心和其几何形体中心是不重合的，有 1～2km 的位移。月球自然表面可以用一些简单的几何图形来近似，这些图形包括球形、旋转椭球、三轴椭球以及由球谐函数绘出的表面等。诚然，我们在选择和确定几何图形位置时，曾加上许多制约条件。比如，几何形体表面点和自然表面的相应点间的径向向量之差的平方和为最小，或这些差的模的和为最小或者其他更复杂的条件，使其在形体上更接近实际，不过这种用简单的几何图形中心来代替具有自然物理性质的质量中心总是不适当的。适宜的提法应该把几何形状中心定义为均质密度月球的质量中心，这时图形中心相对原点的坐标可用下式表示：

$$X_0 = \frac{\iiint x \mathrm{d}\Omega}{\iiint \mathrm{d}\Omega} \quad Y_0 = \frac{\iiint y \mathrm{d}\Omega}{\iiint \mathrm{d}\Omega} \quad Z_0 = \frac{\iiint z \mathrm{d}\Omega}{\iiint \mathrm{d}\Omega} \tag{6-24}$$

式中：Ω 为月球体积，$\mathrm{d}\Omega$ 为体积元素。

月球形状中心的这种定义的主要优点是，它与月球质量中心都是基于同样的概念，所不同的仅仅是月球质心与实际不均匀的密度的分布有关。为了确定月球质心的位置，仅靠几个形状参数是远远不够的，因为这个质心位置与外部重力场及月球的惯性矩紧密相关。因此，为确定月球质心位置，应该通过跟踪在月球重力场中的人造月球卫星、向月面的自由落体观测以及月球公转和自转的某些特性等的研究中综合地来考虑和确定。

6.3.2 重力方法确定月球质心的原理

假设月球表面某些点相对几何中心和质心的坐标是知道的。月球表面点至质心的绝对距离 R 是用不同观测值确定的，对于近月面而言，这些观测值包括空间探测器 Ranger 6～9 在月面上自由降落的时间，Lunar Orbiter 的速度对高度的比率，Apollo 11、12、14、17 着陆期间的月球重力及着陆点的重力测量，Surveyor 1，6 在月面上着陆后的多普勒跟踪数据，对安在月面上的反射器的激光探测数据以及辅助于 ALSEP 播发器的 VLBI 结果等；对于背月面赤道带点的距离 R，还只是几次用 Apollo 航测和激光测高的办法获得。月球表面点至几何中心的绝对距离 r 是用几何公式计算的。现在我们来研究用重力方法确定两个中心点的相对位置的原理。

在这里，我们来研究用月面上直接测量重力的方法确定重力点相应质心坐标的原理。我们知道 Apollo 11、12、14、17 着陆后都在着陆点处进行了重力测量，测量的情况如表 6-3 所示：

表 6-3

探测器	着陆点坐标	着陆装置距 $R = 1\ 736\text{km}$ 圆球面高度	重力观测值 $G(\text{mGal})$
Apollo 11	$\varphi = 0°40'N\ \lambda = 23°29'E$	$-0.53(\text{km})$	$162\ 852 \pm 13$
Apollo 12	$3°12'S\quad 23°24'W$	0	$162\ 674$
Apollo 14	$3°40'S\quad 17°28'W$	0.39	$162\ 653$
Apollo 17	$20°13'N\quad 30°42'E$	1.19	$162\ 695 \pm 5$

重力分布公式：

$$g(\rho,\ \varphi,\ \lambda) = \frac{GM_l}{\rho^2} + \delta g(R,\ \varphi,\ \lambda) \qquad (6\text{-}25)$$

式中：

$$\delta g(R,\ \varphi,\ \lambda) = \frac{GM_l}{R^2} \sum_{n=2}^{\infty} \sum_{m=0}^{n} (g_{nm}\cos m\lambda + h_{nm}\sin m\lambda) P_{nm}(\sin\varphi) \qquad (6\text{-}26)$$

重力场异常部分，是实际重力场与规则形状和密度的月球正常重力场之差。因此，只要在月球面进行了实际重力测量，该值是可以求出的。此时，观测点至月球质心距离的平方可按下式求出：

$$\rho^2 = \frac{GM_l}{g(\rho,\ \varphi,\ \lambda) - \delta g} \qquad (6\text{-}27)$$

从(6-27)式可知，为了确定质心的位置，显然必须至少要在月球面不同的三个点上进行重力测量。为了提高确定质心的精度，这些重力点越多越好，并尽可能分布在大范围内。

如图 6-1 所示，P_n 是月面上进行重力测量的点。坐标原点选为月球形状中心 O_f，P_n 的直角坐标用 x_n，y_n，z_n 表示，球面极坐标用 r_n，φ_n，λ_n 表示。X 轴正向指地球，Z 轴与月球自轴重合，Y 轴与 XOZ 平面垂直向东为正。月球质心 O_m 相对月球形心 O_f 的偏心是 Δx，Δy，Δz，这是我们要求的参数。由图可知，距离之间有如下关系：

$$\rho_n^2 = r_n^2 + l^2 - 2r_n l \cos\psi_n \qquad (6\text{-}28)$$

式中：ψ_n 为向量 $O_f O_m$ 与向量 $O_f P_n$ 正向的夹角。

$$\cos\psi_n = \sin\varphi_n \sin\varphi_0 + \cos\varphi_n \cos\varphi_0 \cos(\lambda_n - \lambda_0) \qquad (6\text{-}29)$$

$$l = \left[(\Delta x)^2 + (\Delta y)^2 + (\Delta z)^2 \right]^{1/2} \qquad (6\text{-}30)$$

式中：$(\varphi_0,\ \lambda_0)$ 为向量 $O_f O_m$ 的球面坐标。

因为

$$\sin\varphi_0 = \frac{\Delta z}{l}, \quad \cos\varphi_0 = \frac{\left[(\Delta x)^2 + (\Delta y)^2 \right]^{1/2}}{l}, \quad \tan\lambda_0 = \frac{\Delta x}{\Delta y} \qquad (6\text{-}31)$$

则

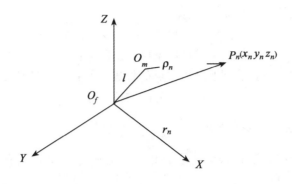

图 6-1

$$\cos\psi_n = \frac{\Delta z}{l}\sin\varphi_n + \frac{[(\Delta x)^2 + (\Delta y)^2]^{1/2}}{l}\cos\varphi_n \times \left[\cos\lambda_n\cos\left(\arctan\frac{\Delta x}{\Delta y}\right) + \sin\lambda_n\sin\left(\arctan\frac{\Delta x}{\Delta y}\right)\right]$$

经过简单变换得:

$$\cos\psi_n = \frac{\Delta x}{l}\cos\varphi_n\sin\lambda_n + \frac{\Delta y}{l}\cos\varphi_n\cos\lambda_n + \frac{\Delta z}{l}\sin\varphi_n \tag{6-32}$$

将(6-32)式代入(6-27)式,并注意到(6-27)式、(6-30)式,则不难得到下式

$$GM_l r_n^{-2}\left[g_n(\rho_n, \varphi_n, \lambda_n)\right]^{-1} = 1 + \frac{(\Delta x)^2 + (\Delta y)^2 + (\Delta z)^2}{r_n^2}$$
$$-2\left(\frac{\Delta x\cos\varphi_n\sin\lambda_n + \Delta y\cos\varphi_n\cos\lambda_n + \Delta z\sin\varphi_n}{r_n}\right) \tag{6-33}$$

为简化(6-33)式,设

$$a_n = -2\frac{\cos\varphi_n\sin\lambda_n}{r_n}, \qquad b_n = -2\frac{\cos\varphi_n\cos\lambda_n}{r_n}, \qquad c_n = -2\frac{\sin\varphi_n}{r_n} \tag{6-34}$$

于是(6-33)式可写成下面的简式:

$$d_n = GM_l r_n^{-2}\left[g_n(\rho_n, \varphi_n, \lambda_n)\right]^{-1} - 1 - \frac{(\Delta x)^2 + (\Delta y)^2 + (\Delta z)^2}{r_n^2}, \tag{6-35}$$

或

$$d_n = a_n\Delta x + b_n\Delta y + c_n\Delta z \tag{6-36}$$

在上式中,未知数是 Δx, Δy, Δz,其他量均可根据已知参量和观测数据计算得到。但该式是三元二次方程,在这里一般以趋近法解算为宜。由于 $\dfrac{\Delta x}{r_n}$, $\dfrac{\Delta y}{r_n}$, $\dfrac{\Delta z}{r_n}$ 是微小量,其平方是二阶微小量,故在第一次趋近时,它们可以略去。为此,首先用三个重力点数值解出(如果重力点多余三个,用最小二乘法解出)未知数 Δx, Δy, Δz 的初始值,再把初值代入(6-36)式左端,使左端成为常数项,依此再解出未知数 Δx, Δy, Δz 第二次值,直至最后两次未知数值相等或它们之差小于给定的小数 ε。

很显然,月球质心位置确定的精度与重力异常测定或者绝对重力测量的精度、重力点数目及其分布有关。好的结果应该是重力测量的精度高、重力点数目多且均匀分布在较大范围内。

当应用表 6-2 及表 6-3 的数据，并把重力数据归化到 Apollo 给定的坐标系及使用的球面上，用上述方法解出月球质心坐标：

$$\Delta x = -300\text{m}, \quad \Delta y = -90\text{m}, \quad \Delta z = 0$$

由于着陆装置的初始坐标指定为月球质量中心，即它们必须等于 0，有如此的差异，并不是计算方法的问题，主要的问题是重力点的位置不利，比如其纬度都没有超过 24°，另外重力点的数目只有 4 个，且分布也在极有限的范围等。

6.3.3 月球质心确定的初步结果

关于运用综合测量数据来确定质心相对形心坐标的报告已有许多，比如：Lipsky et al. 及 Sjogren at al. 的报告。

由于选择的参考几何图形及使用的数据及其处理方法不同，因而有不同的结果，详见表 6-4。

表 6-4

序号	质心位移 (Δx)(km)	质心位移 (Δy)(km)	质心位移 (Δz)(km)	半轴长 a(km)	半轴长 b(km)	半轴长 c(km)
1	2.20	1.10	1.0	1 737.7	1 737.7	1 737.7
2	2.05	0.91	1.0	1 737.8	1 737.8	1 737.8
3	2.07	1.11	1.0	1 737.8	1 737.5	1 738.0
4	1.98	0.75	1.0	1 738.2	1 737.4	1 738.0
5	2.15	0.77	0.07	1 738.6	1 737.5	1 730.8

对于序号 1，应用 Apollo 15、16 的激光测高数据，并把月球作为圆球形。对于序号 2，应用 Apollo 2、15、16 激光测高数据、Ranger 6~9 的自由降落数据、Surveyor 的着陆数据、月球摄影测量数据，并把月球作为圆球。序号 3 应用 Apollo 15、16 的激光测高数据，并把月球作为三轴椭球形。序号 4 应用 Apollo 15、16 的激光测高数据、Ranger 6~9 的自由降落数据、Surveyor 的着陆数据、月球摄影测量数据及 Lunar Orbiter 的速度/高度数据，并把月球作为三轴椭球形。最后第 5 号，应用 Apollo 15、16 的激光测高数据、Ranger 6~9 的自由降落数据、Surveyor 的着陆数据、月球摄影测量数据及 Lunar Orbiter 的速度/高度数据，并把月球作为三轴椭球形。Δx 正号表示形心在质心后面（从地球方向看），Δy 正号表示形心在质心左边，Δz 正号表示形心在质心下面。

6.4 关于月球几何形状及月球地形测绘

6.4.1 关于月球几何形状的研究

像研究地球形状一样，人们用简单的几何图形来近似实际月球形状。这些几何图形包括圆球、旋转椭球、三维椭球以及用月球重力场不同阶次谐系数描述的形状，不过后一种表达方式除具有其几何性质外，还有其物理性质的表达。为了比较准确地进行近似，无论哪种方式，都需要全月球的有关测量资料。当应用仅从地球上观测月球的测量数据时，其数据只能是源于近月球面，仅是其全表面的一半，因而这时的近似结果只能是初步的。只有当有环月的飞行器围绕整个月球进行探测，并能够把全部观测资料传达到地面时，这时的近似结果才可以说是比较完好的。

当用圆球近似月球时，这时仅需确定4个参数，即球心相对质心的坐标(3个)及半径(1个)。球心相对质心的坐标值同质心相对球心的坐标值，绝对值相等但符号相反。表6-5所列数据是依月球赤道区域内由 Apollo 15、16、17 的激光测高数据确定的月球圆球半径及质心的位移及其方位。

表 6-5

探测器	平均半径(km)	质心位移	位移方向
Apollo 15	1 737.3	2.1	25°E
Apollo 16	1 738.1	2.9	25°E
Apollo 17	1 737.4	2.3	23°E
加权平均	1 737.7	2.55	24°E

当用旋转椭球近似月球时，这时需要确定的参数是7个：即球心对质心的坐标(3个)，旋转椭球的长短半轴及其方向余弦(4个)。在表6-5第3、4行的 Δz 和半轴 c 的数据是事先假定的，且采用的是与月球坐标系平行的坐标系，即 X 轴指向地球，Z 轴与月球旋转轴重合，这样就省去了3个未知参数。

用三轴椭球近似月球时，这时要确定9个未知参数：球心坐标(3个)，椭球半轴(3个)及三个轴的方向余弦(各1个)。表6-6是 Bills 和 Ferrari(1977)给出的数据。所应用的初始数据包括：①Apollo 激光测高数据(5 800个，精度 $\sigma=0.3$km)，②相对质心原点的绝对半径(1 400个，精度 $\sigma=0.3$km)，③从地面摄影图上确定的月球表面点的半径向量(3 300个，精度$\sigma=1.0$km)。

表6-6 中的第4、5列是相应半轴的方向。由表6-5数据可知：

表 6-6

椭球半轴	半轴长(km)	R.m.s(km)	Φ	λ	质心偏移(km)	R.m.s.(km)
长轴	1 738.04	±0.09	23°	20°E	1.57	±0.08
中轴	1 737.68	±0.06	33°	94°E	0.30	±0.04
短轴	1 736.67	±0.13	48°	317°E	0.75	±0.13

(1) 月球平均半径 1 737.46km，精度 $\sigma=0.04$km。

（2）当用三轴椭球近似月球时，三轴的方向与月球坐标系的坐标轴不重合，亦即有较大的方向差别。

（3）三轴椭球的短轴不与月球旋转轴重合，这说明月球整体形状相对赤道面极不对称。

（4）月球动力形状研究却没发现这种不对称性，说明月球质量在深处具有补偿性。

在月球形状研究中，还有两种测量技术使之更加精确和完善。其一就是在地面已知坐标的观测站用激光测量安置在月球面上的 5 个反射镜（A11，A14，A15 及 L1，L2）至地面观测站间的距离，从而导出它们相对月心的坐标；其二是利用 Apollo 12、14、15、16、17 的宇航员安置在月面上的无线电发射机，它们的工作频率是 2.3GHz，地面上的接收机接收这些信号，从而相似于 VLBI 的原理来测定月面上这些点间的相对位置（在 1~3m 内）及质心的旋转运动（在 1s 内）。这两种测量技术的结合，可以扩展到月球形状研究以外的其他领域，比如月球重力场及月球运动理论等。表 6-7 给出月球反射器及无线电发射机装置 ALSEP（Apollo Lunar Surface Experiments Package）相对月球质心的精确直角坐标和极坐标的结果（King et al. ，1973）

表 6-7

探测器	$X(\mathrm{km})$	$Y(\mathrm{km})$	$Z(\mathrm{km})$	$\rho(\mathrm{km})$	λ^0	Φ^0
A11	1 592.506	689.537	20.973	1 735.505	23.412 05	0.692 44
A14	1 652.333	−522.200	−109.762	1 736.362	−17.538 70	−3.624 20
ALSEP12	1 590.046	−690.866	−90.558	1 736.014	−23.484 71	−2.990 13
ALSEP14	1 652.350	−522.178	−109.748	1 736.369	−17.537 68	−3.623 79
ALSEP15	1 554.782	96.992	765.007	1 735.509	3.569 65	26.154 78
ALSEP16	1 654.363	458.816	−270.452	1 737.453	15.436 34	−8.955 06
ALSEP17	1 399.730	831.357	599.313	1 734.814	30.707 81	20.210 06

月球形状的另一种表达方式就是用月球球谐函数系数来逼近，应该说这是一种更详尽、更科学的描述方式。因为这种方式不但表述了月球的几何形状，而且也描述了月球的物理特性。

月球自然面上某点的径向向量可用球谐函数表达：

$$\rho(\varphi, \lambda) = R_0 \left[1 + \sum_{n=1}^{N} \sum_{m=0}^{n} (a_{nm}\cos m\lambda + b_{nm}\sin m\lambda) p_{nm}(\sin\varphi) \right] \tag{6-37}$$

式中：N 为表达式的阶数，它与逼真的程度、与月面初始绝对高程有关，R_0 为参考圆球体的半径。系数 a_{nm} 和 b_{nm} 根据月面上可用点的坐标来计算。假如我们欲求关于参考圆球面的高度 h，有式：

$$h(\Phi, \lambda) = \rho(\varphi, \lambda) - R_0 = R_0 \sum_{n=1}^{N} \sum_{m=0}^{n} (a_{nm}\cos m\lambda + b_{nm}\sin m\lambda) p_{nm}(\sin\varphi) \tag{6-38}$$

系数 a_{nm} 和 b_{nm} 是标准化谐系数，$p_{nm}(\sin\Phi)$ 是标准化勒让德函数。Goudas 最早以球函数到第八阶系数来表达月球近月面的地貌。当取得的谐系数阶数愈高(一定范围)越准确(利用近远月面资料)用这种方法描述月面应该说是很有效的方法。

6.4.2 关于月球地形和地貌测绘的研究

月球地形和地貌是很复杂的，其特点是有许多的巨大高地和平地、圆形海(没有水)、山口、断裂等。因而它的测绘也是很复杂的。研究月球地形和自然地貌最好是选择一个半径等于月球平均半径的圆球作为参考面，测出实际地貌相对这个参考面的相对高度。最有价值的测高数据是 Apollo 15、16、17 激光测高仪测得的测高数据。Apollo 探测器上的激光测高仪每 20s，即相当月面实际距离 30km 测一次高度，其空间位置由地面多普勒跟踪测定，每 10s 测定一次。至于探测器在中间时刻点的轨道位置依月球重力场模型计算得到。Kaula 1973、1974，Sjogren and Wollenhaupt 1972、1973 都对月形、月貌作了一定的研究，并且给出了相对半径 $R=1\,738\text{km}$ 的圆球在赤道附近地区相对高度变化的剖面图(包括近月面和远月面)。表6-8是一个综合后的主要地貌情况数据。

表 6-8

地貌类型	%面积	平均高度(km) 据 Apollo15	平均高度(km) 据 Apollo15	平均高度(km) 据 Apollo15	权均高度(km)
远月面高地	57	+1.9	+2.1	+0.9	+1.8
远月面高地	23	−1.7	−1.2	−1.3	−1.4
圆形海	6	−4.1	−4.1	−3.7	−4.0
其他海	14	−2.0	−2.5	−2.1	−2.3

表 6-8 中数据是取自月球环赤道附近区域的测量数据，其中包括远月面。突出的月球地貌是，近月面高出 +5.06km，远月面低 −1.94km。相对高差近 7km。为更详细地表示月貌，已制成关于平面点相对应高程点的高程地形数据详表，这类似于数字地面模型的基础数据表。

由空间探测器或月面着陆器对月面摄影测量是研究月球地形和地貌的最有效途径。苏联和美国已经做了大量研究工作(详见 6.1.3 节，不再赘述)。

月面摄影测量可以对月球大地网点进行加密，在此基础上绘制月球地形图。测量相机在空中的位置主要是由地面跟踪站用多普勒测量和激光测距的手段获得。月球地形空间摄影测量主要的技术装备应该包括：

(1)测量相机，一般是长焦距摄影机比如 76cm，相幅大小是 11.5cm×11.5cm；

(2)恒星摄像机，用以测定相机中心位置和姿态；

(3)激光测高仪，Apollo 上的激光测高仪的灵敏度 2m，在月面形成直径 30m 的光点；

(4)时钟，提供整个系统时间，±1ms；

(5)影像扫描和信息自动传输发送系统；

(6)地基雷达观测接收系统。

首先在月球大地网(5 个月面反射镜点及 ALSEP 点)的基础上，用常规的空中三角测量方法，加密摄影测量控制点，再进一步绘制月面地形图。地形图按 Apollo 15 着陆点的坐标为坐标基准，以该点的高程等于零为高程基准进行绘制，其比例尺是1∶5 000 000，等高距 500m。为特殊目的需要，比如 Apollo 着陆点的选择，则绘制更精细的地图。

　　总之，在 20 世纪 60—70 年代，苏联和美国已对月球地形和地貌特别是赤道附近和探测器着陆点附近的地貌进行了比较多的研究，但仍有不足之处，比如，在对月球形状研究中，对月球探测的资料还不够全面，特别是远月面和两极附近的资料都很缺少，大地网点还比较稀疏，测量的内容也显得贫乏一些，测量的精度还不够理想。又比如，当时的摄影测量基本上是以模拟摄影测量为主，而不是数字摄影测量，因此，那时还必须经过扫描，将影像变为数字才发送地面。另外，当时都以基本地形图或地形点的坐标与高程数表的形式为其作品，基本上没有形成月球地理信息数据库，更没有数字月面模型等数字化作品。总之，在月球形状研究和月球地貌测绘中还有许多工作等待我们去研究。

6.5　初识的月球及月球的再认识

6.5.1　初识的月球

　　月球测绘同地球测绘的根本区别在于月球表面基本上不被人类所拥有和直接被应用。1959 年以前，人类只能从地球上用经典的天文观测方法对月球进行观测，最早的对月天文观测是于 1609/1610 年用伽利略望远镜进行的，于 1946 年又第一次实现了对月球的 radar 脉冲观测。通过几百年的观测和研究，人类积累了对月球的一些基本认识，主要成果表现为：

　　月球与地球的平均距离是 384 400 公里，是地球半径的 60.3 倍，月球质量是地球质量的1/81.5，月球自西向东绕地球作公转运动轨道是椭圆，近地点距 363 300 公里，远地点距 405 500 公里，月球轨道的平均偏心率 $e=0.0549$，远比地球轨道($e=0.017$)要扁得多。月球公转的平均速度每秒 1.02 公里，角速度平均每日 13.23°，月球的公转周期是一个恒星月，等于 27.321 6 日(即 27 日 7 时 43 分 11 秒)，月球自转周期与其公转周期相同。月球绕地球运动的公转轨道面称为白道面，白道面与黄道面不重合，平均交角 5°09′，称黄白交角。这两个平面相交成一条直线，称做交点线，交点线与天球有两个交点，一个称为升交点，另一个称做降交点。交点在月球运动中是个很重要的几何点。交点在不停地变化中，交点的移动与月球运动方向相反，交点的移动周期是 18.6 年，即每 6 793 日交点旋转一周，平均每年移动 19°21′。由于交点的运动，白道和赤道的交角在变化着，当升交点和春分点相合时，这时白道高于黄道，月球赤纬就在 28°36′ 和−28°36′ 之间变化，当降交点和春分点相合时，这时白道低于黄道，月球赤纬就在18°18′ 和 −18°18′ 之间变化，可见白道和赤道的交角是在 18°18′ 和 28°36′ 之间变化，这表明月球赤纬之差最大可达到 10°18′，它充分体现在月球的地面高度有时高有时低的变化之中。

　　1919 年，英国天文学家卜朗编算了新的月球运行表，从 1923 年开始，全世界的天文历书，均已采用卜朗的月球运行表。由于空间探月科学技术发展，现在已编制了更为精确的月球历表，供我们研究月球应用。

　　影响月球轨道运动的因素是极其复杂的。地月系的中心天体——地球是决定月球运动的主要因素，由于月球质量小，是地球质量的 1/81.5，而且离地球又近，这本身使得月球稍偏离了椭圆轨道，而且地球形状不规则、内部质量分布不均等也会产生摄动影响，还有太阳的巨大质量引起的摄动，行星的直接摄动和间接摄动等。有研究表明，所有摄动都考虑进去，那么表示月球位置的展开式可达 1 650 项之多。所以，直至 20 世纪 50 年代，人们对月球的认识还主要是针对几何及时间方面的认识。

1959 年以后，人类对月球的探测进入了一个新时期。主要的标志是，观测数据主要靠空间探测器获取。其次，研究的领域也从几何空间延伸到物理空间，从月表深入到内部，取得了许多新的研究成果。表 6-9 是其中 20 世纪 70 年代在月球大地测量领域中，获得的一组关于月球水准椭球的基本参数（为了比较，顺便也列出了地球的相应参数）。此外，测绘了月球赤道南北一定范围内的地形图，对月球重力场、重力异常及月球的浅层结构也进行了初步研究等。这些成果为月球探测作出了重要贡献。

表 6-9

参数	地球	月球
α_e，M	6 378 140	1 738 000
$fM(1+10^{-6})$，$KM^3 \cdot s^{-2}$	3 986 600 9*	4 902 709
ω，$rad \cdot s^{-1}$	0 7 292 115. 10^{-4}	0 26 616 955. 10^{-5}
J_2	108 263. 10^{-6}	21 000. 10^{-6}
J_4	237 097×10^{-9}	7 992×10^{-9}
J_6	602. 10^{-9}	004×10^{-9}
α	03 352 813 114×10^{-2}	00 318 842 436×10^{-2}
α^{-1}	2 982 570	31 363 454
q	03 461 396 277×10^{-2}	00 007 586 322×10^{-2}
γ_e，mGal	9 780 317 522	1 623 566 661
γ_p	9 832 177 168	1 623 079 776
W_0，$M^2 \cdot s^{-2}$	626 368 315 406	28 211 982 130
R_O，M	6 363 675 975	1 737 810 885
β_2	0 005 279 051 244	0 299 840 614×10^{-3}
β_4	0 000 023 271 905	044 773×10^{-7}
β_6	0 000 000 127 057	0 13×10^{-10}
β	0 005 302 450 216	0 299 885 400×10^{-3}
α^2	011 241 355×10^{-4}	0 101 660×10^{-6}
αq	011 605 414×10^{-4}	02 419×10^{-8}
q^2	011 981 264×10^{-4}	058×10^{-10}
α^3	037 690×10^{-7}	032×10^{-10}
$\alpha^2 q$	038 910×10^{-7}	1×10^{-12}
αq^2	040 170×10^{-7}	1×10^{-12}
q^3	041 471×10^{-7}	1×10^{-12}

*地心重力常数，包括大气。

6.5.2　月球基本特性汇总

月球是地球唯一的天然卫星，是距地球最近的天体，它与地球的平均距离约为 384 401km。它的平均直径约为 3 476km。

赤道半径 = 1 738km

体积 = 2.2×10^{10} km^3

质量 = 7.35×10^{22} kg

平均密度 = 3.341g/cm^3

表面引力加速度 = 1.622m/s^2

表面环绕速度 = 1.68km/s

表面逃逸速度 = 2.38km/s

重力场常数 = 4 902.75km^3/s^2 ± 0.12km^3/s^2

J_2 = 203.8×10^{-6}

轨道半长轴的平均值 = 384 401km

轨道偏心率值 = 0.054 88

近地距平均值 = 363 300km

远地距平均值 = 405 500km

平均轨道速度 = 1.03km/s

平均轨道角速度 = 13.176 3°/d

月盘对地心的张角 = 31.087′

公转周期(恒星月) = 27.321 66 平太阳日

朔望月平均长度 = 29.530 6 平太阳日

交点月平均长度 = 27.212 2 平太阳日

分点月(回归月)平均长度 = 27.321 58 平太阳日

月球赤道与黄道间的倾角 = 1°32.5′

轨道与黄道间的夹角 = 5°8′43″

月球赤道面与轨道间的夹角 = 6°41′

轨道与地球赤道面夹角(轨道倾角) = 23°27′ ± 5°8′43″

近地点沿公转方向旋转 1 周的时间 = 8.85 年

升交点沿黄道西退 1 周的时间 = 18.6 年

月球自转周期 = 27.321 66 平太阳日

自转角速度 = $2.661\ 699 \times 10^{-6}$ rad/s ≈ 13.2°/d

月面大气密度 < 10^{-12} 地球海平面大气密度

赤道表面日照最高温度 = 373.6K

夜间最低温度 = 119.7K

反照率 = 7.3%

通过月面的热流 = $8.373\ 6 \times 10^{-7}$ J/(cm^2 · s)

星等 = -12.7(满月)

6.6 深空探测基本技术简介

6.6.1 探测技术综述

所谓深空探测是指地基系统的深空站在行星探测器应答设备配合下，测出探测器的空间位置或其轨道。深空探测技术按采用的电磁波谱划分可分为两类：第一类是光学和光电（激光、可见光、红外光等）的测量技术，由于这类测量技术的条件要求苛刻，除激光测距技术、光学经纬仪技术有时被采用外，其他基本上没在深空探测中采用。第二类是无线电（超短波、微波）测量技术，这是深空探测的主要技术手段。

无线电测量技术主要包括：锁相接收技术、测距技术、测角技术和测速技术。它们共性的测量元素是深空站至探测器的空间距离、距离变率、位置角（方位角、俯仰角）及多普勒频率。

深空飞行器探测与航天器测量虽然有许多相同或相似之处，但它们有着许多本质上的不同。最大的不同是测控站距被测量的飞行器的距离不同，因此在测量技术的选用，测控站的布置，测量体制的制定等方面都显出很大的差别。

由于深空探测时，当空间飞行器飞到一定高度时，可认为是对空间天体的跟踪，这就意味着在某地域布置单站跟踪与布置多站跟踪的效果是等价的，因此深空探测在某地域往往布置单站的测量体制。测量体制是指测量探测器空间位置时所采用的测量元素及测量元素间的组合方式。包括单站测量体制及基于单站测量体制的双站测量体制。

根据无线电测量系统的转台类型和测角原理，单站测量体制中，测量元素有如下三种组合方式：

（1）单站 ρ $\dot{\rho}$ AE 体制，即距离 ρ、距离变化量 $\dot{\rho}$、方位角 A、俯仰角 E 组合的测量体制。

（2）单站 ρ $\dot{\rho}$ $\alpha\delta$ 体制，即距离 ρ、距离变化量 $\dot{\rho}$、赤经 α、赤纬 δ 组合的测量体制。

（3）单站 ρ $\dot{\rho}$ lm 体制，即距离 ρ、距离变化量 $\dot{\rho}$、2 个方向余弦组合的测量体制。

由于单站 ρ $\dot{\rho}$ lm 体制采用的是相位干涉原理测角，此系统构成复杂且造价昂贵，在深空中不被采纳；单站 ρ $\dot{\rho}$ AE 体制和单站 ρ $\dot{\rho}$ $\alpha\delta$ 体制虽都是基于单脉冲测角技术原理，但从结构大小、质量轻重、测角精度及使用方便性，同时兼顾到设计和制造经验综合起来考虑，在深空探测中，选用单站无线电单站 ρ $\dot{\rho}$ AE 体制是比较合理可行的体制。

6.6.2 单站 ρ $\dot{\rho}$ AE 体制中的基本测量原理

1. 获取距离 ρ 的基本原理

获取距离 ρ 的基本原理是基于一般电磁波测距原理，亦即依据连续测量测距信号从发射点至目标点往返时间 τ，在均匀介质中电磁波传播速度 c 恒定，按 $\rho = \dfrac{1}{2}c\tau$ 算得。测量往返时间 τ 所采用的测距信号有脉冲信号、正弦波信号（又称测音信号）和伪码信号等。

在工程中对测距技术提出如下基本要求:

(1)测量距离的唯一性,亦即实现无模糊的距离测量;

(2)满足要求的测距精度;

(3)在允许的时间内完成信号的捕获与跟踪;

(4)能与其他系统兼容、抗干扰能力强、工作稳定可靠、易于实现。

首先讨论为实现第一个要求的基本措施。对于探月而言,测距信号往返于地月距离的时间

$$\tau_{em} = 2\frac{R_{em}}{c} = 2 \times \frac{3.844\ 01 \times 10^8}{299\ 792\ 458} = 2 \times 1.282\ 2s \tag{6-39}$$

如果测距信号的周期 T 小于上述的往返时间 τ_{em},因为在时间 τ_{em} 内测距信号至少要发出 2 次,所以发射点将判别不出哪个信号是从目标点返回的,因此出现距离模糊。由于脉冲信号和测音信号的周期,因技术上的原因都远小于 τ_{em},故在深空探测中都不被采用,唯一被采用的只能是伪码测距信号。

接着讨论为满足第三项要求而采取的措施。如果采取单一伪码信号测距,此时最大无模糊距离为

$$\rho_{\max} = \frac{1}{2}p\tau_0 c \tag{6-40}$$

式中:p 为单码一周期内的码元数,τ_0 为码元宽度。

若令 $\tau_0 = 1\mu s$,$\rho_{\max} = R_{em}$,则在地月距离用单一伪码测距所需的码元数为

$$p = \frac{2R_{em}}{\tau_0 c} = 2.56 \times 10^6 \tag{6-41}$$

因 n 级线性反馈移位寄存器产生的二元序列的周期 $N = 2^n - 1$,所以表示单一伪码的码元数 $p = 2.56 \times 10^6$ 需用级数 $n = 22$ 的移位寄存器。若采取步进方式捕捉单码,假设寄存器每步进一次需要 50ms,则完成单码长度为 $2^{22} - 1 = 4\ 194\ 303$ 次的试探捕获耗时为 209 715s,合 58 小时。这对任何测距都是不能接受的。因此,在探月中,能解决地月距离范围内对探测器的跟踪又可解决距离模糊的测距技术是采用复合伪码测距技术。

复合伪码测距的原理是基于单一伪码测距原理和我国的"孙子定理"。复合伪码是由若干个周期为 p_i 的且互为质数的单一子码按设计逻辑组合并形成所要求长度的测距码。捕获测距码时,采用本地码和回波码的码相关技术,这时与 GPS 的码相关测距的原理是相同的。"孙子定理"则是中国先人发现的求解同余式组未知数的算法(载于中国古代《孙子算经》下卷,记述了同余式组解法,《数书九章》称其为求一术,后传入西方被称为中国剩余定理),且被美国 JPL 首先应用在 Apollo 探月工程中。

经论证,采用复合伪码测距技术,只要复合伪码的周期

$$P_c = \prod_{i=1}^{k} p_i \tau_0 \geq \tau_{em} \quad \tau_{em} = 2 \times 1.282\ 2s \tag{6-42}$$

就可实现对月球探测器的快速跟踪和无模糊测距。

关于第二项要求的实现,将在下面讨论。

2. 获取距离变化率 $\dot{\rho}$ 的基本原理

如果跟踪系统能从下行调相载波中提取多普勒频移 f_d,就可获取距离变化率 $\dot{\rho}$,其

基本原理如下。

设探测器 t 时刻发射连续波信号频率 f_M，深空站接收到的信号频率为 f_S，若设探测器至深空站的径向距离为 ρ，则电波由探测器至深空站的时延为

$$\tau = \frac{\rho}{c} \tag{6-43}$$

式中：c 为光速，恒定。

设 t 时刻探测器发射信号的相位为 $\varphi_M = \omega_M t = 2\pi f_M t$，因发射信号要延迟 τ 才能到达深空站，所以在 t 时刻深空站接收信号的相位是时间 τ 前的信号相位，即 $\varphi_S = 2\pi f_M (t-\tau)$。

于是深空站接收到的信号的角频率为

$$\frac{\mathrm{d}\varphi_S}{\mathrm{d}t} = \omega_S = 2\pi f_S = 2\pi f_m \left(1 - \frac{\mathrm{d}\tau}{\mathrm{d}t}\right) \tag{6-44}$$

对 (6-43) 式两端取微分有

$$\frac{\mathrm{d}\tau}{\mathrm{d}t} = \frac{\dot{\rho}}{c} \tag{6-45}$$

将上式代入 (6-44) 式，则得深空站接收信号的频率为

$$f_S = f_M \left(1 - \frac{\dot{\rho}}{c}\right) \tag{6-46}$$

于是得多普勒频移

$$f_d = f_S - f_M = -f_M \frac{\dot{\rho}}{c} \tag{6-47}$$

由上式可得距离变化率

$$\dot{\rho} = -\frac{c}{f_M} f_d = -\lambda_M f_d \tag{6-48}$$

式中：λ_M 为下行载波波长。

对式 (6-48) 的误差分析可知，测速误差只与探测器发射信号的频率稳定性有关。但由于探测器所处的条件所限，探测器频率源很难达到很高的频率稳定度（比如优于 1×10^{-10}），为解决这一矛盾，通常采用双向多普勒测速。

双向多普勒测速的基本思想是，由深空站向探测器应答机发射连续波信号，探测器接收并转发，再由深空站接收从而实现测速。由此可见，用于双向多普勒频移技术实现测速的频率源是由深空站发射的而不是由探测器发射的，这就有充分条件保证频率的稳定性；另外为提高测速精度，探测器向深空站转发的频率不是原本接收到的频率，而是将接收到的频率予以 n 倍变频。

设深空站 S 发射频率为 f_{SM}，则应答机接收频率为

$$f_R = f_{SM} \left(1 - \frac{\dot{\rho}_S}{c}\right) \tag{6-49}$$

应答机转化频率为

$$f_g = n f_R = n f_{SM} \left(1 - \frac{\dot{\rho}_S}{c}\right) \tag{6-50}$$

该信号被深空站 S 接收的频率为

$$f_S = f_g\left(1-\frac{\dot{\rho}_S}{c}\right) = nf_{SM}\left(1-\frac{\dot{\rho}_S}{c}\right)\left(1-\frac{\dot{\rho}_S}{c}\right) \tag{6-51}$$

因 $\dfrac{\dot{\rho}_S^{\,2}}{c^2}$ 可以忽略不计，故上式可写成

$$f_S \approx nf_{SM}\left(1-\frac{2\dot{\rho}_S}{c}\right) \tag{6-52}$$

这时深空站获取的频移为

$$f_{dS} = f_S - nf_{SM} = -nf_{SM}\frac{2\dot{\rho}_S}{c} \tag{6-53}$$

深空站获得的距离变化率为

$$\dot{\rho}_S = -\frac{c}{2nf_{SM}}f_{dS} \tag{6-54}$$

式中：f_S 为深空站 S 接收到的频率，f_{SM} 为深空站 S 发射的信号频率。

3. 获取位置角 A、E 的基本原理

采用无线电测量系统测量飞行器的位置角的方法有很多。按角度误差信号获取的方式分类，可分为振幅法和相位法；而振幅法又分为单脉冲测角法和圆锥扫描测角法；单脉冲测角法按接收信号特征又分为振幅比较型、相位比较型和振幅-相位比较型；振幅比较型又分为最大信号法、最小信号法和等信号法。测角方法尽管有不同的分类，但都是利用回波振幅或相位进行角度测量的。

在深空探测中获取探测器位置角 A、E 是基于单脉冲测角原理。通常采用四喇叭馈源的卡塞格伦天线，四喇叭馈源对天线轴上、下、左、右对称偏置，其偏置角均为 θ_0。四个喇叭馈源在空中形成 4 个波束，每个波束轴相对于天线轴也是偏置的，其角度也为 θ_0。若探测器偏离天线轴的误差角为 θ_T，则误差角为 θ_T，可分解为方位角误差 θ_A 和俯仰角误差 θ_E。4 个馈源接收的信号电压 U 分别是馈源偏置角 θ_T 与方位误差角 θ_A 和馈源偏角 θ_T 与俯仰误差角 θ_E 的函数。为减少接收机进行信号放大时由于振幅和相位不一致而产生的对测角精度的影响，将 4 个馈源接收的信号电压 U 在高频和差器中实现相加和相减并得到高频和差信号。

高频和差器输出"和"信号用于测距和提取遥测信息。"差"信号 ΔU_A、ΔU_E 送至角信道接收机放大、滤波并输出反映误差角大小和极性的信号 $U_j(j=A、E)$。$U_j(j=A、E)$ 加入伺服系统。伺服放大器将角度误差电压与测速电机反馈信号电压之差信号放大，电动发电机将此信号进行功率放大，并加至伺服电动机，伺服电动机按差值电压的大小和极性驱动天线的方位轴和俯仰轴转动，天线轴的方向即为探测器的方向。天线轴的方向由天线轴方位角 A 和俯仰角 E 表征，并由与方位轴和俯仰轴机械相连的轴角编码器输出。轴角编码器的主要部件是码盘，码盘的码道数与测角精度相适应。

在深空探测中，一般都采用角度自动跟踪系统。角度自动跟踪系统由高增益的窄波束天线、安装天线转轴的基座、伺服放大器和驱动转轴的伺服电机等组成。天线用于接收探测器回波信号，并指向探测器以鉴别探测器的角位置。

4. 单站 $\rho\ \dot{\rho}\ AE$ 体制中的误差分析

如图 6-2 所示，o 为地面测控站，$o\text{-}xyz$ 为深空站地平直角坐标系。过点 o 的地平面为坐标系的基本平面，y 轴为主轴，在基本平面内指北为正，z 轴过 o 点指向天顶，x 轴在基本平面内指东为正，构成右手坐标系。D 为被探测的探测器的空间位置。$A\text{-}E$ 型转台方位轴与 oy 轴重合，俯仰轴与基本平面平行。在连续波无线电测量系统中，可从测距分机输出距离 ρ，测速分机输出载波多普勒频移 f_d，方位轴码盘输出方位角 A，俯仰轴码盘输出俯仰角 E。

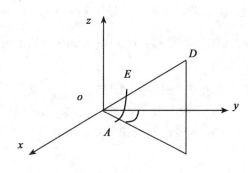

图 6-2

由于探测器位于方位位置面、俯仰位置面和距离位置球的测量交点上，则由图 6-2 可知探测器在深空站地平坐标系中的坐标为：

$$x = \rho \sin A \cos E$$
$$y = \rho \cos A \cos E \qquad (6\text{-}55)$$
$$z = \rho \sin E$$

设上述三个测量通道间的误差不相关，测量元素的均方差分别为 σ_ρ^2，σ_A^2，σ_E^2，则根据误差传播定律，可得探测器空间坐标的位置误差分别为：

$$
\begin{cases}
\sigma_x^2 = \left(\dfrac{\partial x}{\partial \rho}\right)^2 \sigma_\rho^2 + \left(\dfrac{\partial x}{\partial A}\right)^2 \sigma_A^2 + \left(\dfrac{\partial x}{\partial E}\right)^2 \sigma_E^2 \\
\quad = (\sin^2 A \cos^2 E)\sigma_\rho^2 + (\rho^2 \cos^2 A \cos^2 E)\sigma_A^2 + (\rho^2 \sin^2 A \sin^2 E)\sigma_E^2 \\
\sigma_y^2 = \left(\dfrac{\partial y}{\partial \rho}\right)^2 \sigma_\rho^2 + \left(\dfrac{\partial y}{\partial A}\right)^2 \sigma_A^2 + \left[\dfrac{\partial y}{\partial E}\right]^2 \sigma_E^2 \\
\quad = (\cos^2 A \cos^2 E)\sigma_\rho^2 + (\rho^2 \sin^2 A \cos^2 E)\sigma_A^2 + (\rho^2 \cos^2 A \sin^2 E)\sigma_E^2 \\
\sigma_z^2 = \left(\dfrac{\partial z}{\partial \rho}\right)^2 \sigma_\rho^2 + \left(\dfrac{\partial z}{\partial A}\right)^2 \sigma_A^2 + \left[\dfrac{\partial z}{\partial E}\right]^2 \sigma_E^2 \\
\quad = (\sin^2 E)\sigma_\rho^2 + (\rho^2 \cos^2 E)\sigma_E^2
\end{cases}
\qquad (6\text{-}56)
$$

探测器的点位误差为

$$\sigma_D^2 = \sigma_x^2 + \sigma_y^2 + \sigma_z^2 = \sigma_\rho^2 + \rho^2 \cos^2 E \sigma_A^2 + \rho^2 \sigma_E^2 \qquad (6\text{-}57)$$

上式右端第一项是测距误差 σ_ρ 的影响；第二项是测量方位角误差 σ_A 的影响，该项误差的影响系数是视在距离在基本平面上的投影 $\rho\cos E$；第三项是测量俯仰角误差 σ_E 的影响，该项误差的影响系数是视在距离 ρ。由此可见 ρAE 测量体制中，探测器点位误差主要是由测角误差引起的，例如目前跟踪测量设备可达到的测量精度大致是这样：$\sigma_\rho = 10\text{m}$，$\sigma_A = \sigma_E = 0.707'$，若设某深空站在地月转移轨道段对探测器的测量参数：$\rho = 340\ 273\text{km}$，$E = 12.5°$，则 $\sigma_\rho = 10\text{m}$，$\rho\cos E\sigma_A \approx \rho\sigma_E = 68\text{km}$，点位误差 $\sigma_D = \pm 96.2\text{km}$。

测速误差由(6-48)式可直接写出：

$$\sigma_{\dot\rho}^2 = \lambda^2\sigma_{fd}^2 + f_d^2\sigma_\lambda^2 \tag{6-58}$$

由上式可知，测速误差的主要来源是多普勒频率测量误差 σ_{fd} 和载频波长误差 σ_λ，而 $\sigma_\lambda = \lambda\dfrac{\Delta f}{f}$，因此这项误差终归与载频稳定度有关。若设 $\lambda = 13.6\text{cm}$，$\dfrac{\Delta f}{f} = 1\times 10^{-10}$，$\sigma_{fd} = 1\text{Hz}$ 月球探测器过升交点后 $fd_{\max} \approx 24\text{kHz}$，则算得：$\sigma_{\dot\rho} = 13.6\text{cm/s}$。从上可见，测速误差的主要误差来源是多普勒频率测定误差。

综上所述，对月球探测器采用单站测量 $\rho\dot\rho AE$ 体制，测量元素为深空站地平坐标系中的视在距离 ρ、方位角 A、俯仰角 E 和多普勒频率 f_d，测量元素的误差对探测器空间位置的误差影响程度是不同的，主要的误差来源是测量方位角 A 和测量俯仰角 E 的误差。

6.7　深空测控网

6.7.1　深空测控网概念

所谓深空测控网即地面对深空探测器进行跟踪、遥测与控制的网络，简称深空网。深空网与近地空间测控网相比有许多特点：作用距离远，对某个确定的深空站每天只有 1 个跟踪时限，且工作时间长。比如，对于月球探测器而言，因探测器沿地月转移轨道和月心双曲线轨道飞至月球，故深空网最大作用距离为 $40\times 10^4\text{km}$ 量级，对其他行星的探测，距离比此距离还要大得多；对月球探测器，一个深空站每天跟踪的时间平均 $9\sim 12\text{h}$，对于行星探测器，一个深空站每天跟踪的时间平均大于 12h。

6.7.2　深空网的共性功能与共性结构

由于跟踪距离的不同和测量方法的不同，近地空间测控网、月球探测器深空网及行星探测器深空网不是同网概念。虽然前者在一定距离范围内可以对后者起到某些补充作用，但其基本任务是不能替代的。

月球探测器深空网及行星探测器深空网有以下共性功能：

(1) 跟踪测轨，确定探测器轨道；

(2) 接收探测器的工程遥测参数和探测信息；

(3) 计算中途导航参数及变轨参数；

(4) 发送遥控指令、导航信息和变轨信息，操作探测器和控制其轨道；

(5) 模拟探测器飞行程序和运动参数，检验深空网运行的正确性。

月球探测器深空网及行星探测器深空网有以下共性结构：

(1) 陆基深空站、海基测控船；

（2）计算操作中心；

（3）通信链路；

（4）探测器的仿真器；

（5）测控软件及仿真软件等。

6.7.3 深空站工作任务

深空站是深空网中的基本工作站。它是面向空间探测器和计算操作中心的工作节点。它承担着深空网功能下的主要工作任务如下：

（1）与探测器应答机配合，定时采样获取跟踪参数 t、ρ、A、E、f_d，并实时透明地向计算操作中心发送；获取工程遥测参数(包括工程参数和姿态参数)，并将它们实时透明地向计算操作中心发送。

（2）接收从计算中心发来的遥控指令、变轨信息或中途导航信息、制动信息，并将它们实时透明地向探测器发送。

（3）模拟探测器运动特性和飞行程序，对(1)、(2)功能进行仿真。

（4）获取、记录探测信息，并以透明方式向科学研究部门发送。

上述所谓信息透明或非透明传输的概念，是指当上行/下行信息通过测控站时，信息不"落地"(不改变信息格式)，测控站只起到通道作用，则称测控站与探测器间的信息传输是透明的；当上行/下行信息通过测控站时，对所传输的信息进行了处理(比如，加密、加缩、预处理、信息格式变换和编码等)或延时，则称测控站与探测器间的信息传输是非透明的。显然，为保证信息传输准确、及时和畅通的要求，对信息传输透明方式的技术水平要求要高得多。这是一个国家无线电通信水平的体现。

6.7.4 深空网建造的基本原则

深空网建造应遵循国家深空探测计划及中长期发展战略为指导原则，同时依据下列要求综合考虑和优化确定深空站的数量及选址。

（1）探测任务，轨道跟踪测量。入轨段测量、转移轨道段测量、运行轨道段测量等，遥测信息接收，遥控信息注入以及信息处理等；如果月球探测任务和行星探测任务同时进行，则两网可同址并同时运行。

（2）作用距离。月球深空网作用距离等于地月距离+月球引力距离；行星深空网作用距离等于地球轨道半径与行星轨道半径之和，通信距离达到太阳系边缘，这样的不同距离直接表现在对深空网的地面跟踪天线口径尺寸及天线的增益性能，一般说来，月球探测器地面跟踪天线的口径为12m，行星探测器地面跟踪天线的口径为64m。

（3）测量体制元素的原理。一般来说，当探测器在地月距离内，月球深空站和行星深空站都采用单脉冲测角原理，行星深空站当探测器大于地月距离后，行星深空站采用绕地轴旋转多普勒测速原理或双站超长基线测距离差测角原理。

（4）站址地理位置及周围环境等。

6.7.5 深空网概况

目前美国建有完善的行星深空网，它由三个经度相隔120°左右的 26m、34m、70m 天线组的深空站组成；俄罗斯也有三个站，均由 70m 天线的组成的深空网，德国建有一个 26m 天线的深空站，日本也建有一个 64m 天线的深空站。它们的简要情况介绍如下。

美国网站

(1)戈尔德斯坦站：① 站址：$234°07'E$ $33°09'N$　天线口径：26m　段频：S　测距精度：1m　频标：氢钟

② 站址：$234°07'E$ $35°14'N$　天线口径：34m　段频：S S/X　测距精度：0.3m　频标：铯钟

③ 站址：$234°06'E$ $35°25'N$　天线口径：70m　段频：S S/X　测距精度：1m　频标：氢钟

(2)堪培拉站：① 站址：$149°E$ $35°13'S$　天线口径：26m　段频：S　测距精度：1m　频标：氢钟

② 站址：$148°58'E$ $35°13'S$　天线口径：34m　段频：S S/X　测距精度：0.3m　频标：氢钟

③ 站址：$148°58'E$ $35°24'S$　天线口径：70m　段频：S S/X　测距精度：1m　频标：氢钟

(3)马德里站：① 站址：$355°45'E$ $40°14'N$　天线口径：26m　段频：S　测距精度：1m　频标：氢钟

② 站址：$355°45'E$ $40°14'N$　天线口径：34m　段频：S S/X　测距精度：0.3m　频标：氢钟

③ 站址：$355°45'E$ $40°26'N$　天线口径：70m　段频：S S/X　测距精度：1m　频标：氢钟

俄罗斯网站

(1)熊湖站 站址：$37°30'E$ $56°30'N$　天线口径：70m　段频：C S/X 仅接收

(2)克里米亚站 站址：$24°E$ $57°N$　天线口径：70m　段频：C S/X　测距精度：5～10m

(3)双城子站 站址：$132°E$ $44°N$　天线口径：70m　段频：C S/X　测距精度：5～10m

德国威塞姆站 站址：$11°05'E$ $45°53'N$　天线口径：26m　段频：S S/X　测距精度 0.5m

频标：铷钟

日本臼田站 站址：$138°22'E$ $36°08'N$ 天线口径：64m 段频：S S/X 测距精度2m 频标：氢钟

此外，还有一些天线口径较大(大于15m)的S(X)频段的月球深空网(站)。

6.7.6 深空网的未来发展

由于探测目标与地球的距离越来越远，因而探测距离越来越大，探测器的飞行环境越来越复杂，使得深空网肩负的跟踪、遥测、遥控等任务越来越重，这就要求深空网技术越来越先进，使之适应深空探测的发展需要。现简要介绍深空网技术发展的主要特点。

(1) 研制大口径天线和实现天线组阵。

由于从遥远的探测器发回的电波经过空间损失，到达地面的信号是极其微弱的，要接收这种信号，最直观的办法就是加大接收天线口径和提高灵敏度。但由于制造、安装及变形等原因致使天线口径也不能无限制地扩大，为此需要将几个天线实现优化组阵，将单体优点整合成整体优势，并研究极低噪声放大器，从而达到高灵敏接收信号的目的。这已经是深空网(站)必然的发展趋势。

(2) 实行国际联网势在必行。

由于受地球自转的影响，每个深空站连续跟踪的时间只能在8h左右，在全球建设经差为120°的三个深空站，就可实现连续跟踪。这对任何一个有限国土的国家来说是无法实现的。为此需要国际合作实现国际联网跟踪。

(3) 发展探测器自主控制调整系统和高稳定度的时间系统。

由于跟踪的距离遥远，以光速传播的电波，经过遥远距离的单程传输，需要长达数小时的时间，比如到海王星需要4.5小时，因此，遥控的实时性差。为应对突发事件，应发展尽量由探测器自主处理的能力。另外，为保证地上和空间整个系统的统一行为，还应研究更为稳定的时间系统及其复现设备。

(4) 发展多种体制的跟踪遥测的技术。

深空探测的基本测量体制和测量元素归结到单站或多站(两站或三站)的测距、测速和测位置角。为此必须要研究许多细节问题，比较多普勒频移受地球本身自转、极轴岁差和章动的影响，星际空间环境影响的修正等，以及其他新的测量方案和测量技术。

(5) 大容量数据通信、处理、储存、共享的新技术的发展。

这里主要是指由于通信距离增大，使可传的数据速率降低，因此必须研究提高速率的新的信道编码技术。另外，对大量图像数据应采用无损压缩技术和传输技术。宇宙空间的探测是全人类共同的事业，其数据和成果应属于全人类共享。

6.8 行星大地测量简介

在探测月球期间，人们并没有忘记对太阳系其他行星的探测。应该说，在行星探测特别是在行星大地测量方面，也取得了许多新成果。太阳系中大行星按照离太阳从近到远的排列顺序是：水星、金星、地球、火星、木星、土星、天王星、海王星。其中水星和金星称内层行星,其他则称外层行星。此外,太阳系中还包括彗星、小行星。本节主要介绍除地球外的行星大地测量情况。

在行星大地测量中,主要的测量手段是地面光学和雷达测量、探测器的跟踪测量,其中包括径向距离及速度、位置角度(方位角和高度角)以及探测器的摄影照片和测高等。利用这些数据便可根据理论推导,来计算行星的几何形状及物理特性。其中,利用天文测量,特别是射电天文测量,可算出赤道半径和旋转速度;利用摄影照片和测高数可以研究行星的地形、地貌并可绘制行星地形图;利用观测行星的天然卫星或人造卫星在某个行星引力场中的轨道摄动,人们就可以推算出行星的质量、星心引力常数以及重力位球谐表达式中的低级次的球谐系数。通过多次探测和计算,比较和分析,人们对行星的认识就可以逐步全面和深入。下面给出了行星大地测量参数及有关其他特性,以供了解和参考。

6.8.1 水星

水星是太阳系中最靠近太阳的行星。美国于 1973 年 11 月 3 日发射了水星探测器水手 10 号(Mariner10),1974 年 3 月 29 日,在离水星 740km 的区域内经过水星,并于 1974 年 9 月 21 日再次掠过水星近层空间,对水星拍摄了大量的照片并测量了它的磁场。利用多普勒跟踪数据等资料计算了水星的总体几何形状、水星质量以及水星重力场。现把水星的整体特性参数汇总如下:

1. 水星的大地测量参数

赤道半径:2 439km GM:21 081.74km^{3}s^{-2} $J_2 \times 10^6$:60 表面平均重力:3.46ms^{-2}

重力场谐系数:J_2,$J_{2.2}$,$K_{2.2}$ 自转周期:58.65d

2. 水星物理特性

质量(地球质量为 1)= 0.055 3

密度 = 5.43g/cm^3

轨道面与赤道面夹角 > 28°

自转周期 = 58.65d

星等 = +0.16

反照率 = 7%

平均温度 = 350°C(白天),-170°C(夜间)

卫星数(已确认的):无

3. 水星的轨道特性

轨道半长径 = 57.91×10^{6}km

公转的恒星周期 = 87.969d

轨道偏心率 = 0.205 628

轨道倾角 = 7°0′15″(轨道面与黄道面夹角)

平均轨道速度 = 47.89km/s

平均轨道角速度 = 4.092 339°/d

表面环绕速度 = 2.94km/s

表面逃逸速度 = 4.17km/s

6.8.2　金星

苏联在 1961—1983 年期间，向金星发射了金星 1～16 号共 16 枚金星空间探测器，美国在这期间发射了水手 2 号(1962 年)、水手 5 号(1967 年)、先驱者金星 1 号和 2 号(1978 年)等金星探测器。其中金星 11 号、12 号和 13 号、14 号分别于 1978 年和 1982 年在金星着陆，装有地形测绘雷达的金星 15 号、16 号在 1983 年实现绕金星飞行。先驱者金星 1 号和 2 号在 1978 年实现绕金星飞行。利用对金星的多种探测数据，对金星的轨道、金星的几何形状及物理特性进行了比较详细的计算，得出一些有益的结果。现把金星的整体特性参数汇总如下：

1. 金星的大地测量参数

赤道半径：6 052km　GM：316 355.59km^{3}s^{-2}　$J_2\times10^6$：6　表面平均重力：8.43ms^{-2}
重力场谐系数：至 18，18　自转周期：244.3d

2. 金星物理特性

质量(地球质量=1)=0.815

密度=4.86g/cm^3

轨道面与赤道面夹角=3°

自转周期=244.3d

星等=−0.407

反照率=59%

平均温度=−33°C(云层)，480°C(固体)

卫星数(已确认的)：无

3. 金星的轨道特性

轨道半长径=108.2×10^{6}km

公转的恒星周期=244.701d

轨道偏心率=0.006 787

轨道倾角=3°23′40″

平均轨道速度=35.03km/s

平均轨道角速度=1.602 131°/d

表面环绕速度=7.23km/s

表面逃逸速度=10.78km/s

6.8.3　地球

地球是我们赖以生活的家园，地球的整体特性参数汇总如下：

1. 地球的大地测量参数

赤道半径：6 378.14km　GM：398 600.43km^{3}s^{-2}　$J_2\times10^6$：1 083　表面平均重力：9.806 65ms^{-2}　重力场谐系数：至 360，360　自转周期：23h56m4.1s

2. 地球物理特性

质量=5.976×10^{24}kg±0.004×10^{24}kg

密度 = 5.52g/cm³

轨道面与赤道面夹角 = 23°27′

自转周期 = 23h56m4.1s

星等 = −3.5

反照率 = 29%

平均温度 = 22℃

卫星数 = 1（月球）

3. 地球的轨道特性

轨道半长轴 = 1 天文单位（AU） = 149.6×10⁶km

近日点日心距 = 147.1×10⁶km（每年 1 月 3 日前后）

远日点日心距 = 152.1×10⁶km（每年 7 月 4 日前后）

公转的恒星周期 = 365.256d

轨道偏心率 = 0.016 722

轨道倾角 = 0°

平均轨道速度 = 29.785 1km/s

平均轨道角速度 = 0.985 609°/d

表面环绕速度 = 7.91km/s

表面逃逸速度 = 11.19km/s

按行星离太阳由近及远的次序，地球为第三颗行星，离太阳的距离约为 149.6×10⁶km。地球用 365.256 天绕行太阳 1 周，并用 23.934 5h 自转 1 圈。地球的大气里 78% 是氮气，20.95% 是氧气，剩下的 1% 是其他成分。地球表面的平均温度为 22℃，平均气压为 1.013Pa。国际上通常按高度将大气分为对流层、平流层、中间层和热成层 4 个层次。在平流层（18~55km）高度 25~30km 以上气体分子温度随高度升高较快，到了平流层顶（50~55km）气温升至 270~290K，且受地面温度影响甚小，主要与太阳辐射有关。在热成层（>85km）气温随高度增高而升高，且所有波长小于 0.175μm 的太阳紫外线辐射都被该层气体所吸收，例如高度为 120km 气体分子温度为 381K，热层顶温度可达 1 500K。平流层和热成层的温度特性是可被航天器姿态敏感器用于测量自身姿态的物理特性。

6.8.4　火星

火星这颗距地球最近的红色行星，让人类产生过无数幻想，因而人类对它进行探测的次数和兴趣度仅次于月球。40 余年来，人类先后发起 30 多次火星探测计划，其中 2/3 以失败而告终，但研究一直没有停止。特别是 2003 年掀起了更宏伟的探测火星行动，因为这一年是火星靠地球最近的一年。2003 年 8 月 27 日晚 5 时 51 分（北京时间），火星距地球最近，达到 55 756 622km，这是 5 万余年来从来没有过的。

1962 年 11 月，苏联发射了火星 1 号（mars 1）探射器，但探测器在飞离地球 1 亿公里时与地面失去联系。作为人类发射的第一个火星探测器，它被普遍认为是人类火星之旅的开端。

失败的火星探测器有：苏联"探测器 2 号"（zond 2）失踪（1965），"火星 2 号"（mars 2）摔毁（1971），"火星 3 号"（mars 3）消失于火星沙暴（1971），"福波斯 1 号"（phobos 1）和

"福波斯 2 号"(phobos 2)在前往火星途中失踪。美国"火星观察者号"(mars observer)失踪(1993)，"火星气候探测者"(mars climate orbiter)烧毁(1999)，"火星极地着陆者"(mars polor lander)失踪(1999)，"水手 8 号"(mariner 8)发射失败(1971)。俄罗斯"火星-96"(mars 96)发射失败(1996)。日本"希望号"故障不断，任务失败。欧洲的火星快车携带的"猎犬 2 号"失踪(2003)。

成功的探测器有：美国"水手 4 号"(mariner 4)(1964)，"水手 5 号"(mariner 5)(1969)，"水手 6 号"(mariner 6)(1969)，"水手 7 号"(mariner 7)(1969)，"水手 9 号"(mariner 9)(1971)，"火星环球观测者"(mars global surveyor)(1969)，"火星探路者"(mars pathfinder)(1969)，"海盗 1 号"(Viking orbiter 1)(1975)，"海盗 2 号"(Viking orbiter 2)(1975)。苏联"火星 5 号"(mars 5)，环火星飞行(1974)，"火星 6 号"(mars 6)和"火星 7 号"(mars 7)(1974)，在火星着陆。进入 21 世纪，美国的"奥德赛火星探测器"(mars odyssey spacecraft)于 2001 年升空，将对火星进行为期 2 年半的勘察，2003 年 6 月携带"勇气号火星车"的火星探测流浪者号探测器飞向太空经过半年多的星际旅行，于北京时间 2004 年 1 月 4 日 12 时 35 分在火星表面成功软着陆，随后向地球发回信号并传回首批火星照片。勇气号火星车的"孪生兄弟""机遇号火星车"已于 2004 年 7 月 7 日成功升空。2020 年 7 月 23 日，中国在文昌航天发射场，用长征五号遥四运载火箭成功发射首次火星探测任务"天问一号"探测器，迈出了我国行星探测第一步。在经历了 296 天的太空之旅后，"天问一号"火星探测器所携带的"祝融号火星车"及其着陆组合体，于 2021 年 5 月 15 日成功降落在火星北半球的乌托邦平原南部，实现了中国航天史无前例的突破。

由于对火星探测的资料较多，因此人们对它的认识也较详细。特别是对大地测量来说，对火星的几何形状、火星质量、火星引力常数、火星表面地形及地貌、火星外部重力场等的认识都在不断进步。火星的整体特性参数汇总如下：

1. 火星的大地测量参数

赤道半径：3 393km　　GM：43 979.76km^{3}s^{-2}　　$J_2 \times 10^6$：1 959　　表面平均重力：4.02ms^{-2}　　重力场谐系数：至 18，18　　自转周期：24h37m22.6s

2. 火星的物理特性

质量(地球质量为 1)= 0.107 4

密度= 3.94g/cm^3

轨道面与赤道面夹角= 23°59′

自转周期= 24h37m22.6s

星等= -1.85

反照率= 15%

平均温度= -22°C

卫星数(已确认的)= 2

3. 火星的轨道特性

轨道半长径= 227.9×10^{6}km

公转的恒星周期= 686.980d

轨道偏心率= 0.093 377

轨道倾角= 1°51′

平均轨道速度=24.13km/s

平均轨道角速度=0.524 033°/d

表面环绕速度=3.6km/s

表面逃逸速度=5.09km/s

6.8.5　木星

美国于 1972 年 3 月及 1973 年 4 月分别发射了木星探测器先驱者 10 号(Pioneer 10)和先驱者 11 号(Pioneer 11),前者于 1973 年 12 月在距木星不到 130 350km 处掠过木星,并进行了大量的观测工作,后者于 1974 年 12 月在距木星 42 800km 处对木星拍摄两极地区照片。于 1977 年发射的航海家 1 号(Voyager 1)和航海家 2 号(Voyager 2),1979 年飞过木星,送回大量的科学资料和这颗行星及其卫星的高品质照片,并对木星做了最近距离的探测,之后继续飞向土星进行探测。木星有卫星多达 40 颗(据称美国科学家又新发现 7 颗,如果这一成果得到承认,木星卫星将达到 47 颗,位居所有行星之首)。木星的整体特性参数汇总如下:

1. 木星的大地测量参数

赤道半径:71 398km　　GM:129 266 257.5km^{3}s^{-2}　　$J_2\times10^6$:14 736　　表面平均重力:27.67ms^{-2}　　重力场谐系数:J_2,J_4,J_6　　自转周期:1d9h50m30s

2. 木星的物理特性

质量(地球质量为 1)=318.35

密度=1.31g/cm^3

轨道面与赤道面夹角=3°05′

自转周期=9h50m30s

星等=−2.23

反照率=44%

平均温度=−150℃(云层部分)

卫星数(已确认的)=39

3. 木星的轨道特性

轨道半长径=778.3×10^{6}km

公转的恒星周期=4 332.589d

轨道偏心率=0.048 45

轨道倾角=1°18′17″

平均轨道速度=13.06km/s

平均轨道角速度=0.083 09°/d

表面环绕速度=42.55km/s

表面逃逸速度=60.19km/s

6.8.6　土星

先驱者 11 号(Pioneer 11)于 1979 年 9 月 1 日在距土星 21 400km 的区域内用无线电波传回第一批土星近景照片,还发现了土星的第 11 颗卫星及第七道光环。航海家 1 号

（Voyager 1）和航海家 2 号（Voyager 2）分别于 1980 年 10 月和 1981 年 8 月飞临土星，都发现了新的光环和新的卫星，发回了土星及其卫星的高品质照片。

由美国宇航局、欧洲航天局和意大利航天局联合，美国和 17 个欧洲国家的约 260 名科学家参加的卡西尼-惠更斯探测土星及其卫星计划已经实施。卡西尼号飞船于 1997 年 10 月携带着惠更斯号飞向土星，最大的土卫 6 的探测器升空，2004 年 12 月惠更斯号已脱离卡西尼号飞向土卫 6。据称在太阳系各大行星及其卫星中，只有地球和土卫 6 的大气中才富含氮气，这对揭开该神秘卫星的面纱及人类生命之谜提供了线索。土星的整体特性参数汇总如下：

1. 土星的几何物理参数

赤道半径：60 000km　　GM：39 506 136.0km^{3}s^{-2}　　$J_2 \times 10^6$：16 480　　表面平均重力：17.74ms^{-2}　重力场谐系数：J_2，J_4，　　自转周期：10h44m

2. 土星的物理特性

质量（地球质量为 1）= 95.3

密度 = 0.68g/cm^3

轨道面与赤道面夹角 = 26°44′

自转周期 = 10h44m

星等 = +0.78

反照率 = 42%

平均温度 = −180°C（云层部分）

卫星数（已确认的）= 17

3. 土星的轨道特性

轨道半长径 = 1 427.0×10^{6}m

公转的恒星周期 = 10 759.2d

轨道偏心率 = 0.055 65

轨道倾角 = 2°29′22″

平均轨道速度 = 9.64km/s

平均轨道角速度 = 0.033 46°/d

表面环绕速度 = 25.66km/s

表面逃逸速度 = 36.28km/s

6.8.7　天王星

航海家 2 号（Voyager 2）于 1986 年 1 月 24 日飞临天王星，并在距天王星 81 557km 区域处对天王星做了多项探测，发回了第一批关于天王星及其暗环系统和主要卫星的图像，同时还发现了这颗行星的新卫星和光环。天王星的整体特性参数汇总如下：

1. 天王星的几何物理参数

赤道半径：24 500km　　GM：5 794×10^{3}km^{3}s^{-2}　　$J_2 \times 10^6$：3 349　　表面平均重力：8.4ms^{-2}　重力场谐系数：J_2，J_4　自转周期：10h49m

2. 天王星的其他特性

按行星离太阳由近及远的次序，天王星为第 7 颗行星，1781 年被发现。天王星的大气层中83%是氢，15%为氦，2%为甲烷以及少量的乙炔和碳氢化合物。上层大气层的甲烷吸收红光，使天王星呈现蓝绿色。海王星云层的平均温度为零下 193°C。天王星有 15颗卫星，11 条光环。轨道半长径为 2 869.6×10^6km，轨道偏心率为 0.047 24，轨道倾角为0°46′23″。质量为 14.84(地球质量=1)。它的赤道直径为 51 800km。

6.8.8 海王星

1989 年航海家 2 号(Voyager 2)飞过海王星，对它进行了如同天王星相似的探测。海王星的整体特性参数汇总如下：

1. 海王星的大地测量参数

赤道半径：25 100km GM：6 809×10^3km^{3}s^{-2} J_2×10^6：4 300   表面平均重力：11.6ms^{-2} 平均密度：1 800kgm^{-3} 重力场谐系数：J_2 自转周期：15h48m

2. 海王星的其他特性

按行星离太阳由近及远的次序，海王星为第 8 颗行星，是通过它对天王星轨道的摄动作用而于 1846 年 9 月 23 日被发现的，计算者为法国天文学家勒威耶，这一发现被看成行星运动理论精确性的一个范例。1928 年通过观测谱线的多普勒位移测出海王星的自转周期为15.8h±1h,海王星的快速自转使它的扁率达 1/50(赤道半径比极半径约长 500km)。1968 年 4 月 7 日，通过海王星掩恒星观测，得出它的赤道直径为 50 950km。它的大气中含有丰富的氢和氦，大气温度约为-205°C，这个值高于从太阳辐射算得的期望值，说明要么海王星大气下层存在温室效应，要么它有内在的热源。1846 年发现逆行的海卫 1,1949 年发现海卫 2。

海王星云层的平均温度为-193°C～-153°C，大气压为 1～3Pa。轨道半长径为4496.6×10^6km，轨道偏心率为 0.008 58，轨道倾角为 1°46′22″，质量为 17.26(地球质量=1)。

6.8.9 彗星

彗星是太阳系最古老的原始天体。但截至目前，人类对彗星的了解还比较少。可喜的是，美国于 2005 年 1 月 12 日"深度撞击"号宇宙探测器升空，开始了追逐坦普尔一号彗星之旅。坦普尔一号彗星是德国天文学家坦普尔于 1867 年发现并以他的名字命名的。这颗彗星在火星与木星之间、绕太阳的椭圆轨道运行，它的自转周期约 42 小时。当飞船还有60 天就要撞击彗星时，它就开始提取目标的信息，其中包括彗星的旋转情况和周围尘埃情况。于北京时间 2005 年 7 月 3 日 14 时 07 分飞船发射撞击舱，并调整姿态和速度，24小时以后，于 7 月 4 日 13 时 50 分以 10km/s 的相对速度猛烈撞击坦普尔一号彗星的彗核。通过程序控制，飞船和撞击舱分别向地球发回在撞击过程中有价值的图片。这是人类历史上史无前例的"炮轰"彗星的太空实验。这次深度撞击实验成功，定会使人类对彗星有更深入的研究和认识。

主要参考文献

[1]管泽霖，宁津生. 地球形状与外部重力场(上、下册). 北京：测绘出版社，1981.

[2]宁津生. 地球重力场模型及其应用. 冶金测绘，1994(2).

[3]国家自然科学基金委员会. 大地测量学. 北京：科学出版社，1994.

[4]胡明城，鲁福. 现代大地测量学(上、下册). 北京：测绘出版社，1993，1994.

[5]陈健，簿志鹏. 应用大地测量学. 北京：测绘出版社，1989.

[6]陈健，晁定波. 椭球大地测量学. 北京：测绘出版社，1989.

[7]熊介. 椭球大地测量学. 北京：解放军出版社，1988.

[8]朱华统. 大地坐标系的建立. 北京：测绘出版社，1986.

[9]徐正扬，刘振华，吴国良. 大地控制测量学. 北京：解放军出版社，1992.

[10]杨启和. 地图投影变换原理与方法. 北京：解放军出版社，1989.

[11]孔祥元，梅是义. 控制测量学(上、下册). 武汉：武汉测绘科技大学出版社，1996.

[12]陈俊勇. 关于中国采用地心万维坐标系统的探讨. 测绘学报，2003，32(4).

[13]魏子卿. 关于2000中国大地坐标系的建议. 大地测量与地球动力学，2006，26(2).

[14]董艳英，刘彩璋，徐德宝. 实用天文测量学. 武汉：武汉测绘科技大学出版社，1991.

[15]吕志平，刘波. 大地测量信息系统. 北京：解放军出版社，1998.

[16]巴兰诺夫B.H著，温学全等译. 宇宙大地测量学. 北京：解放军出版社，1989.

[17]郝岩. 航天测控网. 北京：国防工业出版社，2004.

[18]郝岩. 深空测控网. 北京：国防工业出版社，2004.

[19]P. Vanicek, E. J. Krakiwsky. Geodesy：The Concepts, 1986.

[20]Wolfgang Torge. Geodesy. Second Edition. Berlin. New York, 1991.

[21]В. П. МОРОЗОВ. КУРС СФЕРОИДИЧЕСКОЙ ГЕОДЕЗИИ. МОСКВА НЕДРА，1979.

[22]З. С. ХАИМОВ. ОСНОВН ВЫСШЕЙ ГЕОДЕЗИИ. МОСКВА НЕДРА，1984.

[23] Wolfgang Werner. Entwicklung eines hochpräzisen DGPS-DGLONASS Navigations-systems unter besonderer Berücksichtigung Von Pseudolites. UNIVERSITÄT DER BUNDE-SWEHR MÜNCHEN. Heft 64, 1999.

[24]中国卫星导航系统管理办公室测试评估研究中心. 北斗系统状态：星座状态. http：//www. csno-trac. cn/system/constellation，2020年12月.

［25］C. Xinyu，O. Chenhao，S. Junbo. Virtual reference station（VRS）coordinate's pattern of QianXun ground-based augmentation system. China Satellite Navigation Conference（CSNC）2018 Proceedings，2018：285-295.

［26］中国探月与深空探测网. 中国探月工程 . http：//clep. cnsa. gov. cn/n487137/n5989571/index. html，2020 年 12 月 .

［27］www. iers. org，2020 年 12 月 .

［28］https：//itrf. ign. fr，2020 年 12 月 .